68.

Meeresbotanik

Verbreitung, Ökophysiologie und Nutzung
der marinen Makroalgen

Klaus Lüning

184 Abbildungen in 450 Einzeldarstellungen
28 Tabellen

1985
Georg Thieme Verlag Stuttgart · New York

Dr. Klaus Lüning
Biologische Anstalt Helgoland
Zentrale Hamburg
Notkestraße 31, 2000 Hamburg 52

CIP-Kurztitelaufnahme der Deutschen Bibliothek

Lüning, Klaus:
Meeresbotanik: Verbreitung, Ökophysiologie u.
Nutzung d. marinen Makroalgen / Klaus Lüning. –
Stuttgart; New York: Thieme, 1985.

Umschlagbild: Algarum vegetatio. Aus: Alexandro Postels et Francisco Ruprecht: Illustrationes algarum. 1840. Reprint 1963.

© 1985, Georg Thieme Verlag, Rüdigerstraße 14, D-7000 Stuttgart 30
Printed in Germany
Satz: Pfälzische Verlagsanstalt GmbH, gesetzt auf Digiset
Druck: Gutmann, Heilbronn

ISBN 3-13-667501-0   1 2 3 4 5 6 7 8 9 10

Vorwort

Der Küstenbesucher findet die Meeresalgen in der Gezeitenzone sowie im Strandanwurf, besitzt jedoch kaum eine Vorstellung von der Zusammensetzung der Algenvegetation im unzugänglichen Lebensbereich unter Wasser. Fragmentarisch sind zumeist auch die Vorstellungen über die geographische Verbreitung selbst der größeren Meerestange. Andererseits wurde aufgrund zahlreicher Tauchuntersuchungen während der letzten drei Jahrzehnte der Vegetationsaufbau der untermeerischen Algenbestände allmählich bekannt. Allerdings zirkulierte dieses Wissen zunächst nur im engeren Kreis der Meeresbiologen. Auch hinsichtlich der Biogeographie der Meeresalgen ist ein reiches Material zusammengetragen worden, wiederum bisher kaum außerhalb der Fachliteratur verbreitet. Das vorliegende Buch soll daher jedem am Meer interessierten Leser, der sich bisher im deutschen Sprachbereich auf meeresbotanischem Gebiet zwar über die Systematik und Entwicklungsgeschichte der Algen, aber nicht darüber hinaus informieren konnte, ein möglichst anschauliches Bild der Vegetation der marinen Makroalgen von der Arktis über die gemäßigten und tropischen Regionen bis zur Antarktis vermitteln.

Ein besonderes Anliegen dieses Buches ist die Heranführung des Lesers an die zumeist verstreut publizierte wichtigere Schlüsselliteratur, damit er an den Küsten der Welt mit dem Buch als „phykologischer Reiseführer" rasch zu den Quellen des Bekannten findet. Neben neueren Autoren, von deren Arbeiten aus Gründen der Platzersparnis zumeist nur die zuletzt publizierten Arbeiten zitiert werden konnten, werden einige klassische, heute noch wertvolle Publikationen der älteren Literatur genannt, damit diese nicht in Vergessenheit geraten.

Auch die Ökophysiologie der Meeresalgen, die im deutschen Sprachbereich zuletzt von GESSNER in seiner zweibändigen „Hydrobotanik" (1955–1959) mitbehandelt wurde, hat sich stetig weiterentwickelt und verdient eine neue Zusammenfassung, ebenso die weltweit wachsende Nutzung und Züchtung der marinen Makroalgen. Auch hier soll das Buch als Einführung und Wegweiser dienen.

Dank gebührt allen Kollegen, die dieses Buch schon während der mehrjährigen Vorarbeit oder auch bei der Textkorrektur mit Ratschlägen bereicherten: Prof. VAN DEN HOEK (Groningen), Prof. NULTSCH (Marburg), Prof. KIES (Hamburg), Prof. BULNHEIM (Hamburg), Dr. KESSELER (Sylt), Prof. MÜLLER (Konstanz), Dr. PETERS (Konstanz), Dr. KAIN (Isle of Man), Dr. PRICE (London), Dr. IRVINE (London), Dr. DRING (Belfast), Dr. MICHANEK (Göteborg), Dr. WALLENTINUS (Stockholm), Prof. BOUDOURESQUE (Marseille), Prof. CINELLI (Pisa), Dr. CHAPMAN (Halifax), Dr. GARBARY (Antigonish, Nova Scotia), Prof. SOUTH (St. John's), Prof. YARISH (Stamford, Connecticut), Prof. WYNNE (Ann Arbor, Michigan), Prof. WAALAND (Seattle), Prof. SCAGEL (Vancouver), Dr. LINDSTROM (Vancouver), Prof. NEUSHUL (Santa Barbara), Prof. WOMERSLEY (Adelaide).

Danken möchte ich auch Prof. KINNE (Hamburg), der das wissenschaftliche Schwimmtauchen auf Helgoland und damit meine eigene Unterwasserarbeit in Gang setzte, Dr. KORNMANN und P.-H. SAHLING (Helgoland) für vielfältige phykologische Unterstützung und schließlich meiner Frau HEIDE sowie den Söhnen SEBASTIAN und TOBIAS, die den Autor während der dreijährigen Arbeitszeit an diesem Buch mit viel Geduld an den Schreibtisch ziehen ließen. Gedankt sei auch dem Georg Thieme Verlag für die gute Zusammenarbeit.

Da das vorliegende Buch auch die Ergebnisse der oft mühsamen Taucharbeit vieler Kollegen zusammenfaßt, glaube ich, daß ich es in ihrer aller Namen vier Tauchpionieren unter den Meeresbotanikern widmen darf: Mats Waern (Schweden), der als heutiger Nestor der Zunft bereits in den 40er Jahren mit dem Helmtauchgerät die Algenwiesen der Ostsee untersuchte, dem frühverstorbenen Julius Ernst (Österreich), der die Algenbestände der Adria und die Laminarienwälder der französischen Küsten bearbeitete, Per Svendsen (Norwegen), der die Algenvegetation von Spitzbergen untersuchte und an der norwegischen Küste beim Tauchen tödlich verunglückte, schließlich E. Y. Dawson (USA), der nach seiner fundamentalen Bearbeitung der pazifisch-amerikanischen Algenflora sein Leben am Strand des Roten Meeres verlor.

Hamburg, im Frühjahr 1985   Klaus Lüning

Inhaltsverzeichnis

Zweiter Teil: Die Ökophysiologie der Meeresalgen   208

Erster Teil: Das Vorkommen der Meeresalgen und der Aufbau ihrer Vegetation

Das **Benthal** (Lebensraum der bodenbewohnenden Organismen) und das **Pelagial** (Lebensraum des freien Wassers) sind die beiden Hauptlebensräume des Meeres (Abb. 1). Man bezeichnet die Bewohner des Benthals als **Benthos** und die Bewoh-

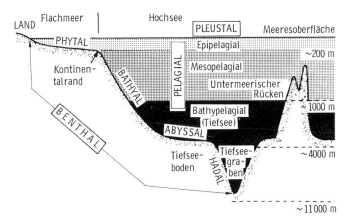

Abb. 1 Benthal und Pelagial als Hauptlebensräume des Meeres. Das Pleustal, welches die an der Wasseroberfläche treibenden Organismen beherbergt, kann als Teilbereich des Pelagials oder als dritter Lebensraum aufgefaßt werden (nach *Hegpeth* 1957b, *Pérès* 1982a, *Tischler* 1984)

ner des Pelagials als Pelagos (Plankton: passiv driftend; Nekton: Organismen mit starker Eigenbewegung, z. B. Fische). Innerhalb des Benthos unterscheidet man Zoo- und Phytobenthos, und innerhalb des letzteren vielzellige Algen (Makroalgen) und Seegräser insgesamt als **Makrophytobenthos**, einzellige Algen (Mikroalgen, vor allem Diatomeen) als **Mikrophytobenthos**. Die Makroalgen sind im Benthal der Meeresküsten mit etwa 8 000 Arten bis zu einer maximalen Tiefe von 270 m zu finden, die Seegräser als marine Blütenpflanzen mit etwa 50 Arten bis zu etwa 40 m Tiefe.

Eingrenzung des Stoffgebiets und besondere Hinweise. Das Gesamtgebiet der Algenkunde bezeichnet man als Phykologie (von griech. „phykos" = Meeresalge). Im vorliegenden Buch werden von den Meeresalgen, aus Raumgründen und dem Arbeitsgebiet des Autors entsprechend, nur die vielzelligen Arten behandelt. Deren Größe reicht von mikroskopisch kleinen Formen bis zu 50 m langen Riesentangen. Die Ökologie der einzelligen Meeresalgen des Benthals und des Pelagials wird eingehend von ROUND (1975, 1981) dargestellt, das marine Phytoplankton Helgolands von DREBES (1974). Hinsichtlich weiterer Bestandteile der marinen Flora, nämlich der Seegräser, marinen Pilze und Bakterien, deren Vegetation und Ökophysiologie im vorliegenden Buch nur gestreift werden, sind Hinweise auf einführende Literatur in verschiedenen Kapiteln zu finden (S. 45, 268). Bezüglich der Grundzüge der Systematik der Algen und ihrer Lebenszyklen, hier ebenfalls nur am Rande behandelt, liegen ein deutschsprachiges Taschenbuch von HOEK (1978) sowie neuere englischsprachige Lehrbücher von BOLD u. WYNNE (1985) sowie LOBBAN u. WYNNE (1981; mit Kapiteln über die Ökophysiologie der marinen Makroalgen) vor. Eine weite Sicht der Meeresbotanik vermitteln das Buch von DRING (1982), mit Schwerpunkt auf der Ökophysiologie, weiter das Buch von CHAPMAN (1978), unter Betonung der Organisationsstufen der Algen. Auch die klassischen Algenlehrbücher von OLTMANNS (1922-23) sowie FRITSCH (1959-1961) haben, mit Einschränkungen, noch ihren Wert als Fundgrube von Einzelbeobachtungen auf morphologischem und ökologischem Gebiet. Über die systematische Stellung der im vorliegenden Buch behandelten Algengattungen informiert ein taxonomischer Überblick im Anhang. Die korrekte Bezeichnung der Algenarten mit nachgestellten Autorennamen erfolgt im Register. Die hierfür benutzten taxonomischen Quellen sind vor allem PARKE u. DIXON (1976), SOUTH (1984) für den Nordatlantik, BOUDOURESQUE u. PERRET (1977) für das Mittelmeer, ABBOTT u. HOLLENBERG (1976) für die nordamerikanische, PERESTENKO (1980) für die nordasiastische Pazifikküste und im übrigen die im Text aufgeführten einschlägigen Veröffentlichungen. Den Zugang zur Erklärung von Fachausdrücken findet der Leser über das Register. Daß die Ökophysiologie der Makroalgen und die biotischen Beziehungen zwischen Algen und Tieren erst im zweiten Teil des Buches dargestellt werden, hat den Vorteil eines zusammenhängenden Überblicks. Den Nachteil, daß die deskriptiv gehaltene Darstellung der vertikalen und horizontalen Algenverteilungen im ersten Teil selten auf die ökophysiologischen Ursachen dieser Verteilungsmuster eingeht, sollte der Leser dadurch ausgleichen, daß er den jeweiligen Seitenverweisen auf den zweiten Teil folgt und sich bei der Lektüre der Vegetationsbeschreibung auch über den ökophysiologischen Hintergrund informiert. Auch im Register wurde versucht, Brücken zwischen Biogeographie, Vegetationsbeschreibung einerseits und Ökophysiologie sowie wirtschaftlicher Bedeutung andererseits zu errichten.

1. Einführung in die vertikale und geographische Verteilung

1.1. Vertikale Gliederung des marinen Lebensraums

Der von Pflanzen besiedelte Bereich des Benthals wird als **Phytal** bezeichnet. Dieser von REMANE (1933) in die Meeresbiologie eingeführte Begriff wird bisher allerdings nur im französischen und deutschen Sprachbereich benutzt. Geläufiger und auch im englischen Sprachbereich üblich ist die Bezeichnung des Phytalbereichs als **euphotische Zone**. Damit ist die für den photosynthetischen Lichtanspruch der Algen genügend durchlichtete, obere Zone des Meeres gemeint. Diesen Begriff wendet man sowohl auf den benthischen wie auf den pelagialen Lebensraum an. (Das Wort „Zone" wird im vorliegenden Buch als Vertikalbereich verstanden, das Wort „Region" im pflanzengeographischen Sinn). Die maximale untere Grenze der euphotischen Zone bei 200 m Tiefe fällt, allerdings eher zufällig, vielerorts auch mit der Tiefenlage des Kontinentalrandes zusammen, einer wichtigen meeresmorphologischen Grenzmarke (Abb. 1). Die Ozeanographen benennen den Bodenbereich des Flachmeeres bis zum Kontinentalrand, an welchem der Kontinentalabhang beginnt, als **Schelf** oder mit dem mehrdeutigen und eher zu vermeidenden Begriff „Litoral" (vgl. S. 7). Alle diese Begriffe, nämlich Phytal und euphotische Zone in ihrer maximalen Ausdehnung sowie Schelf, betreffen den gleichen Bodenbereich des Meeres. Wo das Wasser allerdings trübe ist, reichen das Phytal oder die euphotische Zone nur wenige Meter oder im Extrem Dezimeter in die Tiefe (vgl. Kapitel 6).

Gliederung des Pelagials und der lichtlosen Benthalbereiche. Im Bereich des Pelagials wird die euphotische Zone auch als Epipelagial bezeichnet, gefolgt von den „lichtlosen" (aphotischen) Bereichen des Meso- und Bathypelagials (Abb. 1). Dabei ist zu beachten, daß das Tageslicht auch in sehr klarem Wasser unterhalb von maximal 200 m Tiefe zwar nicht mehr für die Photosynthese ausreicht, wohl aber noch in mehreren Hundert Metern Tiefe von den hochempfindlichen Lichtsinnesorganen von Tiefseetieren oder vom Auge eines Beobachters in einem Tiefentauchfahrzeug wahrgenommen werden kann. Im Benthal liegt unterhalb des durchlichteten Phytalbereichs oder unterhalb des Litoral- oder Schelfbereichs der Ozeanographen das nur noch von Tieren und anderen heterotrophen Lebewesen besiedelte **Aphytal,** der „lichtlose" Bereich des Benthals. Das Aphytal reicht bis zur größten Meerestiefe und wird in folgender Weise untergliedert. Den Bereich des Kontinentabhangs bezeichnet man als **Bathyal.** Bei 3 000-4 000 m Tiefe geht das Bathyal in den größten benthischen Lebensraum über, in das **Abyssal,** welches die Tiefseeböden bis hinab zu etwa 7 000 m Tiefe umfaßt. Der tiefste benthische Lebensraum, den Bereich der Hänge und Talsohlen der Tiefseegräben bezeichnend, ist das **Hadal** und reicht bis zur größten Meerestiefe von 11 022 m (Marianengraben im NW-Pazifik). Diese Terminologie nach PÉRÈS (1967a, 1982a), unterscheidet sich etwas von der Terminologie anderer Autoren wie MENZIES u. Mitarb. (1973), die zum Beispiel das Bathyal als Archibenthal bezeichnen.

1.1.1. Tiefenzonen des Phytals

Das Phytal wird vertikal in folgende Zonen gegliedert (Abb. 2): **Supralitoral** (Spritz- und Gischtwasserzone), **Eulitoral** (Gezeitenzone, periodischer Wechsel zwischen Trockenliegen und Überflutung; oder meteorologisch bedingte Wasserstandsschwankungen in gezeitenarmen Nebenmeeren, z. B. in der Ostsee, S. 66,

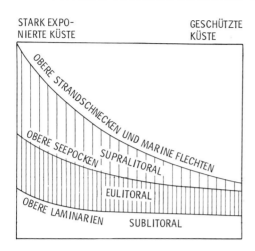

STARK EXPO-NIERTE KÜSTE

GESCHÜTZTE KÜSTE

OBERE STRANDSCHNECKEN UND MARINE FLECHTEN

OBERE SEEPOCKEN

SUPRALITORAL

EULITORAL

OBERE LAMINARIEN

SUBLITORAL

Abb. 2 Zonen des Phytals: Abhängigkeit der Höhenausdehnung von der Exposition einer Küste und biologische Grenzen (nach *Lewis* 1964)

oder im Mittelmeer, S. 78) und **Sublitoral** (ständig untergetaucht, im obersten Bereich gelegentlich, bei extrem niedrigen Wasserständen, trockenfallend und bis zum untersten Algenvorkommen reichend).

Im Supra- und Eulitoral bestimmt der Anpassungsgrad der benthischen Algen und Tiere an den **Austrocknungsfaktor** als wichtigstem Streßfaktor die oberen Vorkommensgrenzen (Kapitel 7.3), während die unteren Vorkommensgrenzen zumeist von der Konkurrenzkraft der Phytalorganismen abhängen (Kapitel 8.1). Dadurch ist eine gürtelartige Anordnung der Organismen im Bereich der Gezeitenzone entstanden, die man als **Zonierung** bezeichnet.

Abhängigkeit der Phytalgrenzen von der Wellenexposition. Gelangen an bestimmten Orten Brandungswellen, Spritzwasser und Gischt hoch hinauf, also an vorspringenden Kaps und bevorzugt bei Starkwindlagen in der kalten Jahreszeit, so vermögen die Organismen des Supralitorals viele Meter über dem Niveau des extremen Hochwassers zu gedeihen (Abb. 2). Unter diesen Bedingungen kann die oft scharf gezogene Grenze zwischen den Bewohnern von „Land" und „Meer" in einen breiten Übergangsbereich zwischen dem terrestrischen Bereich und dem Supralitoral übergehen. In wellengeschützter Lage, also bei Fehlen von Brandung und Spritzwasser, befindet sich dagegen die obere Vorkommensgrenze der supralitoralen Organismen im Gezeitenbereich zwischen extremem und mittlerem Hochwasser (vgl. S. 8 zu Gezeitenniveaus), liegt aber auch hier im Winter höher als im Sommer. Nicht nur vorhersagbare Gezeitenwasserstände bestimmen daher die Zonierung im Gezeitenzonenbereich, sondern auch die **Wellenexposition** (engl.: wave exposure) oder **Bewegungsexposition** (S. 62, S. 85). Hierunter versteht man die schwer in Zahlen ausdrückbare, komplexe Einheit von Wind- und Wellenwirkung in Verbindung mit der Lage eines Küstenstrichs, die als stark bis mäßig exponiert oder geschützt bezeichnet werden kann. Da die oberen Vorkommensgrenzen der Organismen des Supra-, Eu- und Sublitorals an exponierten Küsten nach oben und an geschützten Küsten nach unten rücken, können die Grenzen dieser Lebensräume nicht sicher und allgemein verbindlich durch bestimmte Gezeitenwasserstände festgelegt werden, sondern werden besser durch die oberen Vorkommensgrenzen bestimmter Leitorganismen charakterisiert (Abb. 2).

Im **Sublitoral** ist der mit zunehmender Tiefe sich immer stärker auswirkende **Lichtmangel** der wesentliche Streßfaktor, und dieser hat insofern zu einer Zonierung der Algen auch im Sublitoral geführt, als große Wuchsformen der Algen mit hohem Lichtbedarf, nämlich die Vertreter der Laminariales („Brauntange") in den gemäßigten Regionen, nur das obere und mittlere Sublitoral besiedeln. An dieser Stelle sei angemerkt, daß der Begriff „Tang", der im 15. Jahrhundert aus dem Dänischen in die niederdeutsche Sprache, aus dieser kurz vor 1800 in das Hochdeutsche gelangte, im vorliegenden Buch nur in der Zusammensetzung „Brauntange" zur Kennzeichnung der Vertreter der Laminariales (engl.: kelp) angewendet wird. Alle kleineren Braunalgen, auch die Vertreter der Fucales und insgesamt die Grün- und Rotalgen sollten aufgrund ihrer geringen Größe nicht als „Tange" bezeichnet werden. Als **oberes Sublitoral** soll im vorliegenden Buch die 1-2 m tiefe Brandungszone als oberer Randbereich des Sublitorals verstanden werden, in welchem infolge der Wellenbewegung ein starker mechanischer Streß herrscht, an den sich die hier als Großalgen siedelnden Brauntange durch den Besitz flexibler Stiele (z. B. *Laminaria digitata*) und durch insgesamt mechanisch widerstandsfähige Thalli angepaßt haben (Näheres: S. 56). Weiter kann das obere Sublitoral in langen, durch viele Monate getrennten Zeitabständen gelegentlich auch für kurze Zeit trockenfallen, so daß die Gezeitenniveaus von mittlerem und extremem Niedrigwasser in etwa das obere Sublitoral eingrenzen (Abb. 3). Das **mittlere Sublitoral** ermöglicht eine geschlossene Vegetation von großen Wuchsformen, die mit blattähnlichen Thalluspartien (Phylloiden) auf steifen Stielen (z. B. *L. hyperborea*) oder mit riesigen, durch gasgefüllte Thallusblasen aufrecht gehaltene Thalli (Riesentange, im Nordatlantik nicht vorkommend, z. B. *Macrocystis pyrifera*) den Lichtraum unter Wasser optimal nutzen. Im mittleren Sublitoral besteht nie die Gefahr des gelegentlichen Trockenfallens. Der Wellengang macht sich hier nur noch gedämpft bemerkbar, so daß die Thalli nicht wie im oberen Sublitoral bei Niedrigwasser mit jeder Welle hin- und hergeschlagen werden, sondern mechanisch im wesentlichen nur noch durch Strömungen beansprucht werden (vgl. hierzu S. 85). In einer Tiefe, bis zu der

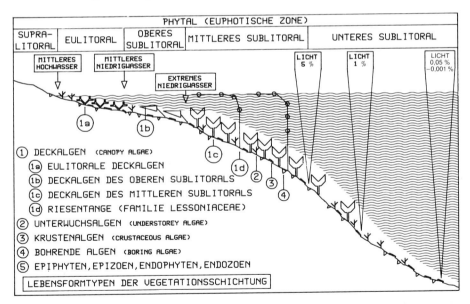

Abb. **3** Schema der Lebensformtypen der Algen und ihre Verteilung im Phytal. Die Gruppe 5 der epiphytischen, epizoischen, endophytischen und endozoischen Algen ist nicht abgebildet. Sie kommt im gesamten Phytalbereich vor. Die tiefsten Krustenalgen wurden in 268 m Tiefe bei 0,001 % des Oberflächenlichtes gefunden (Bahamas; vgl. S 169 u. 216).

noch etwa 5 % des Oberflächenlichtes hinabdringen, reicht das Licht nicht mehr zur Erhaltung einer geschlossenen Vegetation von Großalgen aus, und hier beginnt das **untere Sublitoral,** das sich bis zur unteren Vorkommensgrenze der Algen in einer Lichtprozenttiefe von etwa 0,05 % erstreckt (0,001 % in den Tropen, Abb. 3; vgl. Abschnitt 6.2).

Wie man im terrestrischen Bereich **Stockwerke der Vegetation** unterscheidet, nämlich in vierfacher Gliederung eine Baum-, Strauch-, Kraut-, und Bodenschicht, so wird auch für die Algenvegetation eine ähnliche Terminologie benötigt. Die in diesem Buch verwendete Terminologie für die **Lebensformtypen der Vegetationsschichten** im marinen Phytal ist in Abbildung 3 aufgeführt, wobei im englischen Sprachbereich übliche Begriffe miterwähnt sind. Die **Deckalgen (Gruppe 1)** überragen alle anderen Algen, bilden das „Laubdach" im Phytal und entsprechen als oberstes Stockwerk der Baumschicht der terrestrischen Vegetation. Als erste Untergruppe sind die Deckalgen des Eulitorals mit Anpassungen der Dürreresistenz **(Gruppe 1a)** zu nennen, etwa die Fucaceen der nordatlantischen Küsten. Die Deckalgen des oberen Sublitorals **(Gruppe 1b)** müssen wie Algen der Gezeitenzone und im Gegensatz zu Algen des mittleren und unteren Sublitorals mechanische Anpassungen für das Überleben in der sublitoralen Brandungszone besitzen. Der flexible Stiel von *Laminaria digitata* und die Mittelrippe von *Alaria esculenta* stellen derartige Anpassungen dar. Im mittleren Sublitoral wird das „Laubdach" von Großalgen gebildet, die ihren Thallus mit Hilfe eines Stiels wie *L. hyperborea* oder mit Hilfe einer steifen Thallusachse wie *Cystoseira*-Arten (vgl. S. 82) über die übrige Vegetation erheben **(Gruppe 1c).** Die Riesentange wie *Macrocystis pyrifera (Gruppe 1d)* erreichen dieses Ziel, wie erwähnt, mit Hilfe von gasgefüllten Thallusblasen (vgl. S. 114).

Auf das Stockwerk der Deckalgen folgt als **Gruppe 2** die Vegetationsschicht der **Unterwuchsalgen** (der Strauch- und Krautschicht entsprechend; eine weitere Aufgliederung der Unterwuchsalgen nach der Größe ist unpraktisch), dann zuunterst auf dem Felsboden als **Gruppe 3** die Schicht der **Krustenalgen** (der Bodenschicht entsprechend). In kalkhaltigem Felsboden oder in Muschel- und Schneckenschalen gibt es noch als **Gruppe 4** die Lebensform der **bohrenden Algen,** die sich gerade so tief in die Kalksubstrate einbohren, daß sie eben noch eine für die Photosynthese ausreichende Lichtmenge durch den etwas transparenten Kalk hindurch erhalten. Schließlich dienen Pflanzen und Tiere des Phytals noch anderen Algen (**Gruppe 5)** als Lebensraum, nämlich den **epiphytischen** Algen (auf Pflanzen lebende Algen), **epizoischen** Algen (auf Tieren), **endophytischen** und **endozoischen** Algen (in Pflanzen oder Tieren; Näheres in Kapitel 8.2.). Parallel zu diesen Lebensformtypen der Vegetationsschichten kann man physiognomische Lebensformtypen unterscheiden (S. 281) sowie Lebensformtypen des jahreszeitlichen Verhaltens (S. 236).

1.1.2. Terminologie der Phytalzonen

Neben dem „klassischen", im vorliegenden Buch verwendeten Begriffssystem zur Unterteilung des Phytals in Supra-, Eu- und Sublitoral wurden drei andere Begriffssysteme aufgestellt, deren Beziehungen zum klassischen System klar erkannt werden müssen (vgl. Abb. 4), um einem Begriffswirrwarr zu entgehen.

Klassisches System. Der Begriff „Supralitoral" wurde von LORENZ (1863) eingeführt. Der Begriff „Sublitoral" stammt von KJELLMAN (1877, 1878), der zur Kennzeichnung der Tiefen-

Biologische Grenzen	*KLASSISCHES SYSTEM*	*STEPHENSON- SYSTEM*	*LEWIS- SYSTEM*	*GENUA- SYSTEM*	
		SUPRALIT- TORAL ZONE	MARITIME ZONE		
Oberste Meeresorganismen					
	SUPRALI- TORAL	SUPRALIT- TORAL FRINGE	LITTORAL FRINGE	ÉTAGE SUPRALIT- TORAL	
Seepocken					
	EULITORAL	MIDLITTORAL ZONE	EULITTORAL ZONE	ÉTAGE MÉDIOLIT- TORAL	
Oberste Laminarien					
		INFRALITTORAL FRINGE		ÉTAGE INFRALITTORAL (Starklichtzone)	
	SUBLITORAL	INFRALITTORAL ZONE	SUBLITTORAL ZONE	ÉTAGE CIRCALITTORAL (Schwachlicht- zone)	
Unterste Algen					

Column spanning labels: LITTORAL ZONE (center columns), SYSTÈME PHYTAL (right column)

Abb. **4**   Terminologie der Tiefenzonierung des Phytals nach vier Begriffssystemen

stockwerke eine „litorale Region" (im Gezeitenbereich liegend), „sublitorale Region" (Niedrigwasserniveau bis 20 Faden = 37 m) und „elitorale Region" (mit spärlichem Algenbewuchs) unterschied. Die Bedeutung des heute zu vermeidenden Begriffes „Litoral" wurde in der Folge verwässert, da von zahlreichen Autoren hierunter auch das gesamte Schelfgebiet bis zum Beginn des Kontinentalabhanges verstanden wurde und nicht nur der periodisch trockenfallende Bereich, welcher zur sicheren Kennzeichnung daher den Namen „Eulitoral" erhielt.

Stephenson-System. Dieses wurde aufgrund von weltweiten Untersuchungen der Organismenverteilung in der Gezeitenzone unter Festlegung der Grenzen durch die Vorkommengrenzen durch Leitorganismen aufgestellt (STEPHENSON u. STEPHENSON 1949, 1972). Das Stephenson-System ist mehrfach kritisiert worden (z. B. WOMERSLEY u. EDMONDS 1952, HARTOG 1959) und hat sich vor allem aus folgenden Gründen nicht weltweit durchgesetzt. Der Begriff „infralitoral zone" für Sublitoral kollidiert mit seiner Verwendung im Genua-System (s. u. und Abb. **4**), und die Bezeichnung des oberen Sublitorals als „infralitoral fringe" bietet ein Übersetzungsproblem, weil der Begriff „fringe" (Rand) mangels lateinischen Ursprungs nicht in andere Sprachen übertragen werden kann.

Lewis-System. Das Supralitoral wird in diesem System (LEWIS 1955, 1964) in Anlehnung an WOMERSLEY u. EDMONDS (1952) mit dem wiederum schwer übersetzbaren Begriff „littoral fringe" bezeichnet, da nach LEWIS' Auffassung die Bedeutung von Supralitoral („jenseits des Litorals") den falschen Eindruck vermitteln könnte, daß diese Region vorzüglich von nichtmarinen Organismen bewohnt wäre.

Genua-System. Dieses „System der französischen Schule" wurde 1957 von Wissenschaftlern der Mittelmeerländer konzipiert und wird seither in französischen und anderssprachigen

Publikationen des Mittelmeerbereichs ausschließlich angewendet (PÉRÈS u. MOLINIER 1957, PÉRÈS 1982a). Das Sublitoral wird in eine obere („étage infralittoral") und untere Zone („étage circalittoral") geteilt. Im Infralitoral leben die lichtliebenden, „photophilen" Algen sowie die marinen Phanerogamen als Gesamtheit, das Circalitoral beherbergt die schattenliebenden, „sciaphilen" Algen.

1.1.3. Gezeitenwasserstände und Seekartennull

Die periodischen Schwankungen des Meerwasserspiegels insgesamt werden als „Gezeiten" bezeichnet. Der höchste Wasserstand heißt „Hochwasser", der niedrigste „Niedrigwasser". Der Begriff „Tide" bezeichnet je ein Steigen und Fallen des Wassers von einem Niedrigwasser bis zum nächsten. Unter „Flut" versteht man das Steigen, unter „Ebbe" das Fallen des Wassers. Die durch steigendes und fallendes

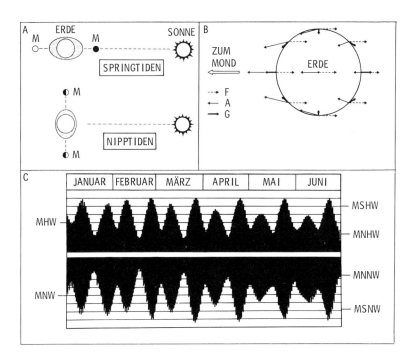

Abb. 5   Spring- und Nipptidenzyklus
(A) Springtiden (Gezeiten mit großem Tidenhub) treten bei Voll- und Neumond auf, wenn Erde, Mond (M) und Sonne in einer Linie stehen, Nipptiden dagegen in der Phase des ersten und letzten Mondviertels, wenn die Anziehungskräfte von Mond und Sonne gegeneinander wirken
(B) Gezeitenerzeugende Kraft (G) als Resultierende aus Anziehungskraft (A) und Fliehkraft (F). Vgl. Text.
(C) Beispiel für den Spring- und Nipptidenzyklus (Anglesey). Abkürzungen der Gezeitenniveaus: MSHW mittleres Springtide-Hochwasser; MHW mittleres Hochwasser; MNHW mittleres Nipptide-Hochwasser; MNNW mittleres Nipptide-Niedrigwasser; MNW mittleres Niedrigwasser; MSNW mittleres Springtide-Niedrigwasser (**A** aus *J. S. Levinton:* Marine ecology. Prentice-Hall, New Jersey 1982; **B** aus *G. Dietrich, K. Kalle, W. Krauss, G. Siedler:* Allgemeine Meereskunde. Eine Einführung in die Ozeanographie, 3. Aufl. Bornträger, Berlin 1975; **C** aus *J. R. Lewis:* The ecology of rocky shores. English Univ., London 1964)

Wasser erzeugten Gezeitenströme heißen „Flut- und Ebbstrom". Die Gezeiten des Meeres, in geringem Umfang auch die Gezeiten der festen Erde und der Atmosphäre, entstehen infolge periodischer Störungen des Schwerefeldes der Erde durch Mond und Sonne (detaillierte Schilderung bei DEFANT 1953, DIETRICH u. Mitarb. 1975, GIERLOFF-EMDEN 1980). **Springtiden** (Gezeiten mit großem Tidenhub) treten zweimal im Monat auf (Abb. 5C), nämlich (mit einer Verzögerung von 1-2 Tagen) bei Voll- und Neumond, wenn Erde, Mond und Sonne in einer Linie stehen (Abb. 5A). Es summieren sich dann die Anziehungskräfte des Mondes und die knapp halb so große Anziehungskraft der Sonne auf die Wassermasse an einem Punkt der Erde. Die beiden „Wasserberge" auf der Erde, die bei Hochwasserständen gleichzeitig auftreten, sind in folgender Weise zu erklären (Abb. 5B). Der dem Mond zugekehrte „Wasserberg" entsteht, weil sich hier das Wasser aufgrund der Anziehungskraft des Mondes diesem „entgegengewölbt". Der gleichzeitig auf der entgegengesetzten Erdseite vorhandene „Wasserberg" beruht auf dem Überwiegen der an allen Punkten der Erde gleich großen Fliehkraft des Zweikörper-Systems Mond-Erde, die sich hier stark auswirken kann, weil die entgegengesetzt wirkende Anziehungskraft des Mondes auf der mondabgewandten Seite der Erde nur gering ist. Die gleichzeitig vorhandenen zwei „Hochwasserberge" und rechtwinklig dazu auftretenden zwei „Niedrigwassertäler" bewegen sich in 24 h und 50 min, entsprechend der Dauer der scheinbaren Bewegung des Mondes („Mondtag"), einmal um die Erde. Daher verschiebt sich das Eintreffen von Hoch- und Niedrigwasser täglich. **Nipptiden** (Abb. 5A) treten in der jeweils auf Voll- oder Neumond folgenden Woche bei Halbmond auf. Dann bewirken Mond und Sonne jede für sich ein Anschwellen der Wassermassen, arbeiten also gegeneinander. Der tatsächlich auftretende „Wasserberg" ist wesentlich niedriger als bei Springtiden und wird in Richtung des Mondes gebildet, weil dessen Anziehungskraft größer ist als die der Sonne. Infolge der unregelmäßigen Land-Wasser-Verteilung und komplizierter Interferenz- sowie Resonanzerscheinungen existiert eine **halbtägige (semi-diurnale) Gezeitenform** (täglich zwei Hoch- und Niedrigwasser von annähernd gleicher Höhe) zwar vielerorts im Atlantik, jedoch nicht an zahlreichen anderen Küsten. Vor allem an pazifischen Küsten herrscht die **gemischte halbtägige Gezeitenform** (täglich zwei Hoch- und Niedrigwasser, jedoch jeweils mit starkem Höhenunterschied) vor, und an manchen Küsten, etwa im Golf von Mexiko, tritt die **eintägige (diurnale) Gezeitenform** (täglich nur ein Hoch- und Niedrigwasser) auf.

Gezeitenwasserstände. Langfristig gemittelte Hoch- und Niedrigwasserstände ergeben das mittlere Hochwasser (der Einfachheit halber im vorliegenden Buch als MHW abgekürzt; „mittleres Tide-Hochwasser" oder MThw in der Ausdrucksweise der Wasserschiffahrtsämter) und das mittlere Niedrigwasser (MNW). Bei Helgoland beträgt die Differenz zwischen beiden, der mittlere Tidenhub, 2,35 m (Abb. 60). Ein wesentlich größerer Tidenhub tritt an Orten auf, bei denen die Gezeitenwellen in Buchten einlaufen, zum Beispiel bei St. Malo in Nordfrankreich oder im Bristol-Kanal (SW-England), wo der mittlere Springtidenhub in beiden Fällen im Bereich von 11-12 m liegt. Das Seekartennull für die deutsche Nordseeküste entspricht dem Wasserstand, der bei mittlerem Springtiden-Niedrigwasser vorliegt. Das Pegelnull der deutschen Tidepegel entspricht jedoch nicht dem Seekartennull, sondern ist 5 m unter dem Normalnull der Landesvermessung angesetzt worden, um negative Wasserstandsangaben zu vermeiden. Den rechnerischen Zusammenhang aller dieser Bezugshöhen zeigt Tabelle 1 als Beispiel für Helgoland. Will man also bei Arbeiten in der Gezeitenzone oder beim Tauchen wissen, welchem Gezeitenwasserstand eine gemessene Wassertiefe entspricht, so notiert man zu diesem Meßwert die Uhrzeit, erfragt beim zuständigen Wasserschiffahrtsamt den Pegelstand zur Meßzeit und errechnet gemäß Tabelle 1 die gemessene Wassertiefe als „Meter über Seekartennull".

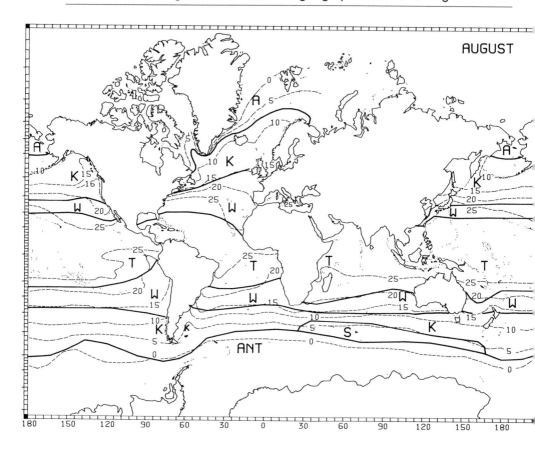

Tabelle **1** Rechnerischer Zusammenhang zwischen Pegelablesungen und Gezeitenwasserständen am Beispiel von Helgoland. NN Normalnull (= mittlerer Wasserstand der Ostsee am Pegel bei Swinemünde); PN Pegelnull (= 5 m unter Normalnull); SKN Seekartennull (= mittleres Springtiden-Niedrigwasser); EHW höchstes überhaupt bekanntes Hochwasser bei Helgoland seit 1952 (am 16. 2. 1969); ENW niedrigstes überhaupt bekanntes Niedrigwasser bei Helgoland seit 1952 (am 17. 3. 1969) (Quelle: Wasserschiffahrtsamt Helgoland)

Gezeiten-wasserstand	Abkür-zung	Wasserstand bei Bezug auf NN m	X Wasserstand bei Bezug auf PN m	Y Seekartennull = MSNW m	Z = X – Y Wasserstand bei Bezug auf SKN m
Extremes Hochwasser	EHW	NN + 3,60	+ 8,60	+ 3,25	+ 5,35
Mittleres Springtide-Hochwasser	MSHW	NN + 0,87	+ 5,87	+ 3,25	+ 2,62
Mittleres Hochwasser	MHW	NN + 0,78	+ 5,78	+ 3,25	+ 2,53
Mittleres Niedrigwasser	MNW	NN − 1,57	+ 3,43	+ 3,25	+ 0,18
Mittleres Springtide-Niedrigwasser = SKN	MSNW	NN − 1,57	+ 3,25	+ 3,25	0,00
Extremes Niedrigwasser	ENW	NN − 3,76	+ 1,24	+ 3,25	− 2,01

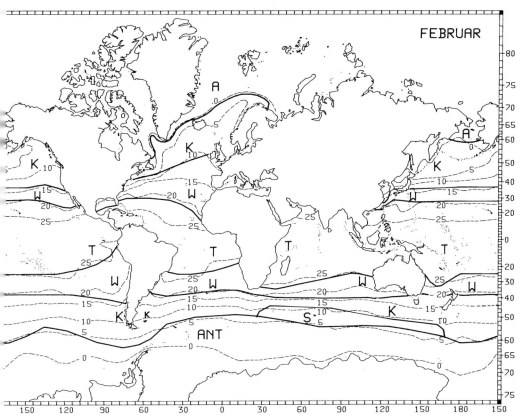

Abb. 6 Sieben Gruppen von meeresgeographischen Regionen: A arktische Region; K kaltgemäßigte; W warmgemäßigte Regionen der Nord-, bzw. Südhalbkugel; T tropische Regionen;
ANT antarktische Region. S bezeichnet die subantarktische (kaltgemäßigte) Insel-Region
Lagebeziehung der Regionsgruppen zur Oberflächentemperatur des Wassers im August (S. 10,
oben) und Februar (oben): Auf der Nordhalbkugel zeigen die Februarisothermen das Wintermi-
nimum, die Augustisothermen das Sommermaximum an. Auf der Südhalbkugel ist es umgekehrt (etwas verändert nach der tiergeographischen Aufteilung der Meeresküsten von *Briggs*
1974, mit folgenden Abweichungen für die Algenverbreitung: Ganz Island wird als kaltgemäßigt
betrachtet. Die Grenze zwischen kalt- und warmgemäßigten Regionen an der nordostamerikanischen Küste wurde von Cape Hatteras nach Cape Cod verlegt)

1.2. Geographische Verbreitung

Als Begründer der marinen Algenbiogeographie können der schwedische Phykologe KJELLMAN (1883), ein weitgereister Kenner der Arktis, daneben der amerikanische Phykologe SETCHELL (z. B. 1920, 1922), unter Betonung der Temperaturabhängigkeit der Artenverbreitung, angesehen werden (Überblick zur beginnenden
Phytogeographie vor 1900 bei SETCHELL 1917). HOEK (1975, 1982a, 1982b) und
MICHANEK (1979, 1983) sind als Erneuerer des Fachs zu nennen. Die heutige Verteilung der benthischen Meeresorganismen ist das Ergebnis von erdgeschichtlichen
Verbreitungswanderungen der Arten und Veränderungen der Küstenlinien (vgl.
S. 20 zum letzteren Aspekt). Als Einführung in die Ozeanographie und in die Mee-

resgeographie können die Lehrbücher von BRUNS (1958), DIETRICH u. Mitarb.
(1975) sowie von GIERLOFF-EMDEN (1980) verwendet werden. Das Gebiet der
marinen Biogeographie und marinen Paläoökologie wurde durch den britischen
Meereszoologen und Paläoontologen EDWARD FORBES um die Mitte des vergangenen Jahrhunderts eröffnet (Näheres zur Historie bei HEDGPETH 1976). Von FORBES
stammt der Ausspruch: „Die Verbreitungswanderung einer Strandschnecke hat tiefere Bedeutung als die Kriege und Eroberungen, mit denen sich der Historiker
beschäftigt".

1.2.1. Meeresbiogeographische Regionen

Die Faunen- und Florengebiete (Regionen) des Meeres werden in der neueren
marinen Tierbiogeographie (EKMAN; HEDGPETH; BRIGGS; VERMEIJ) und marinen
Algenbiogeographie (HOEK; MICHANEK) zumeist in sieben Gruppen von Regionen
aufgegliedert: arktische, kalt- und warmgemäßigte Regionen der Nordhalbkugel,
tropische Regionen, warm- und kaltgemäßigte Regionen der Südhalbkugel und
antarktische Region. Die in diesem Buch verwendete Aufteilung (Abb. 6; Übersicht
der geographischen Grenzorte in Abb. 7) folgt mit geringfügigen Abweichungen der
tiergeographischen Gliederung von BRIGGS (1974), die im übrigen der unabhängig
von BRIGGS aufgestellten phytogeographischen Gliederung von MICHANEK (1979,
1983) sehr ähnlich ist.
Die Grenzen dieser sieben Gruppen von Regionen (es wird hier auf die Eingliede-
rung der Regionen in „Reiche" u. dgl. verzichtet), aufgrund von auffälligen Änderungen der Küstenfauna und Flora aufgestellt, folgen, mit Ausnahmen (S. 118),
dem Verlauf bestimmter, kritischer Meeresisothermen, da die Wassertemperatur als
wichtigster Faktor die geographische Verbreitung der Meeresalgen bestimmt, abgesehen vom festen Substrat, das für die Existenz der meisten vielzelligen Meeresalgen unerläßlich ist. Unter Isothermen versteht man Linien, welche geographische
Orte gleicher mittlerer Wassertemperatur für einen bestimmten Monat verbinden,
wobei die Werte über viele Jahre hinweg gemittelt werden. Die in diesem Buch verwendeten Isothermen zur Regionsabgrenzung, deren Festlegung auf STEPHENSON
(1948) und HOEK (1975) zurückgeht, sind in Abbildung 8 dargestellt. Es liegt auf
der Hand, daß dieses Schema für die Abgrenzung der meeresgeographischen
Regionen nur als Richtschnur dienen kann, da die Abgrenzung primär dem Wechsel der Flora und Fauna in einer bestimmten Küstengegend folgen muß (floristische und faunistische Diskontinuitäten). Daß man überhaupt derartige, in „Zeh-
ner-" oder „Fünfer"-Graden abgegrenzte Temperaturbereiche zur Kennzeichnung
von biogeographischen Regionen verwendet, hat zum einen mit dem Hang zur
Abrundung zu tun. Es ist nur eine Konvention, wenn man die Grenze zwischen
„warm" und „kalt" im Fall der gemäßigten Regionen bei der 15°C-Sommeriso-
therme und der 10°C-Winterisotherme ansetzt (Abb. 8). Zum anderen gibt es aber
auch günstige Koinzidenzen mit den Temperaturgrenzen wichtiger Gruppen. So
folgt die Verbreitung der vegetationsbestimmenden Ordnung der Laminariales, wie
SETCHELL bereits 1893 erkannte, tatsächlich in etwa der 20°C-Sommerisotherme
(vgl. z. B. Abb. 6 mit Abb. 23; s. S. 44, 70, 198), und Temperaturen unter 20°C
gefährden die Existenz der Korallenriffe in den tropischen Regionen (S. 160).
Ein wesentlicher Grund für den langsamen Fortschritt der Biogeographie der Meeresalgen war der problematische Zustand der Algentaxonomie. Erst in neuerer Zeit

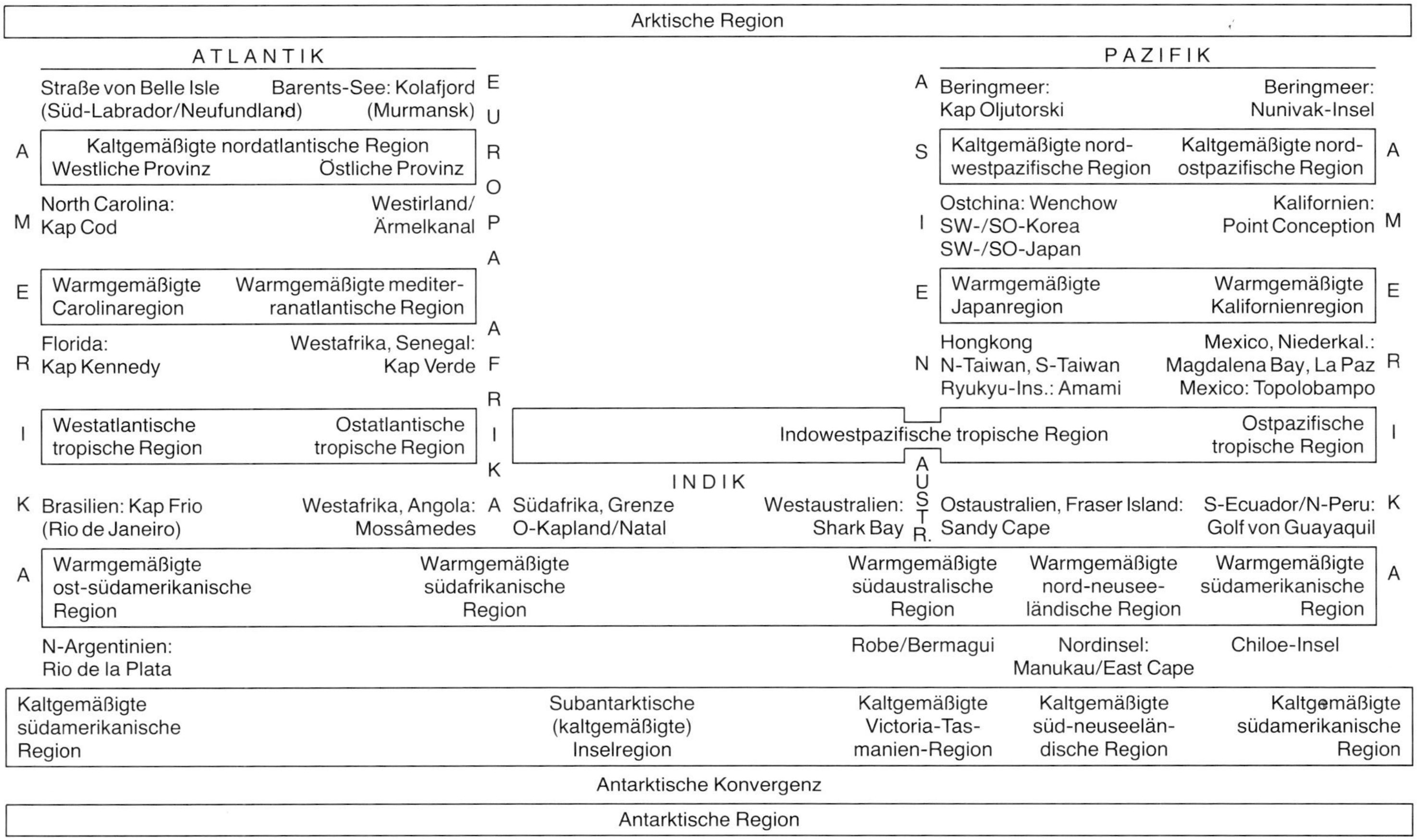

Arktische Region

ATLANTIK

	Westliche / Westatlantisch	Östliche / Ostatlantisch	
	Straße von Belle Isle (Süd-Labrador/Neufundland) E	Barents-See: Kolafjord (Murmansk) U	
A	Kaltgemäßigte nordatlantische Region — Westliche Provinz R	Östliche Provinz O	
M	North Carolina: Kap Cod	Westirland/Ärmelkanal P	
A			
E	Warmgemäßigte Carolinaregion	Warmgemäßigte mediterranatlantische Region A	
R	Florida: Kap Kennedy	Westafrika, Senegal: Kap Verde F	
R			
I	Westatlantische tropische Region	Ostatlantische tropische Region I	
K	Brasilien: Kap Frio (Rio de Janeiro)	Westafrika, Angola: Mossâmedes K	A Südafrika, Grenze O-Kapland/Natal
A	Warmgemäßigte ost-südamerikanische Region	Warmgemäßigte südafrikanische Region	
	N-Argentinien: Rio de la Plata		
	Kaltgemäßigte südamerikanische Region	Subantarktische (kaltgemäßigte) Inselregion	

PAZIFIK

A	Beringmeer: Kap Oljutorski	Beringmeer: Nunivak-Insel	
S	Kaltgemäßigte nord-westpazifische Region	Kaltgemäßigte nord-ostpazifische Region	A
I	Ostchina: Wenchow, SW-/SO-Korea, SW-/SO-Japan	Kalifornien: Point Conception	M
E	Warmgemäßigte Japanregion	Warmgemäßigte Kalifornienregion	E
N	Hongkong, N-Taiwan, S-Taiwan, Ryukyu-Ins.: Amami	Mexico, Niederkal.: Magdalena Bay, La Paz, Mexico: Topolobampo	R
	Indowestpazifische tropische Region	Ostpazifische tropische Region	I
A U S T R.	Westaustralien: Shark Bay	Ostaustralien, Fraser Island: Sandy Cape S	S-Ecuador/N-Peru: Golf von Guayaquil K
	Warmgemäßigte südaustralische Region	Warmgemäßigte nord-neuseeländische Region	Warmgemäßigte südamerikanische Region A
	Robe/Bermagui	Nordinsel: Manukau/East Cape	Chiloe-Insel
	Kaltgemäßigte Victoria-Tasmanien-Region	Kaltgemäßigte süd-neuseeländische Region	Kaltgemäßigte südamerikanische Region

INDIK

Antarktische Konvergenz

Antarktische Region

Abb. 7 Grenzorte der meeresgeographischen Regionen (vgl. Legende zu Abb. 6) (nach *Briggs* 1974)

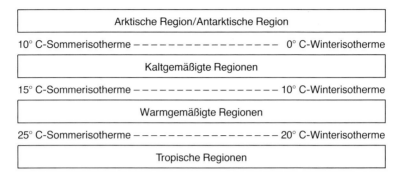

Abb. 8 Schema für die Abgrenzung von marinen biogeographischen Regionen durch Isothermen (nach *Stephenson* 1948)

hat sich durch monographische Bearbeitungen von taxonomischen Einheiten und lokalen Floren eine etwa hinreichende Klarheit ergeben, um die Verbreitungsgebiete einzelner Arten darstellen zu können. Artenreiche Gattungen wie *Polysiphonia*, *Ceramium* oder *Enteromorpha* sind für große Gebiete jedoch noch unbearbeitet und können deshalb für biogeographische Zwecke nicht oder kaum verwendet werden.

1.2.2. Temperatur und Arealgrenzen

Hinsichtlich der Begrenzung des Verbreitungsgebietes einer Art (Areal) durch die Wassertemperatur müssen nach HUTCHINS (1947) und HOEK (1982a) folgende Fälle unterschieden werden (Formulierungen gelten für die Nordhalbkugel): Eine Art kann sich jenseits einer temperaturbedingten Grenze nicht verbreiten, weil sie **(a)** bei höheren oder tieferen Temperaturen abstirbt (südliche Letalgrenze für kälteliebende Arten, entprechend dem Verlauf der Augustisotherme des Meerwassers; nördliche Letalgrenze für wärmeliebende Arten, entsprechend der Februarisotherme) oder **(b)** nicht mehr wachsen oder sich nicht mehr fortpflanzen kann (südliche Wachstums- oder Reproduktionsgrenzen, entsprechend der Februarisotherme; nördliche Wachstums- oder Reproduktionsgrenzen, entsprechend der Augustisotherme). Da es sich bei den Isothermen um Mittelwerte von vielen Jahren handelt, verwendet man zur Korrelierung des kritischen Temperaturbedarfs der Algen mit den mittleren Meeresisothermen einen „Sicherheitsabstand" von 2 Celsiusgraden im Temperaturbereich über 10°C und von einem Celsiusgrad im Bereich unter 10°C (HOEK 1982a).

Die Tatsache, daß im Nordatlantik und im Nordpazifik die Breitenabstände der Isothermen jeweils an der Westseite dieser Ozeane zusammengedrängt sind, bedeutet eine erhebliche Einschränkung für die Existenzmöglichkeit zahlreicher mariner Arten und erschwert im übrigen die Abgrenzung der Regionen durch Isothermen, etwa an der atlantischen Küste von Nordamerika oder an der japanischen Küste (Abb. 6). Beispielsweise steht solchen Algen, die im Temperaturbereich 0 bis 20°C überleben und sich reproduzieren können, in Europa über 35 Breitengrade hinweg die Küstenstrecke von Nordnorwegen bis Südportugal zur Besiedlung offen, an der nordamerikanischen Ostküste nur über 5 Breitengrade hinweg die Strecke von Neuschottland bis New York. Als weitere Folge ist die im Laufe des Jahres auftretende Temperaturspanne an jedem Ort der nordamerikanischen Ostküste im Mittel 2-3mal größer als an den europäischen Küsten. Die mittleren Temperaturunterschiede zwischen Winter- und Sommertemperatur betragen bei Cape Cod 3-18°C (Extremfall: 0-20°C), bei Tromsö 3-10°C, an der Bretagne 9-17°C und in Mittelportugal 14-19°C. An den Westseiten der Ozeane können daher nur eurytherme Arten (mit breiter Temperaturresistenz, vgl. Kapitel 7.1.1.) gedeihen. Diese Arten kommen auch an den Ostseiten der Ozeane vor, aber hinzu treten hier auch stenotherme Arten (mit enger Temperaturresistenz). Es wäre allerdings ein Fehlschluß, würde man aus den größeren Temperaturfluktuationen an den Westseiten der Ozeane auf eine geringere Artenzahl schließen. Dem würde der Artenreichtum der japanischen Küste mit etwa 1 000 Arten widersprechen. Unter der Voraussetzung, daß eine große Temperaturspanne über lange Zeit konstant auftritt, ist der Faktor „große jahreszeitliche Temperaturschwankungen" allein nicht als instabil und damit als hinderlich für die Ausbildung einer reichhaltigen Flora anzusehen (HOEK 1975). Die nordamerikanisch-atlantische Seite ist allerdings artenärmer als die europäisch-atlantische Seite. Diese Erscheinung ist jedoch wohl in erster Linie auf das algenfeindliche, weiche Substrat in der warmgemäßigten Carolinaregion zurückzuführen (S. 101). Die folgenden Anwendungsbeispiele zeigen, in welcher Weise Arealgrenzen mit dem Verlauf gewisser Isothermen korreliert werden können.

Beispiel 1: Stenotherme, warmgemäßigte Art mit nördlicher Letal- und südlicher Reproduktionsgrenze. Extreme Fälle von stenothermen Algen findet man in der Gruppe der warmgemäßigten europäischen Arten. So verträgt *Saccorhiza polyschides,* ein charakteristischer, europäisch-atlantischer Vertreter der Laminariales (Abb. **9, 48**), eine mittlere Temperaturspanne von 11°C (NORTON 1977). Der Sporophyt dieser Alge liegt nämlich im unteren Temperaturbereich schon bei 3°C, einer für den Kältetod der Laminariales ungewöhnlich hohen Temperatur, im oberen Temperaturbereich bei 24°C, und seine Gametophyten können nur bei einer Maximaltemperatur von 17°C fertil werden sowie den neuen Sporophyten erzeugen. Dieser Brauntang kann daher nur zwischen der 4°C-Februarisotherme (nördliche Letalgrenze, entsprechend 3°C in den kältesten Jahren; vgl. „Sicherheitsabstand", S. 14) und der 22°C-Augustisotherme (südliche Letalgrenze) existieren. Einen Ort mit diesen Bedingungen gibt es nicht an der ostamerikanischen Küste, denn die beiden Isothermen überkreuzen sich (Abb. 9) und eliminieren jede Art, welche diese Temperaturspanne benötigt. An der ostatlantischen Seite aber gibt es keine Überkreuzung der beiden Isothermen, sie liegen weit auseinander, und so kann *Saccorhiza polyschides,* wie Abb. 9 zeigt, hier von Mittelnorwegen (4°C im Februar) bis Marokko (15°C im Februar, südliche Reproduktionsgrenze) existieren, allerdings nur an den offenen atlantischen Küsten. Im Nordseebereich liegen die Temperaturen im Winter tiefer und im Sommer höher, und so fehlt die Art auch bei Helgoland, wo die Schwankungen der Wassertemperaturen infolge des küstennahen Standortes besonders extrem ausfallen und die jährliche Temperaturspanne oft zwischen 2°C und 18°C liegt. Im Mittelmeer kommt die Art an einigen Stellen vor, wo die Temperatur im Sommer kaum 22°C überschreitet (S. 91).

Beispiel 2: Tropisch-warmgemäßigte Art mit nördlicher Letalgrenze in Nordamerika und nördlicher Wachstums- und Reproduktionsgrenze in Europa. Die wärmeliebende Braunalge *Dictyota dichotoma* (Abb. **10, 81**) wächst an der nordamerikanischen Küste bis zur 2°C-Februarisotherme (North Carolina) und damit bis hinauf zu ihrer nördlichen Letalgrenze. Aus Laborbefunden ist bekannt, daß die Art bei 1°C abstirbt, und man kann davon ausgehen, daß die Februartemperatur der kältesten Jahre, die man als entscheidend für die Arealbegrenzung ansehen muß, um 1°C unter der langjährig gemittelten Februarisotherme liegt („Sicherheitsabstand" von 1°C; S. 14). An der europäisch-atlantischen Seite trifft die 2°C-Februarisotherme in Nordnorwegen auf die Küste. *D. dichotoma* dringt aber nur bis Südnorwegen vor, wo die tiefste Temperatur 5°C beträgt, so daß das Areal hier nicht aufgrund einer nördlichen

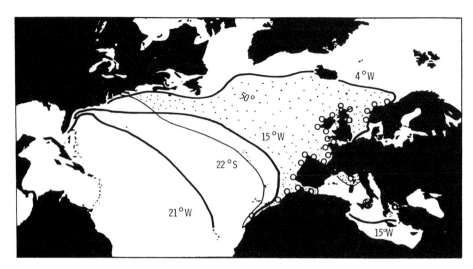

Abb. **9** Verbreitung und Isothermeneingrenzung des Brauntangs *Saccorhiza polyschides*. Fundorte durch Kreise markiert (Art fehlt in Nordamerika), Verbreitungsgebiet punktiert (Vorkommen jedoch nur entlang der Küsten); 4°C-Winterisotherme = nördliche Letalgrenze; 15°C-Winterisotherme = südliche Reproduktionsgrenze; 22°C-Sommerisotherme = südliche Letalgrenze; 21°C-Winterisotherme = südliche Wachstumsgrenze (wird nicht erreicht) (aus *C. van den Hoek:* Biol. J. Linn. Soc. 18 [1982] 81-144)

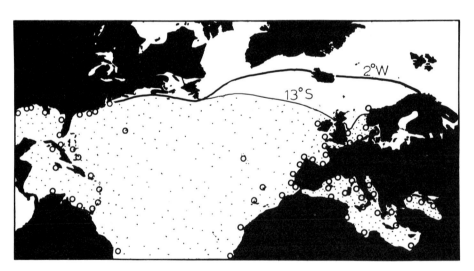

Abb. **10** Verbreitung und Isothermeneingrenzung der Braunalge *Dictyota dichotoma* an beiden Seiten des Nordatlantiks (vgl. Legende zu Abb. **9**); 2°C-Winterisotherme = nördliche Letalgrenze (arealbegrenzend in Nordamerika); 13°C-Sommerisotherme = nördliche Wachstums- und Reproduktionsgrenze (arealbegrenzend in Europa) (aus *C. van den Hoek:* Helgoländer Meeresunters. 35 [1982] 153-214)

Letalgrenze enden kann. Die Alge benötigt jedoch für das Wachstum während einiger Monate Temperaturen oberhalb von 12°C, und tatsächlich folgt ihre nördliche Arealgrenze in Europa der 13°C-Sommerisotherme, die somit einer nördlichen Wachstumsgrenze gleichkommt. Die hier auffällige Tatsache, daß die nördliche Arealgrenze auf der einen Seite des Atlantiks einer Winterisotherme und auf der anderen Seite einer Sommerisotherme folgt, findet ihre Erklärung in der obenerwähnten Tatsache, daß mehrere kritische Winter- und Sommerisothermen den Atlantik nicht parallel überqueren, sondern sich vor der ostamerikanischen Küste kreuzen.

Beispiel 3: Kaltgemäßigte Art mit südlicher Letal- und Wachstumsgrenze sowie nördlicher Wachstums- und Reproduktionsgrenze. Bei der Rotalge *Chondrus crispus* (Abb. **11, 45**) begrenzt die 24°C-Sommerisotherme an beiden atlantischen Seiten das Areal nach Süden und entspricht in etwa einer südlichen Letalgrenze (Todestemperatur bei 28°C). An der ostatlantischen Seite kommt diese Arealgrenze auch der Lage der 17°C-Winterisotherme gleich und damit einer südlichen Reproduktionsgrenze, weil Gametophyten und Tetrasporophyten im Laboratorium noch bei 15°C reproduktiv werden, aber nicht mehr bei 20°C. Im Norden wird das Areal durch die 7°C-Sommerisotherme als nördliche Wachstumsgrenze abgeschlossen (minimales Wachstum unter Laborbedingungen bei 5°C). Die hier ebenfalls verlaufende 0°C-Winterisotherme (Abb. **6**) wirkt sich offenbar nicht als nördliche Letalgrenze aus, da die Art im Eulitoral auch strengen Frost überlebt.

Beispiel 4: Photoperiodisch kontrollierte, gemäßigte Art mit komplexen Grenzen. Der Tetrasporophyt der Rotalge *Bonnemaisonia hamifera* (Abb. **12, 74**) bildet Tetrasporen im Kurztag aus, bei Tageslängen bis maximal 11 h Licht pro Tag, weiterhin nur im Temperaturbereich 13-19°C (S. 232). Die nördliche Arealgrenze des Gametophyten, der nur aus Tetrasporen hervorgeht, entspricht als nördliche Reproduktionsgrenze etwa der 13°C-Oktoberisotherme. Noch weiter nördlich kommt nur der sich vegetativ vermehrende Tetrasporophyt vor, dessen Nordgrenze der 10°C-Sommerisotherme und damit einer nördlichen Wachstumsgrenze entspricht. Eine nördliche Letalgrenze wird nicht erreicht, da die Alge mit beiden Phasen Temperaturen knapp unter dem Nullpunkt überlebt, aber nicht mehr in Südgrönland, nördlich der

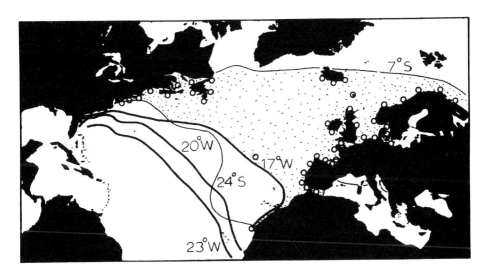

Abb. **11** Verbreitung und Isothermeneingrenzung der Rotalge *Chondrus crispus* an beiden Seiten des Nordatlantiks (vgl. Legende zu Abb. **9**); 24°C-Sommerisotherme = südliche Letalgrenze (arealbegrenzend an beiden Seiten des Atlantiks); 17°C-Winterisotherme = südliche Reproduktionsgrenze (zusätzlich arealbegrenzend in Nordafrika); 7°C-Sommerisotherme = nördliche Wachstumsgrenze (arealbegrenzend an beiden Seiten des Atlantiks). Eine südliche Wachstums- und Reproduktionsgrenze (23°C-Winterisotherme) wird nicht erreicht (aus *C. van den Hoek:* Helgoländer Meeresunters. 35 [1982] 153-214)

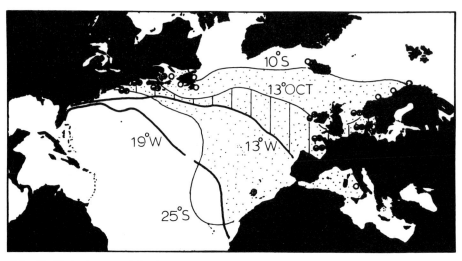

Abb. 12 Verbreitung und Isothermeneingrenzung der Rotalge *Bonnemaisonia hamifera* an beiden Seiten des Nordatlantiks; ◕ und schraffierter Bereich = Areal des Gametophyten (*Bonnemaisonia*-Phase); punktierter Bereich = Areal des Tetrasporophyten (Trailliella-Phase) mit (⊕) oder ohne (O) Tetrasporangien; 10°C-Sommerisotherme = nördliche Wachstumsgrenze des Tetrasporophyten, der sich vegetativ durch Fragmentierung vermehren kann; 13°C-Oktoberisotherme = nördliche Grenze für die Bildung von Tetrasporen und damit des Gametophyten, der nur aus Tetrasporen hervorgeht; 13°C-Winterisotherme = Wachstums- und Reproduktionsgrenze des Gametophyten (arealbegrenzend in Europa); 25°C-Sommerisotherme = südliche Letalgrenze des Gametophyten (arealbegrenzend an der ostamerikanischen Küste). Eine südliche Reproduktionsgrenze des Tetrasporophyten (19°C-Winterisotherme) wird nicht erreicht (aus *C. van den Hoek:* Helgoländer Meeresunters. 35 [1982] 153-214)

0°C-Isotherme (vgl. Abb. **6**) vorkommt. Die südliche Verbreitungsgrenze des Gametophyten entspricht an der ostatlantischen Küste einer Maximaltemperatur für Wachstum und Reproduktion dieser Phase (13°C-Winterisotherme), an der amerikanischen Küste einer südlichen Letalgrenze (25°C-Sommerisotherme). Der Tetrasporophyt kommt an beiden atlantischen Küsten im Süden bis zur 25°C-Sommerisotherme als südlicher Letalgrenze vor, hat also im Süden und Norden eine weitaus größere Verbreitung als der Gametophyt.

2. Die Algenvegetation der kalt- und warmgemäßigten Regionen der Nordhemisphäre

2.1. Marine Florengeschichte und Paläoozeanographie

Literatur: Marine Biogeographie: BRIGGS (1974), GÖTTING u. Mitarb. (1982), HEDGPETH (1957), HOEK (1975, 1982a, 1982b, 1984), MICHANEK (1979, 1983), PÉRÈS (1982b), PIELOU (1979). **Ozeanographie und Paläoozeanographie:** BROWN u. GIBSON (1983), DIETRICH u. Mitarb. (1975), FRAKES (1979), GORDON (1974), GIERLOFF-EMDEN (1980), SCHWARZBACH (1974), SCHOPF (1980), SCLATER u. Mitarb. (1977), THENIUS (1977).

Die kaltgemäßigten Regionen im Nordpazifik und im Nordatlantik beherbergen grundsätzlich voneinander verschiedene Floren und Faunen. Außerdem scheint der Nordpazifik artenreicher zu sein. So findet man in den kaltgemäßigten Regionen an der Küste von Westnorwegen (RUENESS 1977) rund 450 Arten von marinen Makroalgen, nördlich von Kap Mendocino (Kalifornien) etwa 500 Arten und an den Küsten des Japanischen Meeres rund 750 Arten (HOEK 1975, FUNAHASHI 1973). Besonders deutlich wird der Florenreichtum des Nordpazifiks auf dem Niveau der Gattungen, etwa der Laminariales (S. 103).

Pleistozäne Verschiebungswanderungen. Die im Vergleich zum Nordpazifik auftretende Artenarmut der kaltgemäßigten Region im Nordatlantik wird verständlich, wenn man bedenkt, daß die benthisch-marinen Floren und Faunen, wie die terrestrischen, während der mehrfachen Kaltzeiten des Pleistozäns nach Süden und in den anschließenden Warmzeiten wieder nach Norden verschoben wurden. Vor 18 000 Jahren, beim Höhepunkt der letzten Vereisung, lagen die Wassertemperaturen im Nordatlantik, der in weitoffener Verbindung mit dem Nordpolarmeer steht, wahrscheinlich um 10°C, im Nordpazifik, der nur über das Beringmeer Verbindung zum Nordpolarmeer hat, um 4°C niedriger als die heutigen Werte an gleichen geographischen Orten (McINTYRE u. Mitarb. 1976). Eine Verschiebung der Isothermen um 10°C bedeutet zum Beispiel, daß die 5°C-Augustisotherme, die jetzt etwa die Grenze der arktischen Region bei Südgrönland kennzeichnet, vor 18 000 Jahren bei der Bretagne verlief, bei der heute die 15°-Augustisotherme auftrifft (vgl. Abbildungen 6 und 13). Die letztgenannte Isotherme, welche den Beginn der kaltgemäßigten Region markiert, verlief damals bei Südspanien. Die Algenflora der Arktis zeigt wohl noch jetzt den Vegetationsaspekt, den man sich während der Glazialperioden an den augenblicklich kaltgemäßigten Küsten vorzustellen hat. Generell kann man im Nordatlantik während der Glazialperioden mit einer Südverschiebung der kaltgemäßigten Fauna und Flora um 15-20 Breitengrade an der europäischen und um 5-10 Breitengrade an der nordamerikanischen Seite rechnen. Gebiete, die während der Glazialperioden unter dem im Inland bis zu 3000 m hohen Eisschild lagen, mußten in den anschließenden Interglazialperioden völlig neubesiedelt werden. Dies gilt, entsprechend den Grenzen des Eisschildes während der letzten Eiszeit, für die Küsten nördlich von New York und von Südengland (s. Abb. 13). Im Nordpazifik waren die pleistozänen Verhältnisse für die marin-benthischen Organismen nicht so drastisch, da zum einen, wie erwähnt, die Minusabweichungen der eiszeitlichen Wassertemperaturen geringer waren und die Verschiebungswanderungen zum anderen entlang einer ununterbrochenen, zumeist felsigen, also für benthische Algen geeigneten Küste erfolgten. Im Nordatlantik behindern dagegen noch heute die großen Meeresentfernungen zwischen Grönland, Spitzbergen, Island und den europäischen Küsten die Verbreitung der benthischen Organismen. Zusätzliche Wanderungsbarrieren für benthische Algen bestehen im Nordatlantik in Form von ausgedehnten Weichsubstratküsten, vor allem bei der heute warmgemäßigten Carolinaregion (S. 101) und in Europa an den Küsten Frankreichs (S. 68) und der Nordsee (S. 47). Insofern kann man sich vorstellen, daß bei diesen Verschiebungswanderungen im Nordatlantik eine größere Zahl an Arten verlorenging, so daß im Ergebnis das heutige Bild einer relativ verarmten kaltgemäßigten nordatlantischen Fauna und Flora entstand.

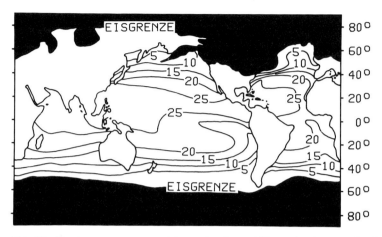

Abb. **13** Vereisungsgrenzen und Lage der August-Meeresisothermen (in Grad Celsius) vor 18 000 Jahren, beim Höhepunkt der letzten Glazialperiode. Die Darstellung der Festlandsumrisse berücksichtigt die Tatsache, daß das Meeresniveau damals um 85 m tiefer lag (nach *Mc Intyre* u. Mitarb. 1976)

Die Verschiedenheit der nordpazifischen und nordatlantischen kaltgemäßigten Fauna und Flora wird verständlich, wenn man die Entstehungsgeschichte des Atlantischen Ozeans und die erdgeschichtlichen Änderungen der Temperaturen im Atlantik und Pazifik verfolgt. Die jetzt weit offenen Verbindungen des Nordpolarmeeres zum Atlantik und die „Nadelöhrverbindung" über die Beringstraße zum Pazifik spielen dabei eine entscheidende Rolle.

Drift der Kontinente und Entstehung des Atlantiks. Nach dem heutigen Konzept der Plattentektonik geht man davon aus, daß sich 6 große und weitere kleine, 50-100 km dicke Platten, die bis in den Erdmantel reichen, auf der Erdoberfläche mit der Geschwindigkeit von einigen cm pro Jahr bewegen (vgl. GIERLOFF-EMDEN 1980, TARDENT 1979). Am Ende des Paläozoikums, vor 230 Mio. Jahren, bestand wahrscheinlich eine einheitliche Landmasse, die **Pangaea,** umgeben von einem einzigen Ozean, der Panthalassa (Abb. **14A**). Mit Beginn des Mesozoikums setzte die Fragmentierung der Pangaea ein, wobei sich ein Nordkontinent, **Laurasia,** von einem Südkontinent, **Gondwana,** trennte. Zwischen dem heutigen Eurasien und Nordafrika entwickelte sich, zunächst als östliche Einbuchtung, später als Durchbruch, das **Tethysmeer,** welches in der frühen Kreidezeit, vor 135 Mio. Jahren, mit dem neugebildeten südlichen Atlantik einen durchgehenden marinen Verbindungsweg zwischen Laurasia und Gondwana bildete (Abb. **14C**). Das europäische Mittelmeer ist der letzte Rest des Tethysmeeres (S. 79) und wird zukünftig von der afrikanischen Platte zugeschoben. Die **Öffnung des Atlantiks** setzte sich in der Kreidezeit fort (Abb. **14D, E**), wobei zunächst nur tropische und warmgemäßigte Regionen existierten. Die Wassertemperaturen lagen in der Kreidezeit an den Polen um ungefähr $10°C$ über den heutigen Werten. Im **Tertiär** (vor 65 Mio. J. Beginn des Paläozäns; 51 Mio. J.: Eozän; 37 Mio. J.: Oligozän; 23 Mio. J.: Miozän; 5 Mio. J. Pliozän) kam es zu einer **Abkühlung** der ganzen Erde (Abkühlungssprünge besonders vor 40 Mio. J. im späten Eozän sowie vor 10 Mio. J. im Miozän) und schließlich zur Ausbildung von Eiskappen an den Polen, in der Antarktis früher als in der Arktis (S. 183); Beginn des Quartärs vor 1,8 Mio. J.). Der Durchbruch des Nordatlantiks zum Nordpolarmeer ereignete sich im frühen Miozän, vor 21 Mio. Jahren (Abb. **14F**). Damit wurde das Nordpolarmeer zu einer großen Ausbuchtung des Atlantiks (Abb. **15**), und infolge der breiten Verbindung zwischen beiden Meeren war die Voraussetzung für die mehrfache drastische Abkühlung des Nordatlantiks während der Glazialperioden geschaffen. Dagegen war der Nordpazifik vom Nordpolarmeer bis zum späten Tertiär durch eine Landbrücke abgeschlossen (S. 23).

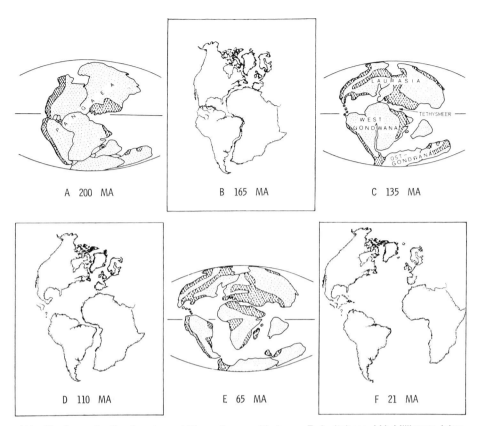

A   200   MA   B   165   MA   C   135   MA

D   110   MA   E   65   MA   F   21   MA

Abb. **14**   Lage der Kontinente und Meere in verschiedenen Erdzeitaltern. MA Millionen Jahre vor Jetztzeit; epikontinentale Meere durch Schraffur gekennzeichnet

(A) 200 MA (frühe Trias): Kontinente als einheitliche Landmasse (Pangaea)

(B): 165 MA (mittlerer Jura): Atlantik noch geschlossen

(C) 135 MA (frühe Kreide): Laurasia von Gondwana getrennt. Im Westen: südlicher Nordatlantik und Karibische See sind durch Auseinanderweichen von Südamerika, Afrika und Nordamerika entstanden. Im Osten: Tethysmeer zwischen Asien und Nordafrika. Im Süden: Ost-Gondwana (Antarctica plus Australien) noch mit Südamerika verbunden. Madagaskar und Indien trennen sich von West-Gondwana

(D) 110 MA (Kreide): Ausweitung des Nordatlantiks bis zur Höhe Nordspanien / Neufundland. Ob die Verbindung zwischen Atlantik und Pazifik durch eine proto-karibische Landbrücke blockiert war, ist unsicher. Bildung des Südatlantiks durch Trennung von Südamerika und Afrika, die im Norden noch zusammenhängen und den Süd- vom Nordatlantik trennen. Südatlantik bis vor 65 MA gegen Südpolarmeer durch eine Schwelle in der Höhe der Falklandinseln abgeschlossen

(E) 65 MA (späte Kreide / frühes Tertiär): Nordatlantik reicht im Norden bis zur Labradorsee. Nordatlantik, Südatlantik und Südpolarmeer nun in durchgehendem Kontakt. Grönland driftet von Europa und Nordamerika ab. Eine Schwelle in der Linie Island-Färöer schließt den Nordatlantik noch vom Nordpolarmeer ab. Ostgondwana zerbricht vor 49 MA in Antarctica und Australien. Indien kommt mit Asien vor 45 MA in Kontakt

(F) 21 MA (Tertiär, Miozän): Durchbruch des Nordatlantiks zum Nordpolarmeer zwischen Grönland und Europa. Island entsteht als vulkanische Insel um 16 MA. Die Meeresverbindung der Beringstraße öffnet sich vor etwa 3,5 MA. Die mittelamerikanische Landbrücke schließt sich vor 4-6 MA (**A, C, E** aus *E. C. Pielou:* Biogeographie. Wiley, New York 1979; **B, D, F** nach *Sclater* u. Mitarb. 1977)

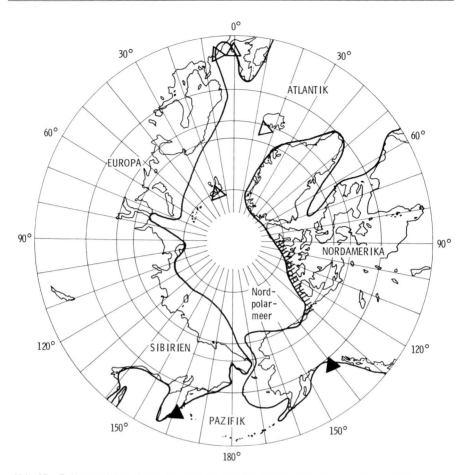

Abb. 15 Rekonstruktion der polnahen Gebiete im späten Miozän, vor etwa 10 Mio. Jahren. Zwischen Pazifik und Nordpolarmeer hat sich zum ersten Mal die Beringstraße geöffnet, und es kommt zu einem Faunenaustausch, der hier anhand von Mollusken in miozänen und pliozänen Ablagerungen dargestellt ist. Offene Dreiecke: Pazifische Einwanderer (Mollusken) im Atlantik; geschlossene Dreiecke: atlantische Einwanderer im Pazifik. Nach McKenna (1983) erfolgte die Öffnung der Beringstraße erst im Pliozän, vor 3,5 Mio Jahren (aus *D. M. Hopkins:* The Bering land bridge. Stanford Univ., Stanford, Calif. 1967)

Bei den heutigen Algen der tropischen und warmgemäßigten Regionen stellt man eine untere Letalgrenze im Bereich 5-14°C fest (S. 245). Möglicherweise begann die Ausbildung der kälteverträglichen Arten, als diese Temperaturen im Verlauf des Tertiärs in Polnähe unterschritten und damit ein neuer Lebensraum frei wurde. Hypothetisch kann man annehmen, daß sich die ersten kälteverträglichen benthischen Meeresalgen an den nördlichen, damals eisfreien Felsküsten der noch zusammenhängenden nordkanadischen Inselwelt und von Nordgrönland ausbildeten. Nach diesen Vorstellungen wäre also die Arktis im Tertiär das Entstehungszentrum der heutigen kälteverträglichen marinen Fauna und Flora der Nordhalbkugel gewesen, so wie die arktotertiäre Landflora zum Grundstock der heutigen terrestrischen europäischen Floren außerhalb der Mittelmeerländer wurde. Es ist von historischem Interesse, daß schon KJELLMAN (1883), REINKE (1889a) und SIMMONS (1906) die Arktis als „Wiege" der kälteverträglichen Meeresflora betrachteten, die während der Kaltzeiten des Pleistozäns dann im arktischen Bereich vollständig oder, wie KJELLMAN annahm, nur im nördlichsten Bereich vernichtet wurde. Im Vergleich zu tropischen und warmgemäßigten Arten wären danach die erst im Tertiär enstandenen Kaltwasserformen also, in geologischen Zeiträumen gedacht, jung.

Während die wärmeliebenden Arten infolge der sinkenden Wassertemperaturen im Tertiär äquatorwärts gedrängt wurden, konnten sich die in Polnähe ausgebildeten, kälteverträglichen Meeresalgen („tertiär-polare Algen" nach SIMMONS, 1906) sowohl zirkumpolar in der eisfreien Arktis verbreiten und auch entlang der nordamerikanischen und europäischen Felsküsten allmählich in den kälter werdenden Nordatlantik eindringen. Sie konnten jedoch nicht den Nordpazifik besiedeln, und umgekehrt steuerte der Nordpazifik der arktischen Region keine Arten bei, denn die **Beringstraße** war vom Frühtertiär (vor 10 Mio. J.) bis zum Miozän oder sogar Pliozän (vor 3.5 Mio. J.) durch eine Landbrücke geschlossen (s. u.). Ein zweiter Weg zwischen Atlantik und Pazifik bestand zwar für lange Zeit in Äquatornähe, wo die **Landbrücke von Panama** erst beim Übergang vom Jungtertiär zum Pleistozän geschlossen wurde (S. 152). Aber schon vorher war hier wahrscheinlich nur der transozeanische Austausch tropischer und warmgemäßigter Algen möglich, nicht der inzwischen polwärts enstandenen kaltgemäßigten Arten.

Infolge der fehlenden Verbindung zum Nordpolarmeer war der Nordpazifik im Tertiär auch wärmer als der Nordatlantik. Durch geographische Isolierung konnte sich im Nordpazifik im Tertiär somit während einer Zeitspanne von 40-50 Millionen Jahren eine vom arktisch-atlantischen Bereich morphologisch grundverschiedene und wahrscheinlich nicht extrem „kältefeste" Algenflora entwickeln, deren Temperatur möglicherweise derart fixiert und schwer zu verändern sind, daß arktisverträgliche Formen bis heute kaum ausgebildet wurden.

Florenaustausch zwischen Nordpazifik und Nordatlantik: Beringstraße und „Beringia". Gegen Ende des Tertiärs, im Zeitraum vor 10 bis 4 Millionen Jahren, öffnete und schloß sich die Beringstraße mehrmals, und nun änderte sich zum Beispiel, wie man aus fossilen Funden schließen kann, die nordatlantische Molluskenfauna durch die Zuwanderung pazifischer Formen sowie in geringerem Maß auch die pazifische Molluskenfauna durch den umgekehrten Vorgang (s. Abb. **15**). Durch das „Nadelöhr" der Beringstraße sind damals wahrscheinlich auch ein großer Teil der heute amphiozeanischen Meeresalgen (S. 24) aus dem arktisch-atlantischen Bereich entlang der Felsküsten der kanadisch-arktischen Inselwelt durch die Beringstraße zu den asiatischen und nordamerikanischen Küsten des Nordpazifiks vorgedrungen, kaum jedoch entlang der Weichsubstratküsten der russischen Arktis. In welchem Ausmaß auch eine umgekehrte Wanderung, nämlich von kaltgemäßigten Arten aus dem Nordpazifik in den arktisch-atlantischen Bereich, also wie im Fall der Molluskenfauna, stattgefunden hat, ist wegen des Mangels an fossilen Algen nicht zu entscheiden. Sicher erscheint nur, daß der Florenaustausch von kälteverträglichen Arten zwischen Atlantik und Pazifik im späten Tertiär stattgefunden hat, nicht aber, in welchem der beiden Ozeane die jeweiligen amphiozeanischen, arktisch-kaltgemäßigten Arten (Gruppe 1 in Tab. **2**) entstanden sind. Auffallend ist allerdings, daß es unter den heutigen Meeresalgen der Arktis keine pazifisch-arktischen Arten gibt, die demgemäß im Atlantik fehlen würden. Dies mag ein Indiz dafür sein, daß für die nordpazifische Algenflora wegen des geringen zeitlichen und räumlichen Kontakts mit dem Nordpolarmeer kaum eine Gelegenheit für die Ausbildung extrem kälteverträglicher Arten bestand. Insofern ist wohl die Vorstellung richtig, daß die arktische Region eigentlich nur eine Ausweitung der kaltgemäßigten Regionen des Nordatlantik darstellt und daß kälteverträgliche, atlantische Arten im Spättertiär durch die Beringstraße in den Nordpazifik eindrangen.

Hier behielten sie entweder ihre Morphologie in einem solchen Ausmaß bei, daß wir noch heute von amphiozeanischen Arten sprechen können (Gruppe 1 in Tab. 2), oder die geographische Isolierung führte zur Ausbildung neuer Formen oder Arten. Ab einem Zeitpunkt vor 3,5 Mio. J. blieb die **Beringstraße ständig geöffnet** (vgl. Legende zu Abb. **15**). Danach setzten die Glazialperioden des Pleistozäns ein, und die Landbrücke tauchte als Folge der vier Vereisungsperioden mehrmals auf und unter. Die heute vorliegende Eismenge in der Arktis und Antarktis beträgt etwa 24 Mio. km³, während vor 20 000 Jahren, beim Höhepunkt der letzten Vereisung (Würm oder Wisconsin-Glazial), 77 Mio. km³ als Eis vorlagen. Infolge des Wasserdefizits von etwa 50 Mio. km³ erfolgte ein **Absinken des Meeresspiegels** während der Würmeiszeit um 130 m, und diese Absenkung reichte aus, um „**Beringia**" als breite Landverbindung zwischen Alaska und Eurasien auftauchen zu lassen. Die Wassertiefen im nördlichen Beringmeer und in der angrenzenden Tschuktschensee sind geringer als 100 m, und eine Absenkung des heutigen Meeresspiegels um 46 m würde bereits die Entstehung einer schmalen Landbrücke zwischen Alaska und Sibirien über die St. Lawrence-Insel verursachen (HOPKINS 1967). Während der Interglazialperioden, zum letzten Mal vor etwa 10 000 Jahren, zerbrach die Landbrücke, und nun war ein Florenaustausch zwischen Nordatlantik und Nordpazifik möglich, allerdings im Vergleich zum eisfreien Spättertiär durch Eis und niedrige Wassertemperaturen behindert. Auch in den Interglazialperioden bot die Inselwelt der kanadischen Arktis wohl zumeist das Bild einer von Eis blockierten Inselwelt, wie es heute der Fall ist. Es ist daher anzunehmen, daß die Beringstraße für den Florenaustausch zwischen Atlantik und Pazifik im Pleistozän keine große Rolle mehr spielte, höchstens für die interglazialen Rückwanderungen arktisch-kaltgemäßigter Arten zu den Küsten des engeren arktischen Bereiches im Beringmeer.

2.2. Verbreitungsgebiete vegetationsbestimmender Makroalgen

Die Mehrzahl der vegetationsbestimmenden, größeren Algenarten der Arktis sowie der kaltgemäßigten Regionen im Nordatlantik sind in Tab. 2 aufgeführt, und ihre Verbreitung ist aus den Abbildungen **16-54** zu ersehen. Erfaßt wurden arktisch-kaltgemäßigte oder kaltgemäßigte Algen. Arktisch-endemische Arten (s. Abb. **110-114**) werden auf den Seiten 131-134 behandelt (endemisch = in engerem Gebiet vorkommend).

Bemerkungen zu den Verbreitungskarten. Die floristischen Daten, mit deren Hilfe die Abbildungen **16-54** und **110-114** erstellt wurden, stammen aus etwa 300 Arbeiten über die Algenfloren der einzelnen Küstenstrecken. Die wichtigeren dieser Arbeiten sind als Literatur in den Kapiteln 2 und 3 genannt. Die hier benutzten Quellen reichen für die Algen des hohen Nordens von KJELLMANS Schiffsexpeditionen in die europäische und russische Arktis (S. 125) bis zu Lees Hubschrauberexpeditionen in die kanadische Arktis (S. 143). Für die Verbreitung in den kaltgemäßigten Regionen konnten regionale Algenlisten vorwiegend jüngeren Datums verwendet werden, die auf langjährigen Beobachtungen der ortsansässigen Phykologen beruhen. Nicht aufgeführt werden in Tab. 2 kosmopolitische Gattungen wie *Enteromorpha, Ulva, Ectocarpus*, weiterhin auch nicht die warmgemäßigten Arten, von denen einige infolge breiter Temperaturresistenz (vgl. Abschnitt 7.1.) relativ weit zum Beispiel in die nordatlantische kaltgemäßigte Region eindringen wie *Bryopsis plumosa, Cladostephus spongiosus* forma *verticillatus* oder *Nemalion helminthoides*. Die letzteren spielen jedoch im Vegetationsaspekt der Arktis und der kaltgemäßigten Regionen nur eine untergeordnete Rolle.

2.2.1. Arktisch-kaltgemäßigte, amphiozeanische Arten

Zahlreiche Arten, die vegetationsbestimmend in den kaltgemäßigten Regionen des Nordatlantiks auftreten, kommen auch in der Arktis vor und sind zusätzlich im

Tabelle 2   Übersicht der Verbreitung vegetationsbestimmender Arten des Nordatlantiks. B Braunalge, R Rotalge, G Grünalge, N Nord, S Süd, M Mittel

| | NORDGRENZEN | SÜDGRENZEN | | | | |
| | | Atlantik | | Pazifik | | |
		Europa	Nordamerika	Nordamerika	Nordasien	
(1) Arktisch-kaltgemäßigte, amphiozeanische Gruppe						
B: *Chordaria flagelliformis*	N-Arktis	N-Frankreich	Connecticut	S-Alaska	Korea	Abb. 16
B: *Eudesme virescens*	S-Arktis	N-Frankreich	Connecticut	Brit. Columbia	N-China	Abb. 17
B: *Dictyosiphon foeniculaceus*	N-Arktis	N-Frankreich	Virginia	N-Washington	N-China	Abb. 18
B: *Desmarestia aculeata*	N-Arktis	M-Portugal	Connecticut	Oregon	Kurilen	Abb. 19
B: *Desmarestia viridis*	N-Arktis	N-Frankreich	Connecticut	Mexico	S-Japan	Abb. 20
B: *Chorda filum*	S-Arktis	N-Portugal	Connecticut	S-Alaska	S-Japan	Abb. 21
B: *Agarum cribrosum*	N-Arktis	– – – – – –	Connecticut	N-Washington	Korea	Abb. 22
B: *Laminaria saccharina*	N-Arktis	N-Portugal	New York	Oregon	Wladiwostok	Abb. 23
B: *Alaria esculenta*	M-Arktis	N-Frankreich	New Hampshire	S-Alaska	Wladiwostok	Abb. 24
B: *Fucus distichus*	M-Arktis	Irland	Virginia	M-Kalifornien	Wladiwostok	Abb. 25
R: *Ahnfeltia plicata*	S-Arktis	S-Portugal	Connecticut	Mexiko	Korea	Abb. 26
R: *Dumontia contorta*	S-Arktis	N-Portugal	Connecticut	S-Alaska	Hokkaido	Abb. 27
R: *Callophyllis cristata*	M-Arktis	Schweden	New Hampshire	N-Washington	Kurilen	Abb. 28
R: *Palmaria palmata*	N-Arktis	M-Portugal	Connecticut	Kalifornien	– – – – – –	Abb. 29
G: *Chaetomorpha melagonium*	N-Arktis	N-Frankreich	Connecticut	Oregon	Ochotsk. Meer	Abb. 30
(2) Arktisch-kaltgemäßigte, nordatlantische Gruppe						
B: *Chorda tomentosa*	N-Arktis	N-Frankreich	Connecticut	– – – – – –	– – – – – –	Abb. 31
B: *Laminaria digitata*	M-Arktis	N-Frankreich	Connecticut	– – – – – –	– – – – – –	Abb. 32
B: *Saccorhiza dermatodea*	S-Arktis	N-Norwegen	New Hampshire	– – – – – –	– – – – – –	Abb. 33
B: *Ascophyllum nodosum*	S-Arktis	N-Portugal	North Carolina	– – – – – –	– – – – – –	Abb. 34
B: *Fucus vesiculosus*	S-Arktis	N-Afrika	North Carolina	– – – – – –	– – – – – –	Abb. 35
R: *Fimbriofolium dichotomum*	M-Arktis	M-Norwegen	New Hampshire	– – – – – –	– – – – – –	Abb. 36
R: *Phyllophora truncata*	N-Arktis	Irland	New Jersey	S-Alaska	– – – – – –	Abb. 37
R: *Ptilota serrata*	M-Arktis	M-Norwegen	New Hampshire	N-Washington	– – – – – –	Abb. 38
R: *Membranoptera alata*	S-Arktis	N-Frankreich	New Hampshire	– – – – – –	– – – – – –	Abb. 39
R: *Phycodrys rubens*	N-Arktis	N-Frankreich	Connecticut	– – – – – –	– – – – – –	Abb. 40
R: *Odonthalia dentata*	M-Arktis	Schweden	Neuschottland	– – – – – –	– – – – – –	Abb. 41
R: *Rhodomela confervoides*	N-Arktis	N-Frankreich	Connceticut	N-Washington	– – – – – –	Abb. 42

Tabelle 2   Übersicht der Verbreitung vegetationsbestimmender Arten des Nordatlantiks. B Braunalge, R Rotalge, G Grünalge, N Nord, S Süd, M Mittel

	NORDGRENZEN	SÜDGRENZEN Atlantik Europa	Atlantik Nordamerika	Pazifik Nordamerika	Pazifik Nordasien	
(3) Kaltgemäßigt-nordatlantische Gruppe						
(3a) Amphiatlantisch						
B: *Fucus spiralis*	Neufundl., N-Norw.	N-Afrika	Delaware	(N-Washington)	--	Abb. 43
B: *Fucus serratus*	Nowaja Semlja	N-Portugal	Golf v. St. Lorenz	--	--	Abb. 44
R: *Chondrus crispus*	Neufundl., N-Norw.	S-Portugal	New Jersey	--	--	Abb. 45
R: *Phyllophora pseudoceranoides*	Neufundl., M-Norw.	N-Frankreich	Delaware	--	--	Abb. 46
(3b) Europäisch-nordatlantisch						
B: *Laminaria hyperborea*	N-Norwegen	M-Portugal	--	--	--	Abb. 47
B: *Saccorhiza polyschides*	M-Norwegen	N-Afrika	--	--	--	Abb. 48
B: *Fucus ceranoides*	N-Norwegen	S-Portugal	--	--	--	Abb. 49
B: *Pelvetia canaliculata*	N-Norwegen	M-Portugal	--	--	--	Abb. 50
B: *Himanthalia elongata*	N-Norwegen	M-Portugal	--	--	--	Abb. 51
B: *Bifurcaria bifurcata*	Irland	N-Afrika	--	--	--	Abb. 52
B: *Halidrys siliquosa*	N-Norwegen	N-Portugal	--	--	--	Abb. 53
R: *Delesseria sanguinea*	N-Norwegen	N-Frankreich	--	--	--	Abb. 54

Abb. **16-30**   arktisch-kaltgemäßigte, amphiozeanische Arten

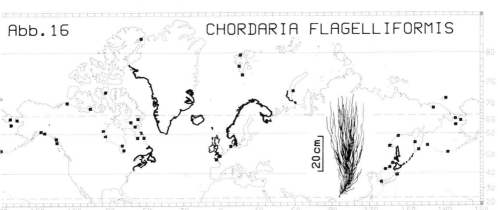

Abb. 16   CHORDARIA FLAGELLIFORMIS

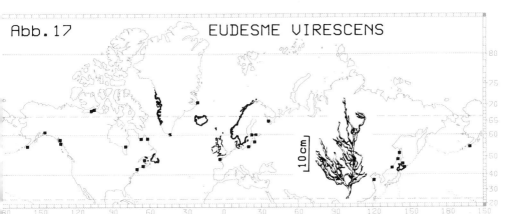

Abb. 17   EUDESME VIRESCENS

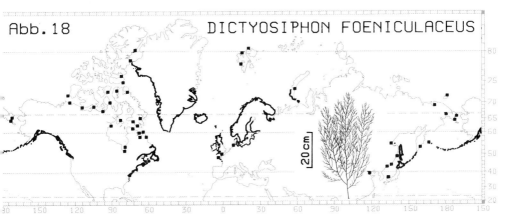

Abb. 18   DICTYOSIPHON FOENICULACEUS

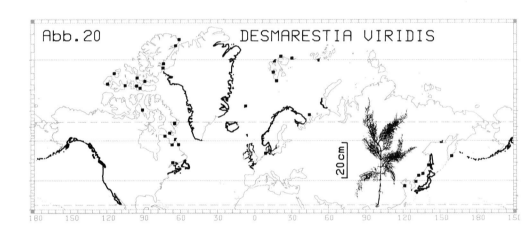

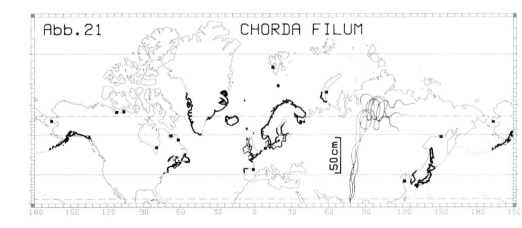

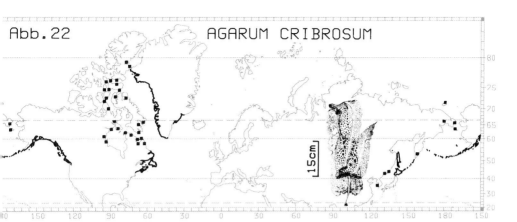

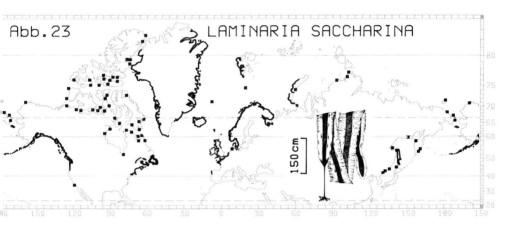

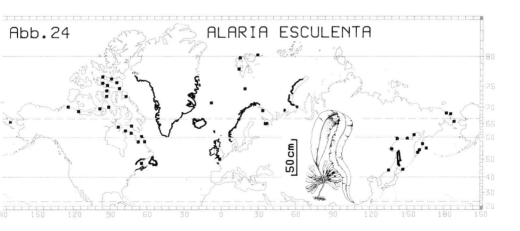

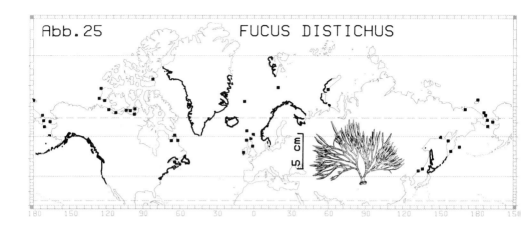

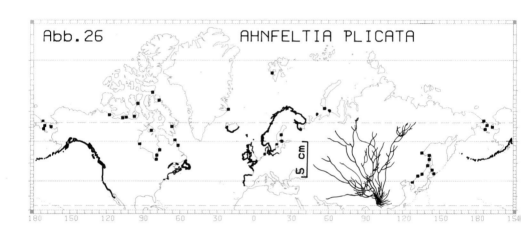

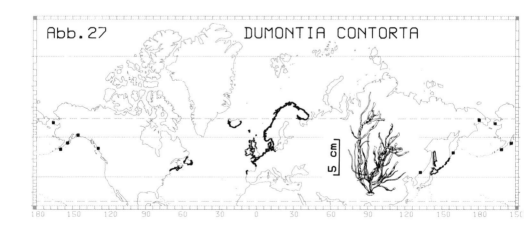

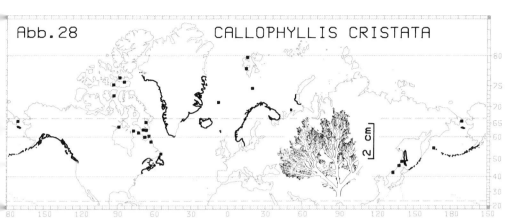

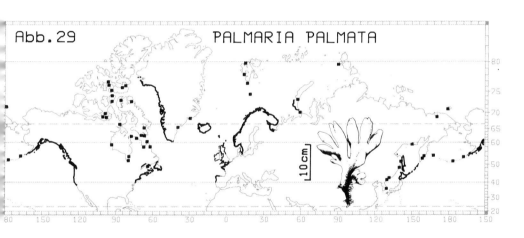

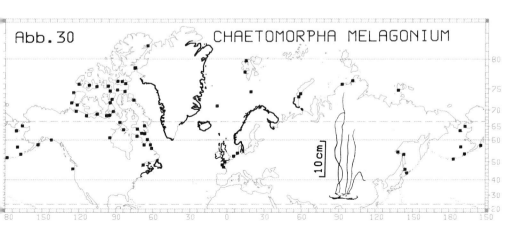

Abb. **31-42**   arktisch-kaltgemäßigte, nordatlantische Arten

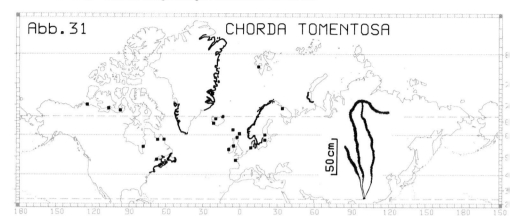

Abb. 31   CHORDA TOMENTOSA

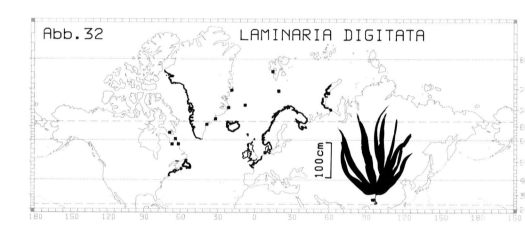

Abb. 32   LAMINARIA DIGITATA

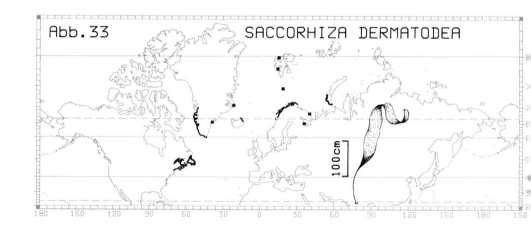

Abb. 33   SACCORHIZA DERMATODEA

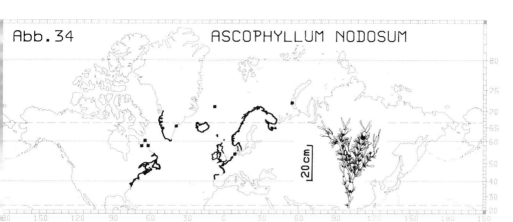

Abb.34   ASCOPHYLLUM NODOSUM

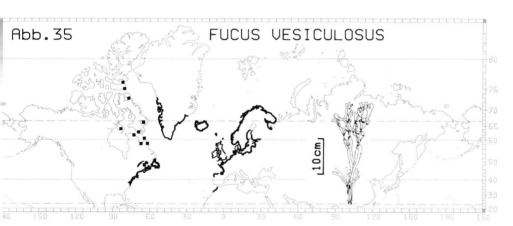

Abb.35   FUCUS VESICULOSUS

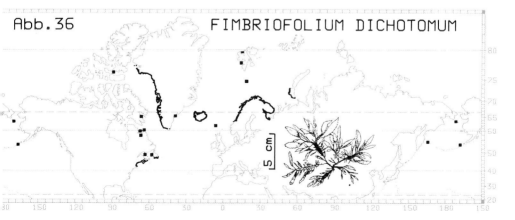

Abb.36   FIMBRIOFOLIUM DICHOTOMUM

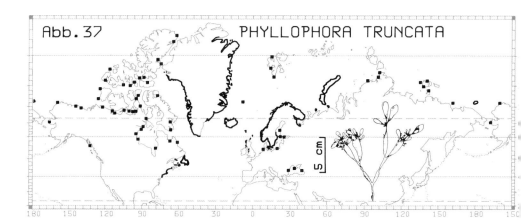

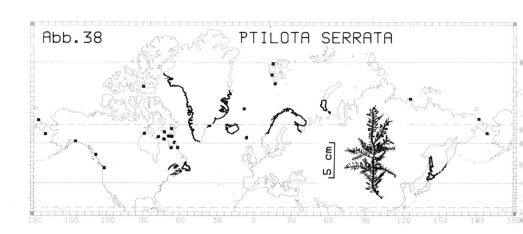

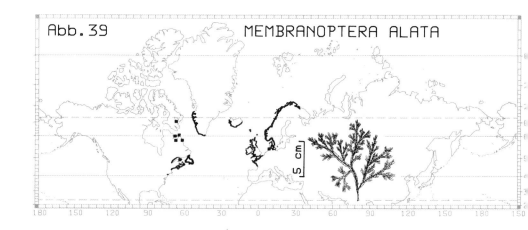

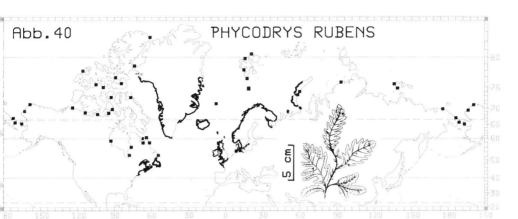

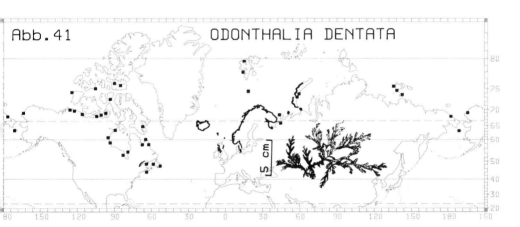

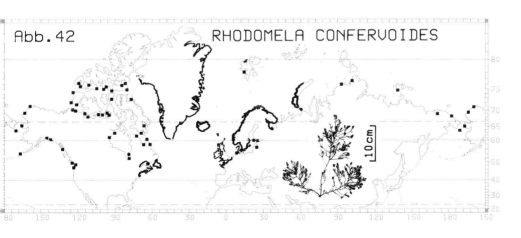

Abb. **43-46**   kaltgemäßigt-nordatlantische Arten, amphiatlantisch

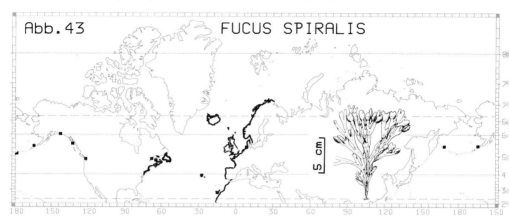

Abb. 43   FUCUS SPIRALIS

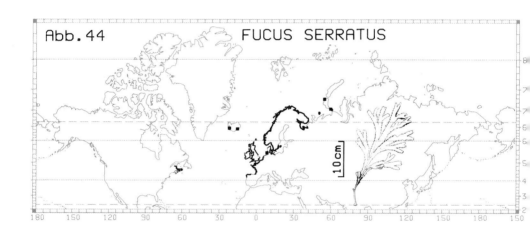

Abb. 44   FUCUS SERRATUS

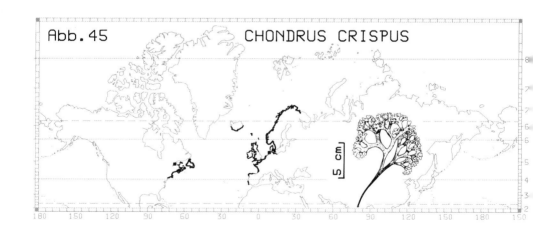

Abb. 45   CHONDRUS CRISPUS

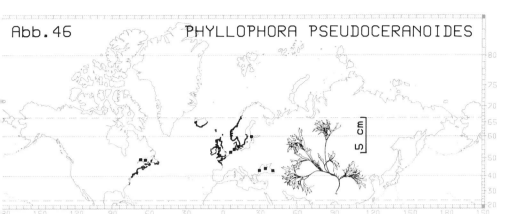

Abb. 46   PHYLLOPHORA PSEUDOCERANOIDES

Abb. **47-54**   kaltgemäßigt-nordatlantische Arten, europäisch-nordatlantisch

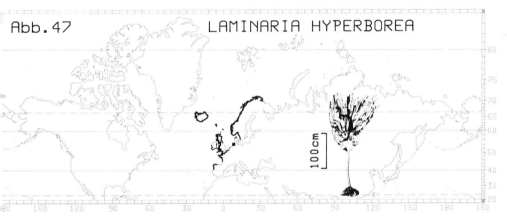

Abb. 47   LAMINARIA HYPERBOREA

Abb. 48   SACCORHIZA POLYSCHIDES

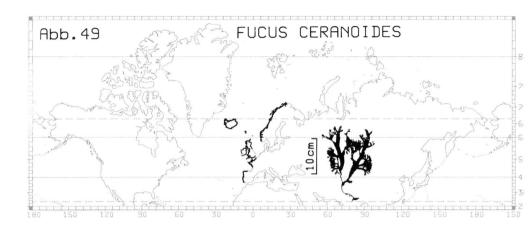

Abb.49   FUCUS CERANOIDES

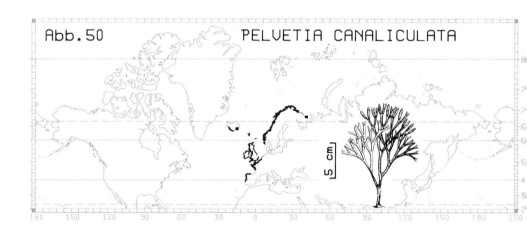

Abb.50   PELVETIA CANALICULATA

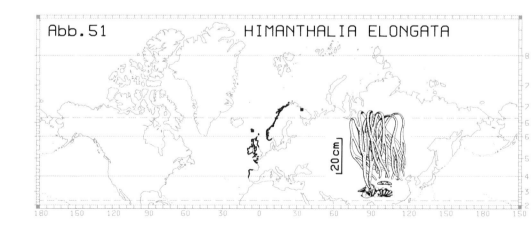

Abb.51   HIMANTHALIA ELONGATA

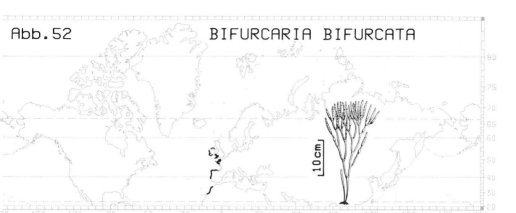

Abb.52   BIFURCARIA BIFURCATA

Abb.53   HALIDRYS SILIQUOSA

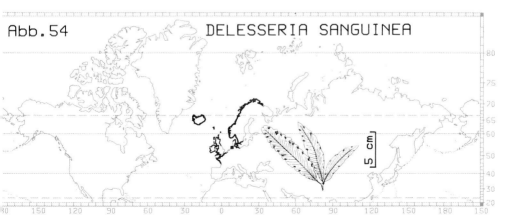

Abb.54   DELESSERIA SANGUINEA

Abb. **16-54** Verbreitungsgebiete vegetationsbestimmender Makroalgen des Nordatlantiks in derselben Reihenfolge wie in Tab. **2** (Beginn mit den am weitesten nach Norden vorgedrungenen Arten). Küstenstrecken, an denen eine kontinuierliche Verbreitung über größere Entfernungen gesichert erscheint, sind mit dickem Strich markiert, weitere Fundorte durch Quadrate.

Taxonomische Angaben: Abb. **19** *Desmarestia aculeata* = *D. intermedia* Postels und Ruprecht an der pazifisch-amerikanischen Küste (*Widdowson* 1973-1974). Abb. **20** *Desmarestia viridis* auch auf der Südhalbkugel gefunden (*Hoek* 1982a). Abb. **23** *Laminaria saccharina* = *L. saccharina* subsp. *longicruris* an der atlantisch-amerikanischen Küste (vgl. S. 100). Abb. **24** *Alaria esculenta* = *A. grandifolia* J. Ag. = *A. pylaii* (Bory) J. Ag. (vgl. *Widdowson* 1971, *South* u. *Hooper* 1980). Abb. **25** *Fucus distichus.* Gezeigt wird die Gesamtverbreitung der Art mit ihren vier Unterarten *anceps, distichus* (Habitusabbildung), *evanescens* und *edentatus* (vgl. *Powell* 1957, 1981). Abb. **27** *Dumontia contorta* = *D. incrassata* (O. F. Müller) Lamour. (*Abbott* 1979); = *D. filiformis* Rosenv. (vgl. *Lee* 1980). Abb. **28** *Callophyllis cristata* = *Euthora cristata* (C. Ag.) J. Ag. (vgl. *Parke* u. *Dixon* 1976). Abb. **29** *Palmaria palmata* = *Rhodymenia palmata* (L.) Grev.; *P. palmata* forma *mollis* an der pazifisch-amerikanischen Küste; taxonomisch ungewisse Funde von *Palmaria* sp. im N- und NO-Pazifik (geographische Verbreitung nach *Guiry* 1974, 1975). Abb. **36** *Fimbriofolium dichotomum* (Lepech.) G. Hansen = *Rhodophyllis dichotoma* (Lepech.) Gobi. (*Hansen* 1980). Abb. **37** *Phyllophora truncata* = *P. brodiaei* (Turn.) Endl. (*Newroth* 1971, *Newroth* u. *Taylor* 1971). Abb. **40** *Phycodrys rubens* = *P. sinuosa* (Good. et Woodw.) Kütz. Abb. **42** *Rhodomela confervoides* = *R. lycopodioides* (L.) C. Ag. = *R. subfusca* (Woodw.) C. Ag. (vgl. *Rueness* 1977). Japanische Funde von *R. lycopodioides* forma *tenuissima* (*Masuda* 1982) hier nicht berücksichtigt. Abb. **45** *Chondrus crispus* mit nahe verwandten Arten, vielleicht als gleiche Art auch im Nordpazifik vertreten (vgl. *Hoek* 1982a). Abb. **46:** *Phyllophora pseudoceranoides* = *P. membranifolia* (Good. et Woodw.) J. Ag. (*Newroth* u. *Taylor* 1971)

Nachweis der Habitusabbildungen: *Dixon* u. *Irvine* (1977): **26;** *Gayral* (1966): **32, 49;** *Lee* (1977): **16, 17, 29-31, 33, 37, 38, 42;** *Newton* (1931): **18, 24, 39, 40, 45, 50-54;** *Oltmanns* (1922-1923): **47;** *Sauvageau* (1918): **48;** *Taylor* (1957): **19-22, 27, 28, 34, 35, 43, 44, 46;** *Zinova* (1953): **23, 25;** *Zinova* (1955): **36, 41.**

Nordpazifik verbreitet (S. 25, Gruppe 1), allerdings unter dem Vorbehalt weiterer taxonomischer Revision (s. u.). Weiterhin besiedeln die meisten dieser Arten auch jeweils die Ost- und die Westküsten beider Ozeane. Eine auffällige Ausnahme bildet der Brauntang *Agarum cribrosum,* der im Nordatlantik nur bis zur Südostküste Grönlands vorgedrungen ist und dessen zirkumpolare Wanderung möglicherweise noch anhält (Abb. **22**).

Von den arktisch-kaltgemäßigten, amphiozeanischen Arten dringen folgende Algen am weitesten in die Arktis ein und erreichen oder überschreiten an den Küsten Grönlands den Breitengrad 80°N: *Chordaria flagelliformis* (Abb. **16**), *Dictyosiphon foeniculaceus* (Abb. **18**), *Desmarestia aculeata* (Abb. **19**), *Desmarestia viridis* (Abb. **20**), *Laminaria saccharina* (Abb. **23**), *Palmaria palmata* (Abb. **29**), und *Chaetomorpha melagonium* (Abb. **30**). Die Verbreitung dieser Arten endet an den europäischen Küsten in Portugal *(D. aculeata, L. saccharina, Palmaria palmata)* oder bereits an der nordwestfranzösischen Küste (übrige Arten). Über die arktische Region sind die Teilverbreitungsgebiete dieser offenbar extrem kälteverträglichen Arten im Nordatlantik und Nordpazifik miteinander verbunden, und so kann man in diesen Fällen von geschlossenen Arealen sprechen, im Gegensatz zu den disjunkten (geographisch voneinander getrennten) Arealen von *Eudesme virescens*

(Abb. **17**) und *Dumontia contorta* (Abb. **27**), deren Teilareale im Nordatlantik und Nordpazifik heute isoliert erscheinen, da diese Algen nur die südliche Arktis besiedeln, möglicherweise aber in wärmeren Interglazialen eine kontinuierliche Verbreitung auch über die nördliche Arktis hatten.

Zur Taxonomie amphiozeanischer Rotalgen. Wie im Fall der terrestrischen Pflanzen, so wird erst recht bei den taxonomisch oft schwierig zu handhabenden Meeresalgen die Größe des Areals dadurch mitbestimmt, wie weit man eine Art faßt. Nach dem transozeanischen Übergang durch die Beringstraße, der wahrscheinlich schon im Tertiär erfolgte (S. 23), haben sich zahlreiche Arten im Nordatlantik und Nordpazifik divergierend (auseinanderstrebend) weiterentwickelt. Aus monotypischen Arten mit einem ursprünglich geschlossenen Verbreitungsgebiet entstanden zunächst Unterarten und schließlich neue Arten in geographisch getrennten Arealen (allopatrische Artbildung, im Gegensatz zu sympatrischer Artbildung im gleichen Areal; vgl. zum Speziationsprozeß z. B. SIEWING 1982, BROWN u. GIBSON 1983, PIELOU 1979). So kommt die Rotalge *Palmaria palmata* s.str. (sensu stricto) nur im Nordatlantik vor (Abb. **29**). Die Populationen dieser Alge an der nordamerikanisch-pazifischen Küste werden als *P. palmata* forma *mollis* geführt, und die Populationen an den nordasiatisch-pazifischen Küsten stellen möglicherweise eigene Arten dar (GUIRY 1975). Die Rotalgen *Phyllophora truncata* (Abb. **37**), *Ptilota serrata* (Abb. **38**), *Rhodomela confervoides* (Abb. **42**) und *Polysiphonia urceolata* (südliche Arktis bis Nordportugal bzw. North Carolina) wurden zunächst unter den angegebenen Artnamen auch an den kaltgemäßigten asiatisch-pazifischen Küsten geführt, sind aber dort inzwischen mit eigenen Artnamen belegt worden (PERESTENKO 1980). Ein weiteres Beispiel für die Aufhebung einer amphiozeanischen Verbreitung nach näherer Analyse liefert *Gracilaria,* eine artenreiche Rotalgengattung, mit Verbreitungsschwerpunkt in den warmgemäßigten Regionen (MCLACHLAN 1984). Für *G. „verrucosa"* wurden Funde in den kalt- und warmgemäßigten Regionen der Nordhalbkugel, auch auf der Südhemispäre angegeben. BIRD u. Mitarb. (1982) stellten jedoch fest, daß Vertreter von Großbritannien n = 32 Chromosomen besitzen, von Vancouver n = 24 Chromosomen und daß eine Kreuzung zwischen beiden nicht möglich ist. Hier haben sich wohl bei morphologisch erhaltener Ähnlichkeit wiederum neue Arten gebildet.

Zur Taxonomie von Alaria und Laminaria. Besonders entwicklungsfreudig sind die Brauntanggattungen *Alaria* und *Laminaria* gewesen, und erst neuerdings beginnt sich das in der älteren Literatur zu beobachtende taxonomische Chaos der beiden Gattungen zu lichten. Im Fall von *Alaria* hat man es nach einer Revision von WIDDOWSON (1971) im Nordatlantik und den ihm angrenzenden arktischen Bereichen wahrscheinlich nur mit *A. esculenta* und ihren nördlichen Formen *grandifolia* und *pylaii* (SOUTH 1984) zu tun, und *A. esculenta* ist auch der einzige Vertreter der Familie Alariaceae im Nordatlantik. Im Nordpazifik werden aufgrund morphologischer Kriterien neben *A. esculenta* (Asien; s. Abb. **24**) 11 Arten unterschieden. Außerdem kommen hier auch andere Gattungen der Alariaceae vor (S. 106). Die Vermutung liegt nahe, daß der Nordpazifik das Ausbreitungszentrum der Familie darstellte und daß *A. esculenta* vom Nordpazifik in den arktisch-atlantischen Bereich eingewandert ist. Ob der Prozeß der Speziation (Artbildung) innerhalb formen- und artenreicher Algengattungen im Nordatlantik und Nordpazifik zu nicht mehr kreuzbaren Arten oder nur zu geographischen, noch miteinander kreuzbaren Rassen (Subspezies) geführt hat, wurde im Fall von *Laminaria* untersucht. Innerhalb der Gattung *Laminaria,* von KAIN (1979) revidiert, unterscheidet man die Sektion **Digitatae** (Merkmal: geschlitztes Phylloid) mit den atlantischen Arten *L. digitata, L. hyperborea, L. ochroleuca* (S. 68), den nordpazifischen Arten *L. dentigera, L. groenlandica* (S. 106), *L. yezoensis* (mit scheibenförmigem Haftorgan, S. 106), der südafrikanischen Art *L. pallida* (S. 196) und der brasilianischen Tiefwasserart *L. brasiliensis* (S. 170) von der Sektion **Simplices** (Merkmal: ungeschlitztes Phylloid). Gut charakterisiert sind innerhalb der Sektion Simplices Arten mit einer Haftscheibe statt einer Haftkralle (von PETROV 1974 als Subgenus Solearia zusammengefaßt), nämlich *L. solidungula, L. ephemera,* weiterhin drei Arten mit einem rhizomartigen Ausläufersystem statt einer Haftkralle (Sugenus Rhizomaria nach PETROV 1974), nämlich die mediterrane Tiefwasserart *L. rodriguezii* (S. 91) sowie die nordpazifischen Arten *L. sinclairii* und *L. longipes* (S. 106). Morphologisch schwer zu unterscheiden sind alle übrigen in der Literatur beschriebenen, *L.-saccharina*-ähnlichen „Arten" der Sektion Simplices, und aufgrund der im folgenden dargestellten Kreuzungsexperimente handelt es sich hier wohl häufig nur um Unterarten von *L. saccharina*. Erfolgreich miteinander gekreuzt wurden die Gametophyten der Simplices-Arten *L. saccharina* von der europäischen Seite, *L. longicruris* von der nordamerikanischen Seite des Atlantiks, *L. saccharina* von der kanadisch-pazifischen Küste und *L. ochotensis* aus Japan, und man erhielt als Kreuzungsprodukte makroskopische, meterlange F1-Sporophyten (LÜNING u. Mitarb. 1978, BOLTEN u. Mitarb. 1983). Aus den Sporen des Bastards der europäischen *L. saccharina* und der ostkanadischen *L. longicruris,* die sich durch lange, hohle Stiele und den Besitz breiter Phylloide auszeichnet, wurden wiederum Gametophyten gezüchtet, und die daraus hervorgehenden F2-Sporophyten waren ebenfalls lebensfähig. Es erscheint daher gerechtfertigt, zumindest *L. longicruris* als Unterart von *L. saccharina* aufzufassen. Allerdings wurde auch eine beginnende Ausbildung von Kreuzungsbarrieren festgestellt. So ergaben sich aus der Kreuzung männlicher Gametophyten von *L. saccharina* subsp. *longicruris* mit weiblichen Gametophyten von *L. ochotensis* makroskopische Sporophyten, nicht aber aus der umgekehrten (reziproken) Kreuzung.

2.2.2. Arktisch-kaltgemäßigte, nordatlantische Arten

Zu den arktisch-kaltgemäßigten Algen im Nordatlantik gehört auch eine ganze Reihe von charakteristischen Arten, die nur in diesem Ozean, nicht aber im Nordpazifik vorkommen (Verbreitungsgruppe 2 auf S. 25), zum Beispiel *Chorda tomentosa* (Abb. **31**), *Laminaria digitata* (Abb. **32**), *Phycodrys rubens* (Abb. **40**), die alle auch die nördliche Arktis besiedeln und *Fucus vesiculosus* (Abb. **35**), *Ascophyllum nodosum* (Abb. **34**) sowie *Membranoptera alata* (Abb. **39**), die in dieser Reihenfolge immer weniger weit in die Arktis eindringen. Die Südgrenzen in Europa liegen bei der Bretagne *(C. tomentosa, L. digitata, P. rubens, M. alata)* oder bei Nordportugal *(A. nodosum).* Die Art *Fucus vesiculosus,* die bis Nordafrika vorkommt, ist nicht nur eurytherm (in weiten Grenzen resistent gegenüber Wärme und Kälte; vgl. Kap. 7), sondern auch euryhalin (in weiten Grenzen resistent gegenüber hohen und niedrigen Salzgehalten), da sie noch die innere Ostsee erreicht.

Obwohl diese Arten heute nur den Nordatlantik und die angrenzenden Bereiche der Arktis besiedeln, darf man kaum mit Sicherheit erwarten, daß sie alle auch atlantischen Ursprungs wären. Eine solche Annahme erscheint im Fall des Knotentanges *Ascophyllum nodosum,* zu dem es keine Entsprechung im Nordpazifik gibt, wohl gerechtfertigt. Diese charakteristische Alge besitzt im Nordatlantik ein geschlossenes Areal und gehört zu einer monotypischen Gattung (nur eine Art enthaltend), die offensichtlich nie den Pazifik erreicht hat. Aus ursprünglich einheitlichen Arten sind dagegen offenbar durch geographische Isolierung die Rotalgen *Membranoptera alata* (Abb. **39**), *Phycodrys rubens* (Abb. **40**) und *Odonthalia dentata* (Abb. **41**) enstanden, die heute als solche nicht im Nordpazifik vorkommen. Allein an der nordpazifisch-amerikanischen Küste aber gibt es sechs morphologisch charakteristische Arten von *Membranoptera* und je fünf Arten von *Phycodrys* und *Odonthalia* (WYNNE 1970, ABBOTT u. HOLLENBERG 1976, LINDSTROM 1977), und so könnte auch hier, wie im Fall von *Alaria esculenta,* eher der Nordpazifik als der Nordatlantik als Ausbreitungszentrum in Frage kommen.

2.2.3. Kaltgemäßigt-nordatlantische Arten

Die Gattungen mit endemischen, nicht-arktischen Arten in den kaltgemäßigten Regionen des Nordatlantiks (Gruppe 3 auf S. 26) sind im Nordpazifik entweder nicht vertreten, oder sie besitzen im letztgenannten Ozean weniger oder zumindest nicht mehr Arten als im Nordatlantik. So kommt *Fucus* im Nordatlantik mit vier Arten vor, von denen nur *F. distichus* (mit vier Unterarten, vgl. S. 40, Leg. zu Abb. **25**) und *F. spiralis* (Abb. **43**) im Nordpazifik wachsen. Von den Fucales sind weiterhin die Gattungen *Bifurcaria* (Abb. **52**) und *Himanthalia* (Abb. **51**) im Nordpazifik nicht zu finden, von *Halidrys* (Abb. **53**) im Nordpazifik nur die Art *H. dioica,* von *Pelvetia* (Abb. **50**) die Art *P. fastigiata.* Von der Gattung *Phyllophora* existieren im Nordatlantik fünf Arten (SCHOTTER 1968, NEWROTH 1971, NEWROTH u. TAYLOR 1971, PARKE u. DIXON, 1976), und von diesen erreicht über die Arktis nur *Phyllophora truncata* (Abb. **37**) den Nordpazifik in Südalaska bei Juneau (LINDSTROM u. SCAGEL 1979). Vielleicht stellt daher der Nordatlantik das Entstehungszentrum für die Gattungen *Fucus* und *Phyllophora* dar. Auch von den monotypischen Gattungen *Bifurcaria* und *Himanthalia* sowie von den charakteristischen Arten *Laminaria hyperborea* und von *Delesseria sanguinea* (einzige nordpazifische Art: *D. decipiens;* ABBOTT u. HOLLENBERG 1976, HAWKES u. Mitarb. 1978) kann man annehmen, daß sie an den europäisch-atlantischen Küsten, wohl aus pazifischen Vorfahren, entstanden sind.

Die Verbreitung des eulitoralen *Fucus spiralis* (Abb. **43**) ist **amphiatatlantisch,** und das Gleiche gilt für die beiden Rotalgen *Chondrus crispus* (Abb. **11,** Abb. **45**) und *Phyllophora pseudoceranoides* (Abb. **46**), die von Neufundland bis New Jersey *(C. crispus)* oder Delaware vorkommen, also im Süden Cape Cod überschreiten und etwa Cape May erreichen. In Europa liegt die Nordgrenze der Verbreitung bei Island und an der mittel- oder nordnorwegischen Küste. Die Südgrenze von *P. pseudoceranoides* in Nordfrankreich entspricht etwa der Südgrenze der kaltgemäßigten Region, während *C. crispus* auch in der warmgemäßigten Region bis Südportugal, *F. spiralis* sogar bis Cap Blanc in Westafrika zu finden ist.

Fucus-**Arten.** *F. serratus* (Abb. **44**) nimmt hinsichtlich seiner Verbreitung eine Sonderstellung ein. In Europa erreicht die Art die arktische Region im Weißen Meer und bei Novaja Semlja, nicht aber in Grönland. Die Südgrenze des Areals liegt in Nordportugal. An der ostamerikanischen Seite sind nur Fundorte an den Küsten des St.-Lorenz-Golfes und von Nord-Neuschottland bekannt. Wahrscheinlich ist die Art hierher durch den Menschen verschleppt worden, vielleicht auf Steinen, die als Schiffsballast von Europa mitgeführt wurden, als in den vergangenen Jahrhunderten Bauholz von den Küsten des St.-Lorenz-Golfes nach England transportiert wurde (MCLACHLAN, persönl. Mitt.). Für *F. spiralis* (Abb. **43**) wurden erst neuerdings auch Fundorte an der pazifisch-nordamerikanischen Küste angegeben (NORRIS u. CONWAY 1974). Sollte es sich um die gleiche Art wie im Atlantik handeln, so ist auch in diesem Fall am ehesten an eine Verschleppung durch den Menschen zu denken, denn *F. spiralis* kann sich zumindest in der Jetztzeit als kaltgemäßigte Art nicht über den arktischen Verbindungsweg verbreiten.

Eine größere Zahl der kaltgemäßigten, nur im Atlantik vorkommenden Arten ist ausschließlich an den europäischen Küsten zu finden, die zur Entwicklung von Algen mit engeren Temperaturansprüchen besser geeignet sind als die ostamerikanisch-atlantischen Küsten (S. 15, 97). Von diesen **europäisch-atlantischen** Algen erreichen die für das mittlere Sublitoral charakteristischen Arten *Laminaria hyperborea* (Abb. **47**) und *Delesseria sanguinea* (Abb. **54**) die Nordküste Islands sowie die russische Küste bis kurz vor Murmansk. Die Südgrenze liegt für *L. hyperborea* bei Kap Mondego in Mittelportugal, für *Delesseria sanguinea* bei Sables d'Olonnes, etwas südlich der Loire-Mündung.

Verbreitung des Palmentangs. Die Südgrenze von *Laminaria hyperborea* folgt der 19°C-August- oder 14°C-Februarisotherme in Mittelportugal. Die mittlere Sommerisotherme von 19°C kommt einer südlichen Letalgrenze gleich, denn Exemplare von Helgoland sterben zwischen 20 und 23°C (vgl. „Sicherheitsabstand", S. 14; ferner Tab. **16**). Die Winterisotherme von 14°C stellt wohl eine südliche Wachstums- und Reproduktionsgrenze dar, denn die Ausbildung des neuen Phylloids von *L. hyperborea,* die im November/Dezember aufgrund einer photoperiodischen Kurztagsreaktion beginnt (S. 230), ist bei 15°C schon stark behindert. Oberhalb dieser kritischen Temperatur ist auch die Fertilisierung der Gametophyten durch Blaulicht erschwert (S. 237). Die Nordgrenze des Artareals folgt der 12°C-Sommer- oder 2°C-Winterisotherme, und es ist noch unklar, warum *L. hyperborea* nicht wie *L. digitata* und *L. saccharina* auch in die arktische Region eindringt.

Weitere europäisch-endemische Arten findet man im oberen Sublitoral, nämlich *Himanthalia elongata* (Fucales, Himanthaliaceae; Abb. **51**) und *Halidrys siliquosa* (Fucales, Cystoseiraceae; Abb. **53**). Diese Arten kommen, im Gegensatz zu *Laminaria hyperborea* und *Delesseria sanguinea,* in Island nicht mehr vor, sondern erreichen ihre Nordgrenze bereits bei den Färöern und an der norwegischen Küste bei Hammerfest bzw. Tromsö. Die Südgrenze beider Arten liegt in Portugal. Noch weiter nach Süden verschoben ist das Areal des sublitoralen Braemtangs *Saccorhiza polyschides* (Laminariaceae; Abb. **48**), der im Norden bis zu den Shetland-Inseln sowie in Norwegen bis Rörvik (65° N) auftritt und dessen Verbreitung im Süden bis Kap Jubi an der Südgrenze von Marokko reicht, wobei auch das westliche Mittelmeer besiedelt wird (S. 91). Neben diesen charakteristischen sublitoralen Algen Europas gibt es auch ebenso typische endemische Algen im Eulitoral, nämlich *Pelvetia canaliculata* (Abb. **50**) und *Fucus ceranoides* (Abb. **49** und S. 64), die letztere Art in Brackwassergebieten, mit einer Verbreitung von Island und Nordnorwegen bis Portugal.

2.3. Europa: Kaltgemäßigte Region (Nordnorwegen/Island bis Nordfrankreich)

Literatur: (Von der älteren Literatur werden einige klassische Arbeiten aufgeführt. Bei neueren Autoren mit mehreren oder zahlreichen einschlägigen Arbeiten, die hier genannt werden sollten, aber aus Gründen der Platzersparnis nicht zitiert werden können, wurde wie folgt verfahren. Ein „z. B." vor der Jahreszahl bedeutet, daß im Literaturverzeichnis dieser Publikation noch weitere Arbeiten desselben Autors zum gleichen Thema als Quellenangaben zu finden sind.) **Gesamtgebiet:** BÖRGESEN u. JÓNSSON (1905), HOEK (1975, 1982a, 1982b), HOEK u. DONZE (1967), NIENBURG (1930). **Island:** CARAM u. JÓNSSON (1972), MUNDA (z. B. 1972a, 1972b, 1980). **Färöer:** BÖRGESEN (1903-1908), IRVINE (1982), PRICE u. FARNHAM (1982), TITTLEY u. Mitarb. (1982). **Britische Inseln und Irland:** DIXON u. IRVINE (1977), GUIRY (1978), HISCOCK u. MITCHELL (1980), IRVINE (1983), IRVINE u. Mitarb. (z. B. 1975), KAIN (1962, 1963, 1975b, 1976a, 1979), KITCHING (1941), LEWIS (1955, 1964), NEWTON (1931), NORTON u. MILBURN (1972), NORTON u. Mitarb. (1977), NORTON u. POWELL (z. B. 1979), PARKE (1931), PARKE u. DIXON (1976), PRICE u. Mitarb. (z. B. 1977), RUSSELL (z. B. 1973), STEPHENSON u. STEPHENSON (1972), WILKINSON (z. B. 1982). **Helgoland:** HAGMEIER (1930), HARTOG (1959), HOFFMANN (1940), KORNMANN u. SAHLING (1977, 1983), KUCKUCK (1894, 1897), LÜNING (1970), MARKHAM u. MUNDA (1980), MUNDA u. MARKHAM (1982), NIENBURG (1925), REINKE (1889b). **Norwegen:** JAASUND (1965), JORDE u. KLAVESTAD (1963), LEVRING (1937), PRINTZ (1926, 1953), SUNDENE (1953), RUENESS (1977). **Dänemark:** CHRISTENSEN u. THOMSEN (1974), ROSENVINGE (1909-1931), ROSENVINGE u. LUND (1941-1950). **Schweden:** GISLÉN (1929/30), KJELLMAN (1878), KYLIN (1944-1949). **Ostsee:** HÄLLFORS u. Mitarb. (1981), HOFFMANN (1940), KETCHUM (1983), KORNAS u. Mitarb. (1960), LAKOWITZ (1929), LEVRING (1940), LUTHER (1951; höhere

Wasserpflanzen), PANKOW (1971), PANKOW u. Mitarb. (1971), RAVANKO (1968, 1972), REINKE (1889a, 1889b), REMANE (1933), SCHWENKE (1969, 1974), SEGERSTRÅLE (1957), VOIPIO (1981), WAERN (1952), WALLENTINUS (1978, 1979). **Niederlande:** GOOR (1923), HARTOG (1959), HOEK u. Mitarb. (1979), NIENHUIS (1970), STEGENGA u. MOL (1983). **Frankreich:** CASTRIC-FEY u. Mitarb. (1973), CHALON (1905), CRISP u. FISCHER-PIETTE (1959), DIZERBO (1970), ERNST (1955), EVANS (1957), FELDMANN (1954), FELDMANN u. MAGNE (1964), FISCHER-PIETTE (1932), GAYRAL (1966), HAMEL (1924-1939), HOEK u. DONZE (1966), LANCELOT (1961), L'HARDY-HALOS (1972), RENOUX-MEUNIER (1965), VIRVILLE (1966). **Einige taxonomische Gruppen: Grünalgen: Ulvales:** BLIDING (1963, 1968), KOEMAN u. HOEK (1980, 1982), KORNMANN u. SAHLING (1978). **Prasiolales:** KORNMANN u. SAHLING (1974). **Braunalgen: Sphacelariaceae:** PRUD'HOMME VAN REINE (1982). **Laminariales:** KAIN (1979), SHEPPARD u. Mitarb. (1978). **Rotalgen: Corallinaceae (Krustenkalkalgen):** ADEY u. ADEY (1973). **Maritime und marine Flechten:** FLETCHER (1980). **Seegräser:** HARTOG (1970), McROY u. HELFFERICH (1977), PHILLIPS u. McROY (1980).

Betrachtet man die Verbreitungsspannen zahlreicher ostatlantischer Meeresalgen im Bereich Nordafrika bis Spitzbergen, so ergibt sich in dieser Richtung eine drastische Artenabnahme, weil nach Norden zu immer mehr südliche Algen an ihre nördliche Vorkommensgrenze stoßen und nur wenige von Norden kommende, kälteliebende Arten neu hinzutreten. Wie Abb. **55** zeigt, endet die Verbreitung besonders vieler südlicher Arten an den Küsten der Bretagne sowie von Westirland, und hier hört auch die Verbreitung mehrerer von Norden kommender Arten auf.

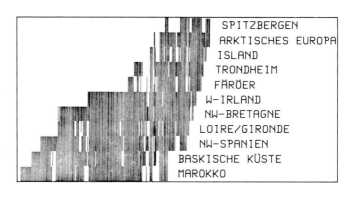

Abb. **55** Süd-Nord-Verbreitung benthisch-mariner Algenarten an den Küsten von Marokko bis Spitzbergen. Jeder senkrechte Strich repräsentiert die Verbreitung einer Art (nach *Hoek* 1975)

Der nordatlantische Strom, der mit einem nördlichen Ausläufer als „Warmwasserheizung" Nordeuropas fungiert und als Portugalstrom und Kanarenstrom nach Süden dreht (Abb. **57**), bewirkt mit seinen relativ warmen Wassermassen, daß zahlreiche wärmeliebende Organismen aus dem Mittelmeer oder von den NW-afrikanischen Küsten bis Westirland und bis zum Westausgang des Kanals vordringen können. In diesem Gebiet verlaufen die 10°C-Februarisotherme, die somit für zahlreiche südliche Arten zu kalte Bedingungen anzeigt, und die 15°C-Augustisotherme, die für nördliche Arten eine Wärmegrenze bedeutet (s. Abb. **6**). An der Grenzlinie Westirland/Ärmelkanal endet daher die **kaltgemäßigte nordatlantische Region,** und es beginnt die **warmgemäßigte mediterran-atlantische Region,** die bis Kap Verde (Senegal, Westafrika) reicht, wo die ostatlantische tropische Region beginnt (s. Abb. **6, 7, 56**). Sehr viele Arten der kaltgemäßigten nordatlantischen Region sind amphiatlantisch, sie kommen also zu beiden Seiten des Ozeans vor (S. 24), so daß man diese Gebiete nur als östliche (europäische) oder westliche

Abb. 56 Phytogeographische Regionen und Provinzen im Nordatlantik. A warmgemäßigte Carolinaregion; B westatlantische tropische Region; C, D, E warmgemäßigte mediterran-atlantische Region (C Kanarische Provinz; D mediterrane Provinz, E Lusitania-Provinz); F, G kaltgemäßigte nordatlantische Region (F östliche Provinz; G westliche Provinz); H arktische Region (aus *C. van den Hoek:* Phycologia 14 [1975] 317-330)

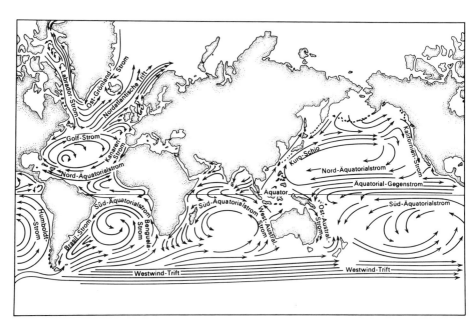

Abb. 57 Meeresströmungen (aus *R. H. MacArthur, J. H. Connell:* Biologie der Populationen. BLV Verlagsges., München 1970)

(nordamerikanische) Provinz der gleichen Region einstuft. Die der arktischen Region zugewandte Nordgrenze der kaltgemäßigten nordatlantischen Region entspricht etwa dem Verlauf der 8°C-Augustisotherme sowie der 0°C-Februarisotherme zwischen Nordnorwegen und Spitzbergen, und in diesem Gebiet zeigt auch der Artengradient eine Diskontinuität (s. Abb. **55**).

Festes natürliches Substrat fehlt den benthischen Großalgen im Schlick- und Sandwatt und an den sandigen Küstenstrecken im Nordseebereich von Belgien bis Dänemark, ebenso an der englischen Ostküste (zwischen Flamborough Head in York und Herne Bay in Kent; DIXON u. IRVINE 1977), so daß die meisten Arten der Makroalgen hier Verbreitungslücken zeigen oder mit einigen Arten wie *Fucus vesiculosus* nur auf Kunstbauten wie Molen und Buhnen oder auf Miesmuschelschalen beschränkte Existenzmöglichkeiten finden. In der Bodenvegetation des 10 000 km² großen Wattgebietes zwischen der niederländischen und dänischen Nordseeküste (Übersicht Wattgebiete: DIJKEMA u. WOLFF (1983), HOEK u. Mitarb. 1979, REINECK 1978), stellt das Mikrophytobenthos, hauptsächlich durch Diatomeen auf dem Wattboden vertreten, die wesentliche Pflanzenkomponente dar. Im insgesamt spärlich vorhandenen Makrophytobenthos findet man im wesentlichen die Seegräser *Zostera marina* sowie *Z. noltii* (S. 59) und die Grünalgen *Ulva* sowie *Enteromorpha*, letztere vorwiegend als Epiphyten der Seegräser oder auf Miesmuschelschalen. **Helgoland** mit seinen Buntsandstein-, Muschelkalk- und Kreideklippen stellt daher für benthische, felsbewohnende Organismen eine „Oase" in der „Wüste" der Nordsee dar.

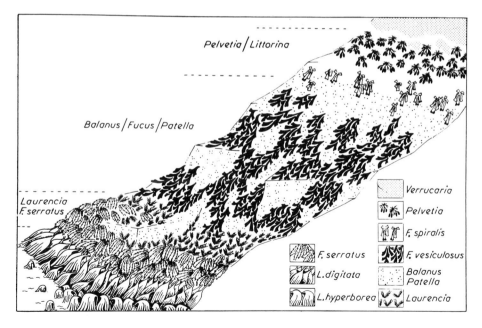

Abb. **58**   Zonierung an der schottischen Küste in mäßig geschützter Lage: Typische Abfolge der Fucaceen *Pelvetia canaliculata* und *Fucus* (aus *J. R. Lewis:* The ecology of rocky shores. English Univ., London 1964)

Die Grundstruktur der Phytalzonierung an den kaltgemäßigten europäischen Küsten wird aus den Zonierungsbeispielen von der schottischen Küste (Abb. **58 bis 59**), von Helgoland (Abb. **60-61**) und von Island (Abb. **62**) deutlich. Mehrere vegetationsbestimmende Arten der europäisch-atlantischen Küsten fehlen bei Helgoland wie *Pelvetia canaliculata* im oberen Eulitoral. *Ascophyllum nodosum* kommt an wenigen Stellen vor. Im oberen Sublitoral fehlt *Alaria esculenta*. Für diese Alge ist es bei Helgoland zu warm, da sie nicht mehr als 16°C verträgt. Arktisches Wasser

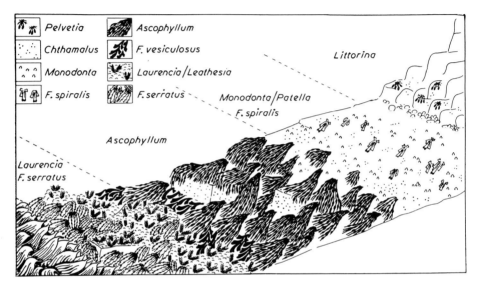

Abb. **59** Zonierung an der schottischen Küste in mäßig geschützter Lage: Oberes Eulitoral von den Schnecken *Monodonta (Gibbula) lineata* und *Patella vulgata* beherrscht, mittleres Eulitoral von der Fucacee *Ascophyllum nodosum* (aus *J. R. Lewis:* The ecology of rocky shores. English Univ., London 1964)

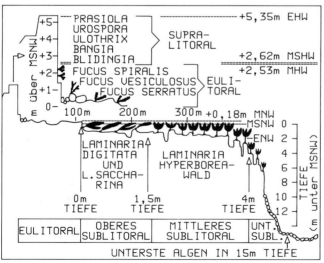

Abb. **60** Zonierung im Phytal bei Helgoland: „Uferschutzmauer West" und Westwatt. EHW extremes Hochwasser, ENW extremes Niedrigwasser, übrige Abkürzungen wie in Legende zu Abb. **5**

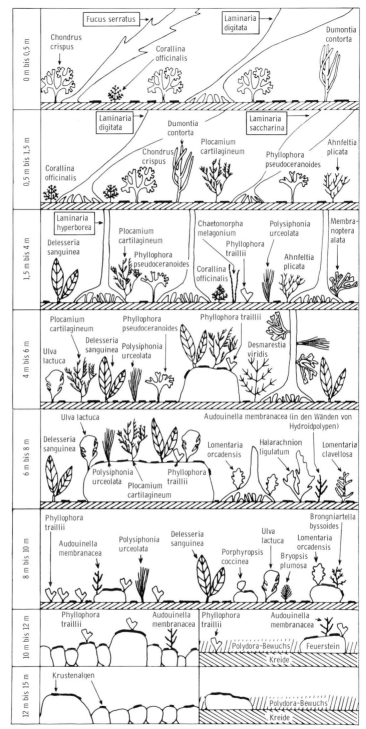

Abb. **61** Zonierung im Phytal bei Helgoland: Charakteristische Unterwuchsalgen in verschiedenen Tiefenstufen des Helgoländer Sublitorals. Die Artnamen sind, von links nach rechts gelesen, entsprechend der Fundhäufigkeit aufgeführt (aus *K. Lüning:* Helgoländer wiss. Meeresunters. 21 [1970] 271-291)

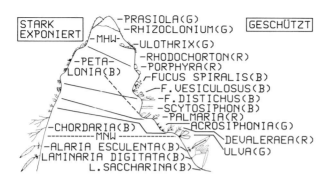

Abb. 62   Zonierung in der Gezeitenzone an der Küste von Grimsey, Nordisland. MHW mittleres Hochwasser; MNW mittleres Niedrigwasser; G Grünalge; B Braunalge; R Rotalge. Ergänzende Artangaben: *Fucus distichus* rechts als subsp. *edentatus*, links als subsp. *anceps*; *Scytosiphon lomentaria, Palmaria palmata, Devaleraea* (= *Halosaccion) ramentacea, Chordaria flagelliformis, Ulva lactuca*. „Rhodochorton" = *Audouinella purpurea* (nach *Munda* 1972a)

beeinflußt die Nord- und Ostküste Islands, und das Auftreten der arktisch-endemischen Rotalge *Devaleraea ramentacea* (S. 133) dokumentiert die Nähe zur Arktis (s. Abb. **62**).

Untersuchungsgeschichte und meeresbiologische Stationen. Die Untersuchungen der kaltgemäßigten Algenvegetation der europäischen Küsten reichen von den Arbeiten der Pioniere KJELLMAN (1878; Skagerrak) und BÖRGESEN (1903-1908; Färöer) bis zur pflanzensoziologischen Bearbeitung der Nordseeküsten durch HARTOG (1959) und bis zur akribischen Beschreibung von Zonierungen im oberen Phytal der britischen Küsten durch LEWIS (1964). Einige Tauchuntersuchungen aus neuerer Zeit informieren über die Zusammensetzung und Struktur der Lebensgemeinschaften des Sublitorals. Größere und klassische meeresbiologische Stationen im hier behandelten Bereich sind zum Beispiel die Biologische Anstalt Helgoland (seit 1892), die Station Biologique in Roscoff (seit 1872) und das Plymouth Laboratory of the Marine Biological Association of the United Kingdom (seit 1888).

Helgoland: Temperaturbedingungen und nacheiszeitliche Geschichte. (Zur Geologie Helgolands: PRATJE 1923, SCHMIDT-THOMÉ 1937, WURSTER 1962, KRUMBEIN 1975, 1977). Infolge der Küstennähe und der Lage in der Deutschen Bucht treten bei Helgoland sowohl relativ hohe als auch relativ niedrige Wassertemperaturen auf. Die Temperaturspanne (vgl. Tab. **16**) reicht hier im Jahreslauf oft von 18°C bis 2°C (gelegentlich 0°C), ist also wesentlich größer als an den temperaturmäßig wesentlich ausgeglicheneren offenen atlantischen Küsten (s. Abb. **6**). Aus diesem Grund fehlen bei Helgoland zahlreiche Algen, die an den französischen, britischen und norwegischen Küsten vorkommen, und die Helgoländer Meeresalgenflora mit rund 180 benthischen, vielzelligen Arten erscheint daher als eine reduzierte Auswahl der nordatlantischen Flora. In der Nacheiszeit war die südliche Nordsee infolge des während der vorhergehenden Vereisungsperiode erniedrigten Meerwasserspiegels (S. 24) zunächst Festland. Mit dem Abschmelzen der Eismassen drang das Meer in Schüben nach Süden vor, was sich auch aus der Existenz von untermeerischen Brandungsterrassen bei Helgoland in 20 m, 10 m und im heutigen Niveau der obersten Brandungsterrasse erschließen läßt. Die Doggerbank wurde vor 9000 Jahren überflutet, und die heutige ostfriesische Küste vor 7500 Jahren vom Meer erreicht (Näheres: GIERLOFF-EMDEN 1980). Helgoland war bis vor 4500 Jahren noch über einen untermeerischen Rücken in 15 m Tiefe mit der Küste von Schleswig-Holstein verbunden und wurde vor 4000 Jahren vollends zur Insel. Die Felsküsten der Insel wurden in der Folge vom Meer freigespült und damit zur Besiedlung mit benthischen Meeresalgen verfügbar. Die Zeitspanne bis heute war zu kurz, um bei Helgoland endemische Arten von Meeresalgen entstehen zu lassen.

A   B   C

Abb. **63**   Maritime Zone und Supralitoral an den Küsten der Färöer (Nordküste von Eysturoy)
(A) links: Strandwegerich *Plantago maritima*, rechts: Grasnelke *Armeria maritima*, im Hintergrund das Gras *Festuca rubra*
(B): die gelbe Flechte *Xanthoria parietina*
(C) oben: die weißgraue Flechte *Lecanora*, unten: *Verrucaria maura* (Photos: *Lüning*)

2.3.1. Supralitoral

Zwischen den letzten Vertretern der höheren, terrestrischen Meerstrandvegetation findet man auf Felssubstrat charakteristische gelbe und graue Flechten (Abb. **63B, C**). Darunter beginnt als oberste Zone des marinen Phytals das Supralitoral, dessen obere Grenze, allerdings nur an Hartgesteinsküsten, durch die teerschwarzen Flecken der Flechte *Verrucaria maura* und die etwas niedriger darauffolgenden Exemplare der Schnecken *Littorina neritoides* und *L. saxatilis* sowie weitere salzwasserverträgliche Flechtenarten (FLETCHER 1980) gekennzeichnet wird (Abb. **58, 59**). An Weichgesteinsküsten, z. B. bei Helgoland, ist die „schwarze Flechtenzone" nicht ausgeprägt, wohl aber findet man hier, wie auch an Hartgesteinsküsten, schwärzliche Blaualgen wie *Calothrix crustacea* und, vor allem auf Molen, die von Seevögeln gedüngt werden, als Grünalgen *Prasiola*-Arten und *Rosenvingiella polyrhiza*. Darauf folgen im Supralitoral charakteristische Fadenalgen, als Grünalgen *Urospora*-Arten, *Ulothrix*-Arten und in der kalten Jahreszeit die Rotalge *Bangia atropurpurea* (= *fuscopurpurea*) sowie die Flächenrotalge *Porphyra linearis* (s. Abb. **60, 62**). Diese supralitoralen Arten oder Gattungen sind weltweit verbreitet, ein Anzeichen ihres Spezialistentums und ihrer Widerstandskraft. Süßwasseralgen kommen im Supralitoral praktisch nicht vor, denn zum einen ist die Versorgung mit Süßwasser unregelmäßig, zum anderen war es für die Meeresalgen infolge des relativ hohen osmotischen Wertes ihres Zellsaftes (S. 252) leichter, Arten mit weiter Resistenz gegenüber Salzgehaltsschwankungen zu entwickeln (S. 64).

2.3.2. Eulitoral

Die Obergrenze des Eulitorals wird biologisch durch die obersten Seepocken markiert und erscheint an exponierten Standorten, zum Beispiel an Molen, oft wie mit dem Lineal gezogen. Bei den eulitoralen Seepocken handelt es sich an den Nordseeküsten um die Art *Balanus balanoides,* an den britischen und französischen Atlantikküsten um die südlichere Art *Chthamalus stellatus,* die zusätzlich auch noch im Mittelmeer vorkommt und im Eulitoral etwas höher siedelt als *B. balanoides,* schließlich um die im Zweiten Weltkrieg aus Australien nach Europa eingeschleppte und auch bei Helgoland existierende Art *Elminius modestus* (Näheres: LEWIS 1964, HARTOG 1959). Dominiert wird das Eulitoral bei starker Wellenexposition von Seepocken und daneben oder auch ausschließlich von der Miesmuschel *Mytilus edulis* (s. Abb. **67 A**), bei schwächerer Exposition von Fucaceen (s. Abb. **67 B**).

Zonierung. Im **oberen Eulitoral** siedeln als Deckarten (vgl. Abb. **3**) die Fucaceen *Pelvetia canaliculata,* die zuweilen noch oberhalb der Seepockengrenze vorkommt und bei Helgoland fehlt, etwas tiefer *Fucus spiralis* und, mit Schottland und Westirland als Südgrenze, *F. distichus* subsp. *anceps* (vgl. POWELL 1957, 1981 zu *F. distichus* in Europa). Typische kleinere Algen im oberen Eulitoral sind die Grünalge *Blidingia minima,* die an der Obergrenze des Eulitorals wächst, weiterhin die braune Krustenalge *Ralfsia verrucosa.* Im **mittleren Eulitoral** folgen als Deckarten der Knotentang *Ascophyllum nodosum* (s. Abb. **34**) und der Blasentang *Fucus vesiculosus* (s. Abb. **35**), begleitet von der leuchtend roten Krustenalge *Hildenbrandia rubra (= prototypus),* deren Vorkommen an schattigen Standorten auch bis in das obere Eulitoral reichen kann. Mit Schwerpunkt im Sommer entwickeln sich im mittleren Eulitoral bis hin zum unteren Eulitoral üppige Bestände der Grünalge *Enteromorpha* und der Rotalge *Porphyra umbilicalis* auf Flächen, die frei von Fucaceen sind. Diese Vegetation tritt häufig gemeinsam mit *Ulothrix*-Arten und *Urospora*-Arten als Beginn einer Wiederbesiedlungsfolge auf, nach einer anfänglichen Diatomeenphase (HARTOG 1959). Die Abfolge der Wiederbesiedlung läßt sich etwa auf neugebauten Molen, an neuen Inseln, z. B. an der 1963 bei Island entstandenen Insel Surtsey (JÓNSSON 1970) beobachten, oder nachdem man Probequadrate im Eulitoral freikratzt hat (MARKHAM u. MUNDA 1980). Es kann bis zu einigen Jahren dauern, bis das Besiedlungsmuster mit Fucaceen, Seepocken und Miesmuscheln voll wiederhergestellt ist (s. Abb. **67 A**; vgl. S. 271). An schattigen, feuchten Stellen kommt im mittleren Eulitoral von den verkalkten Krustenrotalgen die am weitesten nach oben reichende Art *Phymatolithon lenormandii* vor. Zwischen den Fucaceen kann die Gemeine Strandschnecke *Littorina littorea* in großen Mengen auftreten, und auf den Fucaceen findet man die Stumpfe Strandschnecke *L. obtusata* (Näheres zum Zoobenthos: GÖTTING u. Mitarb. 1982). Das **untere Eulitoral** wird vom Sägetang *Fucus serratus* (s. Abb. **44** u. Abb. **60**) beherrscht. Diese Vegetation ist auf den schwach geneigten Schichtflächen des Buntsandsteins bei Helgoland besonders eindrucksvoll ausgeprägt (s. Abb. **67**), wobei hier ganzjährig die Rotalgen *Chondrus crispus, Corallina officinalis,* die Grünalge *Cladophora rupestris* einen charakteristischen Unterwuchs bilden und in der Schicht auf dem Felsboden die verkalkten Krustenrotalgen *Phymatolithon polymorphum, P. laevigatum, P. lenormandii* sowie die unverkalkte Krustenrotalge *Petrocelis hennedyi* vegetieren. Kalkbohrende, kleinfädige Grünalgen der Gattungen *Endoderma* und *Tellamia* sowie die einzelligen Codiolum-Phasen verschiedener Grünalgen (S. 269) kommen im gesamten Eulitoral vor (WILKINSON u. BURROWS 1972). Im Frühjahr treten die Rotalge *Dumontia contorta,* die Grünalge *Acrosiphonia* und die Braunalgen *Scytosiphon lomentaria* sowie *Petalonia*-Arten hinzu. Zwischen der Zone von *Fucus serratus* und den obersten Laminarien, also eben über dem Sublitoral, ist an wellenexponierten und an nicht zu stark besonnten Molen eine von Rotalgen dominierte Zone zu finden, bei Helgoland mit den Arten *Ceramium rubrum, C. deslongchampsii, Polysiphonia urceolata, Plumaria elegans, Rhodomela confervoides,* zu denen sich auch die Grünalge *Chaetomorpha melagonium* gesellt. Diese Rotalgen findet man auch im Unterwuchs der tieferwachsenden Vegetation von *Fucus serratus.* Als eines der Anfangsglieder von Abfolgen der Wiederbesiedlung im unteren Eulitoral und auch im oberen

A

B

D

C

Abb. **64**   Braunalgen aus dem Eulitoral oder oberen Sublitoral der europäisch-atlantischen Küsten
(A) *Pelvetia canaliculata* und *Fucus spiralis* (Roscoff, Bretagne)
(B) *Ascophyllum nodosum* (Roscoff)
(C) von links nach rechts: *Ascophyllum nodosum, Laminaria saccharina* (letztere aus dem Sublitoral angetrieben und das typische Buckelmuster der atlantischen Form zeigend), *Fucus vesiculosus* (Nordirland)
(D) *Himanthalia elongata:* der knopfartige Thallus ist der vegetative Teil, die riemen-förmigen Thalli sind die reproduktiven Thalluspartien (Rezeptakel) der Alge (Roscoff)
(E) *Saccorhiza polyschides*, ein sublitoraler Vertreter der Laminariales mit kissen-förmigem Haftkrallensystem (Roscoff)
(F) *Chorda filum* im oberen Sublitoral (Trondheim) (Photos: **A-C, F:** *Lüning;* **D-E:** Wiencke)

E

F

Abb. **65**   Aspekte aus dem Phytal der Färöer
(A) Eine der zahlreichen, brandungsumtobten Färöerinseln
(B) Oberes Sublitoral, von hinten nach vorn: *Himanthalia elongata, Alaria esculenta* und die obersten Phylloide von *Laminaria hyperborea*
(C) Mittleres Sublitoral in 4 m Tiefe): Laminarien-Wald (*L. hyperborea)*
(D) und **(E)** Unterwuchs in einer Lichtung des Laminarien-Waldes in 4 m Tiefe
(F) Unteres Sublitoral in 15 m Tiefe: Tiefenrotalge *Phycodrys rubens* auf der Seegurke *Cucumaria* sp. und auf der Pferdemuschel *Modiolus modiolus*. Im Hintergrund die Weichkoralle *Alcyonium digitatum* („Tote Mannshand")
(G) unteres Sublitoral in 20 m Tiefe: Die unverkalkte Krustenrotalge *Cruoria pellita* überzieht die Felsflächen
(H) *Alaria esculenta* und *L. digitata,* beide mit der Rotalge *Palmaria palmata* als Stielepiphyt
(I) *L. hyperborea* mit Rotalgen als Stielepiphyten
(J) *L. saccharina,* an einem mittelexponierten Standort gesammelt
(K) *L. saccharina* forma *faeroensis,* von einem sehr geschützten Standort
(L) oberes Sublitoral im Inneren eines Fjordes: *Chorda filum,* mit Sediment besetzt
(M) *L. hyperborea* forma *cucullata* aus dem Inneren eines Fjordes (Photos: *Lüning*)

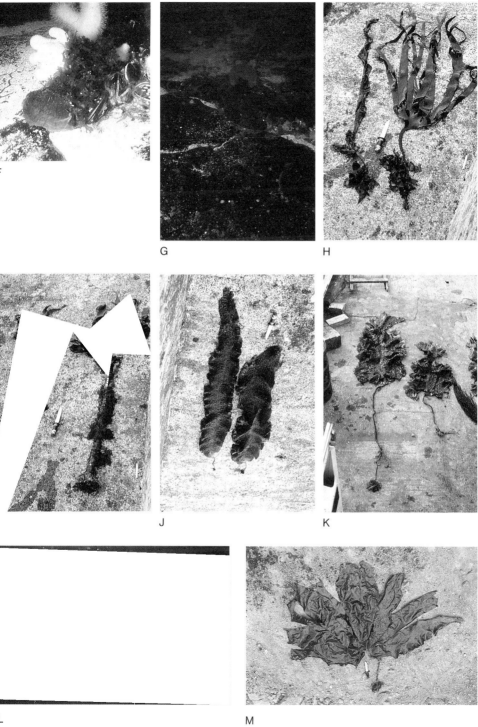

F

G   H

J   K

L   M

Sublitoral tritt als Opportunist (oder r-Stratege; S. 271) die Grünalge *Ulva lactuca* (Meersalat) auf. Man kann diese Alge im Sommer bei Helgoland im Sublitoral noch in 9 m Tiefe finden. Von den weiteren Arten der Gattung *Ulva* (z. B. fünf Arten an der niederländischen Küste; KOEMAN u. HOEK 1981) kommt bei Helgoland im unteren Eulitoral die kleinere Art *U. curvata* vor. An den atlantisch-europäischen Küsten, nicht bei Helgoland, gedeihen im unteren Eulitoral charakteristische Rotalgen wie *Gigartina stellata, Laurencia pinnatifida*, die auch in das mittlere Eulitoral hinaufreichen und *Palmaria (= Rhodymenia) palmata* sowie *Lomentaria articulata*. Ebenfalls im unteren Eulitoral, knapp über den obersten Laminarien, wiederum nicht bei Helgoland, wachsen in exponierter Lage als europäisch-atlantische Vertreter der Fucales der Riementang *Himanthalia elongata* (s. Abb. **51, 64D, 65B**) und *Bifurcaria bifurcata* (s. Abb. **52**).

2.3.3. Sublitoral

Das Sublitoral konnte erst in neuerer Zeit unter Verwendung der Schwimmtauchmethode näher untersucht worden (Übersicht bei RIEDL 1967), wobei als Schwimmtauchpioniere im Phytalbereich DRACH (1949), ERNST (1955), KORNAS u. Mitarb. (1960) sowie KAIN (1962) zu nennen sind. Zu den ersten Meeresbiologen, die bereits mit dem schwerfälligen Helmtauchgerät die Zusammensetzung der sublitoralen Flora und Fauna erforschten, gehörten BERTHOLD (1882; Golf von Neapel), GISLÉN (1929-1930; Gullmarfjord, Schweden), WAERN (1952; Öregrund, Schweden) und KITCHING (1941; schottische Küsten), wobei der letztere bereits den für die europäisch-atlantischen Küsten typischen Laminarienwald beschrieb.

Im **oberen Sublitoral** (= infralittoral fringe nach dem Stephenson-System; s. Abb. **4**), einem Lebensraum mit ungerichteter Partikelbewegung und allseitiger mechanischer Beanspruchung (S. 85), treten bei starker bis mittlerer Wellenexposition als Deckarten (vgl. Abb. **3**) Brauntange mit flexiblem Stiel auf, nämlich *Alaria esculenta* (s. Abb. **24, 65B**) und der Fingertang *Laminaria digitata* (s. Abb. **32**), wobei die erstgenannte Art eine extreme Brandungsanpassung durch die Verstärkung des Phylloids („blatt"-artige Thalluspartie, im Gegensatz zum Stiel und zur Haftkralle) mit einer Mittelrippe zeigt. Von der mechanischen Widerstandskraft dieser beiden Arten erhält man einen Eindruck, wenn man die in der Brandung hin- und herschlagenden Thalli betrachtet und bedenkt, daß ein Exemplar von *L. digitata* diese Bedingungen mehrere Jahre lang erträgt, im Fall von *A. esculenta* immerhin eine Vegetationsperiode lang. Auch die Haftkrallen beider Arten sitzen dem Felssubstrat wesentlich fester an als diejenigen der tiefer wachsenden Art *L. hyperborea.*

Umgekehrt sind die beiden Brauntange des oberen Sublitorals offensichtlich auch auf die Brandung angewiesen, denn in geschützter Lage kommen sie nicht vor und werden durch brandungsempfindliche Arten, durch den Zuckertang *L. saccharina* (s. Abb. **23**) und weiter durch die Meereiche *Halidrys siliquosa* (s. Abb. **53**) ersetzt. *L. saccharina* dringt auch tiefer in das Sublitoral hinab und vermag in geschützter Lage *L. hyperborea* zu ersetzen (s. Abb. **69**). Der Besitz eines flexiblen Stieles, der *L. digitata* und ebenfalls *L. saccharina* kennzeichnet, stellt bei diesen Brauntangen des oberen Sublitorals eine Schutzanpassung gegen Austrocknung und Temperaturtod dar. Bei extremen Niedrigwasserständen liegen die Individuen dieser beiden Arten, die nur etwa drei Jahre alt werden (S. 272), in mehreren Schichten flach übereinander und schützen sich auf diese Weise gegenseitig, wobei mehrjährige Exemplare von *L. digitata* allerdings beim Niederfallen mit einem etwas festeren Stiel auch etwas aufragen (Abb. **67E**). Die meisten Individuen von *L. saccharina*

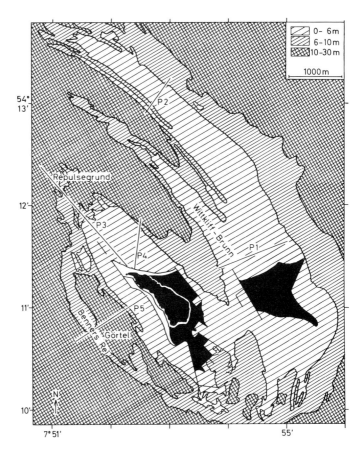

Abb. **66**   Karte des Seegebietes um Helgoland mit Tiefenlinien bei 0 m, 6 m, 10 m sowie dem Verlauf von untersuchten Tauchprofilen. P5 gibt die Lage des in Abb. **60** dargestellten Tauchprofils an. Die Hauptinsel ist von einem Buntsandsteinsockel umgeben, die Düneninsel liegt auf einem Klippenzug aus Kreide („Wittkliff-Brunn") und Muschelkalk. Von 0 bis 6 m fällt der Felsboden in Form einer Abrasionsterrasse allmählich ab und ist bis zu 4 m Tiefe vom dichten Laminarienwald bestanden (aus *K. Lüning:* Helgoländer wiss. Meeresunters. 21 [1970] 271-291)

Abb. 67   Aspekte aus dem Phytal von Helgoland

(A) Zonierung an der stark exponierten Ostmole: Seepocken und Miesmuscheln beherrschen das obere und mittlere Eulitoral, ein Rotalgengürtel das untere Eulitoral. Die von *Ulva lactuca* und fädigen Rotalgen besiedelte „Schneise" im linken Bildbereich stellt ein Stadium der Wiederbesiedlung im Sommer dar, nachdem alle Organismen hier im Frühjahr entfernt worden waren

(B) Klippen im Nordostwatt, oben mit Grünalgen, unten vorwiegend mit *Fucus serratus* bewachsen

(C) Unteres Eulitoral mit *F. serratus,* der Rotalge *Chondrus crispus,* der epiphytisch wachsenden Grünalge *Chaetomorpha capillaris* und der Schnecke *Littorina littorea*

(D) Von links nach rechts: *Laminaria digitata, L. hyperborea* und *L. saccharina,* letztere mit der für Helgoland typischen glatten Ausprägung der Phylloidoberfläche

(E) Halbniederliegende Bestände von *L. digitata* und völlig flachgefallene Bestände von *L. saccharina* im oberen Sublitoral der SW-Seite bei extremem Niedrigwasser im Februar (Wasserstand: 1,5 m unter Kartennull)

(F) Oberer Wald von *L. hyperborea* auf der NO-Seite, ebenfalls bei einem Wasserstand von 1,5 m unter Kartennull

G   H   I

(G) *L. hyperborea* im dichten, auf dem Boden lichtarmen Wald im mittleren Sublitoral (3 m Tiefe), mit Hydroidpolypen und Bryozoen bewachsen
(H) Algenwiesen in der offenen Vegetation von *L. hyperborea*, in 5 m Tiefe. Von hinten nach vorn: *Plocamium cartilagineum, Ulva lactuca, Delesseria sanguinea.*
(I) *L. hyperborea* an ihrer unteren Vorkommensgrenze in 8 m Tiefe. Das Phylloid ist völlig von der Bryozoe *Membranipora membranacea*, der Stiel von anderen Bryozoenarten überwachsen (Photos: *Lüning*)

und *L. digitata* werden maximal drei Jahre alt, im Fall der letzteren Art in Einzel-fällen fünf Jahre (PÉREZ 1970). Typische Unterwuchsalgen bei starker Wellenexpo-sition sind im oberen Sublitoral bei Helgoland (s. Abb. **60**) die Rotalgen *Corallina officinalis, Chondrus crispus* und an den atlantischen Küsten die Rotalgen *Gigartina stellata, Dilsea carnosa* sowie *Palmaria palmata* (NORTON u. Mitarb. 1977).

Seegräser. Auf sandigem und schlickigem Grund kommt im oberen Sublitoral der europäi-schen Küsten die auf der ganzen Nordhalbkugel in den kalt- und warmgemäßigten Regionen verbreitete Art *Zostera marina* (s. Abb. **122**) vor, in Brackwassergebieten auch *Z. noltii (= nana)* (HARTOG 1970). Als einzige Seegrasart dringt *Zostera marina* weit nach Norden vor, bis zum Weißen Meer, Westgrönland, Labrador (isoliertes Vorkommen in der Hudson-Bay) und im Pazifik bis Alaska sowie zumindest bis Kamtschatka. Die Südgrenze der Verbreitung liegt an den europäischen Küsten bei Gibraltar, an der ostatlantischen Seite bei North Carolina und im Nordpazifik in Niederkalifornien und in Südjapan. In den dreißiger Jahren dieses Jahrhunderts wurden im Nordatlantik, auch in der Nordsee, die Bestände von *Z. marina* durch eine Epidemie, vielleicht durch einen Pilz, weitgehend dezimiert und erholen sich seit-dem erst wieder zögernd (HOEK u. Mitarb. 1979, MANN 1982).

Das **mittlere Sublitoral** wird an den europäisch-atlantischen Küsten vom Palmen-tang *Laminaria hyperborea* (Abb. **47, 67F**) als Deckalge beherrscht, dessen Bestände in 1-2 m Tiefe unter mittlerem Niedrigwasser als dichter **Laminarienwald** beginnen. Der Palmentang erreicht ein Alter von bis zu 15 Jahren (S. 272), und vor allem seine Haftkrallen beherbergen eine reiche Begleitfauna (NORTON u. Mitarb. 1977). Die Alge besitzt einen steifen Stiel, der in 1 bis 2 m Höhe über dem Felssub-strat die flache „blatt"-artige Thalluspartie (Phylloid) trägt. Der obere Stielbereich ist dünner und etwas flexibel, so daß die Phylloide beständig der Wasserbewegung folgen. Da pro Quadratmeter Felsfläche bis zu 12 Quadratmeter Phylloidfläche gebildet werden können (JUPP u. DREW 1974), absorbiert diese Brauntangmasse den größten Teil des einfallenden Lichtes (KITCHING 1941, NORTON u. Mitarb. 1977), so daß sich auf dem Felsboden unter der dichten Vegetation des Palmentanges schon in geringen Tiefen nur eine spärliche Unterwuchsvegetation findet. Auf den Stielen der Alge wachsen hier vorwiegend epiphytische Tiere, wie Hydroidpolypen und Bryozoen (Abb. **67G**).

Phasen der Wiederbesiedlung im Laminarienwald. Entfernt man auf einem Probequadrat die Vegetation von *Laminaria hyperborea* und verfolgt die Wiederbesiedlung, wie es bei der Isle of Man von KAIN (1975b, 1976b) durchgeführt wurde, so entsteht zunächst neben neuen Sporophyten von *L. hyperborea* eine gemischte Vegetation mit L. *digitata, L. saccharina* sowie von *Saccorhiza polychides, Alaria esculenta* und *Desmarestia*-Arten. Alle genannten Arten sind durch eine niederliegende Wuchsform ausgezeichnet und werden spätestens im vierten Jahr durch den Palmentang ausgeschaltet, dessen Stiele zu diesem Zeitpunkt lang genug geworden sind, um mit einem dichten Phylloidstockwerk die übrigen Algen zu überschatten. Nur auf Steinen und Geröll sind die schnellwüchsigen Arten L. *saccharina,* der mehrjährige Stacheltang *Desmarestia aculeata* und die annuelle *D. viridis* sowie die bei Helgoland nicht vorkommende Art *Saccorhiza polychides* dem Palmentang überlegen und besiedeln daher als Opportunisten auf derartigem Substrat das mittlere Sublitoral. Umgekehrt vermag L. *hyperborea* nicht im obersten Sublitoral zu gedeihen, da bei extremem Spring-Niedrigwasser die starren Stiele aus dem Wasser ragen und die Phylloide einzeln exponieren würden. Dieser Fall tritt auch bei extremen Niedrigwasserständen im Abstand mehrerer Jahre im Spätwinter bei scharfen und lange anhaltenden Ostwinden ein (Abb. **67F**), wobei dann die obersten Palmentangbestände an der Luft erfrieren.

Die untere Vorkommensgrenze von *L. hyperborea* liegt bei einer Lichtprozenttiefe von 1 % (s. Abb. **3**), je nach vorherrschendem Jerlov-Wassertyp (S. 213) in klarem Wasser an den europäisch-atlantischen Küsten bei 15-25 m, bei SW-Norwegen sogar bei 34 m (KAIN 1979), bei Helgoland bereits bei 8 m Wassertiefe (s. Abb. **60 bis 61**). Schon einige Meter oberhalb dieser Tiefengrenze, bei Helgoland in 4 m Tiefe, am Rand der unterseeischen Abrasionsterrasse (Abb. **66**), geht der geschlossene Laminarienwald in eine offene Vegetation über (Laminarienpark), in welcher infolge des fehlenden Phylloiddaches des Palmentanges genügend Licht zur Entwicklung anderer Algen zur Verfügung steht.

Im **unteren Sublitoral** (vgl. Abb. **3**), im Bereich des Laminarienparks, beginnen die Wiesen der kleineren, sublitoralen Grün-, Braun- und Rotalgen (s. Abb. **60-61, 65D, E, 67H**). Auf den Stielen des Palmentanges wachsen bei Helgoland als epiphytische Rotalgen *Polysiphonia urceolata* und *Membranoptera alata*. An den britischen Küsten tritt im oberen Sublitoral die Rotalge *Palmaria palmata* hinzu, während im mittleren Sublitoral die Rotalgen *Cryptopleura ramosa* und *Phycodrys rubens* als Stielepiphyten vorherrschen (NORTON u. Mitarb. 1977).

Tiere als Feinde des Palmentangs. Daß auch *Laminaria hyperborea* an der unteren Vorkommensgrenze schließlich dem Lichtmangel erliegt, zeigt besonders deutlich der „Wettlauf" zwischen der Alge und der Bryozoe *Membranipora membranacea*. Die letztere besiedelt bei Helgoland ab Juli die Phylloide von *L. hyperborea,* bildet auf diesen rasch wachsende, flächige Überzüge, welche den Gasaustausch, weniger die Lichtversorgung der Alge beeinträchtigen. In der ersten Jahreshälfte bildet der Palmentang aufgrund einer photoperiodischen Reaktion ein neues Phylloid (S. 230) und wirft im April/Mai das alte Phylloid ab, normalerweise, ehe die Bryozoe auf das neue Phylloid überwächst. Dieses geschieht jedoch häufig bei zu langsamem Wachstum des Palmentanges, eben nahe seiner Tiefengrenze, und hier findet man dann im Sommer vollständig von der Bryozoe eingehüllte Exemplare, die in der Folge absterben (Abb. **67I**). Dem jährlichen Abwerfen des alten Phylloides kommt somit wohl eine Schutzfunktion gegen die Epifauna zu. Zur letzteren gehört auch ein an den atlantisch-europäischen Küsten auftretender natürlicher Feind des Palmentanges, die Schnecke *Helcion (= Patina) pellucidus,* welche in den Haftkrallen Höhlungen ausfrißt und die Phylloide befällt (KAIN u. SVENDSEN 1969, NORTON u. Mitarb. 1977).

Tiefenalgen. Im tieferen Bereich des unteren Sublitorals, bei Lichtprozentwerten unter 1 % des über Wasser vorhandenen Lichtes und damit unterhalb der Vorkommenstiefe der tiefsten Laminarien (s. Abb. **3**), findet sich eine immer spärlicher werdende Tiefenvegetation. Zu dieser gehören schwachlichtverträgliche Algen, die bereits im mittleren Sublitoral wachsen, wobei dem Taucher bei Helgoland vor allem die perennierenden roten Blattbuschalgen *Delesseria sanguinea* (s. Abb. **54**) und *Phycodrys rubens* (s. Abb. **40, 65F**) auffallen, weiterhin Tiefenrotalgen wie *Halarachnion ligulatum, Lomentaria orcadensis, Phyllophora traillii* und die endozoisch in Hydroidpolypen lebende *Audouinella membranacea* (s. Abb. **61**). Aber auch einige Grünalgen wie *Bryopsis*-Arten sowie im Sommer *Ulva lactuca*, ferner auch kleinere Braunalgen wie *Sphacelaria*-Arten sind im unteren Sublitoral noch in 8-10 m Tiefe zu finden. An den britischen Küsten (NORTON 1968, NORTON u. MILBURN 1972, HISCOCK u. MITCHELL 1980) wachsen zum Beispiel in 30 m Wassertiefe Rotalgen wie *Phyllophora crispa* (Gigartinales), *Kallymenia reniformis, Crytopleura ramosa* (Cryptonemiales), *Hypoglossum woodwardii, Polyneura gmelinii* (Ceramiales, Delesseriaceae), *Polysiphonia urceolata, P. elongata* und *Brongniartella byssoides* (Ceramiales, Rhodomelaceae). Charakteristische Tiefenbraunalgen sind *Desmarestia ligulata* und *Dictyota dichotoma*. Bei der Bretagne treten die Braunalgen *Carpomitra costata* (Ordnung Sporochnales) und *Halopteris filicina* (Ordnung Sphacelariales) unterhalb der Vorkommensgrenze des Palmentangs in 26 m als Tiefenalgen auf (CASTRIC-FEY u. Mitarb. 1973; vgl. auch Abb. **71**). Schließlich verbleiben bis zur unteren Vegetationsgrenze, bei Helgoland in 15 m Tiefe, die **roten Krustenalgen** und Conchocelis-ähnliche Rotalgen (s. u.). Die Algentiefengrenze liegt an den europäisch-atlantischen Küsten in klarem Wasser (Jerlov-Wassertyp 1, S. 213) bei etwa 50 m Tiefe, sonst zumeist bereits bei 20-40 m Tiefe, wobei die in 50 m vorliegende Bestrahlungsstärke etwa 0,05 % des Oberflächenlichtes entspricht (S. 216). Die unverkalkte Krustenalge *Cruoria pellita* überzieht auf eindrucksvolle Weise bei den Färöern in 20 m Tiefe den gesamten Felsboden wie ein riesiger Teppich (Abb. **65G**) und dringt in Meereshöhlen bis an die Vegetationsgrenze vor (BÖRGESEN 1903 bis 1908). Eine andere wichtige Tiefenkrustenalge ist die verkalkte Art *Lithothamnium sonderi*, die im unteren Sublitoral bis hin zur Vegetationsgrenze den größten Teil der Algenbiomasse stellt (ADEY u. ADEY 1973, CLOKIE u. BONEY 1980). Auf dem Schelfgebiet westlich von Schottland fanden CLOKIE u. Mitarb. (1981) noch in 78 m Wassertiefe **Conchocelis-ähnliche Rotalgen** in Gehäusen von Mollusken und des Dreikantröhrenwurms *Pomatoceros triqueter*. Das kalkbohrende Conchocelis-Stadium ist der Sporophyt von eulitoralen *Porphyra*-Arten sowie von *Bangia atropurpurea* und besiedelt das gesamte Sublitoral, wobei allerdings die Weiterkultur von Sporen aus Conchocelis-artigen Thalli aus dem Helgoländer Sublitoral auch zu den makroskopischen Thalli „höherer" Rotalgen der Ordnung Nemaliales, nämlich *Scinaia forcellata* und *Helminthocladia calvadossi*, führte, die seit etwa 50 Jahren bei Helgoland nicht mehr gefunden wurden (KORNMANN u. SAHLING 1980). Als Tiefenrekord der Algenfunde an atlantisch-europäischen Küsten wurde schließlich aus 90 m Tiefe auf dem Rockall-Plateau, nordwestlich von Irland weit im offenen Atlantik gelegen, die verkalkte Krustenrotalge *Phymatolithon rugulosum* emporgedredscht.

2.3.4. Maerl

Die roten, „bäumchenartig" verzweigten Krustenkalkalgen *Lithothamnium corallioides* und *Phymatolithon calcareum* bilden auf Sandboden, in 3-25 m Tiefe und mit Schwerpunkt bei Südirland, Süd-Cornwall und an der Bretagne eine charakteristische Vegetation von lose liegenden, unregelmäßig verzweigten Thalli mit 5-40 mm Durchmesser (Abb. **68**), auf denen wiederum zahlreiche kleine Tiefenalgen wachsen (CABIOCH 1969, ADEY u. ADEY 1973, ADEY u. MACINTYRE 1973). Diese oft ein bis zwei Meter hohen Kalkalgenlager, welche mit dem bretonischen Wort Maerl bezeichnet werden und seit langem auch als Kalk-Düngemittel wirtschaftliche Bedeutung besitzen (S. 300), kommen nur in mäßig exponierter Küstenlage vor, wo die Sedimentation nicht so groß ist, daß die Algen unter Sand begraben werden und die Exposition nicht so stark, daß die nur langsam wachsenden,

A   B

Abb. **68**   Maerl, eine sublitorale Vegetation von verzweigten, lose auf Sand liegenden roten Krustenkalkalgen
(A) Unterwasseraufnahme eines Maerl-Bestandes bei Falmouth, Süd-Cornwall
(B) *Phymatolithon calcareum,* eine der beiden Algenarten des Maerl (Roscoff, Bretagne) (Photos: *Farnham*)

lose liegenden Algen durcheinander gewirbelt werden. Die Nordgrenze der beiden Maerl-Arten liegt auf der Linie Orkneys/Südnorwegen, und beide Arten erreichen auch das Mittelmeer (S. 94). Eine Maerl-ähnliche Vegetation kommt mit *Lithothamnium glaciale* auch in der Arktis (S. 136) vor, andere Arten in den tropischen Regionen (S. 155). Maerl-ähnliche Algen können auch auf Sand freiliegende, kugelige Wuchsformen (Rhodolithen) bilden, indem sie einen Ausgangskern, etwa ein Steinchen, wie einen Kristallisationskern umwachsen (vgl. Abb. **116**, S. 136).

2.3.5. Bedeutung der Bewegungsexposition im Sublitoral

In welch starkem Ausmaß die Bewegungs- oder Wellenexposition, nicht nur im Gezeitenzonenbereich (vgl. S. 4, S. 52), sondern auch im Sublitoral die Zusammensetzung der Vegetation wie auch den Habitus einer Art bestimmt, wurde am Beispiel der Algenvegetation der Färöer schon frühzeitig von BÖRGESEN (1903-1908) und neuerdings zum Beispiel ausführlich von TITTLEY u. Mitarb. (1982) dargestellt. Einen Vergleich der Vegetation am Ausgang und im Inneren eines Fjordes am Beispiel der Färöer zeigt Abb. **65**. Den Brandungsarten des oberen Sublitorals, *Alaria esculenta* und *Laminaria digitata* (Abb. **65H**), steht im Fjordinneren eine vom Wasser nahezu unbewegte, und mit Feinsediment beladene Vegetation der Braunalge *Chorda filum* gegenüber (Abb. **65L**). Statt der dickstieligen *L. hyperborea,* wie sie am stark exponierten Fjordausgang zu finden ist (Abb. **65I**), wächst im Fjordinneren eine dünnstielige „forma *cucullata*" mit riesenhaftem, wenig geteiltem Phylloid (Abb. **65M**). Da die mechanische Beanspruchung auch mit der Tiefe stark abnimmt, kann man derartige Stillwasserformen auch bei zunehmender Tiefe längs des gleichen Tauchprofils finden (Abb. **69**). Durch Umsetzungsexperimente im Meer zeigten SVENDSEN und KAIN (1971), daß es sich hier um standortbedingte Wuchsformen handelt. Dieses ist nach Umsetzungsversuchen auch der Fall bei *L. digitata* (SUNDENE 1964) und *Saccorhiza polyschides* (NORTON 1969), deren Phylloid bei starker Exposition schmalgefingert ist, bei mittlerer Exposition breitgefin-

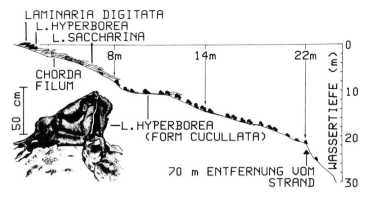

Abb. 69 Tauchprofil der Vegetationsabfolge in einem Fjord bei Espegrend, Westnorwegen. Oberes Sublitoral: *Laminaria digitata*. Mittleres Sublitoral: im obersten Bereich die normale Form von *L. hyperborea*, darauffolgend die stillwasserliebende *L. saccharina* und unterhalb von 8 m Tiefe die Stillwasserform des Palmentanges (*L. hyperborea* forma *cucullata*). Diese wird links unten im Habitus gezeigt (aus *P. Svendsen, J. M. Kain:* Sarsia 46 [1971] 1-22)

gert und in sehr ruhigem Wasser „cucullat" wird. Ein weiteres Beispiel bietet *Laminaria saccharina,* die an einem mittelexponierten Standort schmale, feste Phylloide und solide, voll mit Zellen ausgefüllte Stiele besitzt (Abb. **65J**). Im Fjordinneren tritt bei den Färöern dagegen eine ursprünglich als *L. faeroensis* beschriebene Form (BÖRGESEN 1903-1908) mit sehr breiten, welligen Phylloiden und bis zu 3,5 m langen sowie hohlen Stielen auf (Abb. **65K**), wobei hier möglicherweise auch eine genetische Differenzierung vorliegt (KAIN 1976a). Der Besitz von hohlen Stielen kennzeichnet auch *Laminaria saccharina* subsp. *longicruris* an der ostamerikanischen Küste, und vielleicht dokumentieren die Funde von Pflanzen mit diesem Merkmal bei den Färöern und auch bei den Shetlands und Orkneys das Vordringen der amerikanischen Unterart nach Osten (vgl. *Agarum cribrosum,* S. 40), wobei die norwegische Küste bisher nicht erreicht wurde (KAIN 1976a).

2.3.6. Brackwassergebiete: Fjorde, Ästuare und Ostsee

In Flußmündungen (Ästuaren; Globalübersicht: KETCHUM 1983), etwa in den Mündungsdeltas der niederländischen und deutschen Nordseeküste, in den norwegischen und schottischen Fjorden sowie im großen Maßstab in der Ostsee findet ein mehr oder weniger kontinuierlicher, in kleineren Flußmündungen auch abrupter Übergang zwischen Meer und Süßwasser statt. Hier wird das Brackwasser, welches als Deckschicht salzhaltiges Tiefenwasser überlagert, zum entscheidenden ökologischen Faktor für die horizontale Ausbreitung und auch für den vertikalen Besiedlungsgradienten.

Die Untersuchungen der Algenvegetation der großen norwegischen **Fjorde** wie Trondheim-Fjord (PRINTZ 1926), Hardanger-Fjord (JORDE u. KLAVESTAD 1963) oder Oslo-Fjord (SUNDENE 1953, KLAVESTAD 1978) haben gezeigt, daß von außen nach innen, bei abnehmender Wellenexposition und stark schwankendem Salzgehalt, die Artenzahl abnimmt und die untere Vegetationsgrenze nach oben rückt. Man bezeichnet diese beiden Vorgänge als **Fjordeffekt** (JORDE u. KLAVESTAD

1963). Im Fjordinneren wird die Lichttransmission durch Trübungsstoffe des einfließenden Süßwassers verringert. Dieses mag zum Teil erklären, warum die Algen hier nicht so weit in die Tiefe vordringen können wie am Fjordausgang, wo das Wasser durch Sedimentation bereits klarer geworden ist. Die Einleitung organischen Abwassers führt außerdem im Fjordinneren zu einer Eutrophierung (Nährstoffanreicherung) des Wassers, was auch an der Massenentwicklung von Grünalgen wie *Enteromorpha*-Arten und *Ulva lactuca,* typischen Indikatoralgen für eutrophe Verhältnisse, zu erkennen ist (KLAVESTAD 1978). Die Eutrophierung verursacht eine stärkere Planktonentwicklung und reduziert damit die Lichttransmission im Fjordinneren.

Biotope mit unterschiedlichem Salzgehalt und ihre Vegetation. Besonders auffällig ändert sich die Algenvegetation beim Übergang vom Meer in die **Ästuare** (HARTOG 1967, WILKINSON 1980). Zahlreiche Meeresalgen sind euryhalin (gegen Salzgehaltsänderungen relativ unempfindlich) und besiedeln neben dem vollmarinen Lebensraum, dem **Euhalinikum** (Salzgehalt im Bereich 40-30 ‰), auch das **Polyhalinikum** (30-18 ‰ Salzgehalt). Das darauffolgende **Mesohalinikum** (18-3 ‰ Salzgehalt; alpha-mesohalin: 18-8 ‰, beta-mesohalin: 8-3 ‰) wird zum Beispiel in den Deltagebieten von Rhein, Maas und Schelde nur noch von wenigen euryhalinen Meeresalgen bewohnt. Diese wachsen im vollmarinen Bereich im oberen Eulitoral oder Supralitoral, die auch als Brackwassergebiete anzusehen sind. Es handelt sich zum Beispiel um die Arten *Fucus vesiculosus, Blidingia minima, Enteromorpha*-Arten, die fädigen Grünalgen *Ulothrix* und *Rhizoclonium riparium* sowie um die Krustenrotalge *Hildenbrandia rubra.* Das Mesohalinikum beherbergt praktisch noch keine Süßwasserorganismen, deren Probleme für die Besiedlung des Brackwassers größer sind als die der Meeresorganismen (S. 252), ist jedoch durch einige typische Brackwasserarten charakterisiert, so durch *Fucus ceranoides* (s. Abb. **49**), der nur im Brackwasserbereich von Norwegen bis Spanien und mitunter auch in den erwähnten Deltamündungen vorkommt. Im **Oligohalinikum** (3-0,5 ‰ Salzgehalt), im letzten Brackwasserbereich vor dem Süßwasserbereich (Limneticum), findet man eine Mischung von wenigen Süßwasserarten und sehr wenigen Arten extrem euryhaliner Meeresorganismen. Unter den Meeresalgen sind wiederum *Blidingia minima* und *Rhizoclonium riparium* als Beispiele zu nennen, die auch noch in den Süßwasserbereich vordringen können, der bei 0,5 ‰ Salzgehalt (entsprechend 0,3 ‰ Chloridgehalt) beginnt. Diese Arten sind nach HARTOG (1967) „echte Brackwasseralgen" und gehören auch zur Algenvegetation der **Salzmarschen,** in welchen die Halophyten (auf Salzböden, Watten oder im Mangrovebereich vorkommende höhere Pflanzen) *Spartina townsendii, Salicornia herbacea* wachsen (Näheres: NIENBURG 1927, HARTOG 1973, NIENHUIS 1970, POLDERMAN 1979, POLDERMANN u. POLDERMANN-HALL 1980). Die hier nach HARTOG (1964) dargestellte Typologie des Brackwassers darf sich nicht nur auf Salzgehaltsgrenzen stützen, sondern muß wie die Typologie der Vertikalzonen des Phytals die verschiedenen Bereiche auch biologisch charakterisieren, etwa durch das Verhältnis von marinen zu limnischen Arten sowie durch Leitformen der verschiedenen Bereiche. Dieses ist erforderlich, weil sich die „Konfliktsituation zwischen Meer und Süßwasser" hinsichtlich des Salzgehaltes von Fall zu Fall anders darstellt. Das mit den Flüssen herangeführte Wasser weist, im Gegensatz zum Meerwasser, große Unterschiede in der Ionenzusammensetzung auf und wirkt sich entsprechend unterschiedlich auf den Artengradienten im Übergangsbereich des Brackwassers aus.

Die marine Flora der **Ostsee** ist, wie REINKE (1889a) es ausdrückte, „ein Ableger der Nordseeflora". Aus der Nordsee dringen die meisten charakteristischen Algen der kaltgemäßigten Region, so auch *Laminaria hyperborea,* über das Skagerrak nur bis in das Kattegat vor. In der Ostsee, in der bis zu etwa 30 m Tiefe Algen vorkommen, nimmt dann mit sinkendem Salzgehalt die Artenzahl stark ab. Als zusätzliche Erschwerung für die benthischen Meeresalgen fehlt auf großen Strecken der deutschen, polnischen und russischen Küsten, weniger in den schwedischen und finnischen Schärengebieten, auch das felsige Küstensubstrat, und die Benthosvegetation ist hier im wesentlichen auf unregelmäßig verbreiteten steinigen Grund angewiesen (DIETRICH u. KÖSTER 1974b). Von den etwa 150 vegetationsphysiognomisch bedeutsamen Arten der schwedischen Westküste kommen nur noch 15 % an den Küsten des südwestfinnischen Schärenarchipels vor (SCHWENKE 1974). Die marinen Arten nehmen im Brackwassergradienten der Ostsee nicht kontinuierlich, sondern sprunghaft ab, und zwar zunächst im Übergangsraum des Kattegats. In der darauffolgenden Beltsee können die Salzgehalte am gleichen Standort mit einer Amplitude von bis zu 20 ‰ schwanken, und derartig instabile osmotische Verhältnisse werden von vielen vollmarinen Organismen nicht überlebt. Eine weitere Artenreduktion, oft auch eine Größenreduktion der verbleibenden Arten, erfolgt im Übergangsbereich der Arkonasee, deren südwestliche Begrenzung durch die nur 18 m tiefe Darßer Schwelle gebildet wird. Hier beginnt die eigentliche (innere) Ostsee, die durch weiträumig relativ stabile Salzgehaltswerte unter 10 ‰ gekennzeichnet ist.

Vorkommensgrenzen in der Ostsee. Im Westen der Darßer Schwelle oder auch noch an den Küsten der Arkonasee findet man die letzten und größenreduzierten Vertreter von *Desmarestia aculeata* (s. Abb. **19**), *D. viridis* (s. Abb. **20**, auch Öland), *Laminaria digitata* (s. Abb. **32**), *L. saccharina* (s. Abb. **23**), *Ascophyllum nodosum* (s. Abb. **34**), *Chondrus crispus* (s. Abb. **45**). In der inneren Ostsee stoßen bis in die Gotlandsee noch *Fucus serratus* (s. Abb. **44**), *Delesseria sanguinea* (s. Abb. **54**), *Phycodrys rubens* (s. Abb. **40**) und *Polysiphonia urceolata* vor. Eine letzte sprunghafte Artenabnahme erfolgt schließlich in der Höhe der Åland-Inseln, aber bis hinein in den Bottnischen und Finnischen Meerbusen und zum Teil bis zur unteren Salzgehaltsgrenze des Mesohalinikums von 3 ‰ wachsen noch Arten wie die Braunalgen *Chorda filum* (s. Abb. **21**), *Dictyosiphon foeniculaceus* (s. Abb. **18**), *Fucus vesiculosus* (s. Abb. **35**) oder in loseliegenden Beständen (S. 95) die Rotalgen *Phyllophora pseudoceranoides* (s. Abb. **46**), *P. truncata* (s. Abb. **37**) und *Furcellaria lumbricalis*. Im schwachsalzigen Wasser des Oligohalinikums (3-0,5 ‰) schließlich, an den Enden des Bottnischen und Finnischen Meerbusens oder in den mecklenburgischen „Boddengewässern", der Danziger Bucht und in den Ostseehaffs findet man schließlich neben limnischen Vertretern wie *Potamogeton*-Arten nur noch Meeresalgen wie *Bangia atropurpurea*, *Blidingia minima*, *Enteromorpha*-Arten oder *Hildenbrandia rubra*. Diese Arten sind euryhalin (gegen Salzgehaltsänderungen relativ unempfindlich) und leben auch im vollmarinen Bereich unter starkem Süßwassereinfluß, da sie hier im Supralitoral oder im oberen Eulitoral vorkommen und dem Regen ausgesetzt werden (S. 51).

Brackwasser-Submergenz. Salzreiches Wasser strömt aus der Nordsee als Tiefenstrom in die Ostsee hinein, während salzarmes und damit spezifisch leichteres Wasser die Ostsee an der Oberfläche als Deckschicht verläßt. Zahlreiche Organismen des Eulitorals der vollmarinen kaltgemäßigten Region wie *Enteromorpha*-Arten, *Ulothrix*-Arten, *Hildenbrandia rubra* verschieben in der inneren Ostsee ihr Vorkommen bis in das Sublitoral oder kommen nur noch hier vor wie *Fucus vesiculosus* in der inneren Ostsee und *Fucus serratus* in der Beltsee. Auch *Laminaria digitata* und *L. saccharina* verlagern ihr Vorkommen auf dem Weg vom Skagerrak über das Kattegat bis in die Beltsee vom oberen Sublitoral in größere Tiefen. Dieses „Hinabtauchen" in die salzreicheren Schichten wird seit REMANE (1955) als **Brackwasser-Submergenz** bezeichnet. Daneben aber drängen auch langfristig erfolgende Trockenperioden und die Eisabrasion im Winter in den Meerbusen der östlichen Ostsee die sonst eulitoralen Formen in die Tiefe (HÄLLFORS u. Mitarb. 1981). Die Tatsache, daß *Fucus vesiculosus* in der gesamten Ostsee und *F. serratus* in der westlichen Ostsee permanent submers zu leben vermögen (bis zu 15 m Tiefe bei Blekinge, Südschweden; LEVRING 1940), zeigt jedenfalls, daß diese im vollmarinen Bereich strikt eulitoralen Arten hier aus Gründen der biologischen Konkurrenz, etwa mit den in der inneren Ostsee fehlenden *Laminaria*-Arten, nicht aufgrund physiologischer Gegebenheiten auf die Gezeitenzone beschränkt bleiben. Auch in der Arktis (S. 131) und im Innern der norwegischen Fjorde (JORDE u. KLAVESTAD 1963) findet man *Fucus*-Arten und andere normalerweise im Eulitoral wachsende Arten im Sublitoral, was als Brackwasser-Submergenz zu deuten ist.

Ein Eulitoral existiert in der praktisch gezeitenlosen Ostsee nicht, wohl aber erzeugen aperiodisch auftretende und meteorologisch (z.b. durch Windstau) bedingte Niveauschwankungen, im Frühjahr zum Beispiel von 1 m Vertikaldifferenz und mehr, einen langfristig trockenfallenden oder überfluteten Lebensbereich (vgl. Mittelmeer, S. 78). Nach DU RIETZ (vgl. WAERN 1952, HÄLLFORS u. Mitarb. 1981) unterscheidet man unterhalb der terrestrischen Vegetation und oberhalb des mittleren Sommer-Wasserspiegels ein von marinen Flechten und Arten der Grünalge *Prasiola* besiedeltes „Geolitoral", weiter das darunter liegende und bis zu den niedrigsten Wasserständen reichende „Hydrolitoral" mit Algen wie *Cladophora glomerata, Dictyosiphon foeniculaceus* (im Sommer), *Ceramium tenuicorne* (Herbst und Frühjahr), *Pilayella littoralis* und *Monostroma grevillei* (Frühjahr). Alle diese Algen wachsen auch im Sublitoral, nicht dagegen die ebenfalls im „Hydrolitoral" vorkommenden fädigen Algen *Bangia atropurpurea, Urospora penicilliformis* sowie *Blidingia minima*. Diese zeigen keine Brackwasser-Submergenz (WAERN 1952), was auch für mehrere Tierarten wie die Seepocke *Balanus balanoides* gilt (REMANE u. SCHLIEPER 1971). Auch im vollmarinen Bereich sind die Arten des Supralitorals und oberen Eulitorals offensichtlich schon in einem derartig starken Ausmaß an das „Leben an der Luft" angepaßt und vielleicht sogar darauf angewiesen, daß man sie nach HARTOG (1968) als die „wahren Arten" und Anzeiger des Supralitorals und oberen Eulitorals ansehen muß. Sie wachsen an diesen osmotisch und auch hinsichtlich der Austrocknung rauhen Standorten nicht nur, weil sie deren Bedingungen ertragen, sondern möglicherweise auch bereits benötigen, so schwer der experimentelle Nachweis im Einzelfall angesichts des komplexen Zusammenwirkens verschiedener Faktoren auch sein mag.

Geschichte der Ostsee und Artenbildung im Brackwasser. Brackwassergebiete sind zumeist ephemere Gebilde und führen daher kaum zur Ausbildung brackwasser-endemischer Arten, weder von der Seite der marinen noch von der Seite der limnischen Organismen her, da sie durch die „Salzschranke" getrennt sind (S. 252). Im „langlebigen", seit dem Tertiär existierenden Brackwasserbecken des Kaspischen Meeres haben sich allerdings endemische Arten ausgebildet (S. 95). Die Geschichte der relativ jungen Ostsee begann nach der letzten Eiszeit als Süßwasserbecken, das sich mit dem Schmelzwasser der Gletscher anzufüllen begann und vor 12 000 Jahren als baltischer Eissee vorlag (DIETRICH u. KÖSTER 1974a). Nachdem die Zugänge zur Nordsee über die mittelschwedische Pforte kurzfristig frei wurden, folgte vor 10 000 Jahren das salzige Yoldiameer (benannt nach der Muschel *Portlandia = Yoldia arctica*), darauf durch Hebung der mittelschwedischen Nordseeverbindungen wieder eine Abschnürung vom marinen Bereich, die vor 9000 Jahren zu einer nur einige Jahrhunderte dauernden Aussüßung führte (Ancylus-See, nach der Süßwasserschnecke *Ancylus fluviatilis*). Es folgte nach neuerlicher Öffnung zur Nordsee (dieses Mal über die Beltsee) und bei höheren Salzgehalten als zur Jetztzeit vor 7000 Jahren das Littorina-Meer (nach der Strandschnecke *Littorina littorea*; S. 52), wobei damals sogar die Auster in der Ostsee siedelte, die sich in den prähistorischen Abfallhaufen der Steinzeitmenschen fand. Abwandlungen des Littorina-Meeres, allerdings mit geringerem Salzgehalt sind schließlich die Brackwasserstadien des Limnaea-Meeres (vor 4000 Jahren) und Mya-Meeres (seit 1500 Jahren). Der Beginn der bis heute nicht unterbrochenen Periode des Brackwassercharakters der Ostsee und die Einwanderung atlantisch-mariner Arten erfolgte somit vor 7000 Jahren, und diese Zeitspanne war offensichtlich für die Bildung neuer Arten zu kurz, da im Gegensatz zu früheren Vermutungen (LAKOWITZ 1929) keine endemischen Arten von Meeresalgen der Ostsee existieren (SCHWENKE 1974). Beispielsweise soll es sich nach Kulturversuchen von RAVANKO (1969) bei der Grünalge *Monostroma „balticum"* nur um eine Ostseeform der atlantischen Art *M. grevillei* handeln. Allerdings zeigen die in die Ostsee eingedrungenen Arten der Meeresalgen charakteristische Veränderungen, zu denen Größenreduktion, Formänderungen (Abb. **70**), Verlust der Sexualität, seltener eine geringere Toleranz gegenüber erhöhtem Salzgehalt (S. 253) gehören. Möglicherweise handelt es sich hier

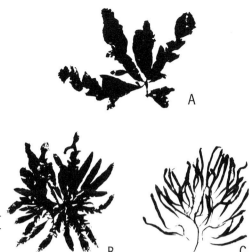

Abb. 70   Rotalge *Delesseria sanguinea*
(A) Nordseeform (Helgoland)
(B) Ostseeform (südliches Kattegat)
(C) Ostseeform von der südlichen Verbreitungsgrenze der Art (Blekinge, Südschweden) (aus *U. R. Nellen:* Helgoländer wiss. Meeresforsch. 13 [1966] 288-313)

bereits um die Bildung genetisch gesonderter Rassen oder Ökotypen, wie im Fall der Ostseeform der Rotalge *Ceramium tenuicorne,* die zwar genetisch fixierte, morphologische Besonderheiten aufweist, jedoch noch mit der Nordseeform kreuzbar ist (RUENESS 1978).

2.4. Europa/Nordwestafrika: Warmgemäßigte Region

Von der bei Westirland, Südengland und am Westausgang des Kanals verlaufenden 10°C-Winterisotherme bis zur 20°-Sommerisotherme, etwa bei Kap Verde (Westafrika), reicht die warmgemäßigte mediterran-atlantische Region (s. Abb. 6 und 7). Innerhalb dieser Region unterscheidet man die lusitanische Provinz, die kanarische Provinz und die mediterrane Provinz. Die Region besitzt einen hohen Anteil an endemischen Arten, der zum Beispiel bei Echinodermen und Fischen 40-50 % beträgt (BRIGGS 1974).

2.4.1. Westirland/Nordfrankreich bis Senegal

(Lusitanische Provinz)

Literatur: Frankreich: s. S. 45. **N- und NW-Spanien:** DONZE (1968), JOHN (1971), FERNANDEZ u. NIELL (1982), FISCHER-PIETTE (1963), PÉREZ-CIRERA (1975), WEBER-PEUKERT u. SCHNETTER (1982). **Portugal:** ARDRÉ (1970-1971). **S-Spanien:** FISCHER-PIETTE (1959), SEOANE-CAMBA (1965). **Afrika:** SCHMIDT (1957). **Marokko:** DANGEARD (1949), FELDMANN (1951, 1955), GAYRAL (1958). **West-Sahara und Mauretanien:** LAWSON u. JOHN (1977). **Senegal:** SOURIE (1954).

An der Küste von **Westirland** und bei der **Bretagne,** also im Bereich der Südgrenze der kaltgemäßigten Region in Europa (s. Abb. 6), endet die Verbreitung mehrerer vegetationsbestimmender, kälteliebender Arten, darunter die der Brauntange *Alaria esculenta* (s. Abb. 24) und *Laminaria digitata* (s. Abb. 32), welche bis hierher für das obere Sublitoral an stark exponierten Küsten charakteristisch waren. Längs der nun beginnenden und bis Kap Verde (Senegal) reichenden Küstenstrecke, die als **lusitanische Provinz** der warmgemäßigt-mediterran-atlantischen Region bezeichnet wird, dominieren zunächst noch zahlreiche der aus der kaltgemäßigten Region vertrauten, vegetationsbestimmenden Algen. (Lusitania umfaßte als römische Provinz etwa das heutige Portugal.) Vor allem reicht die Verbreitung des Palmentangs *Laminaria hyperborea* (s. Abb. **47**) und des Zuckertangs *L. saccharina* (s. Abb. **23**) noch bis Mittel- bzw. Nordportugal.

Wärmeliebende, lusitanische Algen. In dem Maß, in dem die kaltgemäßigten Brauntange südwärts ausfallen, werden sie durch lusitanische Arten ersetzt, durch *Saccorhiza polyschides* (s. Abb. **9** u. **48**; NORTON u. BURROWS 1969), vor allem im oberen Sublitoral, weiterhin durch *Laminaria ochroleuca* (JOHN 1971, SHEPPARD u. Mitarb. 1978), vor allem im mittleren Sublitoral. Beide Arten bilden im nördlichen Bereich der lusitanischen Provinz, so an der Küste der Bretagne (ERNST 1955), eine Mischvegetation mit *L. hyperborea* und dringen im Süden auch in das Mittelmeer ein (s. Abb. **85** u. **86**). *L. ochroleuca,* die im Norden bis zum Kanalausgang, im Süden bis Marokko vorkommt und noch in 25-30 m Tiefe gefunden wurde, besitzt wie der Palmentang einen starren Stiel, bildet also waldartige Bestände und wird ebenfalls mehrere Jahre alt. Es ist möglich, daß eine der 3 *Laminaria*-Arten der Südhalbkugel, *L. pallida* in Südafrika (s. Abb. **144**), die *L. ochroleuca* ähnlich sieht, von dieser abstammt (2 brasilianische Arten, S. 170). Wahrscheinlich hat *L. ochroleuca* in der Eiszeit die Tropen überwunden und ist so auf die südliche Hemisphäre gelangt (HOEK 1982b). Eine ähnliche transäquatoriale Wanderung, vielleicht in gleicher Richtung, liegt wohl im Fall des Brauntangs *Ecklonia muratii* vor. Diese seltene Tiefwasseralge tritt vor den Küsten von Mauretanien und Senegal sowie bei den Kanarischen Inseln auf (FELDMANN 1937c), und *E. maxima* ist als nächster Vertreter der Gattung in Südafrika zu finden (S. 196). Andere charakteristische „südliche", wärmeliebende Arten, die bis zur Nordgrenze der lusitanischen Provinz vorstoßen, sind beispielsweise die Grünalge *Codium bursa* (s. Abb. **81J**), die Braunalgen *Bifurcaria bifurcata* (s. Abb. **52**), *Cystoseira*-Arten (s. Abb. **72B**), *Padina pavonica* (s. Abb. **81D**) sowie die in Abb. **77** dargestellten Arten des atlantischen Florenelementes im Mittelmeer, von denen einige auch die kaltgemäßigte Region erreichen. Die langfristig, über Jahrhunderte hinweg erfolgten Ausweitungen und Verengungen des Areals von *Padina pavonica* in Südengland und an der französischen Kanalküste sind besonders ausführlich dokumentiert (PRICE u. Mitarb. 1979). In Abb. **71** wurden mehrere kleinere Algen des mittleren und unteren Sublitorals an der Küste der Bretagne dargestellt, wobei hier die untere Grenze des Waldes von *Laminaria hyperborea* bei 15 bis 25 m Tiefe und die Vegetationsgrenze in maximal 45 m Tiefe liegt (ERNST 1955, CASTRIC-FEY u. Mitarb. 1973). Hier fallen noch weitere wohlbekannte Arten des Mittelmeeres auf, die Braunalgen *Dictyota dichotoma* (s. Abb. **81C**), *Dictyopteris membranacea* (s. Abb. **72C**), *Halopteris filicina, Carpomitra costata* oder die Rotalge *Schottera nicaeensis* (s. Abb. **82D**), deren Bestände dort beginnen, wo der geschlossene Laminarienwald aufhört. Die genannten Arten fehlen in der kaltgemäßigten Algenvegetation Helgolands oder sind wie *D. dichotoma* selten zu finden (S. 73).

Die meisten vegetationsbestimmenden Algenarten der europäischen Küsten zeigen an der **französischen Atlantikküste** südlich der Loire oder der Gironde eine mehr oder weniger große Verbreitungslücke und treten erst in Nordspanien wieder auf. Dieses gilt zum Beispiel für *Laminaria hyperborea* (s. Abb. **47**), *L. saccharina* (s. Abb. **23**), *Fucus serratus* (s. Abb. **44**), *Ascophyllum nodosum* (s. Abb. **34**), *Himanthalia elongata* (s. Abb. **51**) oder *Chondrus crispus* (s. Abb. **45**). Die Verbreitungslücke ist zum einen durch den Mangel an hartem Felssubstrat von der Loire-Mündung bis zur baskischen Küste bedingt. Zwischen Sables d'Olonnes (südlich der Loire-Mündung) und der Gironde-Mündung herrschen flache Weichgesteinsküsten vor, mit trübem Wasser bespült. Von der Mündung der Gironde bis zu jener des Adour an der baskischen Küste, nördlich von Biarritz, regiert der Sandstrand (CRISP u. FISCHER-PIETTE 1959). Zum anderen wird die Verbreitungslücke der kaltgemäßig-

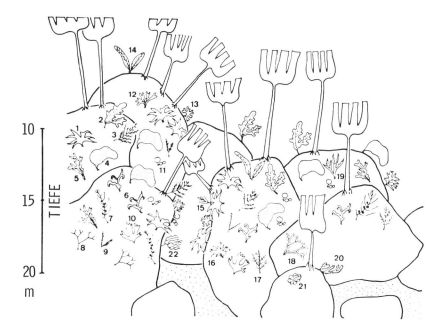

Abb. **71** Typische kleinere Algen und Tiere an der Untergrenze des bereits lichten Laminarien-waldes von *L. hyperborea* in der Bucht von Morlaix (Bretagne). Auch die Haftkrallen und Stiele von *L. hyperborea* tragen eine reiche Fauna und Flora, die jedoch hier nicht dargestellt wurde (aus *M. T. L'Hardy-Halos:* Bull. Soc. scient. Bretagne 47 [1972] 177-192)

Abkürzungen in Legende: B Braunalge, R Rotalge, AN Anthozoa (Hornkoralle), BR Bryozoa
1 *Drachiella spectabilis* (R); 2 *Phycodrys rubens* (R); 3 *Heterosiphonia plumosa* (R); 4 *Kallymenia reniformis* (R); 5 *Cryptopleura ramosa* (R); 6 *Acrosorium uncinatum* (R); 7 *Bonnemaisonia asparagoides* (R); 8 *Dictyota dichotoma* (B); 9 *Halopteris filicina* (B); 10 *Callophyllis laciniata* (R); 11 *Kallymenia microphylla* (R); 12 *Nitophyllum bonnemaisoni* (R); 13 *Rhodophyllis divaricata* (R); 14 *Delesseria sanguinea* (R); 15 *Pterosiphonia parasitica* (R); 16 *Polyneura gmelinii* (R); 17 *Spondylothamnion multifidum* (R); 18 *Dictyopteris membranacea* (B); 19 *Sphaerococcus coronopifolius* (R); 20 *Alcyonium glomeratum* (AN); 21 *Eschara foliacea* (BR); 22 *Eunicella verrucosa* (AN)

ten Arten durch erhöhte Wassertemperaturen an der wieder felsigen **baskischen Küste** bewirkt. Westlich von Biarritz steigt die Oberflächentemperatur des Wassers im August bis auf 22°C, also bis zu einer Temperatur, die erst wieder im Mittelmeer oder an der offenen atlantischen Küste südlich von Marokko auftritt. An der baskischen Küste wird die Vegetation im oberen Sublitoral daher nicht durch die kälteliebenden Laminariales, sondern durch die wärmeliebenden oder wärmeverträglichen Rotalgen *Gelidium sesquipedale* (Abb. **72D**) und *Corallina officinalis* (Abb. **72F**) sowie durch die Braunalge *Cystoseira tamariscifolia* (Abb. **72B**) bestimmt (HOEK u. DONZE 1966). Als „Ankerarten" bilden die aufrechtwachsenden Vertreter der Corallinaceen und auch von Gattungen wie *Gelidium* oder *Pterocladia* in warmgemäßigten und tropischen Regionen eine rasenartige, niedrige Vegetation (engl.: turf), auf der zahlreiche verfilzende epiphytische Algen vorkommen (STEWART 1982). Im Supralitoral wachsen die vom Norden bekannte marine Flechte *Verrucaria maura,* im oberen Eulitoral *Blidingia*-Arten, *Enteromorpha*-Arten, *Ralfsia verru-*

cosa, dazu die wärmeliebende Seepocke *Chthamalus stellatus.* Etwas tiefer findet man auch nicht die vom Norden her vertrauten Gürtel der Fucaceen, höchstens vereinzelte Exemplare von *Fucus spiralis,* sondern bereits die rote Krustenkalkalge *Litophyllum tortuosum* (Abb. **80**), die ab hier kontinuierlich nach Süden verbreitet ist (CRISP u. FISCHER-PIETTE 1959) und im Mittelmeer charakteristische Trottoirs bildet (S. 84). Insgesamt gesehen, ist jedoch die Algenflora der baskischen Küste mehr durch den Ausfall von nördlichen als durch das Auftreten von südlichen Arten gekennzeichnet und stellt nur einen reduzierten Ausschnitt der Gesamtflora von der Bretagne bis Marokko dar. Der Artenbestand an Algen der baskischen Küste, der Bretagne und von Marokko stimmt zu 80-90 % überein (HOEK u. DONZE 1967).

An der **nordspanischen Küste** kommen ab Santander oder ab Gijon wieder die schon aus der kaltgemäßigten Region bekannten Arten wie *Laminaria hyperborea* vor, soweit sie nicht bereits in Nordfrankreich ihre Südgrenze erreichen wie *L. digitata, Alaria esculenta* und *Delesseria sanguinea.* Allerdings traten im Lauf der Jahrzehnte an der nordspanischen Küste starke Schwankungen der Verbreitungsgrenzen der einzelnen Arten auf. So sind bei Kap Penas Arten wie *Himanthalia elongata, Fucus serratus, L. hyperborea* und *L. saccharina,* die hier in den 30er Jahren häufig waren, inzwischen verschwunden und durch südlichere Arten ersetzt worden (FERNANDEZ u. NIELL 1982). Die **nordwestspanische Küste** mit ihren charakteristischen ertrunkenen Flußtälern (Rias) ist ein Auftriebsgebiet, wo kaltes Tiefenwasser nach oben strömt und die Oberflächentemperatur des Wassers im August nicht über 18-19°C steigen läßt. Insofern könnte man auch sagen, daß viele kaltgemäßigte Algenarten in ihrer kontinuierlichen Verbreitung bei der Bretagne enden und von Nordspanien bis Nordportugal noch einmal ein isoliertes Vorkommen zeigen. So wachsen an den Granitfelsen am Ausgang der Ria de Arosa (DONZE 1968) im unteren Eulitoral bei starker Exposition noch die nördlichen Arten *Himanthalia elongata, Gigartina stellata,* in geschützten Lagen auch wieder die Fucaceen der kaltgemäßigten Region *(Pelvetia canaliculata, Fucus spiralis, F. vesiculosus, F. serratus)* sowie *Chondrus crispus* und im Sublitoral *Laminaria hyperborea,* in geschützten Lagen auch *L. saccharina.* An der Küste von **Portugal,** noch bevor die Augustisotherme von 20°C in Südportugal erreicht wird (s. Abb. **6**), endet dann die Verbreitung dieser Arten (mit Ausnahme von *F. spiralis* und *F. vesiculosus)* wie von insgesamt etwa 40 kaltgemäßigten Algen, welche noch die iberische Halbinsel erreichen, wobei die Südgrenzen an der portugiesischen Küste und die Fluktuationen über Jahre hinweg ausführlich durch ARDRÉ (1970-1971) untersucht wurden. Die Februartemperatur, die für das Kältebedürfnis der nördlichen Algen im Einzelfall ebenso bedeutsam sein kann, sinkt an der südportugiesischen Küste nicht mehr unter 14-15°C. Umgekehrt erreichen etwa 20 südliche Arten, darunter die tropische Grünalge *Valonia utricularis* (s. Abb. **76C**), ihre Nordgrenze an der portugiesischen Küste.

Bereits in der Vegetation der NW-spanischen Rias, deren sandige Böden mit der Maerl-Vegetation bedeckt sind (S. 61), mischen sich zu den letzten Beständen der obengenannten kaltgemäßigten Arten zahlreiche lusitanische Algen, die nach dem Wegfall der nördlichen Vertreter nun das marine Vegetationsbild von **Südportugal** und **Südspanien** bis **Marokko** prägen: im unteren, exponierten Eulitoral die bis zu 10 cm dicken, halbkugelförmigen Thalli von *Lithophyllum tortuosum,* weiter *Bifurcaria bifurcata,* im Sublitoral *Saccorhiza polyschides, Laminaria ochroleuca* und weiterhin die in Abb. **72** dargestellten Arten. Im mittleren Eulitoral der marokkani-

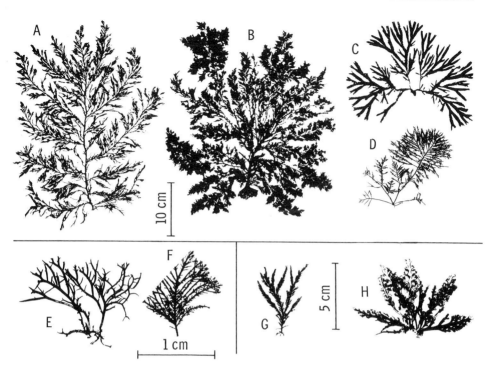

Abb. **72**   Beispiele für vegetationsbestimmende Meeresalgen auf der Küstenstrecke von Süd-portugal bis Marokko.
Braunalgen: (A) *Cystoseira baccata* (= *fibrosa;* Fucales; Irland bis Marokko); **(B)** *C. tamarisci-folia* (= *ericoides;* Irland bis Mauretanien); **(C)** *Dictyopteris membranacea* (Dictyotales; Irland bis Marokko, Mittelmeer, westatlantische tropische Region).
Rotalgen (D) *Gelidium sesquipedale* (Nemaliales; Südengland bis Mauretanien); **(E)** *Caulacan-thus ustulatus* (Gigartinales; Biarritz bis Senegal); **(F)** *Corallina officinalis* (Cryptonemiales; Island bis Mauretanien, Neufundland bis Süd-Carolina); **(G)** *Pterosiphonia complanata* (Cera-miales, Rhodomelaceae; Südengland bis Mauretanien); **(H)** *Laurencia pinnatifida* (Ceramiales, Rhodomelaceae; Norwegen bis Mauretanien) **(A-E, G, H** aus *P. Gayral:* Algues de la côte atlan-tique marocaine. Soc. sci. natur. phys. Maroc, Rabat 1958; **F** aus *P. Kornmann, P.-H. Sahling:* Helgoländer wiss. Meeresunters. 29 [1977] 1-289)

schen Küste erinnern allerdings die Vegetationsgürtel von *Fucus spiralis* und im oberen Eulitoral die Gürtel der marinen Flechten *Lichina pygmaea* und *Verrucaria maura* an die nördliche Algenflora, während *Fucus vesiculosus,* hier an seiner Süd-grenze, nur noch vereinzelt in Ästuaren auftritt. Vor der marokkanischen Küste dringt wiederum wie an der NW-spanischen Küste kaltes Tiefenwasser nach oben, und die Isothermen werden längs der Küste nach Süden verschoben. So ist es ver-ständlich, daß hier noch einige lusitanische Arten vorkommen, die in gleicher geo-graphischer Höhe bei den Kanarischen Inseln fehlen (s. u.). Zahlreiche Algen des Mittelmeeres verleihen der marokkanischen Vegetation jedoch einen mediterranen Aspekt und insgesamt gesehen, stellt die Algenflora Marokkos, wie DANGEARD (1949) es ausdrückte, eine „seltsame Mischung" von gemäßigten und wärmelieben-den Arten dar. Umgekehrt verleihen lusitanische Arten, die durch die Straße von Gibraltar bis zur südspanischen Mittelmeerküste (Meer von Alboran) sowie an die

Küsten von Algerien gewandert sind, diesen Küstenstrecken einen gewissen atlantischen Charakter. Die lusitanischen Arten der Laminariales, *Saccorhiza polychides* und *Laminaria ochroleuca,* welche an der nordmarokkanischen Küste noch dichte Bestände bilden, erreichen mit letzten Vertretern etwa die 20°C-Augustisotherme in der Grenzregion von Südmarokko und **West-Sahara** (früher Spanisch-Sahara), und dieses gilt auch für die Laminariales des tieferen Sublitorals, *Phyllaria reniformis* (s. Abb. **86A**) und *P. purpurascens.* Viele andere warmgemäßigte Algen stoßen noch etwas weiter südlich bis Kap Blanc in West-Sahara vor. Überraschenderweise kommt vor der NW-afrikanischen Küste, im Gebiet von Kap Blanc wie bei den Kanarischen Inseln, auch ein Vertreter der Gattung *Ecklonia* (S. 123) vor, nämlich *E. muratii* (FELDMANN 1937c). Bei Kap Blanc liegt auch die Nordgrenze mehrerer tropischer Arten, und hier geht das felsige Substrat in die sandige Küste von **Mauretanien** über. Mehrere warmgemäßigte Arten der marokkanischen Küste treten zum letzten Mal in Südrichtung bei Kap Verde im **Senegal** auf. Bei Februartemperaturen um 17°C und Augusttemperaturen um 23°C im Oberflächenwasser befindet sich hier nach LAWSON u. JOHN (1977) das Übergangsgebiet zwischen der warmgemäßigten mediterran-atlantischen Region und der ostatlantischen tropischen Region (S. 156).

2.4.2. Kanarische Provinz

Literatur: BÖRGESEN (1925-1936), FELDMANN (1946), LAWSON u. NORTON (1971), LEVRING (1974), SCHMIDT (1931), WEISSCHER (z. B. 1983).

Die Inselgruppen der Azoren, von Madeira, der Kanaren und Kapverden werden in ihrer Gesamtheit auch als **makaronesische Inselwelt** bezeichnet und bilden die **kanarische Provinz** der warmgemäßigten mediterran-atlantischen Region, allerdings mit Ausnahme der Kapverden, die schon an der Grenze zur ostatlantischen tropischen Region liegen.

Die nahe der marokkanischen Küste gelegenen **Kanarischen Inseln** stimmen in 80 % ihres Bestandes an Algenarten mit den Floren der lusitanischen und mediterranen Provinz überein (FELDMANN 1946). Mehrere charakteristische lusitanische Arten wie *Bifurcaria bifurcata, Saccorhiza polychides,* die in gleicher geographischer Höhe an der marokkanischen Küste nahe ihrer Südgrenze wachsen, fehlen jedoch bei den Kanarischen Inseln oder sind wie *Laminaria ochroleuca* selten zu finden. Die Wassertemperatur beträgt 23°C im August, sinkt nicht unter 18°C im Februar, und so ist hier das tropische Florenelement, etwa mit Arten der Grünalgen *Caulerpa, Valonia,* der Rotalgen *Liagora, Galaxaura* und der Braunalgen *Dictyota, Padina* und *Zonaria* gut vertreten. Im oberen Eulitoral dominieren nach einem Zonierungsbeispiel von LAWSON u. NORTON (1971) die Strandschnecke *Littorina neritoides* und die Seepocke *Chthamalus stellatus,* im mittleren Eulitoral *Fucus spiralis* sowie als „Ankerarten" (S. 69) die Rotalgen *Caulacanthus ustulatus* (Abb. **72E**), *Centroceras clavulatum* (Abb. **125**) neben der Grünalge *Ulva rigida* und im unteren Eulitoral sowie im oberen Sublitoral die Rotalgen *Gelidium arbuscula* als endemische Art, *G. cartilagineum* mit einer endemischen Varietät (FELDMANN 1946) und die Braunalgen *Cystoseira abies-marina, Stypocaulon scoparium* (s. Abb. **81E**), *Padina pavonica* (Abb. **81D**).

In den Algenfloren der nördlicher gelegenen Inselgruppe von **Madeira** und der nordwestlich gelegenen, fast ganzjährig wolkenverhangenen **Azoren** treten die auf den Kanarischen Inseln vorkommenden tropischen Arten immer mehr zurück, und es dominieren die Algen der warmgemäßigten lusitanischen und mediterranen Provinz (SCHMIDT 1931). Bei den südöstlich der Kanaren, an der Grenzlinie der warmgemäßigten und tropischen Regionen gelegenen **Kapverdischen Inseln** herrscht das tropische Florenelement vor, und man findet hier vereinzelte Korallen, die wohl erst im Quartär aus der Karibik hierher gelangt sein können. In der nur wenig untersuchten Algenflora dieser Inselgruppe gibt es einige Algenarten, die erst wieder in Südafrika zu finden sind (FELDMANN 1946).

Paläobiogeographie. Die makaronesischen Inseln sind vulkanisch entstanden und haben ein Alter zwischen 1-2 Mio. Jahren (Azoren) und 16-36 Mio. Jahren (Kanarische Inseln; MITCHELL-THOMÉ 1976). Es handelt sich also nicht um kontinentale Inseln, die vom Festland getrennt wurden und ihre Fauna und Flora „mitnahmen", sondern die Besiedelung mußte vom Nullpunkt her erfolgen (vgl. S. 178 zur Inseltheorie). In Anbetracht der isolierten Lage sollte man einen gewissen Reichtum an endemischen Arten erwarten. Dieses ist hinsichtlich der Meeresalgen und auch der marinen Fischfauna keineswegs der Fall. BRIGGS (1974) vermutet, daß etwa vorhandene ältere marine Endemiten durch den Temperatursturz der Eiszeiten ausgelöscht wurden. Im Gegensatz dazu stehen die Verhältnisse der terrestrischen Flora, bei welcher aufgrund der ozeanisch-gemäßigten Bedingungen auf den makaronesischen Inseln in den Eiszeiten tertiäre Reliktendemiten überdauerten, die heute auf dem benachbarten Festland fehlen (HUMPHRIES 1979). Nach BRIGGS wäre die Tatsache, daß die heutige marine Fauna und Flora der makaronesischen Inseln weitgehend mit dem Artenbestand der südiberischen, mediterranen und westafrikanischen Küsten übereinstimmt, auf Einwanderungen jüngeren Datums zurückzuführen. Dieses gilt am ehesten für die erdgeschichtlich sehr jungen Azoren und in geringerem Ausmaß für die weiter südlich gelegene und um einiges ältere Inselgruppe von Madeira, deren Meeresalgen zu 2 % endemisch sind (LEVRING 1974). Auf den wesentlich älteren und noch weiter vom glazialen Einfluß entfernten Kanarischen Inseln mit etwa 320 Arten an marinen Grün-, Braun- oder Rotalgen beträgt der Anteil an endemischen Meeresalgen immerhin 9 % (BÖRGESEN 1925-36, FELDMANN 1946). Die terrestrische Vegetation der Kanarischen Inseln mit ihren 1800 Arten an Blütenpflanzen ist dagegen zu 25 % endemisch (HUMPHRIES 1979), wobei sich in diesem fast dreifach höheren Endemiten-Anteil wohl zum Teil die unterschiedliche Rolle des Meeres widerspiegelt, nämlich als geographisch isolierender und der Bildung neuer Arten begünstigender Faktor für die Landpflanzen und als potentieller Transportweg für die Algen.

2.4.3. Algenwanderungen und eingeschleppte Algen

Bis zu den 30er Jahren dieses Jahrhunderts wuchsen wärmeliebende Algen wie *Dictyota dichotoma* (s. Abb. **81C**) und auch die „südliche" Rotalge *Laurencia pinnatifida* (Abb. **72H**) in den Felsprielen der Helgoländer Gezeitenzone (NIENBURG 1925). Um die Jahrhundertwende berichtete KUCKUCK (1894, 1897) von weiteren lusitanischen oder mediterranen Arten im Sublitoral von Helgoland, die hier seit längerer Zeit nicht mehr gefunden werden können: die Braunalgen *Arthrocladia villosa* (s. Abb. **83I**), *Cutleria multifida* als Sporophytenphase Aglaozonia *parvula (= reptans)* sowie die Rotalgen *Nemalion helminthoides, Helminthora divaricata, Helminthocladia calvadossi* und *Scinaia forcellata*. An der norwegischen Küste drangen in der ersten Hälfte des Jahrhunderts südliche Arten wie *Dictyota dichotoma* und *Desmarestia ligulata* und die Rotalge *Gracilaria verrucosa* nach Norden vor (PRINTZ 1953). *Laminaria ochroleuca* überquerte um 1940 von Nordfrankreich aus den Kanal und setzte sich in SW-England fest, und auch die im Mittelmeer vorkommenden Braunalgen *Taonia atomaria* (s. Abb. **77C**) und *Dictyopteris membranancea* (Abb. **72C**) verbreiteten sich an den britischen Küsten nordwärts (JONES 1974).

Säkularer Temperaturanstieg. Wohl die meisten dieser Algenwanderungen folgten wohl einer vorübergehenden Erwärmung der nördlichen Meere. Wie Abb. **73** zeigt, erfolgte seit Ende des letzten Jahrhunderts ein Anstieg der mittleren Temperaturen der Nordhalbkugel. Es ergibt sich eine „Wärmezeit" von 1920 bis 1950 mit einem Wärmemaximum um 1940. Wie Messungen der Oberflächen-Meerestemperaturen bei Plymouth zeigen (Abb. **73B**), handelt es sich zwar größenordnungsmäßig nur um eine Zunahme der Durchschnittswerte um 0,75°C oder um eine Maximaldifferenz von 1,3°C in 70 Jahren. So gering derartige Temperaturänderungen erscheinen mögen, bei Organismen, die sich am Rande ihres Verbreitungsgebietes befinden, setzen sie doch auffällige Verbreitungswanderungen in Gang. Nach Voraussagen von SOUTHWARD u. Mitarb. (1975), die sich auf den Sonnenfleckenzyklus stützen, wird die säkulare Abkühlung bis 1990 anhalten, so daß bis dahin möglicherweise im Kanal und auch bei Helgoland vermehrt kälteliebende Organismen auftreten und wärmeliebende Arten zurückgehen werden. Die nördliche Art *Fucus distichus* subsp. *edentatus* trat um die Jahrhundertwende im Oslofjord auf, hat sich in den 40er Jahren an den skandinavischen Küsten bis Kopenhagen und Malmö ausgebreitet (LUND 1949) und ist inzwischen auch von den Shetland-Inseln nach Schottland übergewandert (POWELL 1981).

Die Tatsache, daß es gelungen ist, aus Conchocelis-ähnlichen Phasen, die im Helgoländer Sublitoral in Muschelschalen leben, die makroskopischen Thalli der wärmeliebenden Rotalgen *Helminthocladia calvadossi* und *Scinaia forcellata* zu züchten (KORNMANN u. SAHLING 1980), zeigt, daß auffällige Veränderungen der Algenflora nicht nur auf „Algenwanderungen" beruhen müssen. **Kryptisch lebende Mikrothalli,** die offenbar kälteverträglicher sind als die makroskopischen Phasen, können den Bestand einer Art auch über 50 Jahre hinweg am gleichen Standort erhalten, bis höhere Wassertemperaturen wieder zur Bildung der makroskopischen Thalli führen.

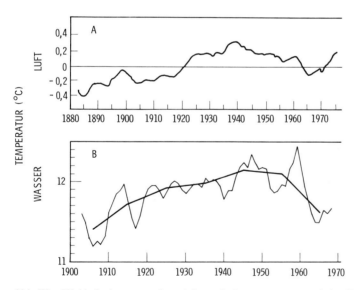

Abb. **73** **(A)** Veränderungen der mittleren Lufttemperaturen auf der Nordhalbkugel, 17,5 bis 87,5° n. Br.; **(B)** Oberflächen-Meerestemperaturen bei Plymouth mit geglätteter Mittelkurve für jeweils 5 Jahre (**A** aus *M. I. Budyko, K. Y. Vinnikov:* Global warming. Dahlem Konf., Berlin 1977; **B** aus *A. J. Southward, E. I. Butler:* J. mar. biol. Ass. U.K. 52 [1972] 931-937)

Von den temperaturbedingten Änderungen der Randverbreitung sind die Fälle **eingeschleppter Algen** zu unterscheiden. Schnellere Schiffe brachten als Aufwuchs Algen aus anderen Ozeanen in den Atlantik, und noch verhängnisvoller im Sinne einer marinen Floren- und Faunenverfälschung hat sich der Austausch von Zuchtmaterial in der gewerblichen Muschelkultur ausgewirkt, wobei im Einzelfall der Hergang einer Einschleppung oft nicht rekonstruiert werden kann. Klassische Fälle von eingeschleppten Tieren sind die Pantoffelschnecke *Crepidula fornicata* (aus Amerika; in Europa seit Ende des vorigen Jahrhunderts), die Seepocke *Elminius modestus* (aus Australien, in Europa seit 1940) und die Wollhandkrabbe *Eriocheir sinensis* (aus China; in Europa seit 1912). Gut dokumentiert ist das plötzliche Auftreten und die oft rasante Ausbreitung der folgenden atlantikfremden Algen (JONES 1974, FARNHAM 1980).

Bonnemaisonia und Asparagopsis. Wahrscheinlich aus Japan wurde gegen Ende des letzten Jahrhunderts *Bonnemaisonia hamifera* (Abb. **74A, B**) in Europa eingeschleppt (Verbreitung in Abb. **12**). Die zu dieser Art als Tetrasporophyt gehörende Trailliella-Phase wurde 1890 in Falmouth (Südengland) entdeckt und 1893 am gleichen Standort dann auch die Bonnemaisonia-Phase. Die Trailliella-Phase trat bereits um 1900 bei Helgoland (KOCH 1951) und an der dänischen Küste auf, um 1916 bei Bergen an der norwegischen Küste und um 1929 bei den Orkneys. Im Süden breitete sich die Art bis zu den Kanarischen Inseln aus und besiedelte auch isolierte Orte im westlichen Mittelmeer (FELDMANN u. FELDMANN 1942). An der Ostküste Nordamerikas, wo die Trailliella-Phase 1927 erschien, besiedelt sie heute die Küstenstrecke von Massachusetts bis Neufundland (MCLACHLAN u. Mitarb. 1969). An der pazifischen Westküste Nordamerikas kommt die Art in Kalifornien vor (ABBOTT u. HOLLENBERG 1976). Sprunghaft, mit großen Verbreitungslücken und daher wahrscheinlich durch den Schiffsverkehr verursacht, gestaltete sich die Ausbreitung der zuerst für Australien beschriebenen Rotalge *Asparagopsis armata* mit der Falkenbergia-Phase als zugehöriger Tetrasporophyt (Abb. **74C, D**). Die Art wurde 1923 in Algerien gesichtet, 1925 in Biarritz, 1926 im nordwestlichen Mittelmeer (FELDMANN u. FELDMANN 1942), 1939 in Irland, 1959 in Schottland und 1973 auf den Orkney- und Shetland-Inseln (IRVINE u. Mitarb. 1975).

Colpomenia und Codium. Die kissenförmige Braunalge *Colpomenia peregrina* (Abb. **74F**), welche heute in gemäßigten Breiten auf der Nord- und Südhalbkugel vorkommt, erschien zu Anfang des Jahrhunderts zum ersten Mal in Europa an der französischen Atlantikküste, wo sie Schaden in den Austernkulturen anrichtete, weil die luftgefüllten Thalli der Alge (auch als „Austerndieb" bezeichnet) sich auf den Austern festsetzten und diese zum Verdriften brachten. Die Art war möglicherweise mit Saataustern aus Japan eingeschleppt worden, breitete sich in der Folge allmählich an den britischen Küsten aus und erreichte um die Mitte des Jahrhunderts Dänemark und Südnorwegen (LUND 1942, RUENESS 1977). Da die luftgefüllten Thalli leicht verdriften, kann die Alge sich mit den vorherrschenden Strömungen gut selbst verbreiten. Die Grünalge *Codium fragile* (Abb. **74G**) wurde wahrscheinlich aus dem Pazifik (Japan) eingeschleppt, wo sie heute auf beiden Hemisphären vorkommt, zum Beispiel in Neuseeland seit 1975 nachgewiesen (ADAMS 1983). Die Alge, die vor allem infolge Akkumulation von photosynthetisch erzeugtem, gasförmigem Sauerstoff im Thallusinneren leicht verdriftet (DROMGOOLE 1982), wanderte zunächst mit der Unterart subsp. *atlanticum* von Irland, seit 1900 mit der Unterart subsp. *tomentosoides* von Holland aus an die europäischen Küsten, seit den 40er Jahren auch bis ins westliche Mittelmeer (SILVA 1955, MESLIN 1964). Bei Helgoland erschien die Alge seit 1923 in Form von angedrifteten Exemplaren, seit 1930 auch festgewachsen (SCHMIDT 1935). Eine weitere Unterart, subsp. *scandinavicum,* trat seit 1919 an den dänischen Küsten auf und stammt vielleicht von den westpazifisch-asiatischen Küsten (SILVA 1957). Im Zweiten Weltkrieg wurde *C. fragile* wahrscheinlich mit Schiffen von Europa an der amerikanischen Ostküste eingeschleppt (WASSMAN u. RAMUS 1973, RAMUS 1978). Die verwandten Arten *C. tomentosum* und *C. vermilara* gehören an den europäischen Küsten schon lange zum Artenbestand der lusitanischen Provinz.

Sargassum muticum. Diese Braunalge (Abb. **74E**) erschien in neuerer Zeit als Eindringling aus Japan. Sie verdriftet leicht mit Hilfe ihrer luftgefüllten Thallusblasen und kann sich somit

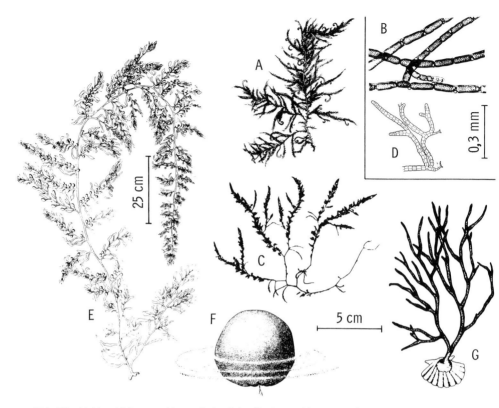

Abb. **74** Habitusbilder von Algen, die im Atlantik eingeschleppt wurden.
Rotalgen: (A) *Bonnemaisonia hamifera* (Gametophyt);
(B) *Bonnemaisonia hamifera* (Tetrasporophyt = Trailliella-Phase);
(C) *Asparagopsis armata* (Gametophyt);
(D) *Asparagopsis armata* (Tetrasporophyt = Falkenbergia-Phase).
Braunalgen: (E) *Sargassum muticum;* **(F)** *Colpomenia peregrina,* vom Substrat gelöst und an der Wasseroberfläche treibend.
Grünalge: (G) *Codium fragile* (**A** aus *W. R. Taylor:* Marine algae of the northeastern coast of North America, 2. Aufl. Univ. Michigan, Ann Arbor 1957; **B** aus *P. Kornmann, P.-H. Sahling:* Helgoländer wiss. Meeresunters. 29 [1977] 1-289; **C** aus *P. S. Dixon, L. M. Irvine:* Seaweeds of the British Isles. Bd. I: Rhodophyta. British Museum, London 1977; **D** aus *J. Feldmann, G. Feldmann:* Ann. Sci. Nat; Sér. 11, Botan. 3 [1942] 75-175; **E** aus *S. Lund:* Rep. Dan. Bio 47 [1942] 1-16; **F** aus *C. J. Dawes:* Marine Botany. Wiley, New York 1981; **G** aus *T. F. Lee:* The seaweed handbook. An illustrated guide to seaweeds from North Carolina to the Arctic. Mariners, Boston (Mass.) 1977

über große Küstenstrecken schnell verbreiten. Die Art wurde in den 40er Jahren wahrscheinlich mit kommerziellen Lieferungen von Saataustern der japanischen Art *Crassostrea gigas* an die pazifisch-nordamerikanische Küste verschleppt und breitete sich in der Folge als Unkraut („Jap-weed") an den Küsten von Britisch-Columbia bis Kalifornien aus. *S. muticum* hat die unangenehme Eigenschaft, in Form von freitreibenden Algenmassen Strände zu verunreinigen und die Hafenschiffahrt zu behindern. In den 70er Jahren wurde Baja California erreicht, so daß in 30 Jahren eine Strecke von 3000 km besiedelt wurde. Möglicherweise wiederum in Verbindung mit Muschelversendungen aus Japan gelangte *S. muticum* auch an die englisch-französische Kanalküste, wurde im festgewachsenen Zustand 1973 in Südengland entdeckt, bald darauf auch in Nordfrankreich (CRITCHLEY u. Mitarb. 1983) und 1980 in den Niederlanden (NIENHUIS 1982). Mit der Etablierung von *Sargassum muticum* an der Kanalküste rückt die Vorkommensgrenze der Gattung in Europa, vorher durch *S. flavifolium* in Südportugal und *S. vulgare* in Marokko dargestellt, um 1200 km nach Norden. Zwar wurden aus dem Sargassomeer zuweilen Exemplare der dort vorkommenden *Sargassum*-Arten (S. 171) an die atlantischen Küsten, zuweilen sogar bis Großbritannien verdriftet, konnten sich jedoch infolge ihrer geringen Kälteverträglichkeit hier nie festsetzen. Dagegen gedeiht *S. muticum* in einem weiten Temperaturbereich und besitzt zudem als schnellwüchsige Art die Eigenschaften eines aggressiven Unkrautes, welches als neue Art in fremden Ökosystemen auftritt. Schon ein einziges verdriftetes Exemplar kann an einem bisher von dieser Art unbesiedelten Küstenstrich zur Gründung eines Bestandes führen, da die Art monözisch ist und durch Selbstbefruchtung eine große Zahl an Zygoten bildet. Diese stellen allerdings kein Mittel der Fernverbreitung dar, da sie rasch zu Boden sinken und in der Natur nur bis zu einer maximalen Entfernung von 1,3 km von der Ausgangspflanze gefunden wurden (DEYSHER u. NORTON 1982). Im Plankton driftende Algensporen, Gameten oder Zygoten dienen wohl generell nur der Nahverbreitung, normalerweise im Meterbereich. Schwärmer der Küstenpopulation einer *Enteromorpha*-Art gelangten allerdings auf planktischem Wege nachweislich zu einem 35 km entfernten untermeerischen Plateau (AMSLER u. SEARLES 1980), und an der 5 km von der isländischen Küste entfernten, neuentstandenen Insel Surtsey fand man bereits nach zwei Jahren den Brauntang *Alaria esculenta* (JÓNSSON u. GUNNARSSON 1982). Gegenüber den europäischen Arten der Fucales ist *S. muticum* insofern im Vorteil, als diese nicht gleich im ersten Lebensjahr reproduktiv werden, *S. muticum* aber schon nach drei Monaten, nachdem man die jungen Keimpflanzen am Felsstrand mit bloßem Auge erkennen kann. Die Alge bevorzugt geschützte Standorte im unteren Eulitoral sowie im oberen Sublitoral, und es gibt bereits Anzeichen, daß sie hier die für Wasservögel und für Jungstadien zahlreicher Meerestiere wichtigen Bestände des Seegrases *Zostera marina* oder auf festem Substrat auch eingesessene Algenarten zurückdrängt. Im Heimatland Japan nimmt *S. muticum* in stabilen Ökosystemen eine feste Nische ein, während in Europa der Prozeß der Verdrängung anderer Arten aus ihren Nischen voraussichtlich noch anhalten wird, bis auch hier der Neuankömmling seinen festen Platz gefunden hat.

2.4.4. Mittelmeer (Mediterrane Provinz): Einführung

Literatur: Gesamtgebiet: COPPEJANS (1983), FELDMANN (1958), BOUDOURESQUE (1971), GIACCONE (1973, 1974), KETCHUM (1983), PÉRÈS (1967a, 1967b, 1982a, 1982b), PÉRÈS u. PICARD (1964). **Spanien und Balearen:** BAS (1949), NAVARRO u. BELLON (1945), RODRIGUEZ (1889), SEOANE-CAMBA (1969, 1975). **Südfrankreich:** BELSHER u. Mitarb. (1976), BOUDOURESQUE (1971), BOUDOURESQUE u. CINELLI (1976), FELDMANN (1937a, 1937b, 1939-1942), OLLIVIER (1929). **Korsika:** MOLINIER (1960), BOUDOURESQUE u. PERRET (1977), COPPEJANS u. BOUDOURESQUE (z. B. 1983). **Italien:** GIACCONE (1969b). **NW-Küste:** CINELLI (1969). **Golf von Neapel:** BERTHOLD (1882), BOUDOURESQUE u. CINELLI (1971), FALKENBERG (1878), FUNK (1927, 1951, 1955, 1957). **Straße von Messina:** GIACCONE (1972), GIACCONE u. RIZZI LONGO (1976). **Sizilien und Straße von Sizilien:** CINELLI (1979, 1981), GIACCONE u. SORTINO (1974). **Adria:** ERCEGOVIC (z. B. 1957a, 1957b, 1959, 1960), ERNST (1959), GIACCONE (1978), LORENZ (1863), MUNDA (z. B. 1973, 1979, 1982), PIGNATTI (1962), RIEDL (1966, 1984), SERMAN u. Mitarb. (1981). **Griechenland und Ägäische Inseln:** COPPEJANS (1975), DIANNELIDIS u. Mitarb. (1977), GERLOFF u. GEISSLER (1974), HARITONIDIS u. TSEKOS (1975, 1976), GIACCONE (1968a, 1968b), NIZAMUDDIN u. LEHNBERG (1970), PÉRÈS u. PICARD (1958), TSEKOS u. HARITONIDIS (1977). **Schwarzes Meer, Kaspisches Meer und Aralsee:** KETCHUM (1983), PETROV (1967), ZINOVA (1967). **Türkei:** GÜVEN u. ÖTZIG (1971). **Israel:** EDELSTEIN (z. B. 1964), LIPKIN u. SAFRIEL (1971). **Ägypten:** ALEEM (z. B. 1951), NASR (z. B. 1940). **Suezkanal:** ALEEM (1984), LIPKIN (1972), POR (1978). **Libyen:** NIZAMUDDIN u. Mitarb. (1978). **Tunesien:** MENEZ u. MATHIESON (1981). **Algerien:** BOUDOURESQUE (1969), FELDMANN (1931, 1943, 1937-1947). **Einige taxonomische Gruppen: Caulerpales:** MEINESZ (1979, 1980). *Cystoseira:* ERCEGOVIC (1952), GIACCONE (1971), GIACCONE u. BRUNI (1971, 1973), HUVÉ (1972). **Laminariales:** DREW (1972), FELDMANN (1934), HUVÉ (1955, 1958), GIACCONE (1969a, 1972), MOLINIER (1960). **Corallinaceae:** HAMEL u.

LEMOINE (1953). **Peyssonnelia:** BOUDOURESQUE u. DENIZOT (z. B. 1975). **Sphacelariaceae:** PRUD'HOMME VAN REINE (1982).

Die Grenze zwischen dem westlichen und östlichen Becken des Mittelmeeres wird durch Unterwasserschwellen gebildet, die in der Straße von Sizilien (zwischen Tunesien und Sizilien) sowie in der Straße von Messina (zwischen Sizilien und Süditalien) liegen. Infolge der Enge der Verbindung zum Atlantik ist das Mittelmeer fast gezeitenlos. Die gewaltigen Wassermassen, die im Gezeitenrhythmus zwischen Atlantik und Mittelmeer hin- und herfließen müßten, können die nur 350 m tiefe Straße von Gibraltar kurzfristig nicht passieren, und was sich tatsächlich ereignet, ist nur eine periodische Umfüllung vom östlichen zum westlichen Becken durch die Straßen von Sizilien und Messina. Hier treten daher starke Strömungen auf, wobei Tiefenwasser nach oben dringt, so daß in diesen lokalen Kaltwassergebieten auch Arten atlantischen Ursprungs gedeihen (S. 93). Der Tidenhub beträgt im Mittelmeer, wo er meßbar ist, zumeist nur 20-40 cm, erreicht allerdings in zwei Gebieten Werte von 1,5 bzw. 2,2 m, nämlich in der Nordadria und im Golf von Gabes (Tunesien). Wichtiger als die Gezeiten sind für das Trockenfallen der Organismen im mediterranen Eulitoral unregelmäßige Wasserstandsschwankungen, verursacht durch Windstau und atmosphärische Druckänderungen, wobei Hochdruck niedrige Wasserstände bewirkt.

Strömung. Der Oberflächenzustrom, welcher aus dem Atlantik in das Mittelmeer fließt, verläuft zunächst längs der nordafrikanischen Küste und dreht als Teilstrom nördlich von Sizilien in einem großen Kreisel entlang der Küsten von Westitalien, Südfrankreich und Spanien nach Westen zurück. Auch im östlichen Meer ist die Hauptströmungsrichtung gegen den Uhrzeigersinn gerichtet. In west-östlicher Richtung steigt der Salzgehalt infolge starker Verdunstungsverluste von 36 ‰ im westlichen Becken bis auf 39 ‰ im östlichen Becken an. Durch die Straße von Gibraltar strömt in der Tiefe salzreiches Wasser in den Atlantik.
Licht. Das Mittelmeerwasser ist sehr klar, wobei die Sichttiefen 50 m betragen können. Nach JERLOV (1976) wird die spektrale Durchsichtigkeit im Mittelmeer durch die Wassertypen IA oder IB charakterisiert (S. 213). Damit dringen 0,05 % des Oberflächenlichtes, das Lichtminimum für die Schattenspezialisten unter den Algen (S. 216), bis zu einer Tiefe von 150 m hinab, und hier befindet sich vielerorts auch die Algentiefengrenze.
Temperatur. Die Temperaturen des Oberflächenwassers nehmen von Westen nach Osten zu (Abb. 75), und die Jahresschwankungen liegen im westlichen Mittelmeer zumeist im Bereich 12-25°C, im östlichen Mittelmeer bei 15-29°C. Die kältesten Bereiche befinden sich am Eingang zum Mittelmeer (Meer von Alboran an der SO-spanischen Küste), an der französisch-spanischen Grenze (Côte des Albères), in der Nordadria (Golf von Triest) und in Nordgriechenland, wo die Augusttemperaturen selten 22°C überschreiten und die Februartemperaturen bis auf 7-10°C absinken können. Die Algen des unteren Sublitorals wachsen im Mittelmeer nicht nur in relativ großen Wassertiefen, sondern auch bei Wassertemperaturen, die um etwa 10°C niedriger sein können als zur gleichen Zeit an der Wasseroberfläche, so daß im westlichen Becken in der Tiefe auch Vertreter der Laminariales vorkommen, für die es im Mittelmeer „eigentlich zu warm" ist (S. 91). Zum Beispiel sinkt die Temperatur bei Neapel im August von 25°C an der Wasseroberfläche auf 17°C in 25 m, auf 15°C in 50 m und auf 14°C in 100 m Tiefe. Unterhalb von 50 m Tiefe ändert sich die Temperatur nur wenig im Jahreslauf und beträgt im Februar bei Neapel in 50 und 100 m Tiefe 13°C. Im wärmeren östlichen Becken liegen die Wassertemperaturen in 50 und 100 m Tiefe allerdings im Jahreslauf zwischen 15 und 20°C und sind damit zu hoch für die Vertreter der Laminariales. Der rasche Abfall der Temperatur in den oberen 50 Metern wird im strömungsarmen Mittelmeer durch beständige Schichtungen des Wasserkörpers bewirkt.
Phykologische Untersuchungsgeschichte. Die Algenvegetation des westlichen Mittelmeeres ist intensiv erforscht worden, zunächst durch Dredschuntersuchungen im Bereich von Neapel und Banyuls (Dredsche, Dredge: Kleines Grundnetz mit Schürfbügel). Die meeresbiologische

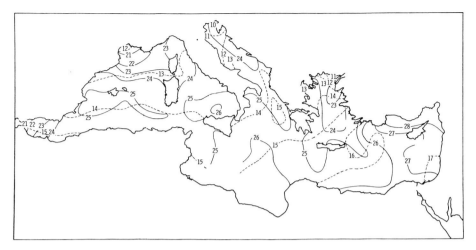

Abb. 75 Oberflächentemperaturen im Mittelmeer im August (——) und März (- - -) (aus *Y. Lipkin, U. Safriel:* J. Ecol. 59 [1972] 1-30)

Station von Neapel, auf Initiative des deutschen Zoologen ANTON DOHRN gegründet, wurde 1874 eingeweiht (Übersicht: MÜLLER u. GROEBEN 1984). Die klassischen Untersuchungen der Algenflora des Golfs von Neapel stammen von FALKENBERG, BERTHOLD und FUNK, während LORENZ, einer der frühesten Mittelmeerpioniere, in der Nordadria arbeitete. Die größte französische meeresbiologische Station am Mittelmeer wurde ab 1881 in Banyuls, nahe der spanischen Grenze, errichtet. Die Algenvegetation der hier verlaufenden Felsenküste „Côte des Albères" wurde durch FELDMANN untersucht, die Algenflora der Côte d'Azur durch OLLIVIER und die der jugoslawischen Küste (Stationen in Rovinj und Split) durch ERCEGOVIC.

2.4.5. Mittelmeer: Verbreitungsgruppen und Florengeschichte

Die vielzellige, mediterrane Algenflora wird von GIACCONE (1974) auf 1000 Arten geschätzt, wovon allein an den Küsten von Italien 620 Arten vorkommen (GIACCONE 1969b). Im Bereich der warmgemäßigten Regionen bieten nur das Mittelmeer und Südaustralien (S. 201) eine riesige Küstenausdehnung parallel zu den Breitenkreisen (s. Abb. 6). Beide Gebiete sind schon aufgrund des zur Verfügung stehenden Lebensraums für Artenreichtum prädestiniert (vgl. Argumentation zum Artenreichtum des Indopazifiks, S. 173), und dazu kommt im Mittelmeer die reiche Gliederung der Küsten, wobei in gut abgegrenzten Gebieten durch geographische Isolation die Ausbildung von Arten begünstigt wurde. Besonders reich an endemischen Algenarten sind die Adria, das Tyrrhenische Meer und das Balearen-Becken (GIACCONE 1974). An sublitoralen Standorten in der Adria (GIACCONE 1978), in der Straße von Messina (GIACCONE u. RIZZI LONGO 1976) und in der Straße von Sizilien (CINELLI 1981) gehören etwa die Hälfte der Algenarten zum atlantischen Florenelement, ein Drittel zum endemischen Florenelement, 10 % zum kosmopolitischen und 3 % zum indopazifischen Florenelement.

Paläobiogeographie und Herkunft der Florenelemente. Das Mittelmeer ist ein Rest des kreidezeitlichen und frühtertiären Tethysmeeres, welches vor der Bildung der Landbarrieren bei

Suez und Panama als zirkumglobales tropisches Meer existierte (s. Abb. **14**). Von den Algen dieses Meeres stammt das **tropische Florenelement** (FELDMANN 1937b, 1958, PÉRÈS 1967a). Zu diesem gehören mediterrane Arten von pantropischen (in allen tropischen Regionen verbreiteten) Gattungen und auch einige pantropisch weitverbreitete Arten (Abb. **76**). Die **Meeresverbindung zwischen Mittelmeer und Indischem Ozean** über das Rote Meer wurde im Tertiär, etwa vor 17 Mio. J. geschlossen (s. Abb. **121**), als Afrika/Arabien mit Eurasien in Kontakt kam. Daraufhin entwickelten sich im Indik und im Mittelmeer sowie im angrenzenden warmgemäßigten Atlantik verschiedene Faunen und Floren. Das Mittelmeer verlor im Verlauf der tertiären Klimaverschlechterung seinen tropischen Charakter, etwa seine Korallenriffe, und es gab zunächst nur noch wenige Vertreter des **indopazifischen** Florenelementes. In historischer Zeit jedoch wanderten, vielleicht schon nach altägyptischen und römischen Kanalbauten, sicher jedoch nach der Eröffnung des **Suezkanals** (1869) mindestens 20 indopazifische Algenarten aus dem Roten Meer in das östliche, wärmere Mittelmeer ein, z. B. die Grünalge *Caulerpa racemosa* und ebenso das Seegras *Halophila stipulacea* (s. Abb. **87**). In umgekehrter Richtung fanden kaum Algenwanderungen statt (ALEEM 1984). Die Passage durch den Suezkanal war allerdings durch den anfänglich hohen Salzgehalt der zwischengeschalteten Bitterseen von 68 ‰ (1924: 52 ‰, heute und voraussichtlich in Zukunft bleibend: 41 ‰) für viele Meeresorganismen zunächst nicht gut passierbar, und so gab es zuerst nur wenige Neuzuwanderer aus dem Indik, die man nach dem Erbauer des Suezkanals als **Lesseps**-Einwanderer bezeichnet (PÉRÈS 1967a, POR 1978). Beispielsweise wurde das Seegras *H. stipulacea,* das im östlichen

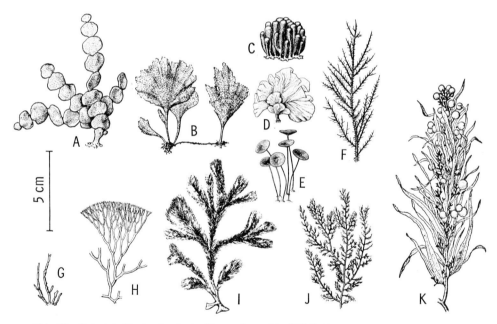

Abb. **76**   Beispiele für das tropische Florenelement im Mittelmeer.
Verbreitung der Arten: MED mediterran-endemisch; MWA mediterran-warmgemäßigt-atlantisch; OA tropisch-ostatlantisch; WA tropisch-westatlantisch; IN tropisch-indopazifisch; PAN pantropisch.
Grünalgen: (A) *Halimeda tuna* (IN, WA); **(B)** *Udotea petiolata* (MWA); **(C)** *Valonia utricularis* (IN, WA); **(D)** *Anadyomene stellata* (IN, WA); **(E)** *Acetabularia acetabulum* (= *mediterranea*, MWA).
Rotalgen: (F) *Hypnea musciformis* (PAN); **(G)** *Amphiroa rigida* (OA, WA); **(H)** *Liagora viscida* (MED); **(I)** *Digenea simplex* (PAN); **(J)** *Wrangelia penicillata*
(PAN). **Braunalge: (K)** *Sargassum vulgare* (PAN) **(A-K** aus *R. Riedl:* Fauna und Flora der Adria, 3. Aufl. Parey, Hamburg 1983)

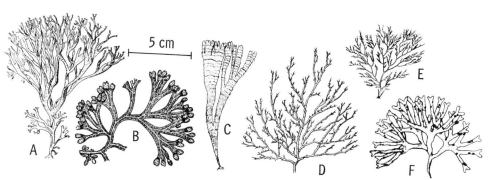

Abb. 77   Beispiele für das atlantische Florenelement im Mittelmeer.
Braunalgen: (A) *Cutleria multifida;* (B) *Fucus virsoides,* **(C)** *Taonia atomaria.*
Rotalgen: (D) *Sphaerococcus coronopifolius;* **(E)** *Plocamium cartilagineum* (= *coccineum);*
(F) *Gymnogongrus crenulatus* (= *norvegicus)* (**A** aus *F. Oltmanns;* **B-E** aus *R. Riedl:* Fauna und Flora der Adria, 3. Aufl. Parey, Hamburg 1984; **F** aus *G. Schotter:* Bull. Inst. Oceanogr. Monaco 67 [1968] 1-99)

Indik und im Roten Meer vorkommt, 1894 zum ersten Mal bei Rhodos gefunden, und heute ist diese Art im östlichen Mittelmeer weitverbreitet (HARTOG 1970). In westlicher Richtung wirkte für die Lesseps-Einwanderer zunächst das brackige Meeresgebiet vor dem Nildelta wanderungshemmend. Aber dieser Effekt hat in seiner Bedeutung nach 1966, nämlich seit der Erbauung des Assuandammes, nachgelassen, da nur nur noch ein Viertel des Nilwassers das Mittelmeer erreicht (POR 1978).

Ebenso dramatisch, aber unter weitgehendem Verlust der marinen Fauna und Flora, hat sich wahrscheinlich vor etwa 5 Mio. J. die **Schließung der Straße von Gibraltar im Pliozän** ausgewirkt (Übersicht: GIERLOFF-EMDEN 1980). Das Mittelmeer verkümmerte daraufhin während einer Zeitspanne von 2 Mio. Jahren zu einem hypersalinen Binnenmeer oder trocknete nach der umstrittenen Meinung von HSÜ (1972) völlig aus, und nach der neuerlichen Öffnung der Straße von Gibraltar mußte möglicherweise eine völlige Wiederbesiedlung von den angrenzenden atlantischen Küsten Westafrikas und Südportugals her erfolgen.

Während der **Glazialperioden** sank die Oberflächentemperatur des Mittelmeeres im August bis auf 12°C (BRIGGS 1974). Tropische sowie wahrscheinlich viele Warmwasserarten wurden ausgelöscht, und nach fossilen Tierfunden beherbergte das Mittelmeer damals eine nordische Fauna und Flora (KOSSWIG 1956, BRIGGS 1974). Als **Glazialrelikte** und als Vertreter des **atlantischen Florenelementes** verblieben in den kältesten Mittelmeergegenden beispielsweise *Fucus virsoides* in der Nordadria (wohl ein Abkömmling von *F. spiralis;* S. 85) und die Rotalge *Plocamium cartilagineum* an der SW-französischen Küste (S. 87). Aus dem Refugium der heute tropisch-westafrikanischen Küste wanderten in der Nacheiszeit die Warmwasserarten wieder ein, und die kontinuierliche Verbreitung vom Mittelmeer bis zu den warmgemäßigten ostatlantischen Küsten der auf S. 68 aufgeführten lusitanischen Arten weist auf den paläohistorisch wichtigen Zusammenhang hin.

Neben dem auch im Mittelmeer vertretenen „**kosmopolitischen**" Florenelement mit „Arten" wie *Ulva lactuca* oder *Ceramium rubrum* (mit Vorbehalten hinsichtlich weiterer taxonomischer Revision) sowie der Braunalge *Scytosiphon lomentaria,* ist schließlich das Florenelement der **Endemiten** zu nennen. Dieses macht nach GIACCONE (1974) etwa 20 % des Gesamtartenbestandes an Makroalgen im Mittelmeer aus, ein Wert, der durch weitere taxonomische Revision zu erhärten bleibt. Im Vergleich zum Endemismus der Arten der Rot- und Braunalgen an der südaustralischen Küste mit 70 % (S. 201) erscheint der für das weniger isoliert liegende Mittelmeer genannte Wert jedoch wohl nicht zu hoch. Zu den frühzeitig entstandenen, vielleicht noch aus der Tethysvergangenheit stammenden Endemiten (**Paläoendemiten** nach FELDMANN 1937b) gehört die eulitorale Rotalge *Rissoella verruculosa* (s. Abb. **79;** allerdings auch vor der Küste Marokkos zu finden). Mediterrane **Neoendemiten** (nach FELDMANN) haben sich dagegen nach der Schließung der Landbrücke von Suez vor 17 Mio. Jahren aus eingewanderten, noch heute naheverwandten atlantischen Arten entwickelt. Ein Beispiel ist die Rotalge *Phyllophora nervosa,* die nur im Mittelmeer sowie im Schwarzen Meer vorkommt und der atlantischen Art *Phyllophora crispa (= rubens)* nahe steht.

Cystoseira als artenreiche Braunalgengattung. Ebenfalls neoendemisch sind nach Auffassung von FELDMANN (1937b), ERCEGOVIC (1959) sowie GIACCONE u. BRUNI (1971, 1973) zahlreiche der etwa 30 im Mittelmeer wachsenden Arten und etwa zehn Ökoytypen der Braunalgengattung *Cystoseira* (Giaccone 1971), von der z. B. an der Côte des Albères, bei Banyuls, 10 Arten zu finden sind (FELDMANN 1937a), in der Adria bei der Insel Jabuca, 11 Arten (ERCEGOVIC 1957a). Die Gattung dringt im Atlantik im Norden bis zur südbritischen Küste mit fünf Arten vor, darunter *C. tamariscifolia* (Großbritannien bis Mauretanien). Die letztgenannte Art wird im Mittelmeer durch ähnlich gestaltete Arten vertreten (Vikarianz). Als vikariierende Arten zu *C. tamariscifolia* gelten im Golf von Lion und bei den Balearen *C. mediterranea,* an der Côte d'Azur und im Tyrrhenischen Meer *C. stricta,* in der Adria *C. spicata* sowie *C. corniculata* und im Ägäischen Meer *C. amentacea* (FELDMANN 1958, GIACCONE u. BRUNI 1971). Die offenbar entwicklungsfreudige Gattung *Cystoseira,* von deren Arten im Mittelmeer etwa zwei Drittel endemisch sind (GIACCONE 1974), stellt einen großen Anteil der mediterran-endemischen Algenarten.

Rolle der Fucales im Mittelmeer. Abgesehen von den lokal in der Tiefe vorhandenen Vertretern der Laminariales (S. 91), werden im mediterranen Sublitoral die größten Algen von den Fucales gestellt. Diese spielen hier somit als Deckalgen des Sublitorals (vgl. Abb. **3**) die Rolle der Laminariales in den kaltgemäßigten Regionen. Von der Ordnung Fucales kommen im Mittelmeer nur drei Gattungen vor: *Cystoseira* mit zahlreichen und *Sargassum* mit wenigen Arten *(S. vulgare, S. linifolium, S. hornschuchii)* sowie *Fucus* mit einer adriatisch-endemischen Art (S. 85).

2.4.6. Mittelmeer: Tiefenverteilung und Vegetationstypen

Aufgrund der eingehenden Bearbeitungen der mediterranen Biozönosen durch MOLINIER, PÉRÈS und PICARD und der neueren Tauchuntersuchungen seitens der Phykologen BOUDOURESQUE, CINELLI und GIACCONE liegt inzwischen ein ausgefeiltes System der Lebensgemeinschaften des Mittelmeeres vor, das in Tab. 3 vereinfacht dargestellt ist. Im Prinzip gilt dieses System für das gesamte Mittelmeer, jedoch können die einzelnen Biozönosen verschiedene lokale Ausprägungen zeigen. Weiter ist zu bedenken, daß die gründliche phykologische Bearbeitung des östlichen Mittelmeeres noch aussteht.

Pflanzensoziologie und Phykologie. Es ist bemerkenswert, daß die Bearbeitung und Kennzeichnung der marinen Vegetation mittels der Methodik und Terminologie der terrestrischen Pflanzensoziologie (vgl. Benennung der Biozönosen in Tab. 3) fast ausschließlich im Mittelmeerbereich erfolgte, mit Ausnahme von HARTOG's (1959) Darstellung der auf festem Untergrund wachsenden, marinen Algengemeinschaften der Niederlande, von Helgoland und bei Boulogne in Nordfrankreich. Das starke Interesse an der Aufgliederung der Meeresvegetation in „Assoziationen" zieht sich wie ein roter Faden durch die gesamte phykologische Literatur für den Mittelmeerbereich. Bevor MÖBIUS 1877 den Begriff der „Biozoenose" prägte, beschrieb LORENZ (1863) bereits die Algengesellschaften der Nordadria und kennzeichnete sie mit Begriffen wie „Ulvetum" oder „Litoral-Cystosiretum". Dieser Autor schuf auch terminologische Grundlagen für die Vertikalgliederung des Phytals, die zum Teil bis heute gültig blieben (vgl. RIEDL 1964a und S. 6).

Das nur vom Spritzwasser erreichte **Supralitoral (BG1** in Tab. 3, Abb. **78)** ist im Mittelmeer infolge der geringen Wasserstandsschwankungen und der starken Sonneneinstrahlung nur schwach entwickelt. Neben der Flechte *Verrucaria symbalana* wachsen hier einige Blaualgen. An charakteristischen Tieren kommen die Schnecke

Tabelle 3   Übersicht der Lebensgemeinschaften (Biozönosen) im mediterranen Phytal auf felsigem Substrat, in Abhängigkeit von der Tiefe, von Licht- und Wellenexposition; photophil = stark besonnt, sciaphil = schattig; BG Biozönosengruppen (zusammengestellt nach Arbeiten von *Boudouresque, Cinelli, Giaccone*)

Tiefen-zonen[a]	Tiefenzonen[b]	Licht-exposition	Wellen-exposition	BG[c]	Biozönosenbeispiel
Supralitoral	étage supralittoral			BG 1	Verrucario-Melapharetum neritioides
Eulitoral	étage médiolittoral				
Oberes				BG 2	Nemalio-Rissoelletum verrucolosae
Unteres				BG 3	Neogoniolitho-Lithophylletum tortuosi
Sublitoral					
Oberes	étage infralittoral	photophil	stark exponiert	BG 4	Cystoseiretum strictae
		photophil	geschützt	BG 5	Cystoseiretum crinitae
		sciaphil	stark exponiert	BG 6	Lomentario-Plocamietum cartilaginei
		sciaphil	geschützt	BG 7	Udoteo-Aglaothamnietum tripinnati
Unteres	étage circalittoral			BG 8	Rodriguezelletum strafforellii

[a] Klassische Terminologie. [b] Terminologie der französischen Schule („Genua-System"; vgl. S. 8).
[c] Die Nummern der Biozönosengruppen werden im Text verwendet.

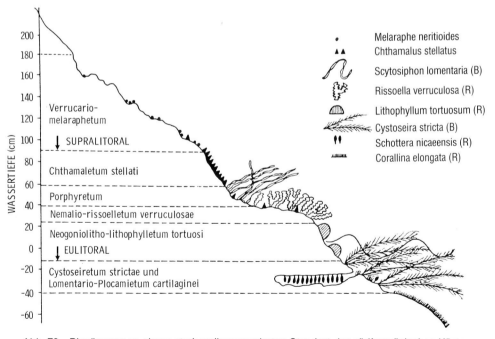

Abb. **78**   Biozönosen an einem stark wellenexponierten Standort der südfranzösischen Küste. Neben den lichtliebenden (photophilen) Biozönosen ist in einer Höhlung eine schattenliebende (sciaphile) Biozönose dargestellt (aus *C. F. Boudouresque:* Vegetatio 22 [1971] 83-184)

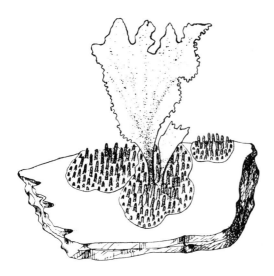

Abb. **79** *Rissoella verruculosa*
(Rotalge, Gigartinales) im Herbst-
zustand bei Banyuls. Ein perennie-
render, krustenförmiger Thallus von
4-5 cm Durchmesser bildet im
Herbst neue aufrechte Thalli, die
ihre maximale Länge im folgenden
Juni erreichen und im Oktober wie-
der vollständig verschwinden.
Diese monotypische (nur mit einer
Art vertretene) Gattung kommt im
westlichen Mittelmeer und in der
Südadria vor (aus *J. Feldmann:*
Revue algol. 10 [1937] 1-339)

Melaraphe neritioides sowie die Assel *Ligia italica* vor. Das periodisch oder auch unregelmäßig trockenfallende **Eulitoral,** mit einer Vertikalausdehnung von weni- gen Dezimetern, wird im **oberen Bereich (BG2** in Tab. **3)** von der Seepocke *Chtha- malus stellatus,* daneben von der Schnecke *Patella* besiedelt. Hier findet sich in wellenexponierter Lage ein schmaler Gürtel der mittelmeer-endemischen, derben Rotalge *Rissoella verruculosa* (Abb. **79).** Hinzu treten im zeitigen Frühjahr die Rot- algen *Bangia atropurpurea, Porphyra leucosticta, Nemalion helminthoides* sowie die Braunalge *Scytosiphon lomentaria.* An geschützten und eutrophierten Standorten kann die Grünalge *Enteromorpha compressa* das gesamte obere Eulitoral bedecken. Im **unteren Bereich** des Eulitorals **(BG3** in Tab. **3)** bildet im westlichen Mittelmeer und in der Adria an wellenexponierten Standorten die Krustenkalkalge *Lithophyl- lum tortuosum (= Tenarea tortuosa)* mit halbkugeligen Thalli und mäanderförmi- gen Einschnitten (Abb. **80)** zusammenhängende Stege, sogenannte „trottoirs" (Näheres bei BLANC u. MOLINIER 1955, MOLINIER 1960). Im östlichen Mittelmeer werden derartige Stege von den Krustenkalkalgen *Lithophyllum byssoides, Tenarea undulosa, Neogoniolithon notarisii* sowie von Wurmschnecken gebildet (COPPEJANS

Abb. **80** *Lithophyllum tortuosum* bei
Banyuls. Diese typische Krustenkalkalge
des westlichen Mittelmeeres und der Adria
bildet im unteren Eulitoral einen überhängenden Steg (franz.: trottoir) mit einer Vertikalausdehnung von bis zu 1 m und einem
Horizontalmaß von bis zu 50 cm. Nur der
Außenbereich des Steges besteht aus
lebenden Zellen. Der Innenkörper stellt ein
Konglomerat von toten Algenschichten
und einzementierten Einschlüssen wie
Sandkörnern und Muschelfragmenten dar.
Die Art kommt im Atlantik von Marokko bis
zur baskischen Küste vor, bildet hier aber
nicht mehr die typischen „trottoirs" wie im
Mittelmeer (Photo: *Lüning*)

1975, LIPKIN u. SAFRIEL 1971). Nach ZIMMERMANN (1982) soll allerdings *L. tortuo-sum* auch im östlichen Mittelmeer (Kreta, türkische Küsten) stegbildend im unteren Eulitoral auftreten. An Begleitorganismen finden sich zum Beispiel an der südfranzösischen Küste die Rotalgen *Laurencia undulata, Gastroclonium clavatum,* die Grünalge *Bryopsis muscosa* sowie die Napfschnecke *Patella aspera.* In der Nordadria kommt bis Dubrovnik und Ancona im unteren Eulitoral als einziger Vertreter der Gattung *Fucus* im Mittelmeer *F. virsoides* vor, dessen Vegetation von PIGNATTI (1962) und MUNDA (1973, 1982) näher untersucht wurde.

Das **obere Sublitoral** (franz.: étage infralittoral, vgl. Abb. 4) reicht vom Niveau des mittleren Niedrigwassers bis zur unteren Vorkommensgrenze der marinen Phanerogamen (Seegräser), je nach Klarheit des Wassers in 20 bis 45 m Tiefe. Sofern man den im Mittelmeer häufigen Jerlov-Wassertyp IA ansetzt (vgl. S. 213), beträgt die Photonenfluenzrate in 45 m Tiefe 10 % des Lichtes über der Wasseroberfläche (Abb. **158X**) oder 200 µE m^{-2}s^{-1}, falls man als Oberflächenwert 2000 µE m^{-2}s^{-1} (100 000 Lux; vgl. S. 209, 214) ansetzt, der an vielen Sommertagen am Mittelmeer erreicht wird. Im oberen Sublitoral wachsen die lichtliebenden (photophilen) Arten, an lichtgeschützten Standorten, etwa in Felshöhlungen oder auf nordexponiertem Substrat aber auch schattenliebende (sciaphile) Arten. Hier müßte allerdings experimentell geklärt werden, welche „schattenliebenden" Arten wirklich Schwachlicht benötigen und welche wohl auch im Starklicht wachsen könnten, jedoch als Konkurrenzflüchter von konkurrenzstärkeren Starklichtalgen in den Schwachlichtbereich gedrängt werden (vgl. S. 265).

Gliederung des Sublitorals nach der Bewegungsexposition. Riedl (1964b, 1966) zeigte, daß im oberen Sublitoral nach der Bewegungsexposition des Wassers drei Zonen zu unterscheiden sind, die in ihrer Auswirkung auf die faunistischen Wuchsformen bereits untersucht wurden, kaum jedoch hinsichtlich ihrer Bedeutung für die Flora. Auf eine „Brandungszone" (0,3-2 oder maximal 4 m Wassertiefe) mit ungerichteter Partikelbewegung und allseitiger, starker mechanischer Beanspruchung der Organismen folgt eine „Schwingungszone" (2-10 oder maximal 20 m Tiefe) mit harmonisch kreisender Partikelbewegung und zweiseitiger, geringerer mechanischer Beanspruchung. Unterhalb von 10 oder 20 m Tiefe erstreckt sich die „Strömungszone" mit gleichmäßig strömender Partikelbewegung, zumeist in paralleler Ausrichtung zur Küste, wobei die Organismen mechanisch nur noch gering und einseitig beansprucht werden (S. 261).

In gut durchsonntem Wasser und bei starker bis mittlerer Wasserbewegung im oberen Sublitoral (**BG4** in Tab. 3) findet man lichtliebende (photophile) *Cystoseira*-Arten (Fucales, Cystoseiraceae) als Deckalgen wie auch als größten Teil der Algenbiomasse auf dem felsigen Grund. An der Côte d'Azur ist die dominierende Art *C. stricta,* nach welcher der die Biozönose benannt wurde (s. Tab. **3**), bei Banyuls, den Balearen und an der westitalienischen Küste dagegen *C. mediterranea* als vikariierende (nahe verwandte, geographisch gesonderte) Art (Abb. **81**). Unter der dichten *Cystoseira*-Vegetation wachsen zahlreiche kleinere Arten, etwa die Rotalgen *Laurencia pinnatifida, Schottera (= Petroglossum) nicaeensis* und die Grünalge *Valonia utricularis.* An Standorten, an denen das schützende Stockwerk von *Cystoseira* fehlt, entwickeln sich Biozönosen, die z.B. von *Acetabularia acetabulum* und der Miesmuschel *Mytilus galloprovincialis* oder, vor allem im östlichen Mittelmeer, von den roten Krustenkalkalgen *Tenarea undulosa* und *Lithophyllum byssoides* dominiert werden. In wärmeren Bereichen des Mittelmeeres (Korsika, Balearen, Algerien, Sizilien, Libanon) bildet die sessile Wurmschnecke *Vermetus cristatus* im

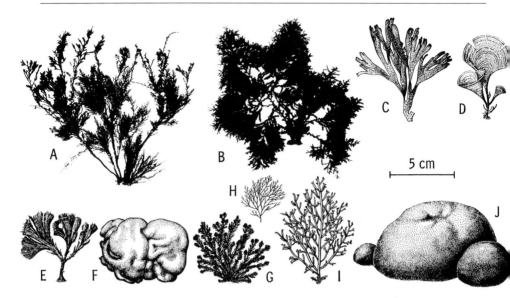

Abb. **81** Algen des oberen, besonnten (photophilen) Sublitorals (Abkürzungen wie in Legende zu Abb. **76**)

Braunalgen: (A) *Cystoseira mediterranea* (MED); **(B)** *Cystoseira crinita* (MED); **(C)** *Dictyota dichotoma* (PAN); **(D)** *Padina pavonica* (IP, WA); **(E)** *Stypocaulon scoparium* (= *Halopteris scoparia,* PAN); **(F)** *Colpomenia sinuosa* (PAN)

Rotalgen: (G) *Corallina elongata* (= *mediterranea,* WMA); **(H)** *Jania rubens* (PAN); **(I)** *Laurencia obtusa* (PAN)

Grünalge: (J) *Codium bursa* (WMA) **(A-B** aus *J. Feldmann:* Revue algol. 9 [1937] 141-355; **C-J** aus *R. Riedl:* Fauna und Flora der Adria, 3. Aufl. Parey, Hamburg 1984)

oberen Sublitoral ein zweites Trottoir unterhalb des Steges von *Lithophyllum tortuosum* (PÉRÈS 1967a).

Ebenfalls bei starker Insolation, aber an wellengeschützten Standorten (**BG5** in Tab. 3) dominieren andere *Cystoseira*-Arten, wie *C. crinita, C. barbata* im westlichen Mittelmeer oder *C. adriatica* (endemisch in der Adria). An diesen geschützten Standorten findet sich eine üppige Begleitflora und Fauna, mit Hunderten von Algen- und Tierarten, die sowohl die *Cystoseira*-Büschel als auch in deren Schatten den Felsboden besiedelt, oder auch bei Abwesenheit von *Cystoseira* als dominierende Arten auftreten. Einige typische und jedem Mittelmeerbesucher auffallende Algenarten aus diesem Biotop sind in Abb. **81** dargestellt. Auch mehrere Algen des pantropischen Florenelementes (s. Abb. **76D-K**) und einige Arten des atlantischen Florenelementes (s. Abb. **77A-C**) kommen als photophile Algen im oberen Sublitoral vor. Dort, wo der Seeigel *Paracentrotus lividus* die aufrechtwachsenden Algen abweidet, verbleiben auf dem Felsboden nur noch *Lithophyllum incrustans* und andere Krustenkalkalgen (VERLAQUE 1984; vgl. Abschnitt 8.1.).

Eine ganze Reihe von Biozönosen besiedelt das obere Sublitoral an schattigen Standorten, an nordexponierten Hängen oder in Höhlungen (vgl. Abb. **78**), wobei zunächst die Lebensgemeinschaften der wellenexponierten Standorte zu nennen sind (**BG6** in Tab. 3). Im nordwestlichen Mittelmeer, besonders im relativ kühlen

Golf von Lion, findet man eine Biozönose mit Arten des atlantischen Florenele-mentes, das in den Eiszeiten in das Mittelmeer eindrang und hier noch heute an schattigen Standorten im oberen Sublitoral gleichsam in einem Refugium lebt (S. 81). Als Charakterarten dieser nördlichen Biozönose, die vom Niedrigwasserni-veau bis 2 oder 3 m Tiefe vorkommt und von BOUDOURESQUE und CINELLI (1971, 1976) näher untersucht wurde, gelten die Rotalgen *Plocamium cartilagineum* (s. Abb. **77E**) und *Lomentaria articulata* (Abb. **82B**). Deren Häufigkeit nimmt nach Süden zu ab, und im Golf von Neapel wird die Biozönose bereits durch die Rot-alge *Botryocladia botryoides* (Abb. **82A**) bestimmt. Als typische Begleitalgen finden sich an diesen Schattenbiotopen zum Beispiel die Grünalge *Valonia utricularis* (Abb. **76C**), die atlantisch-mediterrane Rotalge *Gymnogongrus crenulatus* (s. Abb. **77F**), die mittelmeer-endemische Rotalge *Phyllophora nervosa* (Abb. **82E**) und die atlantisch-mediterrane Rotalge *Schottera (= Petroglossum) nicaeensis* (Abb. **82D**; vgl. zur Taxonomie GUIRY u. HOLLENBERG 1975). Die letzte Art wurde in neuerer Zeit als Schiffsaufwuchs nach Australien eingeschleppt (LEWIS 1983). In der kaltgemäßigten nordatlantischen Region findet diese Biozönose ihre Entspre-chung in der Vegetation von brandungs- und schattenangepaßten Rotalgen wie *Plumaria elegans* oder *Callithamnion*-Arten im unteren Eulitoral.

An schattigen, aber wellengeschützten Standorten (**BG7** in Tab. 3) des oberen Sub-litorals dominieren die Grünalge *Udotea petiolata* (s. Abb. **76B**) und die Rotalge *Peyssonnelia squamaria* (Abb. **82C**), die wegen ihrer lockeren Bodenhaftung keinen Wellenschlag vertragen. Diese beiden Arten und zahlreiche andere, von denen einige Beispiele in Abb. **82** dargestellt sind, kommen auch im unteren Sublitoral vor, wo als wichtige Umweltfaktoren ebenfalls Lichtmangel und eine schwache dynamische Beanspruchung vorliegen.

Das **untere Sublitoral** oder „Circalitoral" (**BG8** in Tab. 3) erstreckt sich von der unteren Phanerogamengrenze (20-45 m Tiefe) bis zur unteren Grenze der mehrzelli-gen Algen, im Mittelmeer vielerorts bei 100-150 m Tiefe. In Lichtprozentwerten ausgedrückt, entspricht dieser Bereich 10 % bis 0,05 % des Oberflächenlichtes

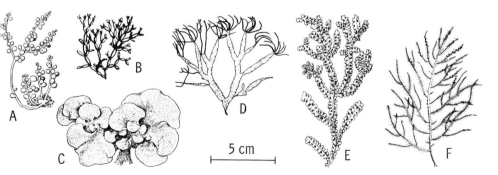

Abb. **82**   Rotalgen des oberen, schattigen (sciaphilen) Sublitorals, an wellenexponierten (**A, B, D**) oder geschützten Standorten (**C, E, F**)
(**A**) *Botryocladia botryoides*; (**B**) *Lomentaria articulata*; (**C**) *Peyssonnelia squamaria*; (D) *Schot-tera nicaeensis*; (**E**) *Phyllophora nervosa*; (F) *Bonnemaisonia asparagoides* (**B** aus *F. E. Fritsch:* The structure and reproduction of the algae. Bd. I-II. Univ. Press, Cambridge 1959; **F** aus *P. S. Dixon, L. M. Irvine:* Seaweeds of the British Isles. Bd. I: Rhodophyta. British Museum, London 1977; **A, C, D, E** aus *R. Riedl:* Fauna und Flora der Adria, 3. Aufl. Parey, Hamburg 1984)

Abb. 83   Algen des unteren Sublitorals, zwischen 30 und 45 Meter Tiefe auf Unterwasserbänken zwischen Sizilien und Tunesien.
(A) Vegetation der Braunalge *Sargassum hornschuchii*
(B) Ein Block des Koralligens
Rotalgen: (C) *Pseudolithophyllum expansum*; **(D)** *Chrysymenia ventricosa*; **(E)** *Fauchea repens*
Grünalgen: (F) *Palmophyllum crassum* (Pfeil; auf der Rotalge *Pseudolithophyllum expansum*) ;
(G) *Ulva olivascens*; **(H)** *Codium corallioides*

I   J

Braunalgen: (I) *Arthrocladia villosa;* **(J)** *Zanardinia prototypus*
Die Algen **E** und **G-J** kommen nur im tiefen Sublitoral vor, die übrigen auch an schattigen Standorten im oberen Sublitoral (Photos: *Cinelli*)

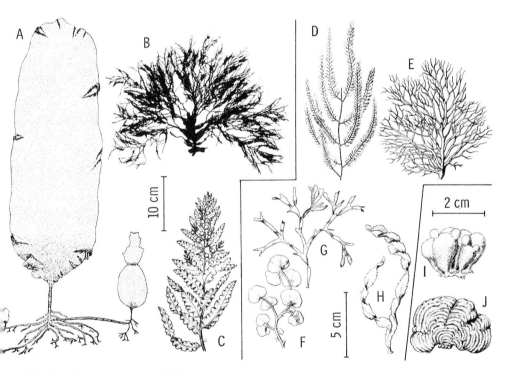

Abb. **84**   Algen des unteren Sublitorals
Braunalgen: (A) *Laminaria rodriguezii;* **(B)** *Cystoseira zosteroides* (= *opuntioides*); **(C)** *Sargassum hornschuchii;* **(D)** *Sporochnus pedunculatus*
Rotalgen: (E) *Acrosymphyton purpuriferum;* **(F)** *Neurocaulon foliosum* (= *reniforme*); **(G)** *Rhodymenia ardissonei* (= *corallicola*); **(H)** *Vidalia volubilis*
Grünalgen: (I) *Valonia macrophysa,* **(J)** *Palmophyllum crassum*
A kommt unterhalb von 50 m Tiefe vor, **C, D** und **E** wachsen zumeist unterhalb von 10 m Tiefe, die übrigen Algen auch darüber an schattigen Standorten (**A** aus *H. Huvé:* Rec. Trav. Stat. Mar. Endoume 15 [1955] 74-89; **B** aus *J. Feldmann:* Revue algol. 9 [1937] 141-355; **C-J** aus *R. Riedl:* Fauna und Flora der Adria, 3. Aufl. Parey, Hamburg 1984)

(S. 215). Die im Sommer auftretenden maximalen Photonenfluenzraten (S. 209) liegen an der Grenze zwischen oberem und unterem Sublitoral etwa bei 200 µE m^{-2}s^{-1} und an der Algentiefengrenze bei 1 µE m^{-2}s^{-1}. Zahlreiche kleinere Rot-, Braun- und Grünalgen haben sich an das lichtarme Leben im unteren Sublitoral angepaßt (Beispiele in Abb. **83, 84**), wobei die meisten dieser Arten aber auch an schattigen, ruhigen Standorten des oberen Sublitorals wachsen. An größeren Algen kommen im unteren, felsigen Sublitoral als Vertreter der Ordnung Fucales mehrere Arten der Gattung *Cystoseira* vor, zum Beispiel *C. spinosa* im gesamten Mittelmeer, *C. zosteroides* (= *opuntioides;* Abb. **84B**) im westlichen Mittelmeer und von der Gattung *Sargassum* die Art *S. hornschuchii* (Abb. **84C**). Weiter findet man im unteren Sublitoral des westlichen Mittelmeeres fünf Arten der Laminariales (s. u.). An der unteren Vegetationsgrenze überleben, wie weltweit im tiefen Phytal, nur noch rote Krustenkalkalgen, im Mittelmeer zum Beispiel die Arten *Lithothamnium philippii* und *Pseudolithophyllum expansum* (Abb. **83C**).

Algentiefengrenzen im Mittelmeer. An der Côte des Albères (SW-Frankreich, nahe der spanischen Grenze) liegt die Algentiefengrenze bereits bei 40 m, weil bei dieser Tiefe das felsige Substrat in vegetationslosen Sandboden übergeht (FELDMANN 1937b). An anderen Orten, wo auch in größeren Tiefen noch Felsboden vorliegt und eindeutig der Mangel an Licht zum entscheidenden Faktor wird, hat man Algentiefengrenzen von 120-130 m Tiefe gefunden, so im Golf von Neapel (BERTHOLD 1882) oder sogar von 180 m, so bei den Balearen (RODRIGUEZ 1888) und bei Südkreta (PÉRÈS u. PICARD 1958). In der Adria versuchte ERCEGOVIC (1960), die untere Verbreitungsgrenze der vielzelligen Algen zu ermitteln und fand in Dredschproben aus 200-260 m Tiefe noch die Braunalgen *Sargassum hornschuchii, S. vulgare, Laminaria rodriguezii* und die Rotalge *Halarachnion ligulatum*. Es erscheint jedoch möglich, daß die gedredschten Algen in diesen großen Tiefen nicht gewachsen, sondern aus geringeren Tiefen dorthin verdriftet sind. Sichere Angaben über den Tiefenbereich unterhalb von 100 m, der normalerweise nicht mehr vom Schwimmtaucher erreicht werden kann, sind nur durch den Einsatz von Tauchfahrzeugen zu gewinnen. Von einer derartigen Tauchfahrt bis zu 130 m Tiefe bei Korsika (Wassertyp IA nach JERLOV) berichtete FREDJ (1972), daß im Tiefenbereich 95-110 m noch die Grünalgen *Udotea petiolata, Palmophyllum crassum,* die Rotalge *Pseudolithophyllum expansum* sowie *Laminaria rodriguezii* vorkamen, nicht mehr jedoch in 120 m Tiefe. Ob einzellige Algen, etwa benthische Kieselalgen, als autotrophe Pflanzen noch bis zu 300 m und damit wesentlich tiefer hinabdringen als mehrzellige Algen, was von ERCEGOVIC (1957b) und in der Folge von RIEDL (1964a, 1966) für möglich gehalten wurde, bleibt durch weitere Untersuchungen zu klären.

Tiefengrünalgen im Mittelmeer. Die Tatsache, daß es Tiefengrünalgen wie *Ulva olivascens* (Abb. **83G**) oder *Codium corallioides* (Abb. **83H**) gibt, die zudem im oberen Sublitoral nicht vorkommen, widerspricht der alten Vorstellung von ENGELMANN (1883), wonach Grünalgen nicht in die Tiefe vordringen könnten (S. 224). *Dasycladus vermicularis* findet man vor der ägyptischen und israelischen Küste noch in 90 m Tiefe (EDELSTEIN 1964), *Caulerpa prolifera,* auch im oberen Sublitoral vorkommend, wächst bei Kreta und vor Alexandria noch in 150 m Tiefe (PÉRÈS u. PICARD 1958). Die Art *Palmophyllum crassum* (vgl. Abb. **83F**), die ebenfalls noch das obere Sublitoral besiedelt, und zwar an schattigen Standorten, ist keine vielzellige Meeresalge, sondern gehört zu den Chlorococcales, wobei einzelne, durch eine gallertige Matrix zusammengehaltene Zellen einen krustenartigen, tiefgrünen Thallus mit einem Durchmesser von bis zu 20 cm bilden (FELDMANN 1937a, GIACCONE 1967). Eine ähnliche Gattung, *Palmoclathrus,* wurde als Tiefenalge an der südaustralischen Küste gefunden (S. 205). Neben *Codium coralloides* kommen im tiefen Sublitoral und weiterhin auch im schattigen oberen Sublitoral noch die ähnlich gestaltete Art *C. effusum (= difforme)* vor (FELDMANN 1937a) und weiterhin die dichotom verzweigten Arten *C. vermilara* (SILVA 1955, 1962, DELÉPINE 1959) sowie *C. fragile,* die letztere als „Wanderart" seit 1940 (S. 75).

Submarine Bänke und Koralligen. Charakteristische „circalitorale" Standorte sind die tiefen untermeerischen Felsabhänge oder horizontal verlaufende Felspartien. Die Unterwasserschwelle zwischen Sizilien und Tunesien besteht aus submarinen Bänken, die im Pleistozän wiederholt auftauchten und zeitweise das westliche vom östlichen Mittelmeer als Landverbindung abtrennten. Einen Eindruck der Tiefenvegetation dieser **Unterwasserbänke,** die von CINELLI (z. B. 1981) untersucht wurden, vermittelt Abb. **83.** Ein weiterer typischer Hartsubstratstandort ist das **Koralligen.** Hierunter versteht man mehrere Meter große Blöcke von organisch verfestigtem Material, die sich inmitten einer Landschaft mit Sedimentflächen gleichsam als „Hartsubstratinseln" erheben (Abb. **83B**). Die Blöcke bestehen aus den Kalkgehäusen verschiedener Tiergruppen wie Bryozoen, Gorgonien, Polychaeten sowie aus roten Krustenkalkalgen (z. B. *Pseudolithophyllum expansum*) und werden in Tiefen, in denen noch genügend Licht zur Verfügung steht, von aufrechten Algen des unteren Sublitorals bewachsen. Die Edelkoralle *Corallium rubrum,* nach der das Koralligen ursprünglich benannt wurde, kommt typischerweise aber nicht hier vor, sondern an überhängenden Standorten im tiefen Sublitoral (RIEDL 1966, 1983, PÉRÈS 1967a). Das Koralligen bei Banyuls wurde ausführlich von LAUBIER (1966) beschrieben, die Tiefenalgen im Tyrrhenischen Meer und in der Ägäis von GIACCONE (1968b) und in der Adria von ERCEGOVIC (1960).

Laminariales des Mittelmeeres. Die Verbreitung der Vertreter dieser Ordnung zeigt Abb. **85.** *Laminaria rodriguezii,* eine im Mittelmeer endemische Art mit rhizomartigen Ausläufern, aus denen neue Sporophyten vegetativ emporsprossen (s. Abb. **84A**), wächst in 50-120 m Tiefe an den Küsten von Algerien, Tunesien, Mallorca, Korsika, Sizilien und in der Adria (FELDMANN 1934, GIACCONE 1969a). Die Arten *L. ochroleuca* (mit heller Phylloidbasis; Abb. **86B**), *Phyllaria reniformis* (Abb. **86A**) und *P. purpurascens* (mit Haarbüscheln auf dem Phylloid, die letztere Art mit Haftscheibe statt Haftkralle und zumeist ungeteiltem Phylloid) kommen ebenfalls im tiefen Sublitoral und im westlichen Mittelmeer vor, sind aber auch an den ostatlantischen Küsten verbreitet, im Süden bis Marokko, im Norden bis Galizien *(P. purpurascens),* Biarritz *(P. reniformis)* oder Südwestengland *(L. ochroleuca).* Während die genannten vier Arten somit nur die warmgemäßigte Region besiedeln, dringt *Saccorhiza polyschides* (mit kissenförmigem Haftapparat, s. Abb. **48**) bis Mittelnorwegen und bis zu den Shetlandinseln vor, erreicht also auch die kaltgemäßigte Region. Im Mittelmeer ist sie an der algerischen Küste sowie im Tyrrhenischen Meer zu finden. Das Auftreten der Laminariales im westlichen Mittelmeer stellt keine Ausnahme von der Regel dar, daß die Vertreter dieser Ordnung in etwa die 20°C-Som-

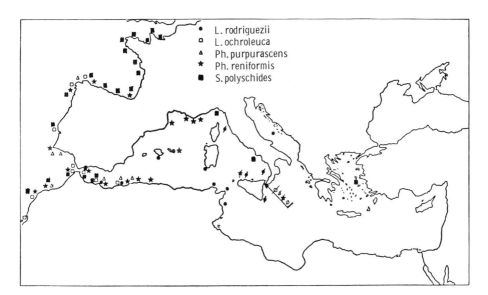

Abb. 85   Verbreitung von mediterranen Vertretern der Laminariales. Schräggestrichene Symbole bezeichnen Fundorte, die von *Giaccone* untersucht wurden (aus *G. Giaccone:* Giorn. Bot. Ital. 193 [1969] 457 – 474)

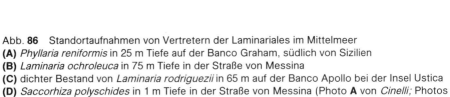

Abb. **86**   Standortaufnahmen von Vertretern der Laminariales im Mittelmeer
(A) *Phyllaria reniformis* in 25 m Tiefe auf der Banco Graham, südlich von Sizilien
(B) *Laminaria ochroleuca* in 75 m Tiefe in der Straße von Messina
(C) dichter Bestand von *Laminaria rodriguezii* in 65 m auf der Banco Apollo bei der Insel Ustica
(D) *Saccorhiza polyschides* in 1 m Tiefe in der Straße von Messina (Photo **A** von *Cinelli;* Photos
B-D aus *G. Giaccone:* Giorn. Bot. Ital. 193 [1969] 457-474)

merisotherme (nahe der oberen Letalgrenze) oder die 15°-Winterisotherme (Maximaltemperatur zur Reifung der Gametophyten) nicht überschreiten, da die Temperaturen im tiefen Sublitoral des westlichen Beckens, im Gegensatz zum östlichen, diesen kritischen Wert nicht erreichen (S. 78). Man bezeichnet das Phänomen des „Hinabtauchens" von wärmeempfindlichen Arten in kältere Tiefenzonen auch als „isothermische Submergenz" (BRIGGS 1974), vergleichbar der „äquatorialen Submergenz" von Tierarten im Pelagial, die äquatorwärts in tiefere und damit kältere Zonen ausweichen (Götting u. Mitarb. 1982). In der strömungsreichen Straße von Messina, wo kaltes Wasser weit nach oben dringt (S. 78), kommen *S. polyschides* wie auch *P. reniformis* bereits knapp unter Wasseroberfläche vor (Abb. **86D**; HUVÉ 1958, GIACCONE 1969a, 1972). In einer der SW-französischen Brackwasserlagunen wurde in neuerer Zeit die japanische Art *Undaria pinnatifida* (s. Abb. **103B, 184D**) versehentlich mit Saataustern eingeschleppt (PÉREZ u. Mitarb. 1981).

Vegetation der Meeresgrotten. Im Vergleich zum freien Wasser findet der Lichtabfall in Meeresgrotten, deren Biologie intensiv von RIEDL (1966; vgl. auch LARKUM u. Mitarb. 1967) untersucht wurde, auf relativ kurzer Entfernung statt. Schon für die frühen Untersucher der Eulitoralhöhlen, deren Eingang vom Wasserspiegel geschnitten wird, war die Frage interessant, ob mit zunehmender Entfernung vom Höhleneingang etwa die gleichen Arten dominieren wie im freien Wasser bei zunehmender Tiefe (FALKENBERG 1878). Tatsächlich trifft dieses für eine ganze Reihe von Arten zu. Jedoch treten zusätzlich zu den Arten des unteren Sublitorals im Höhleninneren auch schattenliebende Arten des oberen Sublitorals auf, und einige von diesen stoßen in der Höhle bis zur Vegetationsgrenze vor (FUNK 1927), wobei die Frage offen bleibt, warum sie dieses nicht auch im freien Wasser tun.

Seegräser. Auf **Sand- und Weichböden** kommen im Mittelmeer die in Abb. **87** dargestellten Arten vor, weiterhin lokal auch *Zostera marina.* Unter Sand versteht man Sediment mit Korngrößen zwischen 1 und 0,1 mm Durchmesser. Weichböden enthalten als Sediment Schlick (Staube verschiedener Korngrößen; Staub ist durch Korngrößen zwischen 0,1 und 0,01 mm gekennzeichnet), Schlamm (enthält überwiegend Feinstaub) oder Mudd (Sediment mit organischen Resten; Terminologie aus GÖTTING u. Mitarb. 1982). Das mediterran-endemische Seegras *Posidonia oceanica,* das im gesamten Mittelmeer zu finden ist, bis hinab zu 40 m Tiefe (PÉRÈS u. PICARD 1958), wächst auf grobem Sand und verbreitet seinen Bestand sowohl in horizontaler als auch in vertikaler Richtung. In dem Maß, in dem ein neues Sediment die Rhizome verschüttet, wächst die Seegraswiese in die Höhe, mit etwa 1 m Vertikalzuwachs im Jahrhundert (PÉRÈS 1982b). Im Sediment bilden die Rhizome ein zusammenhängendes Netzwerk, dessen unterer Teil aus abgestorbenen Rhizomen besteht. Diese bis zu 4 m dicken Posidonia-„Matten" sind den Fischern als Plätze bekannt, in denen der Anker einen festen Halt findet. Auf Sänden mit einem gewissen Anteil an organischem Feinmaterial, also auf muddigem Sand, entwickelt sich das Seegras *Cymodocea nodosa,* das sich vorwiegend horizontal ausbreitet und mit seinem sehr dichten Rhizomteppich der Sedimentfauna nur in geringem Ausmaß Lebensmöglichkeiten bietet. Diese Art, eine Pionierart, die auf grobem Sand schließlich von *Posidonia oceanica* verdrängt wird, kommt außerhalb des Mittelmeeres auch an der

Abb. **87** Seegräser des Mittelmeeres

(A) *Posidonia oceanica;* **(B)** *Cymodocea nodosa;* **(C)** *Halophila stipulacea;* **(D)** *Zostera noltii* (**A** aus *R. Riedl:* Fauna und Flora der Adria, 3. Aufl. Parey, Hamburg 1984; **B-D** aus *C. den Hartog:* The sea-grasses of the world. North-Holland, Amsterdam 1970)

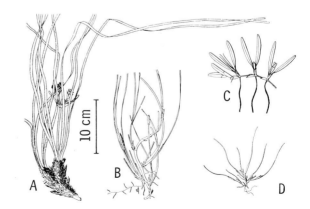

benachbarten afrikanischen Küste (einschließlich der Kanarischen Inseln) und an der südspanischen Küste vor. *Zostera noltii (= nana),* wächst in Brackwasserlagunen und Flußmündungen, z.b. in den „Etangs" der südfranzösischen Küste, ist aber auch an den ostatlantischen Küsten weitverbreitet, im Norden bis Südnorwegen, im Süden bis zum tropischen Wendekreis und in der Ostsee bis zur Kieler Bucht. An den Standorten, die von *Z. noltii* besiedelt werden, ist auch *Z. marina* zu finden, die in den gemäßigten Regionen der Nordhemisphäre auch den vollmarinen Bereich besiedelt (HARTOG 1970). Nur im östlichen Mittelmeer, nach W zu nicht mehr an den Küsten von Tunesien (PÉRÈS u. PICARD 1958), finden sich Bestände des Seegrases *Halophila stipulacea,* einer im Indik und im Roten Meer weitverbreiteten Art, die nach dem Bau des Suezkanals in das Mittelmeer eingedrungen ist (S. 80). Diese Art ist euryhalin, verträgt also große Salzgehaltsschwankungen und ist wohl aus diesem Grund als einziger Vertreter der Seegrasflora des Roten Meeres schon frühzeitig in das östliche Mittelmeer gelangt. Seit dem vorigen Jahrhundert ist *H. stipulacea* in die Bestände von *Cymodocea nodosa* und *Posidonia oceanica* sowie in die Algenwiesen von *Caulerpa prolifera* eingedrungen. Bei Funden von *H. stipulacea* in für Seegräser ungewöhnlichen Tiefen (z. B. 100 m Tiefe nach PÉRÈS 1982a), handelt es sich nach HARTOG (1970) möglicherweise um verdriftete Exemplare.

Sandbewohnende Algen. Diese findet man bereits in 1 m Wassertiefe, so die Grünalge *Caulerpa prolifera* (Abb. **88A**; Ordnung Caulerpales), die aber auch in das tiefe Sublitoral eindringt (S. 90). Es handelt sich um eine tropisch-mediterrane Art, die an den nordafrikanischen Küsten und bei den Balearen besonders üppig gedeiht und in den kälteren Bereichen des Mittelmeeres, etwa in der Adria oder in der Nordägäis, nicht mehr zu existieren vermag. Von der tropischen Gattung *Caulerpa* kommen im Mittelmeer außer *C. prolifera* zum Beispiel noch *C. ollivieri* an der südfranzösischen Küste und *C. racemosa* im östlichen Mittelmeer vor. *C. prolifera* ist oft mit dem Seegras *Cymodocea nodosa* vergesellschaftet, liebt also auch sandig-schlickige Böden, und als Begleitart kann die Grünalge *Cladophora prolifera* auftreten. *Penicillus capitatus* (Abb. **88B**) ist eine weitere sandbewohnende Alge, die wie *C. prolifera* zur Grünalgenordnung Caulerpales gehört und wie diese als Diplont angesehen wird. Zwei charakteristische Tiefenbraunalgen auf sandig-kiesigem Grund, zuweilen aber auch auf Hartsubstrat, sind *Arthrocladia villosa* (s. Abb. **83I**) und *Sporochnus pedunculatus* (s. Abb. **84D**). Die verzweigten und frei auf dem Sand liegenden Krustenrotalgen *Phymatolithon (= Lithothamnium) calcareum* und *Lithothamnium corallioides (= Lithothamnium solutum)* bilden wie an der Küste der Bretagne (S. 61) die Biozönose des **Maerl,** die im westlichen Mittelmeer, etwa vor der Provence, bis zu 50 m Tiefe, im Ägäischen Meer und bei Kreta bis zu 100 m Tiefe vorkommt (PÉRÈS u. PICARD 1958, JACQUOTTE 1962).

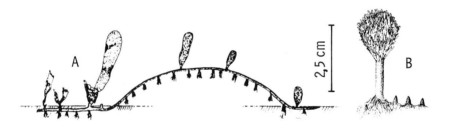

Abb. **88**   Sandbewohnende Grünalgen (beide Arten auch westatlantisch-tropisch)
(A) *Caulerpa prolifera.* Aus den im Sand kriechenden, bis zu 80 cm langen Stolonen entspringen blattartige Thalluspartien (Assimilatoren). Im Juni bilden sich aus alten Stolonen oder auch aus Assimilatoren neue Stolonen, die zunächst dem Licht zuwachsen, schließlich aber bogenförmig in den weichen Untergrund eindringen. Die alten Stolonen und Assimilatoren sterben im Herbst ab, so daß kein Teil der Pflanze älter als ein Jahr wird
(B) *Penicillus capitatus.* Bei dieser Art, auch als „Neptuns Rasierpinsel" bekannt, erheben sich aus einem im Sand verlaufenden Rhizoidgeflecht Stiele, die oben einen Büschel von dichotom verzweigten Schläuchen tragen (**A** aus *A. Meinesz:* Botanica mar. 22 [1979] 27-39; **B** aus *A. Meinesz:* Phycologia 19 [1980] 110-138)

2.4.7. Schwarzes Meer, Kaspisches Meer und Aralsee

Diese Gebiete können als Provinzen der warmgemäßigten mediterran-atlantischen Region angesehen werden (BRIGGS 1974). Das **Schwarze Meer** stellt ein Brackwasser-Nebenmeer des Mittelmeeres dar, mit zumeist 17-18 ‰ Salzgehalt im Oberflächenwasser und Wassertemperaturen zwischen -1 und $29°C$ im Jahreslauf (CASPERS 1957, ZENKEVITCH 1963). Noch etwa 130 Arten der Rotalgen und je etwa 70 Arten der Braun- und Grünalgen kommen hier vor, die eine verarmte Mittelmeerflora mit Schwergewicht auf kälteverträglichen Arten bilden und von ZINOVA (1967) monographisch behandelt wurden.

Phyllophora-Wiesen. Charakteristisch sind im Schwarzen Meer zwischen 10 und 60 m Tiefe Bestände der Rotalge *Phyllophora* (zu 90 % *P. nervosa,* vor allem im oberen Bereich, daneben *P. truncata (= brodiaei)* im unteren Bereich; VASILIU und BODEANU 1972), die loseliegend oder auf einem Untergrund von Muschelschalen wachsen, sich wohl weitgehend vegetativ durch Fragmentierung vermehren und etwa 90 % der phytalen Biomasse im Schwarzen Meer bilden. In der relativ flachen NW-Ecke, im Winkel der Küsten Rumäniens und der Ukraine, kommt mit etwa 5 Millionen Tonnen Frischgewicht auf 15 000 km² Schlamm- und Muschelboden die wohl größte lokale Ansammlung von Rotalgen in allen Meeren vor, und dieses Gebiet wird nach dem Entdecker als „Sernowsche Phyllophora-See" bezeichnet (ZENKEVITCH 1963). Das isolierte Vorkommen von *P. truncata* im Schwarzen Meer (Art fehlt im Mittelmeer) deutet auf die Herkunft aus der eiszeitlich-marinen Mittelmeerflora. Diese charakteristische Alge der Arktis und der kaltgemäßigt-nordatlantischen Regionen (s. Abb. **37**) besitzt eine hohe Brackwassertoleranz, die ihr weites Eindringen in die Ostsee ermöglicht und auch unter arktischen Bedingungen von Bedeutung ist (S. 131). Offenbar bietet das Schwarze Meer eine Kombination von Umweltfaktoren, die für diese Alge besonders günstig ist.

Auf Weichsubstrat finden sich an den Küsten des Schwarzen Meeres Wiesen der Seegräser *Zostera marina* und *Z. noltii.* Von der Gattung *Cystoseira* dringt die Art *C. barbata* in das Schwarze Meer vor und bildet hier etwa 9 % der phytalen Biomasse (ZENKEVITCH 1963). Die Algentiefengrenze der Krustenkalkalgen kann nach GESSNER (1955-1959) infolge relativ guter Durchsichtigkeit des Wassers bei 100 m Tiefe liegen, wobei die für das Schwarze Meer charakteristische Sauerstoffarmut sowie die Massenentwicklung von Schwefelwasserstoff durch sulfatreduzierende Bakterien unterhalb von etwa 150 m Tiefe einsetzt.

Reste des Sarmatischen Binnensees. Als das Mittelmeer im Tertiär im Osten durch eine Landbrücke vom Indik getrennt wurde (vgl. Abb. **121**), bedeckte es noch mit nördlichen Buchten große Teile Ost- und Zentraleuropas. Im ausgehenden Miozän bildete sich im Bereich des heutigen Schwarzen und **Kaspischen Meeres** sowie des **Aralsees** der vom Mittelmeer abgeschlossene, brackige „Sarmatische Binnensee", und später wurden die drei Becken voneinander getrennt (Näheres bei EKMAN 1953, LATTIN 1967). Noch heute kommen in den Reliktbekken des Kaspischen Meeres und in sehr geringem Ausmaß auch im Aralsee brackwassertolerante Meeresorganismen vor, die zum Teil Relikte des Sarmatischen Binnensees darstellen, zum Teil aber auch nach der Isolierung eingeschleppt sein dürften. Im Kaspischen Meer befinden sich heute bei einem Salzgehalt von 12-13 ‰, dessen Zusammensetzung vom Meerwasser wie auch im Fall des Aralsees etwas abweicht, etwa 100 Arten von Meeresalgen (davon etwa 30 Rot- und 10 Braunalgen), darunter mediterrane oder mediterran-atlantische Arten zahlreicher Gattungen der Grünalgen, der Braunalgen *Pilayella, Ectocarpus, Stypocaulon* und der Rotalgen *Laurencia, Polysiphonia, Ceramium,* daneben das Seegras *Zostera noltii.* Endemisch sind die Braunalge *Monosiphon caspicus* (Chordariaceae) sowie die Rotalgen *Callithamnion kirillianum, Polysiphonia caspica, Laurencia caspica* und *Dermatolithon caspicum.* Im Aralsee (10 ‰ Salzgehalt) kommen an marinen Pflanzen nur noch *Polysiphonia violacea* und das Seegras *Zostera noltii* vor. Daneben wachsen hier typische Grünalgengattungen des Brackwasser- und Süßwasserbereiches wie *Ulothrix, Rhizoclonium* und *Vaucheria* (ZINOVA 1967).

2.5. Nordamerika: Kalt- und warmgemäßigte Regionen im Nordatlantik

Literatur: Gesamtgebiet: HILLSON (1977), HUMM (1969), LEE (1977), STEPHENSON u. STEPHEN-
SON (1972), TAYLOR (1957). Neufundland: BOLTON (1981), HOOPER u. Mitarb. (1980), SOUTH
(1983, 1984), SOUTH u. HOOPER (1980). Québec, St. Lorenz-Golf: BIRD u. Mitarb. (1983), CAR-
DINAL (1967), CARDINAL u. VILLALARD (1971), GAUTHIER u. Mitarb. (1980), KETCHUM (1983),
SÈVE u. Mitarb. (1979), SOUTH u. CARDINAL (1973). Neuschottland und Fundy Bay: BELL u.
MACFARLANE (1933), BIRD u. Mitarb. (z. B. 1976), CHAPMAN (1981), EDELSTEIN u. Mitarb.
(z. B. 1970), MANN (z. B. 1972), STEPHENSON u. STEPHENSON (z. B. 1972), WILSON u. Mitarb.
(1979). Südlich der Fundy Bay bis Cape Cod (Maine, New Hampshire, Massachusetts): COLE-
MAN u. MATHIESON (z. B. 1975), LAMB u. ZIMMERMANN (1964), KINGSBURY (1969), MATHIE-
SON u. HEHRE (z. B. 1982), SEARS u. COOPER (1978), SETCHELL (1922). Südlich von Cape Cod
bis Cape May (Rhode Island, Connecticut, New York, New Jersey): SCHNEIDER u. Mitarb.
(1979), SEARS u. WILCE (1975). Cape May bis Cape Hatteras (Delaware, Maryland, Virginia,
North Carolina): HUMM (1979), KAPRAUN (1980, 1980-1984), ORRIS (1980), OTT (1973), SEAR-
LES (1984), ZANEVELD (1972), ZANEVELD u. WILLIS (z. B. 1976). Cape Hatteras bis Cape Ken-
nedy (South Carolina, Georgia, Florida): CHENEY u. DYER (1974), DAWES (1974), MATHIESON
u. DAWES (1975), SEARLES (1984), SEARLES u. SCHNEIDER (z. B. 1978, 1980), STEPHENSON u.
STEPHENSON (z. B. 1972). Golf von Mexiko, Nordküste (Texas, Louisiana, Alabama, Florida):
BACA u. Mitarb. (1979), CONOVER (1964), EARLE (1969), EDWARDS (1969, 1970), EDWARDS u.
KAPRAUN (1973), HAMM u. HUMM (1976).

An der atlantischen Küste des nordamerikanischen Kontinents unterscheidet man
im Anschluß an die arktische Region die **westliche Provinz der kaltgemäßigt-nordatlantischen Region,** weiter südwärts die **warmgemäßigte Carolinaregion** und schließlich die **tropisch-westatlantische Region** (s. Abb. **6, 7, 56**). Die biogeographischen

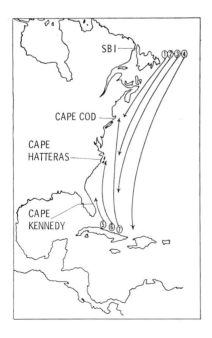

Abb. **89**   Verbreitungsgruppen von Kaltwasseral-
gen (Gruppen 1-4) und Warmwasseralgen (Grup-
pen 5-7) an der nordamerikanisch-atlantischen
Küste. Zahlreiche Kaltwasseralgen erreichen von
Norden her nur Cape Cod (Gruppe 1), viele
Warmwasseralgen (Gruppe 6) nur Cape Hatteras.
SBI Straße von Belle Isle (zwischen Neufundland
und Labrador) (nach *Humm* 1969)

Grenzen dieser Gebiete werden durch die Straße von Belle Isle, Cape Cod, Cape Hatteras und Cape Kennedy (früher Cape Canaveral) gebildet (Abb. **89**).
Die Kenntnis der Meeresalgen an der ostamerikanischen Küste (Überblick der Untersuchungsgeschichte bei SOUTH u. CARDINAL 1973) stützte sich bis zur Mitte des Jahrhunderts vor allem auf das Werk von W. R. TAYLOR, wurde im Nordbereich sodann durch WILCE auf Labrador, durch SOUTH u. Mitarb. auf Neufundland sowie durch eine Vielzahl neuerer Bearbeitungen auf die südlicheren Küsten erweitert.

2.5.1. Kaltgemäßigte Region (Neufundland bis Cape Cod)

Für die westliche (amerikanische) Provinz der über den ganzen Nordatlantik reichenden kaltgemäßigten Region gilt ein Wort von WILCE, wonach ein amerikanischer Phykologe in Europa viele für ihn unbekannte Arten vorfindet, während einem europäischen Phykologen die nordostamerikanische Meeresalgenflora vertraut und außerdem auch artenärmer vorkommt. „Neu" sind für den letzteren nur wenige Arten wie der Brauntang *Agarum cribrosum* (s. S. 40 und Abb. **22**).

Florengeschichte. Die **Ähnlichkeit** der kaltgemäßigten Algenflora zu beiden Seiten des Atlantiks, nämlich das Vorherrschen von amphiatlantischen Arten auf der NO-amerikanischen Seite, beruht auf dem gemeinsamen Ursprung aus der arktotertiären Kaltwasserflora, die sich nach ihrer Entstehung im Norden südwärts zu beiden Seiten des Atlantiks ausbreitete (S. 23). Entlang der Küstenlinie einer heute bis auf Island versunkenen Landbrücke zwischen Schottland, Island und Grönland wurde die Algenverbreitung zwischen Europa und NO-Amerika erleichtert (HOEK 1984). Die **relative Artenarmut** an der kaltgemäßigten, NO-amerikanischen Küste hängt zum einen mit dem Fehlen von Arten mit engem Temperaturanspruch zusammen (S. 15), zum anderen mit einem vermutlich größeren Artenverlust im Verlauf der eiszeitlichen Algenwanderungen. In den Glazialperioden stieß die nordamerikanische Algenflora beim Ausweichen vor dem nach Süden vordringenden Eis auf die Weichsubstratküste der heute warmgemäßigten Carolinaregion (S. 101). Es könnte sein, daß hier eine größere Anzahl von Arten verloren ging als an der weitgehend felsigen Atlantikküste Europas. Diese weist zwar auf der Strecke von der Loiremündung bis zur baskischen Küste auch eine „Durststrecke" für benthische Meeresalgen auf (S. 68), die jedoch etwa dreimal kürzer ist als im Fall der ostamerikanischen Küste. Zusammengefaßt ergibt sich also die Vermutung, daß die ostamerikanische, kaltgemäßigte Algenflora schon im späten Tertiär aufgrund der Strömungsverhältnisse im Nordatlantik artenärmer gewesen sein muß als die europäische Algenflora und daß dieser Zustand aufgrund von Artenverlusten im Pleistozän noch verstärkt wurde.

An den Küsten von **Neufundland** mit seinen weitgehend felsigen Küsten (Tidenhub 1,5-2,5 m; etwa 270 Arten an benthischen Meeresalgen) steigt die Artenzahl an Meeresalgen, verglichen mit dem noch zur arktischen Region gehörenden Labrador (S. 145), um 35 % an. Die Algenvegetation von Neufundland, wie sie in Abb. **90** für die Südküste dargestellt ist, sieht bereits ähnlich aus wie die kaltgemäßigte Algenvegetation der gesamten Provinz, bis zur südlichen Grenze bei Cape Cod. Unterschiede bestehen in der Gezeitenzone und im oberen Sublitoral, wo an den neufundländischen Küsten driftendes Treibeis und gelegentlich die letzten Reste von Eisbergen die Organismen abscheuern und freie Zonen schaffen.

Temperaturbedingungen bei Neufundland. An der atlantischen Ostküste von Neufundland (Avalon-Halbinsel) erreicht das Meerwasser im Winter zwar noch Minustemperaturen, im Sommer jedoch bereits kurzfristig 13-14°C an der Oberfläche und damit Temperaturwerte, die kaltgemäßigten Arten eine Reproduktion im Sommer hier eher als bei Labrador ermöglichen.

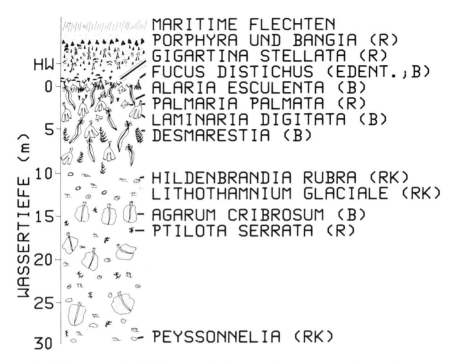

MARITIME FLECHTEN
PORPHYRA UND BANGIA (R)
GIGARTINA STELLATA (R)
FUCUS DISTICHUS (EDENT.,B)
ALARIA ESCULENTA (B)
PALMARIA PALMATA (R)
LAMINARIA DIGITATA (B)
DESMARESTIA (B)

HILDENBRANDIA RUBRA (RK)
LITHOTHAMNIUM GLACIALE (RK)
AGARUM CRIBROSUM (B)
PTILOTA SERRATA (R)

PEYSSONNELIA (RK)

Abb. **90**   Zonierung an der Südküste von Neufundland (wellexponierter Standort). HW Hoch-
wasser-Niveau; R Rotalge; RK rote Krustenalge; B Braunalge. *Fucus distichus* kommt als
subsp. *edentatus* vor, *Desmarestia* als *D. aculeata* (aus *C. R. South:* Benthic marine algae. In:
Biogeography and ecology of the island of Newfoundland, hrsg. von *G. R. South.* Dr. W. Junk,
The Hague 1983)

Das kalte Wasser, das vom Norden mit dem Labradorstrom herangeführt wird, gerät an der
West- und Südküste von Neufundland unter wärmeres atlantisches Wasser. Beide Wasserkörper werden im Sommer in 10-20 m Tiefe durch eine beim Tauchen sofort bemerkbare Sprung-
schicht (Thermokline) getrennt, unter welcher arktische Algen wie *Laminaria solidungula*
noch einmal bis zu 40 m Tiefe die ihnen genehmen Temperaturverhältnisse durch das ganze
Jahr hindurch vorfinden (vgl. „Hinabtauchen in kaltes Tiefenwasser" im Fall der mediterranen Laminariales, S. 93).

In der Straße von Belle Isle (s. Abb. **89**) strömt der größere Anteil des kalten Labradorstroms (s. Abb. **57**) nach Westen in den **St. Lorenz-Golf** und vermittelt den ihn
umgebenden Küsten, so auch der Westküste von Neufundland, im Winter einen
arktischen Aspekt. Im Osten des Golfes wird die Vegetation durch die aus dem St.
Lorenz-Fluß strömenden Süßwassermassen und durch die langanhaltende Eisbedeckung des Meeres sowie die scheuernde Wirkung von Treibeis geprägt. Die Eis-
faktoren bestimmen auch noch die phykologisch gut untersuchten Buchten von
GASPÉ und CHALEURS, die roten Sandsteinküsten des nördlichen Neu-Braunschweig sowie der Prince-Edward-Insel im Bereich der Northumberland-Straße
und die Nordküste von Neuschottland sowie die Westküste der Cape-Breton-Insel.
Als Folge wirkt die Gezeitenzone in diesen Gegenden recht kahl, und erst im Sublitoral treten neben der Vegetation der Laminariales ausgedehnte Bestände von sonst
überwiegend eulitoralen Algen auf, zum Beispiel von *Chondrus crispus, Furcellaria*

Abb. **91** Aspekte aus der Algenvegetation
von Neuschottland
(A)-(F): exponierte, offene Küste vor Halifax:
(A) Küstenansicht; **(B)** mittleres Eulitoral mit
Fucus vesiculosus und *Chondrus crispus;* **(C)**
oberes Sublitoral (1 m Tiefe): *Alaria esculenta;*
(D) mittleres Sublitoral (5 m Tiefe): *Laminaria
saccharina* subsp. *longicruris* und *L. digitata*
(rechts im Bild); **(E)** *L. digitata;* **(F)** 12 m Tiefe:
Agarum cribrosum

(G) Ausgang der Fundy Bay, Eulitoral: *Fucus-*
Arten *und Ascophyllum nodosum* (Photos:
Lüning)

lumbricalis, Fucus vesiculosus (sublitoral wie in der Ostsee, vgl. S. 65; BIRD u. Mitarb. 1983) und, als einzigem Fundort an der amerikanischen Küste, auch von *Fucus serratus* (S. 43). An der atlantischen Küste von **Neuschottland** ist die Algenvegetation auch in der Gezeitenzone üppig entwickelt.

Zonierung bei Neuschottland. In nicht zu exponierter Lage wird hier das **Eulitoral** (Abb. **91B**) von den amphiatlantisch verbreiteten Arten *Fucus spiralis, F. vesiculosus, F. distichus* subsp. *edentatus* sowie *Ascophyllum nodosum*, daneben von den Strandschnecken *Littorina littorea* und *L. obtusata* beherrscht, während an stark exponierten Küstenstrichen die Seepocke *Balanus balanoides* dominiert. Als Unterwuchs der Deckschicht der Fucaceen und auch als nach unten folgende Gürtel findet man Rotalgen wie *Chondrus crispus, Devaleraea (= Halosaccion) ramentacea, Hildenbrandia rubra, Corallina officinalis,* weiterhin die Grünalge *Cladophora rupestris* oder die Braunalge *Pilayella littoralis.* Als geringer Unterschied zur Algenvegetation der europäisch-kaltgemäßigten Küsten fällt hier die Anwesenheit der für die Arktis typischen Algen *Fucus distichus* und *Devaleraea ramentacea* auf, welche an der westatlantischen Seite die Südgrenze der kaltgemäßigten Region erreichen oder sogar überschreiten, nicht jedoch an der ostatlantischen Seite (s. Abb. **25, 113**). Besonders eindrucksvoll wirkt das Eulitoral im Bereich der **Fundy Bay** an der Ostküste von Neuschottland und der Westküste von Neu-Braunschweig, wo die Gezeitenwelle sich zum größten Tidenhub der Erde staut und in den inneren Bereichen ein Tidenhub von bis zu 18 m auftritt (EDELSTEIN u. Mitarb. 1970, WILSON u. Mitarb. 1979). Im Inneren der Fundy Bay sind die Ufer allerdings weitgehend verschlammt, die wenigen Hartsubstratstellen im Winter durch Eisabrieb beeinflußt und entsprechend arm an benthischen Makroalgen. Aber am Buchtausgang, wo felsiges Substrat ansteht, erstreckt sich die Vegetation der eulitoralen Fucales, vor allem von *Fucus vesiculosus* und *Ascophyllum nodosum,* bei geringerem Gezeitenhub noch über einen Vertikalbereich von bis zu 8 m (Abb. **91G**). Im **Sublitoral** der kaltgemäßigten, ostamerikanischen Provinz (Abb. **91C bis F**) wachsen wie an den europäischen Küsten als Deckalgen zuoberst *Alaria esculenta* und *Laminaria digitata.* Die größten Unterschiede zu europäischen Küsten zeigt das mittlere Sublitoral, weil der Palmentang (S. 59) fehlt. Bis zu etwa 10 m Tiefe wird dessen Rolle als Deckalge von *L. digitata* und der NO-ostamerikanischen *L. saccharina* subsp. *longicruris* (vgl. S. 42) übernommen. Diese Unterart des Zuckertangs mit hohlen, langen und etwas starren Stielen geht an nicht exponierten Küstenstrecken und in zunehmendem Maß in Richtung der südlichen Verbreitungsgrenze bei Long Island in eine früher als *L. agardhii* bezeichnete Form (jetzt *L. saccharina)* mit kurzem, zellulär ausgefülltem Stiel über (vgl. CHAPMAN 1973a). An der Untergrenze der geschlossenen Laminarienvegetation tritt der Seeigel *Strongylocentrotus droebachiensis* auf. Dieser kann in mehrjährigen Perioden die gesamte Laminarienvegetation vernichten und beherrscht dann in großen Mengen das gesamte mittlere Sublitoral (vgl. Abschnitt 8.1.; CHAPMAN 1981). Als Besonderheit des ostamerikanischen Sublitorals in der kaltgemäßigten Region findet man *Agarum cribrosum* als Tiefenvertreter der Laminariales am unteren Rand der geschlossenen Vegetation von *L. saccharina* subsp. *longicruris* (Abb. **91F, G**; s. Abb. **22**). Die kleinwüchsige, arktisch-kaltgemäßigte Art besitzt ein durchlöchertes Phylloid und kommt normalerweise zwischen 10 und 30 m Tiefe vor (MANN 1972). Wo die Laminarienvegetation durch Seeigel vernichtet wird, rückt die obere Vorkommensgrenze der von Seeigeln gemiedenen Art *A. cribrosum* höher, so daß diese Grenze zum Teil wohl durch biologische Konkurrenz bestimmt wird (CHAPMAN 1973b, 1981, TREMBLAY u. CHAPMAN 1980). Andererseits ist diese Alge doch so sehr an lichtarme Bedingungen angepaßt, daß sie das obere Sublitoral nicht zu besiedeln vermag.

Südlich der Fundy Bay, an den Küsten von **Maine, New Hampshire, Massachusetts** besteht weiterhin der kaltgemäßigte Aspekt der Meeresvegetation, wobei die Algentiefengrenze hier bei 20-25 m liegt (LAMB u. ZIMMERMANN 1964). Auf küstenfernen Unterwasserriffen vor Cape Ann (Massachusetts), deren Vegetation durch SEARS und COOPER (1978) untersucht wurde, wachsen im klaren ozeanischen Wasser zwischen 30 und 45 m Tiefe und bei einem geringen jährlichen Temperaturgang zwischen 4° und 11°C als Tiefenarten vor allem die Rotalgen *Ptilota serrata* (s.

Abb. **38**), *Phycodrys rubens* (s. Abb. **40**), *Phyllophora truncata* (s. Abb. **37**), *Callophyllis cristata* (s. Abb. **28**), *Fimbriofolium dichotomum* (s. Abb. **36**). Weiter finden sich hier mehrere Arten von Krustenrotalgen, darunter *Lithothamnium glaciale* (s. Abb. **116**), auch die Tiefengrünalge *Derbesia marina*. Der kalte Labradorstrom, der von Norden herunterzieht (s. Abb. **57**), wird schließlich bei **Cape Cod,** an der Südgrenze der kaltgemäßigten Region, nach Osten abgelenkt (im Winter weiter südlich bei Cape Hatteras), während die Südküste der Halbinsel von Cape Cod vom warmen Golfstrom erreicht wird, so daß die Verbreitung der meisten in NO-Amerika vorkommenden arktisch-kaltgemäßigten Arten etwa bei Cape Cod, zumeist etwas südlich davon, an der Küste von Connecticut, endet (vgl. Tab. **2**, S. 25).

2.5.2. Warmgemäßigte Carolinaregion (Cape Cod bis Cape Kennedy)

Die Temperaturbegrenzung der warmgemäßigten Carolinaregion, welche südlich von Cape Cod anschließt, erfolgt in etwa durch die 15°C-Sommerisotherme im Norden und die 20°C-Winterisotherme im Süden bei Cape Kennedy (= Cape Canaveral), also entsprechend der Begrenzung der warmgemäßigten mediterranatlantischen Region (s. Abb. **6** und **7**). Nähere floristische Beziehungen der beiden warmgemäßigten nordatlantischen Regionen liegen aufgrund der lange währenden Isolierung nicht vor (HOEK 1984).

Im Bereich zwischen der Südküste von **Cape Cod** und dem **Long Island Sound,** wo das felsige Substrat der nördlichen Küsten und die Verbreitung der meisten kälteliebende Arten endet, soweit sie überhaupt Cape Cod erreicht haben (s. Abb. **89**), wird der Artenverlust an Kältearten nicht sogleich durch wärmeliebende Arten kompensiert wie im Grenzbereich der Bretagne an den europäischen Küsten. Für viele wärmeliebende, südliche Arten ist der räumliche und zeitliche Temperaturgradient am südlichen Cape Cod offenbar noch zu steil, und so erscheinen sie erst bei Cape Hatteras an der Küste von North Carolina, etwa 800 km Luftlinie von Cape Cod entfernt. An den europäischen Küsten reicht die warmgemäßigte Region über 30 Breitengrade, an der ostamerikanischen Küste nur über 10 Breitengrade und ist hier zudem an langen Strecken durch sandiges Substrat oder ausgedehnte Ästuare gekennzeichnet. Entsprechend gering ist in der Carolinaregion die Gesamtartenzahl und die Zahl an endemischen Meeresalgen. Neben Kosmopoliten kommen einige eurytherme, nördliche Arten wie *Fucus vesiculosus* oder das Seegras *Zostera marina* vor oder südliche Arten mit eurythermem Charakter, die wie die Braunalge *Padina vickersiae* oder Arten der Gattung *Polysiphonia* und *Callithamnion* aus der tropischen Region in das Übergangsgebiet der Carolinaregion heraufreichen (s. Abb. **89**; EARLE 1969, KAPRAUN 1980a, SEARLES 1984).

Im Bereich der Küsten von Maryland und Virginia befindet sich die **Chesapeake Bay** mit ihren ausgedehnten, von dem höheren Halophyten *Spartina alterniflora* beherrschten Salzmarschen. In dieses Brackwasser-Ästuar dringen bei maximalen Wassertemperaturen von 30°C nur wenige Meeresalgen wie *Enteromorpha*-Arten ein, die hier auf Molen und anderen künstlichen Substraten siedeln (OTT 1973). Auch an den sandigen und von trübem Wasser bespülten Küsten von **North Carolina** steht den Algen im Flachwasserbereich bis zu 10 oder 20 km Entfernung von der Küste kein festes Substrat zur Verfügung, wohl aber in Form von Felsriffen, Steinansammlungen und organisch verfestigtem Konglomerat im Bereich des küstenferneren Schelfgebietes südöstlich von **Cape Hatteras.** Hier biegt der Golf-strom nach Osten in den Atlantik ab (s. Abb. 57), bewirkt im küstenfernen Bereich ausgeglichenere Warmwasserverhältnisse als sie nahe der Küste vorliegen und ermöglicht in klarem Wasser, in Tiefen von 15 bis zu 60 m, zum ersten Mal in südli-cher Richtung die Existenz einer wärmeliebenden, artenreichen Flora (SEARLES 1984). In dieser gedeihen bereits zahlreiche, von Süden her verbreitete Algen der tropischen Region (s. Abb. **89**) wie die Grünalgen *Caulerpa prolifera* (s. Abb. **88A**), *Codium carolinianum,* die Braunalgen *Sargassum filipendula, Dicyota dichotoma* (s. Abb. **81C**), *Zonaria tournefortii,* die Rotalgen *Botryocladia occidentalis, Gracilaria mammillaris* und viele andere der etwa 800 Algenarten der westatlantischen tropi-schen Region (S. 164). Infolge dieses nördlichen Ausläufers der sublitoralen, kari-bischen Flora, von der auch in Küstennähe Arten nordwärts vordringen, steigt die Artenzahl der benthischen Meeresalgen von etwa 100 Arten an den Küsten von Maryland und Virginia auf etwa 300 Arten vor North Carolina an.

Die Weichsubstratküsten von South Carolina und Georgia (etwa 80 Arten an mari-nen Makroalgen), mit ausgedehnten Salzmarschen und einer durch Barriere-Inseln reichgegliederten Küste bieten den benthischen Meeresalgen wiederum nur geringe Existenzmöglichkeiten, und dieses gilt auch für die sandigen Küsten von Nordflo-rida, bis hin zur Südgrenze der warmgemäßigten Region und zum Beginn der tropi-schen Region (S. 164) bei **Cape Kennedy,** in dessen Bereich die 23°-Februariso-therme und die 29°-Augustisotherme auf die Küste treffen (hier also abweichend vom Schema in Abb. **8**) und die Verbreitung der letzten nördlichen Arten wie *Peta-lonia fascia, Ectocarpus siliculosus* und *Porphyra leucosticta* endet.

Golf von Mexiko. Auch die nördlichen Küsten am Golf von Mexiko, von Tampico (Mexiko) und entlang der algenfeindlichen Weichsubstratküsten von Texas, Louisiana, Alabama sowie der streckenweise mit Kalkgestein versehenen Küste von Westflorida bis zum Gebiet zwi-schen Tampa Bay und Cape Romano werden noch nicht als tropisch angesehen, sondern als südlicher Bereich der warmgemäßigten Carolinaregion (S. 101) betrachtet (BRIGGS 1974). Im Sommer herrschen hier zwar tropische Wassertemperaturen von 28-30°C, was die Existenz vieler tropischer Arten ermöglicht. Neben festsitzenden Arten der Gattung *Sargassum* wie S. *filipendula* kommen freitreibend im Golf von Mexiko auch *S. fluitans* und *S. natans* vor, die Arten des atlantischen Sargassomeeres (S. 171). Im Winter liegen die Oberflächen-Wassertem-peraturen im Küstenbereich vom Mississippi-Delta bis Westflorida bei 13-15°C und ermögli-chen hier in dieser Jahreszeit die Entwicklung der Makrothalli von einigen nördlichen Arten wie *Porphyra leucosticta, Bangia atropurpurea, Ectocarpus siliculosus, Spongonema tomento-sum, Petalonia fascia* (EARLE 1969, EDWARDS 1969, EDWARDS u. KAPRAUN 1973), die auch an der atlantischen Küste von Florida noch die warmgemäßigte Region besiedeln. An der Süd-spitze Floridas, die wie eine isolierte „Insel" bereits zur tropischen Region gehört, kommen diese Arten nicht mehr vor, so daß sie eine disjunkte Verbreitung (mit unterbrochenem Areal) aufweisen. Südflorida trennt zwar heute die warmgemäßigten Südbereiche der Carolinaregion an der Atlantikküste und im Golf von Mexiko. Da jedoch Floren und Faunen dieser beiden Bereiche ähnlich sind, schließt man auf einen Austausch um die Südspitze von Florida herum im Pleistozän, als ganz Florida zur warmgemäßigten Region gehörte (EARLE 1969).

2.6. Nordamerika: Kalt- und warmgemäßigte Regionen im Nordpazifik

Literatur: Gesamtgebiet: ABBOTT u. HOLLENBERG (1976), CAREFOOT (1977), KOZLOFF (1983), SETCHELL u. GARDNER (1920-1925), WAALAND (1977). **Alaska und Inseln des Beringmeeres:** CALVIN u. ELLIS (1978), CALVIN u. LINDSTROM (z. B. 1980), HANSEN u. Mitarb. (1981), JOHAN-

SEN (1971), LEBEDNIK u. Mitarb. (1971), LINDSTROM (1977), LINDSTROM u. SCAGEL (1979), SET-
CHELL (1899), WYNNE (1970). **British Columbia, Washington:** DAYTON (1971, 1975), GARBARY
u. Mitarb. (1980-1982), HAWKES u. Mitarb. (1978), NEUSHUL (1965a, 1967), RIGG u. MILLER
(1949), SCAGEL (z. B. 1957, 1967, 1973), STEPHENSON u. STEPHENSON (z. B. 1972), WIDDOWSON
(z. B. 1973-1974). **Oregon:** DOTY (1947), MARKHAM u. CELESTINO (1976), PHINNEY (1977).
Kalifornien: ABBOTT u. HOLLENBERG (1976), ABBOTT u. NORTH (1972), ALEEM (1973),
DEVINNY u. KIRKWOOD (1974), FOSTER (1975), GALBRAITH u. BOEHLER (1974), HOMMERSAND
(1972), MCLEAN (1962), MURRAY u. LITTLER (z. B. 1981), NEUSHUL (1965a), QUAST (1971),
SILVA (1979), STEPHENSON u. STEPHENSON (z. B. 1972), THOM (1980), WILSON u. Mitarb.
(1977). **Niederkalifornien:** DAWSON (1941), DAWSON u. Mitarb. (z. B. 1960), DEVINNY (1978),
KETCHUM (1983), LITTLER u. LITTLER (1981). **Taxonomische Gruppe: Laminariales:** DRUEHL
(1968, 1970, 1981), NEUSHUL (z. B. 1971, 1977), NORTH (z. B. 1971), SANBONSUGA u. NEUSHUL
(1978), WIDDOWSON (1971), WOMERSLEY (1954).

An der Westküste Alaskas verläuft die Grenze zwischen der arktischen und der
kaltgemäßigten Region in Höhe der Nunivak-Insel, entlang der winterlichen Südgrenze des Packeises in 60° N (s. Abb. **6**). Die kaltgemäßigte Region endet bei Point
Conception in Mittelkalifornien, worauf sich die warmgemäßigte Region bis Niederkalifornien erstreckt (s. Abb. **6** und **7**). Die nordamerikanisch-pazifische Algenvegetation gehört neben den marinen Floren des Mittelmeeres, der japanischen,
südafrikanischen und südaustralischen Küsten zu den an Arten und Endemiten
reichsten Floren.

Untersuchungsgeschichte und meeresbiologische Stationen. Die Erforschung der Algenflora der
nordamerikanisch-pazifischen Küste begann schon anläßlich der in den Jahren 1791-1795
durchgeführten Expedition von Kapitän VANCOUVER mit dem begleitenden Naturwissen-
schaftler ARCHIBALD MENZIES (vgl. *Egregia menziesii,* S. 110). Der Botaniker POSTELS war an
Bord der russischen Lutki-Expedition (1826-1829), und seine Illustrationen der nordpazifischen Tange gehören zum Besten, was diesbezüglich geschaffen wurde (vgl. POSTELS u.
RUPRECHT 1840 und Abb. **94G**). Die Bearbeitung der Algenflora im 19. Jahrhundert erfolgte
zunächst durch europäische Phykologen wie HARVEY und ANDERSON und führte später zum
klassischen Werk von SETCHELL und GARDNER (Näheres bei PAPENFUSS 1976, SCAGEL 1957).
Zu den größeren meeresbiologischen Stationen mit phykologischer Tradition gehören im Norden: Bamfield Marine Station auf Vancouver Island, Friday Harbor Laboratories (früher als
Puget Sound Biological Station bekannt) auf San Juan Island; in Kalifornien: Bodega
Marine Station nahe Bodega Bay, Hopkins Marine Station auf der Monterey-Halbinsel und
Scripps Institution of Oceanography in La Jolla.
Vorkommen der Laminariales. Im Großaspekt wird die Flora der nordamerikanisch-pazifi-
schen Küste durch die Vielfalt dieser Braunalgenordnung bestimmt. Besonders charakteri-
stisch und vielleicht hier im Tertiär enstanden sind die Gattungen und Arten der **Familie
Lessoniaceae,** von denen alle endemisch auftreten, unter Ausnahme der Gattung *Macrocystis,*
die auch auf der Südhalbkugel vorkommt (s. Abb. **139**). Zu den Lessoniaceen gehören die drei
Riesentange der nordamerikanisch-pazifischen Küste, *M. pyrifera, Nereocystis luetkeana* und
Pelagophycus porra (Abb. **92**), die größten und höchstentwickelten Meeresalgen. Diese sind,
stammesgeschichtlich gesehen, wahrscheinlich relativ jung. Dafür spricht, daß sich in der
Natur zuweilen Gattungsbastarde zwischen *Macrocystis pyrifera* und *Pelagophycus porra* bilden (NEUSHUL 1971, COYER u. Mitarb. 1982), die sich zudem im Laboratorium erzeugen lassen (Abb. **92D**). In tertiären, miozänen Ablagerungen Südkaliforniens wurde eine fossile Zwischenform gefunden, welche Eigenschaften der heute lebenden Gattungen *Pelagophycus* und
Nereocystis vereinigt (Abb. **92E, F**). Die geographische Verbreitung der Laminariales an der
pazifischen Küste Nordamerikas ist in Abb. **93** dargestellt. Von der **Familie Laminariaceae**
kommen *Laminaria saccharina* und *Agarum cribrosum* im Pazifik und Atlantik vor. *L. yezoensis, Costaria costata, Cymathere triplicata* sowie *Thalassiophyllum clathrus* besiedeln den
Nordpazifik und sind bis Japan verbreitet, während die übrigen in Abb. **93** aufgeführten elf
Arten der Laminariaceae wiederum amerikanisch-endemisch sind, knapp zwei Drittel der

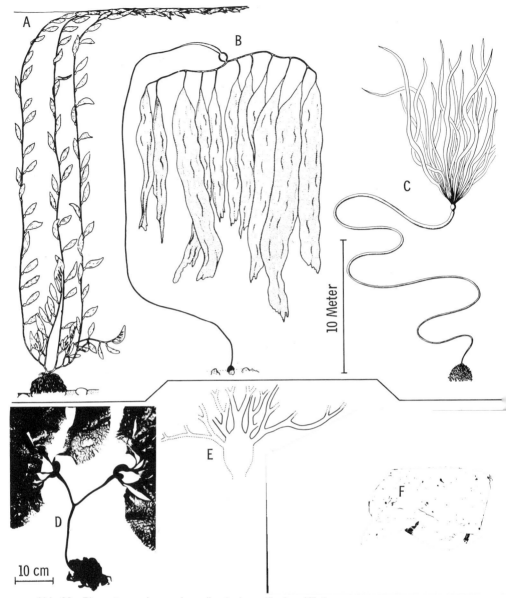

Abb. 92 Riesentange der nordamerikanisch-pazifischen Küste

(A) *Macrocystis pyrifera*

(B) *Pelagophycus porra*

(C) *Nereocystis luetkeana*

(D) Im Laboratorium erzeugter Gattungsbastard zwischen *M. pyrifera* (dichotome Verzweigung) und *P. porra* (Thallusblasen im Stiel)

(E) Verzweigungsschema und (F) Abdruck der fossilen Gattung *Julescraneia grandicornis* aus kalifornischen Tertiärablagerungen. Es handelt sich um eine Zwischenform von *Pelagophycus* (geweihartige Phylloidstiele auf der Thallusblase) und *Nereocystis* (mehrfache, nicht nur einfach dichotome Verzweigung) (A aus *R. G.Galbraith, T. Boehler:* Subtidal marine biology of California. Naturegraph, Healdsburg, Calif. 1974; B aus *E. Y. Dawson, M. Neushul, R. D. Wildmann:* Pacific Naturalist 1/14 [1960] 1-90; C aus *A. Abbott, G. J. Hollenberg:* Marine algae of California. Stanford Univ., Stanford, Calif. 1976; D aus *Y. Sanbonsuga, M. Neushul:* J. Phycol. 14 [1978] 214-224; E, F aus *B. C. Parker, E. Y. Dawson:* Nova Hedwigia 10 [1965] 273-295)

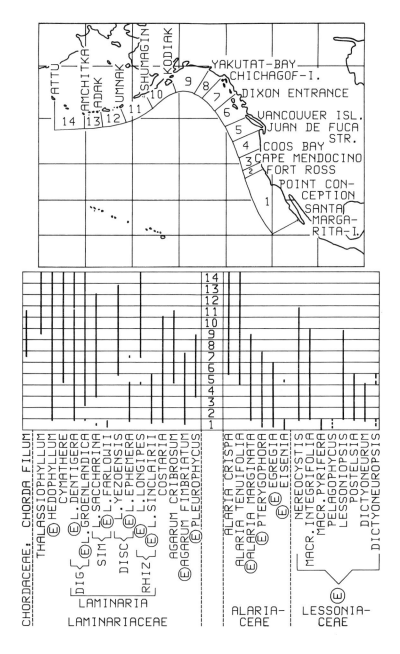

Abb. **93** Verbreitung der Laminariales in 14 Sektoren an der nordamerikanisch-pazifischen Küste. E Endemisch an dieser Küste. Artengruppen der Gattung *Laminaria:* DIG Sektion Digitatae (geschlitztes Phylloid); SIM Sektion Simplices (ungeteiltes Phylloid); DISC diskoides (scheibenförmiges) Haftorgan; RHIZ rhizoidales Haftorgan, aus dem neue Sprosse vegetativ auswachsen. *Laminaria dentigera* und *L. setchellii* werden hier nach *Abbott* u. *Hollenberg* (1976) als konspezifisch (eine Art bildend) angesehen. *Druehl* (1968, 1979, 1981) bezeichnet die Populationen im Segmentbereich 14-9 als *L. dentigera,* im Segmentbereich 8-1 als *L. setchellii.* Von der Gattung *Alaria* kommen noch folgende, hier nicht aufgeführte Arten vor: *A. nana, A. praelonga* (beide endemisch), *A. fistulosa* (im Westen bis Kurilen und Sachalin), *A. taeniata* (bis westliche Aleuten) (nach *Druehl* 1970)

Gesamtzahl. Die hier zu findenden Vertreter der **Familie Alariaceae** sind alle auf den Pazifik beschränkt. Etwa die Hälfte der Arten ist ebenfalls an der nordamerikanischen Küste endemisch. Die Verbreitung der übrigen Arten strahlt auch in den westlichen Nordpazifik aus, nach WIDDOWSON (1971) bis an die Küsten von Japan *(Alaria praelonga, Eisenia arborea)* oder zumindest bis zu den Kurilen *(A. crispa, A. fistulosa;* letztere mit riesenhaftem, bis 18 m langem und 1,7 m breitem Thallus, durch partiell luftgefüllte Mittelrippe auftriebsfähig; vgl. Abb. **94** unten, S. 107), bzw. bis zu den westlichen Aleuten *(A. taeniata, A. tenuifolia)*. Von der als ursprünglich angesehenen **Familie Chordaceae** kommt die pazifisch-atlantisch verbreitete Art *Chorda filum* vor (s. Abb. **21**). Keine andere Meeresküste hat einen derartigen Reichtum an endemischen Arten und Gattungen der Laminariales aufzuweisen, und so liegt die Vermutung nahe, daß sich die Ordnung der Laminariales an der nordamerikanisch-pazifischen Küste gebildet hat, später mit relativ wenigen Abkömmlingen an die asiatisch-pazifischen Küsten und in den Atlantik gewandert ist und mit sehr wenigen Vertretern auch auf die Südhalbkugel (z. B. *Macrocystis pyrifera*, S. 186). Als weiteres Indiz kann gelten, daß die „Grundformen" zum Beispiel der Gattung *Laminaria* (S. 41) hier alle vertreten sind. Es gibt Arten mit fingerförmig geteiltem Phylloid (Sektion Digitatae; z. B. *L. dentigera*, inklusive *L. setchelli*, mit starrem Stiel wie im Fall der ostatlantischen *L. hyperborea*; weiterhin *L. groenlandica* mit flexiblem Stiel wie die atlantische *L. digitata*, aber oft mit sehr spät erscheinenden Schlitzen im Phylloid) und mit ungeteiltem Phylloid (Sektion Simplices; z. B. *L. saccharina, L. farlowii*). Mit scheibenförmigem Haftorgan versehen sind *L. ephemera* und *L. yezoensis* (Subgenus Solearia). Dieses Merkmal tritt auch bei der arktischen Art *L. solidungula* auf (s. Abb. **109E, 110**), deren Beziehungen zu den beiden anderen Arten zu untersuchen sind. Schließlich gibt es an der pazifisch-nordamerikanischen Küste *L. sinclairii* und *L. longipes* als Arten mit rhizoidalem Ausläufersystem, die gemeinsam mit der nur im Mittelmeer vorkommenden Art *L. rodriguezii* das Subgenus Rhizomaria bilden. Angesichts der weiten geographischen Entfernung bleiben die Verwandtschaftsbeziehungen in diesem Fall ein Rätsel (vgl. S. 91).

2.6.1. Kaltgemäßigte Region (Alaska bis Mittelkalifornien)

Wie an den europäischen Küsten, so erstreckt sich auch an der nordamerikanisch-pazifischen Küste die kaltgemäßigte Region über einen großen Längengradbereich, in welchem die Isothermen weitgefächert auf die Küste treffen (s. Abb. **6**). Das relativ ausgeglichene Temperaturklima über weite Küstenstrecken wird durch den Nordpazifischen Strom bewirkt, der im westlichen Nordpazifik aus dem warmen Kuroshio entsteht (S. 118) und im Breitenbereich 47-54°N den Pazifik überquert (s. Abb. **57**). Etwa 300 Seemeilen vor der Küste von Oregon findet eine Gabelung in den Alaskastrom (Aleutenstrom) nach N und in den Kalifornienstrom nach S statt (s. Abb. **57**), was zu einem gewissen Temperaturausgleich an der nordamerikanisch-pazifischen Küste führt. Aufsteigendes, kühles Tiefenwasser vor der kalifornischen Küste bewirkt weiterhin, daß das Küstenwasser im Sommer auch hier nicht sehr warm wird. Obwohl aufgrund der reich gegliederten Küste von Südostalaska und British Columbia, mit zahllosen Buchten, Fjorden und engen Küstenpassagen, die Wassertemperaturen kleinräumig stark variieren, bewegen sich die Wassertemperaturen im gesamten Bereich von den Aleuten bis Point Conception (Mittelkalifornien) im August doch nur zwischen 10° und 17°C und im Februar zwischen 5°C und 14°C. Als Folge kommen zahlreiche charakteristische Algen von Kalifornien bis Alaska oder bis zu den Aleuten vor (Abb. **93** und **94**), und eine Verbreitung über einen weiten Längengradbereich zeigen auch einige aus dem Atlantik bekannte Arten wie *Fucus distichus* (s. Abb. **25**), *Desmarestia viridis* (s. Abb. **20**), *Scytosiphon lomentaria, Codium fragile* (s. Abb. **74G**), *Ahnfeltia plicata* (s. Abb. **26**) oder *Plocamium cartilagineum* (s. Abb. **77E**).

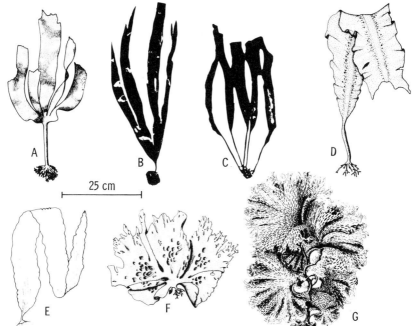

Abb. **94** Algenvegetation an den Küsten von Alaska
Oben: Einige Vertreter der Laminariales (Familie Laminariaceae), die an den Küsten von Südalaska vorkommen
(A) *Laminaria dentigera* (mit Haftkralle); **(B)** *L. yezoensis* (mit Haftscheibe); **(C)** *L. longipes* (mit
rhizoidalem Haftsystem); **(D)** *Pleurophycus gardneri*; **(E)** *Cymathere triplicata*; **(F)** *Hedophyllum
sessile;* **(G)** *Thalassiophyllum clathrus* (A, D, F aus *I. A. Abbott, G. J. Hollenberg:* Marine algae
of California. Stanford Univ., Stanford, Calif. 1976; **B-C** aus *L. D. Druehl:* Can. J. Bot. 46 [1968]
539-547; **E** aus *R. F. Scagel:* Guide to common seaweeds of British Columbia. British Col. Prov.
Museum, Handbook No. 27. Victoria, B. C. 1967; **G** aus *A. Postels, F. Ruprecht:* Ilustrationes
algarum. St. Petersburg 1840)

Rechts: Sukzession bis zur
Entwicklung des Laminarienwaldes in Torch Bay (SO-Alaska,
Glacier Bay National Park; vgl.
Segmentgrenze 7 / 8 in
Abb. **93**). **(A)** Algenkahler Felsboden mit Seeigeln; **(B)** 1. Jahr
nach der experimentellen Entfernung der Seeigel: schnellwüchsige, einjährige Brauntange *Nereocystis luetkeana*
und *Alaria fistulosa* als obere
Deckalgen, *Costaria costata*
und *Laminaria dentigera* als
untere Deckalgen; **(C)** und **(D)**
2. und 3. Jahr: Übergang zum
Reinbestand der mehrjährigen
L. dentigera (aus *Duggins* 1980)

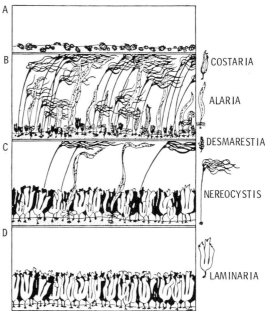

Bei den **Aleuten** mischen sich arktisch-kaltgemäßigte Arten sowie kaltgemäßigte Arten des östlichen und westlichen Nordpazifiks. An der Küste der Amtchitka-Insel, deren Algenvegetation von LEBEDNIK u. Mitarb. (1971) untersucht wurde, bewegen sich die Wassertemperturen zwischen 10°C im Sommer und 1°C bis 2°C im Winter. Etwa 10 % der Algenarten dieser Insel sind endemisch im Bereich der Inseln des Beringmeeres und haben sich möglicherweise an den hier vorliegenden engen Temperaturbereich angepaßt. Im Supralitoral bei der Amtchitka-Insel findet man nur wenige Seepocken und marine Flechten, dafür die Grünalgen *Prasiola borealis, Ulothrix*-Arten und die Rotalgen *Andouinella purpureua* sowie *Porphyra*-Arten. Im Eulitoral folgen die Braunalgen *Fucus distichus* (s. Abb. 25), *Hedophyllum sessile* (Abb. **94F**) sowie die Rotalge *Halosaccion glandiforme* (s. Abb. 95), während das obere Sublitoral von den Brauntangen *Alaria crispa* und *Laminaria longipes* (Abb. **94C**) beherrscht wird.

An der Küste von **Südalaska** wird der Bereich von der Kodiak-Insel über den Prince-William-Sound bis zur Prince-of-Wales-Insel (Segmente 9 und 8 in Abb. 93) einerseits noch von zahlreichen charakteristischen Algen der nordamerikanisch-pazifischen Küste von Süden her erreicht, andererseits noch von einigen arktisch-kaltgemäßigten Algen wie *Phyllophora truncata* (s. Abb. 37). Dieser Küstenbereich stellt daher ein floristisches Übergangsgebiet dar (DRUEHL 1970, LINDSTROM u. SCAGEL 1979). Gut untersucht ist die Algenvegetation im Prince-William-Sound, wo 1964 ein Erdbeben das Felssubstrat bis zu 10 m gehoben hatte, was sich anschließend auch anhand der nun weit über dem Wasserspiegel dem Fels anhaf-tenden, abgestorbenen Meeresalgen dokumentierte (JOHANSEN 1971). Das obere Sublitoral wird hier an exponierten Standorten von *Laminaria groenlandica* und *L. saccharina* (s. Abb. 95) beherrscht. Im mittleren Sublitoral der Kodiak-Insel im Golf von Alaska wird der größte Teil der Algenbiomasse von dem Brauntang *Laminaria dentigera* (Abb. **94A**) gestellt, der im Tiefenbereich von 3 m bis 10 m einen geschlossenen Laminarienwald und bis zu 18 m Tiefe eine offene Vegetation bildet (CALVIN u. ELLIS 1978). Andere dominierende Brauntange sind *L. yezoensis* (Abb. **94B**), *Pleurophycus gardneri* (Abb. **94D**) und *Agarum cribrosum* (s. Abb. 22).

Der Laminarienwald stellt die Endstufe einer rasch verlaufenden Sukzessionsreihe dar (DUGGINS 1980, 1983), die von kahlen, durch Seeigel abgeweideten und nur noch von Krustenkalkalgen bewachsenen Felsflächen zu einem Bewuchs mit meh-reren Brauntangarten im ersten Jahr und dann zu Reinbeständen der mehrjährigen *Laminaria dentigera* führt (s. Abb. 94). Diese Abfolge findet statt, wenn die Popula-tion des Hauptfeindes der Brauntange, des Seeigels *Strongylocentrotus* (mehrere Arten), durch den Meerotter *Enhydra lutris* dezimiert wird (vgl. S. 266) oder durch den größten Seestern aller Meere, *Pycnopodia helianthiodes,* der bis zu 1,5 m Durch-messer erreicht. In der Torch-Bucht (SO-Alaska) wurden im mittleren Sublitoral etwa zwei Drittel des Hartsubstrats als algenkahle Felsfläche gefunden, etwa ein Drittel vom mehrjährigen Laminarienwald bestanden und 5 % mit dem frühen Suk-zessionsstadium der einjährigen Brauntangarten *Nereocystis luetkeana, Alaria fistu-losa, Costaria costata,* die im zweiten Jahr dann durch die dichte Vegetation von *L. dentigera* (bei DUGGINS als *L. groenlandica* aufgeführt) verdrängt werden.

Zonierung. Das Vegetationsbild, wie man es an den Küsten von **British Columbia** und **Washington** (Abb. 95) findet, ändert sich nur wenig im Bereich der gesamten nordostpazifi-schen kaltgemäßigten Region, so an den Küsten von **Oregon,** von **Nord- und Mittelkalifornien** und damit auch an der gut untersuchten, algenreichen Halbinsel von Monterey, südlich von San Francisco (Abb. 96). Im oberen und mittleren **Eulitoral** bildet die kleine Rotalge *Endocla-*

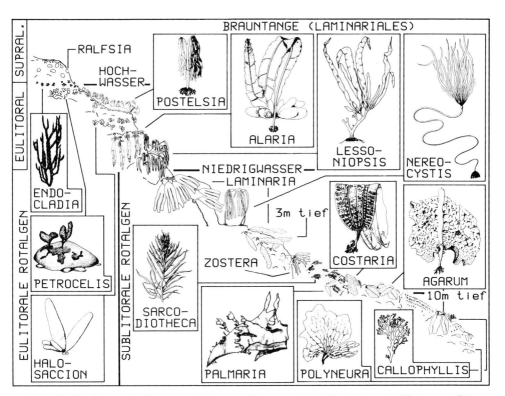

Abb. 95   Zonierung der Algenvegetation an wellenexponierten Standorten der Küsten von British Columbia und Washington

Art- und Größenangaben: *Ralfsia verrucosa* (krustenförmige Braunalge, mehrere cm im Durchmesser). **Brauntange:** *Postelsia palmaeformis* (x 0,05), *Alaria marginata* (x 0,07), *Lessioniopsis littoralis* (× 0,1), *Nereocystis luetkeana* (x 0,007), *Costaria costata* (× 0,2), *Agarum fimbriatum* (× 0,07). **Rotalgen:** *Endocladia muricata* (× 0,7), *Petrocelis middendorfii* (× 0,1), *Halosaccion americanum* (× 0,15), *Sarcodiotheca gaudichaudii* (= *Neoagardhiella baileyi;* × 0,06), *Palmaria palmata* forma *mollis* (× 0,08), *Polyneura latissima* (× 0,15), *Callophyllis flabellulata* (× 0,2). **Seegras:** *Zostera marina (Vegetationsprofil aus J. R. Waaland:* Common seaweeds of the Pacific coast. Douglas, Vancouver 1977. Die Darstellung des Eulitorals basiert auf *Rigg* u. *Miller* 1949, die Darstellung des Sublitorals auf Tauchuntersuchungen von *Neushul* 1965a; Habitusbilder: *Endocladia* aus *J. R. Waaland:* Common seaweeds of the Pacific coast. Douglas, Vancouver 1977, *Lessoniopsis* aus *R. F. Scagel:* Guide to common seaweeds of British Columbia. Brit. Col. Prov. Museum, Handbook No. 27. Victoria, B. C. 1967, Rest aus *I. A. Abbott, G. J. Hollenberg:* Marine algae of California. Stanford Univ., Stanford, Calif. 1976)

dia muricata neben Seepocken (z. B. *Chthamalus dalli,* darunter *Balanus glandula, B. crenatus;* etwas tiefer auch die Miesmuschel *Mytilus californianus)* eine filzartige Besiedlung, die für die felsigen Küsten von Alaska bis Mexiko charakteristisch ist. Ebenso weit geographisch verbreitet ist die im mittleren Eulitoral vorkommende, bis zu ein Meter Durchmesser erreichende Krustenrotalge *Gigartina papillata* und zwar als Tetrasporophytenphase, früher als *Petrocelis middendorfii* bezeichnet (POLANSHEK u. WEST 1975). Die Krustenrotalge wächst sehr langsam, wobei PAINE u. Mitarb. (1979) aufgrund einer siebenjährigen Wachstumsuntersuchung schätzten, daß Exemplare mit einer Fläche von 120 cm^2 bis 87 Jahre, im Mittel 50 Jahre alt sind. Besonders reich ist die Rotalgengattung *Porphyra* vertreten, allein mit 17 Arten an den Küsten von British Columbia und von Nord-Washington (GARBARY u. Mitarb. 1980 bis

1982). An herbivoren Schnecken kommen *Acmaea*-Arten und *Littorina*-Arten vor. Im unteren Eulitoral fällt an extrem wellenexponierten Standorten ein hellbrauner und eigentümlicher Vertreter der Laminariales auf, die „Seepalme" *Postelsia palmaeformis* (Lessoniaceae). Diese bis zu 50 cm lang werdende und einjährige Alge steht mit ihrem starren Stiel auch im trocken-gefallenen Zustand aufrecht an umbrandeten Felsvorsprüngen, also eigentlich „sublitoral"

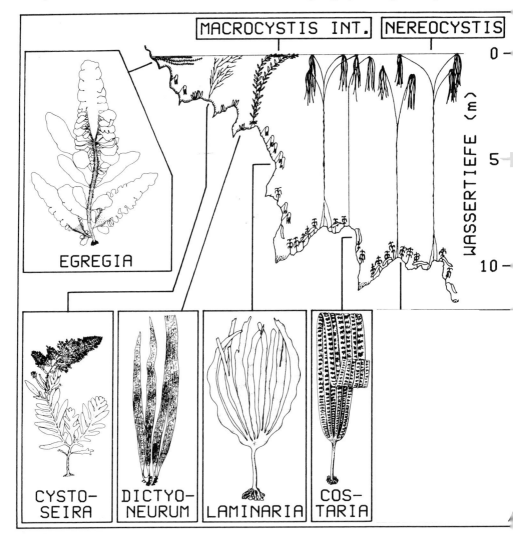

Abb. **96**   Zonierung im Sublitoral bei Monterey und Habitusbilder der Brauntange. INT *integrifolia*

Art- und Größenangaben: *Egregia menziesii* (× 0,3), *Cystoseira osmundacea* (× 0,1), *Dictyoneurum californicum* (× 0,3), *Laminaria dentigera* (× 0,2), *Costaria costata* (× 0,2), *Pterygophora californica* (× 0,1) (Vegetationsprofil aus *J. H. McLean:* Biol. Bull. 122 [1962] 95-114; Habitusbilder: *Dictyoneurum* aus *I. A. Abbott, G. J. Hollenberg:* Marine algae of California. Stanford Univ., Stanford, Calif. 1976, *Cystoseira* und *Pterygophora* aus *R. G. Galbraith, T. Boehler:* Subtidal marine biology of California. Naturegraph, Healdsburg, Calif. 1974, *Egregia* und *Laminaria* aus *R. F. Scagel:* Guide to common seaweeds of British Columbia. British Col. Prov. Museum, Handbook No. 27. Victoria, B. C. 1967) auf dauernd besprühten Naßinseln im Eulitoral. *P. palmaeformis* wächst hier gemeinsam mit der Miesmuschel *Mytilus californianus,* deren Polster immer wieder von den Wellen abgerissen werden, so daß für die mechanisch sehr widerstandsfähige Alge im darauffolgenden Frühjahr neuer Siedlungsraum entsteht (DAYTON 1973, PAINE 1979). In weniger exponierten Lagen gedeihen im Eulitoral *Fucus distichus* (mit den Unterarten *evanescens* und *distichus* nach ABBOTT u. HOLLENBERG 1976; von SILVA 1979 jedoch als *F. gardneri* bezeichnet) sowie *Pelvetia fastigiata.* Typische eulitorale Rotalgen sind *Odonthalia floccosa,* die auch im oberen Sublitoral wächst, weiter *O. washingtoniensis,* die auch das untere Sublitoral erreicht. In geschützten Buchten findet man ausgedehnte Wiesen der bis zu 1 m langen roten Flächenalge *Iridaea cordata* sowie Bestände der aus Japan eingeschleppten Braunalge *Sargassum muticum* (S. 76). Auf exponierten Felsen im unteren Eulitoral, die periodisch unter Sand begraben werden, siedelt *Laminaria sinclairii,* die wie die weiter im Norden vorkommende, morphologisch sehr ähnliche *L. longipes* (Abb. **94C**) und die mediterrane *L. rodriguezii* (Abb. **84A**) ein rhizomartiges Ausläufersystem besitzt, von welchem vegetativ neue Stiele mit je einem ungeteilten Phylloid auswachsen (MARKHAM 1973). Nach länger andauernder Sandbedeckung, an Standorten der Küste von Oregon vom Juli bis Oktober, sterben die Phylloide ab. Nachdem die Herbststürme den Sand fortgespült haben, sprossen ab März aus dem Rhizom wieder neue Stiele mit Phylloiden hervor (MARKHAM 1973). Die gemischte Gezeitenform an den nordamerikanisch-pazifischen Küsten, mit jeweils nur einem besonders niedrigen Niedrigwasser pro Tag (S. 9), bringt es mit sich, daß austrocknungsempfindliche, sublitorale Algen wie die Vertreter der Laminariales weiter in das Eulitoral hinaufreichen können als an den atlantischen Küsten. So findet man im Grenzbereich zwischen **unterem Eulitoral** und **oberem Sublitoral** (Abb. **95, 96**) als Deckalgen neben den Brautangen *Alaria marginata, Egregia menziesii, Laminaria groenlandica* (mit abgeflachtem, flexiblem Stiel wie bei der nordatlantischen *L. digitata)* und den Thalli von *Cystoseira osmundacea* (Fucales) sowie von *Desmarestia ligulata* (Desmarestiales) die Lessoniaceen *Lessoniopsis littoralis* (bis zu 2 m lang) und *Nereocystis luetkeana* (Abb. **96**), die letztere nur noch im oberen Sublitoral. Bei diesem riesigen Brautang ist der bis zu 15 m lange Stiel oben zu einer Thallusblase aufgetrieben, von welcher an der Wasseroberfläche bis zu 4 m lange, schmale Phylloide herabhängen. Der gesamte Thallus wird in einer einzigen Vegetationsperiode gebildet. Ebenfalls im oberen Sublitoral siedelt nahe der Küste auf Felssubstrat die bis zu 6 m lang werdende Art *Macrocystis integrifolia* (Familie Lessoniaceae; Abb. **96**), die wie *Nereocystis luetkeana* eine weite Verbreitung an der pazifisch-nordamerikanischen Küste zeigt (Abb. **93**). Da der Riesentang *Macrocystis pyrifera* im Norden bis Monterey noch fehlt, wird das **mittlere Sublitoral** hier in Küstennähe von *Nereocystis luetkeana* und im übrigen von den vergleichsweise „kleinen" Vertretern der Familie Laminariaceae beherrscht (Abb. **95**), daneben von zahlreichen Rotalgen wie *Opuntiella californica, Constantinea subulifera* besiedelt. Charakteristische Algen des **unteren Sublitorals** sind der Brautang *Agarum fimbriatum* und die Rotalgen *Fryella gardneri, Polyneura latissima* sowie *Callophyllis*-Arten, die im Tiefenbereich 10-25 m vorkommen. Nahe der Algentiefengrenze, je nach Klarheit des Wassers in 30 bis 60 m Tiefe, findet man nur noch verkalkte Krustenrotalgen, z. B. pazifische Arten der Gattungen *Lithothamnium* und *Lithophyllum.* Auf **sandigem Grund** wachsen als **Seegräser** im Flachwasserbereich von Alaska bis Mexiko die zirkumpolar verbreitete Art *Zostera marina* sowie auf wellenexponierten **Felsböden,** an denen sich auch Sand ansammeln kann, die nordamerikanisch-pazifischen Seegrasarten *Phyllospadix scouleri, P. torreyi* (SO-Alaska bis Niederkalifornien) und *P. serrulatus* (Kodiak-Insel bis Oregon; PHILLIPS 1979).

2.6.2. Warmgemäßigte Region (Mittel- bis Niederkalifornien)

Bei Point Conception in Mittelkalifornien, etwa 200 km nördlich von Los Angeles, biegt die Küste scharf nach Osten ab. Der von Norden kommende kalte Kalifornienstrom wird hier von der Küste abgelenkt (s. Abb. **57**), womit kaltgemäßigte Arten an das südliche Ende ihrer Verbreitung geraten. Eine warme Strömung aus dem Süden, der Südkalifornische Gegenstrom, ermöglicht warmgemäßigten Arten bis Point Conception die Existenz, und so ist dieses Kap schon lange als Markierung einer floristischen und faunistischen Diskontinuität bekannt (Näheres: MURRAY u. LITTLER 1981, THOM 1980). Zwischen der 18°C-Sommerisotherme bei Point Conception und der 20°C-Winterisotherme in Niederkalifornien erstreckt sich die warmgemäßigte Kalifornienregion (s. Abb. 6). In dieser leben neben eurythermen Arten aus der nördlichen kaltgemäßigten Region viele typische Vertreter wärmeliebender Algengruppen. Neben einigen atlantisch-pazifischen Algen (Abb. 97A-C) und vielen kalifornisch-japanischen Arten (S. 121) sind auch zahlreiche Endemiten (Abb. 97D-J) zu finden.

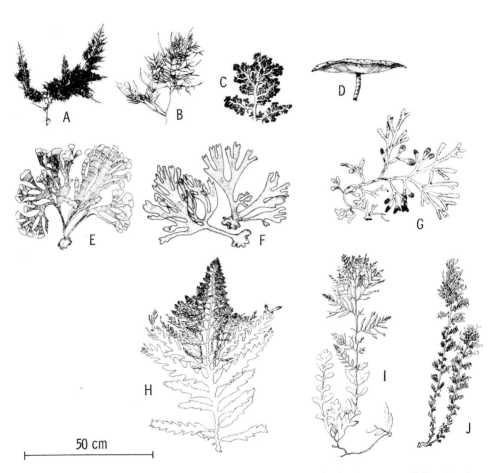

Abb. 97   Beispiele für Algen der warmgemäßigten Kalifornien-Region im unteren Eulitoral und im Sublitoral
(A)-(C) Pazifisch-atlantische Rotalgen: (A) *Pterocladia capillacea*; (B) *Grateloupia filicina*; (C) *Plocamium cartilagineum*
(D)-(H) Endemische Algen: (D) *Maripelta rotata* (Rotalge, Rhodymeniales, nur im unteren Sublitoral). **Dictyotales: (E)** *Zonaria farlowii*; **(F)** *Dictyota flabellata* (bis Panama). **Fucales: (G)** *Hesperophycus harveyanus* (nur im Eulitoral); **(H)** *Cystoseira setchellii*; **(I)** *Halidrys dioica*; **(J)** *Sargassum agardhianum* (Habitusbilder aus *I. A. Abbott, G. J. Hollenberg*: Marine algae of California. Stanford Univ., Stanford, Calif. 1976)

Abb. **98**   Aspekte der kalifornischen Riesentange
(A)-(H): *Macrocystis pyrifera*. **(A)** Bestand vor der kalifornischen Küste (Luftbild); **(B)** Aspekt an
der Wasseroberfläche; **(C)** und **(D)** Unterwasseransichten am Grunde des Macrocystis-Waldes,
in etwa 25 m Tiefe; **(E)** Meristematische Zone an der Spitze des Thallus, aus der im älteren
Bereich Phylloide mit Thallusblase und Stiel abgetrennt werden; **(F)** Stiel mit ansitzenden Phylloiden;

Abb. 98   **(G)** Haftkralle; **(H)** auf einer Straße ausgebreitete Einzelpflanze von *Macrocystis pyrifera;* **(I)** Einzelpflanze von *Pelagophycus porra* (**A, C, D, E:** Photos *Neushul;* **B, F, G-I:** Photos *Lüning*)

Zonierung. Im oberen **Sublitoral** der südkalifornischen Küste (Abb. **99**) sind von den nördlich von Point Conception vorkommenden Brauntangen noch die bis zu 15 m lange *Egregia menziesii* und die kleinere, nicht weit nach Norden verbreitete *Eisenia arborea* vorhanden (Abb. **99**). Es fehlen zum Beispiel die nördlichen Arten *Nereocystis luetkeana* und *Lessoniopsis littoralis.* Dafür wachsen hier im Sublitoral, zum Teil auch im unteren Eulitoral, als südliche Arten endemische Vertreter der Fucales wie *Sargassum agardhianum* und *Halidrys dioica,* die Gattung *Hesperophycus* (Fucaceae), dazu mehrere Gattungen und Arten der Braunalgen-Ordnung Dictyotales und andere Warmwasseralgen wie die Rotalgen *Pterocladia, Grateloupia* und *Laurencia.* Im mittleren **Eulitoral** fehlen weiterhin die nördlichen Arten *Halosaccion americanum* und *Postelsia palmaeformis.* Häufig sind hier die Rotalgen *Corallina, Gigartina canaliculata* zu finden und als Vertreter der Fucales *Pelvetia fastigiata.* Im oberen Eulitoral fällt wie in der kaltgemäßigten Region eine Zone mit der Rotalge *Endocladia muricata* auf (vgl. Abb. **95**).
Vegetation der Riesentange (Lessoniaceae). Unter den Laminariales ist der Riesentang *Pelagophycus porra* als Vertreter der Familie Lessoniaceae endemisch (vgl. Segment 1 in Abb. **93**). Die Verbreitung der zur gleichen Familie gehörenden und ebenso gigantischen Alge *Macrocystis pyrifera,* die auch die Südhalbkugel besiedelt, beginnt erst in Monterey (etwa 200 km nördlich von Point Conception), wo das Vorkommen der kleineren nördlichen Art *M. integrifolia* endet. Mit dem Erscheinen von *Macrocystis pyrifera* ändert sich die Vegetationsstruktur im Sublitoral grundlegend, da diese bis zu 50 m langen Pflanzen den größten Teil des Unterwasserlichtes „verbrauchen" und die übrigen Algen, auch die an anderen gemäßigten oder arktischen Küsten den Lichtraum beherrschenden Vertreter der Laminariaceae und Alariaceae zu einem Schattendasein zwingen. Der entscheidende ökologische Vorteil, welcher auch die Riesentange *Pelagophycus porra* und *Nereocystis luetkeana* auszeichnet, ist der Besitz von gasgefüllten Thallusblasen, ein Merkmal das in der Ordnung der Laminariales den Arten der Familien Laminariaceae und Alariaceae fehlt, so daß diese ihren Thallus durch mehr oder

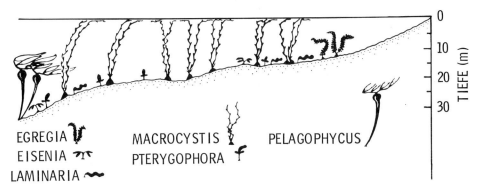

Abb. 99 Zonierung im Sublitoral vor der Küste von La Jolla (Südkalifornien). Auf eine vom Brauntang *Egregia menziesii* dominierte Vegetation im oberen Sublitoral folgt die dichte Vegetation der Riesentange *Macrocystis pyrifera* und *Pelagophycus porra.* Kleinere Vertreter der Laminariales, darunter *Laminaria farlowii,* bilden einen Unterwuchs im *Macrocystis*-Wald (aus *E. Y. Dawson, M. Neushul, R. D. Wildmann:* Pacific Naturalist 1/14 [1960] 1-90)

weniger starre Stiele und durch die Ausnutzung der Turbulenz im Wasser (S. 261) aufrechthalten müssen (Ausnahme: *Alaria fistulosa,* S. 106). Diese Prinzipien erlauben die Ausbildung von Thalluslängen von einigen Metern. Zehnfach längere Thalli können durch Auftrieb mit gasgefüllten Thallusblasen erzielt werden, wie der Habitus der genannten Riesentange zeigt (Abb. **96, 98H, I**). Die gewaltigen Thalli dieser Arten sind mit großen Haftkrallen auf dem Felssubstrat in Tiefen bis zu 30 m und zuweilen darunter verankert, durchwachsen in weniger als in einem Jahr die Wassersäule und nutzen daher auch den Lichtreichtum des oberen Sublitorals aus. *Macrocystis pyrifera* bildet von Monterey bis Niederkalifornien in 6 bis 30 m Tiefe ausgedehnte Bestände (amerikan.: kelp beds, kelp forests) in einigem Abstand zur Küste (Abb. **98A**). Den mehrjährigen Teil von *M. pyrifera* bildet die dem Fels aufsitzende Haftkralle (Abb. **98G**), aus der in jedem Jahr vegetativ, durch Assimilattransport von oben versorgt (S. 275), neue aufrechte und unten mehrfach dichotom verzweigte Thalli mit einer Geschwindigkeit von bis zu 30 cm pro Tag der Wasseroberfläche entgegenstreben. Eine Wassersäule von 20 m wird in etwa 10 Monaten durchwachsen (NEUSHUL 1977). Die Thalli breiten sich auch an der Wasseroberfläche noch einige Meter weit aus. Das maximale Alter der Haftkrallen wird auf 16-30 Jahre geschätzt (NEUSHUL 1977). Die aufrechten, miteinander verzwirnten Thalli, von denen mitunter bis etwa 100 von einer Haftkralle entspringen, besitzen an ihrer Spitze eine Thallusbildungszone (s. Abb. **98E**) und leben im Durchschnitt 6 Monate lang. Sie erhalten ihren Auftrieb nicht durch eine einzige große Thallusblase wie im Fall der beiden anderen Riesentange, sondern durch die Vielzahl von kleinen Thallusblasen am Grunde der bis zu 80 cm langen Phylloide, von denen an jedem aufrechten Thallusstiel etwa 200 Stück sitzen. Noch weiter von der Küste entfernt, am seewärtigen Rande der Bestände von *Macrocystis pyrifera,* stehen etwa in 30 m Tiefe die Riesenthalli von *Pelagophycus porra* schräg in stark durchströmtem Wasser. Der bis zu 25 m lange Stiel ist am oberen Ende zunächst keulenförmig, dann zu einer Kugel blasig aufgetrieben, und hier halten geweihartige Zweige mehrere, 6-20 m lange Phylloide in der Strömung auf Abstand (s. Abb. **92, 98I**). Losgerissene Exemplare von *P. porra* driften mit Hilfe ihrer großen Thallusblase, die auch von Indianern als Trinkgefäß benutzt wurde, über weite Entfernungen und dienten seit dem 16. Jahrhundert den spanischen Segelschiffen, welche von den Philippinen nach Mittelamerika fuhren, als Orientierungshilfe.

Historischer Bericht über Pelagophycus. „Wenn das manilische Schiff so weit gegen Norden gegangen ist, daß es einen westlichen Wind angetroffen hat, so segelt es beinahe in eben derselben Breite nach der Küste von Kalifornien zu ... So trifft es gemeiniglich eine auf der See schwimmende Pflanze an, welche die Spanier Porra nennen ... Wenn sie diese Pflanze zu Gesicht bekommen, so halten sie dafür, daß sie der kalifornischen Küste nahe genug sind und steuern sogleich südwärts ... Auf diesen Umstand verlassen sie sich dergestalt, daß bei der

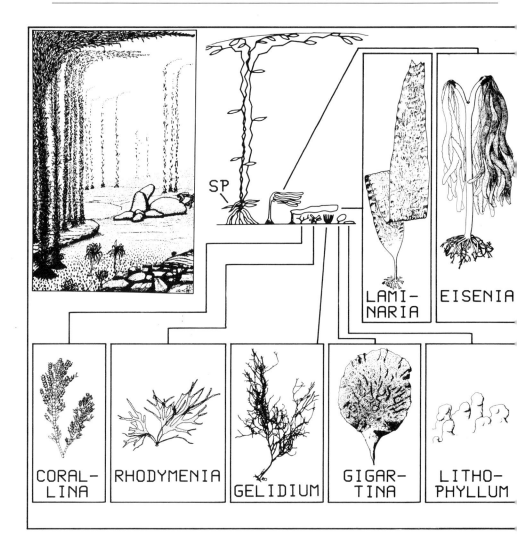

Abb. **100**   *Macrocystis*-Wald an der kalifornischen Küste mit charakteristischen Unterwuchsalgen
Links oben: Panoramabild des *Macrocystis*-Waldes mit *Eisenia arborea* im Unterwuchs. **Rechts
daneben:** Vierfache Schichtenfolge im Unterwasserwald von *Macrocystis pyrifera,* von oben
der Reihenfolge nach: *Macrocystis pyrifera,* Vertreter der Laminariaceae und Alariaceae, kleine
flächige und verzweigte Algen, rote Krustenalgen. SP = Sporophylle
Art- und Größenangaben: Braunalgen: *Laminaria farlowii* (× 0,08), *Eisenia arborea* (× 0,04).
Rotalgen: *Corallina officinalis* var. *chilensis* (0,4), *Rhodymenia californica* var. *attenuata* (× 0,3),
Gelidium nudifrons (× 0,5), *Gigartina corymbifera* (× 0,1), *Lithophyllum imitans* (× 2). (Panoramabild aus *J. C. Quast:* Nova-Hedwigia Beih. 32 [1971] 229-240; Schichtenfolge aus *M. S.
Foster:* Mar. Biol. 32 [1975] 313-329; Habitusbilder aus *I. A. Abbott, G. J. Hollenberg:* Marine
algae of California. Stanford Univ., Stanford, Calif. 1976)

ersten Entdeckung der Pflanze die ganze Gesellschaft auf dem Schiffe ein feierliches Te Deum singt, weil sie glaubt, daß alle Schwierigkeiten und Gefahren ihrer Reise nunmehr ein Ende haben" (aus einem alten Reisebericht, zitiert nach RUPRECHT 1852).

Aus der sonst üblichen Schichtenfolge „kleine Laminariales" als Deckalgen (Laminariaceae und Alariaceae)/Unterwuchsalgen/Krustenalgen wird dort, wo die Riesentange der Familie Lessoniaceae auftreten, eine um eine Schicht vermehrte Abfolge (Abb. **100**; vgl. auch Abb. 3). Als typische „kleine Laminariales" am Grunde des *Macrocystis*-Waldes in 10-30 m Tiefe kommen an der kalifornischen Küste die Alariaceen *Pterygophora californica* und *Eisenia arborea* sowie als Vertreter der Laminariaceen *L. farlowii* vor (Abb. **99** und **100**). Unter und zwischen den kleineren Laminariales dominieren zahlreiche kleine Tiefen- und Schattenalgen, darunter aufrechtwachsende Arten der Corallinaceae und auch die charakteristischen, wie kleine Regenschirme aussehenden Rotalgen *Maripelta rotata* (s. Abb. **97D**) sowie die ähnlich gestaltete Art *Constantinea simplex,* worauf auf dem Felsboden schließlich Krustenalgen als tiefste Vegetation folgen. An der Küste vor La Jolla wachsen die letzten aufrechten Rotalgen in etwa 50 m Tiefe, und die Algentiefengrenze wird mit Krustenalgen in 60 m Tiefe erreicht (NEUSHUL 1965a).

Im südlichen Bereich der warmgemäßigten Kalifornienregion, an der pazifischen Küste der Halbinsel **Niederkalifornien** (Baja California) ermöglicht aufquellendes, kaltes Tiefenwasser vielen gemäßigten Arten die Existenz bis zur Grenze der Region bei der Magdalena-Bucht oder der Insel Santa Margarita, 300 km von der Südspitze der Halbinsel entfernt (DAWSON 1960), wo die Oberflächentemperatur im Sommer schließlich 25°C überschreitet und die ostpazifische tropische Region beginnt (S. 179). Bis hier reicht sporadisch, auf lokale Auftriebsgebiete beschränkt, die Verbreitung von *Macrocystis pyrifera* und *Eisenia arborea,* während *Egregia menziesii* und *Pelagophycus porra* nur etwa Punta Eugenia erreichen, halbwegs an der Küste der 1000 km langen Halbinsel gelegen (s. Abb. **93**). Kleinräumige Auftriebsgebiete mit kühlerem Wasser spielten wahrscheinlich auch bei der Äquatorüberquerung von *Macrocystis pyrifera* im Pleistozän eine wichtige Rolle (S. 186). Bei der nördlicher, in 250 km Entfernung von der Küste gelegenen Insel Guadeloupe kommen diese Braunalgen wegen des fehlenden Kühleffektes durch aufquellendes Tiefenwasser nicht mehr vor. In der charakteristischen Warmwasserflora von Niederkalifornien sind auch zahlreiche kleinere Algen zu finden, die ebenso im südlichen Japan auftreten wie die Braunalge *Pachydictyon coriaceum* (Dictyotales) oder die Rotalge *Lomentaria hakodatensis.* Die heute noch vorhandene Ähnlichkeit zwischen den warmgemäßigten Floren zu beiden Seiten des Nordpazifiks, im Gegensatz zu den Verhältnissen im Nordatlantik (S. 101), weist auf eine einstmals zusammenhängende warmgemäßigte Flora im Tertiär hin, die im N wohl bis zum Bereich der damals geschlossenen Beringstraße reichte und zunächst vor Kaltwassereinwirkung aus dem arktischen Ozean geschützt war (S. 23; HOEK 1984).

Golf von Kalifornien. Die Südspitze von Niederkalifornien ist bereits zur tropischen Region zu rechnen, während die Küsten am **Golf von Kalifornien,** nördlich von La Paz an der Küste von Niederkalifornien und nördlich von Topolobampo an der mexikanischen Kontinentalküste wiederum den Charakter einer warmgemäßigten Region zeigen. Dieser Bereich im Golf von Kalifornien wird als **Cortez-Provinz** („Cortez-Meer" als altspanische Bezeichnung für den Golf von Kalifornien) von der dem offenen Pazifik exponierten **San-Diego-Provinz** unterschieden, die von Point Conception bis zur Magdalena-Bucht reicht. Die beiden Provinzen, welche gemeinsam die warmgemäßigte Kalifornienregion bilden, zeigen faunistisch und floristisch große Unterschiede, weil der südliche Bereich der San-Diego-Provinz auch noch von eurythermen, nördlichen Formen erreicht werden konnte, die jedoch die tropische Südspitze von Niederkalifornien nicht umrundeten. So entwickelte sich die Warmwasserflora der Cortez-Provinz im Golf von Kalifornien vorwiegend aus der Flora der im Süden anschließenden ostpazifischen tropischen Region, wobei die isolierte Lage zu einem Endemismus von etwa 35 % führte (DAWSON 1960). Die Flora der Cortez-Provinz enthält keine Vertreter der Laminariales und ist im nördlichen Bereich durch Warmwasserarten der Braunalgengattungen *Sargassum* und *Padina,* daneben auch durch mehrere westpazifisch-japanische Arten gekennzeichnet (S. 121), während im Süden bereits zahlreiche tropische Arten wie die Rotalge *Digenea simplex* oder die Grünalge *Halimeda discoidea* eindringen.

2.7. Asien: Kalt- und warmgemäßigte Regionen im Nordpazifik

Literatur: (Vorbemerkung: In den Veröffentlichungen in russischer, japanischer und chinesischer Sprache sind die Algennamen in lateinischer Schrift gedruckt, so daß sich auch für den Unkundigen dieser Sprachen zumindest eine Vorstellung von der Zusammensetzung der jeweiligen Flora ergibt.) **UDSSR:** PETROV (z. B. 1974), ZENKEVITCH (1963). **Kamtschatka und Kommandeur-Inseln (Beringa):** VOZZHINSKAJA (z. B. 1965), ZINOVA (1940, 1954c). **Ochotskisches Meer:** KETCHUM (1983), ZINOVA (1954a). **Sachalin und Tatarensund:** VOZZHINSKAJA (z. B. 1964), TOKIDA (1954), ZINOVA (1954b). **Kurilen:** KUSSAKIN (1961), NAGAI (1940-1941), ZINOVA (1959). **Russische Küste des Japanischen Meeres, Wladiwostok:** FUNAHASHI (1973), MAKIENKO (1975), PERESTENKO (1980). **Korea:** KANG (1966), LEE u. LEE (z. B. 1981), KIM u. LEE (1981). **Japan:** CHIHARA (1975), FUNAHASHI (z. B. 1973), HOMMERSAND (1972), MASUDA (z. B. 1982), OGAWA u. MACHIDA (1976-1977), OKAMURA (1932), SEGAWA (1971), YAMADA u. TANAKA (1944), YOSHIDA (1963). **China:** TSENG (1983, 1983-1984), TSENG u. CHANG (z. B. 1964). **Honkong:** MORTON u. MORTON (1983).

Aus dem nördlichen Beringmeer fließt kaltes Wasser mit dem Kurilenstrom (Oyashio) an der Ostküste von Nordjapan bis Kap Inubo, in der Höhe von Tokyo, wo es in die Tiefe abtaucht, während der Warmwassertransport aus südlicher Richtung durch den Kuroshio-Strom, den „Golfstrom des Pazifiks", erfolgt (s. Abb. **57**). Auch an der NO-asiatischen Kontinentalküste strömt kaltes Wasser südwärts. Die **kaltgemäßigte nordwestpazifische Region** (s. Abb. **6, 7**) erstreckt sich im Anschluß an die arktische Region von Kap Oljutorski im nördlichen Kamtschatka (10°C-Sommerisotherme) bis Mittelchina (Wenchow, südlich von Shanghai), bzw. bis Mitteljapan (Kap Inubo), wo in etwa die 10°C-Winterisotherme auf die Küsten trifft. Hier beginnt die **warmgemäßigte Japanregion,** wobei die Augusttemperatur an dieser Grenze allerdings nicht 15°C beträgt, wie in Abb. **8** für die Unterscheidung von kalt- und warmgemäßigten Regionen festgelegt, sondern 25-28°C. Diese Diskrepanz ist eine Folge der Zusammendrängung der Isothermen und der großen jahreszeitlichen Temperaturspannen an den ostasiatischen Küsten oder generell an den Westseiten der Ozeane (S. 15). Bei der dargelegten Grenzziehung zwischen der kalt- und warmgemäßigten Region wurde also durch die Auswahl der Winterisotherme und die Vernachlässigung der Sommerisotherme, welche geradezu tropische Bedingungen anzeigt, mehr Wert auf das Kältebedürfnis der nördlichen und auf die Kälteempfindlichkeit südlicher Arten gelegt als auf die Auswirkungen der Sommertemperaturen. Der Kuroshio-Strom verleiht dem südlichen Japan (südlich der Linie von Hamada in SW-Honshu bis Kap Inubo) wie auch der Südküste von Korea sowie der chinesischen Küste von Wenchow bis Hongkong einen warmgemäßigten Charakter. Die Küste südlich von Hongkong, die Ostküste von Taiwan und die Inselkette des Ryukyu-Archipels gehören bereits zur indowestpazifischen tropischen Region (S. 176).

Infolge der Nähe des sibirischen Kältezentrums wird die 0°C-Februarisotherme im Bereich des **Ochotskischen Meeres** weit nach Süden gedrückt (s. Abb. **6**), und in einigen Gebieten dieses Randmeeres des Stillen Ozeans kann die Vereisung 10 Monate andauern. Die Westküste von **Kamtschatka** besteht auf weiten Strecken aus algenfeindlichem Weichsubstrat, besitzt aber auch einige felsige Partien.

Zonierung bei Kamtschatka. Im oberen Eulitoral (Abb. **101**) fällt die 5-10 cm lange Rotalge *Gloiopeltis furcata* (Cryptonemiales, Endocladiaceae) auf, die ebenso in Japan (vgl. Abb. **102**) sowie bis Südchina und an der amerikanischen Seite des Nordpazifiks bis Washington als charakteristische Gezeitenzonenalge auftritt. Der im mittleren und unteren Eulitoral siedeln-den Rotalge *Halosaccion glandiforme* entspricht an der nordamerikanisch-pazifischen Küste die Art *H. americanum* (vgl. Abb. **95**; LEE 1982). Die Vegetation der Laminaiales im Sublito-ral von W-Kamtschatka besteht aus einer Mischung von amphiozeanischen Arten wie *Alaria esculenta* (forma *dolichorachis*) und *Laminaria saccharina* (mit taxonomisch unsicheren, loka-

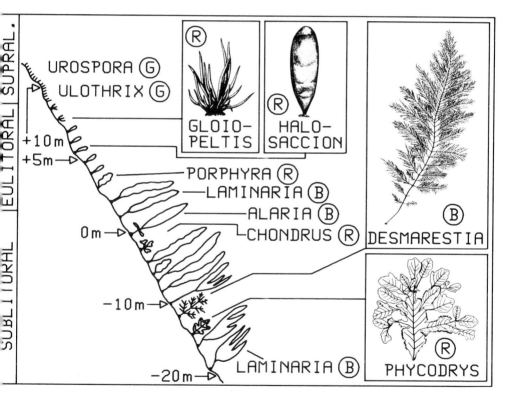

Abb. **101** Algenzonierung an einem exponierten, felsigen Standort der Westküste von Kam-tschatka. G Grünalge; B Braunalge; R Rotalge
Art- und Größenangaben: *Gloiopeltis furcata* (× 0,5), *Halosaccion glandiforme* (× 0,2), *Des-marestia ligulata* (× 0,2), *Phycodrys riggii* (× 0,2), *Urospora penicilliformis, Ulothrix pseudo-flacca, Porphyra ochotensis, Laminaria saccharina* (oben) und möglicherweise *Laminaria denti-gera* (unten), *Alaria crassifolia, Chondrus armatus* (Vegetationsprofil nach *Vozzhinskaja* 1965; Habitusbilder aus *L. P. Perestenko:* Algen aus der Peter der Große-Bucht. Izd. Akad. Nauk SSSR, Leningrad 1980)

len Rassen oder Unterarten) sowie von ostasiatisch-endemischen Arten wie *Alaria crassifolia* (Abb. **104E**) im oberen Sublitoral, während das mittlere Sublitoral bis 20 m Tiefe von *Laminaria*-Arten mit geschlitztem Phylloid (Sektion Digitatae) beherrscht wird. Bei den letzteren handelt es sich um die nordpazifischen Arten *L. yezoensis* (Abb. **94B, 104C**), möglicherweise auch um *L. dentigera* (Abb. **94A**) und wohl dazu um Arten wie *L. bongardiana*, deren taxonomische Beziehungen jedoch erst entwirrt werden müssen (vgl. KAIN 1979). Unter den kleineren Algen, von denen Abb. **101** einige Beispiele zeigt, tritt die ostasiatische Rotalge *Phycodrys riggii* (= *P. serratiloba* = *P. fimbriata;* vgl. PERESTENKO 1980) als Tiefenalge auf. Die Algenvegetation endet in W-Kamtschatka zumeist bei 30 m Tiefe (VOZZHINSKAJA 1965).

Im südlichen Ochotskischen Meer, an den Küsten der Insel **Sachalin** und der **Kurilen,** wachsen im Eulitoral als Gürtelbildner die nordpazifische Braunalge *Analipus japonicus (= Heterochordaria abietina)* und zahlreiche an den pazifisch-asiatischen Küsten endemische Arten wie die Rotalgen *Iridaea cornucopiae, Corallina pilulifera,* die Braunalgen *Pelvetia wrightii* und mehrere *Sargassum*-Arten. Diese gehören wie auch die sublitoralen Laminariaceen *Arthrothamnus bifidus* (möglicherweise bis Aleuten verbreitet) oder *Kjellmaniella gyrata* (beide der äußeren Form nach in etwa *L. saccharina* ähnlich) bereits zu der an Arten und Endemiten reichen, kaltgemäßigten Flora des **Japanischen Meeres,** dessen Küsten durch den russischen Kontinentalbereich vom Amur bis Wladiwostok, von Sachalin, Japan und Korea gebildet werden. Der Bestand an benthischen Meeresalgen des Japanischen Meeres wird auf etwa 750 Arten veranschlagt (FUNAHASHI 1973). Von den heute amphipazifisch verbreiteten Algen konnten die kälteliebenden Arten über das gegen den Uhrzeigersinn gerichtete Strömungssystem Alaskastrom-Aleutenstrom-Oyashiostrom (s. Abb. **57**) von den nordamerikanischen Küsten her einwandern, falls Nordamerika als jeweiliger Ursprung in Frage kommt. Dieser Weg könnte etwa für Kaltwasservertreter der Laminariales wie *Thalassiophyllum clathrus* (s. Abb. **94G**) gelten, wobei diese Art von Nordjapan bis Alaska eine kontinuierliche Verbreitung zeigt (s. Abb. **93**).

Betrachtet man die Algenflora von **Japan,** dessen südlicher Bereich bereits warmgemäßigt ist, als Ganzes, so gehören von den 860 hier auftretenden benthischen Meeresalgen etwa ein Drittel zur nordwestpazifisch-endemischen Gruppe. 20 % kommen auch an den amerikanisch-pazifischen Küsten vor, sind also amphipazifisch, und der größte Teil der übrigen Arten steht mit der tropischen Algenflora über den von Süden heranfließenden Kuroshio-Strom in Verbindung (OKAMURA 1932, ABBOTT u. HOLLENBERG 1976). Der Artenreichtum der japanischen Küsten wie auch des Japanischen Meeres wird wohl in erster Linie durch das enge Zusammenrücken von kalt-, warmgemäßigten und tropischen Regionen auf der Westseite des Pazifiks und das auf großen Strecken felsige Küstensubstrat bedingt, was letztlich einer Vielfalt von temperaturbedingten ökologischen Nischen auf engem Raum gleichkommt.

Zonierung in Mittel- und Südjapan. Auch an der Ostküste von Mitteljapan (Abb. **102**) bestimmt, wie bereits für die Küste von Kamtschatka angeführt, die Rotalge *Gloiopeltis furcata* im oberen Eulitoral den Vegetationsaspekt. Im mittleren Eulitoral kommt die Fucacee *Hizikia fusiforme* (monotypische Gattung, endemisch in Japan, Korea, Hongkong) vor. Im südlichen Japan tritt *Sargassum thunbergii* als charakteristischer, am höchsten siedelnder Vertreter dieser im übrigen mit vielen Arten vorhandenen Warmwassergattung hinzu. Weitere Vertreter der Fucales in der japanischen Flora sind *Pelvetia wrightii, Fucus distichus* subsp. *evanescens, Coccophora langsdorfii* (monotypische Gattung, endemisch in Japan, Korea) und *Cystophyllum*-Arten (Gattung verbreitet in der indowestpazifischen tropischen Region sowie in Australien und Neuseeland). Die Grenze zum Sublitoral wird durch die obersten Exem-

BANGIA FUSCOPURPUREA (R)
PORPHYRA (R)
GLOIOPELTIS FURCATA (R)
SEPTIGER (MUSCHEL)
ANALIPUS JAPONICUS (B)
NEMALION VERMICULARE (R)

HIZIKIA FUSIFORME(B;FUCALES)
CHONDRUS YENDOI (R)
CORALLINA PILULIFERA (R)
CALLIARTHRON YESSOENSE (R)
ALARIA CRASSIFOLIA (B)
COSTARIA COSTATA (B)
UNDARIA PINNATIFIDA (B)
LAMINARIA JAPONICA (B)

EULITORAL

SUBLIT.

Abb. **102** Algenzonierung an der japanischen Küste von Nord-Honshu (Rikuchu-National-park). B Braunalge, R Rotalge, *Bangia fuscopurpurea = B. atropurpurea, Chondrus yendoi = Iridaea cornucopiae* (nach *Chihara* 1975)

plare der Laminariales markiert, in N-Honshu (Abb. **102**) wie auch an den Küsten von Hok-kaido durch die ostasiatischen Arten *Alaria crassifolia* (Abb. **104E**) sowie *Undaria pinnatifida* (Abb. **103C-D**, Abb. **104D**) und die amphipazifische Art *Costaria costata* (vgl. Habitus in Abb. **95**). Im mittleren Sublitoral dominieren an den Küsten von Hokkaido und in N-Honshu *Laminaria*-Arten mit ungeteiltem Phylloid (Sektion Simplices) wie *L. japonica* (Abb. **104A**, s. auch Abb. **184C**), *L. angustata* (Abb. **104B**) und *L. longissima* (Abb. **103A**). An den Küsten von Honshu (mittleres Japan) wird das Sublitoral durch *Sargassum*-Arten und Warmwasser-vertreter der Laminariales, nämlich durch die Alariaceen *Undaria pinnatifida, Eisenia bicyclis* (Abb. **104F**) und *Ecklonia cava* (Abb. **104G**), beherrscht. Durch Strömungen im engeren Küstenbereich Südjapans werden große Mengen an abgerissenen, treibenden *Sargassum*-Arten und anderen Algen vor allem an der Westküste nach Norden in das Japanische Meer verdriftet (OHNO 1984, YOSHIDA 1963).

Die warmgemäßigten, amphipazifischen Meeresalgen der südjapanischen Küsten, von denen Hommersand (1972) 110 Beispiele identischer oder nahe verwandter Arten aufzählt (z. B. *Eisenia arborea/Eisenia bicyclis; Nemalion helminthoi-des/N. vermiculare; Corallina pinnatifolia/Corallina pilulifera;* die jeweils erstge-nannte Art kommt an den amerikanischen, die letzgenannte Art an den japani-schen Küsten vor), deuten wiederum auf eine einst im N zusammenhängende Tertiärflora (S. 23), wobei allerdings auch an eine Verbreitung mit dem Kuroshio-Strom und seiner Fortsetzung in östlicher Richtung, dem Nordpazifischen Strom (s. Abb. **57**), bis an die amerikanischen Küsten (Kalifornien) zu denken ist.

A

B

C

D

Abb. **103**   Laminariales an japanischen und chinesischen Küsten
(A) *Laminaria longissima* (= *angustata* var. *longissima;* bis 15 m lang) an der Ostküste von Hokkaido, für wirtschaftliche Nutzung zum Trocknen am Strand ausgelegt
(B) Unterwasseraufnahme von *Undaria pinnatifida* im oberen Sublitoral an der Ostküste von Hokkaido
(C) *U. pinnatifida* und junge Exemplare von *L. japonica* am Strand von Qingdao (Nordchina)
(D) Vegetation des unteren Eulitorals und oberen Sublitorals bei Qingdao mit *Sargassum thunbergii* und *U. pinnatifida* (Photos: *Lüning*)

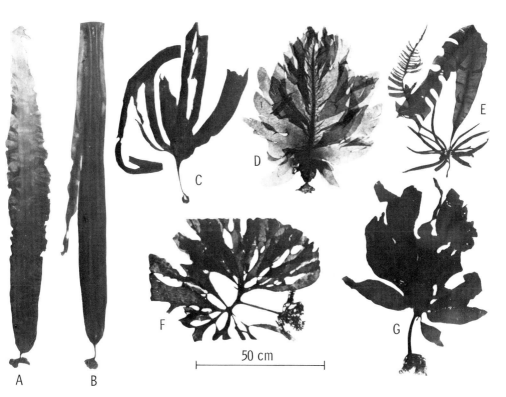

Abb. **104**   Beispiele für japanische Vertreter der Laminariales
Laminariaceae: (A) *Laminaria japonica*; **(B)** *L. angustata*; **(C)** *L. yezoensis*
Alariaceae: (D) *Undaria pinnatifida*; **(E)** *Alaria crassifolia;* **(F)** *Eisenia bicyclis*; **(G)** *Ecklonia cava*
(Habitusbilder aus *S. Segawa:* Farbabbildungen der Meeresalgen von Japan. Hoikuska, Osaka
1971)

Zur Taxonomie und Verbreitung der japanischen Laminariales. Der Verbreitungsschwerpunkt
der japanischen Laminariales liegt an den Küsten der nördlichen Insel Hokkaido, entsprechend dem Verlauf der 20°C-Augustisotherme zwischen Hokkaido und Honshu (s. Abb. **6**).
Von der jährlichen Ernte der wirtschaftlich bedeutsamen *Laminaria*-Arten (*L. angustata* und
L. japonica; S. 299) entfallen 90 % auf Hokkaido, der Rest auf Nord-Honshu. Innerhalb der
Gattung *Laminaria* werden an den Küsten von Hokkaido traditionsgemäß etwa 15 Arten mit
ungeteiltem Phylloid (Sektion Simplices) unterschieden (TOKIDA u. Mitarb. 1980), die jedoch
zum Teil miteinander kreuzbar und nicht alle als gute Arten anzusprechen sind (KAIN 1979).
Nach einer vorläufigen Einteilung aufgrund von Chromosomenzählungen und Kreuzungsex-
perimenten kann man *L. angustata, L. longissima* und eine Artengruppe mit *L. japonica,
L. religiosa, L. ochotensis, L. diabolica* unterscheiden (Funano 1980). Mit geschlitztem Phylloid versehen ist nur die Art *L. yezoensis,* die allerdings ein scheibenförmiges Haftorgan
besitzt und von Petrov (1974) nicht zur Sektion Digitatae, sondern zu einer Untergattung
Solearia gestellt wird (S. 106). Unter den Alariaceen fällt zunächst *Eisenia bicyclis* auf
(Abb. **104F**), wobei diese Gattung sonst nur an der kalifornischen Küste mit der Art *E. arborea* (vgl. Habitus in Abb. **100**) und an der Westküste von Südamerika mit der Art *E. cokeri*
(S. 194) vorkommt. Die Gattung ist daher zu beiden Seiten des Pazifiks und des Äquators in relativ kleinen Arealen vertreten. Eine äquatoriale Überquerung ist somit für die Gattung *Eisenia* und weiterhin für die Gattung *Ecklonia* anzunehmen. Die letztere Gattung
kommt als *E. muratii* bei Westafrika vor (S. 72), mit den Arten *E. cava* (Abb. **104G**), *E. kurome*

sowie mit *E. stolonifera,* durch ein rhizoidales Ausläufersystem ausgezeichnet, an den japanischen Küsten und mit jeweils anderen Arten bei Südafrika (S. 196) sowie Südaustralien und Neuseeland (S. 201). Eine Durchquerung der tropischen Regionen während einer der Glazialperioden ist im Pazifik am ehesten entlang der amerikanischen Küsten wie im Fall von *Macrocystis pyrifera* vorzustellen (S. 186), und vielleicht hat *Eisenia* diesen Weg genommen. Die Gattung *Ecklonia* fehlt jedoch an den amerikanisch-pazifischen Küsten und da die Durchwanderung der breiten indowestpazifischen Region auf der asiatischen Seite des Pazifiks sehr unwahrscheinlich erscheint, stellen die weit voneinander entfernten Vorkommensgebiete dieser Gattung eine der rätselhaftesten geographischen Verteilungen unter den Laminariales dar.

Da an der Westküste Japans der Tsushima-Strom als Ausläufer des warmen Kuroshio von Süden her strömt, an der Ostküste Hokkaidos dagegen der kalte Oyashio von Norden sowie an der Kontinentalküste des Japanischen Meeres der kalte Linanstrom ebenfalls von Norden, sind zahlreiche der kaltgemäßigten Algen, die vor allem an der kälteren Ostküste Hokkaidos zu finden sind, an der Kontinentalküste auch noch weiter südlich, von **Wladiwostok** bis zur NO-Küste von **Korea** verbreitet. Dessen benthische Algenflora stimmt mit etwa 400 Arten zu 75 % mit der japanischen Flora und zur Hälfte mit der von Hokkaido überein (KANG 1966). An Brauntangen kommen an der ost- und westkoreanischen Küste, bei sommerlichen Wassertemperaturen von 20-26°C, nur noch warmgemäßigte Arten wie *Undaria pinnatifida* und *Ecklonia*-Arten vor, an der etwas kälteren Ostküste auch *Costaria costata* sowie *Agarum cribrosum.*

Die vielzellige, benthische Meeresalgenflora von **China** enthält nach einer Monographie von TSENG (1983) etwa 900 Arten (ohne Blaualgen), wobei der Endemismus bei etwa 15 % liegt. Das **Gelbe Meer,** zwischen dem asiatischen Kontinent und der Halbinsel Korea gelegen, erhält zwar einen Warmwasserzustrom von Süden, ist jedoch infolge des Kontinentaleinflusses großen jahreszeitlichen Temperaturschwankungen unterworfen, wobei im nördlichen Bereich die Wassertemperatur im Winter bis auf 0°C absinken kann. Während der Eiszeiten war das Gelbe Meer in seinen flacheren Gebieten zeitweise ausgetrocknet und wurde in der Folge vorwiegend mit eurythermen Arten des Japanischen Meeres wiederbesiedelt. Das an Algenarten und Endemiten relativ arme Gelbe Meer mit 240 Arten an der nordchinesischen Küste wird in seinem westlichen Bereich überwiegend von kaltgemäßigten Meeresalgen bewohnt (TSENG u. CHANG 1964) und ist nach BRIGGS (1974) insgesamt der kaltgemäßigten Region zuzurechnen. Von den Laminariales kommt *Undaria pinnatifida* (Abb. **103C, D**) südwärts bis zur Provinz Zhejiang (Chekiang) vor (Nordgrenze der Art bei Wladiwostok und an der wärmeren Westküste von Hokkaido), *Ecklonia kurome* vereinzelt an den Küsten der Provinzen Zhejiang und Fujian (Fukien), und *Laminaria japonica,* für die es aufgrund der natürlichen Gegebenheiten an der chinesischen Küste zu warm ist, wird in der kälteren Jahreszeit in Nord- und Mittelchina in ausgedehnten Meeresfarmen gezüchtet (S. 298). Auch einige aus dem Nordatlantik bekannte charakteristische Algen werden noch an der chinesischen Küste gefunden. Bis an die Küsten des Gelben Meeres erstreckt sich die südwärtige Verbreitung von *Desmarestia viridis* (s. Abb. **20**) sowie von *Chorda filum* (s. Abb. **21**), und *Scytosiphon lomentaria* kommt bis zum Südchinesischen Meer vor (TSENG 1983). An den Küsten des **Ostchinesischen Meeres** bis zur Nordgrenze der indowestpazifischen tropischen Region bei Hongkong tritt die artenreiche Algenflora der warmgemäßigten Japanregion auf, dazu auch zahlreiche chinesisch-endemische Arten.

3. Die Algenvegetation der arktischen Region

Beim Höhepunkt der letzten Vereisung, vor 18 000 Jahren, gab es an den Küsten der arktischen Region unter dem permanenten Eispanzer infolge Lichtmangels keine Lebensmöglichkeit für autotrophe Algen. Die arktischen Küsten sind erst danach von Süden her mit etwa 150 Algenarten der heutigen kaltgemäßigten nordatlantischen Region neubesiedelt worden, welche tiefe Wassertemperaturen und lange Dunkelzeiten unter Eis vertragen (S. 129). Der Endemismus ist gering (S. 131), und hinsichtlich der Fauna bemerkte EKMAN (1953), daß die Lebewelt der Arktis, im Gegensatz zu jener der Antarktis (S. 187), aufgrund der kürzeren Vereisungsgeschichte nicht in ausreichendem Maß zeigt, welche Vielfalt an Entwicklungsmöglichkeiten selbst im extrem kalten Meerwasser bestehen.

Expeditionen und Algenforschung in der Arktis. Die für lange Zeit erfolglosen Schiffsexpeditionen auf der Suche nach den nördlichen Meeresverbindungen zwischen Nordatlantik und Nordpazifik erbrachten auch Aufsammlungen von Meeresalgen der Arktis durch Schiffsoffiziere und Ärzte. Algenfunde von der Parry-Expedition, die mit den Schiffen „Fury" und „Hecla" auf der Suche nach der „Nordwestpassage" durch die fast überall ganzjährig von Eis blockierte Inselwelt der kanadischen Arktis bis zum Foxe-Becken gelangte, wurden durch HARVEY bearbeitet. Eines der unglückseligsten Unternehmen auf der Suche nach der Nordwestpassage war die Franklin-Expedition (1845-1848), deren beide Schiffe „Erebus" und „Terror" zwischen Victoria- und King-William-Insel im Eis blockiert wurden und verloren gingen. Von den nachfolgenden Suchexpeditionen nach den Besatzungsmitgliedern, die jedoch alle bei ihrem Versuch, die Hudson-Bay auf dem Landweg zu erreichen, umgekommen waren, stammen bedeutsame, durch DICKIE veröffentlichte Algenfunde der kanadisch-arktischen Algen (Näheres bei WILCE 1959, LEE 1980). Bezwungen wurde die „Nordwestpassage" 1850 durch MAC CLURE auf einer Reise von W nach O und 1903-1906 durch AMUNDSEN auf einer Expedition von O nach W. Die „Nordostpassage" entlang der nordrussischen Küste wurde zum ersten Mal 1878-79 von W nach O von der schwedischen Expedition mit dem Schiff „Vega" unter Nordenskjöld durchfahren, und zwar mit nur einer Überwinterung bei Kap Jakan in der Ostsibirischen See. Es war ein Glücksfall für die Algenforschung, daß der Phykologe KJELLMAN an dieser Reise wie auch bei den vorbereitenden Fahrten 1875 und 1876 nach Nowaja Semlja und zur Mündung des Jenissei teilnahm. Er war ebenso Mitglied der schwedischen Spitzbergen-Expedition 1872-73 gewesen, und so konnte sich sein 1883 erschienenes Buch „The Algae of the Arctic Sea" auf reiche Erfahrungen stützen.

3.1. Abgrenzung der arktischen Region

Auf die innere Polarregion der Arktis, auf das Gebiet des ewigen Eises, in welchem das Meer von einer 1-4 m dicken Eisschicht bedeckt ist, folgt die **äußere Polarregion,** die durch periodisches Auftauen der Eisdecke und Wiederzufrieren des Meeres charakterisiert ist (Abb. **105**) und deren nördliche Grenze auch die **Nordgrenze des arktischen Phytals** markiert, weil unter dem ewigen Eis keine Algen wachsen können. An den nördlichsten bisher aufgefundenen und näher untersuchten Standorten von Makroalgen (S. 134, 144) beträgt die jährliche Eisfreiheit in einem günstigen Jahr nur noch 4-6 Wochen. An seiner **Südgrenze** wird das arktische Phytal etwa durch die 0°C-Februarisotherme oder die 10°-Augustisotherme begrenzt (s. Abb. **8**) und umfaßt, wie aus Abb. 6 ersichtlich, folgende Küsten: Grönland, Spitzbergen, die nordrussische Küste vom Kolafjord (Murmansk) bis Kap Oljutorski im Beringmeer. Die nordamerikanische Arktis erstreckt sich auf die Küste des Kontinents

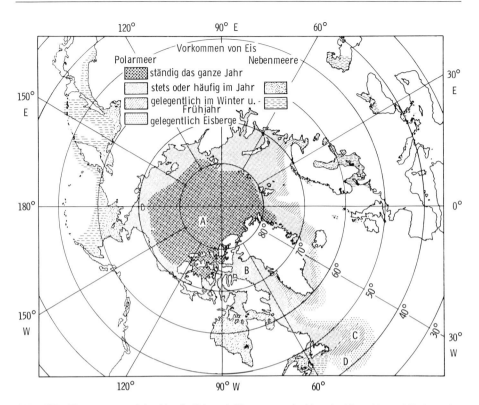

Abb. **105**   Eisgrenzen auf der Nordhalbkugel. Man unterscheidet vier Eisgebiete: **(A)** das ständig von Eis bedeckte innere Polargebiet (äußerer Rand entspricht der minimalen Eisausdehnung in der ersten Septemberhälfte); **(B)** das äußere Polargebiet („Eis stets oder häufig im
Jahr"), in dem man Eis mit mehr als 50 % Wahrscheinlichkeit antrifft (äußerer Rand entspricht
der minimalen Eisausdehnung im März), **(C)** ein Gebiet („Eis gelegentlich im Winter und Frühjahr"), in dem die Eisbedeckung mit mehr als 10 % Wahrscheinlichkeit erfolgt (äußerer Rand
enstpricht der maximalen Eisausdehnung im März), **(D)** ein Gebiet, in dem an der nordostamerikanischen Küste noch Eisberge vorkommen können (aus *G. Dietrich, K. Kalle, W. Krauss, G.
Siedler:* Allgemeine Meereskunde. Eine Einführung in die Ozeanographie, 3. Aufl. Bornträger,
Berlin 1975)

von Westalaska, nördlich der Nunivak-Insel, über die reichgegliederte arktisch-
kanadische Inselwelt bis zur Südspitze von Labrador, wo die Meeresstraße von
Belle Isle Südlabrador von Neufundland trennt.

Abgrenzungsprobleme und Strömungen. Abweichend von BRIGGS (1974) und MICHANEK (1979,
1983) wird im vorliegenden Buch die zuweilen durch Eis blockierte Nordküste von Island
(vgl. DIETRICH u. Mitarb. 1975), die wie die Ostküste Islands hinsichtlich ihrer Algenvegetation arktische Züge aufweist (MUNDA 1972a), nicht als arktisch, sondern als kaltgemäßigt
betrachtet. Diese Küste wird in sehr unterschiedlichem Ausmaß von Eis belagert. Die grundsätzlichen Schwierigkeiten, die sich bei dem Versuch der Abgrenzung der Arktis ganz allgemein auftürmen, wurden von REMMERT (1980a) diskutiert, der sich hinsichtlich der Belange
der terrestrischen Tiergeographie schließlich sogar für den Polarkreis als Südgrenze der Arktis
entschied, womit Süd-Baffinland, die Hudson-Bay, Labrador und Südgrönland aus der Arktis
ausgeschlossen werden, Nordnorwegen aber hineingerät. In der marinen Biogeographie, die

sich nach dem Verlauf der Meeresisothermen zu richten hat, würde der Polarkreis als Südgrenze der Arktis dem Isothermenverlauf, den Arealgrenzen der kaltgemäßigten Arten, welche
die Arktis nicht erreichen, schließlich auch den Arealgrenzen der arktisch-endemischen Arten
widersprechen (vgl. Abb. **110-114** mit Abb. **6**). Die Tatsache, daß Grönland und Labrador zur
arktischen Region zu rechnen sind, obwohl weitaus südlicher gelegen als die durch Ausläufer
des Nordatlantischen Stroms beeinflußten, nur kaltgemäßigte Küsten von Island oder Nordnorwegen, erklärt sich aus dem Verlauf des kalten **Ostgrönlandstromes,** der längs der ostgrönländischen Küste arktisches Wasser nach Süden transportiert (s. Abb. **57**). Der Ostgrönlandstrom umrundet die Südspitze Grönlands, mischt sich mit atlantischem Wasser und fließt als
Westgrönlandstrom nach N, dreht aber im Meeresgebiet der Davisstraße zum Teil nach W zur
Küste von Labrador ab und bildet schließlich, zusammen mit kaltem Wasser aus der Baffin-
Bay, den nach SO fließenden kalten **Labradorstrom,** welcher an den Küsten von Nordostame-
rika das Vordringen arktisch-kaltgemäßigter Arten nach S ermöglicht. Umgekehrt transportiert
der **Nordatlantische Strom** als Fortsetzung des Golfstroms warmes Wasser nach Nordeuropa,
wodurch die Algenflora von Island und Nordnorwegen einen kaltgemäßigten Charakter
erhält. Im **Beringmeer** können nur die nördlichen Küsten zur arktischen Region gerechnet
werden, da dieses Meer durch wärmeres Wasser aus dem Nordpazifik (S. 106) beeinflußt wird.
Die Packeisgrenze liegt im Winter südlich der Beringstraße, bei etwa 60° N im Beringmeer, im
Sommer dagegen nördlich der Beringstraße, in der Tschuktschensee (ZENKEVITCH 1963). Die
von einigen Autoren unterschiedene „**subarktische Region**" (BÖRGESEN u. JONSSON 1905,
MICHANEK 1979, 1983) wird im vorliegenden Buch als südlicher Bereich in die arktische
Region eingeschlossen, weil es keine subarktisch-endemischen Algenarten gibt und weil auch
die nördlichen Verbreitungsgrenzen der arktisch-kaltgemäßigten Algenarten eine derartige
Unterscheidung erschweren (vgl. Abb. **16-42**).

3.2. Lebensbedingungen im arktischen Phytal

„Die auffallendsten Merkmale im Aspekt der arktischen marinen Flora sind:
wenige Individuen, Monotonie und üppige Thallusgröße." Diese Kennzeichnung
stammt von KJELLMAN (1883), dem Altmeister der arktischen Algenforschung.
Monoton erscheint die Algenvegetation der Arktis, weil nur wenige Arten der kaltgemäßigten Flora in hohe Breiten vorgedrungen sind. Individuenarmut und auch
eine **geringe Produktivität** (S. 279) der Algenbestände in der arktischen Region
beruhen auf **Lichtmangel** und der Beeinträchtigung der Wachstumsraten durch
Tieftemperaturen. In der nördlichen Arktis leben die Algen jahrein, jahraus bei
Wassertemperaturen zwischen 0°C und − 1,8°C, der beginnenden Gefriertempera-
tur des Meerwassers (S. 244). *Laminaria saccharina* subsp. *longicruris* von einem
arktischen Standort wächst im Laboratorium bei 10°C dreimal schneller als bei 0°C
(BOLTON u. LÜNING 1982). Dennoch kennzeichnet **Riesenwuchs** in arktischen Breiten eine ganze Reihe von Arten. Die Rotalge *Phycodrys rubens (= sinuosa)* erreicht
an der grönländischen Küste 30 cm Thalluslänge (KJELLMAN 1883), bei Helgoland
nur 5-10 cm. Bei Labrador wurden riesenhafte Exemplare von *Laminaria saccharina* subsp. *longicruris* (S. 100) gefunden, und von Grönland sind Exemplare von
Laminaria saccharina bekannt, die drei Jahrgänge von Phylloiden tragen (LUND
1959). Hieraus resultiert eine Gesamtthalluslänge von eindrucksvollerem Ausmaß
als bei Exemplaren in der kaltgemäßigten Region, wo die gleiche Art im Frühjahr
nur noch selten Reste des vorjährigen Thallus trägt. Der Riesenwuchs von arktischen Algen, der frühere Beobachter zu der irrigen Annahme einer hohen Produktivität der arktischen Algen verleitete, ist nur eine Folge der **Langlebigkeit** des Thallus.

Lichtbedingungen. Hinsichtlich der jährlichen **Lichteinstrahlung** über Wasser wären die Algen
in der Arktis zunächst nicht so schlecht gestellt, wie man aufgrund der nördlich des Polarkrei-

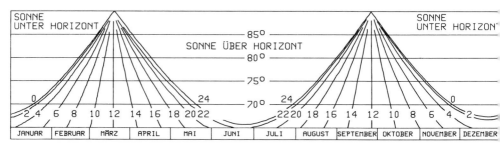

Abb. 106 Tageslänge nördlich des Polarkreises (66° 33′N) in Abhängigkeit von der geographischen Breite (gezeichnet nach *Smithsonian* Meteorological Tables 1951)

ses auftretenden Nachtlängen von mehr als 24 h Dauer annehmen würde. Wie sich aus Abb. **106** ergibt, dauert die **Polarnacht** zum Beispiel in 80° N, nahe der nördlichen Vorkommensgrenze benthisch-mariner Algen, zwar von Mitte Oktober bis Mitte Februar. Aber dafür könnte der **Polarsommer** in dieser Breite eine nie durch eine Nacht unterbrochene Photosynthesetätigkeit von Mitte April bis Ende August ermöglichen. Aber erst im Verlauf des Sommers gelangt eine zur Photosynthese genügende Lichtmenge auch tatsächlich zu den Algen hinab. Im Frühjahr und Frühsommer erschwert nämlich noch eine meterdicke, mehr oder weniger mit Schnee bedeckte **Eisschicht** den Lichteintritt in das Wasser, und dieses Eis taut erst im Verlauf des Sommers weg. Besonders hinderlich für den Lichtdurchtritt ist der Schnee. So läßt eine 1 m dicke Schicht von klarem Meereis 20 % des Lichtes durch (maximal im Wellenlängenbereich 450-550 nm), mit einer darauflagernden Schneeschicht von 30 cm aber nur noch 1 % (Abb. **107**). An einem für die Arktis typischen Algenstandort, bei Igloolik in der kanadischen Arktis (etwa 69° N, 82° W), ist das Meer in Küstennähe von Mitte Oktober bis Ende Juli von einer bis zu 1,5 m dicken Eisschicht bedeckt, und die Algenvegetation ist hinsichtlich der jährlichen Lichtversorgung im wesentlichen auf die 10 eisfreien Wochen von August bis Mitte Oktober angewiesen. An diesem Standort führten CHAPMAN und LINDLEY (1980) die erste Dauerlichtmessung im arktischen Phytal durch (vgl. Abb. **109F**) und stellten fest, daß während der eisfreien Wochen, auch begünstigt durch den Polarsommer, 80 % des Jahreslichtangebotes in 10 Meter Tiefe einfallen. Unmittelbar nach der Eisschmelze ist das Wasser infolge einer kurzfristigen Phytoplanktonblüte noch trübe, wird dann aber rasch sehr

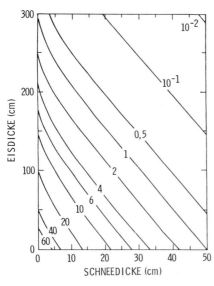

Abb. 107 Durchlässigkeit von Meereis mit auflagerndem Schnee in Prozent der einfallenden Überwasserstrahlung (400-800 nm). Dieses Diagramm gilt für Neueis und Schnee kurz vor der Schmelze. Mehrjähriges Eis, das zwischenzeitlich angeschmolzen ist, läßt wegen eingeschlossener Luftblasen weniger Licht durch und ebenso frischer, trockener Schnee, der stark reflektiert (aus *G. A. Maykut, T. C. Grenfell:* Limnol. Oceanogr. 20 [1975] 554-563)

klar, wobei nahe Igloolik Transmissionswerte von 60-80 % pro Meter (400-700 nm; vgl. Abb. **152**) gemessen wurden. Diese Tatsache erklärt, warum sublitorale Algen, wie *Laminaria solidungula* oder *Phyllophora truncata* in der Arktis trotz der periodischen Lichtbeschränkung durch Polarnacht und Eisbedeckung in beträchtliche Tiefen vorstoßen. Sobald also das Hauptlichtangebot während der eisfreien Zeit erfolgt, dringt es auch tief in das Sublitoral ein.

Dunkelwachstum und Dunkelresistenz. Die Biologen, die die Polarexpeditionen begleiteten, waren durch die Tatsache überrascht, daß an Küstenstrichen, die noch vor kurzer Zeit unter meterdickem Meereis gelegen hatten, beim Algendredschen lebensfrische Algen auf das Schiff gehievt wurden. Verblüffend war zudem, daß diese Algen oft neuen Zuwachs zeigten, der offensichtlich aus der vorhergehenden, viele Monate anhaltenden Dunkelphase stammte. In der Folge wurde zuweilen darüber spekuliert (WILCE 1967), ob auch die benthischen, mehrzelligen Algen etwa, wie manche einzellige Algen, über die Möglichkeit eines heterotrophes Wachstums verfügen, wofür sich jedoch nie ein experimenteller Nachweis erbringen ließ. Inzwischen wurde geklärt, daß die arktisch-endemische *Laminaria solidungula* ihr neues Phylloid während der jährlichen Dunkelzeit mit Hilfe von Reservestoffen aufbaut (CHAPMAN u. LINDLEY 1980, DUNTAN u. Mitarb. 1982). Durch das **Dunkelwachstum,** auch bei sublitoralen Algen der gemäßigten Regionen verbreitet (s. Abschnitt 8.4.2.), ist sichergestellt, daß nach der Eisschmelze sofort ein neues Phylloid zur Verfügung steht, um die lichtreichen Wochen des Sommers photosynthetisch zu nutzen und zur neuerlichen Reservestoffbildung zu benutzen. Diese lebensnotwendige Strategie macht verständlich, warum in arktischen Sublitoral fast nur Algenarten mit mehrjährigem (perennierendem) Thallus vorkommen. Weiterhin ist eine gewisse **Dunkelresistenz der Sporen** zu erwarten, und auch in dieser Hinsicht sind *Laminaria*-Arten der kaltgemäßigten Region für arktische Bedingungen gut gerüstet, denn die sich aus Zoosporen entwickelnden, zunächst einzelligen Gametophyten können im Laboratorium mindestens 6 Monate im Dunkeln überdauern (KAIN 1964, LÜNING 1980a), während z. B. Sporen der warmgemäßigten japanischen Arten *Porphyra tenera* und *Gelidium amansii* schon nach 4-6 Wochen Dunkelheit absterben (OHNO u. ARASAKI 1969). Auch für arktische Diatomeen wurde eine Mindestüberlebenszeit von 5 Monaten im Dunkeln festgestellt (PALMISANO u. SULLIVAN 1983).

Eiseinwirkungen auf die Algenvegetation. Infolge der periodischen Eisbedeckung gibt es in hohen Breiten der Arktis keine supra- und eulitorale Algenvegetation. Nach dem Verschwinden der geschlossenen Eisdecke im Sommer verbleibt in der Gezeitenzone, beginnend beim Hochwasserniveau, noch für längere Zeit ein für die Algenbesiedlung hinderlicher „Eisfuß" (Abb. **108**), ein Eisgürtel, unter dem zwar an geschützten Küsten der südlichen Arktis die

Abb. **108** Überreste des „Eisfußes" im Sommer bei Port Burwell, Ungava-Bay, Labrador (Photo aus *R. T. Wilce:* Natl. Mus. Canada, Bull. 158 [1959] 1-103)

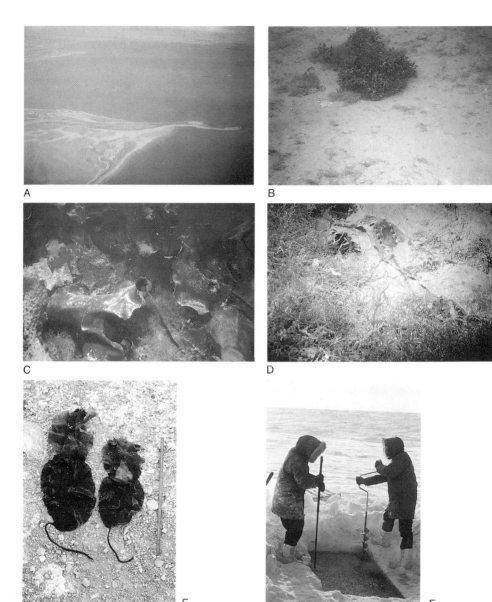

Abb. **109** Arktische Algenvegetation bei Igloolik, kanadische Arktis (Foxe-Becken, östlich von Baffinland)

(A) Aspekt der Küste im September

(B) In 2 m Wassertiefe (unter Niedrigwasser; Tidenhub bei Igloolik etwa 2 m) trifft man auf die ersten Algen: *Fucus distichus* und eine fleckenhafte Besiedlung mit der Grünalge *Acrosiphonia* sowie mit benthischen Diatomeen

(C) *Laminaria saccharina* subsp. *longicruris* in 10 m Tiefe. Die Vegetation der Laminariales beginnt bei Igloolik in 4 m Wassertiefe

(D) *Desmarestia aculeata* im Vordergrund und ein riesenhaftes Exemplar von *L. saccharina* subsp. *longicruris* im Hintergrund. Die starke Sedimentation bewirkt, daß der Taucher bei Grundberührung eine Staubwolke aufwirbelt

(E) Habitus von *L. solidungula*, deren jährlicher Wachstumsrhythmus in Verbindung mit kontinuierlicher Unterwasserlichtmessung von *Chapman* und *Lindley* (1980) untersucht wurde, wofür **(F)** mehrfach im Jahr ein Loch durch die Eisdecke gebohrt werden mußte (Photos **A-E:** *Lüning;* Photo **F:** *Chapman)*

Fucaceen überleben (DEICHMANN u. ROSENVINGE 1908, KANWISHER 1957), aber doch in ihrem Wachstum behindert sind. Das obere Sublitoral wird dort, wo treibende Eisblöcke Zugang haben, von diesen in den obersten Tiefenmetern kahlgescheuert, so daß schon aus diesem Grund die sublitorale Laminarienvegetation erst in einigen Metern Tiefe beginnt.

Brackwasser und Weichsediment. Eine weitere Beeinträchtigung der Lebensbedingungen für Makroalgen im oberen Sublitoral besteht in der jährlich auftretenden **Brackwasserschicht,** die bei der Eisschmelze entsteht und dem Meerwasser auflagert. Das Brackwasser bildet sich durch Schmelzen der auf dem Meereis befindlichen Schneedecke, durch Zustrom des Schmelzwassers der Gletscher oder auch durch Schmelzen von Süßwassereis (Land- und Schelfeis), das vom Festland in das Meer gerät und im Winter sowie im Frühjahr vor den Küsten eine Eisbarriere bilden kann. Im Inneren des Scoresby-Sundes (Ostgrönland) ist die Brackwasserschicht im Sommer bis zu 25 m nachweisbar, im mittleren Bereich bis zu 15 m Tiefe (LUND 1959). Schon einen Monat vor der Eisschmelze fließt Gletscherwasser unter das Fjordeis, und der Salzgehalt in einer 3 m dicken Wasserschicht unter dem Eis beträgt nur 3-4 ‰. Brackwasserresistente Arten, die man in der kaltgemäßigten Region aus der Gezeitenzone kennt (Abb. **109B**) bewohnen daher anstelle der Laminariales das obere Sublitoral. Ein weiterer wichtiger ökologischer Faktor, vor allem im Fjordinneren, ist das durch Schmelzwasser der Gletscher herangeführte **weiche Sediment,** das im Fjordinneren die Sichttiefe drastisch vermindert, außerdem auf den Algenthalli lagert und deren Photosynthese behindert. Auch beim Tauchen an der offenen Küste bei Igloolik bemerkt man eine starke Ablagerung von feinem Sediment auf der sublitoralen Algenvegetation (Abb. **109D**) und außerdem eine gewisse „Brüchigkeit" der Brauntangthalli. Generell werden die Algen im arktischen, sublitoralen Phytal mechanisch wenig beansprucht, denn während des größeren Teils des Jahres ist die Vegetation vor Sturm und Wellengang durch das auflagernde Eis geschützt, und während der eisfreien Zeit im Spätsommer herrscht oft ruhiges Wetter.

Kjellmans Bericht. In seiner Beschreibung der Algenvegetation der Westküste von Nowaja Semlja und der Insel Waigat veranschaulicht KJELLMAN (1877) die obenerwähnten Eis- und Substratbedingungen : „Am bedeutendsten Teile des litoralen Bodengebietes fehlt alle Vegetation; die litorale Algenvegetation, welche hier und da auftritt, ist äußerst arm an Individuen und besteht aus lauter Algen von sehr niedrigem Wuchs ... Wer an den eisumgebenen Küsten der hocharktischen Gegenden Zeuge der unaufhörlichen (Eis-)Bewegungen nach allen Richtungen hin gewesen ist, der Erhöhung, Setzung, der vor- und rückwärts gehenden Bewegung usw., in welcher sich besonders das Treibeis befindet, oder wer die gewaltsame Heftigkeit beobachtet, mit welcher mächtige Eisblöcke vom sturmbewegten Meer hervorgewälzt, geschleudert und hoch an das Ufer geschoben werden, der sieht sich unbedingt genötigt, in der Einwirkung des Eises eine der mächtigeren, wenn auch nicht die mächtigste, Ursachen der Armut zu sehen, welche das litorale Bodengebiet an den Tag legt. In der Tätigkeit des Eises hat man auch, wie mir scheint, eine der Ursachen zu suchen, daß der Boden des litoralen Gebietes auf großen Strecken aus feinem Kies, Sand und Schlamm gebildet ist, und daß die Felsenplatten oder größeren Steine, welche im höheren Grade der zerstörenden Einwirkung des Eises widerstanden, oft eine glatte, gleichsam polierte Oberfläche haben. Es ist wohlbekannt, daß ein ähnlicher Boden für das Emporkommen der Algen unvorteilhaft ist, weil sich hier keine passenden Gegenstände für die Befestigung den Algen darbieten ... Das sublitorale Gebiet hegt die Hauptmasse der Meeresalgen von Nowaja Semlja und Waigat, aber der Regel nach ist es zuerst in einer Tiefe von 2-3 Faden, daß eine reichere Algenvegetation auftritt ... Innerhalb des oberen Teiles des sublitoralen Bodengebietes herrscht beinahe überall dieselbe Armut und Öde, welche das litorale Gebiet charakterisieren."

3.3. Verbreitungsgebiete arktisch-endemischer Arten

Die in den Abb. **110-114** als arktisch-endemisch dargestellten Algenarten dringen an der einen oder anderen Küste auch in die nördlichen Bereiche der kaltgemäßigten Regionen ein, und daher könnte man bezweifeln, ob es überhaupt arktisch-endemische Meeresalgen gibt. Nun ist jedoch die außerarktische Verbreitung der fünf aufgeführten Arten gering, und daher sind diese im übrigen morphologisch

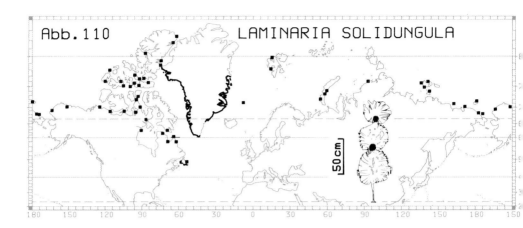

Abb.110   LAMINARIA SOLIDUNGULA

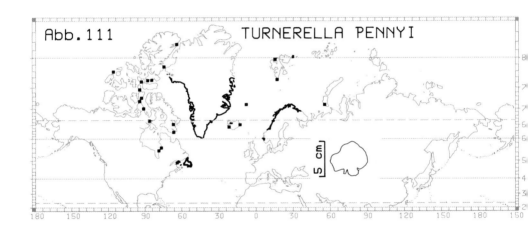

Abb.111   TURNERELLA PENNYI

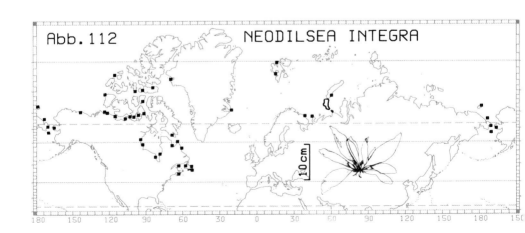

Abb.112   NEODILSEA INTEGRA

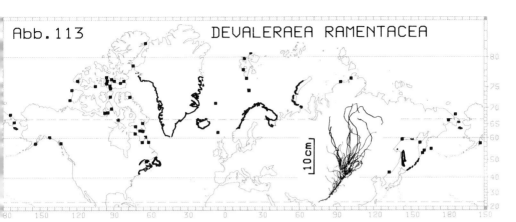

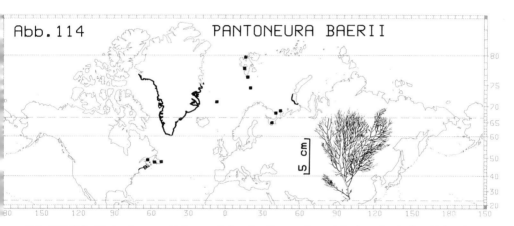

Abb. 110-114   Verbreitungsgebiete vegetationsbestimmender, arktisch-endemischer Makroalgen mit geringer außerarktischer Verbreitung

Besondere Angaben: Abb. **110** *Laminaria solidungula* (Braunalge, Laminariales). Besitzt im Gegensatz zu den meisten anderen Vertretern der Familie Laminariaceae eine Haftscheibe statt einer Haftkralle. Bildet in jedem Jahr im Winter und Frühjahr ein neues Phylloid, Sori auf den vorjährigen Phylloiden. Man findet meistens 3, manchmal bis zu 6 Phylloidjahrgänge an derselben Pflanze. Gesamtlänge aller Phylloide bis 2,5 m, Stiellänge bis 1 m.

Abb. **111** *Turnerella pennyi* (Rotalge, Gigartinales). Thallus 5-25 cm lang. Heteromorpher Generationswechsel (*South* u. Mitarb. 1972). Die blattartige Phase ist der Gametophyt zu einem krustenförmigen Tetrasporophyten, der früher als *Cruoria arctica* oder *C. rosea* beschrieben wurde.

Abb. **112** *Neodilsea integra* (Rotalge, Cryptonemiales, Dumontiaceae). Thallus bis 30 cm lang.

Abb. **113** *Devaleraea ramentaceua* (Rotalge, Palmariales). Thallus 10-40 cm lang, zahlreiche Formen. Die Alge hat wie *Palmaria palmata* (s. Abb. **29**) einen für Rotalgen außergewöhnlichen Generationswechsel (*Meer* 1980): Der weibliche Gametophyt bleibt mikroskopisch klein und wird von den Spermatien des makroskopischen, vorjährigen männlichen Gametophyten befruchtet. Der ebenfalls makroskopische Tetrasporophyt entwickelt sich direkt aus der befruchteten Eizelle, ohne Zwischenschaltung eines Karposporophyten, der bei der Ordnung Palmariales möglicherweise nie existiiert hat. Vgl. Guiry 1982 zur Taxonomie der Art.

Abb. **114** *Pantoneura baerii* (Rotalge, Ceramiales, Delesseriaceae). Thallus 15-20 cm lang. Ein für Sitka, Alaska, angegebener Fund bezieht sich möglicherweise auf eine nordpazifische *Pantoneura*-Art (*Wynne* 1970) (Nachweis der Habitusabbildungen: *Lund* [1959]: **111;** *Taylor* [1957]: **114;** *Zinova* [1953]: **110;** *Zinova* [1955]: **112, 113**)

charakteristischen Arten wahrscheinlich in einem derartig hohen Maß an die arktischen Lebensbedingungen angepaßt, daß es doch sinnvoll erscheint, sie als arktisch-endemische Gruppe von den wesentlich weiter in die kaltgemäßigten Regionen hinein verbreiteten arktisch-kaltgemäßigten Arten (Gruppen 1 und 2 auf S. 25) abzusondern.

Der Brauntang *Laminaria solidungula* (Abb. **110**) und die Rotalgen *Neodilsea integra* (Abb. **112**) sowie *Devaleraea (= Halosaccion) ramentacea* (Abb. **113**; vgl. GUIRY 1982) kommen zirkumpolar vor, allerdings mit Fund- oder Verbreitungslücken vor allem in der russischen Arktis, an deren Küsten nur selten fester Untergrund zur Verfügung steht (S. 139). Die genannten Arten besiedeln, neben Vertretern der arktisch-kaltgemäßigten Gruppen, auch die nördliche Arktis, und wahrscheinlich wichen die heute in der nördlichen Arktis wachsenden Algen in den Glazialperioden am wenigsten weit nach Süden aus und kehrten in den Interglazialen auch als erste wieder in die Arktis zurück. Die beiden Rotalgen *Turnerella pennyi* (Abb. **111**) und *Pantoneura baerii* (Abb. **114**) sind möglicherweise nicht zirkumpolar verbreitet, sondern nur in den Bereichen der Arktis, welche dem Nordatlantik angrenzen. Ähnlich gestaltete Algen im Nordpazifik werden als eigene Arten, *Turnerella mertensiana,* bzw. *Pantoneura juergensii* (WYNNE 1970), geführt.

3.4. Lokale Algenfloren und Vegetationsaufbau

Eine Übersicht der gesamten Algenvegetation der Arktis wurde nach dem grundlegenden Werk von KJELLMAN (1883) erst wieder in einer kurzen Übersicht von TAYLOR (1954) gegeben. Seitdem sind eine Reihe neuer, regionaler Bearbeitungen erschienen, wobei aber, wie in der Folge ersichtlich wird, die Kenntnis der Algenflora bestimmter Gebiete lückenhaft geblieben ist.

3.4.1. Grönland

Literatur: Gesamtgebiet: ROSENVINGE (z. B. 1898). **Ostgrönland:** ROSENVINGE (1910), LUND (1951, 1959). **Südgrönland:** PEDERSEN (1976). **Westgrönland:** WILCE (1963).

Die Artenzusammensetzung der Algenvegetation der Ost- und der Westküste Grönlands stimmt in 80 % des Gesamtartenbestandes überein (LUND 1959), und fast alle größeren grönländischen Algen kommen an beiden Küsten vor, nicht aber der von den amerikanischen Küsten bekannte sublitorale Brauntang *Agarum cribrosum* (s. Abb. **22** u. S. 40). Besonders gut untersucht ist die Algenflora der **Ostküste** Grönlands, mit Ausnahme des etwa 500 km langen Küstenstriches von 61-65,5° N, weniger gut die Westküste, vor allem nördlich von 72° N.

Die Algenarten der grönländischen Küsten, selbst vom nördlichsten bekannten Standort der Welt, dem Jörgen-Brönlunds-Fjord (Tab. **4**) sind arktisch-kaltgemäßigt verbreitet und jedem bekannt, der mit der kaltgemäßigten Algenflora des Nordatlantiks vertraut ist. Entlang der grönländischen Küsten nimmt die Artenzahl nach Norden zu ab. Den etwa 20 Arten von Grün-, Braun- und Rotalgen im Jörgen-Brönlunds-Fjord (82° N) stehen 110 Arten an der Südspitze Grönlands (60° N; PEDERSEN 1976) gegenüber. Eine ganze Reihe von Algenarten der Arktis erreicht an der ostgrönländischen Küste die nördliche Verbreitungsgrenze bei 73-77° N, etwa zwischen dem Franz-Josef-Fjord und Kap Bismarck, so die Rotalgen *Turne-*

Tabelle **4**   Die nördlichsten benthischen Meeresalgen, gefunden im Jörgen-Brönlunds-Fjord, einem Seitenarm des Independence-Fjordes in NO-Grönland (82° N, 31,5° W; nach *Lund* 1951)

Grünalgen

Chaetomorpha melagonium	*Chaetomorpha capillaris* (= *tortuosa*)	
Acrosiphonia sp.	*„Chlorochytrium inclusum"* [1]	

Braunalgen

Pilayella littoralis	*Giffordia ovata*	*Sphacelaria arctica*
Sphacelaria plumosa	*Leptonematella fasciculata*	
Elachista fucicola	*Desmarestia viridis*	*Desmarestia aculeata*
Stictyosiphon tortilis	*Punctaria glacialis*	*Litosiphon groen-*
Chorda tomentosa	*Laminaria saccharina*	*landicus*

Rotalgen

Audouinella efflorescens	*Phyllophora truncata*	*Ceratocolax hartzii*
Polysiphonia arctica	*Rhodomela confervoides* (= *lycopodioides*)	

[1] in *Phyllophora truncata*, wahrscheinlich die Codiolum-Phase einer *Acrosiphonia*-Art (*Pedersen* 1976).

rella pennyi (s. Abb. **111**), *Callophyllis cristata* (s. Abb. **28**), *Devaleraea (= Halosaccion) ramentacea* (s. Abb. **113**), *Scagelia corallina (= Antithamnion boreale* (vgl. HANSEN u. SCAGEL 1981), *Ptilota serrata* (s. Abb. **38**), *Phycodrys rubens* (s. Abb. **40**), *Pantoneura baerii* (s. Abb. **114**), die Braunalgen *Dictyosiphon foeniculaceus* (s. Abb. **18**), *Fucus distichus* (s. Abb. **25**), *Alaria esculenta* (s. Abb. **24**) und überraschenderweise auch die arktisch-endemische *Laminaria solidungula* (s. Abb. **110**), es sei denn, daß diese Art des mittleren und tiefen Sublitorals doch noch in höheren Breiten gefunden wird.

Zonierung an der ostgrönländischen Küste. LUND (1959) untersuchte die Algenvegetation im **Scoresby-Sund** (70,5° N; Polarnacht: etwa 2 Monate; 109 Arten) und im nördlich davon gelegenen **Franz-Josef-Fjord** (73,5° N; Polarnacht etwa 3 Monate; 74 Arten). Die Wassertemperatur bewegt sich an der Küste zwischen 3°C im Sommer (Maximum im Juli) und −1,8°C im Winter. Das Wasser ist hier von September bis Mai von 1-2 m dickem Eis bedeckt, von Oktober bis Mai zusätzlich von einer auf dem Eis lagernden, 30-40 cm dicken und damit praktisch lichtundurchlässigen, Schneeschicht (vgl. Abb. **107**). Die **Grünalgen** (25 Arten) machen im Eulitoral 75 % der Gesamtartenanzahl aus und sind mit *Chlorochytrium schmitzii,* einer endo-

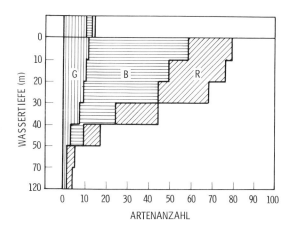

Abb. **115**   Artenanzahl der Grünalgen (G), Braunalgen (B) und Rotalgen (R) in verschiedenen Tiefenstufen der eu- und sublitoralen Vegetation in Ostgrönland. Die Gesamtartenzahl beträgt 109. Insofern sind auch in etwa die prozentualen Anteile ersichtlich (aus *S. Lund:* Meddr. Gronland 156/1 [1959] 1-247; 156/2 [1959] 1-67)

phytisch in der roten Krustenalge *Cruoria arctica* lebende Alge, noch an der Algentiefengrenze in 120 m Tiefe vertreten (Abb. **115**). Die **Braunalgen** (53 Arten) dominieren im Tiefenbereich 0-30 m, wo sie mehr als die Hälfte der Gesamtartenzahl beisteuern. Zu ihren tiefsten
Vertretern gehören *Sphacelaria arctica* und *Omphalophyllum ulvaceum* (S. 137). Die **Rotalgen**
(31 Arten) erreichen ihr Artenmaximum in 10-20 m Tiefe, und drei Arten von roten Krustenalgen erreichen die Algentiefengrenze bei 120 m. An der **stark exponierten Küste** erstreckt sich
das **Eulitoral** über eine Vertikaldifferenz von 1 m, und die geringe Algenbesiedlung besteht
hier aus fädigen Grünalgen *(Ulothrix, Urospora),* der Rotalge *Audouinella purpurea* und
Blaualgen (z. B. *Calothrix).* Der Vegetationsaspekt des **oberen Sublitorals,** von der Niedrig-
wassergrenze bis 3 m Tiefe wird von der *Fucus*-Gemeinschaft bestimmt, und zwar von *Fucus
distichus.* Daneben und weiterhin dominierend im Tiefenbereich 3-10 m findet man als brackwassertolerante Arten (S. 131) feinere Braunalgen wie *Pilayella littoralis, Sphacelaria arctica,
Stictyosiphon tortilis, Punctaria plantaginea, Scytosiphon lomentaria* und auch die fädige Grünalge *Spongomorpha.* Zwischen 10 und 30 m wächst im **mittleren Sublitoral** auf felsigem Substrat eine Brauntanggemeinschaft. Es dominieren die Arten *Laminaria saccharina* und *L. solidungula.* Daneben kommen *L. digitata, Saccorhiza dermatodea* und *Alaria esculenta* (forma
pylaii) vor. Schon im unteren Bereich der Brauntanggemeinschaft, dann aber bis 40 Meter
Tiefe hinabreichend, findet man im **unteren Sublitoral** eine Rotalgengemeinschaft mit den
dominierenden Arten *Phycodrys rubens, Phyllophora truncata, Turnerella pennyi, Callophyllis
cristata* und daneben *Polysiphonia arctica, Rhodomela confervoides* (forma *lycopodioides*)
sowie *Neodilsea integra.* Am tiefsten, aufgrund von Dredschproben bis hinab zu 120 m, reicht
eine Gemeinschaft von roten Krustenalgen mit verkalkten Arten wie *Lithothamnium glaciale*
(Abb. **116**), *Leptophytum laeve, L. foecundum* und der unverkalkten Art *Cruoria arctica,* deren
obere Vorkommensgrenze bei 12 m Tiefe liegt. Bei Dredschproben besteht die Unsicherheit,
ob die Algenproben tatsächlich aus der gemessenen Tiefe stammen. Sollte die Algentiefengrenze wirklich bei 120 m liegen, so befindet sie sich noch etwas tiefer als auf dem Rockall-
Plateau, nordwestlich von Irland (vgl. S. 61) . Im **Fjordinneren** findet man auf dem mit weichem Sediment bedeckten Boden (S. 131) eine loseliegende oder an kleinen Steinen angehef-
tete Vegetation mit den Braunalgen *Desmarestia aculeata, Fucus distichus, Stictyosiphon
tortilis, Dictyosiphon foeniculaceus,* weiter mit der Grünalge *Chaetomorpha melagonium* und
den Rotalgen *Phyllophora truncata, Phycodrys rubens* sowie *Devaleraea (= Halosaccion)*
ramentacea.

In **Südgrönland,** an der Südspitze der Insel bei Kap Farvel (60° N), mischt sich der
kalte Ostgrönlandstrom mit wärmerem atlantischem Wasser und biegt als West-

Abb. **116** *Lithothamnium glaciale,*
eine verkalkte, mit aufrechten Aus-
wüchsen versehene Krustenrotalge
der Arktis und der kaltgemäßigten
nordatlantischen Region. Das
abgebildete Exemplar (10 cm im
Durchmesser) stammt von Neufundland. Diese Wuchsform wird
auch als Rhodolith bezeichnet (vgl.
S. 155) (Photo *Lüning*)

grönlandstrom nach N um (s. Abb. **57**). Auch im Winter bildet sich bei Kap Farvel kein Meereis. Die offene Küste wird aber von Jahr zu Jahr in unterschiedlichem Ausmaß von Treibeis und Eisbergen von den ostgrönländischen Gletschern beeinflußt, die der Ostgrönlandstrom von Norden heranführt. Die Temperatur des Oberflächenwassers liegt im August bei 2° C.

Zonierung an der südgrönländischen Küste. An **geschützten Standorten,** in den inneren Sunden der reich gegliederten Küste, findet man im Eulitoral über einen Tiefenbereich von 1,9 m eine üppige Vegetation von *Ascophyllum nodosum* und *Fucus vesiculosus* (PEDERSEN 1976), und dieser Aspekt erinnert bereits an die Gezeitenzonenvegetation der kaltgemäßigten Region des Nordatlantiks. Daneben kommt in der Gezeitenzone als arktisch-kaltgemäßigter Vertreter der Fucales die Art *Fucus distichus* vor, welche im weiter nördlichen Bereich der arktischen Region in das obere Sublitoral gedrängt wird. An der **offenen Küste** jedoch werden die eulitoralen Braunalgen durch Eisabrasion mechanisch geschädigt und wachsen nur in Felsspalten als kleine Wuchsformen. Der Vegetationsaspekt des **Eulitorals** wird hier im Sommer von annuellen Grünalgen, wie *Urospora penicilliformis, Ulothrix*-Arten, *Monostroma groenlandicum* sowie von der Rotalge *Porphyra miniata* bestimmt. Im oberen Sublitoral, bis 1,5 m Tiefe, findet man wiederum eine ähnliche Vegetation von annuellen feinen Braunalgen und Grünalgen wie im Scoresby-Sund, und darunter beginnt das mittlere Sublitoral mit der beherrschenden Brauntanggemeinschaft der Laminariales. Der **sublitorale** Vegetationsaufbau Südgrönlands bildet ein Übergangsstadium zwischen der arktischen Region, in welcher die obere Grenze der Laminariales infolge des Eisganges sowie der jährlichen Eisschmelze und der damit verbundenen Brackwasserbildung bei etwa 10 m Tiefe liegt und der kaltgemäßigten nordatlantischen Region, in welcher die Laminariales unmittelbar unter dem Niedrigwasserniveau beginnen, also bereits das obere Sublitoral besiedeln. In der sublitoralen Brauntanggemeinschaft findet man die gleichen Arten wie im Scoresby-Sund, also auch noch die arktische *L. solidungula* und nicht die europäische *L. hyperborea*. Im Gegensatz zum Scoresby-Sund kommt hier allerdings die von Westgrönland und den amerikanischen Küsten bekannte Art *Agarum cribrosum* vor.

In **Westgrönland** gehört die südwestgrönländische Küste, von der Südspitze Grönlands bis etwa zur Disko-Bay in der Breite 60° N (Meeresgebiet der Davis-Straße), infolge des mit atlantischem Wasser gemischten Westgrönlandstromes zu den Meeresgebieten, welche nur im Winter und Frühjahr von Packeis besetzt sind, während dies an der ostgrönländischen Küste, bis fast hin zur Südspitze, infolge des kalten Ostgrönlandstromes häufig im Jahr der Fall ist (s. Abb. **105**). Nördlich der Disko-Bay beginnt, durch einen untermeerischen Rücken getrennt, das kältere Meeresgebiet der Baffin-Bay, und etwa im Bereich der Disko-Bay liegt auch für Westgrönland die nördliche Verbreitungsgrenze einiger kaltgemäßigter Arten wie *Ascophyllum nodosum* (s. Abb. **34**), *Fucus vesiculosus* (s. Abb. **35**), *Chorda filum* (s. Abb. **21**), *C. tomentosa* (s. Abb. **31**), *Membranoptera alata* (s. Abb. **39**), *Polysiphonia urceolata* und *Cladophora rupestris*. Auf Süd- und Westgrönland sowie auf die benachbarte nordamerikanische Küste beschränkt ist die Verbreitung einer bis zu 65 cm langen, verzweigten Braunalge, *Papenfussiella callitricha* (Ectocarpales, Chordariaceae; vgl. HOOPER u. SOUTH 1977). Eine weitere charakteristische, kleinere Braunalge ist *Omphalophyllum ulvaceum* (Ectocarpales, Pogotrichaceae; bis zu 15 cm lang), mit blattartig flachem Thallus im tieferen Sublitoral wachsend und bis Neufundland, aber auch im Ostatlantik bis Norwegen verbreitet. Diese Alge wurde auch in der kanadischen Arktis (S. 144) und an der Küste von SO-Alaska gefunden (CALVIN 1982).
Die Algenvegetation der **Disko-Bay** (69,5° N; 137 Arten) und der 1200 km nördlich gelegenen Küste der Baffin-Bay bei **Thule** (78° N; 121 Arten) wurde von WILCE

(1963) untersucht. Das Eulitoral und auch das obere Sublitoral sind in beiden Gebieten von etwa 25 Algenarten besiedelt, jedoch nur bei eisgeschützter Exposition und besonders spärlich im Thule-Gebiet. Erst im mittleren Sublitoral wurde die Mehrzahl der Arten gefunden, wobei die Biomasse nach WILCE um etwa das Vierfache geringer als in der kaltgemäßigten Region, etwa an der norwegischen Küste, sein dürfte. An sublitoralen Braunalgen kommen in der Disko-Bay wie auch bei Thule vor: *Agarum cribrosum, Desmarestia aculeata, Laminaria saccharina* subsp. *longicruris* und *L. solidungula*. Generell ist das Arteninventar beider Gebiete recht ähnlich, und somit befindet sich dazwischen wohl keine auffallende phytogeographische Grenze.

3.4.2. Spitzbergen, Franz-Joseph-Land, Bäreninsel und Jan Mayen

Literatur: **Spitzbergen:** SVENDSEN (1959). **Jan Mayen:** KJELLMAN (1906), ROSENVINGE (1924). **Franz-Joseph-Land:** MARR (1927). **Bäreninsel:** KJELLMAN (1903).

In der sublitoralen Algenvegetation von **Spitzbergen,** einer hoch im Norden gelegenen Inselgruppe, und von **Jan Mayen,** einer zwischen Spitzbergen und Island isoliert gelegenen Insel, treten die schon vom Scoresby-Sund in Ostgrönland bekannten sublitoralen Brauntange auf. Die kaltgemäßigte, in Island vorhandene Art *Laminaria hyperborea* erreicht nicht mehr Jan Mayen, und *Laminaria solidungula* kommt hier vor.

Westspitzbergen. In der Breite des Isfjorden (78° N), an dessen Mündung die Algenvegetation von SVENDSEN (1959) untersucht wurde, dauert die Polarnacht von Ende Oktober bis Mitte Februar, der Polarsommer von Ende April bis Ende August. Von Dezember bis Mai ist der Isfjorden in den meisten Jahren von einer 1 m dicken Schicht von Meereis bedeckt. Um die Südspitze von Spitzbergen herum transportiert der Spitzbergen-Polarstrom aus der östlich gelegenen Barentssee Treibeis und blockiert den Isfjorden, je nach Windlage, in manchen Jahren bis Juli, mit einer Eisbarriere. An der Mündung des Isfjorden liegt die Wassertemperatur im Mai zwar noch unter 0°C, steigt aber im Juli bis auf ein Jahresmaximum von etwa 5°C an. Im Vergleich zur ostgrönländischen Küste ist das Wasser bei Spitzbergen und Jan Mayen wärmer, und zwar infolge des atlantischen Spitzbergenstroms, eines Ausläufers des relativ warmen Nordatlantischen Stroms, der auch die relative Eisfreiheit westlich von Spitzbergen bewirkt (s. Abb. **105**). Im **Eulitoral** von Westspitzbergen macht sich der im Vergleich zu Ostgrönland weniger arktische Charakter dadurch bemerkbar, daß die in Ostgrönland im oberen und zum Teil auch im mittleren Sublitoral wachsenden Arten *Fucus distichus, Pilayella littoralis, Chordaria flagelliformis* und *Devaleraea (= Halosaccion) ramentacea* an der Küste von Westspitzbergen als häufige Arten der Gezeitenzone auftreten, wobei der Gezeitenhub hier etwa 1 m beträgt. Die genannten Arten besiedeln auch das obere **Sublitoral** bis etwa 1,5 m Tiefe, zusammen mit anderen häufigen Arten wie *Rhodomela confervoides* (forma *lycopodioides*) und der im Scoresby-Sund nicht gefundenen *Palmaria palmata.* Im darauffolgenden mittleren Sublitoral, bis etwa 20 m Tiefe, dominieren die Brauntange *Laminaria digitata, L. saccharina, Alaria esculenta* (forma *grandifolia*), *L. solidungula.* Schon im mittleren und weiter im unteren Sublitoral kommen als häufige Arten vor: die Braunalgen *Desmarestia aculeata, D. viridis,* die Rotalgen *Callophyllis cristata, Phycodrys rubens, Polysiphonia arctica, Ptilota serrata* und, mit zunehmender Tiefe dominierend, bis zur Algentiefengrenze bei 55 m, rote Krustenalgen und die braune Krustenalge *Pseudolithoderma.*
Franz-Joseph-Land. Ob auch bei dieser hoch im Norden, am ewigen Eis liegenden Inselgruppe (80-82° N, erst 1873 von einer österreichischen Expedition entdeckt) noch vielzellige Meeresalgen vorkommen, scheint nur ein einziges Mal durch Dredschproben untersucht wor-

den zu sein und zwar auf einer britischen Polarexpedition (MARR 1927). Bei Northbrook Island (80° N), der südlichsten Insel des Archipels, wurden aus 25 m Tiefe *Desmarestia viridis*, junge Exemplare von *Laminaria, Polysiphonia arctica* und *Monostroma* emporgeholt. Wie Abb. **105** zeigt, liegen die nördlichen Inseln von Franz-Joseph-Land an der Grenze oder schon unter dem ständigen Polareis, so daß hier keine Meeresalgen mehr vorkommen können, und so stellt dieser Standort eine weitere Markierung der Existenzgrenze von vielzelligen Meeresalgen in der Nähe des ewigen Eises dar, ebenso wie der Jörgen-Brönlunds-Fjord in Nordostgrönland (S. 134) oder die Küste von Brock Island in der kanadischen Arktis (S. 144). Auf der gleichen Expedition wurden auch Dredschzüge bei 80,5° N und 30° O durchgeführt, und diese sind insofern interessant, als es sich hier um die einzigen Nachweise von Meeresalgen in der Nähe der NO-Küste von Spitzbergen handelt, wiederum nahe der Grenze des ewigen Eises. Gefunden wurden in 25 m Tiefe: *Desmarestia viridis, Alaria esculenta, Phycodrys rubens, Turnerella pennyi* (als *Kallymenia rosacea* angegeben) und rote, verkalkte Krustenalgen.

Bäreninsel. Über diese bereits 1596 entdeckte Insel berichtete KJELLMAN (1903), „daß auch die Küsten dieser unheimlichen, etwa mitten zwischen Norwegen und Spitzbergen liegenden Insel, welche fast das ganze Jahr hindurch von Eis gestreift oder blockiert sind, eine hoch entwickelte, aus kräftigen Formen bestehende Algenvegetation beherbergen". KJELLMAN zählte 19 Arten auf, darunter *Desmarestia aculeata, Laminaria saccharina, L. digitata, Alaria esculenta, Fucus distichus* subsp. *evanescens, Phycodrys rubens* sowie *Palmaria palmata*.

3.4.3. Russische Arktis

Literatur: Gesamtbereich: KUSSAKIN (1977), ZINOVA (1953, 1955), PETROV (z. B. 1974), ZENKE-VITCH (1963). **Murmansk:** ZINOVA (z. B. 1933). **Weißes Meer:** GOBI (1878), ZINOVA (z. B. 1934), ZINOVA (1950). **Nowaja Semlja:** KJELLMAN (1877), ZINOVA (1929, 1956). **Karasee:** ZINOVA (1925). **Ostsibirische See, Tschuktschensee:** ZINOVA (1957). **Nördliches Beringmeer:** KJELLMAN (1889), VINOGRADOVA (1973).

Das arktische Phytal reicht an der nordrussischen Küste von der Barentssee (Kolafjord bei Murmansk), über die Küsten des Weißen Meeres, der Karasee, Laptewsee, Ostsibirischen See und Tschuktschensee bis Kap Oljutorski im nördlichen Beringmeer (s. Abb. **6** und **7**). Lange Küstenstrecken, vor allem von der Karasee bis zur Ostsibirischen See, sind für benthische Makroalgen unbewohnbar, da durch die großen russischen Flüsse an den Meeresküsten Schlick und Sand abgelagert wird (Abb. **117**) und außerdem der Salzgehalt stark reduziert wird. Felsiger Untergrund existiert an längeren Küstenstrecken nur von der norwegisch-russischen Grenze bis zum westlichen Weißen Meer sowie an den Küsten von Nowaja Semlja (ZINOVA 1929). Isolierte Algenstandorte auf Hartsubstrat existieren außerdem im Bereich der sibirischen Küste an einigen vorspringenden, felsigen Kaps und an vorgelagerten Inseln (ZINOVA 1957) sowie schließlich an den Küsten des nördlichen Beringmeeres (KJELLMAN 1889). Im übrigen aber gilt das Wort von NORDENSKJÖLD, dem Leiter mehrerer schwedischer Polarexpeditionen, darunter der „Vega"-Expedition (S. 125) entlang der gesamten Nordküste des eurasischen Kontinents: „Es gibt kaum einen Fels, nicht einmal von der Größe einer Erbse". In die Karasee münden die großen Flüsse Ob und Jenissei, in die Laptewsee zum Beispiel die Lena, und so sind die Meeresorganismen besonders an den Küsten dieses Meeres, wenn auch oft nur vorübergehend, starken Salzgehaltsschwankungen ausgesetzt, bis hinab zu etwa 10 ‰ (ZENKEVITCH 1963).

In der **westlichen Barentssee** macht sich noch der erwärmende Einfluß des Nordkapstroms, eines Ausläufers des Nordatlantischen Stroms, bemerkbar, aber an der Halbinsel Kola, östlich von Murmansk, trifft die langjährige Treibeisgrenze bei

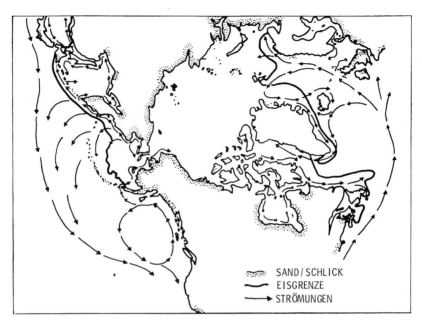

SAND / SCHLICK
EISGRENZE
STRÖMUNGEN

Abb. 117   Küstenstrecken mit weichem, für die Besiedlung mit benthischen Makroalgen unge-
eignetem Substrat (aus *T. B. Widdowson:* Syesis 4 [1971] 11-49)

etwa 45° O auf die Küste, und in östlicher Richtung unterliegt die gesamte rus-
sisch-arktische Küste der periodischen Eiseinwirkung (s. Abb. **105**). Die maximalen
Sommertemperaturen des Meerwassers liegen in der westlichen Barentssee, etwa an
der Küste vor Murmansk, um 10° C, in der Karasee bei 6 bis 10° C, in der Ostsibirischen See bei 2 bis 5° C, und in der Tschuktschensee und an der Südgrenze der arktischen Region im nördlichen Beringmeer um 8° C, da sich hier bereits eine wärmere, von Süden durch die Beringstraße kommende Strömung bemerkbar macht.
Im Winter treten im gesamten Bereich von der östlichen Barentssee bis zur
Tschuktschensee negative Wassertemperaturen auf.
Die Küste bei **Murmansk** stellt den Grenzbereich zwischen der artenreichen, kaltgemäßigten Flora Nordnorwegens und der artenarmen, nordrussischen Flora dar,
wobei der arktische Charakter der Algenvegetation entsprechend dem Temperatur-
verlauf in west-östlicher Richtung weiter zunimmt. Dieses zeigen die östlichen Verbreitungsgrenzen von typischen atlantischen Arten, die auch im Nordatlantik nicht
oder nicht sehr weit in die Arktis eindringen. Bis kurz hinter die norwegisch-russi-
sche Grenze reicht die Verbreitung von *Laminaria hyperborea* (s. Abb. **47**), *Fucus
vesiculosus* (s. Abb. **35**), *Pelvetia canaliculata* (s. Abb. **50**), *Chondrus crispus* (s.
Abb. **45**) und *Delesseria sanguinea* (s. Abb. **54**). Bis Nowaja Semlja dringen *Laminaria digitata* (s. Abb. **32**), *Fucus serratus* (s. Abb. **44**) und *Ascophyllum nodosum* (s.
Abb. **34**) vor.

Zonierung bei Murmansk. Beschreibungen des Vegetationsaufbaus liegen aus dem westlichen
Bereich der russischen Arktis vor. In der Algenvegetation an der ganzjährig noch eisfreien
Küste vor **Murmansk** (Insel Kildine; Zɪɴᴏᴠᴀ 1933) folgen im Sublitoral aufeinander: eine
Zone von *Himanthalia elongata* und *Laminaria saccharina,* dann eine Zone mit *Alaria escu-*

lenta und schließlich von *Laminaria digitata,* die bis zu 20 m oder sogar 40 m Tiefe hinabreichen kann. Die letztere Art nimmt hier interessanterweise die ökologische Nische von *L. hyperborea* ein, die bei Murmansk nicht mehr vorkommt. An vegetationsbestimmenden Rotalgen treten neben den Laminarien auf: *Fimbriofolium dichotomum, Ahnfeltia plicata, Callophyllis cristata, Ptilota serrata, Ptilota plumosa, Phycodrys rubens* und *Odonthalia dentata.*

Im **Weißen Meer** bildet sich im Winter in den inneren Buchten mehrere Kilometer breites Randeis. Die Jahresamplitude der Temperatur im Oberflächenwasser ist relativ groß und kann bis zu 20°C betragen. Im westlichen Weißen Meer beginnt etwa ab Belomorsk die Küstenstrecke mit überwiegend weichem, also algenfeindlichem Substrat, obwohl an einzelnen, weiter östlich gelegenen Kaps auch noch felsiger Untergrund zur Verfügung steht. In der Algenvegetation an einem derartigen, isolierten Standort (Küste von Lietnaia; etwa 64°N und 37°O) findet man zwischen 3,5 und 7,5 m Tiefe Bestände von *Laminaria saccharina,* darunter, bis zu 15 m Tiefe, *L. digitata,* in beiden Tiefenbereichen *Alaria esculenta,* von den größeren Rotalgen besonders häufig *Ahnfeltia plicata* (ZINOVA 1933) auf. Daneben kommen vegetationsbestimmend in etwa die gleichen Arten wie bei Murmansk vor, zusätzlich aber auch bereits die arktisch-endemische *Pantoneura baerii* (s. Abb. **114**).

In östlicher Richtung treten an arktisch-endemischen Algen *Neodilsea integra* (s. Abb. **112**) zum ersten Mal an der Halbinsel Kanin und *Laminaria solidungula* (s. Abb. **110**) bei der an Fels- und Geröllküsten reichen Doppelinsel **Nowaja Semlja** auf, deren westliche Küsten der Barentssee und deren östliche Küsten der kälteren Karasee zugewandt sind.

Nowaja Semlja. Die Nord- und Südinsel werden bei 73°N durch die stellenweise nur 600 m breite Meeresstraße Matotschkin-Schar getrennt, und in kalten Jahren kann die Nordinsel nicht umfahren werden, da ihre Küsten von Treibeis belagert werden. Die maximalen Wassertemperaturen liegen bei Matotschkin-Schar um 6°C. Im Sublitoral der, von den Eisverhältnissen her gesehen, einigermaßen zugänglichen Westküste dominieren nach KJELLMAN (1877) und ZINOVA (1929) die Braunalgen *Laminaria saccharina, L. digitata, L. solidungula* (nördlich von 73°N), *Alaria esculenta, Saccorhiza dermatodea* (mit Thalluslängen bis zu 4 m), *Desmarestia aculeata* und *D. viridis* sowie die Rotalgen *Neodilsea integra, Palmaria palmata, Devaleraea (= Halosaccion) ramentacea, Phyllophora truncata, Ptilota serrata, Pantoneura baerii, Phycodrys rubens, Polysiphonia arctica, Odonthalia dentata* sowie *Rhodomela confervoides.* Die Durchsichtigkeit des Wassers der Barentssee ist groß, mit Sichttiefen von 45 m im Bereich des Nordkapstroms (BRUNS, 1958), und so kann es nicht verwundern, daß vor der Westküste der Nordinsel, bei den Gorbowy-Inseln (76°N) mit Dredschproben aus Tiefen von 50-80 m eine üppige Krustenalgenvegetation emporgeholt wurde, bestehend aus *Lithothamnium glaciale* (s. Abb. **116**) und *Phymatolithon*-Arten. Wie überall in der Arktis, so ist auch hier das Eulitoral schwach besiedelt, wobei auf die Grünalgen *Urospora penicilliformis* und *Enteromorpha*-Arten nach unten vegetationsbestimmend *Pilayella littoralis, Fucus distichus* und schließlich *Chordaria flagelliformis* folgen. Die Gesamtartenzahl der benthischen Meeresalgen an den Küsten von Nowaja Semlja beträgt etwa 120 und entspricht nicht nur in dieser Hinsicht der Algenflora von Südgrönland, sondern weitgehend auch im Artenbestand (vgl. S. 137).

Weiter im Osten, an isolierten Hartsubstrat-Standorten von der **Karasee** über die **Laptewsee** bis zur **Ostsibirischen See** und **Tschuktschensee,** findet man Algen wie *Dictyosiphon foeniculaceus, Desmarestia aculeata, Laminaria saccharina, L. solidungula, Fucus distichus, Phyllophora truncata, Devaleraea (= Halosaccion) ramentacea* oder *Phycodrys rubens* (ZINOVA 1957). Diese arktisch-atlantischen Arten dominieren auch noch im nördlichen **Beringmeer,** in das nur wenige pazifische Vertreter eingedrungen sind. Der grundsätzliche Wechsel von der arktisch-atlantisch zur pazifisch geprägten Flora findet erst in den kaltgemäßigten Regionen des Nordpazifiks statt, an den Küsten von Kamtschatka, beziehungsweise im Golf von Alaska (S. 108, 119).

3.4.4. Nordamerikanische Arktis

Literatur: Nördliches Beringmeer: KETCHUM (1983), KJELLMAN (1889). **Nordalaska:** COLLINS (1927), DUNTON u. Mitarb. (1982), MOHR u. Mitarb. (1957). **Kanadische Arktis:** BRETON-PROVENCHER u. CARDINAL (1978), LEE (1973, 1980). **Labrador:** WILCE (1959), ELLIS u. WILCE (1961).

Das Phytal der nordamerikanischen Arktis erstreckt sich von der West- und Nordküste von **Alaska** (nördliches Beringmeer, Tschuktschensee, Beaufortsee) über die Kontinentküste und die etwa 70 Inseln der **kanadischen Arktis** (Kanadische Straßensee) bis zu den Ostküsten von Ellesmere Island, Baffinland (Baffinmeer, Davis-Straße) und **Labrador** (Labradorsee). Bis in unsere Tage stellte das Gebiet zwischen der Westküste Grönlands und dem Beringmeer einen weißen Fleck hinsichtlich der Kenntnis über die Verbreitung der Algen in der Arktis dar. Da das Gebiet, wie das gesamte arktische Phytal, nach der letzten Eiszeit neubesiedelt wurde, ist besonders die Frage interessant, ob sich in der kanadischen Arktis heute atlantische und pazifische Arten treffen.

Beringmeer. Nur die Fauna und Flora des nördlichen Beringmeeres, nicht mehr des südlichen Bereichs, etwa bei den Aleuten, hat rein arktischen Charakter, und daher betrachtet man als Südgrenze der arktischen Region hier den Breitengrad 60° N (Linie Kap Oljutorski – Nunivak-Insel, s. Abb. 6, 7) bei dem in etwa die winterliche, südliche Packeisgrenze verläuft. Die Untersuchungen der Algenvegetation auf der asiatischen und amerikanischen Seite des nördlichen Beringmeeres, so spärlich sie durchgeführt wurden, zeigen eine überraschend deutliche Trennung der arktisch-atlantischen Arten in diesem Meeresgebiet und der südlich in der kaltgemäßigten Region anschließenden nordpazifischen Arten. Als Teilnehmer der schwedischen Vega-Expedition (S. 125) untersuchte KJELLMAN (1889) die Algenflora an vier Orten der arktischen Region im Bereich der Beringstraße, nämlich an der **asiatischen Seite** (St.-Lawrence-Bucht und Konyam-Bucht) sowie bei der zwischen Eurasien und Alaska gelegenen St.-Lawrence-Insel und bei Port Clarence an der gegenüberliegenden Küste von **Westalaska.** Über die Algenflora der Westküste (ab Port Clarence) und der durch Weichsubstrat gekennzeichneten Küste von **Nordalaska** liegen Ergebnisse der Kanadisch-Arktischen Expedition von 1913-1918 vor (COLLINS 1927) und weiterhin Fundberichte von MOHR u. Mitarb. (1957), DUBE (1982, unveröff.) sowie DUNTON u. Mitarb. (1982). Danach kommen im nördlichen Beringmeer, sowie in der Tschuktschen- und Beaufortsee (Nordalaska), zumindest in einer der Fundlisten, die in Abb. **110, 112, 113** dargestellten arktisch-endemischen Algen aufgeführt vor, weiterhin alle in Tab. **2** (Gruppe 1) als arktisch-kaltgemäßigte, amphiozeanische aufgeführten Arten (Gruppe 1), mit Ausnahme von *Eudesme virescens,* wobei diese Braunalge aber möglicherweise noch gefunden werden kann, da sie auch im Nordpazifik wächst. Außerdem wurden *Phycodrys rubens* und *Odonthalia dentata* im nördlichen Beringmeer gefunden, Vertreter der arktisch-kaltgemäßigten, atlantischen Gruppe (Gruppe 2 auf S. 25), die nicht in die kaltgemäßigten Regionen des Nordpazifik eindringen. Es handelt sich also durchweg um Algen, die aus dem arktisch-atlantischen Bereich bekannt sind. An rein pazifischen Formen kamen *Alaria crispa* und *Rhodomela larix* vor. Als die Reise mit der „Vega" nach Süden in die kaltgemäßigte nordwestpazifische Region (S. 118) fortgesetzt wurde, fand KJELLMAN am nächsten untersuchten Algenstandort, bei der Insel Beringa (55° N), etwa 1600 km von den vorigen Standorten entfernt und querab von Kamtschatka gelegen, eine Fülle kaltgemäßigt-pazifischer Algen, darunter die charakteristischen Brauntange *Cymathere triplicata, Laminaria* *dentigera* und *Thalassiophyllum clathrus* sowie vier nordpazifisch-endemische Arten von *Alaria* (entsprechend der taxonomischen Revision der Gattung durch WIDDOWSON 1971). Daß die Masse der kaltgemäßigt-nordpazifischen Algen nicht durch die Beringstraße in die arktische Region eingedrungen ist, muß erstaunen, wenn man bedenkt, daß die Strömung in der Beringstraße nordwärts gerichtet ist, also die Wanderung der pazifischen Arten begünstigen würde. Der entscheidende Grund für das Fehlen der charakteristischen Algen des Nordpazifiks in der Arktis ist wahrscheinlich in ihrer geringen physiologischen Anpassung an arktische Lebensbedingungen zu suchen, eine Folge der langen Abtrennung des Nordpazifiks vom Nordpolarmeer durch die Bering-Landbrücke (S. 23).

Von den arktisch-kaltgemäßigten Arten, die alle im atlantischen Bereich existieren, kommen noch etwa ein Drittel bei der Insel Beringa vor, und mehrere sind an der asiatisch-pazifischen Seite weiter nach Süden vorgedrungen: *Desmarestia aculeata* (s. Abb. **19**) sowie *Devaleraea (= Halosaccion) ramentacea* (s. Abb. **113**) bis Sachalin und bis zu den Kurilen, *Dictyosiphon foeniculaceus* (s. Abb. **18**), *Alaria esculenta* (s. Abb. **24**) sowie *Fucus distichus* (s. Abb. **25**) bis zur Mandschurei (etwa Wladiwostok) und bis Hokkaido. Drei Arten kommen bis Korea und Japan vor und sind auch an der nordamerikanisch-pazifischen Seite zu finden: *Chorda filum* (bis zum Golf von Alaska, s. Abb. **21**), *Chordaria flagelliformis* (bis Vancouver Island, s. Abb. **16**) und die offenbar euryöke Art *Ahnfeltia plicata* (bis Niederkalifornien, s. Abb. **26**).

Die Nordküste Alaskas, im Bereich der westlichen Beaufortsee, ist im Sommer nahe der Küste von Schiffen passierbar, da sich hier noch der Einfluß von wärmerem Wasser aus dem Beringmeer bemerkbar macht. Dagegen sind die östliche Beaufortsee und die gesamte Kanadische Straßensee zumeist von Eis bedeckt und für normale Schiffe unpassierbar. LEE (1973, 1980) führte zahlreiche Hubschrauberexpeditionen mit Dredsch- und Tauchuntersuchungen zu den **Inseln der kanadischen Arktis** durch und erarbeitete auf diese Weise sowie unter Einbeziehung älterer Fundliteratur einen ausführlichen Artenkatalog dieser reich gegliederten Inselwelt. Fast alle der typischen arktischen und arktisch-kaltgemäßigten Algen der Nordhalbkugel (Tab. **2**) sind hier vertreten. Insgesamt wurden 175 Arten gefunden, und von diesen können 10% als arktisch-endemisch angesehen werden, darunter *Laminaria solidungula*. Die übrigen 90% kommen auch in den kaltgemäßigten Regionen des Atlantiks vor, und die Hälfte dieser arktisch-kaltgemäßigten Arten ist amphiozeanisch, besiedelt also auch die kaltgemäßigten Regionen des Nordpazifiks. Nur drei der 175 gefundenen Arten kennt man vom Pazifik und nicht vom Atlantik. Die Algenflora der kanadischen Arktis ist also atlantisch geprägt, und dieses ist ein für die marine Florengeschichte wichtiges Ergebnis (S. 23).

Lebensbedingungen für die Algen in der kanadischen Arktis. Die Ostküsten von Baffin- und Ellesmere-Land sind weitgehend felsig, aber in westlicher Richtung werden die Felsküsten innerhalb der arktisch-kanadischen Inselwelt seltener, und es dominieren schließlich Kies- und Schlickstrände, so daß die Populationen der benthischen Algen immer weiter voneinander isoliert auftreten. Allerdings kommen im Sublitoral auf Weichsubstrat auch große Ansammlungen von loseliegenden Algenpopulationen vor (Globalübersicht bezüglich loseliegender Algen: NORTON u. MATHIESON 1983), wobei Zwergformen von *Fucus distichus, Desmarestia aculeata, Sphacelaria plumosa, Devaleraea (= Halosaccion) ramentacea, Phyllophora truncata* und *Chaetomorpha melagonium* identifiziert wurden. Die Existenz derartiger loseliegender und in diesem Zustand auch wachsender Algenbestände wurde an vielen Orten der Arktis beobachtet und hängt mit der geringen mechanischen Beanspruchung der Algen im arktischen Phytal zusammen (S. 131). An den Küsten der Hudson-Straße beträgt der Tidenhub noch 3-9 m, in der mittleren und westlichen kanadischen Arktis nur noch 1 m bis wenige cm, und entsprechend gering wird die Stärke der Gezeitenströme. Die Wassertemperaturen im Phytalbereich der kanadischen Arktis überschreiten im östlichen Bereich, im Baffinmeer bis Süd-Ellesmereland, im August und September noch den Nullpunkt (DUNBAR 1951). Im westlichen Bereich liegen sie zumeist auch im Sommer darunter, und entsprechend nimmt die jährliche Dauer der Eisbedeckung in westlicher und nördlicher Richtung zu, bis auf wenige Wochen Eisfreiheit an der Grenze des ewigen Eises. Hieraus ergeben sich nicht nur geringere Einwirkungen durch Wellenwirkung (damit auch schlechtere Versorgung mit Nährstoffen; S. 260) und ein größerer Lichtmangel, sondern ebenso eine starke Verringerung sowie große jahreszeitliche Schwankungen des Salzgehaltes. Dieser kann sich lokal zwischen 30 und 5 ‰ im Oberflächenwasser bewegen. Die Brackwasserschicht reicht zeitweise von der Oberfläche bis 10 oder 20 m Tiefe hinab. Da sich die Lebensbedingungen für benthisch-marine Algen in westlicher Richtung also verschlechtern, ist es verständlich, daß 95 % der Algenarten der kanadischen Arktis an den Küsten der Baffin-Bay und der Hudson-Straße gefunden wurden und nur 40 % auch im westlichen Bereich, etwa an den Küsten der großen Inseln Banks, Melville und Victoria. Eine schwach entwickelte eulitorale Vegetation existiert als Ausläufer der Vegetation von Labrador (S. 145) nur im wärmeren südöstlichen Bereich, an den Felsküsten der Baffin-Bay bis zur Hudson-Straße.

Algen an der Grenze zum ewigen Eis. Lee (1973) untersuchte einen extrem-arktischen Algenstandort mit einer geringen Anzahl an Arten, die Mehrheit davon mit arktisch-endemischer Verbreitung. Inmitten einer soliden Eisdecke, die sich, vom Flugzeug aus betrachtet, über mehrere Hundert Kilometer erstreckte, befand sich im August zwischen den Inseln Brock Island und Mackenzie King (76° N, 113,5° W) eine 4 × 7 km große Wasserfläche, die zu etwa 40 % von Treibeis bedeckt war und wahrscheinlich eine „Polynia" darstellt, ein Gebiet das jährlich für wenige Wochen eisfrei wird. Der Strand von Brock Island bestand aus Kieseln, und unter der Wasserlinie wuchsen auf diesem steinigen Grund *Ulothrix*-ähnliche Arten, dazu benthische Diatomeen und andere einzellige Algen. Dredschproben aus 7-12 m Tiefe erbrachten an weitgehend arktisch-endemischen Arten die Braunalgen *Laminaria solidungula*, *Omphalophyllum ulvaceum*, *Sphacelaria arctica* sowie die Rotalge *Turnerella pennyi* und außerdem die arktisch-kaltgemäßigten Braunalgen *Desmarestia viridis*, *Giffordia ovata* sowie eine fädige Grünalge (*Spongomorpha* bzw. *Acrosiphonia; Codiolum*-Stadium endophytisch in *Turnerella pennyi).*

Die Algenflora entlang der zur südlichen Arktis zu rechnenden Küste von **Labrador** und der Ungava-Bay wurde von Wilce (1959) untersucht, und zwar zum Teil auf

Abb. **118** Durch Eis freigescheuerte Gezeitenzone bei Hebron, Nordlabrador (Photo aus *R. T. Wilce:* Natl. Mus. Canada, Bull. 158 [1959] 1-103)

abenteuerliche Weise im offenen, von Eskimos geführten Boot. Die Küste von Labrador ist weitgehend felsig. An der offenen, steil gebirgigen Küste gibt es im Eulitoral infolge des jahresperiodisch auftretenden Abriebs durch Eis keine oder nur eine stark reduzierte Algenvegetation (Abb. **118**).

Zonierung bei Labrador. In geschützter bis mäßig exponierter Lage wachsen die üblichen, von Grönland bekannten eulitoralen Arten (S. 136). Im mittleren Eulitoral dominiert *Fucus distichus* (vor allem subsp. *evanescens*), und ab Juli bis Oktober bilden *Chordaria flagelliformis*, *Petalonia fascia* und *Scytosiphon lomentaria* im unteren Eulitoral einen dichten braunen Gürtel. Die beiden letztgenannten Arten dringen nicht sehr weit in die Arktis ein. Dieses gilt auch für *Ascophyllum nodosum* (s. Abb. **34**) und *Fucus vesiculosus* (s. Abb. **35**), die ebenfalls noch bei Labrador auftreten. Eine charakteristische braune Krustenalge ist *Ralfsia fungiformis* (Abb. **119**), die in Gezeitentümpeln sowie im oberen Sublitoral wächst und von Nord-Massachusetts bis zur Hudson-Bay sowie bis Süd-Baffinland vorkommt, aber auch bei Nowaja Semlja und im nördlichen Beringmeer gefunden wurde. Im mittleren Sublitoral dominiert der Brauntang *Laminaria saccharina* subsp. *longicruris*, zuweilen durch riesenhafte Exemplare vertreten, die eine Länge von 15 m und eine Phylloidbreite von 1,3 m erreichen können. Ferner findet man häufig *L. digitata* forma *nigripes*, *L. solidungula* (zumeist unter 10-20 m Tiefe), *A. esculenta* forma *grandifolia*, *Agarum cribrosum*, *Saccorhiza dermatodea*, daneben die Rotalgen *Phyllophora truncata* forma *interrupta*, *Kallymenia schmitzii* und die üblichen arktisch-endemischen sowie arktisch-kaltgemäßigte Arten (Tab. **2**, S. 25).

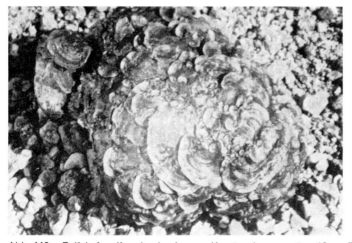

Abb. **119** *Ralfsia fungiformis*, eine braune Krustenalge von etwa 10 cm Durchmesser in einem Gezeitentümpel an der Küste von Labrador (Photo aus *R. T. Wilce:* Natl. Mus. Canada, Bull. 158 [1959] 1-103)

Die Südküste von Labrador wird von Neufundland durch die **Meeresstraße von Belle Isle** getrennt (s. Abb. **89**), die als zoo- und phytogeographische Grenze zwischen der Arktis und der westlichen Provinz der kaltgemäßigt-nordatlantischen Region (S. 97) betrachtet wird, da zahlreiche südliche Arten wohl noch Neufundland, nicht aber Südlabrador erreichen (SOUTH 1983), unter den Algen z. B. *Chondrus crispus* (s. Abb. **45**), *Phyllophora pseudoceranoides* (s. Abb. **46**) und *Fucus spiralis* (s. Abb. **43**). Die arktisch-endemischen Algen (Abb. **110-114**) kommen zwar zumindest noch in Neufundland vor (S. 98), allerdings nur noch im tiefen, kalten Wasser des südwärts fließenden Labradorstroms (isothermische Submergenz, S. 93) oder, falls sie im oberen Sublitoral wachsen und weiter südlich vorstoßen, als reduzierte Wuchsformen.

4. Die Algenvegetation der tropischen Regionen

Die tropischen Regionen werden im Norden und im Süden durch die 20°C-Winter-isotherme eingegrenzt (Februar + isotherme auf der Nordhalbkugel, August + iso-therme auf der Südhalbkugel; s. Abb. 6). Im Sommer steigen die Wassertemperaturen in den zentralen Bereichen auf 29-30°C, in den Randbereichen bis auf 25°C an. Die Ausdehnung der tropischen Regionen entspricht in etwa dem Verbreitungsgürtel der Riffkorallen (s. Abb. **126**). In der marinen Biogeographie unterscheidet man **vier tropische Regionen,** nämlich (1) die ostatlantische, (2) die westatlantische, (3) die indowestpazifische und (4) die ostpazifische tropische Region (s. Abb. 6 und **121**). Korallenriffe (S. 160), Seegräser (S. 155) und die Gehölzformation der Mangrove (S. 159) bestimmen den Aspekt der tropisch-marinen Küsten. Die indowestpazifische tropische Region zeigt die größte Artenvielfalt, gefolgt von der westatlantischen tropischen Region (McCoy u. Heck 1976).

4.1. Vegetationsbestimmende Meeresalgen und marine Florengeschichte

Die tropischen Regionen stellen die ältesten der temperaturmäßig charakterisierten Lebensräume des Meeres dar. Wahrscheinlich wurde im Oberflächenwasser der tropischen Meere eine Temperatur von 33°C seit dem jungen Präkambrium, vor 700 Mio. Jahren, nie wesentlich überschritten (Schopf 1980). Die oberen Überlebensgrenzen der tropisch-marinen Algen und Tiere, die heute insgesamt bei 35 bis 40°C liegen (S. 246), haben sich demnach im Verlauf der Stammesgeschichte wahrscheinlich nicht geändert. Eine drastische Erniedrigung der tropischen Wassertemperaturen erfolgte beim Übergang vom Eozän zum Oligozän (vor 35 Mio. J.), wobei der Durchschnittswert von 27°C (Frühtertiär und heute) bis auf 20°C abfiel (Grant-Mackie 1979).

Von den kaltgemäßigten bis zu den tropischen Regionen nimmt die Anzahl der Braunalgenarten deutlich ab, und Rotalgen sowie Grünalgen treten zahlenmäßig in

Abb. **120** Beispiele pantropischer Meeresalgen
Pantropische Arten: Grünalgen: Caulerpales: (A) *Caulerpa sertularioides* (Sublitoral). **Siphonocladales: (B)** *Siphonocladus tropicus* (oberes Sublitoral); **(C)** *Boodlea composita* (schwammähnlicher Habitus, unteres Eulitoral). **Braunalgen: (D)** *Dictyota divaricata* (Sublitoral; *D. dichotoma* ist eine andere pantropische Art); **(E)** *Dictyopteris delicatula* (Sublitoral); **(F)** *Padina australis* (= *gymnospora*; oberes Sublitoral). **Rotalgen: (G)** *Galaxaura obtusata* (unteres Eulitoral bis mittleres Sublitoral; noch einige pantropische Arten); **(H)** *Liagora farinosa* (nur an den Spitzen leicht verkalkt, unteres Eulitoral bis oberes Sublitoral); **(I)** *Gelidium crinale* (unteres Eulitoral; *G. pusillum* ist eine andere pantropische Art; beide Arten auch im Mittelmeer); **(J)** *Pterocladia capillacea* (Eulitoral und oberes Sublitoral; auch im Mittelmeer); **(K)** *Grateloupia filicina* (unteres Eulitoral bis oberes Sublitoral; auch im Mittelmeer); **(L)** *Gracilaria verrucosa* (unteres Eulitoral bis mittleres Sublitoral); **(M)** *Hypnea musciformis* (unteres Eulitoral bis oberes Sublitoral; auch im Mittelmeer; wird in Starklicht grün).
Vertreter von pantropischen Gattungen: Grünalgen: (N) *Codium taylori* (amphiatlantische Art, oberes Sublitoral); **(O)** *Acetabularia crenulata* (westatlantische Art, oberes Sublitoral). **Braunalgen: (P)** *Sargassum filipendula* (amphiatlantische Art, oberes Sublitoral). **Rotalgen: (Q)** *Halymenia agardhii* (amphiatlantische Art, oberes bis mittleres Sublitoral) **(C, F, I, Q** aus *G. W.*

den Vordergrund. Der in der Algenliteratur seit FELDMANN (1937b) häufig benutzte **R:P-Quotient** (Verhältnis der Rotalgen- zu den Braunalgenarten in einer bestimmten Flora) steigt von 1-1,5 in der Arktis und in den kaltgemäßigten Regionen auf 4-5 in den tropischen Regionen (Tab. **5**).

Artenreichtum. Die Artenzahl der marinen Fauna erreicht in den tropischen Meeren ein Maximum. Auf einem indopazifischen Korallenriff rechnet man mit etwa 3000 Tierarten, vom Protozoon bis zum Fisch. Für die tropische Landflora gibt VARESCHI (1980) als Beispiel die

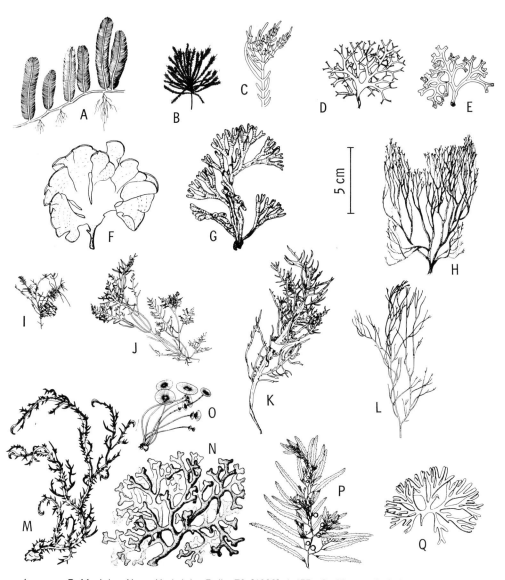

5 cm

Lawson, D. M. John: Nova Hedwigia, Beih. 70 [1982] 1-455; **G, M** aus *C. J. Dawes:* Marine Botany. Wiley, New York 1981; Rest aus *W. R. Taylor:* Marine algae of the eastern tropical and subtropical coasts of the Americas. Univ. Michigan, Ann Arbor 1960)

Kormophytenflora von Venezuela mit 42 000 Arten an, im Vergleich zur Flora von Deutschland mit rund 2800 Arten. Aspekte wie der Reichtum an ökologischen Nischen in einem über geologische Zeiträume temperaturstabilen, riesigen und zirkumglobalen Lebensraum werden als mögliche Ursachen der hohen Speziesdiversität in den Tropen erwogen (MOORE 1972, BRIGGS 1974). Außerdem mag die Beschleunigung der Lebensprozesse durch höhere Wassertemperaturen auch den Prozeß der Artenbildung intensiviert haben (REMMERT 1980b, VERMEIJ 1978). Die Artenzahl der benthisch-marinen **Makroalgen** ist jedoch in den einzelnen tropischen Regionen wahrscheinlich nicht höher als in warm- oder kaltgemäßigten Regionen. „Algenreiche" Küsten, von denen Tab. 5 einige Beispiele mit allerdings sehr unterschiedlicher Küstenlänge zeigt, beherbergen in allen Regionstypen 600-800 Arten von benthischen Meeresalgen, verteilt auf 200-300 Gattungen, und an der warmgemäßigten Küste Südaustraliens kommen sogar 1100 Arten vor. Dieser Unterschied zwischen tropisch-mariner Fauna und Flora hinsichtlich der Artenzahl beruht wohl in erster Linie auf der Tatsache, daß ein großer Teil des Hartsubstrates an den tropischen Meeresküsten durch die Fauna der Korallenriffe besetzt ist, so daß die vielzelligen Meeresalgen hier wegen der Raumkonkurrenz durch die Steinkorallen nur eine untergeordnete Rolle spielen können (S. 162).
Meeresalgen mit pantropischer Verbreitung. Schon den frühen Untersuchern der tropisch-marinen Faunen und Floren fiel auf, daß sehr viele Gattungen und auch zahlreiche Arten an allen tropischen Küsten, im Atlantik wie im Indopazifik, vorkommen (pantropische Verbreitung; Beispiele in Abb. **120**), was im Gegensatz zu den Verhältnissen in den kaltgemäßigten Regionen steht (S. 97). Beispiele von pantropischen, artenreichen Gattungen der **Grünalgen** liefert vor allem die Ordnung der **Caulerpales,** früher auch Siphonales genannt, etwa mit den Gattungen *Codium* (etwa 80 Arten; SILVA 1962) und *Caulerpa* (etwa 70 Arten; CALVERT u. Mitarb. 1976). Besonders interessant in phytogeographischer Hinsicht ist die Ordnung der **Dasycladales,** weil hier Algen mit verkalkten und damit gut fossilisierbaren Thalli auftreten (S. 154), wie die pantropische *Acetabularia* und die allerdings in Westafrika fehlende *Neomeris* (s. Abb. **123D**), welche als Gattungen bis in das frühe Tertiär oder Mesozoikum zurückverfolgt werden können (Tab. **6**). (*Acetabularia,* berühmt seit HÄMMERLINGS Nachweis von morphogenetischen Substanzen, vgl. NULTSCH 1982, wurde inzwischen zum vielfach benutzten Forschungsobjekt einer „International Research Group on *Acetabularia*".) Pantropisch und mit zahlreichen Arten verbreitet sind unter den **Braunalgen** aus der Ordnung der **Dictyotales** (Übersicht: PAPENFUSS 1977) die Gattungen *Dictyota, Dictyopteris* und *Padina* (27 Arten) sowie aus der Ordnung der **Fucales** (Übersicht: NIZAMUDDIN 1970) die Gattungen *Sargassum* (etwa 150 Arten) und *Turbinaria.* Aus der Fülle der tropischen **Rotalgen** sollen als Beispiele für pantropisch verbreitete, zumeist artenreiche Genera genannt werden: *Gelidium* (wichtiger Agarophyt, S. 290) sowie *Pterocladia* aus der Ordnung Nemaliales, *Halymenia, Grateloupia* aus der Ordnung Cryptonemiales, *Gracilaria* (S. 41; wichtiger Agarophyt, S. 290) aus der Ordnung Gigartinales, *Laurencia* (etwa 80 Arten) aus der Ordnung Ceramiales und unter den ver-

Tabelle 5   Anzahl der Arten von benthischen, vielzelligen Meeresalgen in verschiedenen geographischen Gebieten und Regionstypen. R Rotalgen, B Braunalgen, G Grünalgen (vereinfacht nach *Womersley* 1981)

Küste	Regionstyp	Gesamt-zahl an Arten	R (%)	B (%)	G (%)	R:P	Quelle
Großbritannien	kaltgemäßigt	604	48	33	19	1.5	*Parke* u. *Dixon* 1976
Kalifornien	kalt- bis warmgem.	666	69	20	11	3.4	*Abbott* u. *Hollenberg* 1976
Südafrika	warmgemäßigt	539	59	20	21	3.0	*Simons* 1976 u. *Papenfuss* (mdl.)
Südaustralien	warm- bis kaltgemäß.	1100	73	18	9	4.0	*Womersley* 1981
Trop. Westatlantik	trop. bis warmgem.	752	56	13	31	4.3	*Taylor* 1960
Malaysia, Indonesien	tropisch	629	63	15	22	4.2	*Weber van Bosse* 1928

Tabelle 6 Verkalkte vielzellige Meeresalgen und ihr geologisches Alter (zusammengestellt nach *Wray* 1977)

		Paläozoikum						Mesozoikum			Känozoikum		
vor Millionen Jahren	PRK	KAM	ORD	SIL	DEV	KAR	PER	TRI	JUR	KRE	TER	QUA	JETZTZEIT
		570	500	440	395	345	280	225	195	135	65	2	

Grünalgen:

Ordnung Dasycladales
Diverse ausgestorbene Gattungen (etwa 110)
Rezent: *Neomeris, Cymopolia*
Rezent: *Acetabularia*

Ordnung Caulerpales (Familie Codiaceae)
Diverse ausgestorbene Gattungen (etwa 20)
Rezent: *Halimeda*

Rotalgen:

Ordnung Cryptonemiales
Familie Solenoporaceae (Krustenthalli)
Familie Gymnocodiaceae (aufrechte Thalli)
Familie Peyssonneliaceae (Krustenthalli)
Familie Corallinaceae, Krustenthalli
Rezent: *Archaeolithothamnium, Lithothamnium, Lithoporella, Lithophyllum*
Rezent: *Mesophyllum, Tenarea, Melobesia*
Rezent: *Porolithon, Neogoniolithon*
Familie Corallinaceae, aufrechte Thalli
Rezent: *Amphiroa, Arthrocardia, Jania*
Rezent: *Corallina, Calliarthron*

kalkten, aufrechtwachsenden Formen die Gattungen *Jania* sowie *Amphiroa* (beide: Familie Corallinaceae, Ordnung Cryptonemiales) und *Galaxaura* sowie *Liagora* (beide: Ordnung Nemaliales).

Das Vorkommen der pantropisch verbreiteten Gattungen erschien zunächst erstaunlich, weil die vier tropischen Regionen der Ozeane heute durch die **Land-brücken von Mittelamerika und von Suez** sowie durch zwei inselarme, riesige Mee-resgebiete getrennt sind, die **atlantische und ostpazifische Barriere** (Abb. 121). Die beiden Landbrücken entstanden jedoch erst gegen Ende des Tertiärs. Zuvor umspannte das **Tethysmeer,** ein heute „verlorener Ozean", als ununterbrochener Warmwassergürtel den gesamten Erdumfang (s. Abb. **14**), und eine westwärts gerichtete, zirkumglobale Strömung (GORDON 1974) bewirkte wahrscheinlich eine

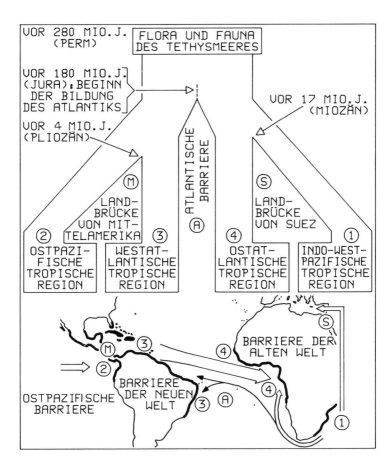

Abb. **121** Ausbildung der heutigen vier tropischen Regionen durch Aufspaltung der Fauna und Flora des Tethysmeeres im Verlauf der Erdzeitalter. In der Karte sind die Küstenstrecken der vier tropischen Regionen durch fette Linien angedeutet und Wanderrouten tropischer Arten über Verbreitungsbarrieren hinweg durch Pfeile. Deren Durchmesser entspricht der mutmaßli-chen Bedeutung dieser Wanderrouten (Aufspaltung der Tethysfauna und Tethysflora in Anleh-nung an *Menzies* u. Mitarb. 1973; Karte aus *J. C. Briggs:* Marine Zoogeographie. McGraw-Hill, New York 1974)

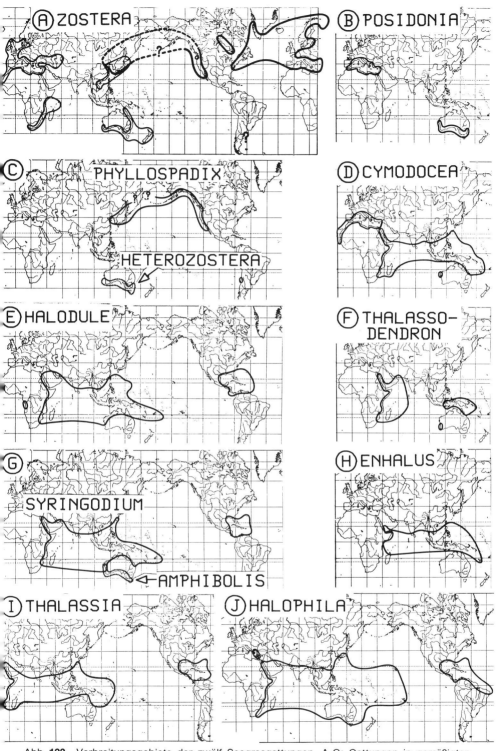

Abb. **122** Verbreitungsgebiete der zwölf Seegrasgattungen. A–C: Gattungen in gemäßigten Regionen; D–J: Gattungen in tropisch-warmgemäßigten Regionen. A–G: Familie Potamogetonaceae; H–J: Familie Hydrocharitaceae. Die Art *Heterozostera tasmanica* wurde inzwischen auch als einziges Seegras der südamerikanisch-pazifischen Küste an der chilenischen Küste gefunden (*Phillips* u. Mitarb. 1983) (aus *C. den Hartog:* The sea-grasses of the world. North-Holland, Amsterdam 1970)

ähnlich gleichförmige Verbreitung der damaligen tropischen Arten, wie es heute im Fall der kaltgemäßigten Arten auf der Südhalbkugel infolge der zirkumglobalen, die Antarktis umrundenden und ostwärts gerichteten Strömung der Fall ist (S. 183). Die Aufspaltung der Fauna und Flora des Tethysmeeres begann, als die Küsten des heutigen europäischen Mittelmeeres und des Karibischen Meeres mit der **Bildung des Atlantiks** auseinanderrückten (S. 21), so daß im Verlauf des späten Mesozoikums und des Tertiärs eine sich zunehmend vergrößernde „atlantische Barriere" die westatlantische und ostatlantische tropische Region voneinander isolierte (Regionen 3 und 4 in Abb. 121).

Landbarriere der Neuen Welt. Die Schließung der mittelamerikanischen Landbrücke vor 4-6 Mio. Jahren (VERMEIJ 1978) hatte wichtige Folgen für Fauna und Flora, da der Artenbestand zu beiden Seiten dieser Barriere im Fall der Küstenfische (1000 Arten insgesamt!) heute nur noch zu 1 %, bei den Echinodermen zu 2 % und bei den Schwämmen zu 11 % übereinstimmt (BRIGGS 1974). Von den vier indopazifisch-westatlantischen Gattungen der Seegräser (Abb. 122) mit insgesamt 18 Arten ist nur *Halophila decipiens* in beiden Ozeanen vertreten

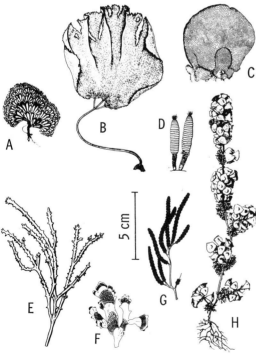

Abb. **123** Tropische Meeresalgen mit diskontinuierlicher Verbreitung: Vorkommen im Indopazifik und im Westatlantik, aber nicht in Westafrika
Grünalgen: Siphonocladales: (A) *Anadyomene stellata* (fächerartiger Thallus,

Sublitoral; auch im Mittelmeer; Gattung enthält noch indopaz. Arten; eine bis zu 45 cm lange Tiefenart, *A. menziesii,* im Golf von Mexico noch aus 200 m Tiefe gedredscht); **(B)** *Struvea pulcherrima* (mittleres Sublitoral; Gattung enthält noch westatlant. Arten sowie indo-paz. Arten); **(C)** *Dictyosphaeria cavernosa* (kissenförmig, unteres Eulitoral und Sublitoral; Gattung enthält noch indopaz. und westatl. Arten). **Dasycladales: (D)** *Neomeris annulata* (verkalkt; Gattung enthält noch indopaz.-atl., indopaz. und atl. Arten)
Rotalgen: (E) *Eucheuma isiforme* (Gigartinales; knorpelig-fleischig, Sublitoral; noch mehrere westatlantische und indopazifische Arten); **(F)** *Martensia pavonia* (Delesseriaceae; Sublitoral; Gattung enthält noch einige Arten im Indopazifik); **(G)** *Dictyurus occidentalis* (Dasyaceae; mit anastomisierendem Netzwerk an den Spitzen, Sublitoral; westatlantische Art, noch eine Art im Indopazifik)
Braunalge: (H) *Turbinaria turbinata* (Fucales, Sargassaceae; unteres Eulitoral und typisch auf Korallenriffen im oberen Sublitoral; diese Art im Westatlantik, noch mehrere indopazifische Arten) (**A** aus *H. C. Bold, M. J. Wynne:* Introduction to the algae. Structure and reproduction, 2nd ed. Prentice Hall, Engle wood Cliffs, New Jersey 1985; **B** aus *C. J. Dawes:* Marine Botany. Wiley, New York 1981; Rest aus *W. R. Taylor:* Marine algae of the eastern tropical and subtropical coasts of the Americas. Univ. Michigan, Ann Arbor 1960)

und *Halodule wrightii* im Atlantik sowie im Indik (HARTOG 1970). Vorwiegend haben beide Ozeane ihre eigenen endemischen Arten, wobei allerdings im Westatlantik und Indopazifik zahlreiche Artenpaare mit ähnlicher Morphologie existieren, bei Seegräsern etwa *Thalassia testudinum* im Westatlantik und *T. hemprichii* im Indopazifik. Bei den Meeresalgen gibt es in der sich noch lebhaft entwickelnden und artenreichen Braunalgengattung *Sargassum,* mit Ausnahme von *S. vulgare* (s. Abb. **76K**), keine amphiozeanischen Arten mehr. Dieses gilt auch für die artenreiche Gattung *Padina,* während von *Dictyota* neben zahlreichen endemischen auch mehrere indopazifisch-atlantische Arten bekannt sind. Die verkalkten Krustenrotalgen der Familie Corallinaceae stellen wohl eine konservative Gruppe dar. Alle tropischen Genera der Corallinaceae sind atlantisch-indopazifisch, und über 50 % der Arten liegen entweder als morphologisch ähnliche Artenpaare vor oder sind praktisch kaum zu unterscheiden (ADEY 1976). Eine der klassischen Untersuchungen der tropisch-marinen Algenflora bezieht sich auf die „Dänisch-westindischen Inseln" im Ostkaribischen Meer. Von den hier durch BÖRGESEN (1913-1920) aufgeführten etwa 330 Arten kommt immerhin ein Drittel auch im Indopazifik vor, etwa 50 % sind endemisch im Westatlantik, der Rest amphiatlantisch. Der jetzige **Panama-Kanal** ist nicht höhengleich mit dem Meer und stellt eine mit Süßwasser gefüllte Sperre für den transozeanischen Artenaustausch dar. Sollte allerdings, wie zuweilen vorgeschlagen, ein neuer, meeresgleicher und dann mit Meerwasser gefüllter Kanal gebaut werden, so ist mit einem Artenaustausch, mit Hybridisierung und vielleicht auch mit einer Verdrängung und Vernichtung zahlreicher Arten zu beiden Seiten der mittelamerikanischen Landbrücke zu rechnen (BRIGGS 1974, VERMEIJ 1978).

Barriere der Alten Welt und Atlantische Barriere. Viele Algengattungen und Arten zeigen eine **indopazifisch-westatlantische** Verbreitung, fehlen also an der tropisch-westafrikanischen Küste, wie das diskontinuierliche Verbreitungsmuster der Grünalgengattung *Neomeris* (Dasycladales; Abb. **124**) beispielhaft zeigt. Es besteht somit die überraschende Situation, daß „zahlreiche Taxa des Karibischen Meeres viel eher wieder an der Ostküste Afrikas oder sonstwo im Indopazifik auftauchen als an der viel näheren Küste von Westafrika" (PAPEN-FUSS 1972), und dieses gilt für Meeresalgen (Beispiele in Abb. **123**) wie für Seegräser und marine Tierarten (EKMAN 1953). Die artenarme westafrikanische Küste hatte jedoch besonders hohe Artenverluste in den Glazialperioden (S. 157), so daß der Artenreichtum der übrigen drei Regionen in erster Linie auf der konservativen Erhaltung des Tethysbestandes an Gattungen und Arten beruhen dürfte (EKMAN 1953). Über die atlantische Barriere hinweg sind wohl die meisten der heute zahlreichen amphiatlantischen Arten von Amerika nach

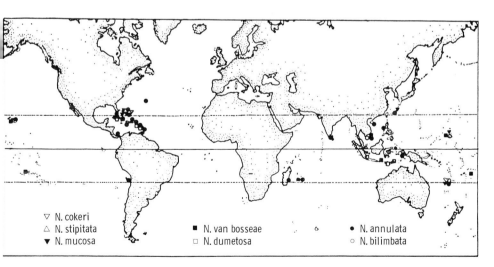

Abb. **124**   Vorkommen der tropischen Grünalgengattung *Neomeris* (Dasycladales) als Beispiel einer diskontinuierlichen Verbreitung (aus *G. Valet:* Nova Hedwigia 17 [1969] 551-644)

Afrika gewandert (s. Abb. **121**), wobei die W-O verlaufende Strömung des Äquatorialgegen-stromes als Transportweg in Frage kommt. Die Hauptströmung ist allerdings mit dem Nord-äquatorialstrom (s. Abb. **57**) von Afrika zum Karibischen Meer hin ausgerichtet. Es ist jedoch unwahrscheinlich, daß auf diesem Weg auch ein beträchtlicher Ost-West-Austausch erfolgte, und zwar, weil das tropische Westafrika „wenig zu versenden hatte" (EKMAN 1953). Wie in Abb. **121** weiter durch Pfeile angedeutet wurde, umrundete eine geringe Zahl von indopazifi-schen Zuwanderern mit einer gewissen Verträglichkeit gemäßigter Temperaturen wahrschein-lich auch das Kap der Guten Hoffnung oder drang nach dem Bau des Suezkanals in das Mittelmeer ein (S. 80).

4.2. Fossile Meeresalgen und Verkalkung sowie Florengeschichte der Seegräser

Unverkalkte Meeresalgen sind für die Fossilierung wenig geeignet. Aufgrund der dürftigen fossilen Nachweise wird angenommen, daß zum Beispiel von den Grün-algen die einzelligen Chlorococcales und die fadenförmigen Ulotrichales vor 900 Mio. Jahren im späten Präkambrium, die Cladophorales und die Siphonocladales erst vor 160 Mio. Jahren im Jura auftraten (SCHOPF 1970). Mehr ist über die fossile Geschichte der verkalkten Meeresalgen bekannt, die jedoch nur rund 10 % der etwa 8000 rezenten Arten von benthisch-vielzelligen Meeresalgen ausmachen (WRAY 1977).

Der **Kalkeinbau**, eingehend bei der Grünalge *Halimeda* untersucht, wird im Licht zwei- bis dreifach gesteigert, wobei infolge des photosynthetischen Verbrauchs an CO_2 intrazellulär die Konzentration an $CO_3{}^{2-}$ sowie der pH steigen, wodurch die Kalkausfällung erleichtert wird. Dieses geschieht jedoch bei allen Algen, so daß die Frage entsteht, warum nicht alle Meeresalgen Kalk ausfällen. Es wird davon ausge-gangen, daß unverkalkte Algen die Kalkfällung aktiv verhindern (BOROWITZKA 1977, JOHANSEN 1981, LITTLER u. LITTLER 1984).

Grünalgen. Bei den verkalkten Vertretern der Grünalgen erfolgt nach BOROWITZKA (1977) die Kalkablagerung extrazellulär in den Interzellularräumen als Kristallform Aragonit. Schon zu Beginn des Paläozoikums waren verkalkte Vertreter der Ordnung **Dasycladales** vorhanden (s. Tab. **6**). Eine große Zahl von fossilen, ausgestorbenen Gattungen reihte sich im Verlauf der Erdzeitalter aneinander, wobei die Vorkommensdauer der einzelnen Gattungen wie *Rhabdo-porella* (Ordovicium bis Silur) oder *Macroporella* (spätes Karbon bis Jura) 50-150 Mio. Jahre betrug. Es besteht die anhand von fossilen Foraminiferen und Mollusken aufgestellte Hypo-these, daß die Existenzdauer von Gattungen in den Tropen geringer und/oder die Entwicklungs-geschwindigkeit größer ist als in gemäßigten Breiten. Man rechnet damit, daß heute in den Tropen lebende Gattungen sich nach genügend langer Zeit noch bis in die gemäßigten Regio-nen ausbreiten werden (PIELOU 1979). Die heute lebenden Gattungen der Dasycladales sind seit der späten Kreide oder dem Tertiär vorhanden, und die geographische Verteilung der Fos-silfunde deutet auf die Herkunft aus der weitverbreiteten Tethysflora (ELLIOTT 1981). In der Ordnung der **Caulerpales,** von der ebenfalls ausgestorbene Gattungen seit dem frühen Paläo-zoikum vorliegen, gibt es heute nur wenige verkalkte Gattungen wie *Halimeda* und die leich-ter verkalkten Gattungen *Penicillus* und *Udotea,* wobei *Halimeda* seit der späten Kreide nach-weisbar ist.

Rotalgen. Bei verkalkten Vertretern der Ordnung **Cryptonemiales** wird das Calciumcarbonat in die Zellwand eingebaut, und zwar als Aragonit in der Familie der krustenförmig wachsenden und seit dem späten Karbon existierenden **Peyssonneliaceae.** Die Ordnung Cryptonemiales umfaßt heute 130 Gattungen mit rund 900 Arten (KRAFT 1981), wovon etwa die Hälfte der Gattungen und Arten zur Familie **Corallinaceae** gehört, zu den „Korallen der Algenwelt".

Hier wird Calciumcarbonat in der Kristallform von Calcit eingelagert, zusätzlich auch Magnesiumcarbonat.

Von den Corallinaceae (Übersicht: ADEY u. MACINTYRE 1973, JOHANSEN 1981) dominieren in kaltem Wasser die Gattungen *Lithothamnium, Clathromorphum* (beide mit Schwerpunkt auf der Nordhalbkugel), *Phymatolithon* sowie *Mesophyllum* und *Pseudolithophyllum* (die letzten beiden mit Schwerpunkt auf der Südhalbkugel). Warmwassergattungen und Riffbildner sind *Neogoniolithon, Porolithon* und *Lithophyllum*. Die meisten Krustenalgen der Corallinaceae wachsen auf festem Substrat. Dagegen bilden einige Arten wie *Lithothamnium glaciale* in der Arktis (s. Abb. **116**), *Phymatolithon calcareum, Lithothamnium corallioides* in der warmgemäßigten Region Europas (S. 61, 94) und *Archaeolithothamnium timorense* in den Tropen auf Sandboden freiliegende Wuchsformen, die als rundliche, um einen Ausgangskern gebildete „Rhodolithen" vorliegen und als kleinere, verzweigte Wuchsformen in der warmgemäßigten mediterran-atlantischen Region als „Maerl" (S. 61, 94) bezeichnet werden. Rhodolithen kommen in den tropischen Regionen bis zu 200 m Wassertiefe vor und erreichen einen Durchmesser von 30 cm in 500-800 Jahren (ADEY u. MACINTYRE 1973). Verkalkte Krustenthalli der Cryptonemiales sind seit dem Kambrium in der ausgestorbenen Familie Solenoporaceae gebildet worden, während aufrecht-verzweigte Kalkthalli im Karbon in der ebenfalls ausgestorbenen Familie Gymnocodiaceae hinzutraten. Die heute existierenden Gattungen der Corallinaceae, ebenfalls in beiden Wuchsformen vorhanden, gibt es seit dem späten Mesozoikum oder seit dem Tertiär (s. Tab. **6**, S. 149).

Braunalgen. Bei diesen kommt Kalkbildung extrazellulär als Aragonit und in konzentrischen Bändern bei den meisten Arten von *Padina* (Dictyotales) vor.

Indopazifik als Hort für „lebende Fossilien". Stammesgeschichtlich alte, noch heute lebende Vertreter unter den Meeresalgen liefern die schon erwähnten Gattungen der tropischen Grünalgenordnung Dasycladales mit Schwerpunkt im Indopazifik (s. Abb. **120O, 123D, 129B-D, 137A**), welche, mit Ausnahme der artenreichen und stammesgeschichtlichen jüngeren Gattung *Acetabularia* (s. Tab. **6**), heute nur noch aus einer oder wenigen überlebenden Arten bestehen, ein weiteres Kennzeichen für hohes geologisches Alter. Die primitiveren der etwa 70 Arten der pantropisch verbreiteten Grünalgengattung *Caulerpa* wachsen im Indopazifik (CALVERT u. Mitarb. 1976), der auch die Mehrzahl der Gesamtarten dieser Gattung beherbergt, während im tropischen Westatlantik nur 17 *Caulerpa*-Arten zu finden sind (TAYLOR 1960). SVEDELIUS (1924), ein Pionier der Erforschung tropischer Meeresalgen und ein Schüler von KJELLMAN in Uppsala (Biographie bei PAPENFUSS 1961), nahm an, daß die Mehrzahl der „alten" Gattungen von Ausbreitungszentren im Indopazifik her in den jüngeren Atlantik eingewandert sind. Der Zentralbereich des Atlantiks existierte jedoch schon in der Kreide (s. Abb. **14**), und daher ist auch an die von EKMAN (1953) sowie MCCOY u. HECK (1976) erörterte Möglichkeit zu denken, daß im Atlantik wegen der weitoffenen Verbindung zum Arktischen Meer die Auslöschung der zunächst zirkumglobal verbreiteten Fauna und Flora des Tethysmeeres radikaler war als im Indopazifik.

Florengeschichte der Seegräser. Von den zwölf rezenten Gattungen der Seegräser kommen sieben im tropischen Indopazifik vor (s. Abb. **122D-J**), davon vier auch im tropischen Westatlantik und nur die Gattung *Halodule* lokal auch an der tropisch-westafrikanischen Küste. Hier zeigt sich wiederum der Indopazifik als Hort alter Formen, denn schon bald nach der Entstehung der Angiospermen aus den Gymnospermen im Jura entwickelten sich die Seegräser im anschließenden Kreidezeitalter. Die Hauptanpassungen bestanden im Übergang zu vollmarinem Salzgehalt und zu submerser Blütenentwicklung mit „Bestäubung" unter Wasser, obwohl die Vergrößerung der Seegraswiesen zum größten Teil auf vegetativem Wachstum beruht (TOMLINSON 1974). Die Seegräser stammen möglicherweise von Angiospermen der tropischen Mangroveflora ab (HARTOG 1970). Die primitivsten der rezenten Gattungen, noch durch die bei Mangrovepflanzen übliche Viviparie ausgezeichnet (S. 159), kommen mit je zwei Arten in der indowestpazifischen Region vor (*Thalassodendron)* oder an der warmgemäßigten Küste Südaustraliens (*Amphibolis;* s. Abb. **122**). Nach HARTOG sind die Seegräser wohl nicht aus höheren Süßwasserpflanzen auf dem Weg „Land, Süßwasser, Brackwasser, Meer" entstanden, sondern der limnische und der marine Bereich wurden vielleicht frühzeitig und unabhängig voneinander durch die Angiospermen besiedelt. Die ältesten Funde fossiler Seegrasgattungen datieren, wie erwähnt, aus der Kreide, und die heutigen Gattungen *Posidonia* und *Cymodocea* sind seit dem frühen Tertiär (Eozän, vor 55 Mio. Jahren) fossil nachweisbar.

4.3. Ostatlantische tropische Region (tropisches Westafrika)

Literatur: Gesamtgebiet: LAWSON (1966, 1978), LAWSON u. JOHN (1982), SCHMIDT (1957). **Senegal bis Liberia:** ALEEM (1978), DE MAY u. Mitarb. (1977), SOURIE (1954). **Golf von Guinea:** JOHN u. Mitarb. (z. B. 1977), LAWSON (1956). **Gabun bis Angola:** JOHN u. LAWSON (1974), LAWSON u. Mitarb. (1975). **Insel Ascension:** PRICE u. JOHN (1980). **Insel St. Helena:** COLMAN (1946).

Von den vier tropisch-marinen Regionen (S. 146) hat die ostatlantische tropische Region, an der westafrikanischen Küste zwischen Kap Verde (Senegal) und Mossamedes (Angola) gelegen, die geringste Ausdehnung über nur 30 Breitengrade (s. Abb. 6). Sie wird durch kalte Meeresströmungen eingeengt, von N her durch den Kanarenstrom, von S her durch den Benguelastrom (s. Abb. 57). Der Kanarenstrom setzt sich im Nordäquatorialstrom fort, der Benguelastrom im Südäquatorialstrom, und beide überqueren den Atlantik in Richtung Südamerika. Der tropische Charakter der im Winkel der großen atlantischen Kreiselströme liegenden westafrikanischen Küste wird zum einen durch die lokale Erwärmung, zum anderen durch Warmwasser verursacht, welches mit dem Äquatorialen Gegenstrom von W nach O transportiert wird und als Guineastrom in den Golf von Guinea fließt.

Eiszeitliche Äquatorüberquerung durch Algen. Auch in vertikaler Richtung ist das warme Wasser der tropisch-westafrikanischen Küste vergleichsweise eng begrenzt und reicht als Deckschicht nur bis 50 m Tiefe hinab, in der gegenüberliegenden westatlantischen tropischen Region dagegen bis 150 m Tiefe. Dieser Umstand ist für die eiszeitliche Wanderungen von gemäßigten Arten durch den Tropengürtel hindurch von Bedeutung. Als in den Glazialperioden die kalt- und warmgemäßigten Regionen äquatorwärts verschoben wurden und die tropischen Regionen eingeengt wurden, gelang wahrscheinlich einigen Meeresalgen im warmgemäßigten und noch genügend lichtreichen Tiefenwasser der westafrikanische Küste der „Sprung" von einer auf die andere Hemisphäre (HOEK 1982b). Heute sind derartige Verbreitungswanderungen auch deswegen kaum möglich, weil die Algentiefengrenze infolge der starken Trübstoffzuführung durch die westafrikanischen Flüsse schon in vergleichsweise geringer Tiefe und damit im tropisch-warmen Wasser liegt, so an der Küste von Ghana in 30 m (JOHN u. Mitarb. 1977). Vor 18 000 Jahren aber, auf dem Höhepunkt der letzten Vereisung, herrschte in Westafrika trockeneres Klima, die Trübstoffzufuhr etwa durch den Niger war geringer, so daß das Licht tiefer hinabreichte. Die Wassertemperaturen, die anhand von Mikrofossilien rekonstruiert wurden (FRAKES 1979, SARNTHEIM u. Mitarb. 1982), lagen an der westafrikanischen Küste um 2-8°C unter den heutigen Temperaturen, und so erscheint es möglich, daß zum Beispiel *Laminaria ochroleuca,* deren Verbreitung heute auf der Nordhalbkugel an der marokkanischen Küste in 30 m Tiefe endet (S. 72), im Sublitoral der westafrikanischen Küste auf die Südhalbkugel bis Südafrika gewandert ist, wo man sie jetzt als *L. pallida* wiederfindet (S. 196).

Die Artenzahl an Meeresalgen im tropischen Westafrika beträgt gegenüber dem tropischen-atlantischen Amerika nur ein Drittel (LAWSON u. JOHN 1982). Von den etwa 300 Arten der benthisch-vielzelligen Meeresalgen in der tropisch-westafrikanischen Flora sind rund 200 Arten amphiatlantisch, und etwa 170 Arten kommen auch im Indopazifik vor. Weiterhin handelt es sich bei den tropisch-westafrikanischen Meeresalgen um eine Auswahl jener Arten, die auch mehr oder weniger weit in die anschließenden warmgemäßigten Regionen hinein verbreitet sind, was auf einen gewissen eurythermen Charakter und auf nicht optimale „tropische" Bedingungen schließen läßt. Enstprechend gering ist die Anzahl der endemischen Meeresalgen, deren Anteil nur 7 % beträgt und damit achtmal geringer ist als in der Karibik (S. 165). Auch bei verschiedenen marinen Tiergruppen ist der Endemismus gering ausgeprägt (BRIGGS 1974). Von den tropischen Seegräsern existiert nur die Gattung *Halodule*. Riffkorallen werden zwar vereinzelt gefunden, bilden jedoch keine größeren Korallenriffe. Die Artenarmut der ostatlantischen tropischen Region erklärt sich zum einen durch wahrscheinlich hohe Artenverluste während der Einengung der tropischen Regionen im Spättertiär und in den Glazialperioden. Im Pliozän (Beginn vor 5 Mio. J.) starben in Europa (Mittelmeer) und vor Westafrika die Korallenriffe aus. Zum anderen erschweren die Substratverhältnisse vor Westafrika die Existenz von benthisch-marinen, tropischen Organismen. Felssubstrat kommt nur vereinzelt vor, und das Küstenwasser weist in der sommerlichen Regenzeit wegen der Vielzahl einmündender Flüsse einen hohen Trübstoffgehalt auf. Weiterhin wird durch aufquellendes Tiefenwasser die Oberflächentemperatur gelegentlich bis auf 19°C abgesenkt (EKMAN 1953, John u. Mitarb. 1977).

Die tropische Küste Westafrikas wird auf großen Strecken von steilen **Sandufern** gesäumt, und hier geben Algen wie *Caulerpa*-Arten, seltener das Seegras *Halodule wrightii,* der Vegetation das Gepräge. Bis zum Senegal reicht von Norden her auch noch die Verbreitung des Seegrases *Cymodocea nodosa* aus der mediterran-atlantischen Region. In geschützten Lagunen und in den ausgedehnten Flußmündungssystemen etwa des Nigers treten die **Mangrovearten** *Rhizophora racemosa* und *Avicennia germinans* auf.

Zonierung an der Goldküste. Seltener vorkommende **felsige Standorte** zeigen eine Zonierung wie sie am Beispiel der Goldküste in Abb. **125** dargestellt ist. Die Oberflächentemperaturen des Meerwassers liegen hier im Bereich 25-29°C, können jedoch im Zeitraum von Juli bis September gelegentlich durch kurzfristige Änderungen der Küstenströmung und infolge des Auftriebs von Tiefenwasser auf 19°C absinken. Wegen der starken Insolation ist hier, wie an allen tropischen Küsten, das **Supralitoral** nur schwach entwickelt. Es wird im tropischen Westafrika von Blaualgen sowie von Strandschnecken wie *Littorina punctata* besiedelt, während marine Flechten fehlen (LAWSON 1966). Von größerer Bedeutung als der relativ geringe Tidenhub von 0,6-1,8 m bei Springtiden ist für die Organismen im **Eulitoral** die gewaltige Brandung, und an stärker exponierten Küsten dominieren im oberen Eulitoral von Senegal die schon aus der warmgemäßigten mediterran-atlantischen Region bekannte Seepocke *Chthamalus stellatus,* weiter südlich dann *C. dentatus*. Ein Gürtel der braunen Krustenalgen *Basispora africana* und *Ralfsia expansa* ist in Westafrika oft im unteren Bereich der Seepokkenbesiedlung zu finden (LAWSON u. JOHN 1982). Als quantitativ nicht bedeutende Begleiter wachsen im oberen Eulitoral als Grünalgen *Enteromorpha*-Arten, *Ulva fasciata*, *Chaetomorpha antennina,* als Rotalgen *Bangia atropurpurea*, *Porphyra*-Arten und Braunalgen wie *Ectocarpus breviarticulatus* sowie *Bachelotia antillarum* (morphologisch ähnlich der Gattung *Pilayella).* Im unteren Eulitoral dagegen, das auch bei Niedrigwasser immer wieder von den Brandungswellen überspült wird, findet man auf einem Felsüberzug von verkalkten Krustenrotalgen eine üppige, rasenartige Vegetation der kleineren Rotalgen *Laurencia, Gelidium, Centroceras clavulatum* als „Ankerarten" (S. 69), wobei mehrere der hier vorkommenden Arten wiederum auch die warmgemäßigte mediterran-atlantische Region besiedeln. In geschützteren Lagen treten Gattungen wie *Bryopsis, Padina, Colpomenia, Hypnea, Gracilaria* auf und als Vertreter der aufrechtwachsenden Corallinaceae die Gattungen *Jania, Corallina* und *Amphiroa.* Im **oberen Sublitoral** (s. Abb. **125**) sind an der gesamten Küste, soweit felsige Standorte vorliegen, als Vertreter der Fucales *Sargassum vulgare* und von den Dictyotales die Art *Dictyopteris delicatula* verbreitet. An der Küste von Senegal wachsen, von N her gesehen, die letzten Arten der in den warmgemäßigten, nicht aber in den tropischen Regionen dominierenden Braunalgengattung *Cystoseira* (S. 82). Das **Sublitoral** wurde bisher nur vereinzelt mit Tauchgeräten untersucht. Vor der Küste von Ghana, auf Unterwasserbänken aus verfestigtem Küstensediment in 8-30 m Tiefe identifizierten JOHN u. Mitarb. (1977) rund 100 Arten von Meeresalgen, die meisten von einigen Millimetern bis zu 10 cm, darunter pantropische Arten wie *Dictyota dichotoma* oder *Jania rubens*. Zu den größten und dominierenden Arten im Sublitoral gehören die bis zu 1 m lange Braunalge *Sargassum filipendula,* an Rotal-

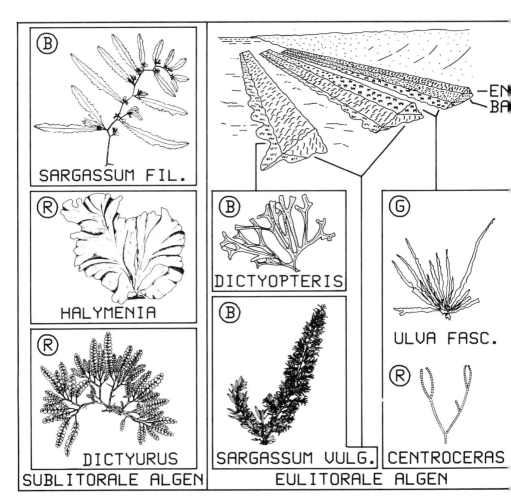

Abb. **125**   Algenzonierung auf Felsenriffen vor der sandigen Goldküste (Golf von Guinea, Südküste von Ghana). G Grünalge, B Braunalge, R Rotalge, EN *Enteromorpha*-Arten (G), BA
Bachelotia antillarum (morphologisch ähnlich der fädigen Braunalge *Pilayella*)
Art- und Größenangaben: Eulitoral: *Dictyopteris delicatula* (× 0,4); *Sargassum vulgare* (×
0,2); *Ulva fasciata* (× 0,1); *Centroceras clavulatum* (× 2,5, Ceramiaceae). Im **mittleren Sublitoral** kommen an größeren Algen vor: *Sargassum filipendula* (x 0,2, amphiatlantisch); *Halymenia
actinophysa* (× 0,2, Cryptonemiales) *Dictyurus fenestratus* (× 0,2, Ceramiales, Dasyaceae; mit
einem Netzwerk anastomisierender Zweige; ostatlantisch-endemisch, tropisch und warmgemäßigt). Alle angegebenen Algenarten, mit Ausnahme von *S. filipendula* und *D. fenestratus,* sind
pantropisch verbreitet (Algenzonierung aus *G. W. Lawson:* J. Ecol. 44 [1956] 153-170; Habitusbilder aus *G. W. Lawson, D. M. John:* Nova Hedwigia, Beih. 70 [1982] 1-455)

gen die 30 cm Länge erreichende *Halymenia actinophysa* und als eine der wenigen ostatlan-
tisch-endemischen Arten die bis zu 15 cm lange Art *Dictyurus fenestratus.* Da das Küstenwasser während der sommerlichen Regenzeit durch Sedimentbefrachtung stark getrübt ist, müssen die sublitoralen Algen hier für die Photosynthese die regenarme und im Sublitoral
lichtreichere Zeit von November bis März nutzen (LAWSON u. JOHN 1982).

Ascension und **St. Helena.** Diese küstenfernen Inseln gehören zu den am meisten isoliert liegenden ozeanischen Inseln in den tropischen Regionen. St. Helena ist im mittleren Tertiär
vulkanisch entstanden. Die Arten der Küstenfischfauna von St. Helena sind zu 22 % endemisch, und ein Drittel der übrigen Küstenfischarten kommt an beiden Seiten des Atlantiks vor
(BRIGGS 1974). Ascension, etwa 2000 km vor Westafrika und Südamerika entfernt, stellt die
jüngere der beiden Inseln dar, weil sie nur 145 km vom mittelatlantischen Rücken, dem Bil-
dungszentrum von neuem ozeanischen Boden, entfernt liegt. Diese Insel existiert möglicherweise erst seit 1,5 Mio. Jahren, und dementsprechend sind ihre Küstenfische nur zu 4 %
endemisch. Seegräser sind an der brandungsumtobten, mit vulkanischem Hartsubstrat umge-
benen Insel nicht vorhanden und wie im tropischen Westafrika, so fehlen auch hier Korallenriffe. Die Wassertemperaturen betragen zwar 22-26°C und wären damit für Steinkorallen
geeignet (S. 160), jedoch haben wahrscheinlich das geringe geologische Alter, die starke Brandung und das hohe Ausmaß an Weidefraß durch Seeigel und Fische die Bildung von Korallenriffen verhindert (PRICE u. JOHN 1980). Der Tidenhub ist wie auf allen küstenfernen Inseln
gering und beträgt nur 0,9 m. Als Meeresalgen sind weitverbreitete Arten wie *Sargassum vulgare, Ulva lactuca* oder *Gelidium pusillum* zu finden.

4.4. Gezeitenwälder der Mangrove

In den Stillwassergebieten und brackigen Flußmündungen der tropischen Meeresküsten, auch im landseitigen Bereich von Saumriffen (S. 161) kommt im Gezeitenbereich die Gehölzformation der Mangrove oder des Mangal vor, „Bäume, die im
Meer wachsen" (Übersicht: CHAPMAN 1977, GESSNER 1955-1959, KING 1981,
VARESCHI 1980). Es handelt sich um bis zu 30 m hohe Baumarten oder um bis zu
2 m hohe Sträucher, die bei Hochwasser bis unter die Blattkronen eintauchen.

Hinsichtlich der Artenzusammensetzung der höheren Mangrovepflanzen (rund 90
Arten aus 20 Angiospermenfamilien) unterscheidet man die **östliche Mangrove**
(Ostafrika bis Polynesien) und die artenärmere **westliche Mangrove** (tropisch-atlan-
tische Küsten und pazifisch-amerikanische Küste). Beiden Typen sind zwar einige
Gattungen (*Rhizophora, Avicennia),* jedoch keine Art gemeinsam. Daß beiderseits
der Landbrücken von Mittelamerika und von Suez zahlreiche Artenpaare von
Mangrovepflanzen vorkommen, ist als eines der vielen Indizien für die Tatsache zu
werten, daß diese beiden Landbrücken erst im späten Tertiär gebildet wurden
(S. 150). Die nördlichsten Mangroven wachsen im Roten Meer (Südostende der
Sinai-Halbinsel), im Persischen Golf und bei den Bermudas.

Anpassungen der Mangrovepflanzen. Diese bestehen vor allem in der Verträglichkeit von
Brackwasser (Ultrafilterwirkung der Wurzeln, so daß nur wenig Salz in die Leitungsbahnen
gerät; Abwerfen von salzspeichernden Organen; Salzdrüsen), im Besitz von weitausladenden
Stelzwurzeln zur Verankerung im schlickigen Grund und von Atemwurzeln für den Gasaustausch der Wurzeln im sauerstoffarmen Boden. Viele Gattungen besitzen schwimmfähige
Samen und Früchte, bei anderen; etwa *Rhizophora,* erfolgt die Keimung bereits auf der Mut-
terpflanze (Viviparie), und der pfriemförmige Keimling bohrt sich nach dem Abfallen infolge
seines Eigengewichts in den weichen Boden ein. Die Stelzwurzeln wirken als Sedimentfallen,
und auf dem Gewirr der Stelzwurzeln wachsen als typische Begleitalgen Rotalgen der Gattungen *Bostrychia, Catenella* und *Caloglossa,* während der Sumpfboden vor allem von Grünalgen
wie *Caulerpa* oder *Halimeda* besiedelt wird (HOEK u. Mitarb. 1972, KING 1981, POST 1963).

4.5. Korallenriffe und die Rolle der Algen

Literatur: BAKUS (1969), COLIN (1978), DAHL (1973b), GOREAU u. GOREAU (1973), JONES u. ENDEAN (1973-1977), KÜHLMANN (1971), LEWIS (1981), LITTLER u. LITTLER (1984), ODUM (1980), SCHUHMACHER (1976), STODDART (1969), WELLS (1957).

Korallenriffe kommen in drei der vier tropisch-marinen Regionen im geographischen Breitenbereich 30°N bis 30°S vor und fehlen nur im tropischen Westafrika (Abb. **126**). **Riffbildner** sind in erster Linie hermatypische (= riffbauende) Steinkorallen, daneben in geringerem Ausmaß auch verkalkte Krustenrotalgen und verkalkte aufrechte Grünalgen wie *Halimeda* (S. 164).

Steinkorallen. Diese zur Ordnung Madreporaria (Scleractinia) gehörenden Anthozoen (500 bis 700 lebende Arten im Indopazifik, 60-80 im Atlantik; 5000 fossile Arten) gedeihen bei Wassertemperaturen von mehr als 20-22°C bei einem Temperaturoptimum von 23-29°C. Ihre Hauptnahrung besteht aus Zooplankton. Steinkorallen bilden zwar auch in kalten Meeren kleinere Stöcke, große Riffe jedoch nur in warmen Meeren. Die 1-30 mm großen Polypen der Riffkorallen überziehen die Kalkmasse des Korallenriffs als dünne, lebende Schicht und scheiden an ihrer Basis den Korallenkelch als Kalkskelett ab (Abb. **127**).

Die Gesamtheit der im Verlauf von Millionen Jahren abgeschiedenen Kalkskelette kann ein bis zu 1000 m tiefes organisches Konglomerat, eben das Korallenriff, bilden. Das **Emporwachsen** des Riffs beruht nicht nur auf der aktiven Kalkausscheidung der Steinkorallen und der verkalkten Algen (S. 163), sondern auch auf Prozessen wie Erosion und Sedimentation. Die **Zerstörung der Riffbildner** erfolgt durch die Brandung und in geringerem Ausmaß durch raspelnde Tiere, wonach die Bruchstücke zu einem feinen Sand vermahlen oder auch durch Kalk, der aus dem Meerwasser ausfällt, zu einem Konglomerat verfestigt werden. Das Höhenwachstum des Korallenriffs, das mit 5-10 mm pro Jahr veranschlagt wird (STODDART 1969), beruht sowohl auf der Tätigkeit der kalkausscheidenden Riffbildner als auch auf den Wirkungen der zerstörenden und Sediment erzeugenden abiotischen und biologischen Kräfte.

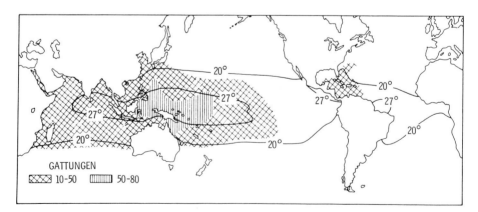

Abb. **126** Verbreitung der Korallenriffe und Häufigkeit der Steinkorallen-Gattungen. Die Isothermen beziehen sich auf den Winter (aus *J. S. Levinton:* Marine ecology. Prentice Hall, New Jersey 1982)

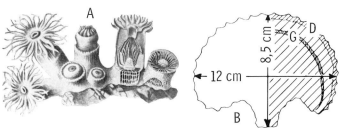

Abb. 127 Steinkorallen und endosymbiontische Algen
(A) Stockabschnitt der Steinkoralle *Astroides calycularis*. Die Polypen überziehen mit ihrem lebenden Gewebe das an der Basis ausgeschiedene Kalkskelett. Links sind ausgestreckte, in der Mitte zusammengezogene Polypen erkennbar. Rechts: Längs- und Querschnitt durch Polypen
(B) Querschnitt durch die Steinkoralle *Favia* mit endosymbiontischen Algen. D braune Schicht der Dinoflagellaten. G grüne Schicht der siphonalen, kalkbohrenden Grünalge *Ostreobium* (**A** aus *A. Kaestner:* Lehrbuch der speziellen Zoologie, Bd. I/2. Fischer, Stuttgart 1984; **B** aus *K. Shibata, F. T. Haxo:* Biol. Bull. 136 [1969] 461-468)

Zur Paläogeschichte der Korallenriffe. Das Korallenriff sitzt einem Hartsubstrat auf und besteht in sehr klarem Wasser bis zu einer maximalen Tiefe von 145 m (Rotes Meer; euphotische Tiefe bei 170 m; FRICKE u. SCHUHMACHER 1983) aus lebenden, hermatypischen Korallen, darunter aus abgestorbenen Korallen. Die meisten Riffkorallen wachsen jedoch in geringeren Tiefen als 25 m. Der Lichtbedarf der meisten Arten der Steinkorallen, durch ihre endosymbiontischen Algen bedingt (s. u.), liegt bei 3-20 % des Oberflächenlichtes (STODDART 1969), ist also etwa mit dem Lichtbedarf der geschlossenen Bestände der Laminariales in gemäßigten Breiten zu vergleichen (S. 5, 216). Daß die küstenfernen Atolle (s. u.) mit einem Kern von abgestorbenen Korallen trotzdem in große und lichtlose Tiefen hinabreichen, hängt nach einer schon von DARWIN aufgestellten Theorie (Übersicht bei SCHUHMACHER 1976, KÜHL-MANN 1982) mit **geologischen Senkungsvorgängen** zusammen. In dem Maß, in welchem eine von Korallenriffen besetzte Insel versinkt, bauen die Steinkorallen im durchlichteten Sublitoral auf dem versinkenden Felsboden das organische Gebäude des Korallenriffes und halten auf diese Weise die obere Plattform des Korallenriffes ständig knapp unter der Wasseroberfläche. Durch Bohrungen sind 1000 m tiefe Korallenriffe ermittelt worden, die einem Inselkern aufsitzen und schon seit 30 Mio. Jahren ohne Unterbrechung weitergebaut wurden (STODDART 1969). Ein besonderes Problem für die Weiterexistenz der Korallenriffe trat auf, als in den **Glazialperioden** der Wasserspiegel des Weltmeeres um 70-200 m sank. Diese Absenkung erfolgte zum letzten Mal vor 18 000 Jahren um etwa 100 m, und in der Folge stieg der Wasserspiegel parallel zum Abschmelzen der kontinentalen Gletschermassen wieder mit einer Geschwindigkeit von ungefähr 1 cm pro Jahr an, bis vor etwa 6000 Jahren das jetzige Meeresniveau erreicht war. Die heute lebenden Riffe konnten dem Wiederanstieg des Wassers durch eigenes Emporwachsen rasch genug folgen, viele andere werden heute in größeren Tiefen als tote Riffe gefunden.

Formgliederung der Korallenriffe. In dieser Hinsicht unterscheidet man zunächst die **Barriereriffe.** Sie begleiten die Küste als 300-500 m breite, oft bis zu 25 km lange Wellenbrecher und sind vom Strand durch eine mitunter kilometerbreite, auch bis zu 70 m tiefe Lagune getrennt. Barriereriffe befinden sich ähnlich wie Atolle auf absinkenden Küstenpartien, wodurch die Tiefe der Lagune verständlich wird. Das größte System mit Riffen dieser Art ist das Große Barriereriff Australiens mit einer Gesamtlänge von 2000 km (S. 177). **Saumriffe** sitzen direkt dem Hartsubstrat der Küste auf, können eine schmale, flache Lagune besitzen und sind nicht kräftig entwickelt, weil sie dem Süßwasserzustrom und der Sedimentbefrachtung durch den Küstenabfluß ausgesetzt sind. **Plattformriffe** erheben sich in größerem Abstand von der Küste auf dem Kontinentalschelf und sind allseitig von tieferem Wasser umgeben. **Atolle** stellen ringförmige bis langovale Riffe von wenigen km bis 100 km Durchmesser dar. In der Mitte befindet sich eine oft bis zu 40 m tiefe Lagune. Atolle kommen vor allem in der Südsee sowie im Indik und nur vereinzelt im Westatlantik vor. Bezüglich der **Wellenexposition** sind bei einem Korallenriff die umbrandete seewärtige Seite und die windgeschützte, seeabgewandte Seite zu unterscheiden. Zur See und zum Wind gerichtet steigt aus der Tiefe der umbrandete seewärtige **Riffhang** auf, welcher nahe der Wasseroberfläche, am vorderen Riffrand von einem **Algengrat** aus verkalkten Krustenrotalgen gekrönt sein kann. Es folgen leeseitig das 10-80 cm unter dem Niedrigwasserniveau liegende **Riffdach** der lebenden Korallen, das seichte **Riffwatt,** auf einem Grund von Korallenfels mit Sand, Seegräsern, toten sowie lebenden Korallenstrukturen bedeckt, schließlich, falls vorhanden, die Strukturen der vor Brandung und Wind geschützten **Lagune.**

Die **Existenz der Algen** auf dem Korallenriff beschränkt sich (a) auf endosymbiontische Dinoflagellaten in den Korallenpolypen, (b) kalkbohrende, fädige Thalli von Blaualgen und Grünalgen, (c) auf die Lebensweise als verkalkte Krustenrotalge und (d) auf das Vorkommen von kleinen, rasenartigen Besiedlungen aufrechtwachsender Algen. Etwa zwei Drittel der Primärproduktion des Korallenriffes, eines der produktivsten Ökosysteme der Meere (S. 279), werden durch die endosymbiontischen Algen der Steinkorallen gestellt, das übrige Drittel durch die verkalkten Krustenrotalgen sowie die rasenbildenden, aufrechtwachsenden und die bohrenden Algen (WANDERS 1976-1977). Die hohe Geschwindigkeit der Stoffwechselreaktionen bei tropischen Wassertemperaturen bringt es mit sich, daß die Nährstoffe in den Nahrungsketten des Korallenriffs rasch zirkulieren (Übersicht: LEWIS 1981).

(a) Endosymbiontische Dinoflagellaten und Kalkausfällung der Steinkorallen. Die meisten riffbildenden Korallenarten enthalten in ihrer inneren Zellschicht, dem Entoderm, einzellige Endosymbionten, den Dinoflagellaten *Gymnodinium microadriaticum,* wodurch der lebende Korallenstock eine bräunlich-grünliche Färbung erhält. Dunkelgehaltene Steinkorallen des oberen Sublitorals wachsen nur noch sehr langsam oder sterben ab. Die Ausscheidung des Kalkskelettes an der Basis der Polypen wird durch das Gleichgewicht $Ca(HCO_3)_2 \rightleftharpoons CaCO_3$ + H_2CO_3 bestimmt. Durch Carboanhydrase in den Polypen wird dieses Gleichgewicht gestört: $H_2CO_3 \rightleftharpoons H_2O + CO_2$. Die Endosymbionten verwenden das CO_2 für ihre Photosynthese. Dadurch verringert sich die Menge an H_2CO_3, und $CaCO_3$ fällt leichter aus. Dieses ist eine der klassischen Theorien der Kalkfällung, wahrscheinlich ist das Geschehen komplizierter (vgl. BOROWITZKA 1977). Die endosymbiontischen Algen beschleunigen jedenfalls die Kalkabscheidung der Steinkorallen (ROTH u. Mitarb. 1982) und übernehmen deren Ausscheidungsprodukte N und P als Nährstoffe. Möglicherweise leben die Polypen nicht nur von Plankton, sondern zu einem kleineren Anteil auch von den Photosyntheseprodukten der endosymbiontischen Algen, da C^{14}-markierte Assimilate der Algen auch in geringer Menge in die Polypen übergehen (vgl. SCHUHMACHER 1976, ODUM 1980).

(b) Bohrende Fadenalgen. Im gesamten Riffbereich findet man im Korallenkalk, in Bohrgängen von 5-10 μm Durchmesser, als kalkbohrende Gattungen die Grünalge *Ostreobium,* verschiedene Blaualgen wie *Plectonema* und in sehr geringer Menge einige Rotalgen (HOEK u. Mitarb. 1975). Bohrende Algen, die im übrigen in allen geographischen Regionen vorkommen (z. B. als Conchocelisphase von Rotalgen, S. 61), lösen mit ihrer Spitzenzelle, wahrscheinlich mit Hilfe organischer Säuren, die Kalkmatrix auf (GOLUBIC 1969). Auch im Kalkskelett der lebenden Korallen (s. Abb. **127**), unter der Schicht der lebenden Krustenrotalgen sowie unter dem Rasen der aufrechtwachsenden Algen sind die bohrenden Grün- und Blaualgen zu finden. Unter diesen Bedingungen tritt zu der Absorption des Lichtes durch den nur etwas lichtdurchlässigen Kalk noch die Erschwerung des Lichtzutritts durch die auf dem Kalk siedelnden Organismen. In der Steinkoralle *Favia* findet man in 13 mm Tiefe im Kalk eine 2 mm blaugrüne Schicht von Bohralgen (s. Abb. **127**), die hier im etwas lichtdurchlässigen Kalk bei einer minimalen Photonenfluenzrate von 2-3 μE m^{-2}s^{-1} lebt (SHIBATA u. HAXO 1969, HALLDAL 1968). Eine größere Rolle spielt die Primärproduktion der allgegenwärtigen, bohrenden Algen an solchen Stellen des Riffs, wo auf abgestorbenen Korallenpartien weder eine Beschattung durch Krustenrotalgen noch durch aufrechtwachsende Algen erfolgt (WANDERS 1976-1977).

(c) Verkalkte Krustenrotalgen. Die Kalkbildung des Riffes beruht nicht nur auf der Skelettbildung der Steinkorallen, sondern zu einem beträchtlichen Teil auch auf dem Kalkeinbau in den Zellwänden mehrerer Gattungen der Rotalgenfamilie Corallinaceae (vor allem *Porolithon*, *Lithophyllum*, *Neogoniolithon*) . Diese bilden in der Brandung der windzugekehrten Riffseite den schon erwähnten Grat, kommen aber im gesamten Riffbereich vor, mit Ausnahme der mit Sediment beladenen Zonen (S. 168). Der Dickenzuwachs dieser Algen beträgt jährlich 1-5 mm, und die Flächenausbreitung auf neuen Substraten schreitet mit 1-2 mm im Monat voran (ADEY u. VASSAR 1975).

(d) Aufrechtwachsende Makroalgen. Diese fallen auf Korallenriffen zunächst kaum ins Auge. Im Flachwasserbereich ist der Lebensraum durch die massiven Korallenstöcke besetzt, und nur eine Fläche von etwa 10 % des Riffs ist hier von einer Vegetation aufrechtwachsender Algen bedeckt (WANDERS 1976-1977). Quantitativ stärker entwickelt ist diese Vegetation vor allem in Spalten und Riffhöhlungen, die für herbivore Tiere schwerer zugänglich sind. Auf lebenden Korallen wachsen keine Algen, auf toten Korallenpartien, die etwa bei extremem Niedrigwasser oder durch Einwirkung von Hurrikanen vernichtet wurden, setzt dagegen rasch eine Algenbesiedlung ein (SVEDELIUS 1906, STODDART 1969, HOEK u. Mitarb. 1975). Ein wichtiger Kalkbildner an wellengeschützten Stellen ist auf allen atlantischen und indopazifischen

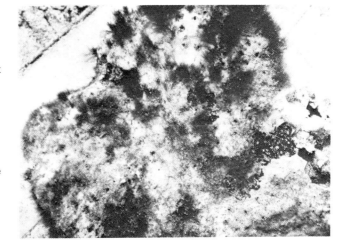

Abb. **128** **(A)** Kalkblock mit der Krustenrotalge *Porolithon pachydermum*

(B) derselbe Kalkblock nach einem Monat in einem auf dem Korallenriff aufgestellten Käfig, der algenfressende Tiere fernhält: Bewuchs mit der Braunalge *Giffordia duchassaingiana* (aus *J. B. W. Wanders:* Aqu. Bot. 3 [1977] 357-390)

Riffen die Grünalge *Halimeda* (HILLIS-COLINVAUX 1980, LITTLER u. LITTLER (1984). Diese scheidet auf der Thallusaußenfläche Calciumcarbonat in der Kristallform von Aragonit ab. Die Bruchstücke dieser Alge wie auch der Krustenrotalgen, zu einem feinen Sand vermahlen, können die Hälfte der Oberflächensedimente ausmachen, die auch zum Riffwachstum beitragen (S. 160). Die Carbonatproduktion von aufrechtwachsenden Kalkalgen auf festem Substrat wie der Braunalge *Padina* und der Rotalge *Amphiroa* ist auf 500 g $CaCO_3$ m^{-2} Jahr^{-1} zu veranschlagen, während für Kalkalgen auf sandigem Substrat (Grünalgen *Halimeda* und *Penicillus)* mit 100 g $CaCO_3$ m^{-2} Jahr^{-1} gerechnet werden (WEFER 1980).

Daß große Tange in den Tropen fehlen, hängt wahrscheinlich mit dem Vorkommen einer Vielzahl algenfressender Tierarten und deren gesteigerter Aktivität bei hoher Wassertemperatur zusammen. In den kaltgemäßigten Regionen wird die Algenbiomasse zum größten Teil über Detritus-Nahrungsketten remineralisiert (S. 284), und algenfressende Fische gibt es hier nicht. Dagegen nimmt die Bedeutung der herbivoren (pflanzenfressenden) Tiere im marinen Phytal zu den Tropen hin stark zu (VERMEIJ 1978), so daß man sich kaum vorstellen kann, wie langlebige Tange hier existieren sollten. Beispielsweise haben sich auf dem Korallenriff etwa 20 % der Fischarten auf das Fressen von Algen spezialisiert, 10 % sind omnivor und 70 % karnivor (BAKUS 1969). Auf dem Korallenriff halten Seeigel und herbivore Fische den aufkommenden Algenrasen so kurz, daß die Vegetation der aufrechtwachsenden Meeresalgen nur als wenige Zentimeter hoher und fleckenhaft vorkommender Rasen existiert (s. Abb. **131**). Sobald man auf einem Korallenriff Unterwasserkäfige aufstellt, die alle algenfressenden Tiere fernhalten (Abb. **128**), entsteht eine üppige und auch als Sedimentfalle wirkende Algenwiese, welche bald die Riffkorallen und auch verkalkte Krustenrotalgen zu ersticken droht, so daß der Satz gilt: „Ohne herbivore Tiere kein Korallenriff" (HOEK u. Mitarb. 1975). Anders ausgedrückt, wären die küstennahen tropischen Hartsubstrate ohne algenfressende Tiere anstelle von Steinkorallen wohl mit Algenwiesen bedeckt. Auch die herausragende Rolle der Krustenrotalgen als Kalkbildner auf dem Korallenriff würde wohl auf die vergleichsweise geringe Bedeutung der Maerl-Produktion in gemäßigten Breiten absinken (S. 61, 94), wenn herbivore Tiere nicht den beschattenden Algenrasen kurzhalten würden (ADEY u. VASSAR 1975).

4.6. Westatlantische tropische Region (tropisch-atlantisches Amerika)

Literatur: Gesamtgebiet: TAYLOR (1960). Südflorida: DAWES (1974), DAWES u. Mitarb. (1967), EISEMAN (1978, 1979), STEPHENSON u. STEPHENSON (z. B. 1972). Bermudas: COLLINS u. HERVEY (1917), TAYLOR u. BERNATOWICZ (1969). Karibische Inseln: DIAZ-PIFERRER (1969), TAYLOR (1969). Große Antillen: KÜHLMANN (1971), KUSEL (1972), CHAPMAN (1961-1963), GOREAU u. GOREAU (1973), ALMODOVAR u. Mitarb. (1979), DAHL (1973a). Kleine Antillen: BÖRGESEN (1913-1920), HOEK (1969), HOEK u. Mitarb. (1972, 1975, 1978), JOHN u. PRICE (1979), PRICE u. JOHN (1971), RICHARDSON (1975), TAYLOR (1969, 1970), VROMAN (1968), WANDERS (1976 bis 1977). Mittelamerika: BIRD u. MCINTOSH (1979), EARLE (1972), NORRIS u. BUCHER (1982), PHILLIPS u. Mitarb. (1982), RÜTZLER u. MACINTYRE (1982), TAYLOR (1935). Kolumbien: SCHNETTER (1976-1978). Venezuela: DIAZ-PIFERRER 1981, GESSNER u. HAMMER (1967), RODRIGUEZ (1959). Brasilien: OLIVEIRA FILHO (1976), OLIVEIRA FILHO u. UGADIM (1976), TAYLOR (1930).

Die westatlantische tropische Region erstreckt sich von Südflorida über die Inselwelt des Karibischen Meeres und entlang der dem Atlantik zugewandten Küsten

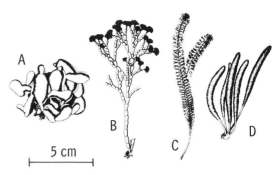

Abb. 129 Tropische Grünalgen mit diskontinuierlicher Verbreitung: Vorkommen nur im West-atlantik (und zum Teil im Mittelmeer)
Grünalgen: Siphonocladales: (A) *Valonia macrophysa* (unteres Eulitoral und oberes Sublitoral, auch im Mittelmeer; Gattung enthält noch indopazifisch-atlantische und indopazifische Arten).
Dasycladales: (B) *Cymopolia barbata* (verkalkt, oberes Sublitoral; Gattung nur im Westatlan-tik); **(C)** *Batophora oerstedi* (oberes Sublitoral); **(D)** *Dasycladus vermicularis* (Sublitoral; nur 1 Art, auch im Mittelmeer) (Habitusbilder aus *W. R. Taylor:* Marine algae of the eastern tropical and subtropical coasts of the Americas. Univ. Michigan, Ann Arbor 1960)

von Mittelamerika sowie von Venezuela und Brasilien bis Kap Frio bei Rio de Janeiro (s. Abb. **6 und 7**). Der warme **Südäquatorialstrom** teilt sich vor der brasilia-nischen Küste. Südwärts verläuft der warme **Brasilstrom** (s. Abb. **57**), welcher die Existenz tropischer Meeresorganismen bis Kap Frio ermöglicht. Der nördlich ver-laufende Zweig, der **Guayanastrom,** vereinigt sich mit dem Nordäquatorialstrom, fließt in das Karibische Meer und durch den Kanal von Yucatan in den Golf von Mexiko. Der nördlich gerichtete Warmwassertransport setzt sich im **Floridastrom** fort, der als **Golfstrom** die ostamerikanische Küste verläßt, auch den Bermuda-Inseln noch tropischen Charakter verleiht und schließlich als **Nordatlantischer Strom** den Atlantik in Richtung Europa überquert.

Die nordwärts gerichtete Hauptströmung transportiert treibfähige tropische Orga-nismen, darunter die mit gasgefüllten Thallusblasen versehenen *Sargassum*-Arten (vgl. Sargassomeer, Kapitel 4.7), auch die Fortpflanzungsstadien zahlreicher tropi-scher Meerestiere an die Weichsubstratküste der warmgemäßigten Carolinaregion (S. 101), wo sie wegen zu niedriger Wassertemperaturen und wegen Mangel an Hartsubstrat zugrundegehen.

Untersuchungsgeschichte und Artenzahlen. Ein Meilenstein der marinen Phykologie im tropi-schen Westatlantik war zunächst das Werk von BÖRGESEN (1913-1920) über die „Dänisch-Westindischen Inseln", die heutigen US-Virgin Islands, St. Croix, St. John und St. Thomas (nördliche Kleine Antillen). Ein weiterer Meilenstein ist das Werk von TAYLOR (1960), wel-ches den Küstenbereich von North Carolina bis Südbrasilien behandelt, also auch Küsten-strecken der angrenzenden warmgemäßigten Regionen miteinbezieht. Nach dieser Quelle und nach DIAZ-PIFERRER (1969) kommen im genannten Bereich etwa 800 Arten von benthisch-vielzelligen Meeresalgen (ohne Blaualgen) vor, davon 80 % im tropischen Zentralbereich der Karibik, und 15 % der Arten sind hier endemisch (Beispiele in Abb. **129**). Für die „Dänisch-Westindischen Inseln" hatte BÖRGESEN 327 Arten angegeben (58 % Rotalgen, 28 % Grünal-gen, 14 % Braunalgen).

Die westatlantische tropische Region läßt sich im mittelamerikanisch-karibischen Bereich floristisch kaum weiter aufgliedern. Bei den bisherigen Untersuchungen an der Ostküste der mittelamerikanischen Landbrücke wurden im wesentlichen Arten

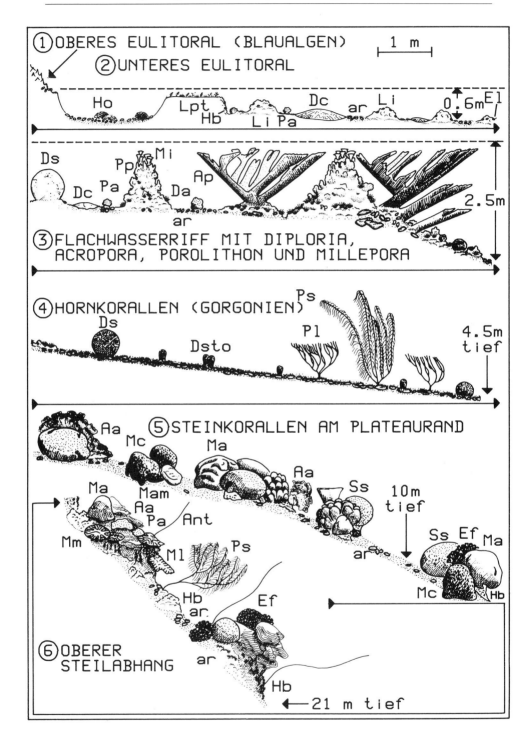

① OBERES EULITORAL (BLAUALGEN)   1 m

② UNTERES EULITORAL

Ho   Lpt   Dc   Li   0.6m El
     Hb   Li Pa   ar

Ds   Mi
   Pp   Ap
Dc Pa   Da   2.5m
        ar

③ FLACHWASSERRIFF MIT DIPLORIA,
ACROPORA, POROLITHON UND MILLEPORA

④ HORNKORALLEN (GORGONIEN) Ps
   Ds   Pl   4.5m
      Dsto   tief

Aa   ⑤ STEINKORALLEN AM PLATEAURAND
   Mc   Ma
         Aa
Ma   Mam   Ss   10m
   Aa Pa Ant   tief
Mm   Ss Ef Ma
      Ml   Ps
         Hb   ar   Mc   Hb
         ar   Ef
⑥ OBERER
  STEILABHANG   ar
            Hb
         ← 21 m tief

gefunden, die auch an den Küsten der Antillen, bei den Bahamas oder in Südflorida vorkommen (PHILLIPS u. Mitarb. 1982), und dieses gilt weitgehend auch für die tropische Ostküste Brasiliens, soweit sie festes Substrat bietet (TAYLOR 1930, DIAZ-PIFERRER 1969).
In der westatlantischen tropischen Region sind **Korallenriffe** weit verbreitet. Die Tatsache, daß hier eine etwa zehnfach geringere Artenanzahl von Steinkorallen vorkommt als im Indopazifik (S. 160), weist nicht nur auf das an Ausdehnung zwanzigfach kleinere Riffgebiet im Westatlantik hin, sondern auch auf eine hohe Aussterberate während der Klimaschwankungen im späten Tertiär und im Pleistozän, die sich im Atlantik schärfer auswirkten als im Indopazifik (KÜHLMANN 1971, SCHUHMACHER 1976).

Zonierung am Korallenriff. Diese soll am Beispiel der durch HOEK u. Mitarb. (1975, 1978) untersuchten Tiefenzonierung vor der Insel **Curacao** aus der Gruppe der Niederländischen Antillen vor der Küste von Venezuela besprochen werden (Abb. 130). Die Küstenfelsen bestehen aus Korallenkalk, der sich bis zu 5 m über dem Meeresspiegel erhebt. Unter Wasser folgt eine Plattform, die allmählich bis auf 8-10 m Tiefe abfällt und schon in 100 m Entfernung von der Küste mit einem Steilabfall in die Tiefe endet. Die Wassertemperaturen bewegen sich zwischen 26°C im Winter und 29°C im Sommer, der Salzgehalt liegt bei 35%, und der Tidenhub beträgt nur etwa 30 cm. Es werden sieben Gemeinschaften unterschieden (entsprechend der Bezifferung in Abb. 130; siebte Gemeinschaft nicht abgebildet), wobei insgesamt 142 Arten von vielzelligen Meeresalgen (einschließlich bohrender Blau- und Grünalgen) gefunden wurden.
Das gering ausgedehnte **Eulitoral** wird (1) im oberen Bereich von Blaualgen besiedelt, während (2) im untersten Bereich ein 1-8 cm hoher Rasen von zahlreichen kleineren Algenarten zu finden ist, der fleckenhaft auch im oberen Sublitoral vorkommt. Unter diesen wachsen vegetationsbestimmend die Grünalgen *Enteromorpha*, die Braunalgen *Giffordia duchassaigniana*, *Sphacelaria tribuloides* sowie im untersten Bereich Rotalgen wie *Laurencia*, *Hypnea musciformis* und die Braunalge *Sargassum polyceratium*.
Auf der Plattform im **Sublitoral** befindet sich von der Brecherzone bis zu 3 m Tiefe (3) ein **Flachwasserriff.** Hier dominieren die halbkugelige, bis zu 1 m Durchmesser erreichende Mäanderkoralle *Diploria clivosa* und die bis zu 2,5 m breiten und 1,5 m hohen Stöcke der baumförmigen Geweihkoralle *Acropora palmata*. Dazwischen erheben sich turmartige Gebilde der Krustenrotalge *Porolithon pachydermum*. Auf diesen wachsen die zu den Hydrozoen gehörenden, den Steinkorallen täuschend ähnlich sehenden Stöcke der Hydrokoralle *Millepora*. Die Krustenrotalge ist hier neben den Steinkorallen als wichtiger Riffbildner tätig. Infolge der unregelmäßigen und bizarren Formen der Riffbildner wird die Bodenoberfläche um ein Mehrfaches vergrößert (DAHL 1973b). In Mengen kommt der Seeigel *Diadema antillarum* vor, welcher den fleckenhaft auftretenden Algenrasen aus kleinwüchsigen Arten kurz hält, aber auch die lebende Oberfläche der Korallen abweiden kann (HOEK u. Mitarb. 1978).

Abb. **130**   Biologische Zonierung an der Saumriffküste von Curacao
Korallen: Aa *Agaricia agaricites;* Ant *Dörnchenkoralle;* Ap *Acropora palmata;* Dc *Diploria clivosa;* Ds *Diploria strigosa;* Dsto *Dichocoenia stokesii;* Ef *Eusmilia fastigiata;* Ma *Montastrea annularis;* Mam *Madracis mirabilis;* Mc *Montastrea cavernosa;* Mi *Millepora*-Art; Ml *Mycetophyllia lamarckana;* Mm *Meandrina meandrites;* Pa *Porites astreoides;* Pl *Plexaura*-Arten; Ps *Pseudopterogorgia*-Arten; Ss *Siderastrea siderea*
Seeigel: Da *Diadema antillarum;* El *Echinometra lacunter.* **Algen:** ar Algenrasen
Krustenrotalgen: Hb *Hydrolithon boergesenii;* Li *Lithophyllum intermedium;* Pp *Porolithon pachydermum*
Rotalge: Lpt *Laurencia papillosa* – Rasen
Grünalge: Ho *Halimeda opuntia* (aus *C. van den Hoek, A. M. Cortel-Breeman, J. B. W. Wanders:* Aqu. Bot. 1 [1975] 269-308)

Abb. 131   Steilabhang vor der SW-Küste von Curacao in etwa 40 m Tiefe. Der Korallenkalk ist vielerorts mit einem Rasen verschiedener Tiefenalgen bewachsen. Die plattenartige Koralle rechts im Bild ist *Agaracia lamarckii*. Die peitschenartigen Gebilde stellen die Dörnchenkoralle *Stichopathes* dar (Ordnung Antipatharia) (aus *C. van den Hoek, A. M. Breeman, R. P. M: Bak, G. van Buurt:* Aqu. Bot. 5 [1978] 1-46)

Das *Diploria-Acropora-Porolithon-Millepora*-Riff endet in etwa 3 m Tiefe, und auf dem tiefer-liegenden Restbereich der Plattform sammeln sich die vom Riff stammenden und zu Korallensand zermahlenen Sedimente, die allmählich über die Plattform hinweg transportiert werden und schließlich am Steilabhang in die Tiefe rieseln. In 3-5 m Tiefe dominieren auf der Plattform die Büsche der **(4)** Hornkorallen (Gorgonien) *Pseudopterogeorgia* und *Plexaura*. Diese wachsen verstreut auf übersandetem Hartsubstrat, auf welchem Krustenrotalgen keine gute Existenzmöglichkeit finden. Wohl aber gedeihen hier rasenartig wachsende, bis zu 2 cm hohe Algen, die in diesem Tiefenbereich wie auch im unteren Eulitoral ihre größte Dichte erreichen. Das Substrat für den Algenrasen wird von Korallenschutt gebildet, aber auch von Sandkörnern, welche durch Rhizoide und Ausläufer der Algen verfestigt werden. Es dominieren als „Ankerarten" (S. 69) die Braunalge *Sphacelaria tribuloides,* Rotalgen wie *Chondria polyrhiza, Pterocladia americana, Jania, Ceramium leutzelburgii* und außerdem die Blaualge *Lyngbya*. Weiter treibt lose eine Menge kleiner Algen wie die Braunalge *Dictyota dichotoma* und die Rotalge *Spyridia filamentosa* umher.

Von 5-10 m Tiefe dominieren auf der Plattform wieder zwischen Gassen von Sand und Korallenschutt die Steinkorallen, darunter vor allem die bis zu 1 m hohen und bis 5 m Durchmesser erreichenden Mäanderkorallen **(5)** *Madracis mirabilis* und kleinere *Montastrea*-Arten. Aufrechtwachsende Algen sind hier nur spärlich entwickelt, und es ist zu beobachten, daß die vorhandenen Algenbestände als Territorium von dem Fisch *Eupomacentrus planifrons* gegen andere algenfressende Fische verteidigt werden. In dieser Zone liegt offensichtlich der Schwerpunkt der herbivoren Fische, welche die oberen Zonen wegen der starken Wellenwirkung meiden. Fraßspuren an Algen sind an abgebissenen Thallusspitzen und regenerierenden Zweigen vielfach zu beobachten. Im Korallenkalk und in Bruchstücken von Korallen bohrende Blaualgen sind hier die Hauptkomponenten der Vegetation, und auch diese dienen raspelnden Herbivoren als Nahrung.

Am oberen Steilhang **(6),** in etwa 10 m Tiefe und unterhalb des Plattformrandes, fällt der Sand in Schluchtrinnen kaskadenartig den Steilhang hinunter. Zwischen den Schluchtrinnen befinden sich vertikale Kalkpfeiler, und an diesen sind „wie Vogelnester in schwindelnder Höhe" flache Wuchsformen verschiedener Steinkorallen angeheftet. Diese dachziegelartig sich überlappenden Steinkorallen kommen bis zu 30 m Tiefe vor. Krustenrotalgen wie *Hydrolithon boergesenii* nehmen unterhalb des Plattformrandes wieder zu und wachsen vor allem auf abgestorbenen Korallenpartien. Da am vertikalen Steilabfall nur noch wenig Licht zur Verfügung steht, kommen neben den gut vertretenen bohrenden Blaualgen an aufrechtwachsenden Algen nur noch schwachlichtverträgliche Arten vor, die jedoch nicht mehr stark abgegrast werden und Längen von mehreren Zentimetern erreichen, da die Dichte des Seeigels *Diadema antillarum* hier nur noch gering ist. Zwischen 25 und 60 m Tiefe dominieren (7) die Tiefenalgen, nicht mehr die Korallen (s. Abb. **131**). In 30-38 m Tiefe existiert eine gürtelartige Vegetation der Braunalge *Pocockiella variegata* (Dictyotales), die eine diskontinuierliche Tiefenverteilung zeigt und erst im unteren Eulitoral wieder vermehrt auftritt. Generell erreicht die Vegetation der aufrechtwachsenden Algen ihre größte Dichte im unteren Eulitoral und als Tiefenvegetation. Dieses hängt wahrscheinlich mit der Dichte der weidenden Tiere zusammen. Diese können sich in der Brandungszone aus mechanischen Gründen nicht halten, und in der Tiefe fehlen den herbivoren Tieren die vor Feinden schützende Strukturen des geschlossenen Korallenriffes.

In 55-60 m Tiefe gibt es noch eine spärliche Vegetation mit etwa 40 Arten von aufrechtwachsenden Algen, darunter mehrere Vertreter der Grünalgenordnung Caulerpales (Siphonales) wie *Bryobesia cylindrocarpa, Udotea, Caulerpa*-Arten, weiter die Braunalgen *Dictyopteris delicatula, Dictyota dichotoma* und verschiedene Rotalgen. Krustenrotalgen sind hier noch gut vertreten und erreichen gemeinsam mit den letzten lebenden Korallen ihre Tiefengrenze in 80-90 m, wo ein sandiges Plateau beginnt (Hoek u. Mitarb. 1978).

Tiefenalgen. An anderen Küstenstandorten, bei welchen das feste Substrat weiter in die Tiefe als bei Curacao hinabreicht, so vor der Küste von Britisch Honduras und bei den Bahamas, konnten von Tauchfahrzeugen aus noch in 175 m oder 200 m Tiefe rote Krustenalgen gesichtet werden (Adey u. Mac Intyre 1973, Lang 1974). Mit dem Forschungstauchboot „Johnson-Sea-Link" wurde bei den Bahamas im Tiefenbereich 60-150 m (Wassertemperaturen bei 20-24°C) die neue Grünalgengattung *Johnson-sea-linkia* entdeckt und gesammelt. Die schirmartig entwickelten Thalli dieser Alge fangen das schwache Tiefenlicht als horizontal gestellte Lichtempfänger optimal auf (Abb. **132**). Auch im tieferen Sublitoral vor der Ostküste Südfloridas herrschen im tieferen Sublitoral flächige Wuchsformen vor (Eiseman 1978). Als weitere vegetationsbestimmende Algen dominieren im genannten Tiefenbereich bei den Bahamas Arten der Grünalgengattungen *Halimeda, Caulerpa* (Caulerpales), *Anadyomene, Struvea, Microdictyon* (Siphonocladales), außerdem die Braunalge *Lobophora variegata* (Dictyotales). Die tiefsten, sicher registrierten Meeresalgen wurden bei San Salvador (Bahamas) vom Forschungstauchboot aus kartiert und gesammelt (Littler u. Mitarb. 1985). Von 520-268 m Tiefe dominierten auf einem Unterwasserberg krustenförmige Schwämme. Bei 268 m (0,001 % des Oberflächenlichtes, Jerlov-Wassertyp I; vgl. S. 216) erschienen die ersten roten Krustenkalkalgen, bei 210 m (0,01 % Licht) die kalkbohrende Grünalge *Ostreobium,* bei 189 m die unverkalkte rote Krustenalge *Peyssonnelia* und schließlich bei 157 m (0,1 % Licht) die erste aufrechtwachsende Alge, *Johnson-sea-linkia profunda.* Die Wassertemperatur betrug 29° C an der Oberfläche und 19°C in 268 m Tiefe.

Algenstandorte ohne Korallenriff. An Standorten im Flachwasserbereich, die frei von Korallenriffen sind, kann sich auf Hartsubstrat eine üppige Vegetation von **Braunalgen** entwickeln.

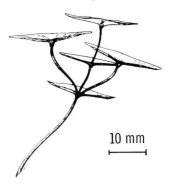

10 mm

Abb. **132**   *Johnson-sea-linkia profunda* (Caulerpales), eine Tiefengrünalge von den Bahamas (aus *N. J. Eiseman, S. A. Earle:* Phycologia 22 [1983] 1-6)

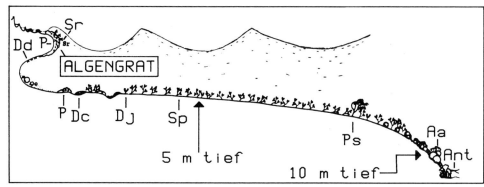

Abb. **133** Vegetationsprofil an der NO-Küste von Curacao, die frei von Korallenriffen ist. Bestimmend ist die Braunalge *Sargassum platycarpum* (Sp). P *Porolithon pachydermum* (Krustenrotalge); Dc *Diploria clivosa* (Steinkoralle); Dj *Dictyopteris justii* (Braunalge); Ps *Pseudopterogorgia acerosa* (Gorgonie); Aa *Acropora palmata* (Steinkoralle); Ant Dörnchenkoralle; Dd *Dictyopteris delicatula;* Sr *Sargassum rigidulum* (aus *C. van den Hoek, J. B. W. Wanders, A. M. Cortel-Breeman:* Proc. Int. Seaweed Symp. (Bangor) 8 [1981] 353-359)

Dieses ist zum Beispiel an der NW-Küste von Curacao der Fall, wo sich möglicherweise wegen zu starker Ostwinde keine Riffe entwickeln und im Flachwasserbereich ausgedehnte Bestände von *Sargassum* vorkommen (Abb. 133). Deren Primärproduktion erreicht nach WANDERS (1976-1977) ungefähr die Primärproduktion eines Korallenriffs (S. 279, Tab. **24**). Möglicherweise verhindert im Flachwasser der hohe Seegang infolge starker Ostwinde die Entwicklung der Steinkorallen, die erst unterhalb von 10 m Tiefe auftreten. Korallenriffe fehlen auch in Buchten und Lagunen mit Weichsubstrat sowie an der 3000 km langen, schlammigen Küstenstrecke vom **Orinoco-Delta** in Venezuela entlang dem Gebiet der **Amazonasmündungen** bis Fortaleza in NW-Brasilien, worauf bis zur Regionsgrenze bei Rio de Janeiro auch wieder Hartsubstrat mit zum Teil endemischen Korallenarten vorkommt (BRIGGS 1974). An Küstenstrecken mit Weichsubstrat trägt der Boden eine reiche **Mangrovevegetation** mit den Hauptarten *Rhizophora mangle* und *Avicennia nitida,* auf deren Stelzwurzeln im Brackwasserbereich die Grünalge *Caulerpa* und die Rotalgen *Acanthophora* sowie *Catenella* vorkommen (GESSNER u. HAMMER 1967, VROMAN 1968, HOEK u. Mitarb. 1972). Die Rotalge *Bostrychia radicans* wächst zuoberst und verträgt zeitweises Trockenfallen. Seewärts schließen sich der Mangrovevegetation **Seegraswiesen** an, die auch in Korallengebieten auf Sandboden gedeihen, wobei in der westatlantischen tropischen Region *Thalassia testudinum* und weiter die Gattungen *Halophila, Halodule* sowie *Syringodium* vorkommen (s. Abb. **122**).
Brasilianische *Laminaria*-**Arten.** Nahe der Südgrenze der Region bei Rio de Janeiro fand man in 100 km Abstand von der Küste in 70 m Tiefe zwei *Laminaria*-Arten. Es handelt sich um *L. abyssalis* mit ungeteiltem Phylloid, die der nordhemispherischen *L. saccharina* ähnlich sieht, weiter um *L. brasiliensis* mit geschlitztem Phylloid (JOLY u. OLIVEIRA FILHO 1967). Die letztere Art kann vielleicht mit *L. digitata* von der nordostamerikanischen Küste oder mit der mediterran-atlantischen *L. ochroleuca* sowie der südafrikanischen *L. pallida* in Zusammenhang gebracht werden. Die Wassertemperaturen am Standort in 70 m Tiefe mit 16-20°C ermöglichen diesen Tangen der Nordhalbkugel hier die Existenz, während sie vom Flachwasserbereich mit 21-23°C ferngehalten werden, also ähnlich wie im Fall der Laminariales im Mittelmeer (S. 91). Möglicherweise sind die brasilianischen *Laminaria*-Arten im Pleistozän wie wahrscheinlich auch *L. ochroleuca* im Ostatlantik (S. 156) in der Tiefe durch den Tropengürtel hindurch bis an den jetzigen Standort gelangt.

4.7. Sargassomeer

Literatur: BUTLER u. Mitarb. (1983), GESSNER (1955-1959), HOWARD u. MENZIES (1969), PARR (1939), PÉRÈS (1982b), STONER u. GREENING (1984), WINGE (1923), WOELKERLING (1972).

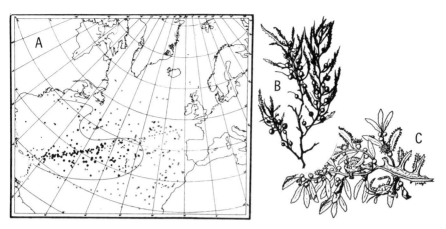

Abb. **134** **(A)** Grenzen der Sargassosee, wie sie auf den „Dana"-Expeditionen 1920-22 ermittelt wurden. Schwarze Kreise deuten Funde von *Sargassum* an, wobei die Häufigkeit mit dem Durchmesser der Kreise zunimmt. Offene Kreise: kein *Sargassum* gefunden
(B) *Sargassum natans* aus der Sargassosee
(C) Wirbellosen- und Fischfauna (Sargasso-Fisch *Histrio histrio*) auf freitreibendem *Sargassum* im Golf von Mexiko (**A, B** aus *Ö. Winge:* The Sargassa Sea, its boundaries and vegetation. Report on the Danish Oceanogr. Exped. 1908-10 to the Mediterranean and adjacent seas. 3/2 [1923] 1-34; **C** aus *J. W. Hedgpeth:* Geol. Soc. Amer. Mem. 67 [1957] 359-382)

Aus der westatlantischen tropischen Region sind wahrscheinlich schon vor geologischen Zeiträumen freitreibende *Sargassum*-Arten, die als *S. fluitans* und *S. natans* (Abb. **134 B**) geführt werden, in das Gebiet des heutigen Sargassomeeres geraten, welches einen Durchmesser von 2500 Seemeilen aufweist (Abb. **134 A**). Das Sargassomeer befindet sich im windarmen Zentrum der großen Kreisströmung von Golfstrom / Nordatlantischem Strom und des entgegengerichteten Nordäquatorialstroms (s. Abb. **57**). „Die Ortsfestigkeit, welche die Algen sonst durch ihre sessile Lebensweise erreichen, wird ihnen in diesem Fall durch die Eigenart der Meeresströmung geboten" (GESSNER 1955-1959).
Die Tangmassen treiben an der Wasseroberfläche in langen, windausgerichteten Reihen (Faller u. Woodcock 1964) oder in fleckenhaften Beständen. Das Vorkommen reicht von den Kleinen Antillen bis 35° W und erstreckt sich im westlichen Atlantik etwa auf den Breitenbereich 20-30° N, weiter östlich auf den Bereich 30 bis 40° N (Abb. **134A**). Temperaturmäßig und damit im wesentlichen als lebensbegrenzend für die freitreibenden Tangbestände ist dieser Bereich durch den Verlauf der 20°C-Februarisotherme im N und die 25°C-Februarisotherme im S markiert (s. Abb. **6**), liegt also im Nordteil der westatlantischen tropischen Region.

Historische Berichte. KOLUMBUS traf 1492 bei 35° W auf das „Kraut" (portugiesisch: „Salgaco"), das nach W zu häufiger wurde, und in seinem Tagebuch ist zu lesen: „Es war ein Kraut, das Felsen bewohnt und kam aus Westen. Man glaubte in Landnähe zu sein... Man fand im Kraut eine lebende Krabbe". Schon in einem Bericht aus der Zeit von DARIUS I. heißt es: „Über die Insel Cerne kann man nicht segeln, da dort das Meer mit Kraut bedeckt ist" (Zit. nach GESSNER 1955-1959).
Anpassungen. *Sargassum fluitans* und *S. natans* haben die Haftorgane und die sexuelle Fortpflanzung verloren und vermehren sich vegetativ durch Fragmentierung. Sexualität als Ver-

mehrung der Genkombinationen spielt unter den gleichförmigen Bedingungen der freitreibenden Lebensweise offenbar keine Rolle, und weiterhin wären etwa sich entwickelnde Zygoten sowieso dem Untergang geweiht, wenn sie im freien Wasser des Sargassomeeres in die Tiefe sinken würden. Da es bei diesen Arten keinen gleitenden Übergang zur festsitzenden Lebensweise gibt, können sie keiner der zahlreichen benthischen *Sargassum*-Arten der westatlantischen Region direkt zugeordnet werden. Sicher sind sie aus benthischen Vorfahren entstanden. Dieses muß vor vielen Millionen von Jahren erfolgt sein, da es eine in Form und Färbung spezifisch angepaßte Begleitfauna der treibenden Tangmassen gibt (BUTLER u. Mitarb. 1983, STONER u. GREENING 1984). Darin findet man neben Mollusken, Crustaceen und Anneliden auch Fische mit bizarren, algenähnlichen Anhängen wie *Histrio histrio* (Abb. **134C**) oder *Antennarius marmoratus,* der letztere mit einer gelblich-braungestreiften „*Sargassum*-Uniform", auf der sogar weiße Punkte die verkalkte Epifauna des Tangs imitieren (COTT 1957, PARR 1939, PÉRÈS 1982b). *S. fluitans* und *S. natans* kommen im übrigen nicht nur im Sargassomeer, sondern auch weitverbreitet in der westatlantischen tropischen Region sowie im warmgemäßigten Golf von Mexiko als freitreibende Tangmassen vor (TAYLOR 1960). Diese Bestände sind jedoch zu gering, um als Nachlieferer für die Bestände im Sargassomeer in Frage zu kommen, und so erhalten sich diese wahrscheinlich seit Millionen von Jahren selbsttätig. Am NW-Rand des Sargassomeeres treiben als Invasoren von der nordamerikanischen Ostküste auch zahlreiche Exemplare der Braunalgen *Ascophyllum nodosum* und *Fucus vesiculosus.* Darauf wurden als Epiphyten 14 kleinere Algenarten wie *Pilayella littoralis* oder *Polysiphonia lanosa* gefunden (WOELKERLING 1972).

Biomasse und Produktivität. Die Biomasse der im Sargassomeer treibenden Tange liegt bei 2000-5000 kg Frischgewicht pro Quadratseemeile, im Golf von Mexiko bei 1000 kg. Für ein Gesamtgebiet des Sargassomeeres mit 2 Mio. Quadratseemeilen ergeben sich möglicherweise 4-11 Mio. Tonnen Frischgewicht an treibenden Tangmassen (PARR 1939, GESSNER 1955-1959). Mit einer Biomasse von nur 0,9-2,5 g Frischgewicht m^{-2} oder 75-225 mg C m^{-2} ist die Biomasse von *Sargassum* (auf den Quadratmeter bezogen) als äußerst gering einzustufen (vgl. Tab. **25**) und noch kleiner als die Biomasse des Phytoplanktons im Sargassomeer (PÉRÈS 1982b). Auch die Wachstumsraten sowie die Produktivität der freitreibenden *Sargassum*-Bestände sind sehr gering, weil das Sargassomeer wie alle tropischen Hochseegebiete nährstoffarm ist, was sich schon daraus ergibt, daß der Jerlovsche optische Wassertyp für das Sargassomeer ein sehr klares Wasser anzeigt (S. 213).

4.8. Indowestpazifische tropische Region

Literatur: Tropisches Ostafrika: MSHIGENI (1983), SCHMIDT (1957). **Mocambique:** ISAAC u. CHAMBERLAIN (1958). **Natal:** FARNHAM u. LAMBERT (1981). **Tansania:** JAASUND (1969-1977), JAASUND (1976). **Kenia:** ISAAC (1971). **Inseln im Westindik: Aldabra:** PRICE (1971). **Mauritius:** BAISSAC u. Mitarb. (1962), BÖRGESEN (1940-1957). **Rotes Meer:** KETCHUM (1983), LIPKIN (1975), MERGNER (1979), MERGNER u. SVOBODA (1977), NATOUR u. Mitarb. (1979), PAPENFUSS (1968), RAYSS u. DOR (z. B. 1963), SIMONSEN (1968). **Persischer (Arabischer) Golf:** BASSON (1979), BASSON u. Mitarb. (1977), NIZAMUDDIN u. GESSNER (1970). **Pakistan:** ANAND (1940-1943), SAIFULLAH (1973). **Indien:** BÖRGESEN (1934, 1937-1938), KRISHNAMURTHY u. YOSHI (1970), MURTHY u. Mitarb. (1978), OHNO u. MAIRH (1982), UMAHESWARA RAO u. SREERAMULU (1964, 1970). **Sri Lanka (Ceylon):** DURAIRATNAM (1961), SVEDELIUS (1906). **Malediven:** HACKETT (1969, 1977). **Thailand:** EGEROD (1974). **Malaysia:** SIVALINGAM (1977). **Vietnam:** DAWSON (1954), PHAM-HOANG (1962). **Südchina:** MORTON u. MORTON (1983), TSENG (1983-1984). **Taiwan:** CHIANG (1960-1962, 1973). **Philippinen, Indonesien:** CORDERO (1976-1979), TAYLOR (1966), VELASQUEZ u. Mitarb. (1975), WEBER van BOSSE (1913-1928). **N- und NW-Australien:** CRIBB (1973, 1981), FUHRER u. Mitarb. (1981), KNOX (1963), MORRISSEY (1980), PRICE u. Mitarb. (1976), WOMERSLEY (1958, 1981). **Westpazifische Inseln:** DAHL (1979). **Mikronesien:** TSUDA u. WRAY (1977). **Marianen:** TSUDA u. TOBIAS (1977). **Karolinen:** TRONO (1968-1969). **Marschall-Inseln:** DAWSON (1957b), GILMARTIN (1960, 1966), TAYLOR (1950). **Melanesien: Salomon-Inseln:** MORTON (1973), WOMERSLEY u. BAILEY (1969, 1970). **Fidji:** CHAPMAN (1971). **Zentralpazifische Inseln: Hawaii:** ADEY u. Mitarb. (1982), DEWREEDE u. JONES (1973), DOTY u. Mitarb. (z. B. 1974), GRIGG (1983). **Oster-Insel:** BÖRGESEN (1924).

Im Indopazifik erstreckt sich das tropische Gebiet halbwegs um den Erdumfang und über 60 Breitengrade. Die **indowestpazifische Region** reicht von Ostafrika über die Küsten des Indischen Ozeans, von Indonesien und von Nordaustralien bis zur pazifischen Inselwelt von Mikronesien, Melanesien, Hawaii und Polynesien. Das riesige Ausmaß dieser Region, etwa 14 000 Seemeilen von Ostafrika bis zur letzten polynesischen Inselgruppe, dem Tuamotu-Archipel, weiterhin die vielfältige Isolation der benthischen Meeresorganismen infolge der großen Küstenentfernungen haben dazu geführt, daß die indowestpazifische Region hinsichtlich der Meeresfauna die artenreichste aller tropischen Regionen ist (EKMAN 1953, BRIGGS 1974, vgl. S. 148). Es gibt hier zehnmal mehr Arten von riffbildenden Korallen und zwei- bis dreimal mehr Arten von Muscheln oder Fischen als im tropischen Westatlantik. Im „Dreieck Philippinen / Malaya / Neu-Guinea" tritt das Maximum des Faunenreichtums auf. Vielleicht liegt hier das Ausbreitungszentrum für zahlreiche tropisch-benthische Meeresorganismen, vielleicht aber auch nur ein über lange periodische, temperaturmäßig ungestörtes Refugium (VERMEIJ 1978).

Tabelle 7   Fucales der Tropen und der Südhalbkugel. Vorkommen auch auf der Nordhalbkugel, N Anzahl der Arten. X Vorkommen der Gattung (zum Teil nur in begrenzten Gebieten): AU Südaustralien, NE Neuseeland. S Sonstige Verbreitung: TR Tropen, WA Warmgemäßigte Regionen, SM Südamerika, SF Südafrika, IN Indischer Ozean, SA Subantarktische Inseln, AN Antarktis. Alle Gattungen, mit Ausnahme von *Hormosira*, besiedeln das Sublitoral. *Ascoseira* und *Durvillaea* können auch als Vertreter eigener Ordnungen betrachtet werden (S. 189, 191) (zusammengestellt nach *Nizamuddin* 1962, 1970)

Familie	Gattung	N	AU	NE	S
1. Ascoseiraceae	*Ascoseira*		–	–	SA, AN
2. Durvillaeaceae	*Durvillaea*	3	X	X	SM, SA
3. Hormosiraceae	*Hormosira*	1	X	X	–
4. Seirococcaceae	*Phyllospora*	1	X	–	–
	Seirococcus	1	X	–	–
	Scytothalia	1	X	–	–
5. Fucaceae	*Axillariella*	1	–	–	SA
	Cystosphaera	1	–	–	SA, AN
	Xiphophora	2	X	X	–
6. Himanthaliaceae	– – – – – – – – – – –				
7. Sargassaceae	*Carpophyllum*	4	–	X	SF
	Sargassum	150	X	X	TR, WA
	Turbinaria	20	–	X	TR, WA
8. Cystoseiraceae	*Acrocarpia*	2	X	–	–
	Bifurcaria	3	–	–	SF
	Bifurcariopsis	1	–	–	SF
	Carpoglossum	1	X	–	–
	Caulocystis	2	X	–	–
	Cystophora	23	X	X	–
	Cystoseira	40	X	–	WA
	Hormophysa	1	X	–	IN
	Landsburgia	2	–	X	–
	Marginariella	2	–	X	–
	Myriodesma	8	X	–	–
	Platythalia	2	X	–	–
	Scaberia	1	X	–	–

Die Küste von **Ostafrika,** auf weiten Strecken durch Sandstrand und durch Mangrovesümpfe gekennzeichnet, steht im südlichen Bereich unter dem Einfluß des warmen Südäquatorialstroms, der zwischen Madagaskar und Afrika als Mocambiquestrom Warmwasser nach Süden transportiert und in der Fortsetzung als Agulhasstrom die tropische Region bis fast zur Südspitze von Afrika ausweitet (s. Abb. **6** und **57).** Ausführlich untersucht wurde die Algenflora von Tansania mit bisher 310 Arten von Grün-, Braun- oder Rotalgen (JAASUND 1969-1977). Über die Meeresalgen von Madagaskar ist kaum etwas bekannt, während die Algen der östlich gelegenen Insel **Mauritius** in klassischer Weise von BÖRGESEN (1940-1957) bearbeitet wurden. Die hier vorkommenden 13 Arten von *Sargassum* sind alle auf den Indopazifik beschränkt, neun Arten auf den westlichen Indik. Als weitere Vertreter der Fucales wachsen an der ostafrikanischen Küste und auch an den Küsten des Indiks verbreitet *Cystoseira myrica, Hormophysa triquetra* sowie mehrere Arten von *Turbinaria* (Tab. **7,** S. 173).

Im Eingang zum **Roten Meer** und im **Persischen Golf** treten die höchsten Wassertemperaturen des Weltozeans mit 32°C und 35°C auf sowie infolge der starken Verdunstung in diesen Nebenmeeren des Indiks auch die höchsten Werte des Salz-

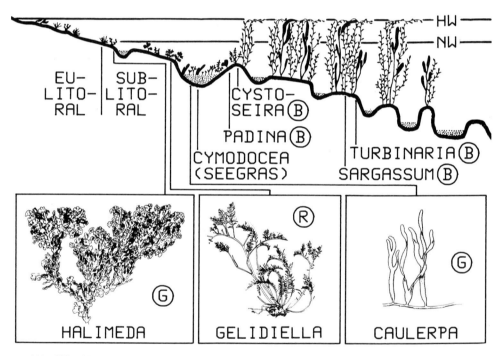

Abb. **135** Algenzonierung an der Flachwasserküste der Insel Sarso im Roten Meer (Farasan-Archipel, Saudi-Arabien). HW Hochwasser; NW Niedrigwasser; G Grünalge; B Braunalge; R Rotalge. Abkürzungen in Legende: IW indowestpazifisch; WA westatlantisch; MI Mittelmeer
Art- und Größenangaben: *Halimeda opuntia* (× 0,25, IW, WA), *Gelidiella acerosa* (× 0,4, pantropisch und MI), *Caulerpa serrulata* (× 0,7, IW, WA), *Cystoseira myrica* (IW, WA), *Padina pavonica* (IW, WA, MI), *Turbinaria decurrens* (IW), *Sargassum latifolium* (IW), *Cymodocea ciliata* (IW) (Vegetationsprofil aus *R. Simonsen:* Meteor Forsch.ergebn. D/3 [1968] 57-66; Habitusbilder aus *W. R. Taylor:* Marine algae of the eastern tropical and subtropical coasts of the Americas. Univ. Michigan, Ann Arbor 1960)

gehaltes mit 42 ‰ und 46 ‰. Im Roten Meer, dessen Algenzonierung im oberen Phytal beispielhaft aus Abb. **135** ersichtlich wird, sind die Europa nächsten Korallenriffe zu finden. Zugleich gehören die Saumriffe im Golf von Akaba (29° N), dem nordöstlichen Nebenarm des Roten Meeres, mit den Saumriffen der Ryukyu-Inseln (Südjapan) und von Hawaii zu den nördlichsten Riffvorkommen. An den sedimentbefrachteten Küsten von **Indien** dominiert die **Mangrove** (S. 159), und ausgedehnte Korallenriffe kommen nur in Südindien vor. An einer der gelegentlich auftretenden **Felsküsten,** bei Okha in NW-Indien (22,5° N), sammelte BÖRGESEN (1934) 137 Algenarten. Von diesen sollen 23 Arten oder 15 % endemisch für das nördliche Arabische Meer sein. Etwa die Hälfte der verbleibenden Arten kommt auch in Japan, Indonesien oder in Australien vor, ein Anzeichen für die weitreichende Verbreitung zahlreicher Algenarten in der indowestpazifischen Region.

Jahresperiodik des Wachstums unter Monsuneinfluß. Daß eine Jahresperiodik des Wachstums und der Reproduktion auch bei tropischen Meeresalgen vorkommt, hatte bereits SVEDELIUS (1906) erkannt, und zwar bei der Untersuchung der Algenvegetation eines Korallenriffes bei Galle an der Südküste von **Sri Lanka (Ceylon)** in 6° N. Die Wassertemperaturen betragen hier zumeist 26° C, mit geringen Abweichungen im Jahreslauf, und daher kann die Temperatur kaum als Anzeiger der Jahreszeit in Frage kommen. Wohl aber herrschen im nördlichen Indischen Ozean, dem „Monsunmeer" (Arabisches Meer und Golf von Bengalen), jahreszeitlich wechselnde Wind- und Strömungsverhältnisse. Von November bis März oder Mai wehen vom Kontinent die **trockenen Wintermonsune,** und die Strömung verläuft als Monsundrift aus Richtung NO. Die Gezeitenzone trocknet aus, und von März bis Juni macht das Eulitoral bei Ceylon wie im nördlichen Arabischen Meer und an der Küste von NW-Indien einen kahlen Eindruck (MURTHY u. Mitarb. 1978, UMAHESWARA RAO u. SREERAMULU 1964). Die **nassen Sommermonsune** beginnen ab April bis Juni vom Ozean zum Kontinent zu wehen, und bis Oktober kommt die Meeresströmung im nördlichen Indik nun als Monsundrift aus Richtung SW. In dieser Jahreszeit ist bei Ceylon „das Meer heftig aufgerührt von dem andauernden starken SW-Winde, gewaltige Wogen wälzen sich gegen das Land und brechen sich an dem Riffrande und den Felsen ... Teils infolge der heftigen Bewegung des Wassers im allgemeinen und besonders infolge der Masse von Schlamm, den die vom Regen angeschwollenen Flüsse ins Meer hinausgeführt haben, ist das Wasser oft völlig trübe" (SVEDELIUS). Nur in dieser Zeit des Sommermonsuns sind im Flachwasser bei Sri Lanka eine *Porphyra*-Art sowie die Rotalge *Dermonema dichotomum* (Abb. **136E**) zu finden. Mehrere büschelförmige, perennierende Algen, auch *Sargassum*-Arten, bilden nun neue Thallussprosse (Abb. **136**), während die alten von der Brandung abgefetzt werden. Einige Arten werden nur während der Zeit des SW-Monsuns fertil. In NW-Indien erscheinen im Juli (Wassertemperatur 33° C) im Flachwasserbereich Algenkeimlinge etwa der Braunalgen *Sargassum, Cystoseira,* der Rotalge *Gracilaria foliifera* sowie der Grünalgen *Ulva lactuca, Caulerpa* und *Codium dwarkense.* Vielleicht ist der jahreszeitlich auftretende Mangel an Licht als gemeinsamer Nenner der Vegetationsrhythmik von sublitoralen Algen in gemäßigten und tropischen Breiten anzusehen, wobei der jahreszeitliche Lichtmangel im nördlichen Indik durch sedimentgetrübtes Wasser während der Sommermonsune verursacht wird, in den kaltgemäßigten Regionen durch die geringe Sonneneinstrahlung im Winter, verstärkt durch sedimentgetrübtes Wasser infolge der Herbst- und Winterstürme.

Westlich der indischen Halbinsel erhebt sich aus 3000-4000 m Tiefe ein unterseeischer Rücken, der als abgesunkene Randscholle der indischen Landmasse gedeutet wird. Hierauf befinden sich die **Korallenriff-Formationen** der **Lakkadiven, Malediven** und des **Tschagos-Archipels.** Die Malediven, knapp nördlich des Äquators gelegen, bestehen aus einer Doppelreihe von mehr als 2000 Inseln, deren Riffe zumeist als Atolle vorliegen, wobei das Wort „atolu" aus der Sprache der maledivischen Eingeborenen stammt.

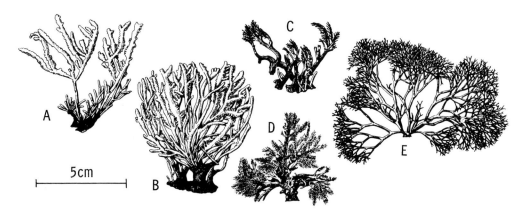

Abb. 136   Tropische Rotalgen von Ceylon mit Laubwechsel im August (Zeit des SW-Monsuns; **A, C**) und im im vollausgewachsenen Zustand (November bis März, Zeit des NO-Monsuns; **B, D**)
(A)-(B): *Laurencia ceylanica;* **(C)-(D):** *Chondria armata* (= *Rhodomela crassicaulis*); **(E)** *Dermonema dichotomum* (Helminthocladiaceae). Diese Rotalge ist nur während der Zeit des SW-Monsuns vorhanden (aus *N. Svedelius:* Über die Algenvegetation eines ceylonischen Korallenriffes mit besonderer Rücksicht auf ihre Periodizität. In: Botaniska studier tillägnade, hrsg. von *F. R. Kjellman,* Uppsala 1906)

Ähnlichkeit der Algenfloren weitentfernter Inselgruppen: Malediven und Marschall-Inseln. Die Algenflora der maledivischen Inseln, welche sich so rasch bilden und auch wieder aberodiert werden, daß die Überlieferung der Eingeborenen die Kenntnis von großen, jetzt verschwundenen größeren Inseln bewahrt hat, stimmen auf dem Niveau der Algengattungen eher mit den Atollen der 8000 km entfernten Marschall-Inseln (S. 179) im Pazifik als mit den benachbarten Hartsubstratküsten von Südindien und Ceylon in 400-600 km Entfernung überein (HACKETT 1969, 1977). So fehlen in der Algenvegetation der Malediven (vorläufig 264 Meeresalgen, davon 18 Arten Braun-, 83 Grün-, 163 Rotalgen) die zahlreichen *Sargassum*-Arten der benachbarten Küsten, welche zudem viermal mehr Arten an Braunalgen beherbergen. Hinsichtlich der Gattungen der Rotalgen besteht mit den benachbarten Küsten nur eine Ähnlichkeit von 30 %, mit den Marschall-Inseln von etwa 60 %. Wahrscheinlich sind hier zwei Gesichtspunkte von Bedeutung. Die beherrschende Rolle kommt in den Atollen den riffbildenden Korallen zu, während an den Kontinentküsten zwar auch Riffe existieren, daneben aber den Makroalgen andere Lebensmöglichkeiten auf Hartsubstrat zur Verfügung stehen. Zum anderen werden fernliegende, ozeanische und geologisch zumeist junge und kurzlebige Inseln von einer Auswahl von weit verbreiteten Algengattungen erreicht, die für den Ferntransport geeignete, allerdings zumeist unbekannte Anpassungen besitzen.

Die asiatische Kontinentalküste von **Birma, Thailand** und **Vietnam** bis zur Nordgrenze der indowestpazifischen tropischen Region bei **Hongkong** ist wie die indische Küste weitgehend mit Sedimenten beladen, und Korallenriffe kommen direkt an der Küste nur sehr vereinzelt vor.

Zonierung bei Vietnam. An der Küste von Vietnam, die zu einem guten Teil auch felsiges Substrat bietet, wachsen im Supralitoral neben Blaualgen die Rotalge *Bangia atropurpurea,* weiter *Porphyra crispata, P. vietnamensis* und die Grünalge *Enteromorpha clathrata* (PHAM-HOANG 1962). Im Eulitoral dominieren an Seepocken *Chthamalus*-Arten, die auch in das Supralitoral hinaufreichende Rotalge *Bostrychia,* weiter Rotalgen wie *Dermonema frappieri* und *Jania rubens,* im unteren Eulitoral die Auster *Ostrea,* die Rotalgen *Gelidiella acerosa, Gelidium pusillum, Centroceras clavulatum* (s. Abb. **125**), die Grünalgen *Chaetomorpha antennina, Entero-*

morpha- und *Ulva-*Arten sowie die braune Krustenalge *Pocockiella variegata.* Im oberen Sublitoral sind als beherrschende Braunalgen *Padina commersonii, Turbinaria ornata* und andere Arten dieser Gattung, *Hormophysa triquetra* (im Habitus *Cystoseira*-ähnlich) und *Sargassum*-Arten zu finden. Hier kommen auch als Vertreter der Grünalgenordnung Dasycladales *Boodlea composita* (s. Abb. **120C**), *Neomeris annulata* (s. Abb. **123D, 124**) sowie *Bornetella oligospora* (Abb. **137A**) vor.

An der östlichen Begrenzung des Indischen Ozeans, von den Westküsten **Sumatras** und **Javas** bis **Westaustralien** kommen **Korallenriffe** vor, deren Existenz im Süden durch den kalten Westaustralischen Strom begrenzt wird (s. Abb. **57, 126**). Eine klassische Bearbeitung der Algenvegetation mit etwa 600 Arten aus **Indonesien** zur Zeit der Niederländisch-Ostindischen Kompanie stammt als Ergebnis der Siboga-Expedition (1899-1900) von WEBER van BOSSE (1913-1928). Einige Beispiele der hier vorkommenden indopazifischen Algen zeigt Abb. **137**. Eine artenreiche Rotalgengattung ist *Eucheuma.* Von den etwa 20 indopazifischen Arten dieser Gattung bewohnen die meisten den gesamten malaiischen Archipel (Inselbereich zwischen SO-Asien und Australien, unter Einschluß von Indonesien, Philippinen und Neu-Guinea). Die Gattung spielt als Carrageenophyt eine wichtige wirtschaftliche Rolle (S. 292) und besiedelt den tropischen Westatlantik nur mit wenigen Arten.

Das Meeresgebiet an der Küste von **Nordaustralien** mit etwa 200 Arten von benthischen Meeresalgen (WOMERSLEY 1981) sowie im **malaiischen Archipel** („australasiatisches Mittelmeer") besteht aus einer flachen Schelffläche, die vielerorts von sumpfigen Mangroveküsten gesäumt wird und für Korallenriffe nicht derartig günstige Möglichkeiten bietet wie die im Westen liegende Inselwelt von **Mikronesien** und **Melanesien** sowie die Küste von **Westaustralien.** An dieser Küste erstreckt sich von der Torres-Straße an der Nordspitze von Westaustralien bis zum südlichen Wendekreis über eine Länge von 2000 km das größte Riffsystem der Erde, das **Große Barriereriff.** Es stellt eine Ansammlung von Saumriffen, Plattform- und Barriereriffen dar, welche dem äußeren Rand des Schelfsockels aufsitzen. Die Barriereriffe bestehen aus 300-500 m breiten und 3-24 km langen Wällen. In den Bereich zwischen diesem Riffsystem und dem australischen Festland war der Weltumsegler

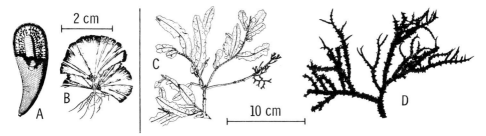

Abb. **137** Tropische Meeresalgen mit diskontinuierlicher Verbreitung: Vorkommen nur im Indopazifik
Grünalgen: (A) *Bornetella oligospora* (Dasycladales, verkalkt); **(B)** *Tydemania expeditionis* (Caulerpales, Tiefwasseralge)
Braunalge: (C) *Sargassum hawaiiensis* (Tiefwasseralge, bis 200 m)
Rotalgen: (D) *Eucheuma denticulatum* (**A** aus *F. E. Fritsch:* The structure and reproduction of the algae. Bd. I-II, Univ. Press, Cambridge 1959-1961; **B** aus *M. Gilmartin:* J. Phycol. 2 [1966] 100-105; **C** aus *R. E. DeWreede, E. C. Jones:* Phycologia 12 [1973] 59-62; **D** aus *A. Weber van Bosse:* Liste des algues du Siboga. Siboga-Exp. Monogr. Brill, Leiden 1913-1928)

Kapitän Cook 1770 eingedrungen und suchte in der Folge wochenlang nach einem Ausgang, um wieder die freie See zu gewinnen (Näheres bei Schuhmacher 1976).

Algenflora des Großen Barriereriffs. Insgesamt kommen auf dem Großen Barriereriff etwa 300 Arten an benthischen Makroalgen vor, mit einem sehr geringen Endemismus von etwa 2 % (Cribb 1973). Auf dem landseitigen Partien der Riffe, dem Riffdach (engl.: reef flat), welches bei Niedrigwasser von 10-80 cm Wasser bedeckt ist und wie ein riesiger Gezeitentümpel wirkt, gibt es nur eine geringe Korallenentwicklung, und dafür sind Makroalgen hier gut vertreten. Zu den dominierenden Arten gehören die Grünalgen *Halimeda opuntia, H. tuna* (beide Arten als wichtige Riffbildner, S. 164), *Caulerpa racemosa, Chlorodesmis fastigiata, Boodlea composita,* die Braunalgen *Padina gymnospora, Cystoseira trinodis, Turbinaria ornata, Sargassum crassifolium, S. polycystum* und als „Ankerarten" (S. 69) die Rotalgen *Amphiroa foliacea, Gelidiella acerosa* sowie *Laurencia obtusa* (Cribb 1981, Morrissey 1980). Die wichtigsten vorkommenden Seegräser auf mobilem Substrat sind auf dem seichten Riffdach *Thalassia hemprichii, Zostera capricorni* und *Halophila ovalis.* An der seewärtigen Plattform zeigen Korallen und rote Krustenkalkalgen der Familie Corallinaceae eine reiche Entwicklung, und unter den spärlichen Makroalgen fallen vor allem die leuchtend-grünen Büschel der *Chlorodesmis*-Arten auf.

Zentralpazifische Inselketten: „Inselspringen". Die vor allem mit Atollen besetzten, geologisch kurzlebigen Inselketten im Zentralpazifik verlaufen vorwiegend in SO-NW-Richtung, entsprechend der Streichrichtung der dominierenden Bruchlinien und der vulkanisch entstandenen untermeerischen Rücken. Die ozeanischen Inselketten etwa der Hawaii-Inseln oder des System Tuamotu-Archipel / Äquatorinseln werden in Richtung SO geologisch jünger und driften insgesamt mit einer Geschwindigkeit von einigen Zentimetern pro Jahr nach NO. Die Inselketten werden dadurch gebildet, daß über "heißen" Fixpunkten (engl.: hot spots) in der Erdkruste jeweils neue Inseln entstehen, die entstehende Inselkette aber gemeinsam mit der pazifischen Platte nach NW driftet und die ältesten Inseln schließlich durch Absenkungsvorgänge verschwinden, weil die pazifische Platte im NW unter den Inselbögen vor dem asiatischen Kontinent versinkt (Thenius 1977). Bei den Hawaii-Inseln tragen daher die Inseln im SO noch tätige Vulkane, während die alten Inseln, vor 5 Mio. Jahren entstanden, im NW abgesunken und mit Atollen besetzt sind. Für die Organismen führen diese geologischen Verschiebungen zu einem „Inselspringen", da sie, einmal auf einer Inselkette angelangt oder hier als endemische Art entstanden, immer wieder neue Inseln mit geeigneten klimatischen Bedingungen vorfinden, während die ursprünglich besiedelten Inseln in klimatisch ungünstige Breitengrade abdriften oder untergehen (Pielou 1979).

Inseltheorie und Algenverbreitung. Bei den zentralpazifischen Inseln handelt es sich um **ozeanische Inseln,** die nie Teil eines Festlands gewesen sind und nach ihrer vulkanischen Entstehung völlig neubesiedelt wurden. Die Existenzdauer der meisten ozeanischen Inseln beträgt nur 2-10 Mio. Jahre (Carlquist 1974). Nach der von MacArthur und Wilson (1967) begründeten „Inseltheorie" besteht auf Inseln ein Gleichgewicht zwischen der Zahl eingewanderter und aussterbender Arten. Für ozeanische Inseln gelten drei wichtige Prinzipien: (1) Die Zahl der eingewanderten Arten steigt mit zunehmender Größe der Insel. (2) Die Zahl der Einwanderer sinkt mit zunehmender Entfernung vom nächsten Festland. (3) Wieviele endemische Arten sich ausbilden, hängt von der geologischen Existenzdauer und wiederum von Inselgröße und Festlandsentfernung ab. Da auch immer wieder neue Einwanderer eintreffen und lokale Auslöschungen auftreten, besteht auf jeder Insel oder Inselkette eine Abfolge von Arten („Taxon-Zyklus"). Im Gegensatz zu ozeanischen sind **kontinentale Inseln** vom Festland getrennte Teilbereiche und haben die Festlandsflora und Fauna während des Abdriftens „mitgenommen". Sie sind zunächst mit Arten „übersättigt" und streben nach einer anfänglichen Phase lokaler Artenauslöschungen einem neuen Gleichgewicht mit einer geringeren Artenzahl als auf dem benachbarten Festland entgegen. Die Inseln des malaiischen Archipels mit ihren etwa 600 Arten an Meeresalgen sind zum Beispiel kontinentale Inseln, weil sie Reste einer Landbrücke darstellen, die einst Australien mit Asien verband. Den Gesichtspunkten der Inseltheorie entspricht im Pazifik eine **Artenabnahme in östlicher Richtung,** also in Richtung der immer verlorener liegenden Inselgruppen, wie man es bei Korallenarten feststellt (Schuhmacher 1976, Grigg 1983). Der Artenbestand an Meeresalgen der ozeanischen Inselketten ist gering und besteht zum einen aus **weitverbreiteten** Arten, deren Anpassungen an den **Fern-**

transport von den Phykologen erst noch herausgearbeitet werden müssen, zum anderen aus neugebildeten, **endemischen** Arten. Beispielsweise haben die **Salomon-Inseln** in Melanesien oder die **Marschall-Inseln** in Mikronesien (mit den durch Atombombenversuchen bekannten Atollen Bikini und Eniwetok) einen Bestand an benthischen Grün-, Braun- und Rotalgen von etwa 240 Arten (WOMERSLEY u. BAILEY 1969, 1970). Mehr als die Hälfte der Algenarten der Salomon-Inseln kommt im gesamten Indopazifik vor, und ein Drittel ist pantropisch verbreitet. Von den insgesamt etwa 120 Arten von verkalkten Krustenrotalgen der Familie Corallinaceae kommen an den Riffküsten der **Hawaii-Inseln** 27 Arten vor (ADEY u. Mitarb. 1982), 11 davon endemisch bei dieser Inselkette und weiterhin 11 verbreitet in der gesamten indowestpazifischen Region. Nur 5 Arten erreichen auch die ostpazifisch-tropischen Küsten, und lediglich eine dieser Arten ist auf den Bereich Galapagosinseln, Hawaii, Panama beschränkt. Daß keine der 11 indowestpazifischen Arten auch im Westatlantik vorkommt, wohl aber für die Mehrzahl dieser Arten vikariierende (morphologisch ähnliche) westatlantische Arten bekannt sind, deutet auf die Entstehung dieser Artenpaare nach der Schließung der Landbrücke von Mittelamerika im Pliozän, vor 4-6 Mio. Jahren (S. 150). **Tiefenvegetation.** Bei den Marschallinseln und bei Hawaii wurde mit Dredschfängen systematisch die Vegetation der Tiefenalgen untersucht (GILMARTIN 1960, DOTY u. Mitarb. 1974). Insgesamt fand man bei Hawaii zwischen 10 und 165 m Tiefe etwa 100 Algenarten, wobei die Rotalgen etwa dreimal mehr Arten beisteuerten als die Grün- oder Braunalgen, wie es in den Tropen üblich ist (S. 148). Quantitativ dominieren die Grünalgen *Halimeda discoidea, Microdictyon setchellianum,* die Braunalgen *Dictyopteris plagiogramma, Dictyota acutiloba* und die Rotalgen *Amansia glomerata, Spyridia filamentosa, Dotyella hawaiiensis* sowie *Polysiphonia apiculata*. In 50 m Tiefe kamen 22 Arten der Rotalgen, 10 der Grünalgen und 5 der Braunalgen vor, so daß sich kein Tiefenverteilungsmuster hinsichtlich der Pigmentgarnitur im Sinne von ENGELMANNS Hypothese erkennen läßt (S. 224). Zu den wenigen Tiefenspezialisten, die im Flachwasser nicht vorkommen, gehören bei Hawaii die Braunalge *Sargassum hawaiiensis* (Abb. **137C**) und die Grünalge *Codium mamillosum*. Von den verkalkten Krustenrotalgen dominieren bis zu 30 m Tiefe im oberen und mittleren Sublitoral wie im tropischen Westatlantik die Gattungen *Porolithon* und *Neogoniolithon,* während *Lithothamnium, Mesophyllum* und *Archaeolithothamnium* unterhalb von 50 m Tiefe vorherrschen (ADEY u. Mitarb. 1982). Im Vergleich zu den Marschall-Inseln wirkt die Tiefenvegetation von Hawaii verarmt, vor allem an Vertretern der Grünalgenordnung Caulerpales. So kommt bei Hawaii die charakteristische Tiefenalge *Tydemania expeditionis* (Abb. **137B**) nicht mehr vor.

4.9. Ostpazifische tropische Region

Literatur: Mittelamerika: DAWSON (1962a). **Mexiko:** DAWSON (1953-1963). **Guatemala bis Panama:** BIRD u. MCINTOSH (1979), DAWSON (1961, 1962b), EARLE (1972). **Südamerika: Kolumbien bis Ecuador:** SCHNETTER u. Mitarb. (1982), TAYLOR (1945), OLIVEIRA-FILHO (1981). **Inseln Galapagos, Clipperton, San Benedicto:** CINELLI u. COLANTINO (1982), DAWSON (1957a, 1959, 1963), SILVA (1966), TAYLOR (1945).

Der ausgedehnte, über Tausende von Kilometern insellose Tiefwasserbereich zwischen Polynesien und Amerika trennt als „ostpazifische Verbreitungsbarriere" die an Gattungen und Arten verarmte ostpazifische von der artenreichen indowestpazifischen tropischen Region (s. Abb. **121**). Viele indowestpazifische Korallengattungen, darunter die auch im tropischen Westatlantik als Gerüstbildner der Riffe wichtige Korallengattung *Acropora*, fehlen in der ostpazifischen tropischen Region. Von den fünf Arten der büschelig-fädigen, indopazifischen Grünalgengattung *Chlorodesmis* (Caulerpales) erreicht nur die weitverbreitete Art *C. caespitosa* die mittelamerikanischen Küsten (DUCKER 1967). Die Ausdehnung der ostpazifischen tropischen Region ist gering, und die Artenzahl an benthischen Meeresalgen übersteigt kaum 300 (DAWSON 1962a). Die Region erstreckt sich vom südlichen Niederkalifornien bis zum Golf von Guayaquil an der Grenze zwischen Ecuador sowie Peru und wird ähnlich wie die ostatlantische tropische Region durch kalte Meeresströmungen eingeengt, von N durch den Kalifornischen Strom und von S durch den Humboldt- oder Perustrom (s. Abb. **6 und 57**). Nur weil die beiden kalten Meeresströme nach W abschwenken, können im „Warmwasserwinkel" der ostpazifischen tropischen Region noch vereinzelte Korallenriffe existieren, etwa als Saumriffe vor der Küste von Panama und an der Südspitze von Niederkalifornien.

Auf dem Niveau der Gattungen stimmen die Floren zu beiden Seiten der mittelamerikanischen Landbrücke weitgehend überein, wie etwa der Vergleich der pazifischen und atlantischen Küsten von Panama zeigt (EARLE 1972). Auf dem Niveau der Arten haben sich jedoch seit der Bildung der Landbrücke, vor 4-6 Mio. Jahren, aus dem zuvor gemeinsamen Artenbestand der heutigen ostpazifischen und westatlantischen tropischen Region zahlreiche Artenpaare gebildet (S. 153).

Galapagos-Inseln. Diese küstenfernen Inseln wurden durch DARWINS Erkenntnisse über die Artenbildung bei den „Darwinfinken" berühmt, deren Untersuchung ihm 1835 auf der Weltreise mit dem Schiff „Beagle" Anregungen für seine Evolutionstheorie vermittelte. Die isolierte Lage der Galapagos-Inseln, 900 km von der Küste entfernt und im späten Tertiär vor 10 Mio. Jahren vulkanisch entstanden, führte zu einem auffallenden Artenendemismus. Die Taxa der höheren Landflora sind zu 43 % endemisch (BRAMWELL 1979). Unter den marinen Gruppen sind 40 % der allerdings nur 32 Korallenarten sowie 16 % der Molluskenarten endemisch (BRIGGS 1974). Auch bei den Meeresalgen mit etwa 310 Arten scheinen ungewöhnlich viele endemischen Arten vorzuliegen (SILVA 1966). Die Galapagos-Inseln sind jedoch nur bedingt zur ostpazifischen tropischen Region zu rechnen, da die Algenflora des Sublitorals eher einen gemäßigten als tropischen Charakter aufweist (CINELLI u. COLANTINI 1982). Die Algenflora der kleinen **Clipperton-Insel,** dem einzigen Atoll im Ostpazifik und 1200 km vom Festland entfernt gelegen, besteht nach DAWSON (1959) fast gänzlich aus weitverbreiteten indopazifischen Arten.

5. Die gemäßigte und polare Algenvegetation der Südhemisphäre

Die biogeographische Einteilung der Küsten der Südhalbkugel (s. Abb. **6 und 7**) ergibt **sechs warmgemäßigte Regionen** (westliches Südamerika, östliches Südamerika, Südafrika, südwestliches und südöstliches Australien, nördliches Neuseeland), **vier kaltgemäßigte Regionen** (südliches Südamerika, Victoria-Tasmanien, südliches Neuseeland, subantarktische Inselregion) und die **antarktische Region** als polare Region.

Die Küsten der gemäßigten Regionen von Nord- und Südhalbkugel beherbergen Algenfloren, die sich auf dem Niveau der Gattungen, auch der Familien, stark unterscheiden. Dieses ist verständlich, wenn man davon ausgeht, daß die kälteliebenden Algenarten sich erst nach dem warmen Kreidezeitalter, während der Abkühlung der Meere im Tertiär entwickelten, wobei der Warmwassergürtel der tropischen Regionen immer, wenn auch in geschrumpfter N-S-Ausdehnung während der Glazialperioden, bestehen blieb. Diese tropische Barriere ermöglichte die Entwicklung von unterschiedlichen Algenfloren der nördlichen und südlichen Hemisphäre, wobei allerdings einigen gemäßigten Algenarten die Überquerung des Äquators gelang (Abschnitt 5.2.).

5.1. Abgrenzung der Regionen und Paläobiogeographie

Die wichtigsten hydrographischen und biogeographischen Grenzen im südlichen Ozean sind die **antarktische Konvergenz** (Polarfront) und die **subtropische Konvergenz,** welche die kaltgemäßigten Regionen einschließen, während die antarktische Region sich südlich der antarktischen Konvergenz erstreckt (Abb. **138**). Unter Konvergenzen versteht man in der Meereskunde engumschriebene Meeresgebiete, in denen Wassermassen zusammenstreben, wobei in vertikaler Richtung an den Konvergenzen Wassermassen in die Tiefe strömen (s. u.). Die Wassertemperaturen innerhalb des Gürtels der kaltgemäßigten Regionen betragen im Jahreslauf 3-5°C nahe der antarktischen Konvergenz und 5-14°C nahe der subtropischen Konvergenz. Das Südpolarmeer, von der Polarfront bis zur Küste von Antarktika gerechnet, umfaßt 32 Mio. km², die 65fache Größe der Nordsee. Im Winter liegen Dreiviertel dieser Fläche unter Meereis. Wenn diese Fläche im Südsommer eisfrei wird, betragen die Oberflächentemperaturen des Meerwassers in der antarktischen Region, von der antarktischen Küste bis zur Polarfront, −1,3 bis 3°C.

Wassermassen und Strömungen im Südpolarmeer. Zum Verständnis der Entstehung der genannten Konvergenzen ist ein Überblick über die Wassermassen erforderlich, welche Antarktika umgeben (s. Abb. **138**; vgl. DIETRICH u. Mitarb. 1975). Am Abfall des antarktischen Kontinents, vor allem im Bereich des Weddellmeeres, wo die Temperatur unter dem Schelfeis im Winter −1,9°C und der Salzgehalt 34,6 ‰ betragen, entsteht das schwere **antarktische Bodenwasser** und strömt zum Boden des Südpolarmeeres hinunter (s. Abb. **138**). Über dem antarktischen Bodenwasser lagert wärmeres **Tiefenwasser,** das vom Atlantik, Indik und Pazifik zur Antarktis strömt. Das kalte **antarktische Oberflächenwasser,** welches ganz Antarktika umgibt, behält seine niedrige Temperatur, weniger als 1°C im Winter und 3,5°C im Sommer, nur wenig ansteigend bis zur geographischen Breite von etwa 50°S im atlantischen und etwa 60°S im indopazifischen Sektor. Hier, an der **antarktischen Konvergenz** (antarktische Polarfront), sinkt das antarktische Oberflächenwasser in die Tiefe, und die Wassertemperatur steigt

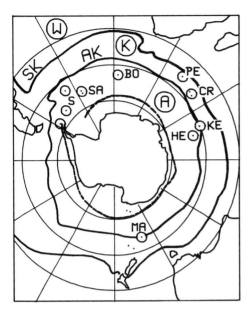
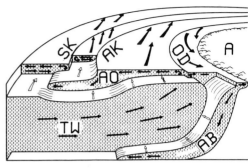

Abb. **138** **Links:** Regionen, Grenzen und Inseln im südlichen Ozean. AK antarktische Konvergenz; SK subtropische Konvergenz; A antarktische Region zwischen antarktischem Kontinent und antarktischer Konvergenz. K kaltgemäßigte Regionen zwischen antarktischer und subtropischer Konvergenz; W warmgemäßigte Regionen. - - - ungefähre Lage der antarktischen Divergenz als Grenze zwischen Ost- und Westwinddrift.
Inseln der antarktischen Region: S Süd-Shetland-Inseln, Süd-Orkney-Inseln und Süd-Georgien; SA Süd-Sandwich-Inseln; B0 Bouvet
Subantarktische Inselregion: PE Prinz-Eduard-Inseln; CR Crozet-Inseln; KE Kerguelen-Inseln; HE Heard-Inseln; MA Macquarie-Inseln
Rechts: Struktur der Wassermassen im Südpolarmeer. AK und SK wie oben; A antarktischer Kontinent; AO antarktisches Oberflächenwasser; AB antarktisches Bodenwasser; OD Ostwinddrift; TW Tiefenwasser; Bereich der Westwinddrift bei „AK" durch Pfeile markiert (linke Abb. nach *Deacon* 1964; rechte Abb. aus *J. W. Hedgpeth:* Antarctic Map Folio Ser.-Folio 11 [1969] 1-9)

auf kurzer Entfernung sprunghaft um einige Grade an. Weiter entspricht die Lage der antarktischen Konvergenz in etwa der Grenze der maximalen Ausbreitung des Packeises, welches im Winter als Meereis entsteht und die Eisfläche der Antarktis bis September/Oktober praktisch verdoppelt (s. Abb. **138**). Etwa 10 Breitengrade weiter nördlich verläuft die **subtropische Konvergenz,** wiederum durch einen Temperatursprung gekennzeichnet. Das Oberflächenwasser zwischen der antarktischen und der subtropischen Konvergenz wird von **subantarktischem Zwischenwasser** gebildet. Dieses entsteht polwärts der antarktischen Konvergenz in Gebieten, in denen der Niederschlag die Verdunstung übertrifft, ist daher relativ salzarm und sinkt an der subtropischen Konvergenz ebenfalls in die Tiefe.
Strömungsmäßig ist Antarktika von zwei konzentrischen Wasserringen umgeben. Der erste Ring befindet sich in unmittelbarer Nähe der Küste und wird von der an den Kontinent angeschmiegten **Ostwinddrift** westwärts bewegt (s. Abb. **138**). Bei der **antarktischen Divergenz,** in der Breite von etwa 65°S gelegen, wo auseinanderstrebende Wassermassen mit aufsteigenden Wasserströmungen bei tiefgreifender Turbulenz und entsprechend hohem Nährstoffgehalt im Oberflächenwasser das Bild bestimmen und auch etwa die winterliche Packeisgrenze verläuft (s. Abb. **138**), beginnt das Einflußgebiet der **Westwinddrift,** die sich über die antarktische Konvergenz hinaus bis zur subtropischen Konvergenz und damit über etwa 20 Breitengrade

hinweg erstreckt (s. Abb. **57**). Die antarktische Konvergenz markiert auch die nördliche Verbreitungsgrenze von *Euphausia superba,* dem Krillkrebs. Dieser ist Hauptkonsument des Phytoplanktons und bildet andererseits die Hauptnahrung der Vögel, Fische und Meeressäuger. Im Gebiet der Westwinddrift verläuft der **Antarktische Zirkumpolarstrom,** die gewaltigste Meeresströmung der Erde, welche in etwa 4 Jahren die Antarktis umrundet. Das einzige größere Teilhindernis ist die vorspringende Antarktische Halbinsel mit dem anschließenden Inselbogen, und so wird in der engen Drake-Straße zwischen Südamerika und der Antarktischen Halbinsel der Wassertransport konzentriert. Hier zweigt auch der größte Ausläufer der Westwinddrift, der Humboldtstrom (Perustrom) nach Norden ab. Die Westwinddrift diente den auftriebsfähigen Meeresorganismen der Südhalbkugel, etwa *Macrocystis pyrifera* (s. u.) als Verbreitungsweg und hat die Ähnlichkeiten der vier kaltgemäßigten Regionen der Südhalbkugel und zum Teil auch der antarktischen Region auf dem Niveau der Familien und Gattungen verursacht.

Geschichte von Antarktika und seiner Eisbedeckung. Die Antarktis war bis zur frühen Kreide ein Teil des Südkontinents Gondwana, wovon auch die fossile „Gondwana-Flora" aus dem Perm mit dem Samenfarn *Glossopteris* als Leitpflanze Kunde gibt. In der Kreidezeit, spätestens vor 130 Mio. Jahren, wurde der Südkontinent in Ostgondwana (Ostantarktika, Australien, Neuseeland), Westgondwana (Südamerika mit Westantarktika, Afrika) und Indien aufgespalten (s. Abb. **14C**). Da Antarktika sich im Kreidezeitalter noch nicht am Südpol befand und außerdem der Temperaturabfall von den Tropen zu den Polen in jenem Zeitalter nicht so stark ausgeprägt war wie heute, gab es auf dem eisfreien Antarktis noch im frühen Tertiär Baumfloren, zum Beispiel mit der Südbuche *Nothofagus,* deren tertiär-fossiles Vorkommen von Südamerika über Antarktika bis Australien und Neuseeland reichte (SCHWARZBACH 1974, WALTER 1973). Die Trennung von Australien und Antarktika erfolgte vor 40-50 Mio. Jahren im frühen Tertiär (Eozän), worauf Australien nach Norden und der antarktische Kontinent nach Süden drifteten (KNOX 1979, NORTON u. SCLATER 1979, THENIUS 1977). Die symmetrische Lage von Antarktika zum Südpol wurde im späten Tertiär vor 7 Mio. Jahren erreicht. Bis vor 35 Mio. Jahren gab es noch eine Verbindung zwischen Südamerika und der Westantarktis, als Landbrücke oder zumindest als Inselkette. Die zirkumantarktische Meeresströmung begann als ununterbrochener Wasserring nach der Zerstörung dieser Landverbindung, der Bildung der **Drake-Passage** (Oligozän, vor 23 Mio. J.) und der Bildung einer Tiefwasser-Passage zwischen Ostantarktika und Neuseeland / Tasmanien (vor 25-30 Mio. J.). Mit der Abkühlung der ganzen Erde im Oligozän/Miozän trat ein erster Höhepunkt der Vereisung von Antarktika mit den ersten Gletschern in Meeresniveau im Obermiozän vor 14 Mio. Jahren auf (GRANT-MACKIE 1979). Seitdem existiert der permanente Eisschild von Antarktika ununterbrochen, während die Bildung der Eiskappen in der Nordhemisphäre erst vor 2,5-3 Mio. Jahren einsetzte. Heute ist Antarktika zu 98 % und in den Zentralgebieten 3-4,5 km hoch mit Eis bedeckt. Es ist aus Niederschlägen entstanden und stellt 80 % des Süßwasservorrates oder 90 % des Weltgletschereises dar. Das Eis fließt zum Kontinentrand ab, und so stehen dem Zuwachs durch Schneefall Eisverluste am Kontinentrand gegenüber, der zu 40 % mit schwimmenden Eistafeln (Schelfeis) von bis zu 400 m Dicke gesäumt ist. Aus dem Schelfeis lösen sich die antarktischen Tafeleisberge. Aufgrund des Antarktisvertrages, der 1961 zwischen 12 Signatarstaaten geschlossen wurde und der 1978 auch von der Bundesrepublik Deutschland unterzeichnet wurde, ist das Gebiet südlich des 60. Breitengrades bis 1991 internationalisiert und für die friedliche Forschung reserviert worden.

5.2. Vergleich der polaren Regionen und bipolar verbreitete Algen

Der **antarktische Wasserring** beherrscht die **Verbreitung der Organismen** in den kaltgemäßigten Regionen und in der polaren Region der Südhalbkugel. Diese Gegebenheit bewirkt **(1)** ein größeres Gewicht der **Wasserströmungen** für die Verbreitung marin-benthischer Arten und **(2)** eine stärker ausgeprägte **Isolation** der kaltgemäßigten und polaren Küstenregionen auf der Süd- als auf der Nordhemisphäre.

Unterschiede der Verbreitungsmöglichkeiten. Zu Punkt **(1)** ist festzustellen, daß die Westwind-drift die Verbreitung von schwimmfähigen Algen wie *Macrocystis* und *Durrillaea antarctica* (S. 207) begünstigte, während Verbreitungswanderungen in höheren Breiten der Nordhalbku-gel an längeren Küstenstrecken erfolgen konnten. Beispielsweise konnten die Küsten von Island, Grönland und Labrador, obwohl heute durch nicht unbeträchtliche Meeresentfernun-gen getrennt, zumindest als „Trittsteine" im Nordatlantik benutzt werden (vgl. auch S. 19). Man kann sich einen **Kurzstreckentransport** von Algenthalli auf Crustaceen und anderen vagi-len Tieren auch in Gegenrichtung der Wasserströmung vorstellen, der langfristig zur Überwin-dung größerer Entfernungen führen mag, solange eine ununterbrochene Hartsubstratküste zur Verfügung steht. Bezüglich Punkt **(2)** ist die Tatsache bedeutsam, daß die arktische, die kalt-, und warmgemäßigten Regionen der Nordhalbkugel in Richtung der Längengrade direkten Küstenkontakt untereinander und damit auch mit den tropischen Regionen haben. Die Ver-schiebungswanderungen in N-S-Richtung während der Eiszeiten und die Möglichkeit der Verbreitungswanderungen von Warmwasserarten im Tertiär und von Kaltwasserarten im küh-len Quartär entlang der arktischen Küsten führte zu größeren Florenmischungen als auf der **Südhalbkugel.** Hier stehen nur alle warmgemäßigten Regionen in direktem Küstenkontakt mit den tropischen Regionen. Die **kaltgemäßigten Küstenregionen** existieren dagegen, durch rie-sige Wasserentfernungen getrennt, als **isolierte „Halbinseln"** (Südspitze von Südamerika, Süd-spitze von Neuseeland) sowie als verlorene, kleinflächige Standorte im südlichen Ozean in Form der subantarktischen Inseln, und große Meeresentfernungen trennen wiederum den ant-

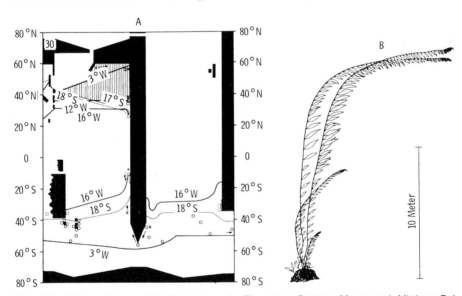

Abb. **139** **(A)** Amphiäquatoriale Verbreitung der Bra4ntang-Gattung *Macrocystis* Mittlerer Bal-ken: Amerika; ebenso symbolisch sind die übrigen Kontinente dargestellt.
S Sommerisothermen; W Winterisothermen
M. integrifolia (X ; pazifisches Nord- und Südamerika, Verbreitungsgebiet längsschraffiert)
M. pyrifera (o ; pazifisches Amerika, Tasmanien, subantarktische Inseln, südliches Neusee-land)
M. angustifolia (□; Südafrika, Südaustralien).
Zu den Tropen hin wird das Vorkommen durch die 18°C-Sommerisotherme (21°C wirkt tödlich) oder die 16°C-Winterisotherme bestimmt (Reproduktion der Gametophyten oberhalb von 18°C behindert). Zu den Polen hin begrenzt die 3°C-Winterisotherme das Vorkommen. Möglicher-weise wirkt 2°C tödlich
(B) Habitus von *M. pyrifera*
(**A** aus *C. van den Hoek:* Biol. J. Linn. Soc. 18 [1982] 81-144; **B** aus *B. C. Parker:* Nova Hedwigia 32 [1971] 191-195)

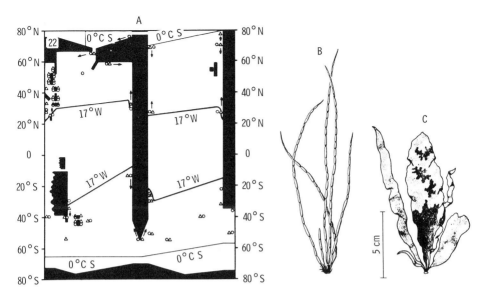

Abb. **140**   **(A)** Amphiäquatoriale Verbreitung der Braunalgen *Scytosiphon lomentaria* (Δ) und *Petalonia fascia* (o).
Darstellung der Kontinente sowie Kennzeichnung der Isothermen wie in Legende zu Abb. **139**.
Zu den Tropen hin begrenzt die 17°C-Winterisotherme das Vorkommen des Makrothallus, der bei zahlreichen Rassen dieser Algen aufgrund einer photoperiodischen Reaktion aus einem Krustenstadium entsteht (S. 231). Zu den Polen treten die Makrothalli entlang der 0°C-Sommerisotherme auf
(B) Habitus von *Scytosiphon lomentaria*
(C) Habitus von *Petalonia fascia* (**A** aus *C. van den Hoek:* Biol. J. Linn. Soc. 18 [1982] 81-144; **B**, **C** aus *I. A. Abbott, G. J. Hollenberg:* Marine algae of California. Stanford Univ., Stanford, Calif. 1976)

arktischen Kontinent von den kaltgemäßigten Vorkommensgebieten der marin-benthischen Küstenorganismen. Es ist daher verständlich, daß die relativ wenigen weitverbreiteten Algenarten der kaltgemäßigten Regionen der Südhalbkugel wie *Macrocystis pyrifera* oder *Durvillaea antarctica* (vgl. S. 207), die in Südamerika und auch in Neuseeland vorkommen, durch den Besitz von gasgefüllten Thallusblasen an den **Ferntransport** durch Meeresströmungen angepaßt sind. Im übrigen aber hat sich an den isolierten Küstengebieten der Südhalbkugel eine reiche endemische Fauna und Flora entwickelt, vor allem an den Küsten von Südaustralien, Neuseeland und von Antarktika. Dieses gilt in geringerem Ausmaß für die kaltgemäßigte Südspitze von Südamerika und die im warmgemäßigten Bereich liegende Südspitze von Südafrika, weil diese Gebiete relativ kürzere Küstenstrecken und damit geringere Möglichkeiten zur Artenbildung aufweisen (s. Abb. **6**).

Neben den unterschiedlich auf der Nord- oder Südhalbkugel verbreiteten Algentaxa gibt es die Ausnahmen der **amphiäquatorial (bipolar)** verbreiteten Gattungen und Arten, wobei (a) die frühzeitig (im Tertiär) erfolgte Ausbreitung von einem tropischen Entstehungszentrum und (b) die Überquerung des tropischen Gürtels durch Kaltwasserarten während der Eiszeiten zu unterscheiden sind. Mehrere Gattungen wie die Kosmopoliten *Ulva, Ectocarpus* oder *Ceramium* kommen von der Arktis über die Tropen bis zur Antarktis vor, allerdings mit zum Teil verschiedenen Arten. In diesen Fällen ist es vorstellbar, daß von tropischen Warmwasservorfahren während des Tertiärs jeweils in nördlicher und südlicher Richtung Arten mit gemäßigtem Temperaturbedarf gebildet wurden, noch heute deutlich erkennbar etwa im Verbreitungsmuster der atlantischen Arten der Grünalge *Codium* (SILVA 1962). Der zweite Fall, die Überquerung des Tropengürtels in erdgeschichtlich jüngerer Zeit, liegt bei den auffälligen Disjunktionen der bipolar vorkommenden Braunalgen *Macrocystis pyrifera*, *Scytosiphon lomentaria*, *Petalonia fascia* und einiger weiterer Algenarten vor (HOEK 1982a, 1982b). Die Verbreitung der genannten Braunalgen zu den Tropen und zu den Polen hin (Abb. **139, 140**) wird auf beiden Hemisphären in etwa durch die gleichen Isothermen bestimmt, womit zu erwarten ist, daß diese Arten wohl noch keine Temperaturrassen gebildet haben oder daß dieser Vorgang hier zumindest noch nicht stark ausgeprägt ist.

Beispiele für die Überquerung des Äquators. Hierfür sind die Ostseiten des Pazifiks oder Atlantiks geeignet, weil die tropischen Regionen hier eine geringere N-S-Ausdehnung haben als an den Westseiten (s. Abb. 6). Der Fall der europäischen Art *Laminaria ochroleuca*, die man in Südafrika als *L. pallida* wiederfindet, wurde bereits erwähnt (S. 156). Zur Zeit betragen die äquatorialen Mindesttemperaturen des Oberflächenwassers an der pazifisch-amerikanischen Küste 28°C und vor Westafrika 25°C. Für die Tropenüberquerung von *L. ochroleuca* an der Westküste Afrikas oder von *Macrocystis pyrifera* an der amerikanisch-pazifischen Küste waren Temperaturabsenkungen im tropischen Bereich während der Glazialperioden um etwa 10°C erforderlich, um zum Beispiel die obere Temperatur von 18°C für das Gedeihen von *Macrocystis* zu gewährleisten. Für Westafrika wurden derartige Temperaturabsenkungen nachgewiesen (S. 156). Aber selbst wenn diese nur kurzfristig erfolgten, so wurden die Verbreitungswanderungen der heute bipolaren Arten doch durch weitere Gegebenheiten erleichtert. Dazu gehören die geringere N-S-Ausdehnung des tropischen Gürtels während der Glazialperioden, die Möglichkeiten der Benutzung des kühleren Tiefenwassers als Wanderweg und schließlich die Existenz von „Trittsteinen" (engl.: stepping stones). Als solche gelten lokale Auftriebsgebiete von kaltem Tiefenwasser, wie sie auch heute an der Küste von Niederkalifornien und vor Westafrika bestehen (S. 117, 157) sowie Unterwasserberge, die heute in 100 m Tiefe enden, infolge der Absenkung des Meeresspiegels während der Eiszeiten aber von benthischen Makroalgen besiedelt werden konnten (HOEK 1982a, 1982b). Das Tiefwasservorkommen von *Laminaria*-Arten vor der brasilianischen Küste (S. 170) stellt möglicherweise eine steckengebliebene N-S-Wanderung dar. Ob *Macrocystis* von der Nord- auf die Südhalbkugel gewandert ist oder umgekehrt, wurde wiederholt diskutiert. In relativ gut erhaltenen Braunalgenfossilien in kalifornischen Ablagerungen aus dem späten Miozän (Mohnian) war die Gattung jedenfalls nicht vertreten (PARKER u. DAWSON 1965). Entweder (a) existierte *Macrocystis* weltweit noch nicht und wanderte nach ihrer Entstehung, vielleicht im späten Tertiär, nach Süden, oder (b) sie war im Tertiär nur auf der Südhalbkugel vorhanden und wanderte in den Eiszeiten nach Norden. Da das Schwergewicht der Laminariales an der nordpazifisch-amerikanischen Küste liegt (S. 103) und die Südhalbkugel als Vertreter dieser Ordnung nur die Gattungen *Macrocystis, Lessonia, Ecklonia, Eisenia* und *Laminaria* zu bieten hat, mag die Hypothese (a) wahrscheinlicher sein. Die Verbreitungswanderung in Gegenrichtung zum nordwärts verlaufenden Humboldtstrom wurde möglicherweise durch lokale Kreiselströmungen mit einer Südkomponente erleichtert (NICHOLSON 1978).

5.3. Antarktische Region

Literatur: DELACA u. LIPPS (1976), DELÉPINE (1966), DELÉPINE u. Mitarb. (1966), DELL (1972), FURMANCZYK u. ZIELINSKI (1982), HEDGPETH (1970), KNOX (1960, 1970), LAMB u. ZIMMERMANN (1977), MOE u. HENRY (1982), MOE u. SILVA (1977a, 1977b, 1981), NEUSHUL (1965b, 1968), PAPENFUSS (1964a, 1964b), PRESCOTT (1979), SKOTTSBERG (1907, 1941a, 1964), SOUTH (1979), ZANEVELD (1966a, 1966b, 1968).

Zur antarktischen Region zählen die Kontinentküste von Antarktika und die südlich der antarktischen Konvergenz gelegenen Inselgruppen der Süd-Shetlands,

Süd-Orkneys, Süd-Sandwich sowie die Inseln Süd-Georgien und Bouvet (s. Abb. **6**, Abb. **138**). Die Wassertemperaturen liegen im Jahreslauf zwischen -2 und $+1°C$, bei Süd-Georgien im Bereich $+1,3$ bis $+3,7°C$ und bei Bouvet im Bereich -1 bis $+1°C$.

Untersuchungsgeschichte der antarktischen Algen. Einer der Pioniere der antarktischen Phykologie war SKOTTSBERG. Er nahm an der Schwedisch-Antarktischen Expedition 1901-1903 teil, verlor aber den größten Teil seiner Sammlungen beim Untergang des Expeditionsschiffes im Packeis. Phykologische Tauchuntersuchungen wurden in der Westantarktis unter anderen von NEUSHUL, DELÉPINE, in der Ostantarktis von ZANEVELD und bei den Kergulen (subantarktische, kaltgemäßigte Inseln, S. 191) wiederum von DELÉPINE durchgeführt. Die Kenntnis der antarktischen Algen bezieht sich weitgehend auf die Küsten der Antarktischen Halbinsel, südlich von Südamerika gelegen, und weiter auf die Küsten des Rossmeeres, südlich von Neuseeland. „Zirkumantarktische" Algenarten wurden sowohl bei der Antarktischen Halbinsel als auch an der Küste des Rossmeeres gefunden. Für den kontinentalen Küstenbereich zwischen $72°W$ und $173°O$ sowie für den Bereich zwischen $50°W$ und $40°O$ liegen keine Algenfunde vor. Wahrscheinlich wird eine benthische Algenvegetation auf diesen Küstenstrecken auch weitgehend durch die Gegenwart von tief hinabreichendem Schelfeis oder durch Mangel an Felssubstrat verhindert (NEUSHUL 1968).

Die Flora der benthischen Makroalgen der Westantarktis (Bereich der antarktischen Halbinsel) besteht, soweit die Kenntnisse bisher reichen, aus etwa 100 Arten, die zu 35% endemisch sind und zu 20% auch in der Ostantarktis (Rossmeer) gefunden wurden (SKOTTSBERG 1964, NEUSHUL 1968, SOUTH 1978, ZANEVELD 1966a, 1966b). Der über Millionen von Jahren währende Kaltwassercharakter und die Isolation des antarktischen Kontinents erklären den weitaus größeren, auch faunistisch vorhandenen Endemismus (BRIGGS 1974) im Vergleich zur arktischen Region, in welcher nur etwa 5 Arten der benthischen Meeresalgen endemisch sind (S. 131).

Im Sublitoral ist für die benthische Algenflora der Antarktis bei den Braunalgen das Fehlen der Laminariales und die beherrschende Rolle der **Desmarestiales** charakteristisch. Die Gattung *Desmarestia* ist mit mehreren Arten zirkumpolar verbreitet und besiedelt das Sublitoral bis zu 40 m Tiefe. Neben den antarktisch-endemischen Arten dieser Gattung (Beispiele in Abb. **141**) kommt auch die bipolar verbreitete *D. ligulata* vor (Habitusbeispiel s. in Abb. **101**), deren geographisch getrennte Populationen aber auf dem Artniveau kaum identisch sein dürften (MOE u. SILVA 1977b). Ein riesiger Vertreter der Desmarestiales ist *Himanthothallus grandifolius* (Abb. **141**). Diese zirkumantarktisch verbreitete Alge bildet unterhalb von 5 m Tiefe gemeinsam mit *Desmarestia*-Arten (Abb. **141**) dichte Bestände und kommt bis 35 m Tiefe vor. Die Alge wurde früher auch unter den Gattungsnamen *Phyllogigas* sowie *Phaeoglossum* geführt und als Vertreter der Laminariales aufgefaßt. Es handelt sich um eine Art mit bis zu 10 m langen und 1 m breiten Phylloiden, die in Ein- oder Mehrzahl mit kurzen, flachgedrehten Stielen von einer Haftkralle (bis 10 cm Umfang) entspringen (Abb. **141**). Die Entwicklung des adulten Thallus aus einem einreihigen Fadenthallus mit trichothallischem Wachstum weist auf die Zugehörigkeit zu den Desmarestiales hin (MOE u. SILVA 1977a, 1981), wobei die phylloidähnlichen, an die Laminariales erinnernden Thalluspartien aus den Hauptzweigen des Fadenkeimlings hervorgehen (Abb. **141**). Wieviele Phylloide entstehen, hängt von der Anzahl der umgewandelten Seitenzweige ab.

Konvergente Bildung von Laminariales-ähnlichen Thalli in anderen Braunalgenordnungen. So wie bei den Phanerogamen bei verschiedensten Ordnungen, die Bäume hervorgebracht haben,

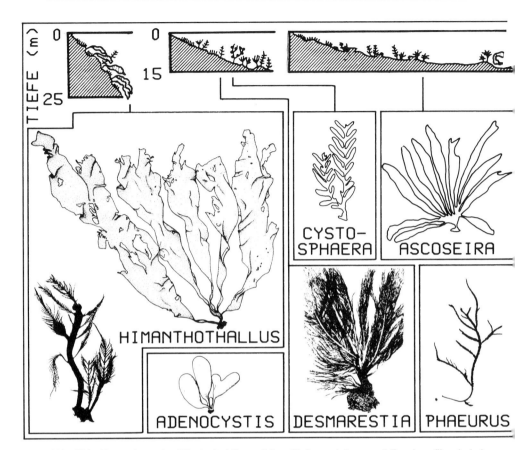

Abb. 141   Braunalgen der Westantarktis und ihre Tiefenverteilung auf Tauchprofilen bei den Süd-Shetland-Inseln (Abkürzung in Legende: ant. H. antarktische Halbinsel)
Art- und Größenangaben: Desmarestiales: *(Himanthothallus grandifolius* (× 0,02, wird bis zu 10 m lang; links daneben als 2 mm lange Keimpflanze; zirkumantarktisch, Südgeorgien); *Desmarestia anceps* (× 0,05; nur ant. H.; *Phaeurus antarcticus* (× 0,8, nur ant. H.). **Fucales:** *Cystosphaera jacquinotii* (× 0,08; nur ant. H.). **Ascoseirales:** *Ascoseira mirabilis* (× 0,03, ant. H., Südgeorgien, Süd-Sandwich-Inseln). **Punctariales:** *Adenocystis utricularis* (× 0,8, ant. H., Süd-Shetlands, Südamerika, Neuseeland) (Vegetationsprofile aus *M. Neushul:* Botanica mar. 8 [1965] 234-243; Habitusbilder aus *M. Lamb, M. H. Zimmermann:* Am. Geophys. Union, Antarctic Res. Ser. 23/4 [1977] 130-229; *Ascoseira* und *Cystosphaera* vereinfacht; Keimling von *H. grandifolius* aus *R. L. Moe, P. C. Silva:* Science 196 [1977] 1296-1308)

das elliptische Blatt als „Normalblatt" in der Entwicklung angesteuert wurde, ohne daß mit Sicherheit gesagt werden kann, warum dieses so und nicht anders aussieht (VARESCHI 1980), scheint auch der Thallus der Laminariales mit Haftkralle, Stiel und langem Phylloid eine für das obere und mittlere Sublitoral immer wieder „nachgeahmte" Grundform darzustellen. Diese sicher funktionell bedingte Grundform findet sich nicht nur innerhalb der Desmarestiales bei *Himanthothallus grandifolius* wieder, sondern auch bei *Durvillaea*-Arten (früher Fucales, jetzt Durvillaeales, S. 191) und *Ascoseira mirabilis* (Ascoseirales, S. 189).

Ein weiterer endemischer Vertreter der Desmarestiales ist *Phaeurus antarcticus* (s. Abb. **141**), der in Gezeitentümpeln und im Sublitoral bis zu 10 m Tiefe vorkommt.

Ob der Reichtum der Desmarestiales in der antarktischen Region diese möglicherweise als Entstehungszentrum der Ordnung ausweist, bleibe dahingestellt. Jedenfalls nehmen die Vertreter der Desmarestiales an den Küsten der Antarktis als große Braunalgen die Rolle ein, die von den Laminariales in der arktischen Region sowie in den kalt- bis warmgemäßigten Regionen der Nord- und Südhalbkugel gespielt wird. Von den Laminariales konnten nur warmgemäßigte Vertreter wie *Macrocystis pyrifera* und *Laminaria ochroleuca* den Äquator überqueren, die infolge fehlender Kälteanpassung weder in die die arktische, noch in die antarktische Region eindringen konnten. Für die typischen kaltgemäßigten Vertreter der Laminariales, die heute die Küsten der Arktis besiedeln, reichten die glazialen Temperaturabsenkungen am Äquator für dessen Überquerung nicht aus. Dieses Beispiel macht die grundsätzlichen Unterschiede der arktischen und der antarktischen Algenvegetation verständlich.

Von den **Fucales** der Südhalbkugel (vgl. Tab. 7, S. 173) wächst im Phytal der Antarktischen Halbinsel die endemische, mit gasgefüllten Thallusblasen versehene Art *Cystosphaera jacquinotii* (s. Abb. 141), und zwar im Tiefenbereich von 5-10 m, wobei die meisten Exemplare bisher angetrieben gesammelt wurden. *Ascoseira mirabilis* (s. Abb. 141), eine weitere große Braunalge der Antarktischen Halbinsel in 5-15 m Tiefe, erinnert mit ihrer massiven Haftkralle, ihren geteilten Phylloiden und ihrem interkalaren Wachstum an die Laminariales oder auch an die erst in den kaltgemäßigten Regionen der Südhalbkugel auftretende Ordnung Durvillaeales (S. 191). Die Alge wurde bisher provisorisch bei den Fucales eingeordnet, da sie in Konzeptakeln ihre Fortpflanzungszellen bildet. Die letzteren sind jedoch zweigeißelige, sich parthenogenetisch entwickelnde Schwärmer, die mit den Eiern der Fucales homologisiert werden, so daß die Art in eine eigene Ordnung **Ascoseirales** gestellt wird (MOE u. HENRY 1982). Mehrere der antarktischen **Rotalgen,** von denen Abb. 142 einige Beispiele zeigt, erreichen relativ große Thallusausmaße, zum Beispiel *Iridaea obovata* eine Thalluslänge von 1 m. Von den **Grünalgen** sind z. B. die Gattungen *Monostroma* und *Enteromorpha* mit antarktisch-kaltgemäßigten Arten zu finden, *Lambia antarctica* als einziger Vertreter der Caulerpales (DELÉPINE 1967) sowie kosmopolitische Algen wie *Urospora penicilliformis*.

Zonierung an der Antarktischen Halbinsel. Wie in der nördlichen Arktis, so fehlt auch infolge der periodischen Eisbedeckung und der Eisabschürfung an den Küsten von Antarktika eine Vegetation der Gezeitenzone, mit Ausnahme eines spärlichen Algenbewuchses in Gezeitentümpeln an geschützten Stellen. Auch das obere Sublitoral wird an exponierten Küstenstrecken im Tiefenbereich 0-5 m über Eis kahlgescheuert, und hier sind im wesentlichen nur verkalkte Krustenrotalgen der Gattungen *Lithophyllum* und *Lithothamnium* zu finden. In Felsspalten und in geschützten Lagen wachsen an den Küsten der Antarktischen Halbinsel im oberen Sublitoral Rotalgen wie *Leptosomia simplex* (Abb. 142F), *Curdiea racovitzae* oder die kleine Braunalge *Adenocystis utricularis* (s. Abb. 141). In sehr geschützten Lagen können auch die Gezeitentümpel des unteren Eulitorals besiedelt werden. Unterhalb von 5 m Tiefe beginnt die üppige Vegetation der Braun- und Rotalgen (s. Abb. 141, 142), deren quantitative Entfaltung unterhalb von 20 m Tiefe nachläßt, wobei aber zahlreiche Arten bis zu 40 m Tiefe vordringen können. Bis zu 20 m Tiefe ist auf der Oberseite von aufragenden Felspartien die scheuernde Wirkung von Eisbergen und ihren Bruchstücken festzustellen. Abgescheuerte Algenthalli sammeln sich am Ufer, frieren wieder ein und können mit dem Eis über weite Wasserstrecken transportiert werden. Tiefendredschfunde von antarktischen Algen in Hunderten von Tiefenmetern gehen wahrscheinlich auf einen derartigen Eistransport zurück (SKOTTSBERG 1964, NEUSHUL 1965b). Wie weltweit im Sublitoral, so dominieren auch im antarktischen Sublitoral die perennierenden Algen, die in der lichtreichen Jahreszeit mit neugebildeten Thalluspartien photosynthetisch Reservestoffe erzeugen und diese in überdauernden

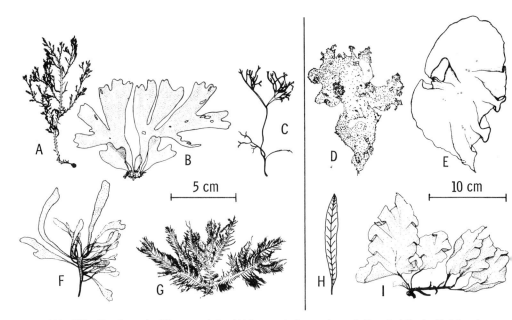

Abb. **142**   Rotalgen der Westantarktis. Abkürzung in Legende: ant. H. antarktische Halbinsel
Nemaliales: (A) *Delisea pulchra* (15-40 m Tiefe; ant. H., Süd-Georgien, Kerguelen, Heard, Mac-
quarie, Südaustralien)
Cryptonemiales: (B) *Kallymenia antarctica* (5-33 m Tiefe; ant. H., Falklands, Adélie-Küste in
Ostantarktika)
Gigartinales: (C) *Gymnogongrus antarcticus* (Gezeitentümpel und oberes Sublitoral; zirkum-
antarktisch); **(D)** *Gigartina papillosa* (0-20 m Tiefe; ant. H., Falklands, Feuerland, Kerguelen, Tri-
stan da Cunha); **(E)** *Iridaea obovata* (0-20 m Tiefe; zirkumantarktisch, auch subantarktische
Inseln)
Rhodymeniales: (F) *Leptosomia simplex* (Gezeitentümpel und oberes Sublitoral; zirkumantarktisch)
Ceramiales: (G) *Georgiella confluens* (0-10 m Tiefe; ant. H., Süd-Orkneys, Süd-Georgien, Kerguelen); **(H)** *Delesseria lancifolia* (oberes Sublitoral; ant. H., Feuerland, Falklands, subantarktische Inseln südlich von Neuseeland); **(I)** *Myriogramme mangini* (0-33 m Tiefe; nur ant. H. und
Süd-Shetlands) (Habitusbilder aus *M. Lamb, M. H. Zimmermann:* Am. Geophys. Union, Antarctic Res. Ser. 23/4 [1977] 130-229)

Thalluspartien, etwa in den Mittelrippen bei der Rotalge *Myriogramme mangini* (Abb. **142I**),
für die lichtarme Jahreszeit speichern.

Die Algenvegetation der **Ostantarktis** an der Küste des Rossmeeres scheint wesentlich artenärmer zu sein als die der Westantarktis. Die Artenabnahme in Südrichtung, zum ewigen Eis hin, wurde durch ZANEVELD (1966a, 1966b) untersucht, übrigens auch im Winter, wobei für den Tauchereinstieg erweiterte Robbenlöcher im
Eis benutzt wurden. Große Braunalgen wie *Himanthothallus grandifolius* kommen
südlich von 76°S nicht mehr vor, und die letzten Algen, die noch bis zur Ross-
Insel, nahe der Barriere des Ross-Schelfeises, vordringen, sind die Rotalgen *Iridaea
obovata, Phyllophora antarctica, Hildenbrandia lecannellieri* sowie die Grünalge
Monostroma hariotii. Während einer Zeitspanne von etwa 10 Monaten im Jahr

lagert an der Wasseroberfläche über dieser ostantarktischen Algenvegetation eine 2 m dicke, weitgehend lichtundurchlässige Eisschicht, ähnlich wie an den nördlichsten Algenstandorten der Arktis (S. 134, 139, 144).

5.4. Subantarktische (kaltgemäßigte) Inselregion

Literatur: DELÉPINE (1963, 1966), GRUA (1971), KENNY u. HAYSOM (1962), SKOTTSBERG (1941a), KNOX (1960, 1975).

Die subantarktische Inselregion stellt die vierte kaltgemäßigte Region der Südhalbkugel dar, neben dem südlichen Südamerika, Victoria-Tasmanien und dem südlichen Neuseeland (s. Abb. **6 und 7**). Zu den subantarktischen Inseln gehören die Inselgruppen von Prinz-Eduard, Crozet, Kerguelen, Heard (wegen der Lage südlich der antarktischen Konvergenz auch zuweilen zur antarktischen Region gerechnet) und Macquarie (s. Abb. **138**). Die südlich von Neuseeland gelegenen Auckland-, Antipoden-Inseln und die Campbell-Insel werden zuweilen auch zu den subantarktischen Inseln gestellt (KNOX 1960), hier jedoch wegen der ausgeprägten biogeographischen Beziehungen nach BRIGGS (1974) zur kaltgemäßigten südneuseeländischen Region (S. 206). Es sei darauf hingewiesen, daß der Begriff „subantarktische Region" in der marinen Biogeographie unterschiedlich gehandhabt wird, z. B. von HEDGPETH (1969) zur Kennzeichnung der Gesamtheit von Feuerland, Tristan da Cunha und der obengenannten subantarktischen Inseln.

Die Wassertemperaturen an den Küsten der subantarktischen Inseln betragen je nach geographischem Standort 3 bis 11°C im Winter und 5 bis 14°C im Sommer. Von den charakteristischen Algen der antarktischen Region kommen hier z. B. die Braunalgen *Desmarestia menziesii, Adenocystis utricularis* sowie die Rotalge *Iridaea obovata* noch vor, nicht mehr jedoch die Braunalgen *Himanthothallus grandifolius, Phaeurus antarcticus, Ascoseira mirabilis* oder die Rotalge *Leptosomia simplex*. Dafür erscheinen an den subantarktischen Inseln, deren biogeographische Gemeinsamkeiten durch die Westwinddrift (S. 182) bewirkt werden, nun die großen Braun-tange der **Laminariales,** deren Verbreitung von Südamerika über die subantarktischen Inseln bis Neuseeland reicht, nämlich *Macrocystis pyrifera* (s. Abb. **92A und 139**), *Lessonia flavicans* (Abb. **143C**; Gattung in Südaustralien und Neuseeland allerdings durch andere Arten vertreten) sowie *Durvillaea antarctica* als Vertreter der Durvillaeales (Abb. **143F**).

Zur taxonomischen Stellung von Durvillaea. Äußerlich gleicht die Gattung Vertretern der Laminariales, und aufgrund ihrer Reproduktionsverhältnisse wurde sie zu den Fucales gestellt. *Durvillaea,* als *D. antarctica* auch an den kaltgemäßigten Küsten von Südamerika und bei Neuseeland vorkommend (S. 193, 206 f.), wächst jedoch nicht wie die Fucales mit einer apikalen Scheitelzelle, sondern diffus und unterscheidet sich auch hinsichtlich der Bildung der Reproduktionsorgane in den Konzeptakeln. Die Gattung wurde 1965 von PETROV in eine eigene Ordnung, **Durvillaeales,** gestellt (vgl. NIZAMUDDIN 1968, HAY 1979a). *D. antarctica,* die einen irreführenden Artnamen trägt, weil sie in der antarktischen Region nicht vorkommt, wird wegen ihrer Honigwaben ähnlichen Luftkammern im Phylloid leicht verdriftet und ist aus diesem Grund auf der Südhalbkugel weitverbreitet, im Gegensatz zu den drei anderen Arten der Gattung mit massiven Phylloiden im australisch-neuseeländischen Bereich (S. 207; HAY 1979b).

Da die Algenfloren der subantarktischen Inseln sowohl antarktische als auch kaltgemäßigte Elemente enthalten, sind sie floristisch reichhaltiger als die antarktische

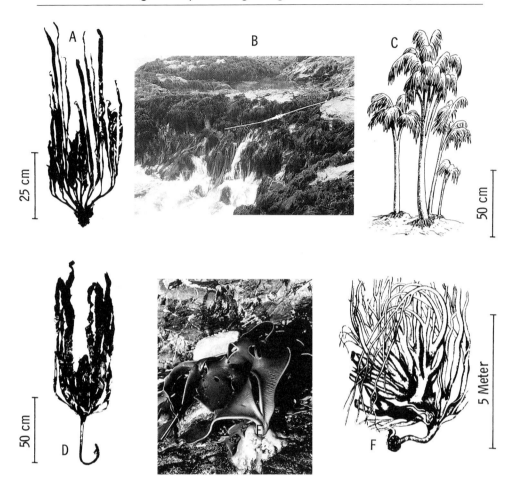

Abb. 143   Braunalgen der pazifischen Küste von Südamerika
Laminariales: (A) *Lessonia nigrescens* (auch Falkland und Heard-Inseln); **(B)** Gürtel von *L. nigrescens* im unteren Eulitoral der chilenischen Küste; **(C)** *L. flavicans* (im Sublitoral bis 35 m Tiefe; auch subantarktische Inseln); **(D)** *Eisenia cokeri* (Sublitoral)
Durvillaeales: (E) Standortaufnahme von *Durvillaea antarctica* im unteren Eulitoral der chilenischen Küste; **(F)** *D. antarctica* (auch subantarktische Inseln und Neuseeland) (**A, D** aus *M. A. Howe:* Mem. Torrey Bot. Club 15 [1914] 1-185; **C, F** aus *F. E. Fritsch:* The structure and reproduction of the algae. Bd. I-II, Univ. Press, Cambridge 1959-1961; **B** Photo *Santelices;* **E** Photo *Markham*)

Region. Insgesamt kommen nach einem Übersichtskatalog von PAPENFUSS (1964a) an den Küsten von Antarktika und der subantarktischen Inseln an benthischen Meeresalgen 550 Arten und 190 Gattungen vor, wobei die Hälfte der Gattungen den antarktisch-kaltgemäßigten Bereich nicht verläßt.

Zonierung. Im Gegensatz zur antarktischen Region ist das Eulitoral der subantarktischen Inseln, etwa der **Kerguelen** oder von **Crozet,** wegen der fehlenden Eisabschürfung und bei nur lokaler Eisbildung im Flachwasserbereich reich besiedelt, wobei *Durvillaea antarctica* im unteren Eulitoral und oberen Sublitoral die gleiche beherrschende Rolle spielt wie an den

Küsten von Chile (S. 194) oder Neuseeland (S. 206). Im Sublitoral schließen dichte Bestände von *Macrocystis pyrifera* und der antarktischen Art *Desmarestia menziesii* an. Im mittleren Eulitoral sind die Braunalge *Adenocystis utricularis,* die Rotalge *Iridaea* und die Grünalge *Acrosiphonia pacifica* sowie verkalkte Krustenrotalgen zu finden, im oberen Eulitoral *Porphyra*-Arten, grüne Fadenalgen der Gattungen *Ulothrix* und *Urospora* sowie die Krustenrotalge *Hildenbrandia lecannellieri,* im Supralitoral die Flechte *Verrucaria* und die Grünalge *Prasiola* (DELÉPINE 1963, 1966).

An den sturmgepeitschten Küsten der **Macquarie-Inseln** (KENNY u. HAYSOM 1962), etwa halbwegs zwischen Neuseeland und dem antarktischen Kontinent gelegen, kommen als größere Tange wiederum *Durvillaea antarctica, Macrocystis pyrifera* vor, und an die neuseeländische Algenvegetation erinnert das Auftreten von *Lessonia variegata* (S. 206).

5.5. Südamerika

Literatur: Gesamtgebiet: OLIVEIRA FILHO (1981), PAPENFUSS (1964b), SANTELICES (1980). **Peru:** ACLETO (1973), DAWSON u. Mitarb. (1964), HOWE (1914). **Chile:** GUILER (1959), LEVRING (1960), RAMIREZ (1982), SANTELICES u. Mitarb. (1980). **Argentinien, Uruguay:** KÜHNEMANN (1972), TAYLOR (1938). **Brasilien:** BAPTISTA (1977), COUTINHO (1982). **Pazifische Inseln: Juan-Fernandez-Inseln:** ETCHEVERRY (1960), LEVRING (1941), SKOTTSBERG (1941b). **Südatlantische Inseln: Falkland-Inseln:** COTTON (1915), TAYLOR (1938). **Tristan da Cunha:** BAARDSETH (1941). **Gough-Insel:** CHAMBERLAIN (1965). **Ascension:** PRICE u. JOHN (1980).

Die Grenzen zwischen den tropischen Regionen und den warmgemäßigten Regionen der Südhalbkugel werden durch die Reichweite der nordwärts gerichteten und durch Ausläufer der Westwinddrift verstärkten Strömungen bestimmt. An der Westküste Südamerikas verschiebt der bis 4° S nordwärts fließende kalte **Perustrom (Humboldtstrom)** (s. Abb. **57**) die tropisch-warmgemäßigte Grenze bis nahe an den Äquator (Golf von Guayaquil), während sie im östlichen Südamerika weiter im Süden verläuft (s. Abb. **6, 7**). Die Grenze zwischen den warm- und kaltgemäßigten SW-amerikanischen Regionen liegt etwa in Höhe der Chiloe-Insel in 42° S, wobei auch die Südspitze von Südamerika als kaltgemäßigt betrachtet wird.
Ein Drittel der etwa 400 Meeresalgenarten der gemäßigten Regionen der pazifischen Küste Südamerikas ist hier **endemisch.** Die Küste von Peru bei Callao und die Südspitze im Bereich 53-55° S weisen besonders viele Endemiten auf (SANTELICES 1980). Ein weiteres Drittel, in der **kaltgemäßigten südamerikanischen Region** vorkommend, darunter die Gattung *Lessonia* (vgl. SEARLES 1978 zur Taxonomie) als Südhalbkugelvertreter der Laminariales, ist bis zu den subantarktischen Inseln verbreitet, dazu auch in Neuseeland wie *Durvillaea antarctica* (Durvillaeales) oder *Adenocystis utricularis* (Ectocarpales, Punctariaceae), wobei die letztere Alge auch in der antarktischen Region wächst. Von den 130 Arten mit **westsüdamerikanisch-subantarktischer** Verbreitung sind noch 60 Arten bis zu den Kerguelen und 28 Arten bis zu den Auckland-Inseln, südlich von Neuseeland, zu finden, wodurch die Westwinddrift als Verbreitungsweg deutlich wird. Nur 3 % der rund 400 Meeresalgenarten der pazifischen Küste Südamerikas reichen mit ihrer Verbreitung von der ostpazifischen tropischen Region in die im Süden anschließende warmgemäßigte Region hinein. Insgesamt gesehen, nimmt an der Westküste Südamerikas zu den Tropen hin die Artenzahl der Meeresalgen ab, weil immer mehr kälteliebende Arten ausfallen, der kalte Perustrom jedoch die Südwärtsverbreitung der tropischen

Meeresalgen weitgehend verhindert, so daß der Eindruck einer etwas verarmten Algenflora besteht (HOEK 1984). Das „El Niño"-Phänomen an den Küsten von Peru und Ecuador, die Änderung der vorherrschenden Windrichtung in manchen Jahren, verbunden mit dem Auftreten von anomal warmem Oberflächenwasser und mit der Beeinträchtigung der Fischereierträge (BARBER u. CHAVEZ 1983), verschärft das Temperaturregime der Region.

Etwa 10 % der 400 Arten der gemäßigten, pazifischen Küste Südamerikas, darunter weitverbreitete Arten wie *Scytosiphon lomentaria* (s. Abb. **140**) oder pazifisch-amerikanische Arten wie *Macrocystis integrifolia* (s. Abb. **139**), sind bipolar verteilt, besiedeln also auch die nordamerikanisch-pazifische Küste, nicht aber den tropischen Bereich. Auch die Gattung *Eisenia* (Laminariales, Alariaceae), vom pazifischen Nordamerika mit der Art *E. arborea* bekannt, ist an der Westküste von Südamerika mit der sehr ähnlich gestalteten Art *E. cokeri* (s. Abb. **143**) vertreten. Eine weitere Art der Gattung kommt erst wieder in Japan vor (S. 123).

Juan-Fernandez-Inseln. Die Algenflora dieser 650 km von der mittelchilenischen Küste entfernten Inseln (Wohnsitz von ALEXANDER SELKIRK 1704-1709, dem realen Vorbild für ROBINSON CRUSOE) besitzt mit 32 % einen großen Anteil an endemischen Arten von Meeresalgen (SILVA 1966), was zu dem hohen geologischen Alter der Inseln paßt, die schon im frühen Tertiär vorhanden waren. *Macrocystis, Lessonia* und *Durvillaea* fehlen (LEVRING 1941). Im übrigen bestehen Ähnlichkeiten mit der benachbarten südamerikanischen Küste, nicht aber mit der westwärts gelegenen Osterinsel (BÖRGESEN 1924), der am meisten isolierten Insel der indowestpazifischen tropischen Region, oder mit den zentralpazifischen Inseln.

Charakteristisch für die Küste von **Chile** ist im unteren Eulitoral und oberen Sublitoral in wellenexponierter Lage ein Gürtel der Deckalgen *Lessonia nigrescens* und *Durvillaea antarctica* (s. Abb. **143**; SANTELICES u. Mitarb. 1980), beide mit unterschiedlichen Strategien gegenüber dem Angriff der Wellen (S. 261). *L. nigrescens* ist ein brandungsangepaßter Vertreter der Laminariales, aus dessen Haftorgan mehrere Stiele mit schmalen Phylloiden entspringen.

Zonierung an der chilenischen Küste. Zwischen den Haftorganen von *L. nigrescens* und *D. antarctica* wachsen im oberen Sublitoral Rotalgen wie *Ahnfeltia durvillaei, Ceramium rubrum*, die auch in der antarktischen Region vorkommende *Ballia scoparia* sowie an Braunalgen verschiedene Arten von *Desmarestia*. Das darüberliegende Eulitoral wird von Seepocken und Strandschnecken beherrscht, und an Rotalgen kommen häufiger *Porphyra columbina, Iridaea boryana* vor, an Braunalgen *Ralfsia verrucosa* und an Grünalgen vor allem *Codium dimorphum* im unteren Eulitoral, darüber *Ulva rigida* sowie *Enteromorpha compressa*. Seewärts schließen sich dem *Lessonia-Durvillaea*-Gürtel Bestände von *Macrocystis pyrifera* im mittleren Sublitoral an. Im tieferen Sublitoral sind als Brauntange *Lessonia*-Arten mit nur einem Stiel pro Haftorgan zu finden, *Lessonia vadosa* und *L. flavicans* (= *L. fuscescens;* vgl. SEARLES 1978), weiterhin *Eisenia cokeri* (s. Abb. **143**).

An der Küste von **Argentinien** kommen etwa 400 Arten von benthischen Meeresalgen vor (KÜHNEMANN 1972). *Durvillaea antarctica* umrundet nur eben die Küste von Feuerland und erreicht etwa Bahia Thetis (HAY 1979b), während die Vertreter der Laminariales, *Macrocystis pyrifera, Lessonia nigrescens* und *L. flavicans*, an der Küste von Patagonien (Tidenhub von 5-6 m, im Maximum von 14 m) noch bis zur Halbinsel Valdes in 42° S verbreitet sind.

Chamissos Reisebericht. ADALBERT VON CHAMISSO, Dichter der Romantik und Naturforscher, nahm 1815-1818 als „Bordbiologe" an einer russischen Forschungsreise mit dem Schiff „Rurik" in den Südatlantik und in den östlichen Pazifik teil. In seiner „Reise um die Welt" berichtet er: „Wir waren am Kap Horn . . . die Kälte gewohnt worden und unempfindlicher gegen sie . . . Wir sahen die ersten Albatrosse in einer Breite von beiläufig 40°; etwas südlicher stellten sich die gigantischen Tange des Südens ein: *Fucus pyriferus* und *F. antarcticus,* eine neue Art, die ich in Choris' ‚Voyage' abgebildet und beschrieben habe. Ich hatte die verschiedensten Formen dieser interessanten Gewächse in vielen Exemplaren gesammelt, und es war mir erlaubt worden, sie zum Trocknen im Mastkorbe auszustellen; später aber, als einmal das Schiff gereinigt war, wurde mein kleiner Schatz ohne vorhergegangene Anzeige über Bord geworfen, und ich rettete nur ein Blatt von *Fucus pyriferus,* das ich zu anderen Zwecken in Weingeist verwahrt hatte." Mit der letztgenannten Art ist *Macrocystis pyrifera* gemeint, und *F. antarcticus* heißt heute *Durvillaea antarctica* (Chamisso) Hariot. Eine bedeutende naturwissenschaftliche Leistung CHAMISSOS, ebenfalls der Fahrt mit dem „Rurik" entsprungen, war die Entdeckung des Generationswechsels bei den Salpen (Tunicata, Manteltiere).

Weiter im Norden, an der Mündung des Rio de la Plata und an der Grenze von Argentinien und Uruguay, trifft der von Norden kommende warme Brasilstrom (s. Abb. 57) auf den von Süden kommenden kalten Falklandstrom. Hier beginnt die warmgemäßigte Region der Westküste Südamerikas. An der Küste von Südbrasilien (Rio Grande Do Sul, 30°S) treten an den vereinzelten felsigen Standorten bereits Warmwasseralgen wie die Braunalgen *Dictyota dichotoma, Padina gymnospora, Sargassum cymosum* oder die Rotalgen *Jania rubens,* und *Centroceras clavulatum* auf (BAPTISTA 1977). Bei Kap Frio in NW-Brasilien schließt sich die westatlantische tropische Region an (S. 165). Jedoch dringen viele tropische Algen südwärts von Kap Frio bis Torres vor, so daß man Kap Frio, durch Auftriebswasser und das Vorkommen von gemäßigten Arten wie *Petalonia fascia* gekennzeichnet, auch als lokale, kühlere „Oase" betrachten kann (COUTINHO 1982).

Inseln im Südatlantik. Die Algenfloren der **Falkland-Inseln** und der isoliert im Südatlantik liegenden Inselgruppe **Tristan da Cunha** sowie der **Gough-Insel** zeigen einen kaltgemäßigten Charakter. *Macrocystis pyrifera* kommt auf allen genannten Inselgruppen oder Inseln vor, *Durvillaea antarctica* bei den Falklands und der Gough-Insel, die südafrikanische *Laminaria pallida* bei Tristan. Zwei der 40 von CHAMBERLAIN (1965) für die Gough-Insel aufgeführten Algenarten sind in ihrer Verbreitung auf diese Insel, 8 zusätzlich auf Tristan da Cunha beschränkt. Das Alter der letzteren Inselgruppe liegt bei 18 Mio. Jahren, worauf auch der hohe Endemismus der Meeresalgen (40 % nach BAARDSETH 1941) hindeutet.

5.6. Südafrika

Literatur: BRANCH u. BRANCH (1981), DIECKMANN (1980), PAPENFUSS (1940, 1942), SCHMIDT (1957), SIMONS (1976), STEPHENSON (1948), STEPHENSON u. STEPHENSON (1972), VELIMIROV u. Mitarb. (1977).

Schon in der frühen Kreidezeit wurde Afrika, wahrscheinlich noch mit Indien zusammenhängend, von Antarktika getrennt und driftete nordwärts (Abb. **14**; NORTON u. SCLATER 1979). Die **isolierte Lage** der **südafrikanischen warmgemäßigten Region** hat dazu geführt, daß die marine Küstenfauna zu etwa einem Fünftel endemisch ist (BRIGGS 1974), und auch unter den Meeresalgen gibt es zahlreiche endemische Arten. Innerhalb der Region sind zwei Provinzen zu unterscheiden, die etwas kühlere Südwestafrikaprovinz, in der Vertreter der Laminariales als dominierende Algen auftreten, daneben die wärmere Agulhasprovinz. Die **Südwestafrikaprovinz** schließt im Norden bei Mossâmedes an die ostatlantische tropische Region an. Die Küste der Provinz ist durch lokale Auftriebsgebiete von kühlem Tiefenwasser gekennzeichnet und wird außerdem durch den kühlen **Benguelastrom** beeinflußt

(s. Abb. **57**). Dieser fließt als Teilstrom der den Südatlantik beherrschenden Kreis-strömung nordwärts und wird durch Ausläufer der kalten Westwinddrift verstärkt. Die Oberflächen-Wassertemperaturen liegen im Winter (Mai bis August) relativ stabil bei 15°C, fluktuieren jedoch im Sommer im Bereich 8-15°C (DIECKMANN 1980).

Die wärmere **Agulhasprovinz,** durch Wassertemperaturen von 15-20° ausgezeichnet, erstreckt sich von der Kapregion entlang der Süd- und Ostküste von Südafrika bis zum südlichen Natal, wo die indowestpazifische-tropische Region erreicht wird. Die Provinz steht unter dem Einfluß des **Agulhasstroms,** der von Norden warmes Wasser heranführt (S. 174).

Laminariales an der Westküste von Südafrika. An der kälteren Südwestküste sind auf der Strecke von Kap Agulhas entlang dem Kap der Guten Hoffnung bis zur Lüderitzbucht (27° S) Braunangbestände mit zwei endemischen Arten der Laminariales zu finden, *Ecklonia maxima* und *Laminaria pallida* (Abb. **144**). Sporadisch kommt in geschützteren Buchten des Kapbereichs auch *Macrocystis angustifolia* vor (VELIMIROV u. Mitarb. 1977).
Ecklonia maxima (Familie Alariaceae) ist der größte südafrikanische Vertreter der Laminaria-les. Der hohle, oben aufgetriebene Stiel wird bis zu 5 m lang und trägt ein vielfach gelapptes Phylloid, wobei die Seitenlappen von einer kurzen, flachen Mittelpartie ausgehen (Abb. **144**). Der Stiel wurde früher von den Eingeborenen als Blasinstrument benutzt, woran die alte süd-afrikanische Bezeichnung „Trompetgras" sowie „*E. buccinalis*" als früherer Name der Art in Südafrika erinnern (PAPENFUSS 1940). Auf hoher See treibende Exemplare von *E. maxima* zeigten den Seeleuten die Nähe des Kaps an. Eine weitere Art, *E. biruncinata* mit dornartigen Phylloidauswüchsen, kommt als einziger Vertreter der Laminariales in der wärmeren Agulhas-provinz vor (STEPHENSON 1948, SIMONS 1976). Die Gattung ist außerdem in Südaustralien und Neuseeland mit der Art *E. radiata* vertreten (S. 205, 206), auf der Nordhalbkugel in Japan mit drei Arten (S. 124) sowie vor der nordwestafrikanischen Küste mit *E. muratii* (S. 68).
Laminaria pallida (Familie Laminariaceae) mit geschlitzten Phylloiden und einem starren, bis zu 3 m langen Stiel, kommt vom Kapbereich nördlich bis Namibia bei etwa 30°S vor und noch weiter nördlich in einer anderen Wuchsform mit hohlem Stiel, die als „*L. schinzii*" geführt wird. Außerdem ist die Art auf den etwa halbwegs zwischen Südafrika und Australien gelegenen Inseln Neu-Amsterdam und St. Paul zu finden (DELÉPINE 1963). *L. pallida* ist mög-licherweise der südafrikanische Abkömmling von *L. ochroleuca,* welche in der warmgemäßig-ten mediterran-atlantischen Region der Nordhemisphäre wächst und in einer der Eiszeiten durch den Tropengürtel hindurch auf die Südhalbkugel gewandert ist (S. 68, 156).
Macrocystis angustifolia (Familie Lessoniaceae) gehört zu den relativ kleinwüchsigen, bis zu 10 m langen Arten der Gattung, besitzt in Südafrika nur ein beschränktes Vorkommen im Kapbereich bei 33-34°S und ist im übrigen in SO-Australien beheimatet (s. Abb. **139** und **148**). Der Riesentang *M. pyrifera* der kalt- und warmgemäßigten pazifisch-amerikanischen Küsten sowie der Küsten von Tasmanien und Neuseeland kommt in Südafrika nicht vor. Während *M. pyrifera* ein großes, konisches Haftorgan besitzt, besteht dieses bei *M. angustifo-lia* aus niederliegenden, rhizomartigen Verzweigungen, ähnlich wie bei der ebenfalls klein-wüchsigen *M. integrifolia* der pazifisch-amerikanischen Küsten (WOMERSLEY 1954, NEUSHUL 1971). Auch die Standortansprüche der beiden kleinwüchsigen Arten, die sich ihrerseits mor-phologisch zum Beispiel durch die stärkere Abflachung der Rhizomverzweigungen bei *M. integrifolia* unterscheiden lassen, sind ähnlich, denn sie kommen beide im oberen Sublitoral vor. Die Haftsysteme der *Macrocystis*-Arten lassen sich in eine Entwicklungsreihe stellen, die vom konischen Haftapparat bei *M. pyrifera* zu den verzweigten Haftsystemen der beiden kleinwüchsigen Arten führen. Da *Macrocystis*-Thalli mit Hilfe der gasgefüllten Thallusblasen verdriften und auch auf dem offenen Meer gefunden wurden, ist die weite Verbreitung der Gattung verständlich. Andererseits haben sich aufgrund der riesigen Entfernungen zwischen den jeweiligen Standorten aber auch lokale Rassen, etwa bei *M. pyrifera,* gebildet (NEUSHUL 1971).
Warmgemäßigte südafrikanische Region: Argumente. Da die südafrikanischen Vertreter der Laminariales Beziehungen zu Vertretern der Ordnung in anderen warmgemäßigten Regionen aufweisen und typische Kaltwasserarten der Südhalbkugel wie *Durvillaea antarctica,* auch der

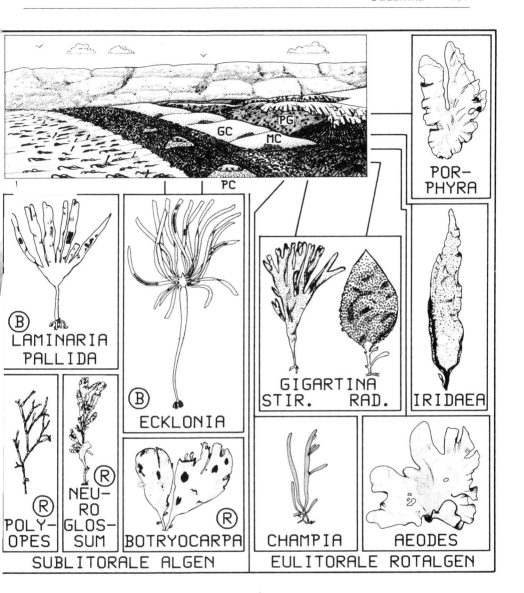

Abb. **144**   Zonierung an der Westküste von Südafrika
Art- und Größenangaben: Eulitorale Rotalgen: *Porphyra capensis* (× 0,3), *Gigartina stiriata*
(× 0,2), *G. radula* (× 0,2), *Iridaea capensis* (× 0,15), *Champia lumbricalis* (× 0,7), *Aeodes
orbitosa* (× 0,1)
Sublitorale Algen: *Laminaria pallida* (× 0,03), *Ecklonia maxima* (× 0,013), *Polyopes constrictus* (× 0,3), *Neuroglossum binderianum* (× 0,4), *Botryocarpa prolifera* (× 0,4) B Braunalge; R
Rotalge; GC *Gunnarea capensis* (Polychaet); MC *Mytilus crenatus* (Miesmuschel); PG *Patella
granularis* (Napfschnecke); PC *Patella Cochlear* (Napfschnecke) (Vegetationsansicht aus *T. A.
Stephenson, A. Stephenson:* Life between tide marks on rocky shores. Freeman, San Francisco 1972; Habitusbilder aus *R. H. Simons:* Fish. Bull. S.Afr. 7 [1976] 1-113)

Abb. **145**   Bestand von *Laminaria pallida* in etwa 5 m Tiefe, südwestlich von Kapstadt (aus *B. Velimirov, J. G. Field, C. L. Griffiths, P. Zoutendijk:* Helgoländer wiss. Meeresunters. 30 [1977] 495-518)

kaltgemäßigten Küstenfischfauna (BRIGGS 1974) in Südafrika fehlen, erscheint es gerechtfertigt, diesem Autor und EKMAN (1953) zu folgen und den gesamten Küstenbereich von Südafrika als warmgemäßigt zu betrachten. STEPHENSON (1948), der klassische Untersucher der südafrikanischen Küsten, hatte vorgeschlagen, die kältere Westküste als eigene kaltgemäßigte Region aufzuführen, unter anderem, weil hier Vertreter der Laminariales wachsen, die für kaltgemäßigte Regionen charakteristisch seien. Diese Auffassung verkennt, daß die Laminariales kalt- und warmgemäßigte Regionen besiedeln, zum Teil mit verschiedenen Arten, darunter Arten mit erhöhter Wärmeresistenz (z. B. *Laminaria pallida;* s. Tab. **20**), zum Teil mit Arten, deren Verbreitung in beide Regionstypen reicht, etwa im Fall von *L. hyperborea* von Norwegen bis Portugal (s. Abb. **47**). Der warmgemäßigte Charakter der südafrikanischen Region läßt sich auch mit den Temperaturgegebenheiten für warmgemäßigte Regionen im Nordatlantik vergleichen. Die SW-Afrika-Provinz erstreckt sich etwa auf den Küstenbereich, welcher von der 15°C-Isotherme im Winter (August auf der Südhalbkugel; lokale Absenkungen bis 8°C) oder der 20°C-Isotherme im Sommer (Februar) abgegrenzt wird (s. Abb. **6**). Diese Temperaturbedingungen liegen im Fall der warmgemäßigten mediterran-atlantischen Region bei Südportugal vor, während der Südbereich dieser Region in NW-Afrika temperaturmäßig mit der südafrikanischen Agulhasprovinz zu vergleichen ist (s. Abb. **6**).

Im oberen Eulitoral der **Westküste** dominiert neben Napfschnecken und Seepocken zum Beispiel die Rotalge *Porphyra capensis.* Darunter, im mittleren Eulitoral, wachsen anstelle der von der Nordhalbkugel her vertrauten Fucales verschiedene, wiederum zum Teil endemische Rotalgen (s. Abb. **144**), daneben auch die Braunalgen *Chordariopsis capensis* und *Splachnidium rugosum* (Ectocarpales). Der Polychaet *Gunnarea capensis* kann hier bis zu 30 cm dicke Polster bilden. Im unteren Eulitoral erscheinen verkalkte Krustenrotalgen (Corallinaceae) und ein Gürtel der Rotalge *Champia lumbricalis,* knapp über den ersten Mischbeständen der Laminariales im oberen Sublitoral, welche von *Ecklonia maxima* und *Laminaria pallida* gebildet werden.

Im Tiefenbereich 0-4 m macht *E. maxima* etwa zwei Drittel der Brauntangbiomasse aus, in 4-8 m Tiefe die Hälfte, und unterhalb von 8 m Tiefe sind im mittleren Sublitoral bis zu 20 oder 30 m Tiefe Reinbestände von *L. pallida* zu finden (DIECKMANN

1980, VELIMIROV u. Mitarb. 1977). Eine wichtige Unterwuchsalge ist *Desmarestia firma,* der einzige Vertreter der Gattung in Südafrika und zur taxonomisch schwierigen Artengruppe mit ligulat (zungenförmig) geteilten Phylloiden gehörend. Nahe verwandte Formen von *D. firma* kommen in Chile und Neuseeland vor (ANDERSON 1982). Die in Abb. **144** dargestellten Rotalgen des mittleren und unteren Sublitorals sind endemische Vertreter der Familie Delesseriaceae (Ordnung Ceramiales), mit Ausnahme von *Polyopes constrictus* (Ordnung Cryptonemiales), wobei diese Art auch in Australien zu finden ist.

An der wärmeren **Südküste** (Agulhasprovinz) kommen noch zahlreiche Algen- und Tierarten der Westküste vor, wobei aber Warmwasserarten dominieren, so die euli-

SEEPOCKEN		MYTILUS PERNA	(M)	
CAULERPA LIGULATA	(G)	PATELLA COCHLEAR	(N)	
CORAL- LINACEAE	(R)	PATELLA GRANULARIS	(N)	
GELIDIUM PRISTOIDES	(R)	PLOCAMIUM CORALLORHIZA	(R)	
HYPNEA SPICIFERA	(R)	POMATOLEIOS CROSSLANDI	(P)	
LITTORINA KNYSNAËNSIS	(L)	PYURA STOLONIFERA	(S)	

NIEDRIGER ALGENRASEN

Abb. **146**   Zonierung an der Südküste von Südafrika
A Beginn der *Littorina*-Zone; B Beginn der Seepockenzone; C Beginn der *Patella cochlear*-Zone; D Beginn des oberen Sublitorals; G Grünalge; L Strandschnecke; M Miesmuschel; N Napfschnecke; P Polychaet; R Rotalge; S Seescheide (Ascidie) (aus *T. A. Stephenson, A. Stephenson:* Life between tidemarks on rocky shores. Freeman, San Francisco 1972)

torale, gürtelbildende Napfschnecke *Patella cochlear* und die Ascidie *Pyura stolonifera* mit ihren dichtgepackten Koloniepolstern (Abb. **146**). Unter den dominierenden Algen nehmen solche mit pantropischer oder indowestpazifischer Verbreitung zur Ostküste hin zu, etwa Rotalgen *Gelidium pusillum* (= *reptans), Caulacanthus ustulatus* (s. Abb. **72E**), *Centroceras clavulatum* (s. Abb. **125**) und Grünalgen wie *Caulerpa racemosa* (s. Abb. **147I**). An der Südküste fehlen die Laminariales der Westküste im Sublitoral. Sie werden hier durch *Sargassum heterophyllum* und *S. longifolium* ersetzt. Weitere Warmwassergattungen der Fucales, die an der südafrikanischen Küste zum Teil mit endemischen Arten auftreten, sind in Tab. **7** aufgeführt (S. 173). Als letzter Vertreter der Laminariales kommt vereinzelt und auf die Agulhasprovinz beschränkt die Warmwasserart *Ecklonia biruncinata* im Sublitoral bis zur Grenze Ostkapland / Natal vor (STEPHENSON u. STEPHENSON 1972), wo die indowestpazifische tropische Region beginnt und auch bereits Steinkorallen auftreten.

5.7. Südaustralien und Neuseeland

Literatur: **Gesamtgebiet**: CLAYTON u. KING (1981), KNOX (1963), STEPHENSON u. STEPHENSON (1972), WOMERSLEY (1954, 1959, 1981). **Südküste von Australien**: BENNETT u. POPE (1953), FUHRER u. Mitarb. (1981), LEWIS (1983), SHEPHERD u. WOMERSLEY (z. B. 1976), WOMERSLEY (1984), WOMERSLEY u. EDMONDS (1952, 1958). **Tasmanien**: BENNETT u. POPE (1960). **Neuseeland**: ADAMS (1983), CHAPMAN (1956-1979), CHAPMAN u. DROMGOOLE (1970), CHAPMAN u. PARKINSON (1974), CHOAT u. SCHIEL (1982), DELLOW (1955), KNOX (1975), LINDAUER u. Mitarb. (1961), MOORE (1961), MORTON u. MILLER (1968).

Australien war bis zum späten Kreidezeitalter noch mit Antarktika verbunden (S. 183, s. Abb. **14**). Das fossile Vorkommen von Beuteltieren in Südamerika, Antarktika und Australien unterstreicht die gemeinsame Herkunft dieser Landmassen aus dem Gondwana-Kontinent. Australien wurde von Antarktika vor 50 Mio. Jahren, im frühen Tertiär getrennt und driftete in der Folge als isolierte Landmasse nordwärts (vgl. S. 259). Neuseeland war seit der späten Kreidezeit (vor 60-80 Mio. J.) von Australien isoliert (KNOX 1979, NORTON u. SCLATER 1979). Die früh erfolgten Isolierungsvorgänge und das Abdriften in unterschiedliche Temperaturzonen machen es verständlich, daß die heutigen Gondwanareste nur noch auf dem Gattungsniveau Ähnlichkeiten aufweisen. Im Tertiär kamen Korallenriffe auch in Tasmanien vor, und während der Eiszeiten im Quartär konnten die Warmwasserarten an den australischen West- und Ostküsten nach Norden ausweichen (KNOX 1963, HOEK 1982b).

Die West- und Südküste von Australien unterliegen noch dem Einfluß der Westwinddrift, wobei ein Abzweig, der Westaustralische Strom, kühles Wasser nach Norden transportiert (s. Abb. **57**). Die Ostküste des Kontinents wird dagegen durch den von Norden kommenden, warmen Ostaustralischen Strom beeinflußt. Die nordaustralische Küste ist tropisch (S. 177). Die vorherrschenden Strömungen im Meeresgebiet zwischen Australien und Neuseeland sind ostwärts gerichtet, so daß Verbreitungswanderungen wohl vorwiegend in dieser Richtung erfolgten. Die phykologische Untersuchungsgeschichte, die mit englischen und französischen Expeditionen begann und an der später auch deutsche Phykologen wie Sonder in Hamburg und Kützing in Nordhausen beteiligt waren, wurde von DUCKER (1983) dargestellt.

Regionen und Wassertemperaturen. Die beiden **warmgemäßigten australischen Regionen** beginnen an der West- und Ostküste des Kontinents südlich der Breite von 25°S, wobei diese Grenzen zur indowestpazifischen tropischen Region in etwa dem Verlauf der 20°C-Winterisotherme (August) entsprechen und daher mit der weltweiten Abgrenzung von tropischen und warmgemäßigten Regionen mit Hilfe dieser für das Korallenwachstum wichtigen Isotherme übereinstimmen (s. Abb. **6**, S. 10). Die Wassertemperaturen an der offenen Südküste von Australien liegen im Jahreslauf im Bereich 14-19°C, jedoch nur bei 12-14°C an den **kühleren Küsten von Victoria,** wo in lokalen Auftriebsgebieten kühles Tiefenwasser nach oben dringt und sich der Vegetationsaspekt erheblich ändert (WOMERSLEY 1981). An den Küsten der Insel **Tasmanien** treten im Jahreslauf Temperaturen im Bereich 10-16°C auf, in Südtasmanien Minima von 9°C. Setzt man die 10°C-Winterisotherme als Grenze zwischen kalt- und warmgemäßigte Regionen (s. Abb. **8**), so fallen die Küsten von Victoria und Tasmanien zu den warmgemäßigten Regionen. In Übereinstimmung mit BRIGGS (1974), WOMERSLEY (1981) und MICHANEK (1983) soll hier aber die Tatsache berücksichtigt werden, daß die Wassertemperaturen nicht wesentlich über 15°C ansteigen, wobei diese Temperatur nach Abb. **8** als Sommerisotherme kalt- und warmgemäßigte Regionen trennt. Das betreffende Küstengebiet kann daher als **kaltgemäßigte Victoria-Tasmanien-Region** bezeichnet werden (s. Abb. **6**, Abb. **7**). KNOX (1960) hatte als Grenze zwischen kalt- und warmgemäßigte Regionen die 12°C-Winterisotherme gesetzt und die Küsten von Victoria und Tasmanien dementsprechend als kaltgemäßigt betrachtet. BENNETT u. POPE (1953, 1960) bezeichneten diesen Bereich als kühle (nicht kalte) „Maugean"-Provinz. Wie WOMERSLEY (1981) betont, liegen die Küsten von Südaustralien und Tasmanien im Übergangsbereich von kalt- und warmgemäßigten Regionen, und diese Tatsache macht die Abgrenzungsprobleme verständlich. Die **warmgemäßigte nordneuseeländische Region,** mit Temperaturen im Bereich 12-20°C, erstreckt sich auf den nördlichen Bereich der Nordinsel und die nordöstlich gelegenen Kermadec-Inseln. Der südliche Bereich der Nordinsel sowie die Südinsel und Stewart Island bilden die **kaltgemäßigte südneuseeländische Region,** wobei die Wassertemperaturen im Bereich 6-14°C liegen. Zu dieser Region gehören auch die südlich gelegenen Auckland- und Antipoden-Inseln, die Campbell-Insel sowie die östlich gelegenen Chatham- und Bounty-Inseln.

Der Artenreichtum an Meeresalgen entlang der 5500 km langen **südaustralischen Küste** ist mit 1100 Arten außergewöhnlich groß (s. S. 148). Von den 800 **Arten** der Rotalgen und 200 Arten der Braunalgen sind 70-75 % endemisch, von den 100 Grünalgenarten etwa die Hälfte. Hinsichtlich der **Gattungen** sind die südaustralischen Rotalgen zu 30 % endemisch, die Braunalgen zu 20 % und die Grünalgen zu 10 %.

Auffallend ist die Fülle an **Rotalgen** (Beispiele in Abb. **147**). Von den 4000 rezenten Arten der Rotalgen an allen Küsten der Weltmeere kommen 20 %, von den 660 Rotalgengattungen kommen 43 % in Südaustralien vor, wobei die Ordnung der Ceramiales besonders reichhaltig auftritt (WOMERSLEY 1981). Ungewöhnlich ist auch der hohe R:P-Quotient (Verhältnis Rotalgen zu Braunalgen) von 4, der sonst nur in tropischen Regionen vorliegt (s. S. 148). Eine wichtige Basis für die taxonomische Bearbeitung der australischen Rotalgen legte KYLIN (1956) mit seinem weltweiten Überblick über die Gattungen der Rotalgen. Unter den **Grünalgen** sind die Gattungen *Caulerpa* mit 19 Arten (Abb. **147**) und *Codium* mit 15 Arten gut vertreten. Von den **Braunalgen** gibt es in der Ordnung der **Laminariales** drei Gattungen an der südaustralischen Küste und in Tasmanien. *Ecklonia radiata* ist an der gesamten südaustralischen Küste zu finden, wobei die Art noch in Neuseeland und die Gattung mit anderen Arten in Südafrika (S. 196) und Japan (S. 124) vertreten ist. *Macrocystis angustifolia,* auch in Südafrika vorkommend, wächst an den kaltgemäßigten Küsten von Victoria und Nord-Tasmanien. Die Ordnung Dictyotales ist in Südaustralien noch reichhaltiger vertreten als in den Tropen, und besonders auffällig und reich an Gattungen ist die Ordnung der **Fucales.** Von den weltweit exi-

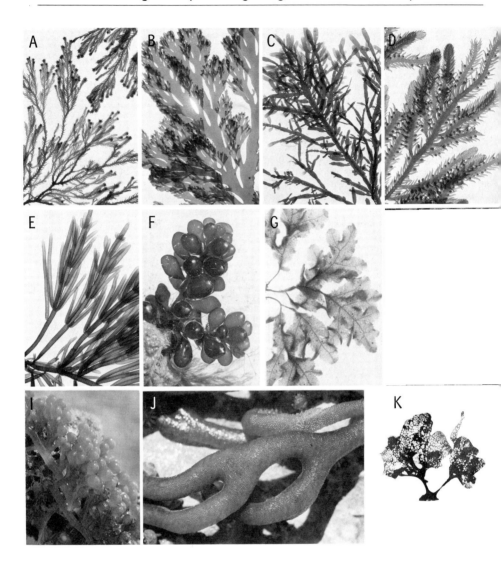

Abb. **147**   Rot- und Grünalgen der südaustralischen Küste
Rotalgen: Nemaliales: (A) *Delisea pulchra* (× 0,35). **Cryptonemiales: (B)** *Callophyllis lambertii*
(× 0,35). **Gigartinales: (C)** *Nizymenia australis* (× 0,35); **(D)** *Phacelocarpus labillardieri* (×
1,0)
Rhodymeniales: (E) *Champia viridis* (× 0,5), **(F)** *Botryocladia obovata* (× 0,8). **Ceramiales:**
(G) *Thuretia quercifolia* (× 0,35, Dasyaceae)
Grünalgen: (H) *Caulerpa vesiculifera* (× 0,5), **(I)** *C. racemosa* var. *clavifera* (× 1,0), **(J)** *Codium*
duthiae (× 0,7), **(K)** *Palmoclathrus stipitatus* (× 0,23) (**K** aus *H. B. S. Womersley:* Phycologia
10 [1971] 229-233;, übrige Photos aus *B. Fuhrer, I. G. Christianson, M. N. Clayton, B. M. Allen-*
der: Seaweeds of Australia. Reed, Sydney 1981, im Original farbig)

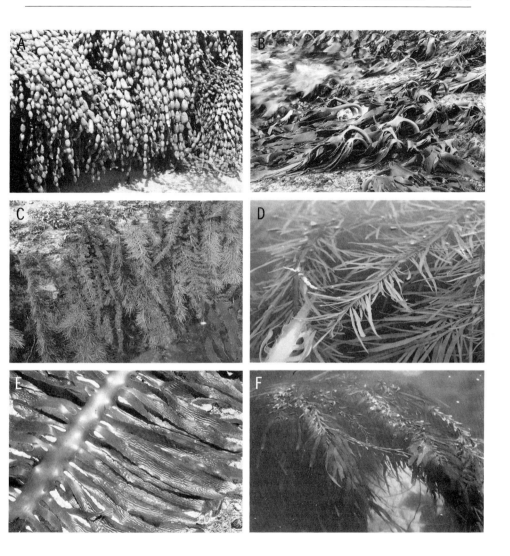

Abb. **148**   Braunalgen der südaustralischen Küste
Fucales: (A) *Hormosira banksii* (× 0,1); **(B)** *Durvillaea potatorum* (× 0,05); **(C)** *Cystophora*-Arten (× 0,05); **(D)** *Phyllospora comosa* (× 0,08)
Laminariales: (E) *Ecklonia radiata* (× 0,2); **(F)** *Macrocystis angustifolia* (× 0,02) (Photos aus *B. Fuhrer, I. G. Christianson, M. N. Clayton, B. M. Allender:* Seaweeds of Australia. Reed, Sydney 1981, im Original farbig)

stierenden 36 Gattungen der Fucales kommen 15 Gattungen, also fast die Hälfte, endemisch im Bereich Australien/Neuseeland vor (s. Tab. 7, S. 173). Die artenreichste Gattung ist *Cystophora*. Möglicherweise sind die Fucales im Mesozoikum als Bestandteil der Gondwanaflora an australischen Küsten entstanden (CLAYTON 1984).

Ein wesentlicher Grund für die Artenfülle und den ausgeprägten Endemismus der Meeresalgen wie auch der marinen Küstenfauna (BRIGGS 1974) an der südaustralischen Küste mag in der langen Ausdehnung dieser Küste parallel zu den Breitenkreisen liegen. Beide Bedingungen für die Ausbildung zahlreicher und zudem vieler endemischer Arten gemäß der Inseltheorie (S. 178) sind an der südaustralischen Küste, wie übrigens auch im Mittelmeer (S. 79), gegeben, nämlich ein großer Lebensraum, im Tertiär vor allem für warmgemäßigte Arten, dazu eine isolierte Lage.

Zonierung an der südaustralischen Küste. Charakteristisch für die Küsten von Südaustralien und von Nord-Neuseeland ist die dominierende Rolle der endemischen Vertreter der Fucales im Sublitoral. An der warmgemäßigten Küste von Südaustralien, im Bereich zwischen Kap Jaffa und der Großen Australischen Bucht, stellt sich die Zonierung wie folgt dar (Abb. 149). Im mittleren Eulitoral sind Seepocken wie *Chthamalus antennatus* zu finden, im unteren Eulitoral kleinwüchsige Rotalgen wie *Gelidium* oder *Centroceras clavulatum*. Hier erscheint als einziger eulitoraler Vertreter der Fucales die charakteristische Art *Hormosira banksii* (s. Abb. 148 A), welche von Südaustralien (Bundesland) bis Neu-Süd-Wales verbreitet ist und auch in Tasmanien sowie in Neuseeland vorkommt. In der turbulenten Brandungszone des oberen Sublitorals dominieren als Deckalgen (vgl. Abb. 3) die Fucales *Cystophora intermedia* (meist 20-40 cm lang) und *Myriodesma harveyanum* (bis 30 cm lang), im Unterwuchs die Rotalgen *Corallina cuvieri* und *Jania fastigiata*. Das mittlere Sublitoral, von 5 m bis 35 m Tiefe anzusetzen, wird von *Ecklonia radiata* (Laminariales, s. Abb. 148E) und *Scytothalia dorycarpa* (Fucales) beherrscht, deren Vegetationsschicht sich bis zu 1 m Höhe über dem Felsboden

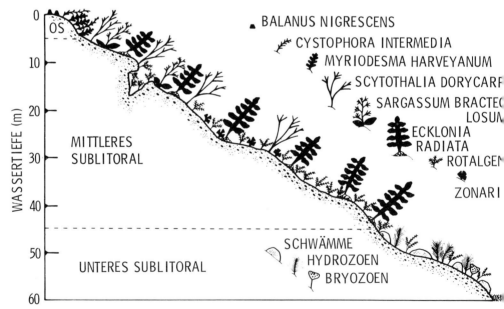

Abb. **149**   Zonierung im Sublitoral vor der südaustralischen Küste an einem wellenexponierten Standort (St. Francis Island, 133°O). OS oberes Sublitoral (aus *S. A. Shepherd, H. B. S. Womersley:* Trans. R. Soc. S. Aust. 100 [1976] 177-191)

erhebt. Andere größere Algen in dieser Schicht sind im oberen Bereich *Sargassum*-Arten, *Acrocarpia paniculata* und *Cystophora*-Arten (Fucales). In der Schicht der kleineren, 5-25 cm hohen Algen wachsen Braunalgen wie *Dictyota*, *Zonaria* (Dictyotales), Rotalgen wie *Placamium* sowie andere Gattungen (s. Abb. **147A-F**) und etwa zehn Arten der Grünalge *Caulerpa* (s. Abb. **147H**). Unterhalb der Vorkommensgrenze des Brauntangs *Ecklonia radiata* in etwa 30-40 m Tiefe siedeln im unteren Sublitoral bis zu 60 m Tiefe neben verkalkten Krustenrotalgen (Corallinaceae) Rotalgen wie *Plocamium*, darunter auch die von der Nordhalbkugel bekannte Art *P. cartilagineum* (s. Abb. **77E**), *Callophyllis lambertii* (s. Abb. **147B**), Gattungen der Ceramiales wie *Antithamnion* oder *Ballia* sowie die Grünalgen *Caulerpa hedleyi* und *Palmoclathrus stipitatus*. Bei der letztgenannten Alge (s. Abb. **147K**) ist der bis zu 20 cm lange Thallus aus einzelligen, palmelloiden Grünalgen aufgebaut. Die Alge gehört daher wie das mediterrane *Palmophyllum crassum* (S. 90) zu den Chlorococcales. Auch verschiedene Vertreter der Fucales wie *Myriodesma quercifolium, Scytothalia dorycarpa, Cystophora platylobium* und *Sargassum bracteolosum* wachsen stellenweise noch in 50 m Tiefe (SHEPHERD u. WOMERSLEY 1976).

Im **westlichen Bereich der Südküste** Australiens, gekennzeichnet durch lange Sandstrecken etwa im Bereich der Großen Australischen Bucht, sind im oberen Sublitoral statt der für Südaustralien (Bundesland) charakteristischen *Cystophora intermedia* andere Vertreter der Fucales wie *Caulocystis uvifera, Acrocarpia robusta* und *Platythalia angustifolia* zu finden, wiederum im Sublitoral gefolgt von *Ecklonia radiata*. Im warmgemäßigten Bereich der **Westküste** des Kontinents fehlt diese Art (wie auch *Hormosira banksii* im Eulitoral), und *Sargassum*-Arten dominieren im Sublitoral. *Ecklonia radiata* kommt auch an den kühleren Küsten von Victoria (s. u.) nur vereinzelt vor, ist aber wieder im warmgemäßigten Bereich der **Ostküste** von Australien (Neu-Süd-Wales) als Dominante zu finden, neben den Fucales *Phyllospora comosa, Sargassum* und *Cystophora*. An Seegräsern (vgl. Abb. **122**) finden sich an der Südküste auf beweglichem Substrat im oberen Sublitoral *Amphibolis antarctica, Heterozostera tasmanica, Halophila ovalis* und mehrere Arten von *Posidonia*, darunter *P. australis* bis zu 20 m Tiefe.

An den **kühleren Küsten von Victoria** und der Insel **Tasmanien** (kaltgemäßigte Victoria-Tasmanien-Region; S. 13) ändert sich das Bild der dominierenden Algen. Im oberen Sublitoral wachsen nun bei starker Wellenexposition *Durvillaea potatorum* (s. Abb. **148B**; mit massivem Phylloid, ohne Luftkammern; vgl. S. 191, S. 207), bei schwächerer Exposition und auch im mittleren Sublitoral die Fucacee *Phyllospora comosa* (bis 2,5 m lang, s. Abb. **148D**) sowie *Macrocystis angustifolia* (s. Abb. **148F**) als Vertreter der Laminariales, der auch in Südafrika vorkommt (S. 196). Von den genannten Arten dringt nur *P. comosa* gemeinsam mit *Hormosira banksii* auch an der warmgemäßigten Ostküste von Australien relativ weit nach N bis 32°S (Port Macquarie) vor, *D. potatorum* nur bis 36°N und *M. angustifolia* nur bis zur Grenze von Victoria. In **Südtasmanien** bildet *Macrocystis pyrifera* dichte sublitorale Bestände. Tasmanien war einer der „Trittsteine" für die zirkumglobale Verbreitungswanderung der pazifisch-nordamerikanischen *M. pyrifera*, wobei Südamerika, die subantarktischen Inseln und Südneuseeland, nicht aber Südafrika, weitere derartige „Trittsteine" darstellen. Im oberen Sublitoral von Südtasmanien kommen *Durvillaea potatorum* vor sowie ein in Tasmanien endemischer Vertreter der Laminariales, nämlich *Lessonia corrugata*.

Etwa 650 Arten von benthischen Meeresalgen wachsen an den Küsten von **Neuseeland,** wobei die Übereinstimmung mit der südaustralischen Küste auf dem Artenniveau nur bei 25 % liegt (WOMERSLEY 1981). Nachdem Neuseeland und Australien relativ früh getrennt wurden (S. 200), konnte sich eine relativ eigenständige neuseeländische Algenflora mit zahlreichen endemischen Arten entwickeln. An endemischen Gattungen sind zum Beispiel *Landsburgia* und *Marginariella* als Vertreter der Fucales vorhanden (s. Tab. 7, S. 173).

In der **warmgemäßigten nordneuseeländischen Region** wird der Vegetationsaspekt im oberen Sublitoral von den Fucales *Carpophyllum, Cystophora torulosa, Xiphophora chondrophylla, Sargassum* bestimmt sowie von *Lessonia variegata* als Vertreter der Laminariales. *Ecklonia radiata,* ebenfalls zu den Laminariales gehörend, kann im mittleren Sublitoral bis zu 17 m Tiefe dichte Bestände bilden und in klarem Wasser vereinzelt noch in 50-60 m Tiefe wachsen (CHOAT u. SCHIEL 1982).

In der **kaltgemäßigten südneuseeländischen Region,** die sich auf den südlichen Bereich der Nordinsel, die Südinsel und auf die Stewart-Insel erstreckt, besiedelt *Durvillaea antarctica* das untere Eulitoral, und hier findet man beispielsweise auch Vertreter der Rotalgen *Gigartina, Laurencia, Polysiphonia, Caulacanthus, Gelidium, Nemalion,* daneben Braunalgen wie *Hormosira banksii, Colpomenia sinuosa* und die Grünalgengattungen *Codium* sowie *Caulerpa.* Das obere Sublitoral wird von den für Neuseeland endemischen Arten *Lessonia variegata* und *Durvillaea willana* (Abb. **150**) beherrscht, und seewärts schließen sich Bestände von *Macrocystis pyrifera* an. Die beiden letztgenannten Arten dringen nordwärts bis zur Breite von 40° N an der Westküste von Neuseeland vor sowie bis zur Breite von 44° N an der Ostküste, während *Durvillaea antarctica* und *Lessonia variegata* noch in Nordneuseeland zu finden sind. Die Vegetationsgürtel der beiden letzteren Arten erinnern an die ähnliche Vegetation von *Durvillaea antarctica* und *Lessonia nigrescens* an der pazifisch-südamerikanischen Küste (S. 194). Auch das Auftreten von *Macrocy-*

Abb. **150**   Oberes Sublitoral an der Küste von Süd-Neuseeland, Otago-Halbinsel: Bestand von *Lessonia variegata* (Laminariales, streifenartige Phylloide) und *Xiphophora chondrophylla* (Fucales, oberhalb von *Lessonia)* (aus *T. A. Stephenson, A. Stephenson:* Life between tidemarks on rocky shores. Freeman, San Francisco 1972)

stis pyrifera weist darauf hin, daß eine wesentliche Komponente der neuseeländischen Meeresalgenflora aus weitverbreiteten Arten besteht, welche den Antarktischen Zirkumpolarstrom als Transportmittel benutzten. 14 Algenarten wurden wahrscheinlich mit Schiffen von verschiedenen Küsten, auch aus Europa, nach Neuseeland verschleppt (ADAMS 1983).

Inseln bei Neuseeland. In der Meeresalgenflora der nördlich von Neuseeland gelegenen Kermadec-Inseln, deren marine Fauna zu 35 % endemisch ist (BRIGGS 1974), überwiegen Warmwasserarten mit tropischer Verbreitung. Bei den östlich von Neuseeland gelegenen Chatham-Inseln, mit Wassertemperaturen im Bereich 5-16°C, weiter auch auf den Antipoden-, Auckland-Inseln sowie der Campbell-Insel kommen die aus dem südlichen Neuseeland bekannten Arten *Lessonia variegata* und *Macrocystis pyrifera* vor. Die Art *Durvillaea chathamensis* ist auf den Chatham- und Antipoden-Inseln endemisch (HAY 1979a). Die auffällige Beschränkung der drei *Durvillaea*-Arten mit massivem Phylloid ohne Luftkammern auf das australisch-neuseeländische Gebiet deutet auf die mögliche Entstehung in diesem Bereich hin. Nur *D. antarctica,* mit Luftkammern im Phylloid und daher gut verdriftungsfähig, umrundete mit dem Antarktischen Zirkumpolarstrom die Südhalbkugel (S. 184, S. 191). Da es sich um eine getrenntgeschlechtliche Art handelt, müssen zur Gründung einer Population zwar männliche und weibliche Pflanzen angespült werden, die jedoch mit zusammengewachsenen Haftorganen eng miteinander verfilzt vorkommen und somit auch gemeinsam verdriftet werden (HAY 1979b).

Zweiter Teil: Die Ökophysiologie der Meeresalgen

6. Der Lichtfaktor

Dem Meeresbotaniker stellen sich hinsichtlich des Lichtfaktors im wesentlichen folgende Fragen: Zwischen welchen oberen und unteren Grenzen der Bestrahlungsstärke vollziehen sich die Prozesse von Photosynthese und Wachstum einer Alge im jeweiligen charakteristischen Phytalbereich? Wie wirken sich die spektral sehr unterschiedlichen Unterwasserlichtfelder auf Photosynthese und Wachstum aus? Welche Spektralbereiche mit welchen Bestrahlungsstärken werden von Meeresalgen zur Steuerung der Entwicklung (Photomorphogenese, Photoperiodismus und andere lichtinduzierte Reaktionen) verwendet?

Lichtmeßtechnik. Die auf der Wasseroberfläche einfallende Sonnenstrahlung (Übersicht: CAMPBELL 1981, GATES 1979) besteht zu etwa 50 % aus dem für das menschliche Auge sichtbaren Anteil („Licht im humanphysiologischen Sinn" Spektralbereich 390-760 nm) sowie Ultraviolett (290-390 nm) und zu etwa 50 % aus Infrarot (750-3000 nm). Gemessen wird entweder die Energie oder die Anzahl an Lichtquanten (Photonen), die pro Zeit- und Flächeneinheit auf eine horizontale Fläche auftreffen, im ersten Fall die Bestrahlungsstärke (Einheit: $W\,m^{-2}$), im zweiten Fall die Photonenfluenzrate (Einheit: mol Photonen oder Einstein $m^{-2}s^{-1}$; 1 Einstein = 1 E = 6,02 × 10^{23} Photonen; Näheres zur Lichtmessung über Wasser: TEVINI und HÄDER 1985).
Zahlreiche Messungen des Unterwasserlichtes im Meer (Übersicht: JERLOV 1951-1978, KIRK 1983, LÜNING 1981a) unter verschiedenen Bedingungen der Spektralverteilung über und unter Wasser haben einen relativ konstanten Zusammenhang zwischen Photonenfluenzrate Q und Bestrahlungsstärke I im Meer ergeben. Das Verhältnis Q/I (400-700 nm) variiert nur um etwa $+/-10$ %, und so kann man Unterwasserlichtmeßwerte überschlägsmäßig nach MOREL u. SMITH (1974) wie folgt umrechnen:

$$1\,W\,m^{-2}$$
$$\sim 2{,}50 \times 10^{18}\ \text{Photonen}\ m^{-2}s^{-1}$$
$$\sim 4{,}2\ \mu E\ m^{-2}s^{-1}$$

Für humanphysiologische Zwecke ist die Meßgröße für die Lichtmenge pro Zeit- und Flächeneinheit die „Beleuchtungsstärke" (Einheit „Lux"). In bezug auf die Pflanze ist die Messung der Beleuchtungsstärke in „Lux" unzweckmäßig, weil die Absorptionsspektren der Pflanzenpigmente nicht dem Absorptionsspektrum des menschlichen Auges entsprechen. Im Fall von Tageslicht über Wasser (MOREL u. SMITH 1974) und von weißen Leuchtstoffröhren (McCREE 1981) können Luxwerte aus der älteren Literatur überschlägsmäßig mit folgenden Gleichungen umgerechnet werden (vgl. LÜNING 1981a):

$$250\,\text{Lux} \sim 1\,W\,m^{-2} \sim 5\,\mu E\ m^{-2}s^{-1}$$

6.1. Spektralverteilung im Phytal

Licht über Wasser. Die auf der Erdoberfläche auftreffende **Globalstrahlung** (290-3000 nm) besteht aus zwei Komponenten, der direkten **Sonnenstrahlung** und einer indirekten, diffus einstrahlenden Komponente, der **Himmelsstrahlung,** die bei klarem, „blauem" Himmel aus in der Atmosphäre gestreuter Sonnenstrahlung entsteht und bei bedecktem Himmel aus Strahlung, die an den Wolken reflektiert wurde oder diese durchdrungen hat (Übersicht: GATES 1979, SMITH u. MORGAN 1981). Die spektrale Zusammensetzung der Globalstrahlung hängt von mehreren Faktoren ab, vor allem vom Sonnenstand und vom Wolkenbedeckungsgrad. Bei Sonnenhöhen oberhalb von 15° hat der Sonnenstand wenig Einfluß auf die Spektralverteilung, unterhalb dieses Wertes überwiegt der Anteil der Himmelsstrahlung, wodurch der kurzwellige Anteil (Blau und UV; „blauer Himmel") relativ zunimmt. Der kurzwellige Anteil vermindert sich dagegen mit Zunahme der Wolkenbedeckung infolge von Streuungsverlusten in den Wolken. Die Kurven der Spektralverteilung des Tageslichtes variieren um einen Wendepunkt bei 560 nm, so daß sie sich vor allem im relativen Anteil von Blau (sowie UV) und Rot unterscheiden (MOREL u. SMITH 1974). Insgesamt gesehen und vor allem im Vergleich zu den unter Wasser auftretenden Spektralverschiebungen, sind die spektralen Unterschiede des Tageslichtes über Wasser jedoch nicht sehr groß.

Beim Auftreffen der Globalstrahlung auf die Wasseroberfläche wird ein kleinerer Anteil **reflektiert,** und zwar bis zu 6 % bei Sonnenhöhen über 30°. Erst bei niedrigen Sonnenständen fällt der reflektierte Anteil stark ins Gewicht, z. B. mit 42 % bei einer Sonnenhöhe von 5°, wobei sich dann noch ein zusätzlicher Einfluß der Wellenbewegung bemerkbar macht, welche die Reflexion erniedrigt (JERLOV 1976). Die Intensität der in das Meer eingedrungenen Strahlung wird durch **Absorption** (Umwandlung von Strahlungsenergie in andere Energieformen, z. B. in Wärme oder photosynthetisch gebundene Energie) und **Streuung** (Ablenkung des Einfallstrahles) verringert.

Attenuation und Transmission im Unterwasserlichtfeld. Die Gesamtschwächung der Strahlung im natürlichen Wasserkörper aufgrund von Absorption und Streuung wird als Attenuation bezeichnet (JERLOV 1976) und folgt, formal gesehen, dem aus der Spektralphotometrie bekannten Lambert-Beerschen Gesetz.

$$I_2 = I_1 e^{-k\,d},$$

wobei I_1, I_2 = Bestrahlungsstärken in den Tiefen 1 und 2; d = Schichtdicke (in der Praxis zumeist 1 m) k = Attenuationskoeffizient. Der aus der Spektralphotometrie bekannte Extinktionskoeffizient gilt nur für parallele und monochromatische Strahlung und wird daher bei Messungen im natürlichen Unterwasserlichtfeld, für welches beide Bedingungen nicht erfüllt sind, durch den Attenuationskoeffizienten k (früher als vertikaler Extinktionskoeffizient bezeichnet) ersetzt. Dieser stellt die Summe des Absorptionskoeffizienten a und des Streuungskoeffizienten s dar (k = a + s).
Da es nur schwer möglich und für biologische Zwecke auch nicht erforderlich ist, Absorption und Streuung einzeln zu messen, erfaßt man in der Praxis nur deren Summe in Form des Attenuationskoeffizienten k. Beispielsweise ermittelt man zunächst die Transmission (Durchlässigkeit) T, wobei I_1 die Bestrahlungsstärke (im folgenden jeweils durch die Photonenfluenzrate ersetzbar) in der oberen, I_2 in der 1 m darunterliegenden Tiefe darstellt:

$$T = \frac{I_2}{I_1}\,.$$

Hat zum Beispiel die Bestrahlungsstärke in 1 m Wassertiefe den relativen Wert 100 und in 2 m Wassertiefe den relativen Wert 70, so ergibt sich eine Transmission von 0,7 (oder 70 %) pro m Wasserschicht, allerdings unter der Voraussetzung eines optisch homogenen Wasserkörpers. Kennt man somit den Transmissionswert und möchte aufgrund einer in einer bestimmten Tiefe gemessenen Bestrahlungsstärke I_1 nun die Bestrahlungsstärke I_n in einer n Meter darunterliegenden Tiefe errechnen, so gilt:
$$I_n = I_1 T^n.$$
Schließlich läßt sich der Attenuationskoeffizient k (bei Bezug auf die Basis e) wie folgt bestimmen:
$$k = -\log_e T.$$

Durch die **Absorption** werden die verschiedenen Spektralbereiche in unterschiedlichem Ausmaß geschwächt. Das Minimum der Absorption tritt in klarem Meerwasser bei 465 nm im **Blau** auf (Abb. **151,** Typ I). Licht von dieser Wellenlänge passiert 1 m Wassertiefe zu 98 % und wird erst in 140 m Wassertiefe auf 1 % des Oberflächenwertes abgeschwächt. Zum kurzwelligen wie zum langwelligen Spektralbereich hin nimmt die Absorption zu. Der Salzgehalt spielt, optisch gesehen, praktisch keine Rolle, und daher unterscheidet sich klares Meerwasser in dieser Hinsicht kaum von destilliertem Wasser (MOREL 1974). In klarem Wasser wird Rot am stärksten, Grün in geringerem Ausmaß, Blau am geringsten und Ultraviolett wieder in zunehmendem Ausmaß absorbiert. Wie Abb. **151** (Typ I) zeigt, verbleibt in klarem

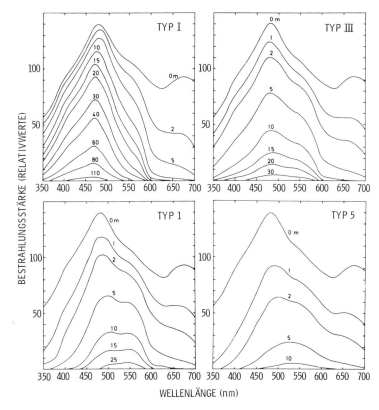

Abb. **151** Spektrale Bestrahlungsstärke des in die Tiefe eindringenden Tageslichtes im Meer bei vier Jerlov-Wassertypen (aus *N. G. Jerlov:* Rep. Kjob. Univ. Inst. Fys. Oceanogr. 36 [1978] 1-46)

Meerwasser in 110 m Tiefe nur noch der blaue Spektralbereich mit einem Maximum bei 465 nm, und Licht der Wellenlängen oberhalb von 500 nm sowie unterhalb von 410 nm ist in dieser Tiefe nicht vorhanden. Das **Infrarot** wird bei Wellenlängen oberhalb von 1300 nm bereits von 1 cm Wasser vollständig absorbiert, bei Wellenlängen oberhalb von 850 nm nach der Passage von 1 m Tiefe, und das **Dunkelrot** (700-760 nm), für das Phytochromsystem bedeutsam (S. 235), zwischen 5 und 10 m Wassertiefe. Der **Rotbereich** (ab 640 nm) ist in 15 m Tiefe, der **Orangebereich** (ab 600 nm) in 20 m Tiefe praktisch ausgelöscht (s. Abb. **151**).

Die bisher genannten Zahlen beziehen sich nur auf klares Meerwasser, dessen optische Eigenschaften überwiegend durch die Absorption des Lichtes im Wasser bestimmt werden. Wo in Küstennähe **partikelreiches Wasser** vorherrscht, beeinflußt auch der zweite lichtschwächende Prozeß, die **Streuung,** in starkem Ausmaß das Lichtklima unter Wasser. Allerdings bewirkt die Streuung an sich keine Schwächung der Lichtstrahlen im Wasser, verlängert jedoch deren mittlere Weglänge, vergrößert so die Wahrscheinlichkeit der Absorption eines Lichtquants und trägt auf diese Weise letztlich zur Schwächung der Strahlung bei. Sofern die Lichtstrahlen an kleinen Partikeln (< 1 µm) gestreut werden, wirkt sich die Streuung selektiv auf den Blau- und UV-Bereich aus, denn das Ausmaß der Streuung ist in diesem Fall

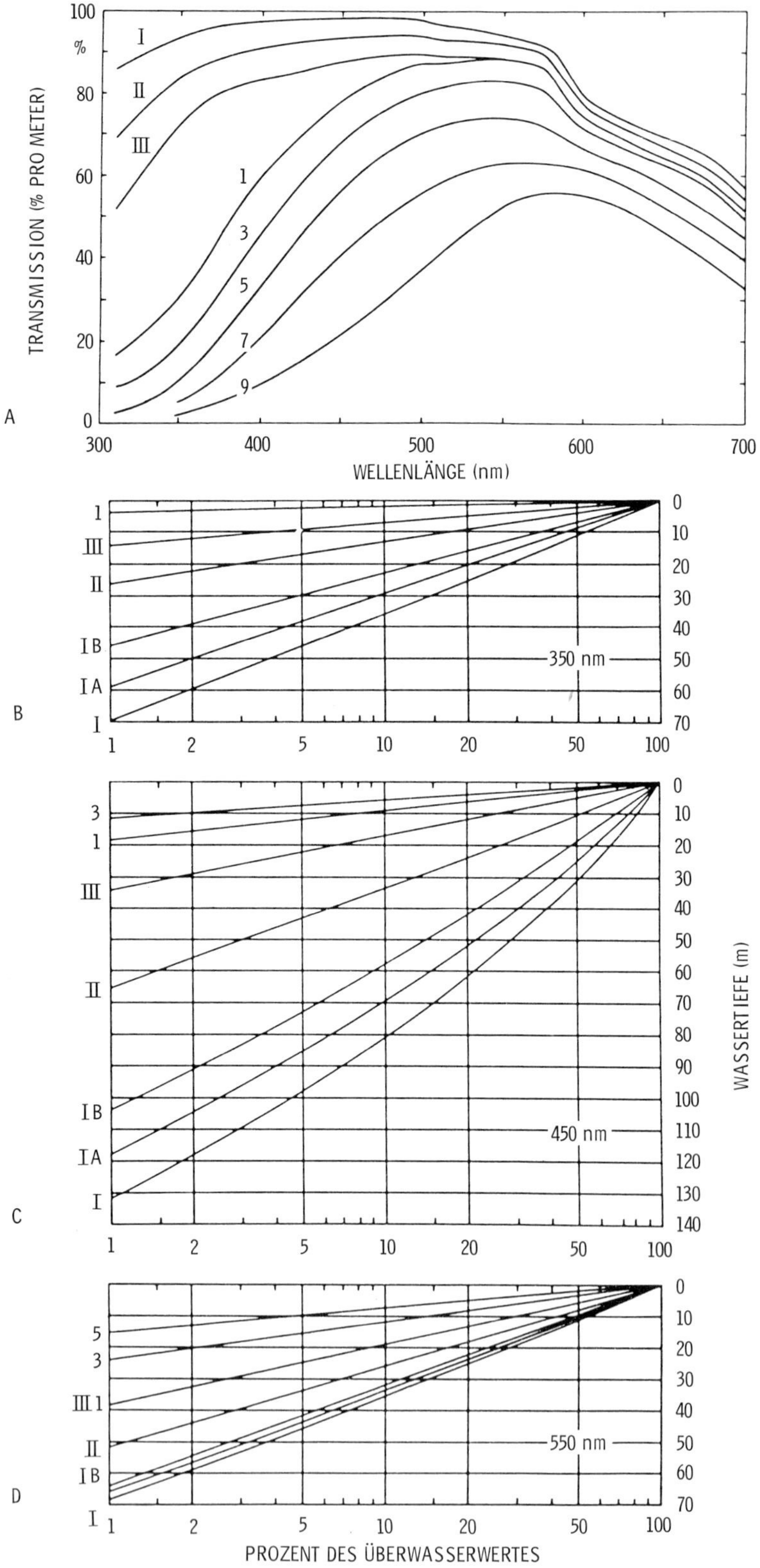

A

TRANSMISSION (% PRO METER)

I
II
III
1
3
5
7
9

WELLENLÄNGE (nm)

B

350 nm

C

450 nm

WASSERTIEFE (m)

D

550 nm

PROZENT DES ÜBERWASSERWERTES

umgekehrt proportional zur vierten Potenz der Wellenlänge, steigt also zum Kurz-
welligen hin an. Auch die Gegenwart von größeren Partikeln wie Planktonorganis-
men und Detritusflocken bewirkt bevorzugt eine Auslöschung des kurzwelligen
Bereiches, allerdings nicht als Folge der hier praktisch wellenlängen-unabhängigen
Streuvorgänge, sondern vielmehr durch selektive Absorption des Blau- und
UV-Bereiches (JERLOV 1976). Schließlich tritt in küstennahen Gewässern eine
starke selektive Absorption von Blau und Ultraviolett durch „Gelbstoffe" auf.
Hierunter versteht man seit KALLE (1938) im Wasser gelöste, organische, huminar-
tige Substanzen, die von den Flüssen in das Meer eingetragen werden. Kaum einen
Beitrag leisten nach HØJERSLEV (1982) die von benthischen Meeresalgen und auch
von Phytoplanktonalgen ausgeschiedenen phenolartigen, blau-UV-absorbierenden
Substanzen (Übersicht: BRICAUD u. Mitarb. 1981, KIRK 1983). Als Gesamtergebnis
der Verhältnisse in Küstennähe wird der blaue Spektralbereich, der in reinem Wasser am weitesten in die Tiefe dringt, in küstennahen Gewässern, in denen Partikel-
und Planktonreichtum herrscht sowie Gelbstoffe vorliegen, im Extremfall mit
zunehmender Tiefe ebenso stark abgeschwächt wie das Rotlicht, so daß in der
Tiefe **Grünlicht** dominiert. Im Hinblick auf den in größerer Tiefe vorherrschenden
Spektralbereich unterscheidet man daher allgemein „blaues oder ozeanisches Wasser" vom „grünen Küstenwasser" (MOREL u. SMITH 1974).

Wassertypen des Meeres. Diese wurden durch JERLOV aufgestellt, dessen System sich auf zahlreiche Spektralmessungen des Unterwasserlichtes gründet, welche dieser optische Ozeano-
graph weltweit als Teilnehmer der Schwedischen „Albatros"-Tiefsee-Expedition 1947/48
durchführte (JERLOV 1951) und später ergänzte (JERLOV 1976). Wie Abb. **152** zeigt, basiert das
System der optischen Klassifizierung auf spektralen Transmissionswerten. Es werden die
ozeanischen Wassertypen I-III und die Küstenwassertypen 1-9 unterschieden. Die wesentlichen Unterschiede bestehen in einer fortschreitenden Verschiebung des Transmissionsmaxi-
mums vom Blau- bis in den Grünbereich sowie in einer drastischen Abnahme der Transmission auch bei den maximal durchgelassenen Wellenlängen (Abb. **152A**). In Zahlen ausgedrückt, verschiebt sich das Transmissionsmaximum von 465 nm im Blau (Wassertyp I; 98,2 %
Transmission pro m) bis 575 nm im Grün (Wassertyp 9; 56 % Transmission pro m). Die ozeanischen Wassertypen I, II (Zwischentypen sind IA und IB) und III sind in den tropischen
und warmgemäßigten Regionen zu finden. Eine Zusammenstellung der Transmission einzelner Wellenlängen in Abhängkeit vom Jerlov-Wassertyp (in Abständen von 50 nm) wird in
Abb. **152B-D** gezeigt. Im Fall von Wassertyp I, bereits auf S. 210 kurz als „klares Wasser"
behandelt, wird Licht der Wellenlänge 450 nm, bedeutsam für die Anregung von Chlorophyll a
im Blau (S. 219), erst in 130 m Tiefe bis auf 1 % des Oberflächenwertes reduziert (Abb. **152C**).
Licht der Wellenlänge 675 nm (Anregung des Chorophyll-a-Gipfels im Rot) ist bei Vorliegen von Wassertyp I in 11 m auf 1 % abgeschwächt. Dagegen dürfte das tiefe Eindringen von
Ultraviolett hinsichtlich der erforderlichen UV-Resistenz der Meeresalgen im oberen und
mittleren Sublitoral von großer Bedeutung sein (Wassertyp I: 1 % in 70 m Tiefe bei der Wellenlänge 350 nm; Abb. **152B**). Soweit im Phytalbereich der kaltgemäßigten, nährstoffreichen
und durch trüberes Wasser charakterisierten Regionen Wassertyp 5 auftritt, dringt 1 % des
Lichtes im Transmissionsmaximum von 550 nm nur noch bis 15 m Tiefe ein (Abb. **152D**), und

---

Abb. **152** **(A)** Jerlov-System der optischen Wassertypen des Meeres: Transmission des
Tageslichtes (350-700 nm) pro Meter Meerwasser bei ozeanischen Wassertypen (I-III) und
Küstenwassertypen (1-9)
(B-D) Bestrahlungsstärke in verschiedenen Wassertiefen für ausgewählte Wellenlängen, in
Abhängigkeit vom Jerlov-Wassertyp (**A** aus *N. G. Jerlov:* Marine Optics. Elsevier, Amsterdam
1976; **B-J** aus *N. G. Jerlov:* Rep. Kjob. Univ. Inst. Fys. Oceanogr. 36 [1978] 1-46)

Ultraviolett der Wellenlänge 350 nm wird in 1 m Tiefe auf 10 %, in 2 m Tiefe bis auf 1 % des Oberflächenwertes ausgelöscht. Die Spektralverteilung für den Küstenwassertyp 5 (s. Abb. 151) läßt erkennen, daß in 5 m Tiefe noch der Wellenlängenbereich 410-700 nm meßbar auftritt, jedoch in 10 m Tiefe bereits auf den Bereich 460-620 nm eingeengt ist. Im vereinfachten Meßverfahren läßt sich der optische Wassertyp, wie von JERLOV (1974) vorgeschlagen, aufgrund einer einzigen Messung, etwa in einem engen Wellenlängenbereich mit Schwerpunkt bei 465 nm, bestimmen. Ein ähnliches Verfahren schlugen BAKER u. SMITH (1982) vor, wobei der Attenuationskoeffizient auch noch in Beziehung zum Chlorophyll der Phytoplankter und zum gelösten organischen Material im Meerwasser gesetzt wird. Im Phytal von Helgoland herrscht zumeist Wassertyp 7 vor, während an den Hartgesteinsküsten von Frankreich, England und Norwegen aufgrund der dort vorliegenden Algentiefengrenzen eher die Wassertypen 1 bis 3 zu erwarten sind (vgl. LÜNING 1981a).

6.2. Algentiefengrenzen in Abhängigkeit von Photonenfluenzrate und Bestrahlungsstärke

Bestrahlungsstärke über Wasser. Außerhalb der Erdatmosphäre beträgt die Bestrahlungsstärke der Sonnenstrahlung, die man als **Solarkonstante** bezeichnet, 1361-1365 W m^{-2}, und 99 % hiervon entfallen auf den Bereich 200-4000 nm (Übersicht: CAMPBELL 1981, GATES 1979, SMITH u. MORGAN 1981). Nach der Passage der Sonnenstrahlung durch die Atmosphäre und wegen der hier erfolgenden Verluste infolge Streuung und Absorption durch Wasserdampf, Kohlendioxid, Ozon, und Staubteilchen wird die auf der Erdoberfläche eintreffende **Globalstrahlung** spektral auf den Bereich 290-3000 nm eingeengt und erreicht unter günstigsten Bedingungen (tropische Regionen) nur noch 70 % des Wertes der Solarkonstante, also etwa 1000 W m^{-2} im genannten Spektralbereich. Die auf der Erdoberfläche meßbare Bestrahlungsstärke hängt in erster Linie vom Sonnenstand und damit von der geographischen Breite, der Jahres- und der Tageszeit ab. Für den „photosynthetisch aktiven Bereich" 400-700 nm (*PAR* = „photosynthetic active range") veranschlagt man ungefähr 50 % der Globalstrahlung, etwa 500 W m^{-2} in den tropischen Regionen, entprechend einer Photonenfluenzrate in der Größenordnung von 2500 µE m^{-2}s^{-1} oder einer Beleuchtungsstärke von 125 000 Lux (S. 209).

Welche **jährlichen Lichtsummen** stehen den Phytalbewohnern zur Verfügung? Tab. **8** zeigt das Ergebnis einer Dauerlichtmessung im Helgoländer Phytal. An der

Tabelle **8**   Jahressummen der Bestrahlungsstärke I und der Photonenfluenzrate Q (Spektralbereich 400 – 700 nm) in verschiedenen Tiefen des Helgoländer Phytals. P gibt an, welcher Prozentanteil der Photonenfluenzrate über Wasser die jeweiligen Wassertiefen erreichte. Wassertiefen in Meter unter Kartennull (mittleres Springniedrigwasser); MJ Megajoule (1 MJ = 10^6 J); E Einstein (1 E = 1 mol Lichtquanten); a Jahr (nach *Lüning* u. *Dring* 1979)

Untere Vorkommensgrenzen	Tiefe m	I MJ m^{-2}a^{-1}	Q E m^{-2}a^{-1}	P %
tiefste Individuen von *Laminaria digitata*	2	227,2	1037,2	11
geschlossene Vegetation von *Laminaria hyperborea*	4	84,6	387,7	4
tiefste Individuen von *Laminaria hyperborea*	8	15,6	71,2	0,7
tiefste aufrechtwachsende Rotalgen wie *Delesseria sanguinea*	10	7,3	33,4	0,3
Algentiefengrenze (tiefste verkalkte Krustenrotalgen)	15	1,3	6,0	0,05

unteren Algentiefengrenze in 15 m, bei der man nur noch rote, verkalkte Krustenalgen mit einem Durchmesser von wenigen Millimetern findet (S. 61), fallen demnach als Jahressumme 6 Einstein oder 1 Megajoule pro Quadratmeter Felsfläche ein. Diese jährlich eingestrahlten Lichtmengen dürften somit das absolute Minimum darstellen, welches von vielzelligen Algen benötigt wird, um einen mehrjährigen, makroskopisch sichtbaren Thallus aufzubauen und über Jahre hinweg zu erhalten. Der große Brauntang *Laminaria hyperborea* benötigt für denselben Zweck offenbar die um eine Größenordnung höhere Lichtmenge, etwa 70 E m^{-2} Jahr^{-1}, und entsprechend lassen sich weitere charakteristische Tiefengrenzen im Sublitoral durch das jährliche Mindestlichtangebot charakterisieren (s. Tab. 8). Bei einer anderen kontinuierlich über ein Jahr durchgeführten Unterwasserlichtmessung, nämlich in der kanadischen Arktis (CHAPMAN u. LINDLEY 1980), wurde ermittelt, daß den am tiefsten wachsenden Individuen des dortigen Vertreters der Laminariales, *L. solidungula* (S. 129, 132), an der unteren Vorkommensgrenze in 20 m Tiefe 49 E m^{-2} Jahr^{-1} zur Verfügung stehen, also ein ähnlicher Wert wie im Helgoländer Phytal. Man darf wohl erwarten, daß es sich hier um generell gültige Werte für den Mindestlichtbedarf handelt, denn warum sollte ein Brauntang in der arktischen oder in den kaltgemäßigten Regionen einen anderen Mindestlichtbedarf haben? Daß die vielfach kleinere Wuchsform der Krustenrotalge zehnmal weniger Licht benötigt als ein Brauntang der Laminariales, wird als Folge von dessen hochorganisierter Wuchsform mit einem weitaus größeren Anteil an nicht Photosynthese betreibenden Geweben im Thallusinneren verständlich. Hinsichtlich der Krustenrotalgen sollte man jedoch wiederum erwarten, daß der jährliche Mindestlichtbedarf an der Algentiefengrenze von polaren bis zu tropischen Regionen von gleicher Größenordnung ist.

Diese Zusammenhänge werden deutlicher, wenn man die in verschiedenen Tiefenstufen vorliegenden Jahreslichtsummen in Prozent des Lichtangebotes über Wasser ausdrückt, als **Lichtprozentwerte**. Beispielsweise erhalten die am tiefsten wachsenden Individuen von *Laminaria hyperborea* bei Helgoland in 8 m Tiefe als Jahresmittel etwa 1 % und die am weitesten in die Tiefe vorstoßenden Krustenrotalgen in

Tabelle **9**   Tiefengrenzen der Krustenrotalgen (= Tiefengrenzen der gesamten vielzelligen Algenvegetation), der Laminariales sowie Jerlov-Wassertypen und Photonenfluenzrate P als Prozentanteil des Lichtes (350 − 700 nm) über Wasser an verschiedenen Küsten (nach *Lüning* u. *Dring* 1979, verändert)

	Jerlov-Wassertyp	P (%)
Tiefste Krustenalgen		
Helgoland	15 m	7	0,05
Bretagne	45 m	1	0,05
Korsika	120 m	IA	0,1
Bahamas	268 m	I	0,001
Tiefste Laminariales		
Helgoland	8 m	7	0,7
(*Laminaria hyperborea*)			
Roscoff (Frankreich)	25 m	III	1,2
(*Laminaria hyperborea*)			
Korsika	95 m	IA	0,6
(*Laminaria rodriguezii*)			

15 m Tiefe 0,05 % des Überwasserlichtes (s. Tab. **8**). Anders ausgedrückt, liegen die **Lichtprozenttiefen** von 1 % und 0,05 % bei Helgoland (zumeist Wassertyp 7) im Jahresmittel bei 8 und 15 m Wassertiefe. Die Absolutwerte der Photonenfluenzrate in verschiedenen Tiefenstufen des Phytals (Tab. **11**, S. 226) werden im Zusammenhang mit dem Lichtbedarf von Photosynthese und Wachstum behandelt (S. 227). Berechnungen der Lichtprozentwerte an anderen Küsten, mit großen Unterschieden hinsichtlich der Klarheit des Wassers und dementsprechend anderen vorherrschenden Jerlov-Wassertypen, ergeben 0,05-0,001 % des Oberflächenlichtes für die unterste mehrzellige Algenvegetation und den Bereich von 0,6-1,2 % für die tiefsten Individuen der Brauntange (Tab. **9**; vgl. S. 217 zur Strategie der Tiefenalgen). Obwohl sich also die absoluten Tiefengrenzen, in Meterwerten ausgedrückt, um etwa eine Dekade unterscheiden (z. B. tiefste *Laminaria* bei Helgoland in 8 m Tiefe, im Mittelmeer in 95 m Tiefe), lassen sich derartige Vorkommensgrenzen im Phytal in gemäßigten Breiten durch ähnliche Lichtprozenttiefen charakterisieren. Aufgrund der entsprechenden graphischen Darstellung dieser Zusammenhänge in Abb. **153** läßt sich nun umgekehrt voraussagen, in welchen absoluten Wassertiefen die tiefsten Brauntange oder die tiefsten mehrzelligen Algen zu erwarten sind, sofern man den Jerlov-Wassertyp ermittelt hat (vgl. Tab. **9** und Abb. **153**). In den Tropen, bei ganzjährig hoher Einstrahlung, verschiebt sich die Algentiefengrenze allerdings bis zum Rekordwert einer Lichtprozenttiefe von 0,001 % (vgl. S. 169).

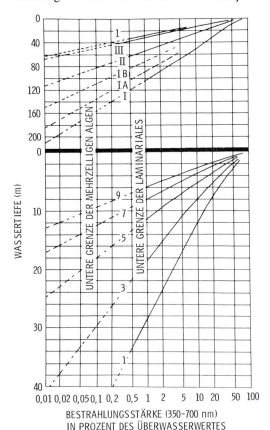

Abb. **153** Bestrahlungsstärke unter Wasser in Prozentwerten des Überwasserlichtes (350-700 nm) sowie charakteristische Algentiefengrenzen in Abhängigkeit vom Jerlov-Wassertyp (aus *K. Lüning, M. J. Dring:* Helgoländer wiss. Meeresunters. 32 [1979] 403-424; nach *Jerlov* 1976)

Strategie der Tiefenalgen. Die Algen nahe der Tiefengrenze erzielen möglicherweise nur während weniger Wochen im Jahr einen photosynthetischen Stoffgewinn und wenden die gleiche Überlebensstrategie wie extreme Schattenarten im terrestrischen Bereich (BOARDMAN 1977, BJÖRKMAN 1981) an. Diese ist durch ein langsames, „sparsames" Wachstum und geringe Energieverluste durch Atmung gekennzeichnet, so daß größere Mengen an fixiertem Kohlenstoff in Reservestoffspeicher überführt werden als bei schnellwachsenden Pflanzen an gut durchlichteten Standorten. Diese Strategie hat Langlebigkeit zur Voraussetzung (vgl. Abschnitt 8.4) und bedingt eine entsprechende Wuchsform, welche auch Schutzanpassungen gegen Tierfraß aufweisen muß. Die Wuchsform der **Krustenalge,** vor allem in verkalkter Form, ist offensichtlich am besten gegen Tierfraß geschützt (S. 267) und bietet zudem den Vorteil, daß hier alle Zellen, die Photosynthese betreiben, ohne gegenseitige Beschattung voll dem Licht ausgesetzt sind. Krustenalgen stellen als „horizontale Lichtempfänger" möglicherweise aus diesen Gründen die am weitesten in die Tiefe und in das Innere von Meereshöhlen vordringenden mehrzelligen Algen dar (S. 61).

Untere Lichtgrenzen von einzelligen Meeresalgen und von terrestrischen Höhlenalgen. In der Planktologie betrachtet man zwar zumeist die 1%-Lichttiefe allgemein als untere Grenze der euphotischen Zone (STEEMANN NIELSEN 1975), wobei unter dieser „Kompensationstiefe des Phytoplanktons" die Photosyntheserate der meisten Phytoplankter nicht mehr die Atmungsverluste ausgleicht. Jedoch wurden auch einzellige, planktische Grünalgen und Diatomeen in klarem, ozeanischem Wasser bis zu 200 m Tiefe mit positivet Photosynthesebilanz gefunden, entsprechend einem Bereich von 0,01 bis 0,05 % des Oberflächenlichtes (JEFFREY 1981) und damit in klarem Wasser entsprechend einer Photonenfluenzrate von 0,3-1,3 µE m^{-2}s^{-1} oder einer Bestrahlungsstärke von 0,06-0,3 W m^{-2}. Es handelt sich um Werte ähnlicher Größenordnung wie im Fall der vielzelligen Meeresalgen des Benthos an deren Tiefengrenze (Tab. 9, S. 215), die hier im übrigen auch von einzelligen, benthischen Algen wie pennaten Diatomeen (Arten von *Navicula, Nitzschia)* begleitet werden (SEARS u. COOPER 1978). In archäologisch interessanten Höhlen wurden als maximales Lichtangebot für die letzten autotrophen, einzelligen Algen Minimalwerte um 0,1 µEm^{-2}s^{-1} ermittelt (LECLERC u. Mitarb. 1983). Die Funde der tiefsten Krustenalgen bei den Bahamas (LITTLER u. Mitarb. 1985; vgl. S. 169) verschieben das Lichtminimum für die Existenz autotropher Pflanzen nun in die Größenordnung von 0,01 µEm^{-2}s^{-1}.

6.3. Lichtbedarf für Photosynthese und Wachstum

6.3.1. Photosynthetische Pigmente und Aktionsspektren sowie Tiefenverteilung der Meeresalgen

Die photosynthetischen Pigmente der Grün-, Braun- und Rotalgen sind mit ihren Strukturformeln in Abb. **154** aufgeführt, Absorptionsspektren in Abb. **155,** und charakteristische Absorptionsgipfel sind aus Tab. **10** (S. 220) zu ersehen (Übersicht, Pigmente: CZYGAN 1981, JEFFREY 1981, MOHR u. SCHOPFER 1978, NULTSCH 1982, RAGAN 1981, RAMUS 1981, RICHTER 1982). Alle Algengruppen besitzen **Chlorophyll a,** welches in der lebenden Pflanze im Blaubereich bei etwa 440 nm und im Rotbereich bei etwa 675 nm Hauptabsorptionsgipfel besitzt, so daß auch alle Algengruppen in gleicher Weise befähigt sind, in klarem Wasser das blaue Tiefenlicht zu absorbieren (Übersicht, Chlorophylle: JENSEN 1978, MEEKS 1974). Die charakteristischen Farbunterschiede der Algengruppen beruhen in erster Linie auf weiteren, „akzessorischen" Pigmenten, die auch das Grünlicht absorbieren. Diese Rolle kommt bei den Braunalgen dem braunen Carotinoid **Fucoxanthin** zu (Übersicht, Carotinoide: GOEDHEER 1979, GOODWIN 1974), bei den Rotalgen den rötlichen oder bläulichen **Phycobiliproteiden** (Übersicht: RÜDIGER 1979), bei einigen Gruppen der Grünalgen dem Carotinoid **Siphonaxanthin** (Übersicht: YOKOHAMA 1981).

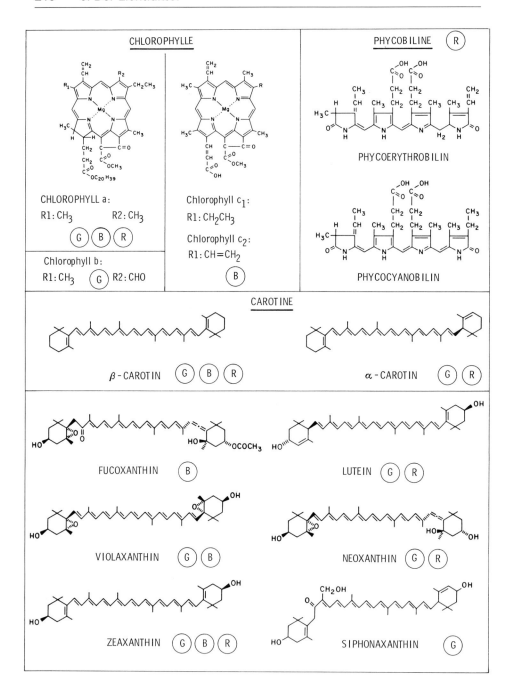

Abb. **154** Strukturformeln der Chlorophylle, Chromophore der Phycobiline und einiger Caroti-noide der Algen. G Grünalgen, B Braunalgen, R Rotalgen (Strukturformeln aus *M. A. Ragan:* Chemical constituents of seaweeds. In: The biology of seaweeds, hrsg. von *C. S. Lobban, M. J. Wynne.* Blackwell, Oxford 1981)

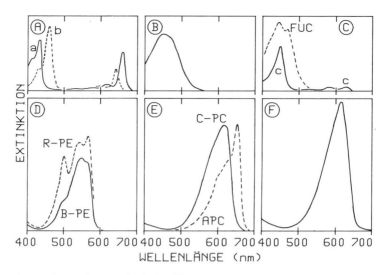

Abb. **155**   Absorptionsspektren photosynthetischer Pigmente
Grünalgen: (A) Chlorophyll a und b in Äther; **(B)** Siphonaxanthin in Äthanol;
Braunalgen: (C) Chlorophyll c und Fucoxanthin (FUC) in Aceton
Rotalgen: (D) R-Phycoerythrin (R-PE), B-Phycoerythrin (B-PE) **(E)** C-Phycocyanin (C-PC) und
Allophycocyanin (APC); **(F)** R-Phycocyanin (**A** aus *W. Nultsch:* Allgemeine Botanik. Thieme,
Stuttgart 1982, **B** aus *Y. Yokohama, A. Kageyama:* Botanica mar. 20 [1977] 433-436; **C** aus *J. C.
Goedheer:* Photosynthetica 4 [1970] 96-106; **D-F** aus *T. W. Goodwin:* Carotenoids and Biliproteins. In: Algal physiology and biochemistry, hrsg. von *W. D. P. Stewart.* Blackwell, Oxford 1974)

Grünalgen besitzen zusätzlich zum Chlorophyll a das **Chlorophyll b,** dessen beide Absorptionsgipfel in vivo bei 470 nm und 650 nm liegen, also im Vergleich zu Chlorophyll a zum mittleren Spektralbereich hin verschoben sind (s. Tab. **10**). Das **Aktionsspektrum** der Photosynthese (Photosyntheserate in Abhängigkeit von der Wellenlänge, bei geringen Bestrahlungsstärken engbandig gemessen) folgt weitgehend dem Absorptionsspektrum (Abb. **155A**), so daß bei Grünalgen die Photosynthese wie auch die Absorption optimal im Blau- und Rotbereich verlaufen. Grünalgen wachsen in klarem Wasser auch in **blaulichtreichen Tiefen,** in denen das Rotlicht fehlt, und im Laboratorium lassen sie sich ohne Schwierigkeiten in engbandigem Blaulicht züchten.
Eine weitere Anpassung ermöglicht es den Grünalgen, deren Absorptionsspektrum und Aktionsspektrum eine **Grünlücke** zeigen (Abb. **156**), doch auch diesen Spektralbereich gut auszunutzen. Wird nämlich der Gesamtgehalt an Chlorophyll vermehrt, wie es bei Schwachlichtpflanzen generell zu beobachten ist (S. 228), so wird die Grünlücke im Absorptionsspektrum „rascher aufgefüllt" als im Bereich der sowieso hohen Absorption im Bereich der Hauptgipfel von Chlorophyll a im Blau- und Rotbereich. Dieser Zusammenhang, der für alle Pflanzen und auch für Chlorophyll-Lösungen gilt, läßt sich aus dem Lambert-Beerschen Gesetz ableiten (vgl. RAMUS 1981). Die Auffüllung der Grünlücke bei Erhöhung des Chlorophyllgehaltes zeigt Abb. **157** im Fall der relativ dünnen *Ulva lactuca* wie auch der optisch dicken Grünalge *Codium fragile.* Im Thallus einer optisch dicken, viele Zellschichten und Chloroplasten enthaltenden Alge besteht schon aufgrund der vielfachen Streuung im Thallusinneren und der langen Lichtwege eine hohe Wahrscheinlich-

Tabelle **10** Absorptionsgipfel von photosynthetischen Pigmenten. Wellenlängen in nm; Hauptgipfel fett gedruckt. Chlorophylle und Fucoxanthin: in vitro (nach der Extraktion) gemessen oder in vivo (im lebenden Thallus) als Absorptionsgipfel oder Absorptionsschultern identifiziert. Phycobiliproteide: Die im wäßrigen Extrakt gemessenen Absorptionsgipfel entsprechen ihrer Lage nach dem Zustand in vivo. Für alle in-vivo-Werte, auch für den wäßrigen Extrakt bei Rotalgen, gilt: Geringfügige Abweichungen von den angegebenen Werten kommen wegen unterschiedlicher Proteinanteile der Chromoproteide bei verschiedenen Gruppen und Arten der Algen vor (zusammengestellt nach *French* 1960, *Goedheer* 1970, *Jeffrey* 1968, 1981, *Jeffrey* u. *Humphrey* 1975, *Jensen* 1978, *Meeks* 1974)

Chlorophyll a							
in vitro (90 % Aceton)	380	410	**430**		580	615	**663**
in vivo	385	418	**438**		590	625	**675**
Chlorophyll b							
in vitro (90 % Aceton)			**455**			**645**	
in vivo			**470**			**650**	
Chlorophyll c$_1$							
in vitro (Diäthyläther)			**444**	578	630		
in vivo					634		
Chlorophyll c$_2$							
in vitro (Diäthyläther)			**449**	582	631		
Fucoxanthin							
in vitro (90 % Aceton)			**449**				
in vivo			**545**				
Phycobiliproteide (wäßr. Extr.)							
R-Phycoerythrin	498	**542**	**565**				
B-Phycoerythrin	498	**545**	563				
R-Phycocyanin		553		**615**			
C-Phycocyanin			**620**				
Allophycocyanin				**650**			

keit für die Absorption der Photonen, und man könnte Algen mit optisch dicken Thalli als „schwarze Algen" bezeichnen.

Schließlich besitzen zahlreiche Tiefengrünalgen das Xanthophyll **Siphonaxanthin** (s. Abb. **154, 155B**), welches in vivo maximal im Grünbereich bei 540 nm absorbiert (O'KELLY 1982a, YOKOHAMA 1981). Bei den üblichen Xanthophyllen und auch Carotinen der Meeresalgen (s. Abb. **154**) endet dagegen die Absorption zum Grünbereich hin bereits bei 510 nm, womit die ökologische Bedeutung von Siphonaxanthin zur Ausnutzung von grünem Tiefenlicht deutlich wird. Der Besitz dieses Pigmentes und seines Esters **Siphonein**, ebenfalls mit starker Absorption im Grünbereich, kennzeichnet vor allem zahlreiche Vertreter der Grünalgenordnung Caulerpales (früher als Siphonales bezeichnet), die in den tropischen und warmgemäßigten Regionen als Tiefengrünalgen dominieren (S. 90, 169). Aber auch bei Tiefenvertretern der Chaetophorales, Ulvales, Cladophorales und Siphonocladales sowie bei einigen Flachwasseralgen kommt Siphonaxanthin vor.

Die Farbe der **Braunalgen** wird durch **Fucoxanthin** (s. Abb. **154, 155C**), ebenfalls ein Xanthophyll, verursacht. Es tritt im Vergleich zu β-Carotin mit 5-8mal stärkerer Konzentration im Thallus auf und verursacht eine erhöhte in-vivo-Absorption im Spektralbereich 500-560 nm, die erst bei 590 nm endet (GOEDHEER 1970, KIRK 1977). Der Grünbereich wird also gut absorbiert, und entsprechend hoch ist hier die

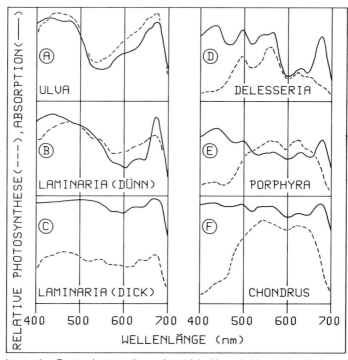

Abb. **156** Aktionsspektren der Bruttophotosynthese (gestrichelt) und Absorptionsspektren einiger Helgoländer Meeresalgen. Artangaben: *Ulva lactuca, Laminaria saccharina, Delesseria sanguinea, Porphyra umbilicalis, Chondrus crispus* (nach *Lüning* u. *Dring* 1985)

Abb. **157** Absorptionsspektren von Grünalgen. U *Ulva lactuca* (vier Thalli mit unterschiedlichen Thallusdicken, von 30-70 μm sowie mit unterschiedlichen Gesamtpigmentgehalten, von 2,5 bis 39,1 nanomol cm^{-2}); C *Codium fragile* (zwei Thalli von 3 mm Dicke mit Gesamtpigmentgehalten von 11,4 bzw. 82,1 nanomol cm^{-2} (aus *J. Ramus:* The capture and transduction of light energy. In: The biology of seaweeds, hrsg. von *C. S. Lobban, M. J. Wynne.* Blackwell, Oxford 1981)

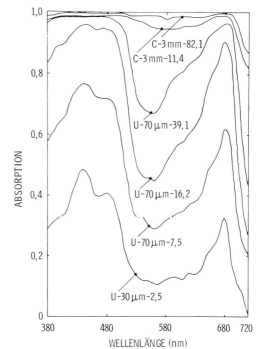

Photosyntheseleistung, wie das **Aktionsspektrum** eines jungen, dünnen Thallus von *Laminaria saccharina* zeigt (s. Abb. **156B**). Extrahiert man das Fucoxanthin mit organischen Lösungsmitteln, so verschiebt sich dessen Hauptabsorption vom Grün- in den Blaubereich, was auf die Zerstörung der Bindung zwischen Fucoxanthin und Proteinanteil zurückzuführen ist. Dieser Zusammenhang läßt sich gut anhand der neuerdings isolierten Fucoxanthin-Chlorophyll a-Chlorophyll c_2-Protein-Komplexe mit unzerstörter Pigment-Protein-Bindung zeigen (BARRETT u. ANDERSON 1980). Die letztere wird auch beim Erhitzen von Braunalgen und ebenso beim Einlegen in Formalin zerstört, was in einem auffallenden Farbumschlag von Braun nach Grün resultiert (MARGULIES 1970, GOEDHEER 1979).
Die Braunalgen besitzen neben Chlorophyll a das **Chlorophyll c.** Dieses stellt eine Mischung von zwei strukturmäßig verschiedenen Pigmenten, Chlorophyll c_1 und c_2 dar, die strenggenommen als Chlorophyllide bezeichnet werden müßten, weil sie keinen Phytolrest besitzen (JEFFREY 1981; vgl. JEFFREY u. HUMPHREY !975 zur quantitativen Bestimmung). Die Absorption der Chlorophylle c_1 und c_2 läßt sich im In-vivo-Absorptionsspektrum durch Nebengipfel im Bereich 630-638 nm und bei 590 nm schwach erkennen, während ihr Hauptabsorptionsgipfel im Blau von Chlorophyll a überdeckt wird. Das Mengenverhältnis von Chlorophyll a : c in Braunalgen variiert zwischen 1 : 1 und 5 : 1 (vgl. Tab. **13**). Im übrigen gilt für ältere, optisch dicke Thalli der Fucales und Laminariales wiederum das oben Gesagte. Sie können beinahe als „schwarze Algen" betrachtet werden und zeigen wie optisch dicke Grünalgen nur einen schwachen Spektralgang von Absorption und photosynthetischem Aktionsspektrum (s. Abb. **156C**).
Die Färbung der **Rotalgen** wird durch die wasserlöslichen **Phycobiliproteide** bewirkt, welche eine hohe Absorption im Spektralbereich 500-620 nm ermöglichen (s. Tab. **10**). Chlorophyll „d", welches aus einigen Rotalgen isoliert wurde und in Äther maximal bei 688 nm absorbiert, macht sich anhand der Absorptionsspektren lebender Rotalgen nicht bemerkbar, und so ist seine Rolle ungewiß (MEEKS 1974). Die Phycobiliproteide sind nicht, wie Chlorophylle und Carotinoide, in den Thylakoiden der Chloroplasten lokalisiert, sondern in den sogenannten **Phycobilisomen,** Partikeln von 35 nm Durchmesser, welche den Thylakoiden aufsitzen (Übersicht: GLAZER 1982). Phycobiliproteide setzen sich aus den **Phycobilinen** als Pigmentanteil (Chromophor) und aus Proteinanteilen zusammen. Man unterscheidet unter den Phycobilinen **Phycoerythrine** (Absorption im Grün, etwa 500-570 nm), die als chromophore Gruppe das rote Phycoerythrobilin enthalten, daneben **Phycocyanine** (Hauptabsorption bei 615-620 nm) und das **Allophycocyanin** (Hauptabsorption im Hellrot bei 650 nm), beide mit dem blauen Phycocyanobilin als chromophorer Gruppe (s. Abb. **154, 155** und Tab. **10**). Die sublitoralen, tiefrot gefärbten Rotalgen wie *Delesseria sanguinea* (Absorptionsspektrum in Abb. **156D**) besitzen einen wesentlich höheren Gehalt an Phycoerythrinen als an Phycocyaninen. Bei den Rotalgen des Eulitorals und des oberen Sublitorals ist dagegen der Anteil der Phycocyanine höher. Algen wie *Porphyra umbilicalis* (s. Abb. **156E**) oder *Chondrus crispus* (s. Abb. **156F**) erscheinen daher violett-bräunlich. Das photosynthetische **Aktionsspektrum** der Rotalgen folgt im Grün- und Orangebereich dem Absorptionsspektrum der vorherrschenden Phycobiliproteide, nicht aber den Absorptionsgipfeln von Chlorophyll a im Blau- und Rotbereich. Dieses zeigt sich im Fall der mit dünnem Thallus versehenen Arten *Delesseria sanguinea* und *Poryphyra umbilicalis* (s. Abb. **156D-E**) und auch im Fall des mit optisch dickem Thallus ausgestatteten Art *Chondrus crispus* (s. Abb. **156F**).

Emerson-Enhancement-Effekt. Die teilweise „Inaktivität von Chorophyll a" bei den **Rotalgen** wurde erstmalig von HAXO u. BLINKS (1950) gefunden und als „red drop" sowie als „blue drop" bezeichnet. Später wurde von EMERSON der Enhancement-Effekt entdeckt, welcher besagt, daß man bei Rotalgen die Photosyntheserate im Rot und Blau, also im Bereich der Hauptabsorption des Chlorophyll a, steigern kann, wenn man nicht nur das Chlorophyll mit Rotlicht (Hauptabsorption von Photosystem I), sondern gleichzeitig auch die Phycobiliproteide mit Grünlicht (Hauptabsorption von Photosystem II) anregt (Abb. 158). Auch bei den **Braun- und Grünalgen** gibt es einen „red drop", der jedoch erst bei längeren Wellenlängen als 680 nm deutlich wird und auch dann ausgeglichen werden kann, wenn man etwa zusätzlich zur Wellenlänge 690 nm (Anregung von Photosystem I) auch engbandiges Licht gibt, welches vorzüglich von Photosystem II absorbiert wird, also vom Fucoxanthin oder Chlorophyll c der Braunalgen, beziehungsweise vom Chlorophyll b der Grünalgen. Bei Rotalgen sind die Abweichungen zwischen Absorptionsspektrum und photosynthetischem Aktionsspektrum deswegen so stark ausgeprägt, weil bei diesen im Rot und im Blau relativ große Lücken zwischen den Hauptabsorptionsbereichen der durch Photosystem I (Chlorophyll a) und durch Photosystem II (Phycobiliproteide) vorzugsweise absorbierten Spektralbereiche auftreten, während bei Grünalgen das Chlorophyll b und bei Braunalgen das Chlorophyll c mit ihren zum mittleren Spektralbereich hin verschobenen Absorptionsbanden die Lücke verkleinern.

Aktionsspektren der Photosynthese werden mit engbandigem Licht (etwa 10-20 nm Halbwertsbreite) gemessen. Relativ engbandiges Licht liegt auch im Meer im unteren Sublitoral vor, als Blaulicht im klaren Wasser und als Grünlicht im trüberen Küstenwasser (S. 213). Hinsichtlich der **Tiefenverteilung der Algen im Meer** kann man daher aufgrund der Aktionsspektren der Photosynthese (s. Abb. 156) erwarten, daß im **blauen Tiefenlicht** Grün- und Braunalgen photosynthetisch begünstigt sind, nicht aber die Rotalgen. Wie Abb. 156D-F zeigt, ist die photosynthetische Sauerstoffproduktion der Rotalgen im Blaubereich 3-5mal geringer als im Grünbereich. Daß sie in Blaulicht, in welchem die Phycobiliproteide nicht absorbieren (s. Tab. 10), überhaupt stattfindet, hängt damit zusammen, daß das im Blau absorbie-

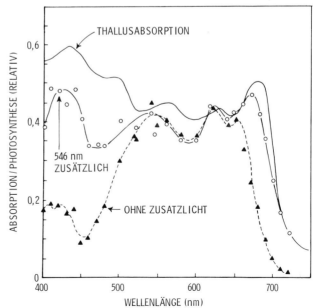

Abb. **158** Absorptionsspektrum und Aktionsspektren der Photosynthese der Rotalge *Porphyra perforata.* „Ohne Zusatzlicht": normales Aktionsspektrum, unter Verwendung von engbandigem Licht bei 26 Wellenlängen gemessen; „546 nm zusätzlich": bei jeder der 26 Wellenlängen wurde zusätzlich engbandiges Grünlicht mit Schwerpunkt bei 546 nm (Anregung der Phycobiliproteide) gegeben (aus *J. Ramus:* The capture and transduction of light energy. In: The biology of seaweeds, hrsg. von *C. S. Lobban, M. J. Wynne.* Blackwell, Oxford 1981, nach einer Vorlage von *Fork* 1963)

rende Chlorophyll a in beiden Photosystemen I und II mit unterschiedlichen spektroskopischen Formen vorhanden ist. Auch bei der Züchtung von Rotalgen in Blau-, Grün- oder Rotlicht von gleicher Photonenfluenzrate hat sich gezeigt, daß die Wachstumsraten der Rotalgen in Grünlicht am höchsten sind (HARDER u. BEDERKE 1957). Trotz der photosynthetisch begründeten „Benachteiligung" gegenüber Grün- und Braunalgen kommen die Rotalgen im klaren, „blauen" Tiefenwasser des Mittelmeeres oder der tropischen Regionen mit zahlreichen Arten vor, und die Artenzahl sowie die Biomasse der Grün- und Braunalgen ist hier jedenfalls nicht größer als die der Rotalgen. Die roten Krustenalgen gelangen trotz ihrer geringen Photosyntheseleistung in engbandigem Blaulicht auch im „blauen" Tiefenwasser von allen Meeresalgen am weitesten in die Tiefe, und zwar aufgrund ihrer besonderen Wuchsform und Anpassungen als Schwachlichtalgen (S. 90, 169, 217).

Engelmanns Hypothese und seine Messungen von Aktionsspektren der Photosynthese. „Da nun gerade die roten Strahlen für die Assimilation grüner Zellen das meiste leisten, die grünen nur wenig, so müssen sich die grün gefärbten Zellen schon von mäßigen Tiefen an im Nachteil befinden gegenüber den rot gefärbten Zellen, in welchen ja gerade die grünen Strahlen weitaus am energischsten assimilatorisch wirken. Es ist also nur natürlich, daß in größeren Tiefen die roten Formen im Kampf ums Dasein überall siegen ... Nach den Resultaten der Bakterienmethode... dürfen wir auch erwarten, daß die gelben und braunen Zellen noch in größere Tiefe als die grünen, wenn schon nicht bis in so große Tiefe als die roten vordringen werden" (ENGELMANN 1883). ENGELMANN (1884) hatte als erster Untersucher photosynthetische Aktionsspektren gemessen, und zwar an Grünalgen wie *Cladophora,* Rotalgen wie *Callithamnion* und Diatomeen wie *Melosira*. Mit Hilfe eines Prismas projizierte er ein Lichtspektrum auf die Algenzellen und benutzte die Ansammlung von aerotaktischen Bakterien als Parameter für das Ausmaß der photosynthetischen Sauerstoffentwicklung. Mit dieser Methode erkannte ENGELMANN bereits die Parallelität von Absorptions- und Aktionsspektrum der Photosynthese, und auch die „Inaktivität von Chlorophyll a" bei den Rotalgen (S. 223) läßt sich bereits anhand seiner Aktionsspektren erahnen. Hinsichtlich ENGELMANNs ökologischer Folgerung, daß nämlich aufgrund einer jeweils guten Übereinstimmung zwischen photosynthetischem Aktionsspektrum und der vorherrschenden Spektralverteilung Grünalgen im oberen, Braunalgen im mittleren und Rotalgen im unteren Phytal dominieren sollen, nahm die Mehrzahl der nachfolgenden Untersucher einen skeptischen Standpunkt ein (historische Übersicht, auch um den Streit über ENGELMANNS Hypothese: RABINOWITCH 1945-1956), der sich am besten mit OLTMANNS Worten in der ersten Auflage seiner „Morphologie und Biologie der Algen" von 1905 wiedergeben läßt: „Ich muß gestehen, Engelmanns Auffassung ist ganz plausibel, und die Wasserfarbe mag ja auch unter gewissen Umständen den Kampf ums Dasein beeinflussen; im übrigen aber kenne ich keine sicher beobachteten Tatsachen, die das wirklich beweisen." Heute lassen sich folgende Gegenargumente aufstellen (Übersicht: DRING 1981, 1982; RAMUS 1981): (1) Vertreter aller drei Algengruppen kommen in allen Tiefenstufen des Phytals vor. Die Auffüllung des „grünen Absorptionsfensters" von Chlorophyll a gelang im Lauf der Stammesgeschichte mit unterschiedlichen Pigmenten oder durch die Erhöhung des Chlorophyllgehaltes bei allen Algengruppen (S. 228-229). (2) Die Parallelität zwischen photosynthetischem Aktionspektrum und vorherrschender Spektralverteilung ist im Fall der phycoerythrinreichen Rotalgen im grünen Tiefenlicht gegeben (ENGELMANNS Vorstellung), im blauen Tiefenlicht nicht. (3) Algen mit optisch dicken Thalli, die es in allen drei Algengruppen gibt und einen wesentlichen Bestandteil der Meeresalgenflora ausmachen, sind in ihrer photosynthetischen Leistung weitgehend unabhängig von der Spektralverteilung des Lichtes.

Chromatische Adaptation. Hierunter versteht man die bei einigen Blaualgen (z. B. Arten von *Scytonema = Tolypothrix)* auftretende, deutlich sichtbare Umfärbung in Abhängigkeit vom Spektralbereich (Übersicht: BOGORAD 1975, BJÖRN 1979, JEFFREY 1981). In Rotlicht werden bevorzugt die Phycocyanine ausgebildet (Algenfarbe grünlich), in Grünlicht bevorzugt die Phycoerythrine (Algenfarbe rötlich). Dagegen lassen sich bei den benthisch-marinen Makroalgen durch Anzucht in quantengleichem Blau-, Grün- oder Rotlicht keine auffälligen Umfärbungen erzielen. Auch nach vierwöchigem Aufenthalt in derartigem Farblicht bleiben Grünalgen grün, Rotalgen rot und Braunalgen braun. Die bei einigen Arten der Rotalgen (z. B. *Gracilaria*-Arten, *Palmaria palmata, Chondrus crispus*) im Eulitoral zu beobachtende „Vergrünung" erfolgt im Starklicht durch selektive Abnahme der Phycobiliproteide und hat wiederum nichts mit einer Spektralanpassung zu tun. Leider ging ENGELMANNS Hypothese in die Literatur unter der irreführenden Bezeichnung „chromatische Adaptation der Meeresalgen" ein, womit eine im Verlauf der Phylogenese erfolgte „Umfärbung" der Algengruppen in Anpassung an die vorherrschenden Spektralbereiche unter Wasser gemeint war. Man sollte diese Bezeichnung nicht mehr benutzen, um Verwechslungen mit der bei den erwähnten Blaualgen experimentell erzeugbaren chromatischen Adaptation zu vermeiden.

6.3.2. Quantitativer Lichtbedarf für Photosynthese und Wachstum sowie Änderungen im Pigmentgehalt

Als wichtiger Auslesefaktor für die Tiefenverteilung der Algen ist ihre Anpassungsfähigkeit an den Gradienten der Bestrahlungsstärke im Phytal anzusehen. Die Algen des oberen Phytals müssen photosynthetisch als Starklicht- oder „Sonnenpflanzen" angepaßt sein und über Schutzmechanismen gegen zu hohe Bestrahlungstärken verfügen. Die Algen des unteren Phytals müssen sich dagegen als Schwachlicht- oder „Schattenpflanzen" auf chronischen Lichtmangel einstellen. Zahlreiche Arten von Grün-, Braun- und Rotalgen sind in ihrem Vertikalvorkommen auf bestimmte Tiefenstufen des Phytals festgelegt. Daß ihnen die Bestrahlungsstärke und nicht die Spektralverteilung die Besiedlung anderer Tiefenstufen

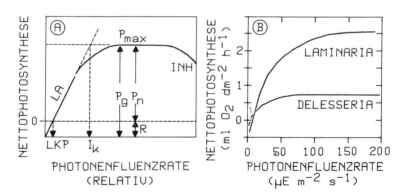

Abb. **159**   **(A)** Schema der Photosyntheselichtkurve. LA Bereich des linearen Anstiegs („linearer Ast") der Photosyntheselichtkurve; P_{max} maximale Photosyntheserate; INH beginnende Photoinhibition bei hohen Bestrahlungsstärken; P_g Rate der Bruttophotosynthese; P_n Rate der Nettophotosynthese; R Rate der Dunkelatmung; LKP Lichtkompensationspunkt (Bestrahlungsstärke, bei welcher die Sauerstoffproduktion durch die Photosynthese dem Sauerstoffverbrauch durch die Dunkelatmung entspricht); I_k Bestrahlungsstärke, welche dem Schnittpunkt des linearen Astes und des Sättigungsplateaus der Photosyntheselichtkurve entpricht
(B) Photosyntheselichtkurven von *Laminaria saccharina, L. digitata* und *L. hyperborea* (keine signifikanten Unterschiede, daher als gemittelte Kurve wiedergegeben) sowie von *Delesseria sanguinea*, im Sommer gemessen (**A** aus *J. Ramus:* The capture and transduction of light energy. In: The biology of seaweeds, hrsg. von *C. S. Lobban, M. J. Wynne.* Blackwell, Oxford 1981; **B** nach *Lüning* 1979)

verwehrt, betonten bereits als „Widersacher" von ENGELMANN die Autoren BERT-HOLD (1882), OLTMANNS (1892, 1922-1923) und HARDER (1923).

Photosyntheselichtkurve. Diese ergibt sich, wenn man die Photosyntheserate bei steigenden Photonenfluenzraten Q mißt (Abb. **159A**). Verwendet man als Parameter für das Ausmaß der Photosynthese etwa die photosynthetische Sauerstoffproduktion, so mißt man eine positive Sauerstoffentwicklung erst ab einem bestimmten, niedrigen Wert von Q, dem **Lichtkompensationspunkt**. Unterhalb dieses Wertes überwiegt der Sauerstoffverbrauch durch die mitochondriale Atmung („Dunkelatmung") R, so daß sich formal die Bruttophotosyntheserate P_g aus der Summe von R und der Nettophotosyntheserate P_n zusammensetzt. In Wirklichkeit ist davon auszugehen, daß im Licht neben der mitochondrialen Atmung auch der sauerstoffverbrauchende Prozeß der Photorespiration („Lichtatmung") in den Peroxisomen abläuft (Verarbeitung des Photosyntheseproduktes Glykolaldehyd zu Glycin und Serin; vgl. NULTSCH 1982, Richter 1982), wobei die Anteile beider Prozesse, deren Ausmaß zudem jeweils von der Photonenfluenzrate abhängt, im einzelnen quantitativ schwer voneinander zu trennen sind. Der Lichtkompensationspunkt, generell bei Starklicht- höher als bei Schwachlichtpflanzen, liegt bei *Laminaria*-Arten im Bereich 5-8 µE m^{-2}s^{-1} und sinkt bei Tiefenrotalgen bis auf 2 µE m^{-2}s^{-1} (LÜNING 1981a). Der letzte Wert wurde auch bei extremen Schattenpflanzen am Boden des tropischen Regenwaldes gefunden (BOARDMAN 1977). Wie Tab. **11** zeigt, müssen die sublitoralen Algen im Winter längere, mit der Tiefe zunehmende Zeitphasen unterhalb des Lichtkompensationspunktes, also ohne photosynthetischen Stoffgewinn, zubringen. Pflanzen von Schattenstandorten besitzen allgemein dünnere Blätter oder Thalli sowie eine für das Schwachlicht eben ausreichende Kapazität der energieaufwendig zu synthetisierenden photosynthetischen Enzyme und Komponenten der Elektronentransportketten, was sich in einem geringen Proteingehalt äußert, sofern man diesen auf die Fläche oder den Chlorophyllgehalt bezieht. Infolge des reduzierten Stoffwechsels weisen Schwachlichtpflanzen eine niedrige Dunkelatmung auf und sind daher durch niedrige Lichtkompensationspunkte ausgezeichnet. Die Lage des Lichtkompensationspunktes wird allerdings zusätzlich von anderen, zum Teil atmungsbestimmenden Faktoren wie Umgebungstemperatur und jahreszeitliche Wachstumsintensität der Pflanze mitbestimmt. Dem Anstieg der Photonenfluenzrate entspricht zunächst ein **linearer Anstieg** der Photosyntheserate („linearer Ast" der Kurve, LA in Abb. **159A**), wobei das Licht im Sinn der „Nachlieferungsgeschwindigkeit" von Photonen das Ausmaß der Photosynthese begrenzt. Aufgrund der im Helgoländer Phytal gemessenen Photonenfluenzraten (s. Tab. **11**) läßt sich erkennen, daß die Photosynthese der sublitoralen Algen schon in gerin-

Tabelle **11** Helgoländer Phytal: Monatsmittelwerte der Photonenfluenzrate Q (µE m^{-2}s^{-1}; Bereich 400 – 700 nm) in vier Tiefen unter Kartennull (= mittleres Springtide-Niedrigwasser), des Jerlov-Wassertyps sowie der Tageslänge TL über und Wasser. Vergleiche zu den biologischen Untergrenzen Abb. **60** und Abb. **61** (aus *K. Lüning, M. J. Dring:* Helgoländer Wiss. Meeresunters. 32 [1979] 403 – 424)

Tiefe	Biologische Untergrenzen	Jan.	Feb.	März	Apr.	Mai	Juni	Juli	Aug.	Sep.	Okt.	Nov.	Dez.
Q 2 m	Oberes Sublitoral	10,3	36,1	39,9	77,6	64,6	120,0	142,7	100,2	58,4	25,9	19,5	6,6
Q 4 m	Laminarienwald	2,2	14,0	14,8	32,2	19,9	42,9	55,7	42,4	18,5	8,5	6,5	1,3
Q 8 m	Tiefste												
	L. hyperborea	0,1	2,6	2,7	7,2	2,7	7,2	10,3	9,2	2,4	1,3	1,0	0,0
Q 10 m	Tiefste *Delesseria*	0,0	1,2	1,3	3,6	1,1	3,2	4,7	4,6	0,9	0,5	0,4	0,0
Q 15 m	Tiefste												
	Krustenalgen	0,0	0,2	0,2	0,7	0,1	0,5	0,7	0,9	0,1	0,0	0,0	0,0
Jerlov-Wassertyp		9,0	6,5	6,5	6,5	7,5	7,0	6,0	5,5	7,0	8,0	8,0	9,0
TL über Wasser (h)		8,0	9,8	11,8	14,0	15,9	17,0	16,7	14,8	12,7	10,6	8,7	7,5
TL in 2,5 m Tiefe (h)		1,1	8,7	9,0	11,7	14,7	16,7	16,5	14,7	12,0	8,2	6,6	3,5

gen Wassertiefen auch im Sommer nicht lichtgesättigt ist und im Bereich des „linearen Astes" der Photosyntheselichtkurve verläuft. Bei höheren Werten der Photonenfluenzrate (500 µE $m^{-2}s^{-1}$ bei Starklicht-, 60-150 µE $m^{-2}s^{-1}$ bei Schwachlichtpflanzen; s. Tab. **12**) erreicht die Photosyntheserate das Plateau der **Lichtsättigung** (s. Abb. **159**), und hier wirken die enzymatischen Reaktionen der Photosynthese begrenzend. Die Starklichtalge *Fucus* und die lichtphysiologisch zwischen *Fucus* und *Delesseria* stehende *Laminaria* erreichen nicht nur ihre Lichtsättigung bei höheren Photonenfluenzraten als die extreme Schwachlichtalge *Delesseria*, sondern es ist auch die Photosyntheserate im stärkeren Licht, absolut gesehen, höher (s. Abb. **159B**). Im Fall der maximal erreichbaren Photosyntheserate ist mit einem Tagesgang zu rechnen, der sich bei *Ulva lactuca* mit einem Maximum kurz vor Mittag äußert und einer endogenen, circadianen Rhythmik unterliegt (BRITZ u. BRIGGS 1976, MISHKIND u. Mitarb. 1979). Bei terrestrischen Starklichtpflanzen beruht deren hohe Photosyntheserate im Starklicht vor allem auf einem erhöhten Gehalt an photosynthetischen Enzymen, etwa an Ribulosebiphosphat-carboxylase, weiter auch auf einer erhöhten Kapazität der Elektronentransportketten. Schließlich kommt es bei hohen Photonenfluenzraten, nämlich oberhalb von 200 µE $m^{-2}s^{-1}$ bei marinem Phytoplankton (HARRIS 1978) oder schon oberhalb von 100 µE $m^{-2}s^{-1}$ bei der Tiefenrotalge *Delesseria sanguinea* (FRIEMERT u. LÜNING 1985) zu einem Absinken der Photosyntheserate (s. Abb. **159A**). In diesem Bereich der **Photoinhibition,** der Lichthemmung der Photosynthese, reduziert vermutlich die übermäßige Belieferung der Reaktionszentren der beiden Photosysteme mit Anregungsenergie die Photosyntheserate, wobei vor allem Photosystem II gefährdet ist und bei längerer Einstrahlung auch die oxidative Zerstörung der photosynthetischen Pigmente **(Photooxidation)** erfolgt (Übersicht: BJÖRKMAN 1981, HARRIS u. PICCININ 1977, POWLES 1984). Es ist mit der Existenz von Mechanismen zur Reparatur lichtgeschädigter Photosysteme sowie mit der möglichen Schutzfunktion der Carotinoide zu rechnen (Ableitung der Überschußenergie von angeregtem Chlorophyll a auf Carotinoide). Hinsichtlich der Auswirkungen der verschiedenen Spektralbereiche gibt SMITH (1980) an, daß die Photoinhibition von marinem Phytoplankton knapp unter der Wasseroberfläche der Größenordnung nach zu 25 % durch den Bereich 290-340 nm verursacht wird, zu 50 % durch den Bereich 340-390 nm und nur zu 25 % durch den Lichtbereich 390-700 nm. Dem auf der Erdoberfläche eintreffenden, kurzwelligsten UV-Bereich, dem **UV-B** (290-320 nm) kommt eine besondere Bedeutung zu, weil dieser natürliche Spektralbereich des Sonnenlichtes noch von der DNS und von Proteinen absorbiert wird und bei höheren Dosen zu letalen Schädigungen führt, sofern der Organismus nicht über Schutzeinrichtungen verfügt (Übersicht: CALDWELL 1981, CALKINS 1982, HARM 1981, WORREST 1982). Bei terrestrischen Pflanzen absorbiert bereits die Epidermis das UV-B zu 95-99 % (ROBBERECHT u. CALDWELL 1978). Im Meer ist mit der Absorption des UV-B durch die Algen und mit nachfolgenden Schädigungen in klarem, „blauem" Wasser bis zu Tiefen von 6 m, in mäßig getrübtem Wasser bis zu 2,5 m Tiefe zu rechnen (SMITH u. BAKER 1979). Nach Modellberechnungen würde die Produktivität des marinen Phytoplanktons um 5 % sinken, wenn die schützende, atmosphärische Ozonschicht um 16 % verringert würde (SMITH u. BAKER 1982). Die letztere absorbiert weitgehend die extraterrestrische UV-B-Strahlung, ist jedoch durch humane Einflüsse wie Abgase von Düsenflugzeugen und aus Sprühdosen gefährdet.

Quantitativer Lichtbedarf für das Wachstum. Die Lichtsättigung des Wachstums erfolgt zumeist bei zwei- bis dreimal niedrigeren Werten der Photonenfluenzrate als im Fall der Photosynthese (Tab. **12**). In vielen Fällen wird die Wachstumsrate mit hohen Photosyntheseraten nicht Schritt halten können, weil Prozesse wie die Nährstoffversorgung die Wachstumsrate einschränken. Weiter besteht die Möglichkeit, daß nicht-photosynthetische, aber lichtabhängige Reaktionen wie Enzymprozesse schon bei Bestrahlungsstärken gehemmt werden, welche die Photosyntheserate noch zu steigern vermögen. Es wäre also falsch, die Lichtoptima der Photosynthese auf das Wachstum zu übertragen.

Der **Pigmentgehalt** pro Einheit der Blatt- oder Thallusfläche ist bei Schwachlichtpflanzen höher als bei Starklichtpflanzen (Übersicht: BJÖRKMAN 1981, HARRIS 1978, WILD 1979). Im Schwachlicht ist eine Erhöhung des Pigmentgehaltes erforderlich, um die Chance zu vergrößern, daß ein Antennen-Pigmentmolekül von einem Photon getroffen wird. Im Starklicht muß im Gegenteil durch Reduktion des

Tabelle **12** Lichtsättigung der Photosynthese und der Wachstumsrate in Abhängigkeit von Photonenfluenzrate Q und Bestrahlungsstärke I. G Grünalge, B Braunalge, R Rotalge (Daten für benthische Meeresalgen aus *K. Lüning*: 1981, für höhere Landpflanzen aus *N. K. Boardman*: Ann. Rev. Plant. Physiol. 28 [1977] 355 – 377; für marines Phytoplankton aus *E. Steemann-Nielsen*: Marine photosynthesis. Elsevier, Amsterdam 1975)

	Photosynthese		Wachstumsrate	
	Q $\mu E\ m^{-2}s^{-1}$	I $W\ m^{-2}$	Q $\mu E\ m^{-2}s^{-1}$	I $W\ m^{-2}$
Eulitoral				
B *Fucus vesiculosus*	500	100	150	30
G *Codium fragile*	500	100	28	6
R *Gigartina stellata*	460	92		
R *Porphyra tenera*	400	80	28	6
Oberflächen-Phytoplankton	500	100		
Höhere Starklichtpflanzen	500	100		
Sublitoral				
B *Laminaria saccharina*	150	30	70	14
L. digitata, L. hyperborea	150	30		
R *Chondrus crispus*	180	36	94	19
Phytoplankton aus der				
1%-Lichttiefe	200	40		
Höhere Schwachlichtpflanzen	60 – 200	12 – 40		
R *Delesseria sanguinea*	60	12		
B *Laminaria*-Gametophyten			10	1,5
R Rotalgen-Keimlinge			4 – 10	1 – 2

Pigmentgehaltes dafür gesorgt werden, daß die Antennen der Photosysteme nicht zu viele Photonen absorbieren, damit die Reaktionszentren nicht inaktiviert werden (Photoinhibition). Im Schwachlicht wird also ein größerer Anteil der Synthesekapazität der Pflanze zum Aufbau und zur Erhaltung der lichtsammelnden Pigmente als zum Aufbau der Enzyme und Elektronentransportketten der photosynthetischen Dunkelreaktionen verwendet, denn die letzteren können auch bei niedrigen Konzentrationen mit der geringen Anlieferungsgeschwindigkeit von Photonen im Schwachlicht Schritt halten. Der von Landpflanzen und von einzelligen Algen seit langem bekannte Vorgang der **Regulierung** des Pigmentgehaltes läßt sich an Meeresalgen demonstrieren, wenn man eulitorale Arten eine Woche lang in 1 m oder 10 m Wassertiefe verbringt (Tab. **13**). Bei den Versuchsalgen aus 10 m Tiefe findet dann eine starke Zunahme aller Photosynthesepigmente statt, wobei der Gehalt an Chlorophyll b bei den Grünalgen und an Phycobiliproteiden bei den Rotalgen (in Tab. **13** als Proportionen der Absorptionsgipfel der Phycobiliproteide und von Chlorophyll a angegeben) mit der Tiefe etwas stärker ansteigen kann als der Gehalt an Chlorophyll a. Diese selektive Erhöhung der akzessorischen Pigmente ist auch festzustellen, wenn man Algen der gleichen Art von sonnigen und schattigen Standorten, also praktisch ohne Änderungen der Spektralverteilung des Lichtes, vergleicht (s. Tab. **13**), was auf die beherrschende Rolle der Lichtquantität auch für derartige Pigmentverschiebungen hinweist.

Tabelle **13** Pigmentkonzentration und Proportionen der Pigmente in den Thalli verschiedener Meeresalgen. (a) Nach einwöchigem Umsetzen in verschiedene Wassertiefen; (b) an verschieden hellen Standorten im Eulitoral. Meßeinheiten der Pigmentkonzentration: n mol cm^{-2} Algenfläche (*Ulva, Porphyra*); n mol g^{-1} Frischgewicht (*Codium, Chondrus*); µg g^{1-} Frischgewicht (*Ascophyllum, Fucus*); Chl. Chlorophyll; Fuc. Fucoxanthin; A Absorption bei angegebenen Wellenlängen (nm) (aus *J. Ramus*, u. Mitarb. 1976, 1977)

(a) Tiefenvergleich					**(b) Vergleich „sonnig/schattig"**				
Grünalgen	Chl.a	Chl.b	$\dfrac{Chl.b}{Chl.a}$			Chl.a	Chl.b	$\dfrac{Chl.b}{Chl.a}$	
Ulva lactura									
1 m Tiefe	2,24	1,00	0,44		sonnig	1,29	0,68	0,53	
10 m Tiefe	7,68	5,11	0,67		schattig	9,98	5,94	0,62	
1 m : 10 m	0,29	0,20			sonn./schatt.	0,13	0,11		
Codium fragile									
1 m Tiefe	120	74	0,63		sonnig	111	72	0,68	
10 m Tiefe	275	175	0,67		schattig	302	200	0,72	
1 m : 10 m	0,44	0,42			sonn./schatt.	0,37	0,36		
Braunalgen	Chl.a	Chl.c	Fuc.	$\dfrac{Chl.c}{Chl.a}$ $\dfrac{Fuc.}{Chl.a}$		Chl.a	Chl. c	Fuc.	$\dfrac{Chl.c}{Chl.a}$ $\dfrac{Fuc.}{Chl.a}$
Ascophyllum nodosum									
0 m Tiefe	431	98	178	0,23 0,42	sonnig	448	94	189	0,21 0,42
4 m Tiefe	841	191	280	0,23 0,34	schattig	1155	214	304	0,19 0,27
0 m : 4 m	0,51	0,51	0,64		sonn./schatt.	0,39	0,44	0,62	
Fucus vesiculosus									
0 m Tiefe	482	107	202	0,22 0,42	sonnig	575	118	247	0,20 0,43
4 m Tiefe	1201	234	396	0,20 0,34	schattig	2341	378	751	0,16 0,32
0 m : 4 m	0,40	0,46	0,51		sonn./schatt.	0,25	0,31	0,33	
Rotalgen	Chl.a	$\dfrac{A\,565}{A\,678}$	$\dfrac{A\,620}{A\,678}$			Chl.a	$\dfrac{A\,565}{A\,678}$	$\dfrac{A\,620}{A\,678}$	
Porphyra umbilicalis									
1 m Tiefe	1,76	0,47	0,50		sonnig	2,30	0,60	0,56	
10 m Tiefe	2,49	0,76	0,66		schattig	3,55	0,73	0,61	
1 m : 10 m	0,71				sonn./schatt.	0,65			
Chondrus crispus									
1 m Tiefe	178	0,59	0,42						
10 m Tiefe	254	0,89	0,51						
1 m : 10 m	0,70								

6.4. Licht als Umweltsignal

Das Licht dient der Pflanze zum einen als Energiequelle, wobei die Absorption durch die **Massenpigmente** der Photosynthese erfolgt. Zum anderen benutzt die Pflanze das Licht als Umweltsignal zur Steuerung ihrer Entwicklung und besitzt für diesen Zweck zur Lichtabsorption besondere, hochempfindliche und in geringer Konzentration vorliegende **Sensorpigmente** (Übersicht: MOHR und SCHOPFER 1981, MORGAN und SMITH 1981, RÜDIGER u. SCHEER 1983, SHROPSHIRE u. MOHR 1983,

VINCE-PRUE 1975, 1983). Als Umweltsignal bewirkt das Licht Änderungen der Entwicklung und Gestalt bei den Erscheinungen des **Photoperiodismus** (in Abhängigkeit von der Tageslänge), der **Photomorphogenese** (in Abhängigkeit vom jeweils gebotenen Spektralbereich) und bei anderen Phänomenen wie Phototropismus und Induktion der Chromatophorenbewegungen (vgl. Abschnitt 6.4.3.). Der Signalcharakter des Lichtes ergibt sich in diesen Fällen bereits aus dem im Vergleich zur Photosynthese wesentlich geringeren Lichtbedarf zur Auslösung (Induktion) einer Reaktion. Nachdem eine durch Sensorpigmente vermittelte Reaktion in Gang gesetzt ist, besteht die Rolle der Photosynthese nur in der energetischen Unterhaltung des weiteren Entwicklungsablaufs.

6.4.1. Photoperiodismus

Photoperiodische Reaktionen, deren Eintreten von der täglichen Belichtungsdauer (Photoperiode) bestimmt wird, dienen den Pflanzen als „Frühwarnsystem" (Übersicht: SALISBURY 1981, VINCE-PRUE 1975, 1983; Meeresalgen: DRING 1984, DRING u. LÜNING 1983, LÜNING 1981a, 1981b). So bereiten laubabwerfende Bäume sich rechtzeitig auf den Winter vor, indem sie, induziert durch die kürzer werdenden Tage im Herbst, den Laubfall und die Ausbildung der Winterknospen betreiben, lange bevor der erste Schnee fällt.

Kurztagpflanzen reagieren zum Beispiel mit Blütenbildung, wenn eine kritische Tageslänge unterschritten wird, **Langtagpflanzen,** wenn sie überschritten wird. Pflanzen, die nicht auf die Photoperiode reagieren, werden als „tagneutral" bezeichnet. Auch viele Algen der gemäßigten Regionen zeigen eine jahresperiodische Entwicklung. An den europäisch-atlantischen Küsten bildet der Palmentang *Laminaria hyperborea* im Winter ein neues Phylloid (Abb. 160). Im Frühjahr erscheinen im unteren Eulitoral die aufrechten, röhrenartigen Thalli der Braunalge *Scytosiphon lomentaria* und die kleinen, flachen Thalli der Grünalge *Monostroma* (Abb. 161). Nur im Spätherbst bildet die fädige Traillella-Phase der Rotalge *Bonnemaisonia hamifera* Tetrasporen aus und erzeugt mit diesen die aufrechtwachsende Gametophytengeneration (Abb. 161). Alle genannten Reaktionen lassen sich im Laboratorium zu jeder Jahreszeit unter Kurztagbedingungen (z. B. 8 h Licht pro Tag) erzielen, während Langtagbedingungen (z. B. 16 h Licht pro Tag oder Dauerlicht) die Reaktionen verhindern. Es handelt sich hier um **Kurztagpflanzen,** und

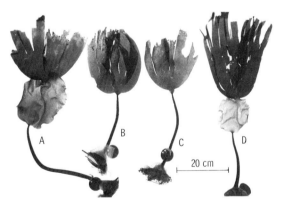

Abb. **160** Photoperiodismus bei dem Brauntang *Laminaria hyperborea.* Versuchsexemplare, die von September (noch ohne neues Phylloid) bis Mai im Laboratorium in verschiedenen Tageslängenregimes gezüchtet wurden: **(A)** 8 h Licht pro Tag; **(B)** 16 h Licht pro Tag; **(C)** Störlichtregime (8 h Licht pro Tag und 1 h Licht in der Mitte der langen Nacht); **(D)** Dauerdunkel (aus *K. Lüning:* Helgoländer Meeresunters., Bd. 39 [1985])

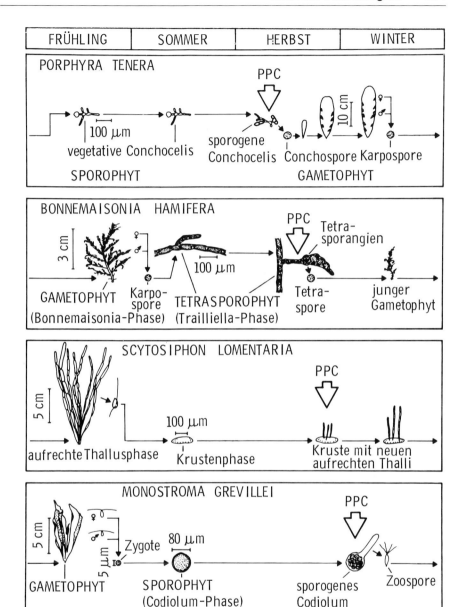

Abb. **161** Jahreszeitliche Entwicklung von vier Kurztagalgen. PPC Kurztagsignal. Photoperiodische Reaktionen: Rotalge *Porphyra tenera:* Bildung von Conchosporangien; Rotalge *Bonnemaisonia hamifera:* Bildung von Tetrasporangien; Braunalge *Scytosiphon lomentaria:* Bildung von aufrechten Thalli; Grünalge *Monostroma grevillei:* Bildung von Zoosporen. Störlichtreaktion in allen Fällen wirksam. Weitere Erläuterungen im Text (aus *M. J. Dring, K. Lüning:* Photomorphogenesis of marine macroalgae. In: Encyclopedia of Plant Physiology, New Series, Bd. 16 B, hrsg. von *W. Shropshire, H. Mohr,* Springer Berlin 1983)

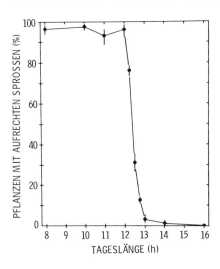

Abb. **162** Photoperiodismus bei der Braunalge *Scytosiphon lomentaria*. Bildung von aufrechten Thalli in Abhängigkeit von der Tageslänge. Ausgesät wurden Zoosporen, ausgezählt wurden nach 35 Tagen 500 Pflanzen pro Petri-Schale, die sich zu Krustenthalli mit oder ohne aufrechte Sprosse entwickelt hatten. Vertikalstriche geben 95%-Vertrauensgrenzen an (aus *M. J. Dring, K. Lüning:* Planta 125 [1975] 25-32)

Abb. **162** zeigt, wie empfindlich etwa *Scytosiphon lomentaria* von Helgoland auf Änderungen der Tageslänge zwischen 12 h und 13 h reagiert. Weitere photoperiodische Kurztagreaktionen bei Meeresalgen, vor allem bei Rot- und Braunalgen gefunden, sind in Tab. **14** aufgeführt. Der einzige bisher nachgewiesene Fall von Photoperiodismus bei Grünalgen bezieht sich auf die einschichtig-flächige, obenerwähnte *Monostroma* (2 Arten), deren Codiolum-Phasen, als kalkbohrende Algen in den Kalkgehäusen von Muscheln und anderen Tieren der Gezeitenzone lebend, nur im Kurztag Sporen und damit wieder die *Monostroma*-Phasen bilden (s. Abb. **161**). **Langtagreaktionen** wurden nur vereinzelt gefunden, so im Fall der auf Langtagbedingungen beschränkten Bildung von Gametangien bei der Braunalge *Sphacelaria rigidula* (HOOPEN u. Mitarb. 1983) und bei der Ausbildung von Gametophyten im Langtag bei der Süßwasserrotalge *Batrachospermum moniliforme* (HUTH 1979), übrigens dem bisher einzigen Hinweis auf das Vorkommen von Photoperiodismus bei benthischen Süßwasseralgen. Für einzellige Algen des Meeres wie des Süßwassers besteht bisher kein Hinweis auf Photoperiodismus.

In zahlreichen der bisher aufgedeckten Fälle (durch H in Tab. **14** gekennzeichnet) handelt es sich um Arten mit **heteromorphem Generationswechsel** sowie um Arten mit einem Wechsel zwischen einem **makroskopischen** Lebensstadium (z. B. aufrechtem *Scytosiphon*-Thallus) und einem kleinen, **kryptischen** (im Verborgenen lebenden), der Überdauerung dienenden Lebensstadium (z. B. Bodenkruste von *Scytosiphon).* Die **ökologische Bedeutung** der Kurztagreaktion der Rotalgen *Porphyra tenera* und *Bangia fuscopurpurea* (heteromorpher Generationswechsel), deren kryptische Conchocelis-Phasen als Sporophyt im Kurztag vermehrt Conchosporangien ausbilden, ist wohl darin zu sehen, daß die makroskopischen *Porphyra-* und *Bangia*-Phasen (Gametophyten) dieser beiden eulitoralen Arten die kalte Jahreszeit vom Winter bis zum Frühjahr benötigen und mit Hilfe der photoperiodischen Reaktion in diese „hineinproduziert" werden. Ähnlich ist es im Fall der aufrechtwachsenden, 5-10 cm langen Gametophyten der sublitoralen Alge *Bonnemaisonia hamifera,* die als Gametophyten aus den Tetrasporen eines heteromorphen, fädigen kleinen Sporophyten (Trailliella-Phase) hervorgehen (Abb. **161** und Tab. **14**). Die Tetrasporangien werden nur im Kurztag, im engen Temperaturbereich 13-19°C

Tabelle **14** Photoperiodische Kurztagreaktionen der Meeresalgen, bei welchen die Störlichtreaktion positiv verläuft. R Rotalge, B Braunalge, G Grünalge, (H) heteromorpher Generationswechsel bei Rot- und Grünalgen, TS Tetrasporophyt

	Reaktion		Reagierendes Stadium	Quelle
Bildung von Conchosporangien	R (H)	*Porphyra tenera*	Conchocelis (Sporophyt)	*Dring* 1967a, 1967b, *Rentschler* 1967
	R (H)	*Bangia atropurpurea*	Conchocelis (Sporophyt)	*Richardson* 1970
Bildung von Tetrasporangien	R	*Audouinella asparagopsis*	isomorpher Tetrasporophyt	*Abdel-Rahman* 1982
	R (H)	*Audouinella purpureua*	Tetrasporophyt	*Dring* u. *West* 1983
	R (H)	*Bonnemaisonia hamifera*	Trailliella-Phase (TS)	*Lüning* 1980b, 1981b
	R (H)	*Bonnemaisonia asparagoides*	Hymenoclonium-Phase (TS)	*Rueness* u. *Asen* 1982
	R (H)	*Asparagopsis armata*	Falkenbergia-Phase (TS)	*Oza* 1976, *Lüning* 1981b
	R (H)	*Calosiphonia vermicularis*	Hymenoclonium-Phase (TS)	*Mayhoub* 1976
	R	*Halymenia latifolia*	isomorpher Tetrasporophyt	*Maggs* u. *Guiry* 1982
	R (H)	*Gigartina stellata*	Petrocelis-Phase (TS)	*Guiry* u. *West* 1984
Bildung von Gametangien	R	*Gigartina acicularis*	isomorpher Gametophyt	*Guiry* u. *Cunningham* 1984
Bildung von Zoosporen	G (H)	*Monostroma grevillei, M. undulatum*	Codiolum-Phase	*Lüning* 1980b
Bildung von Rezeptakeln	B	*Acsophyllum nodosum*	makroskopischer Thallus	*Terry* u. *Moss* 1980
Bildung aufrechter Sprosse	R	*Dumontia contorta*	Krusten-Stadium	*Rietema* u. *Klein* 1981
	B	*Scytosiphon lomentaria*	Krusten-Stadium	*Dring* u. *Lüning* 1975a
	B	*Petalonia fascia, P. zosterifolia*	Krusten-Stadium	*Lüning* 1980b
Bildung eines neuen Phylloids	R	*Constantinea subulifera*	Gametophyten und TS	*Powell* 1964
	B (H)	*Laminaria hyperborea*	Sporophyt	*Lüning* 1985

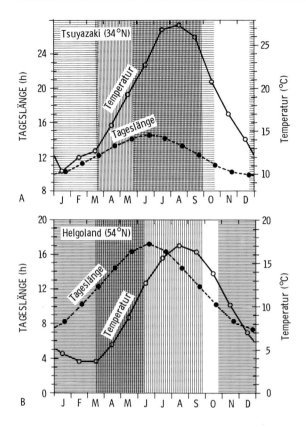

Abb. **163** Begrenzung der Tetrasporangienbildung der Traillliella-Phase der Rotalge *Bonnemaisonia hamifera* durch ungeeignete Photoperioden (senkrechte Schraffur) und ungeeignete Wassertemperaturen (horizontale Schraffur) auf eine schmale Zeitspanne im Herbst (offener Bereich). An der Küste von Südjapan **(A)** ist das jahreszeitliche „Fenster" für die Tetrasporangienbildung breiter als bei Helgoland **(B)** (aus *K. Lüning:* Ber. Deutsch. Bot. Ges. 94 [1981] 401-417)

gebildet. Nur im Herbst, bei schon kurzen Tagen und noch relativ hohen Wassertemperaturen ergibt sich für die Tetrasporangienbildung ein „offenes Fenster" (Abb. **163**). Die aus Japan stammende Alge (S. 75) bildet in Nordeuropa zwar noch die sich vegetativ vermehrende Traillliella-Phase, die jedoch keine Tetrasporangien mehr ausbilden kann, weil hier im Herbst die Wassertemperaturen unter 13°C liegen (vgl. Abb. **12** und S. 10). Das schon bei Helgoland „schmale Fenster" für die Tetrasporangienbildung schließt sich nach Norden zu völlig (s. Abb. **163**).

Photoperiodische Ökotypen. Geographische Populationen, deren kritische Tageslänge von Süden nach Norden zunimmt, wurden bei der Braunalge *Scytosiphon lomentaria* (LÜNING 1980b) und der Rotalge *Rhodochorton purpureum* (DRING u. WEST 1983) wie auch weitverbreitet bei höheren Pflanzen (SALISBURY 1981) gefunden. So bilden 50 % der Pflanzen von *Scytosiphon lomentaria* aus der Adria aufrechte Sprosse bis 10 h Tageslänge (5-20°C), von Lindesnes (Südnorwegen) bis 12,5 h (5-15°C) und von Island bis 14 h (5-10°C). In der Natur findet man die aufrechten Sprosse von *S. lomentaria* im Mittelmeerbereich nur im Winter und zeitigen Frühjahr, in mittleren Breiten bis zum Frühsommer und im hohen Norden noch im Spätsommer, jeweils bei Wassertemperaturen um 10°C. Offenbar darf das Stadium des aufrechten Sprosses von *S. lomentaria,* dem Hauptträger der Vermehrung und Verbreitung der Art, keinen zu hohen Wassertemperaturen ausgesetzt werden, und dieses Ziel kann offensichtlich leichter durch genetisch fixierte Änderungen des jahreszeitlichen Verhaltens als des Temperaturverhaltens erreicht werden.

Nachweis von Photoperiodismus durch Anwendung des Störlichtregimes und Sensorpigmente. Für die Auslösung der genannten Reaktionen werden lange Nächte benötigt, die von photoperiodisch reagierenden Pflanzen als Signal für das Eintreten der Jahreszeiten von Herbst bis Frühjahr benutzt werden, während kurze Nächte den Pflanzen das Eintreten des Sommers signalisieren. Daß die Länge der Nacht, nicht die Länge des Tages hier als entscheidender Faktor wirkt, läßt sich nachweisen, wenn man die Algen zum Beispiel bei 8 h Licht pro Tag züchtet, die 16stündige Nacht jedoch in der Mitte mit 1 h oder wenigen Minuten Weißlicht unterbricht, so daß die lange Nacht in zwei kurze Nächte aufgeteilt wird. Auf dieses **Störlichtregime** (zwei kurze Nächte pro 24 h) reagieren die obengenannten Algen wie im Langtag (1 kurze Nacht pro 24 h), und die erwähnten Kurztagreaktionen bleiben aus (Ausnahme: Tetrasporangienbildung bei der Hymenoclonium-Phase der Rotalge *Acrosymphyton purpuriferum*; CORTEL-BREEMAN u. HOOPEN 1978). Der Nachweis, daß ein Störlichtregime wie ein Langtagregime wirkt, spricht für das Vorliegen einer echten photoperiodischen Kurztagreaktion. Bei zahlreichen photoperiodischen Reaktionen ist bereits eine Störlichtdauer im Minuten- oder sogar Sekundenbereich voll wirksam, wobei man das Störlichtregime allerdings zumeist 1-2 Wochen lang geben muß. Verwendet man als Störlicht engbandige Spektralbereiche, erarbeitet man also das Aktionsspektrum des Störlichteffektes, so ergeben sich Hinweise auf das Absorptionsspektrum der möglichen **Sensorpigmente.** Bei höheren Pflanzen ist es das **Phytochromsystem,** dessen beide Formen maximal im Hellrot (660 nm) oder im Dunkelrot (730 nm) absorbieren, und auch die Rotalge *Porphyra tenera,* deren Conchocelis-Phase im Kurztag vermehrt Sporangien ausbildet, verfügt möglicherweise über ein phytochromähnliches Sensorpigment (DRING 1967b). Als **Störlicht,** zehn Nächte hintereinander verabfolgt, ist bei *Scytosiphon lomentaria* nur der **Blau-UV-Bereich** des Lichtes wirksam (Aktionsspektrum ähnlich Abb. **164B),** wobei 50 % der Pflanzen bereits durch die in jeweils 10 Nächten verabreichte extrem geringe Quantendosis von 20 µE m^{-2} bei 449 nm an der Bildung der aufrechten Sprosse gehindert werden. Diese Dosis ergibt sich zum Beispiel als Produkt der Bestrahlungsdauer von 10 Sekunden bei einer Photonenfluenzrate von 2 µE m^{-2}s^{-1}. Als Sensorpigmente kommen bei der Reaktion von *S. lomentaria* wie bei den anderen durch Blau und nahes UV induzierten photomorphogenetischen Reaktionen im Pflanzenreich noch nicht identifizierte Flavine in Frage (vgl. MOHR u. SCHOPFER 1978, RÜDIGER u. SCHEER 1983, SENGER 1980, GRESSEL u. RAU 1983), nicht jedoch das Phytochromsystem, da der Rot- und Dunkelrotbereich völlig unwirksam sind. In bezug auf den geringen Lichtbedarf läßt sich das Sensorpigment von *S. lomentaria* mit dem Phytochrom vergleichen, soweit dieses empfindliche Reaktionen steuert (DRING u. LÜNING 1975a). Hinsichtlich der beim Phytochromsystem möglichen Revertierung (Aufhebung einer Hellrotinduktion durch nachfolgendes Dunkelrot) ergab sich im Fall von *S. lomentaria,* daß die durch Blaulicht bewirkte Induktion der Bildung aufrechter Sprosse nicht durch anschließendes Grün, Rot oder Dunkelrot revertiert werden konnte.

Lebensformtypen des jahreszeitlichen Verhaltens. Annuelle und perennierende Algen lassen sich nach SEARS und WILCE (1975) in folgender Weise in vier Gruppen von Lebensformtypen mit unterschiedlichem jahreszeitlichen Verhalten aufgliedern: **(a) ganzjährige Annuelle** (aseasonal annuals; Makrothalli ganzjährig zu finden; mehrere, kurzlebige Generationen folgen pro Jahr aufeinander wie bei *Ulva*; **(b) jahreszeitliche Annuelle** (seasonal annuals; während eines Teils des Jahres als unscheinbares Stadium überdauernd wie bei *Scytosiphon lomentaria* oder *Monostroma*); **(c) perennierende Algen** (perennials; mehrjähriger Thallus überdauert ohne Thallusverluste das Jahr wie bei *Ahnfeltia plicata* und Krustenkalkalgen); **(d) pseudoperennierende Algen** (pseudoperennials; Teile des Thallus werden in jedem Jahr abgeworfen wie bei *Laminaria hyperborea*). Eine weitergehende Typentafel für das jahreszeitliche Verhalten wurde von FELDMANN (1937b) in Anlehnung an das Lebensformsystem von Raunkiaer für terrestrische Pflanzen aufgestellt. In etwas vereinfachter Form (nach GARBARY 1976) werden unterschieden: unter den annuellen Algen **Ephemerophyceen** (ganzjährige Annuelle), **Hypnophyceen** (jahreszeitliche Annuelle), unter den perennierenden Algen **Phanerophyceen** (aufrechte, perennierende Algen), **Chamaephyceen** (krustenförmige, perennierende Algen) und **Hemiphanerophyceen** (pseudoperennierende Algen). Das Feldmann-System wurde von CHAPMAN u. CHAPMAN (1976) auf 16 Hauptlebensformen erweitert. Es ist jedoch kaum zu erwarten, daß die neu vorgeschlagenen Begriffe, z. B. „Chamaecalciphykes" als Äquivalent für „verkalkte Krustenalgen", in der Praxis Verwendung finden.

6.4.2. Photomorphogenetische Reaktionen bei Meeresalgen

Nur wenige Meeresalgen wurden bisher in spektral engem Blau-, Grün- oder Rotlicht gezüchtet, so daß wahrscheinlich wie zahlreiche photoperiodische Reaktionen auch viele Photomorphosen noch nicht entdeckt sind. Schon länger bekannt ist die ungünstige Wirkung von reinem Rot- oder Grünlicht auf das Wachstum der Grünalge *Acetabularia acetabulum,* die unter derartigen Bedingungen nach 2-3 Wochen abstirbt, aber durch tägliche Blaulichtpulse am Leben erhalten werden kann, und auch bei der Braunalge *Dictyota dichotoma* verläuft das vegetative Wachstum optimal nur im Blaulicht (MÜLLER u. CLAUSS 1976). Diese Erscheinungen gehören zu den vielfältigen, selektiven Auswirkungen von Blau- und Rotlicht auf den C- und N-Stoffwechsel, wobei Blaulicht unter anderem die Proteinsynthese und die Aktivität der Nitratreduktase steigert sowie das Ausmaß der Respiration stark beeinflußt, während in Rotlicht vermehrt Kohlenhydrate als Syntheseprodukte auftreten (vgl. KOWALLIK 1982, SENGER 1980, 1984, WILD 1979).

Blaulichtinduzierte Photomorphosen (Gestaltsänderungen) wurden bei Vertretern verschiedener Ordnungen der Braunalgen gefunden. Zoosporen der Art *Scytosiphon lomentaria,* deren photoperiodische Reaktion schon besprochen wurde, wachsen in Rot- oder Grünlicht zu einfachen Fadenthalli aus (s. Abb. **164A**). Auch im Blaulicht beginnt die Entwicklung zunächst als Fadenthallus, jedoch dreht sich schon im Vierzellenstadium die Kern- und Zellteilungsebene um 90°, womit der Übergang zum Stadium des **zweidimensionalen Krustenthallus,** wie man ihn aus der Weißlichtkultur kennt (s. Abb. **161**), vollzogen ist (DRING u. LÜNING 1975b). Ein

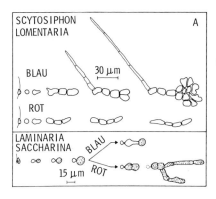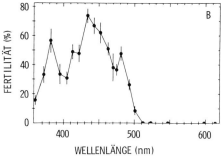

Abb. 164 Blaulicht-induzierte Photomorphosen bei Braunalgen
(A) Oben: Bildung von farblosen Haaren und zweidimensionalen Krustenthalli in Blaulicht, fädiges Wachstum ohne Haarbildung in Rot- und Grünlicht bei *Scytosiphon lomentaria*
(A) Unten: Fertilisierung der Gametophyten von *Laminaria saccharina* in Blaulicht, vegetatives Wachstum in Rot- oder Grünlicht
(B) Aktionsspektrum der Fertilisierung von *L. saccharina*-Gametophyten. Diese wurden innerhalb von zwei Wochen aus Zoosporen in Rotlicht angezüchtet, sodann 48 Stunden lang bei diversen Wellenlängen mit einer Photonenfluenzrate von 15 µE m^{-2}s^{-1} bestrahlt, um die Bildung von Oogonien und Antheridien zu induzieren. Anschließend wurden die Versuchsalgen für eine Dauer von 8 Tagen in Rotlicht gehalten. Danach erfolgte die Auszählung von jeweils 500 Gametophyten (mit oder ohne Oogonien). Vertikalstriche geben 95%-Vertrauensgrenzen an (**A** aus *M. J. Dring, K. Lüning:* Photomorphogenesis of marine macroalgae. In: Encyclopedia of Plant Physiology, New Series, Bd. 16 B, hrsg. von *W. Shropshire, H. Mohr.* Springer, Berlin 1983, **B** aus *K. Lüning, M. J. Dring:* Mar. Biol. 29 [1975] 195-200)

ähnlicher Effekt wurde bei den Gametophyten der Farne gefunden, die auch im Rotlicht fädiges und im Blaulicht flächiges Wachstum zeigen (vgl. MOHR u. SCHOP-FER 1978, FURUYA 1983). Bei *S. lomentaria* bewirkt Blaulicht jedoch noch eine zweite Photomorphose, nämlich die Ausbildung von **farblosen Haaren** (s. Abb. **164A**), die im Grün- und Rotlicht nicht gebildet werden. Eine weitere blaulichtin-duzierte Photomorphose kommt bei den mikroskopisch kleinen **Gametophyten** der **Laminariales** und der **Desmarestiales** vor. In Rot- oder Grünlicht führen die Game-tophyten nur vegetative Zellteilungen durch und wachsen schließlich zu makrosko-pischen, mehrere Zentimeter im Durchmesser erreichende Fadenkugeln heran, während Blaulicht die Bildung von Oogonien und Antheridien induziert (s. Abb. **164A**; LÜNING u. DRING 1975, LÜNING u. NEUSHUL 1978). Das Sensorpig-ment dieser durch Blau und nahes UV induzierten Photomorphosen (s. Abb. **164B**) ist wiederum wie im Fall der photoperiodischen Reaktion von *S. lomentaria* unbe-kannt (S. 236).

6.4.3. Weitere Signalwirkungen des Lichtes

Erscheinungen des **Phototropismus** sind vielfach bei Algen beobachtet worden (Überblick: BUGGELN 1981a). Die aufrechten Sprosse fädiger Algen krümmen sich der Lichtrichtung entgegen, Rhizoiden, auch die Haftkrallen der Laminariales, wachsen der Lichtrichtung entgegengesetzt. Nur der Blau- und UV-Bereich ist wie allgemein bei den phototropischen Reaktionen im Pflanzenreich wirksam (vgl. S. 236 zum möglichen Sensorpigment). Über geotropische Erscheinungen liegen bei Meeresalgen keine sicheren Nachweise vor. Klassische Objekte zur Induktion der **Polarität** sind jedoch die Zygoten der Fucales (Übersicht: BUGGELN 1981a, QUA-TRANO 1978, EVANS u. Mitarb. 1982). Die dem Felsboden entgegensinkende *Fucus*-Zygote ist zunächst nur mit einer latenten Polarität ausgestattet und kann verschiedene Umweltsignalgradienten wie Lichtgefälle, Ionengradienten oder auch den Kontakt mit dem Substrat benutzen, um die endgültige Polaritätsachse festzu-legen und das Rhizoid „auf der richtigen Seite" auszubilden. Im Licht (nur Blau und UV wirksam) entsteht das Rhizoid 8-14 Stunden nach der Befruchtung auf der lichtabgewandten Seite der Zygote, später der Sproßpol auf der lichtzugewandten Seite. Aber schon 4 Stunden nach der Befruchtung, bevor also das Rhizoid sichtbar wird, hat sich die Zygote mit einer Schleimkappe am zukünftigen Rhizoidpol auf dem Substrat befestigt. Im Dunkeln orientiert sich die Zygote mit Hilfe von che-misch nicht identifizierten Signalsubstanzen, die sie allseitig ausscheidet, wobei das Felssubstrat eine Diffusionsbarriere darstellt, an welcher die Signalsubstanzen angereichert werden.
Bei zahlreichen Meeresalgen nehmen die Plastiden in Schwachlicht eine zur Licht-einfallsrichtung senkrechte Flächenstellung ein und sind somit optimal zur Absorp-tion des einfallenden Lichtes angeordnet. Dagegen werden die Plastiden in Stark-licht an die zur Lichtrichtung parallelen Zellwände in eine Kantenstellung verla-gert, wobei der Übergang von der einen in die andere Stellung anhand geringer Änderungen der Transmission der Thalli kontinuierlich gemessen werden kann (NULTSCH u. PFAU 1979). Unter Starklicht wird hier eine Photonenfluenzrate von 200 μE m^{-2}s^{-1} (10 000 Lux), unter Schwachlicht 20 μE m^{-2}s^{-1} (1000 Lux) verstan-den. Diese **lichtinduzierten Plastidenbewegungen** (Übersicht: BRITZ 1979, HAUPT 1982), im Pflanzenreich weitverbreitet und bei Algen zumeist durch blau-UV-emp-

findliche Sensorpigmente vermittelt, bei den Süßwassergrünalgen *Mougeotia* und *Mesotaenium* jedoch durch das Phytochromsystem, kommen unter den Meeresalgen bei **Braunalgen** vor, so bei *Dictyota dichotoma,* weiter bei Vertretern der Scytosiphonales, Laminariales und Fucales, nicht jedoch bei *Ectocarpus siliculosus* und *Pilayella littoralis.* Zahlreiche Vertreter der **Rotalgen** wie *Ceramium rubrum* oder *Delesseria sanguinea* zeigen keine lichtinduzierten Transmissionsänderungen, und soweit diese bei einigen Algen wie *Porphyra, Chondrus crispus* und *Phyllophora* festgestellt wurden, gehen die Effekte eher auf reversible Änderungen des Pigmentgehalts als auf die Verlagerung der Plastiden zurück. Von mehreren untersuchten Arten der **Grünalgen,** darunter *Enteromorpha* und *Monostroma,* wandern die Plastiden nur bei *Ulva lactuca,* hier jedoch nicht in Abhängigkeit von Stark- oder Schwachlicht, sondern gesteuert durch eine circadiane Rhythmik (BRITZ 1979). Daß in der Flächenstellung der Plastiden im Schwachlicht eine höhere Photosyntheserate als in der Kantenstellung bei Starklicht vorliegt, ist nach Versuchen von NULTSCH u. Mitarb. (1981) an *Dictyota dichotoma* und *Ulva lactuca* nicht richtig. Als ökologische Bedeutung der Starklichtstellung der Plastiden kann vielleicht ein Schutz vor zu hohen Bestrahlungsstärken angesehen werden. Hierfür spricht ein Ergebnis bei den im Phytal von oben nach unten aufeinanderfolgenden Arten *Fucus spiralis, F. vesiculosus, F. serratus,* bei welchen die Geschwindigkeit im Erreichen der Starklichtstellung der Plastiden in der genannten Reihenfolge abnimmt. Bei mehreren Arten der Meeresalgen wurde eine **lichtgesteuerte Entlassung der Gameten** beobachtet, sofern man die Algen in einem Hell-Dunkel-Zyklus züchtet. Unter dieser Bedingung wird die im gesamten Organismenreich verbreitete **circadiane Rhythmik** in Gang gesetzt, wobei das Licht als Zeitgeber zu Beginn des Hellzyklus die „circadiane Uhr stellt", deren Periode circa 24 Stunden beträgt (vgl. BÜNNING 1977, SWEENEY 1983). Bei der Grünalge *Derbesia tenuissima* entläßt der Gametophyt (Halicystis-Phase) die Gameten explosionsartig, sobald der Lichtzyklus beginnt (ZIEGLER PAGE u. KINGSBURY 1968). Bei der Braunalge *Dictyota dichotoma* kann man die Entlassung der Eier im Anschluß an den Dunkelzyklus bereits durch einen einminütigen Lichtpuls mit der sehr geringen Photonenfluenzrate von 0,02 µE m^{-2}s^{-1} (Weißlicht) induzieren (KUMKE 1973). Als Sensorpigment kommt ein blau-UV-empfindlicher Photorezeptor in Frage, und dieser kontrolliert auch die Entlassung der Eier von *Laminaria*-Gametophyten. Hier vermittelt der Photorezeptor allerdings die entgegengesetzte Reaktion, denn die Eier werden entlassen, sobald der Dunkelzyklus beginnt, so daß in diesem Fall Blaulicht und UV die Freilassung im gesamten Lichtzyklus hemmen (LÜNING 1981c).

Sexuallockstoffe bei Braunalgen und Synchronisierung des Befruchtungsvorgangs. Sobald das Oogon eines weiblichen *Laminaria*-Gametophyten das Ei entläßt, geben die Eier ihrerseits den Sexuallockstoff Lamoxiren (ein Pheromon, in Analogie zu den Sexuallockstoffen der Insekten) in das Wasser ab, welches innerhalb von 10 Sekunden die benachbarten männlichen Gametophyten veranlaßt, explosionsartig die Spermatozoiden aus den Antheridien zu entlassen, worauf diese auf das Ei als Pheromonquelle zuschwimmen (LÜNING u. MÜLLER 1978, MAIER u. MÜLLER 1981). Wie Abb. **165** zeigt, wurden neuerdings bei Braunalgen eine ganze Reihe derartiger Signalstoffe entdeckt, die von den weiblichen Gameten abgegeben werden und die männlichen Gameten anlocken (Übersicht: MÜLLER 1981, JAENICKE u. BOLAND 1982). Es handelt sich um ungesättigte Kohlenwasserstoffe, deren charakteristisches Auftreten bei den einzelnen Arten auch phylogenetische Zusammenhänge widerspiegelt. So wird das Ectocarpen, der Lockstoff des als primitiv anzusehenden *Ectocarpus* auch noch als „phylogenetische Reminiszenz" von den höherentwickelten Vertretern *Cutleria* und *Laminaria* produziert, in diesen Fällen aber praktisch ohne Anlockungswirkung, da andere Phero-

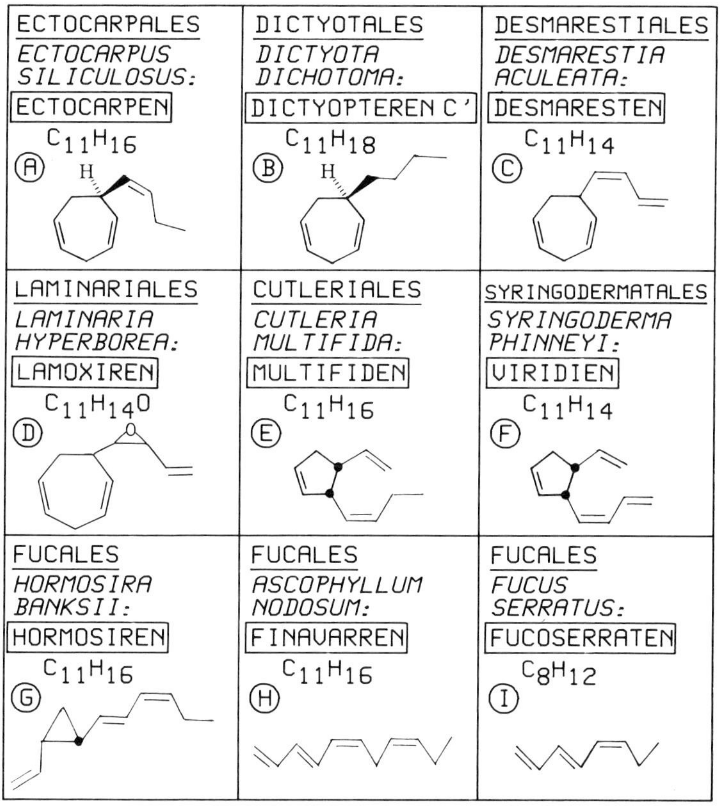

Abb. **165** Einige Sexuallockstoffe (Pheromone) der Braunalgen. Die taxonomische Stellung von *Syringoderma phinneyi* war lange unklar (*Henry* u. *Müller* 1983). Die Gattung, früher zur Ordnung Dictyotales gestellt, wird inzwischen als einziger Vertreter einer neuen Ordnung Syringodermatales angesehen (*Henry* 1984) (nach *Müller* 1981, *Jaenicke* u. *Bohland* 1982)

mone diese Rolle übernommen haben. Die Freisetzung der Spermatozoiden als zusätzliche Funktion des Sexuallockstoffs wurde jedoch nur bei Vertretern der Ordnungen Laminariales und Desmarestiales gefunden. Die Synchronisierung der Eientlassung im Hell-Dunkel-Wechsel, die nachfolgende Freisetzung der Spermatozoiden bei *Laminaria*-Gametophyten durch ein Pheromon und die Anlockung der Spermatozoiden durch das Pheromon dienen der **Erhöhung der Befruchtungswahrscheinlichkeit**. Im Fall der *Laminaria*-Arten werden die Zoosporen im Herbst und Winter von den makroskopischen Sporophyten gebildet. Aus den Zoosporen entsteht die erste Zelle des Gametophyten, und dieser überwintert als Einzelstadium während der Winterstürme im lichtarmen Sublitoral bei Helgoland bis Februar (LÜNING 1980a). Sobald das Wasser im Februar klarer wird, durchlaufen die Gametophyten in 1-2 Wochen eine Wachstumsphase und werden sodann bei Gegenwart von Blaulicht fertil (S. 237). Aufgrund der geschilderten Vorgänge der Synchronisierung kann man sich vorstellen, daß in der Natur die Entlassung der Eier in der ersten Nachtstunde einiger aufeinanderfolgender Tage Ende Februar oder Anfang März stattfindet und wenige Sekunden nach der Entlassung der Eier die Spermatozoiden zu den Eiern schwimmen. So wird der Entwicklungsgang, welcher zunächst mit einer über Monate verteilten Freilassung der Zoosporen begann, mit Hilfe der Signalsysteme der Gametophyten schließlich hinsichtlich des Zeitpunkts der Befruchtung auf den Minutenbereich eingeengt und damit die Wahrscheinlichkeit der Befruchtung in höchstem

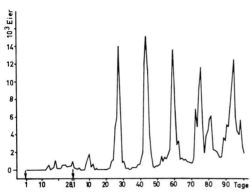

Abb. **166** Lunarperiodismus bei der Braunalge *Dictyota dichotoma*. Täglich wurde die Zahl der Eier in einer bei 14 h Licht pro Tag gezüchteten Kultur bestimmt. Am 1. und 28. Tag des Versuchs wurde die zehnstündige Nacht durch Dauerlicht ersetzt (Pfeile), worauf sich ein semilunarer Periodismus der Eientlassung einstellte (aus *D. G. Müller:* Botanica mar. 4 [1962] 140-158)

Maß gesteigert. Eine Synchronisierung der reproduktiven Entwicklung wird bei einigen Arten der Meeresalgen auch durch **lunarperiodische Reaktionen** erreicht. Schon früheren Beobachtern fiel es auf, daß fertile, mit Gametangien angefüllte Thallusränder der Grünalgen *Ulva* (SMITH 1947) und *Enteromorpha intestinalis* (CHRISTIE u. EVANS 1962) nur zweimal im Monat, nämlich bei Springtiden, gefunden werden, nicht jedoch bei Nipptiden in der jeweils darauffolgenden Woche. Diese Erscheinung tritt auch bei Pflanzen in den dauernd mit Wasser gefüllten Gezeitentümpeln auf, so daß der niedrige Wasserstand bei Springtiden als synchronisierender Faktor kaum in Frage kommt (SMITH 1947). Ähnliches wurde bei der Entlassung der Oogonien von *Sargassum muticum* beobachtet (FLETCHER 1980b). Im Fall der Braunalge *Dictyota dichotoma*, welche ebenfalls ihre Geschlechtszellen mit einer „semilunaren Rhythmik", also zweimal im Monat, im Abstand von 15 Tagen bei Springtiden freisetzt, wies MÜLLER (1962) nach, daß sich diese Rhythmik auch im Laboratorium durch „künstliches Mondlicht" erzeugen läßt. Züchtet man die Algen über Monate hinweg in einem Hell-Dunkel-Zyklus von 14 Stunden Licht pro Tag, so ergibt sich keine Rhythmik der Eifreisetzung. Läßt man jedoch die Kulturbeleuchtung einmal im Monat, im Abstand von 28 Tagen, die ganze Nacht hindurch an („Vollmond"), so setzt in den darauffolgenden Wochen die semilunare Rhythmik ein (Abb. **166**). Auch Nachtlicht mit einer Photonenfluenzrate von 0,06 μE m^{-2}s^{-1} (3 Lux) war in dieser Hinsicht wirksam. In gemäßigten Breiten kann die Helligkeit des Mondlichtes 0,01 μE m^{-2}s^{-1} (0,5 Lux) erreichen, in tropischen Regionen den doppelten Wert (BÜNNING 1977). Die Empfindlichkeit des Blau-UV-Photorezeptors bei *D. dichotoma*, wie sie bei der lichtinduzierten Freisetzung der Eier gefunden wurde (S. 238), entspricht dieser Größenordnung. Bei Tieren der Gezeitenzone wurde nachgewiesen, daß diese nicht nur über die obenerwähnte „circadiane Uhr" mit einer Periodendauer von circa 24 Stunden verfügen, sondern auch über eine biologische Langzeituhr mit einer Periodendauer von zwei und mehr Wochen (Übersicht: NEUMANN 1978, 1981). Auch im Fall von *D. dichotoma* könnte es so sein, daß neben der circadianen Uhr noch eine derartige Langzeituhr vorliegt, welche einmal im Monat durch die hellen Vollmondnächte als Zeitgeber „gestellt" wird. Da die endogenen Rhythmen auch einige Perioden lang (hier zu je 28 Tagen) autonom weiterschwingen, ist es nicht erforderlich, daß die Langzeituhr in jedem Monat „gestellt" wird, was bei wolkenverdecktem Mond nicht möglich ist. Wie aus der Anpassung an den 30tägigen Mondphasenwechsel eine Anpassung an den 15tägigen Springnipptidenzyklus werden kann, darüber gibt es verschiedene Vorstellungen (BÜNNING 1977), deren Zutreffen im Fall von *D. dichotoma* noch weiter untersucht werden sollte.

7. Temperatur, Salzgehalt und weitere abiotische Faktoren

Das geographische und vertikale Verteilungsmuster einer Art hängt von ihren Resistenzbreiten gegenüber allen abiotischen und den in Kap. 8 zu besprechenden biotischen Faktoren ab. Arten mit weiter Resistenz, also Generalisten, nennt man **euryök** (im einzelnen: eurytherm gegenüber Temperatur, euryhalin gegenüber Salzgehalt), Arten mit enger Resistenz, also Spezialisten, werden als **stenök** (stenotherm, stenohalin) bezeichnet. Im vorliegenden Kapitel werden im Anschluß an den eben behandelten Lichtfaktor die Abhängigkeiten der Lebensprozesse der Makroalgen von weiteren abiotischen Faktoren im Phytal näher dargestellt, nämlich von Temperatur, Salzgehalt, Austrocknungsfaktor, Nährstoffangebot und Wasserbewegung. Die Auswirkungen des Temperaturfaktors auf die geographische Verbreitung der Meeresalgen wurden im ersten Teil des Buches mehrfach erörtert. Auch auf die Bedeutung des Salzgehaltes (Abschnitt 2.3.6. sowie 2.4.7.) und der Wasserbewegung (Abschnitt 1.1.1. sowie 2.3.5.) für die Verteilung der Makroalgen wurde bereits hingewiesen.

7.1. Temperatur

7.1.1. Wärme- und Kälteresistenz

Als Ursachen des Wärmetodes sind Prozesse wie Denaturierung von Proteinen, Schädigung von wärmelabilen Enzymsystemen und Membranveränderungen anzusehen, während bei tiefen Temperaturen der Kältetod, mit zerstörenden Wirkungen der Kälte auf die Lipide und Proteine der Zellmembranen, vom Erfrierungstod

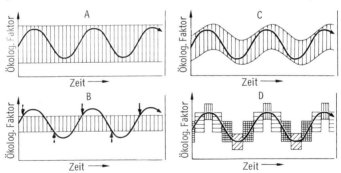

Abb. **167** Unterschiedliche Strategien der Arten gegenüber zyklisch sich ändernden Umweltfaktoren, am Beispiel der Temperatur dargestellt. Die Kurve stellt jeweils den Jahresgang der Temperatur in aufeinanderfolgenden Jahren dar
(A) Generalist (eurytherme Art): breiter Toleranzbereich
(B) Spezialist (stenotherme Art): enger Toleranzbereich. In dem hier dargestellten Fall kann die Art nicht existieren, weil sie an den mit Pfeilen gekennzeichneten Punkten ausstirbt
(C) Akklimatisation: Der Toleranzbereich wird jahreszeitlich und in Anpassung an den Zyklus des Umweltfaktors geändert, jeweils mit einer kleinen zeitlichen Verzögerung
(D) Generationen oder Stadien mit unterschiedlichen Resistenzbereichen folgen im Jahreslauf aufeinander und decken so den gesamten Variationsbereich des Umweltfaktors im Jahresgang ab (aus *Halbach:* Biol. unserer Zeit 10 [1980] 1-10)

durch intrazelluläre Eisbildung (S. 244) zu unterscheiden sind (Übersicht zur Temperaturabhängigkeit der Pflanzen allgemein: BERRY u. RAISON 1981, LARCHER 1980, SANTARIUS u. Mitarb. 1979). Eine **eurytherme** Meeresalge überlebt große jah-

---

Tabelle 15 Temperatur-Überlebensbereich (– – –) und optimaler Temperaturbereich für das Wachstum (+ + +) von Helgoländer Meeresalgen. Expositionszeit in Meerwasser: 1 Woche; Parameter für Vitalität: Photosynthetische Sauerstoffproduktion. Die angegebenen Werte beziehen sich auf Thalli, die von April bis Oktober gesammelt wurden. Temperaturen unter 0° C wurden nicht geprüft (zusammengestellt nach *Fortes* u. *Lüning* 1980, *Lüning* 1984)

	Wassertemperatur (°C)										
	0	5	10	15	18	20	23	25	28	30	33
Grünalgen											
Monostroma undulatum	––––	––––	––––								
Acrosiphonia arcta	––––	++++	++++	––––	––––	––––					
Blidingia minima	––––	––––	––––	––––	––––	––––					
Chaetomorpha melagonium	––––	––––	––––	––––	––––	––––					
Cladophora rupestris	––––	––––	––––	––––	––––	––––	––––				
Ulva lactuca	––––	––––	++++	++++	––––	––––					
Codium fragile	––––	––––	––––	––––	––––	––––			––––		
Enteromorpha prolifera	––––	––––	++++	++++	++++	++++	––––	––––	––––	––––	
Bryopsis hypnoides	––––	––––	––––	––––	––––	––––					
Braunalgen											
Chorda tomentosa	––––	––––	––––	––––	––––						
Chorda filum	––––	––––	––––	––––	––––	––––					
Laminaria digitata (Feb.)	––––	––––	––––	––––	––––	––––					
Laminaria digitata (Juli)	––––	––––	––––	––––	––––			––––	––––		
Laminaria saccharina (Februar)	––––	––––	++++	++++	––––						
Laminaria saccharina (Juli)	––––	––––	++++	++++	––––						
Laminaria hyperborea (neu, Februar)	––––	––––	––––	––––							
Laminaria hyperborea (neu, April)	––––	––––	––––	––––							
Laminaria hyperborea (Juli)	––––	––––	––––	––––							
Desmarestia aculeata (neu, April)	––––	++++	++++	––––	––––						
Desmarestia aculeata (neu, Juni)	––––	++++	++++	––––	––––						
Desmarestia aculeata (September)	––––	++++	++++	––––	––––	––––					
Desmarestia viridis	––––	––––	––––	––––	––––	––––					
Petalonia fascia	––––	––––	++++	++++	––––	––––					
Scytosiphon lomentaria	––––	––––	––––	––––	––––	––––	––––				
Halidrys siliquosa	––––	––––	––––	––––	––––	––––	––––				
Fucus serratus	––––	––––	––––	++++	––––	––––	––––				
Fucus vesiculosus	––––	––––	––––	++++	––––	––––	––––	––––			
Ascophyllum nodosum	––––	––––	––––	++++	––––	––––	––––	––––			
Fucus spiralis	––––	––––	––––	++++	––––	––––	––––	––––			

Tab. 15 (Fortsetzung)

	Wassertemperatur (°C)										
	0	5	10	15	18	20	23	25	28	30	33
Rotalgen											
Phycodrys rubens (April)	----	----	----	----	----	----					
Phycodrys rubens (Juli)	----	----	----	----		----					
Membranoptera alata	----	----	++++	++++	----	----					
Rhodomela confervoides (Januar)	----	----	----	----		----					
Rhodomela confervoides (Juli)	----	----	----	----		----			----		
Delesseria sanguinea	----	----	++++	++++	----	----		----			
Cystoclonium purpureum	----	----	++++	++++	----	----					
Dumontia contorta	----	++++	++++	++++	----					----	
Porphyra umbilicalis	----	----	++++	----							
Ceramium rubrum	----	----	----	++++						----	
Polysiphonia urceolata	----	----	++++	----							
Corallina officinalis	----	----	----							----	
Chondrus crispus	----	----	++++	++++	----	----					
Ahnfeltia plicata	----	----	----							----	
Phyllophora truncata	----	----	----								
Phyllophora pseudoceranoides	----	----	++++	----						----	
Polyides rotundus	----	----	++++	----						----	
	0	5	10	15	18	20	23	25	28	30	33

reszeitliche Schwankungen der Wassertemperatur (Abb. **167A**), während eine **stenotherme** Art diesen Bedingungen nicht gewachsen ist (Abb. **167B**; vgl. S. 15, 43).
Eurytherme Arten besitzen zwar den Vorteil einer weiten geographischen Verbreitung, sind aber nicht so effizient wie die spezialisierten stenothermen Arten, welche
zum Beispiel über Enzymsysteme verfügen, die an einen engen Temperaturbereich
optimal angepaßt sind. Es gibt auch Möglichkeiten, die Vorteile des Generalisten
und Spezialisten zu verbinden, indem die Resistenzbreite jahreszeitlich angepaßt
wird (Abb. **167C**) oder im Verlauf eines Jahres Generationen mit unterschiedlichen
ökologischen Ansprüchen und Widerstandsfähigkeiten aufeinanderfolgen
(Abb. **167D**).
Daß alle diese Strategien nebeneinander existieren, zeigt sich, wenn man die aus
Tab. **15** ersichtlichen Werte der **Wärmeresistenz** (Übersicht, Pflanzen allgemein:
KAPPEN 1981) der Helgoländer Meeresalgen betrachtet. Die ganzjährig vorhandene
Rotalge *Phyllophora pseudoceranoides* (tot bei 33°C; Verbreitung in Abb. **46**)
wächst im Sublitoral als eurytherme Art neben der stenothermen, ebenfalls peren-
nierenden Rotalge *Membranoptera alata* (tot bei 23°C; Verbreitung in Abb. **39**).
Eine jahreszeitliche Anpassung der Wärmeresistenz an den Jahresgang der Wassertemperatur bei Helgoland (Tab. **16**) im Sinne einer Akklimatisation (Fall C in
Abb. **167**) zeigen zum Beispiel unter den Braunalgen die *Laminaria*-Arten und *Desmarestia aculeata* (s. Tab. **15**). Im Jahreslauf aufeinanderfolgende Generationen
mit unterschiedlicher Wärmeresistenz (Fall D in Abb. **167**) finden sich bei der Rotalge *Bonnemaisonia hamifera*, deren Tetrasporophyt (Trailliella-Phase) bei 28°C
stirbt, dagegen der in der kalten Jahreszeit aufgrund einer photoperiodischen Reak-

Tabelle **16** Minimaltemperaturen (Februar/März) und Maximaltemperaturen (August) im Oberflächenwasser bei Helgoland. Es handelt sich um Mittelwerte der Einzelmessungen von jeweils 10 Tagen. Im Flachwasser können lokal und temporär im Sommer Wassertemperaturen bis 23° C auftreten (*Kesseler*, mdl. Mitt.) (zusammengestellt nach den Jahresberichten der Biologischen Anstalt Helgoland)

Jahr	1962	63	66	67	68	69	70	71	72	73	74	75	76	77	78	79	80	81	82	
Min.	3	−1,5	2	3	2	2	1	2	2	4	5	5	3	3	3	1	3	3	2	°C
Max.	16	16	16	17	17	18	17	17	17	18	18	18	17	17	16	18	17	17	17	°C

tion entstehende Gametophyt (selten bei Helgoland; S. 234) bereits bei 25°C (LÜNING 1981b).

Hinsichtlich der **Kälteresistenz** (Übersicht, Pflanzen allgemein: GRAHAM u. PATTERSON 1982, LARCHER u. BAUER 1981, STEPONKUS 1984), überleben alle in Tab. **15** aufgeführten Arten ein Absinken der Temperatur auf 0°C und wahrscheinlich, nach den Ergebnissen von BIEBL (s. u.) im Fall der sublitoralen Arten, auch Temperaturen kurz vor dem Einfrieren des Meerwassers nahe −2°C (Gefrierpunkt des Meerwassers bei 35‰ Salzgehalt −1,91°C, bei 30‰ −1,63°C, bei 25‰ −1,34°C). Diese Kälteresistenz ist erforderlich, denn die Wassertemperatur bei Helgoland sinkt in manchen Jahren zwar nicht unter 5°C, in anderen Jahren aber bis nahe an den Nullpunkt oder sogar bis auf negative Temperaturen (Tab. **16**), wobei im Eiswinter 1962/63 empfindliche Algen wie *Plocamium cartilagineum* stark geschädigt wurden (KESSELER, mdl. Mitt.). In der arktischen Region übersteht *Fucus distichus* unter dem „Eisfuß" (S. 129) monatelanges Einfrieren bei Temperaturen bis −40°C (KANWISHER 1957). Diese **Gefrierresistenz,** die auch bei anderen Algen der Gezeitenzone wie *Porphyra* festzustellen ist, schwankt bei *Fucus vesiculosus* von der amerikanischen Ostküste jahreszeitlich zwischen −30°C bei Sommermaterial und bis zu −60°C bei Wintermaterial (PARKER 1960). Wie Landpflanzen aus Gebieten mit einem Jahreszeitenklima, so erwerben auch Keimlinge und ausgewachsene Thalli von *Fucus*-Arten die Fähigkeit zur **Frosthärte** durch Vorbehandlung bei Temperaturen um 0°C im Verlauf von Tagen (BIRD u. MCLACHLAN 1974). Beim Einfrierprozeß bildet sich zunächst in den Interzellularen sowie zwischen Zellwand und Protoplast **extrazelluläres Eis.** Dieser Prozeß der Eisbildung bewirkt noch keinen Erfrierungstod, hat jedoch wegen des niedrigen Dampfdruckgleichgewichtes über Eis einen starken Austrocknungseffekt, wobei dem Protoplasten Wasser entzogen wird, so daß sich hier Anpassungen der Dürreresistenz (S. 254) mit jenen der Gefrierresistenz treffen. Bei „gefrierempfindlichen" Algen, fast ausnahmslos zellsaftreiche Algen mit großen Vakuolen, setzt beim Einfrierprozeß nach der extrazellulären sofort die **intrazelluläre Eisbildung** ein, und das Auftreten von Kristallen im Zellinnern führt rasch zum Tod. Diesen Vorgang vermeiden gefrierresistente Pflanzen durch gefrierpunktserniedrigende Stoffe, die eine verzögerte Eisbildung und bei Zellen mit kleinen Vakuolen eine persistente Unterkühlung der Flüssigkeit in den Zellen ohne Eisbildung ermöglichen (vgl. LARCHER 1980).

Temperaturresistenz von Algen in verschiedenen Regionen. Ein derartiger Überblick ergibt sich aus Tab. **17**, und zwar nach Untersuchungen von Biebl, die allerdings nur mit einer Expositionsdauer von 12 h durchgeführt wurden und gegenüber einer einwöchigen Expositionszeit (s. Tab. **15**) etwas weitere Grenzen der Temperaturresistenz aufweisen. Im einzelnen ergeben sich folgende Zusammenhänge.

Tabelle **17**   Temperatur-Überlebensbereich von Meeresalgen in verschiedenen geographischen Regionen. Expositionszeit in Meerwasser: 12 h (zusammengestellt nach *Biebl* 1958, 1962, 1968)

Regionstyp	Unter-suchungs-gebiet	Jahres-spanne (°C)	Temperatur-Überlebensbereich Eulitorale Arten (°C)	Sublitorale Arten (°C)
Arktisch	W-Grönland	0 bis 6	−10 bis 28	− 2 bis 22 (24)
Warmgemäßigt	Bretagne	10 bis 16	− 8 bis 30 (35)	− 2 (0) bis 27 (30)
Warmgemäßigt	Neapel	14 bis 24	− 7 bis 35	1 (2) bis 27 (30)
Tropisch	Puerto Rico	26 bis 28	− 2 bis 35 (40)	+14 (5) bis 35 (32)

(1) **Eulitorale Arten** haben eine größere Resistenzbreite als sublitorale Arten. Gezeitenzonen-Arten der arktischen und gemäßigten Regionen vertragen das Einfrieren. Ein deutlicher Sprung erfolgt beim Übergang zu den Algen der tropischen Gezeitenzone, welche das Einfrieren nicht mehr vertragen, aber immerhin noch $-2°C$ überleben können, obwohl diese niedrige Temperatur auch an der Luft in den tropischen Regionen nie auftritt. Derartige unökologische Resistenzspannen, die sich ebenso bei der Kälteresistenz der eulitoralen Algen aus dem Mittelmeer ($-7°C$) und bei der hohen Wärmeresistenz der eulitoralen Algen von Grönland (28°C) zeigen, sind zum einen auf den Umstand zurückzuführen, daß es sich in der Gezeitenzone um weitverbreitete, eurytherme Arten handelt, deren Resistenzbreite offenbar genetisch fest verankert ist und sich auch nicht an Standorten verändert, an denen ein geringerer Sicherheitsabstand ausreichen würde. Zum anderen handelt es sich wohl um die Begleiterscheinung einer Plasmabeschaffenheit, welche den Algen der Gezeitenzone auch das Überstehen der Austrocknungsperioden ermöglicht (BIEBL 1962). Erstaunlich wirkt zunächst die in Tab. 15 für die Gezeitenzonenalgen *Blidingia minima* und *Porphyra umbilicalis* angegebene, relativ niedrige Todestemperatur von 28°C, die sich jedoch auf den submersen Zustand bezieht. Im emersen Zustand werden höhere Temperaturen vertragen. So überlebt die Gezeitenzonen-Rotalge *Bangia atropurpurea* bei Neapel im lufttrockenen Zustand 12 Stunden bei 42°C, im submersen Zustand dagegen nur 30°C (BIEBL 1939). Bei *Fucus vesiculosus* steigt die Wärmeresistenz bei einer Entquellung auf 30 % des Wassergehaltes im submersen Zustand um etwa 5°C an (SCHRAMM 1968). Die Erscheinung der höheren Temperaturresistenz im wasserarmen Zustand ist auch von wasserarmen Ruhestadien wie Sporen und Samen der terrestrischen Pflanzen bekannt (KAPPEN 1981).

(2) **Sublitorale Arten** der arktischen und gemäßigten Regionen überleben nur Wassertemperaturen bis knapp vor dem Einfrieren bei $-2°C$. Dieses ist verständlich, weil die sublitoralen Algen selbst in der Arktis, wo im Winter eine 1-2 m dicke Eisschicht dem Wasser auflagert, nicht einfrieren (S. 128). Tropische Arten des Sublitorals können schon unterhalb von 14°C absterben. Damit sind sie als „erkältungsempfindliche" Pflanzen (in Unterscheidung von „gefrierempfindlichen Pflanzen, S. 244) zu bezeichnen, denen die Fähigkeit abgeht, kälteangepaßte Biomembranen und Enzyme aufzubauen, wobei der **Erkältungstod** ähnlich wie der Hitzetod auf Schädigungen der Biomembranen und auf dem Zusammenbruch des Proteinstoffwechsels beruht, im Gegensatz zum Erfrierungstod infolge der intrazellulären Eisbildung (GRAHAM u. PATTERSON 1982, LARCHER 1980). Die tropischen Meeres-

algen unterscheiden sich also hinsichtlich der Kälteresistenz auffällig von den erkältungsresistenten Arten der gemäßigten Regionen, jedoch wenig hinsichtlich der **Wärmeresistenz** (s. Tab. **17**). Fast alle Meeresalgen sterben bei Temperaturen oberhalb von 35°C, und dieses vermutlich, weil während der gesamten Stammesgeschichte der vielzelligen Meeresalgen in den Ozeanen eine Temperatur von 33°C kaum je überschritten wurde (S. 146). Daß Leben bei Temperaturen um 80°C möglich ist, zeigen die Blaualgen von Thermalquellen. Da im Oberflächenwasser der tropischen Regionen auch der Temperaturbereich unterhalb von 10°C nie existiert hat, ist die geringe Kälteresistenz der tropischen sublitoralen Algen verständlich, und die notwendige Resistenz in diesem Temperaturbereich in den heute kaltgemäßigten Regionen wurde wahrscheinlich erst im Verlauf der globalen Abkühlung im Tertiär von den sich neubildenden kaltgemäßigten Arten entwickelt (S. 22).

Die oberen Todesgrenzen der auch in polnahen Regionen vorkommenden Arten wurden bisher wenig untersucht. Sehr wärmeempfindlich ist der arktisch-kaltgemäßigte Brauntang *Alaria esculenta* (s. Abb. **24**), der oberhalb von 16°C abstirbt (SUNDENE 1962, MUNDA u. LÜNING 1977). Der in den kaltgemäßigten Regionen der Südhalbkugel wachsende Brauntang *Durvillaea antarctica* (S. 191, 207) stirbt nach Kulturversuchen von DELÉPINE und ASENSI (1976) bereits bei 14°C.

Zusammenfassend ergibt sich, daß die auffälligen Grenzen der Temperaturresistenz (Überlebensbereich der tropischen Algen im Bereich 10-35°C, grundsätzlich keine Resistenz der sublitoralen Algen gegenüber dem Einfrieren bei -2°C) wohl dadurch zustande kamen, daß die Algen in erdgeschichtlichen Zeiträumen bestimmten Temperaturbedingungen nie ausgesetzt waren. Wie die obere Todesgrenze der tropischen Meeresalgen bei 35°C im Vergleich zur Maximaltemperatur des Meerwassers bei 33-35°C (S. 174) zeigt, ist die zum Überleben notwendige Resistenzspanne der sublitoralen Algen knapp bemessen, worin sich die Ökonomie der Entwicklung zeigt. Wenn auch in der Algenvegetation eines bestimmten Küstenabschnitts Arten zu finden sind, deren obere Todestemperatur zum Beispiel 10 bis 12°C über der maximal vorkommenden Sommertemperatur liegt (s. Tab. **16**), so handelt es sich hier um Arten, die aus äquatornäheren Regionen stammen, wo sie die ihnen eigene hohe Wärmeresistenz zum Überleben benötigen. Die auffällige Tatsache, daß die oberen Todesgrenzen der Helgoländer Vertreter der Rotalgenordnung Gigartinales *(Chondrus, Ahnfeltia, Phyllophora, Polyides)* alle eine hohe Wärmeresistenz aufweisen und auch etwa die Vertreter der Laminariales hinsichtlich ihrer Wärmeresistenz als eine geschlossene Gruppe auftreten (vgl. S. 242), deutet auf eine feste genetische Verankerung der Resistenzbreiten hin, die sich wahrscheinlich nur im Verlauf von Jahrmillionen allmählich verändern.

7.1.2. Temperaturabhängigkeit von Wachstum und Reproduktion

Der optimale Temperaturbereich für das **Wachstum** vieler kaltgemäßigter Arten liegt bei 10-15°C, wie das Beispiel der Helgoländer Algen zeigt (s. Tab. **15**), bei polaren Arten kaum über 10°C, bei warmgemäßigten Arten im Bereich 20-25°C und mitunter möglicherweise noch etwas höher bei tropischen Algen (Tab. **18**).

Temperatur-Ökotypen und Variationsbreite des Temperaturverhaltens bei verschiedenen Gruppen der Meeresalgen. Bestimmte Arten oder „Großarten" haben in verschiedenen Regionen genetisch gesonderte Temperatur-Ökotypen ausgebildet. Bei dem adriatischen *Fucus virsoides*,

Tabelle **18**   Temperaturoptima für das Wachstum von Meeresalgen aus verschiedenen Regionen. G Grünalge, B Braunalge, R Rotalge; subant. subantarktisch. Angaben für Vertreter der Laminariales (L) beziehen sich auf junge Sporophyten

Region	Arten	(°C)	Autoren
Arktisch	L *Laminaria saccharina* subsp. *longicruris*	10	*Bolton* u. *Lüning* 1982
Arktisch-kaltgemäßigt	R *Lithothamnium glaciale, Clathromorphum circumscriptum*	5 – 10	*Adey* 1970
Arktisch-kaltgemäßigt	L *Saccorhiza dermatodea*	10	*Norton* 1977
Kaltgemäßigt (subant.)	B *Durvillaea antarctica*	12	*Delépine* u. *Asensi* 1976
Kaltgemäßigt	L *Laminaria digitata, L. saccharina*	10 – 15	*Bolton* u. *Lüning* 1982
Kaltgemäßigt	G, B, R Diverse Helgoländer Meeresalgen (s. Tab. **15**)	5 – 15	*Fortes* u. *Lüning* 1980
Kaltgemäßigt	L *Laminaria hyperborea*	15	*Bolton* u. *Lüning* 1982
Warmgemäßigt	L *Undaria pinnatifida*	15 – 20	*Akiyama* 1965
Warmgemäßigt	L *Saccorhiza polyschides*	23	*Norton* 1977
Warmgemäßigt	R *Corallina*-Arten, B *Sargassum piluliferum*	20	*Masaki* u. Mitarb. 1981, *Ohno* 1979
Warmgemäßigt	R *Callithamnion byssoides*	20 – 25	*Kapraun* 1978
Tropisch	R *Hypnea cervicornis*	28	*Mshigeni* 1976

wahrscheinlich einem versprengten Abkömmling vom nördlichen *F. spiralis* (S. 81), liegt die obere Letaltemperatur gegenüber *F. spiralis* von Helgoland (30°C) um 3°C höher (GESSNER u. HAMMER 1971). Unterschiede von 10°C hinsichtlich der oberen Todesgrenze (bei Material aus der Arktis 25°C, von Texas 35°C) und auch des Wachstumsoptimums wurden bei einem Vertreter der phylogenetisch alten Ordnung Ectocarpales, bei *Ectocarpus siliculosus* gefunden, der von den Tropen bis zu den polaren Regionen verbreitet ist (BOLTON 1983). Hinsichtlich der Kälteresistenz und der Wachstumsoptima zeigt auch die von gemäßigten bis tropischen Regionen verbreitete „Art" *Gracilaria verrucosa* Temperaturunterschiede von maximal 10°C (MCLACHLAN 1984). Diese Temperaturspanne liegt auch bei den Vertretern der Laminariales

Tabelle **19**   Wärmeresistenz von Gametophyten der Laminariales aus verschiedenen Regionen sowie Temperaturgrenzen für die Ausbildung von Gametangien

Regionstyp	Herkunft	Arten	Obere Lebens grenze (°C)	Game- tangien (°C)	Autoren
Arktisch	Kanad. Arktis	*Laminaria solidungula*	18		*Bolton* u. *Lüning* 1982
Arkt.-kaltgem.	Nordatlantik	*Laminaria saccharina, L. digitata*	22 – 23	unter 18	*Bolton* u. *Lüning* 1982
Kaltgemäßigt	Europa	*Laminaria hyperborea*	21	unter 18	*Bolton* u. *Lüning* 1982
Warmgemäßigt	Europa	*Saccorhiza polyschides*	25	5 – 23	*Norton* 1977
Warmgemäßigt	Südafrika	*Ecklonia maxima, Laminaria pallida*	25	unter 18	*Branch* 1974
Warmgemäßigt	Neuseeland	*Ecklonia radiata*	25	unter 24	*Novaczek* 1984
Warmgemäßigt	Ostasien	*Undaria pinnatifida*	27	unter 25	*Akiyama* 1965

aus verschiedenen Regionen hinsichtlich der Wärmeresistenz der Gametophyten vor (Tab. **19**). Die Hemmung der Gametangienbildung beginnt bei Vertretern aus warmgemäßigten Regionen bei um 5-7° C höheren Temperaturen als im Fall der arktisch-kaltgemäßigten Arten (s. Tab. **19**).

Die **Reproduktion,** die Ausbildung von Gametangien und Sporangien, ist gegenüber den Prozessen der Photosynthese, der Atmung und des Wachstums am schärfsten auf die Standorttemperaturen abgestimmt (Beispiele in Tab. **20**), und daher werden die Verbreitungsgebiete vieler Arten wahrscheinlich durch die südliche oder nördliche Reproduktionsgrenze festgelegt (Beispiele in Abschnitt 1.2.2.). Einige der in Tab. **20** aufgeführten Arten stellen zugleich auch Beispiele für die **Temperatursteuerung** der jahreszeitlichen Entwicklung dar, wobei die Temperatur als Umweltsignal zur Erkennung der Jahreszeit dient. So werden die tagneutral reagierenden Gametophyten der Braunalge *Chorda tomentosa* (s. Abb. **31**), die im Spätfrühling aus den Zoosporen der makroskopischen Sporophyten entstehen, in der warmen Jahreszeit durch die zu hohe Temperatur daran gehindert, noch im gleichen Jahr durch die Ausbildung von Gametangien eine neue Generation von Sporophyten zu erzeugen, und ähnliches gilt für die tagneutral reagierenden Gametophyten von *Desmarestia viridis*. Die temperaturabhängige Umschaltung von einer Generation auf die nächste durch bevorzugte Ausbildung von Sporen oder Gameten in einem bestimmten Temperaturbereich zeigen die Braunalge *Ectocarpus siliculosus* von Neapel oder die Rotalge *Callithamnion byssoides* von der nordostamerikanischen Küste (Tab. **20**). Eine weitere, eindrucksvolle Temperaturumschaltung zwischen Stadien, Faden-, Zwerg- sowie Codiolumphase, alle ohne sexuelle Vorgänge im Zusammenhang stehend und mit Unterschieden der chemischen Zellwandzusammensetzung und hinsichtlich des Polysaccharidstoffwechsels ausgestattet, wurde bei der Gezeitenzonen-Grünalge *Urospora wormskioldii* gefunden (Abb. **168**). Man

Tabelle **20**   Temperaturgrenzen der Reproduktion von Meeresalgen aus verschiedenen Regionen. B Braunalge; R Rotalge; TN tagneutral; KTP Kurztagpflanze (Angaben zum photoperiodischen Verhalten nach *Lüning* 1980b; im Fall von *Ectocarpus siliculosus*: unveröffentlichter Befund)

Regionstyp	Arten	Photoperiodisches Verhalten	Bildung von Gameten (°C)	Bildung von Sporen (°C)	Autoren
Arkt.-kaltgem.	R *Clathromorphum circumscriptum*			unter 3	*Adey* 1973
Arkt.-kaltgem.	B *Desmarestia aculeata, D. viridis* (Gametophyten)	TN	unter 10		*Lüning* 1980b
Arkt.-kaltgem.	B *Chorda tomentosa* (Gametophyten)	TN	unter 8		*Maier* 1984
Arkt.-kaltgem.	R *Porphyra miniata* (Conchocelis-Phase)	TN		unter 5	*Chen* u. Mitarb. 1970
Warmgemäßigt	R *Bonnemaisonia hamifera* (Trailiella-Phase)	KTP		13 – 19	*Lüning* 1981b
Warmgemäßigt	B *Ectocarpus siliculosus* (Neapel)	TN	über 13	unter 19	*Müller* 1962
Warmgemäßigt	R *Callithamnion byssoides*		20 – 25	15 – 20	*Kapraun* 1978

Abb. **168** Entwicklungsgang der Grünalge *Urospora wormskioldii* in Abhängigkeit von der Temperatur. Faden-, Zwerg-
und Codiolumstadium (in unterschiedlichem Maßstab dargestellt) gehen jeweils
aus Zoosporen hervor und unterscheiden
sich auch hinsichtlich der Zellwandzusammensetzung und des Polysaccharidstoffwechsels (aus *P. Bachmann, P. Kornmann,
K. Zetsche:* Planta 128 [1976] 241-245)

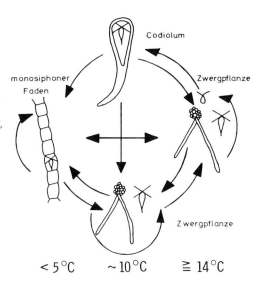

kann vermuten, daß die Temperaturen, die auf die Zoosporen wirken, darüber entscheiden, welche Gene bei der weiteren Entwicklung aktiviert werden und welches
morphologische Stadium mit welchen temperaturangepaßten Enzymen oder
Enzymvarianten entsteht.

7.1.3. Temperaturabhängigkeit von Photosynthese und Atmung

Die Abhängigkeit der **Photosynthese** von der Versuchstemperatur entspricht einer
Optimumkurve (Abb. **169**). Sofern nämlich nicht das Licht das Ausmaß der Photosynthese begrenzt, diese also bei sättigenden Bestrahlungsstärken gemessen wird,

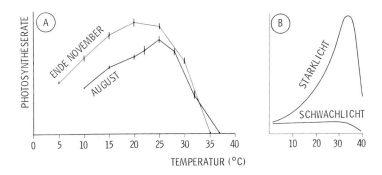

Abb. **169** **(A)** Nettophotosynthese der Braunalge *Fucus spiralis,* im Sommer oder Winter
gesammelt, in Abhängigkeit von der Temperatur
(B) Allgemeine Abhängigkeit der Photosyntheserate von der Temperatur in Stark- und
Schwachlicht (**A** aus *R. A. Niemeck, A. G. Mathieson:* Botanica mar. 21 [1978] 221-227; **B** aus
G. Richter: Stoffwechselphysiologie der Pflanzen. Physiologie und Biochemie des Primär- u.
Sekundärstoffwechsels. Thieme, Stuttgart 1982)

steigt die Photosyntheserate bei einer Erhöhung der Temperatur um 10°C etwa um das Doppelte an (Abb. **169B**; Q_{10}-Wert als Maß für die Temperaturabhängigkeit = 2), weil die enzymatischen Dunkelprozesse der Photosynthese wie alle chemischen Reaktionen temperaturabhängig verlaufen. Auf das Temperaturoptimum, welches jahreszeitlich um etwa 5°C verschoben werden kann (Abb. **169A**), folgt nahe der für jede Art charakteristischen oberen Todestemperatur ein rascher Abfall der Photosyntheseleistung. Bei geringen Bestrahlungsstärken bleibt dagegen die photosynthetische Leistung in einem weiten Temperaturbereich praktisch gleich (Abb. **169B**).

Die in Tab. **21** wiedergegebenen, in Kurzzeitversuchen ermittelten photosynthetischen Temperaturoptima von Algen verschiedener Regionen liegen wesentlich über den Temperaturen des Lebensraums, besonders krass im Fall der polaren Arten, wobei auch die terrestrischen Pflanzen der Arktis zumeist ein Photosyntheseoptimum oberhalb von 20°C aufweisen (BERRY u. RAISON 1981). Die Diskrepanz wird angesichts der unterschiedlichen Mechanismen bei der Wärme- und Kälteanpassung verständlicher. Die Anpassung des Photosyntheseapparates an hohe Temperaturen erfordert Prozesse der Hitzestabilisierung, etwa der Systeme der Proteinsynthese, während bei der Anpassung an tiefe Temperaturen unter anderem eine Erhöhung des Gehalts an Enzymen der Photosynthese notwendig ist, um die verminderte Geschwindigkeit der chemischen Reaktionen bei Tieftemperaturen zu kompensieren (BERRY u. BJÖRKMAN 1980; vgl. *Laminaria hyperborea*, S. 276). Die Verschiebung der Lage des photosynthetischen Optimums, sowohl bei Pflanzen verschiedener Regionen als auch bei der jahreszeitlichen Regulierung, ergibt sich aus dem Zusammenspiel der unterschiedlichen Anpassungsmechanismen, wobei allerdings ein tiefes Temperaturoptimum, zum Beispiel bei 5°C, außerhalb der Anpassungsmöglichkeit liegen dürfte und auch, etwa durch übermäßige Synthese von Enzymen der Photosynthese, unökonomisch zu erreichen wäre. Es ist daher nicht zu erwarten, daß die Photosyntheseraten arktischer oder antarktischer Algen bei 5°C höher wären als bei 15°C.

Kurzzeitmessungen der Raten der **Dunkelatmung** (Respiration) zeigen, daß auch diese als biochemischer Prozeß mit einem Q_{10} von 2 ansteigt, sich also bei einer Erhöhung der Temperatur um 10°C etwa verdoppelt (Abb. **170**). Der logarithmi-

Tabelle **21**   Temperaturoptima der Photosynthese von Meeresalgen aus verschiedenen Regionen. G Grünalge, B Braunalge, R Rotalge

Regionstyp	Arten	Sommer (°C)	Winter (°C)	Autoren
Arktisch	G *Chaetomorpha*, B *Fucus distichus*	20		*Healey* 1972
Antarktisch	R *Leptosomia simplex*, B *Himanthothallus grandifolius*	15		*Drew* 1977
Kaltgemäßigt	R *Delesseria sanguinea*, B *Fucus serratus*		20	*Ehrke* 1931
Kaltgemäßigt	B *Fucus spiralis, F. vesiculosus*	25	20	*Niemeck* u. *Mathieson* 1978
Warmgemäßigt	R *Gloiopeltis complanata*, B *Hizikia fusiforme*	30	25	*Yokohama* 1973
Warmgem.-trop.	R *Bostrychia binderi, Acanthophora spicifera*	35		*Dawes* u. Mitarb. 1978

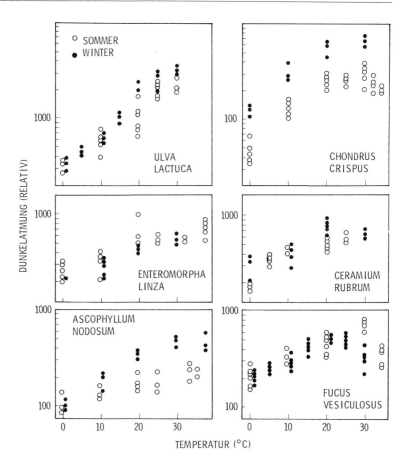

Abb. 170 Abhängigkeit der Dunkelatmung (Respiration) von der Temperatur bei verschiedenen Meeresalgen, im Sommer und im Winter gemessen (mlO₂ pro Gramm Trockengewicht pro Stunde) (aus *J. W. Kanwisher:* Photosynthesis and respiration in some seaweeds. In: Some contemporary studies in marine sciences, hrsg. von *H. Barnes*. Allen and Unwin, London 1966)

sche Anstieg der Atmung findet bei Algen der kaltgemäßigten Regionen im Temperaturbereich 0-20°C statt, während bei 30-35°C die Wärmeschädigung einsetzt, was sich im raschen Abfall der Atmungsraten zeigt.

Jahreszeitliche Änderungen der Atmung. Bei *Fucus vesiculosus* erfolgt der Abfall der Atmungsraten, im Winter gemessen, bei 25°C, im Sommer oberhalb von 30°C, was mit der jahreszeitlichen Verschiebung des Photosyntheseoptimums um 5°C bei *F. spiralis* zu vergleichen ist (Abb. **169A**). Bei Arten wie *Ulva lactuca, Enteromorpha linza* oder *Ceramium rubrum,* auch bei *Fucus vesiculosus* im Temperaturbereich bis 20°C (s. Abb. **170**) verlaufen die im Sommer oder Winter gemessenen Kurven ähnlich, was bedeutet, daß sie „als Spielbälle der Wassertemperatur" im Sommer bei 20°C etwa viermal stärker atmen als bei 0°C im Winter. Dagegen sorgen andere Algen durch eine jahreszeitliche Anpassung der Atmung dafür, daß ihr photosynthetischer Stoffgewinn im Sommer nicht durch eine zu hohe Atmung beschnitten wird. So steigt bei *Ascophyllum nodosum* (s. Abb. **170**) die Atmung, im Sommer gemessen, flacher mit der Temperatur an ($Q_{10} = 1,5$) als im Winter ($Q_{10} = 2$). Die Intensität der Atmung wird jedoch auch von der jeweiligen Wachstumsintensität bestimmt und, sofern man die Atmung auf das Trokkengewicht bezieht, von jahreszeitlichen Änderungen des Reservestoffgehalts in Form von Kohlenhydraten. Beispielsweise atmet das neuauswachsende Phylloid von *Laminaria hyperborea* im Frühjahr bei 5°C etwa doppelt so stark wie das alte Phylloid, welches im Mai abgeworfen wird, zur gleichen Zeit (LÜNING 1971). Während bis zum Spätsommer die Wassertemperaturen auf 15°C ansteigen, steigt die Atmung des neuen Phylloids, auf die Phylloidfläche bezogen, nur um den Q_{10}-Faktor 1,2 und sinkt sogar um das Doppelte, wenn man die Atmung auf das Trockengewicht bezieht, weil das Phylloid im Lauf des Sommers durch Mannit und Laminaran als Reservestoffe (S. 272) schwerer geworden ist. Ein höherer Gehalt an atmungsinaktiven Reservestoffen erklärt vielleicht auch die im Sommer insgesamt niedrigere Atmung von *Chondrus crispus* (s. Abb. 170).

7.2. Salzgehalt

Während Süßwasseralgen in einem Milieu leben, das infolge des geringen Gehalts an gelösten Salzen fast einen osmotischen Wert von 0 bar besitzt, sind die marinen Algen in Meerwasser von 30 ‰ Salzgehalt einem osmotischen Wert von 20 bar ausgesetzt (Übersicht, Meeresalgen und Salzgehalt: GESSNER 1955-1959, GESSNER und SCHRAMM 1971, WILKINSON 1980). Zur Aufrechterhaltung des Turgors liegen die osmotischen Werte des Zellsaftes der Algen etwas höher als im umgebenden Wasser, bei Süßwasseralgen in der Regel bei 5 bar und bei Meeresalgen zumeist bei 26-30 bar. Aufgrund dieser unterschiedlichen Anpassung verwehrt die „Salzschranke" den Bewohnern des limnischen Lebensraums den Übertritt in das marine Milieu sowie umgekehrt. Aufgrund der Salzempfindlichkeit der Süßwasserorganismen und aufgrund des höheren stammesgeschichtlichen Alters der Meeresorganismen werden die, in geologischen Zeiträumen gedacht, ephemeren Brackwasserbiotope von der marinen, nicht von der limnischen Seite her besiedelt.

Die **sublitoralen Algen** des Meeres leben bei 30-35 ‰ Salzgehalt in einem osmotisch ausgeglichenen Milieu. Ihr Resistenzbereich gegenüber dem Salzgehalt (S) liegt etwa im Bereich des 0,5-1,5fachen Meerwassers (16-50 ‰ S), worunter man eine Verdünnung des Meerwassers um die Hälfte und eine Eindampfung bis zum 1,5fachen S versteht. Diese Ergebnisse beruhen auf den Untersuchungen von BIEBL, die mit 24stündiger Expositionsdauer an Algen von Plymouth (1937, 33 ‰ S), Helgoland (1938; 29-34 ‰ S), Neapel (1939; 36 ‰ S) und Roscoff (1958; 33 ‰ S) durchgeführt wurden. Die meisten Algen des **Eulitorals** und **Supralitorals** überleben dagegen den Bereich des 0,1-3,5fachen Meerwassers. In der Gezeitenzone wird eine größere Resistenzbreite benötigt, weil die Algen hier stundenlang dem Regen ausgesetzt sein können und weil in flachen Gezeitentümpeln, aus denen das Wasser nicht abfließt, bei starker Sonneneinstrahlung auch eine Eindunstung des Meerwassers stattfindet.

Algen im Brackwasser und Salzgehalts-Ökotypen. Die Erscheinung, daß die Verbreitung der meisten sublitoralen, nordatlantischen Meeresalgen in der Ostsee dort endet, wo der normale Salzgehalt von 30-33 ‰ auf etwa die Hälfte reduziert wurde (S. 65), stimmt mit den Ergebnissen von BIEBLS Kurzzeitversuchen (Resistenz der sublitoralen Algen im Bereich des 0,5-1,5-fachen Meerwassers) überein. Ebenso ist es verständlich, daß in den äußersten Randgebieten des Brackwasserbereichs, in Flußmündungen, Fjorden und auch in der Ostsee nur noch Gattungen der Meeresalgen vorkommen, die man im vollmarinen Bereich in der Gezeitenzone findet (S. 64). Zu den wenigen Meeresalgen, denen der Übertritt in den limnischen Lebensraum gelang und deren marine Form man nach stufenweiser Anpassung schließlich auch in Süßwasser züchten kann, gehört die Rotalge *Bangia „fuscopurpurea"*, deren Süßwasserform

B. atropurpurea wohl nur einen Ökotyp der marinen Art darstellt (REED 1980b). Daß allerdings die marine Grünalge *Enteromorpha intestinalis* neuerdings in beträchtlicher Menge in der Werra vorkommt, hängt mit deren durch Abwässer der Kaliindustrie verursachten hohen Salzgehalt zusammen, wobei die Konzentration von NaCl in der Werra inzwischen beinahe der des Meerwasseres entspricht (GEISSLER 1983). Lokal treten physiologische Rassen oder **Salzgehalts-Ökotypen** mit unterschiedlicher, genetisch fixierter osmotischer Resistenzbreite auf. Die untere Grenze für das Wachstum der fädigen Braunalge *Pilayella littoralis* aus dem Eulitoral des vollmarinen Bereichs liegt bei 5,7 ‰ S, bei Material aus dem Brackwasserbereich einer Flußmündung dagegen bei 1,4 ‰ S (BOLTON 1979). In doppelt konzentriertem Meerwasser wächst die marine Ökotyp dieser Alge ebenso gut wie in normalem Meerwasser, nicht jedoch der Brackwasser-Ökotyp (REED u. BARRON 1983). Brackwasser-Ökotypen mit besserem Wachstum bei niedrigen Salzgehalten, auch nach jahrelanger Kultur im Laboratorium bestehen bleibend, wurden bei der Braunalge *Ectocarpus siliculosus* (RUSSELL u. BOLTON 1975) und den Rotalgen *Bostrychia radicans, Caloglossa leprieurii* (YARISH u. Mitarb. 1979) gefunden. Dagegen unterscheiden sich die Tiefenrotalgen *Delesseria sanguinea, Phycodrys rubens* und *Membranoptera alata* aus der Nord- und Ostsee nicht hinsichtlich ihrer Resistenz gegen niedrige Salzgehalte (SCHWENKE 1960). Die „Verselbständigung" eines Ökotyps als eigene Art zeigt vielleicht der in Brackwassergebieten vorkommende und im vollmarinen Bereich fehlende *Fucus ceranoides* (S. 44, 64, s. Abb. **49**), der nach Kulturversuchen von KHAFJI u. NORTON (1979) bei 8 ‰ S ein Wachstumsoptimum aufweist, auch noch bei 17‰ S wächst, jedoch bei 25 ‰ S und auch beim normalen Salzgehalt von 34 ‰ S abstirbt, während etwa die vollmarine Art *F. vesiculosus* ein gutes Wachstum im Gesamtbereich 8-34 ‰ S zeigt.

Osmo- und Turgorregulation. Wie KESSELER 1964 an der Grünalge *Chaetomorpha* zeigte, ändern Algen der Gezeitenzone bei Erhöhung des Salzgehaltes verhältnismäßig rasch das Potential ihres Zellsaftes, indem sie im Zellinnern niedermolekulare Substanzen wie K^+, Na^+, auch organische Substanzen als Osmotika konzentrieren, bei fallendem Salzgehalt dagegen deren Konzentration absenken. Infolge dieser Vorgänge der **osmotischen Regulation** und **Turgorregulation** (Übersicht: BISSON u. GUTKNECHT 1980, KAUSS 1978, KIRST u. BISSON 1979, ZIMMERMANN 1978) wird der osmotische Wert der Algen über dem osmotischen Wert des umgebenden Wassers einreguliert und der Turgor, der hydrostatische Innendruck der Zelle, aufrechterhalten. Andernfalls wären Algen der Gezeitenzone bei Eindunsten des Meerwassers durch starke Sonnenbestrahlung der Gefahr der Plasmolyse ausgesetzt (Ablösen des cytoplasmatischen Wandbelags von der Zellwand), und bei plötzlichen Erniedrigungen des Salzgehalts durch Regengüsse würden empfindliche Zellen durch zu starke Wasseraufnahme platzen (Plasmoptyse). Gegenüber der schon nach 15-30 Minuten meßbaren osmotischen Regulation infolge des Ionentransports (ZIMMERMANN 1978) stellt die Anpassung des osmotischen Wertes durch Konzentrationsänderungen von organischen Substanzen im Cytoplasma, etwa der niedermolekularen Assimilationsprodukte Mannit bei Braunalgen oder Floridosid bei Rotalgen, eine langsam verlaufende Regulation dar, die quantitativ bei Algen mit kleinen Vakuolen ins Gewicht fällt (KIRST u. BISSON 1979, REED 1980a, WIENCKE u. LÄUCHLI 1981).

Wachstum, Photosynthese und Atmung in Abhängigkeit vom Salzgehalt. Das **Wachstum** zeigt ein mehr oder weniger breites Optimum bei normalem Salzgehalt und sinkt bei niederen oder höheren Salzgehalten, wobei das Ausmaß der Reduktion davon abhängt, ob die verwendeten Algen mehr zum euryhalinen Typ (Abb. **171A, B**) oder stenohalinen Typ (Abb. **171C, D**) tendieren. Schockartige Erhöhungen des Salzgehalts, z. B. von 30 ‰ S auf 40 ‰ S, können kurzfristig, im Minutenbereich, die Netto-Photosyntheserate steigern, wobei nach der anfänglichen Stimulation eine Depression einsetzt, die schließlich bis unter die Leistung bei optimalem Salzgehalt führt (GESSNER u. SCHRAMM 1971, NELLEN 1966, KIRST 1981). Der Nettogewinn der Photosynthese hängt jedoch auch vom Ausmaß der **Atmung** ab, deren Rate ebenfalls vom Salzgehalt beeinflußt wird (OGATA u. TAKADA 1968, KIRST 1981, WILKINSON 1980). Wie Untersuchungen an mehreren Algenarten und Ökotypen aus dem Brackwasserbereich der nordostamerikanischen Küste (Mangrove und Salzmarschen) zeigten, ist die Atmungsintensität im Bereich 10-50 ‰ S sehr unterschiedlich und sinkt nur im Bereich 10-0 ‰ S deutlich ab (DAWES u. Mitarb. 1978). Die meisten Algen des Brackwasserbereichs dürften zum euryhalinen Typ gehören, und ihr Photosyntheseoptimum ist nicht etwa vom normalen Salzgehalt bei 30-33 ‰ auf niedrigere Salzgehalte verlagert. Vielmehr ist es so breit, oder die Photosyntheserate fällt wie beim Brackwasser-Ökotyp der eulitoralen Rotalge *Polysiphonia lanosa*

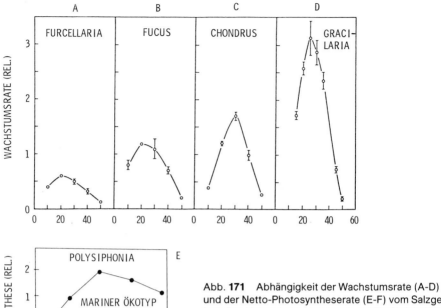

Abb. 171 Abhängigkeit der Wachstumsrate (A-D) und der Netto-Photosyntheserate (E-F) vom Salzgehalt. Das Versuchswasser wurde mit Preßluft belüftet (A-D) oder auf pH 7,5 eingestellt (E-F). Inkubationszeiten bei den jeweiligen Konzentrationen des Salzgehalts: 28 Tage (A-B), 14 Tage (C-D), 24 Stunden (E-F). Artangaben: Rotalgen: *Furcellaria lumbricalis, Gracilaria tikvahiae, Chondrus crispus, Polysiphonia lanosa.* Braunalge: *Fucus serratus* (A-D aus *N. L. Bird, L. C.-M. Chen, J. McLachlan:* Botanica mar. 22 [1979] 521-527; E-F aus *R. H. Reed:* J. exp. Mar. Biol. Ecol. 68 [1983] 169-193)

bei Erniedrigung des Salzgehaltes so gering ab (Abb. **171E, F**), daß bei geringen Salzgehalten die euryhalinen, auch im Brackwasser vorkommenden Algen einen höheren Nettogewinn der Photosynthese erzielen als die stenohalinen Algen des vollmarinen Bereichs. Bei Gaswechselmessungen mit verschiedenen Salzgehalten ist allerdings bei der Herstellung des Versuchswassers, etwa durch die Verdünnung von Meerwasser mit destilliertem Wasser oder Süßwasser, darauf zu achten, daß das im Süßwasser gegenüber dem Meerwasser weitaus geringere Angebot an gelöstem Kohlenstoff (S. 259) durch Zugabe von Bicarbonat oder durch kräftige Belüftung ausgeglichen wird (GESSNER u. SCHRAMM 1971, OGATA u. MATSUI 1965, OHNO 1976). Sonst beruht ein Teil der Schädigungen nicht auf dem verminderten Salzgehalt, sondern auf dem zu geringen C-Angebot für die Photosynthese.

7.3. Dürreresistenz der Gezeitenzonenalgen

Unter Dürreresistenz versteht man die Fähigkeit der Pflanzen zum Überdauern von Trockenperioden (LARCHER 1980). Die Algen der Gezeitenzone besitzen im Gegensatz zu den sublitoralen Algen eine **Austrocknungsresistenz** (Austrocknungsvermögen). Die oberen Vorkommensgrenzen der Algen können bestimmten kritischen Gezeitenniveaus (engl.: critical tide levels; DOTY 1946) entsprechen, bei welchen die Dauer der Luftexposition sprunghaft zunimmt, etwa weil eine bestimmte Höhe am Ufer regelmäßig nur von einem der beiden täglichen Hochwasserstände erreicht wird wie im Fall der gemischten Gezeitenform (S. 9, S. 111; Übersicht: SWINBANKS 1982).

Die eulitorale Braunalge *Pelvetia canaliculata* kann noch überleben, wenn sie mehrere Tage trocken lag und nur noch einen Wassergehalt von wenigen Prozenten aufweist (SCHONBECK u. NORTON 1978), während zarte sublitorale Algen wie die Rotalgen *Antithamnion plumula* oder *Plocamium cartilagineum* schon bei einer Luftfeuchte unterhalb von 98 % absterben (BIEBL 1938). Im Gegensatz zu den mit Cuticula und Spaltöffnungen ausgerüsteten Landpflanzen besitzen die Algen der Gezeitenzone jedoch keine besonderen Anpassungen für eine **Austrocknungsverzögerung.** Sie geben das Wasser „wie eine austrocknende Gelatineplatte" ab und vermeiden daher nicht die Austrocknung, sondern sie ertragen diese.

Die **Geschwindigkeit der Austrocknung** wird vom Verhältnis Oberfläche/Volumen bestimmt. Wie Tab. **22** am Beispiel neuseeländischer Algen zeigt (vgl. Abschnitt 5.7 zur Vegetationsbeschreibung mit Habitusabbildungen), werden bei der dünnen *Porphyra columbina* an der Luft 10 % des Wassergehaltes in 0,1 Stunden oder 6 Minuten verloren, bei der dicken eulitoralen Fucacee *Hormosira banksii* erst nach 3 Stunden. Demgegenüber spielen die Zellwanddicke oder der bei 80-90 % liegende Wassergehalt der verschiedenen Algen (submerser Zustand) praktisch keine Rolle für die Austrocknungsgeschwindigkeit (DROMGOOLE 1980). Die Algen der Gezeitenzone können die Austrocknung also nicht besser vermeiden als die sublitoralen Algen, worauf bereits BIEBL (1938) hinwies. Vorteilhaft für eine langsame Austrocknung ist eine kleine spezifische Oberfläche (geringes Oberflächen/Volumen-Verhältnis), wie es die Fucaceen, derbe Rotalgen oder die voluminösen Thalli der Grünalge *Codium* in der Gezeitenzone aufweisen. Dünnflächige Algen wie die Arten von *Porphyra, Ulva* oder *Monostroma,* deren Einzelthalli aufgrund ihrer großen spezifischen Oberfläche rasch austrocknen, haben allerdings dadurch einen gewissen Schutz, daß sich in dichter Vegetation die dünn-flexiblen Thalli beim Trockenfallen aufeinanderlegen. Auch in dichten Jungbeständen von *Fucus spiralis* ist beim Trockenfallen nur ein Fünftel der Gesamtfläche der Thalli luftexponiert (SCHONBECK u. NORTON 1979a).

Tabelle **22**   Austrocknungszeit (A) für einen Wasserverlust von 10 % und Oberflächen/Volumen-Relation (O/V) bei neuseeländischen Meeresalgen. G Grünalge, B Braunalge, R Rotalge, W Sättigungswassergehalt im submersen Zustand. Versuchsbedingungen: 60 % Luftfeuchte, 22° C, Bestrahlungsstärke von 4 W m^{-2} (nach *Dromgoole* 1980)

Art	Standort	Thalluspartie	A (h)	O/V (cm^{-1})	W (%)
R *Porphyra columbina*	mittleres Eulitoral	ganzer Thallus	0,1	166	86
B *Sargassum sinclairii*	Sublitoral	Phylloid	0,2	102	97
R *Gigartina alveata*	unteres Eulitoral	ganzer Thallus	0,4	50	82
B *Ecklonia radiata*	Sublitoral	Phylloid	0,4	67	83
B *Cystophora retroflexa*	Sublitoral	Thallusabzweig	0,5	44	86
G *Codium fragile*	unteres Eulitoral	Thallusabzweig	1,9	13	99
B *Durvillaea antarctica*	unteres Eulitoral	Phylloid	2,4	13	93
B *Hormosira banksii*	mittleres Eulitoral	Phylloid	3,0	5,5	93
B *Ecklonia radiata*	Sublitoral	Stiel	5,5	3,5	87

Zonierung der Fucaceen: Wiederherstellung der vollen Photosyntheserate nach der Austrocknung.
Die Thalli aus dem mittleren Bereich der Vegetation von *Pelvetia canaliculata,* des am höchsten im Eulitoral siedelnden Vertreters der Fucaceen an den europäisch-atlantischen Küsten
(S. 52), überleben ein Trockenliegen von 4-6 Tagen, während dieser Wert bei *Fucus spiralis* auf
1-2 Tage sinkt und auf den Bereich von wenigen Stunden bei den tiefersiedelnden Arten
Ascophyllum nodosum, F. vesiculosus und *F. serratus* (Abb. **172A, B**). Die Thalli dieser fünf
Arten trocknen jedoch alle etwa gleich schnell aus (Abb. **172C;** KRISTENSEN 1968, SCHONBECK
u. NORTON 1979a) und erreichen am Standort einen Wassergehalt von 20-30 % nach ungefähr
4 Stunden bei sonnigem Wetter oder nach etwas längerer Dauer bei regnerischem Wetter. Dieses nicht artspezifische Verhalten ist aufgrund der vergleichbaren Morphologie und ähnlicher
Oberflächen/Volumen-Relationen der einzelnen Arten zu erwarten. Als **Hauptursache** für die
unterschiedlichen oberen Vorkommensgrenzen der Fucaceen-Arten wurde festgestellt, daß
oberhalb eines für jede Art charakteristischen **kritischen Wassergehalts** die Photosynthese
nach der Überflutung voll wiederhergestellt wird, unterhalb dieses Wertes jedoch nicht,
wodurch es schließlich zu letalen Schäden kommt. So erlangen die zuoberst wachsenden
Arten *Pelvetia canaliculata* und *Fucus spiralis* im submersen Zustand innerhalb von 2 Stunden
wieder die volle Höhe der Photosyntheserate, nachdem der Wassergehalt der Thalli beim vorhergehenden Trockenfallen bis auf 10-20 % gesunken war, *Fucus vesiculosus* und *Fucus serratus* nach einem erreichten Wassergehalt von 30 % bzw. 40 %, während im Fall von *Laminaria
digitata* aus dem oberen Sublitoral für eine volle Erholung der Photosynthese der Wassergehalt nur bis auf 45 % absinken darf (DRING u. BROWN 1982). Diese zum Teil schon von frühe

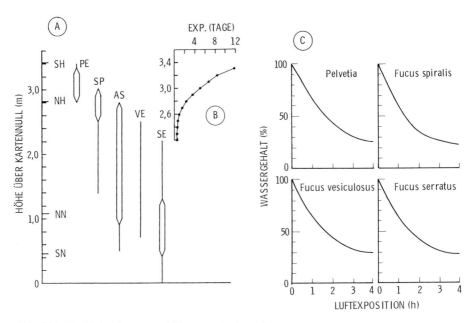

Abb. **172** Vertikalzonierung und Wasserverlust von Fucaceen
(A) Vertikalzonierung der Fucaceen an einem Standort der schottischen Küste. Mittlere Wasserstände: SH Springhochwasser; NH Nipphochwasser; NN Nippniedrigwasser; SN Springniedrigwasser. Arten: PE *Pelvetia canaliculata;* SP *Fucus spiralis;* AS *Ascophyllum nodosum;*
VE *Fucus vesiculosus;* SE *F. serratus*
(B) Trockenliegezeiten (Exposition an der Luft in Tagen, von Mai bis August bei Nipptiden) in
Abhängigkeit von der Standorthöhe der Fucaceen über Kartennull
(C) Wassergehalt in Abhängigkeit von der Exposition an der Luft (**A, B** aus *M. W. Schonbeck,
T. A. Norton:* J. exp. mar. Biol. Ecol. 31 [1978] 303-313; **C** aus *I. Kristensen:* Sarsia 34 [1968]
69-82)

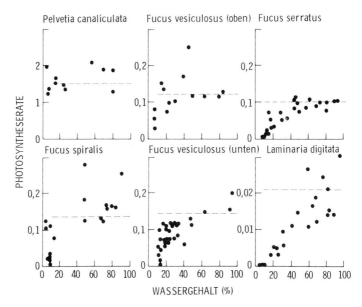

Abb. **173** Photosyntheserate von wassergesättigten Thalli (2 h Immersionsdauer) verschiedener Fucaceen nach vorangegangener Austrocknung auf verschiedene Wassergehalte. Die gestrichelte Linie zeigt die durchschnittliche Photosyntheserate von normalen, nicht ausgetrockneten Thalli an. Die Photosyntheserate bezieht sich auf die Frischgewichtseinheit (*Pelvetia*) oder auf die Flächeneinheit (übrige Arten). Im Fall von *Fucus vesiculosus* wurden Pflanzen von einer im Eulitoral höhersiedelnden oder tiefer siedelnden Population untersucht (aus *M. J. Dring:* The biology of marine plants. Arnold, London 1982)

ren Autoren vermuteten Zusammenhänge (Übersicht: Gessner 1955-1959, Gessner u. Schramm 1971) sind im einzelnen aus Abb. **173** ersichtlich. Im Fall von *P. canaliculata* wird die volle Photosyntheserate selbst nach Austrocknung auf 4 % des Wassergehaltes erreicht, nicht jedoch bei *F. spiralis* bei Wassergehalten unter 10 %. Daß sich die Photosynthese bei Unterschreitung des kritischen Wassergehaltes, bei *F. vesiculosus* etwa von 30 % des Wassersättigungsgewichts, auch langfristig nicht mehr erholt, so daß es schließlich zum Absterben der Thalli kommt, zeigte Schramm (1968) bei Versuchen an dieser *Fucus*-Art aus der Kieler Bucht, wo die Art unregelmäßigen Schwankungen des Wasserstands ausgesetzt ist (S. 66) und bis zu 48 Stunden trocken liegen kann.

Verpflanzt man an Gezeitenküsten eine Art der Fucaceen in die nächsthöhere Zone, etwa *F. spiralis* in die Zone von *Pelvetia canaliculata,* so erfolgt der Tod der verpflanzten Exemplare nach 4-8 Wochen, wobei weder die biologische Konkurrenz mit anderen Algen noch der Weidefraß durch Tiere bei derartigen Versuchen eine Rolle spielte (Schonbeck u. Norton 1978). Eine höhere Austrocknungsresistenz wurde bei beiden genannten Arten im Sommer gegenüber dem Winter sowie an höher- gegenüber tieferwachsenden Exemplaren zur gleichen Jahreszeit festgestellt, und ähnlich wie die „Abhärtung" gegen Frost (S. 244) kann auch die „Abhärtung" gegen den Dürrefaktor innerhalb weniger Tage im Laboratorium erzielt werden, hier durch 2-4stündige Trockenperioden pro Tag (Schonbeck u. Norton 1979c). Unterschiede bezüglich des Erholungsgrades der Photosynthese sind auch im Fall von höher- und tieferwachsenden Exemplaren von *Fucus vesiculosus* ersichtlich (s. Abb. **173**). Welche plasmatischen, genetisch fixierten Anpassungen der Austrocknungsresistenz zugrundeliegen und die artspezifischen Unterschiede im Verhalten der Fucaceen verursachen, ist im einzelnen unbekannt. Jedoch scheint es nun sicher, daß die oberen Grenzen des Vorkommens von *Pelvetia canaliculata* und *Fucus spiralis* in erster Linie durch den Austrocknungsfaktor und kaum durch die osmotische Belastung bei anhaltendem Regen oder durch extreme Temperaturen bestimmt wird. Nach besonders niedrigen Wasserständen von Mai bis September, bei Lufttemperaturen von nur 10-25°C, sterben nämlich die obersten Exemplare dieser beiden Arten im Verlauf von 3-4 Wochen ab, sofern während des Trockenfallens sonniges Wetter die Austrocknung begünstigte, während nach Regenfällen die Schäden nicht auftreten (SCHONBECK u. NORTON 1978). Süßwasser wird hier also nicht nur ertragen, sondern begünstigt durch die Befeuchtung der Thalli das Überleben. Im Winter und zeitigen Frühjahr rückt wie auch im Fall anderer Arten der Gezeitenzone (S. 4) die Vegetation von *F. spiralis* durch das Auswachsen von Jungpflanzen nach oben vor, und langanhaltende niedrige Wasserstände, auch kombiniert mit Regen oder Frost, schädigen die Vegetation nicht. Im folgenden Sommer wird die zu weit nach oben verlagerte Vegetation wieder durch den Austrocknungsfaktor „zurückgestutzt".

Zeitverlauf der Photosynthese beim Trockenfallen und bei Wiedereinquellung. Beim Trockenfallen, im **emersen Zustand,** erhöht sich zunächst die Photosyntheserate der Fucaceen, bis (z. B. nach 30 Minuten) ein Wassergehalt von 75 % erreicht ist, worauf die Photosyntheserate bei allen untersuchten Arten mit etwa gleicher Rate absinkt, nämlich bis auf etwa 65 % bei einem Wassergehalt von 50 % und schließlich bis auf 0 bei einem Wassergehalt von 15 %, wobei auch die Atmung während der Austrocknung stark reduziert wird (DRING u. BROWN 1982). Fucaceen von hohen Standorten im Eulitoral sind demnach also nicht in der Lage, bei einem bestimmten, niedrigen Wassergehalt des Thallus eine bessere Photosyntheseleistung zu erzielen als Fucaceen von unteren Standorten bei demselben Wassergehalt. Wenn man den Thallus von *Fucus serratus* in einer geschlossenen feuchten Kammer, bei 100 % Luftfeuchtigkeit an der Luft hält, so erzielt die Alge zumindest 10 Stunden lang eine gleichbleibend hohe Photosyntheserate. Daraus wird ersichtlich, daß der submerse Zustand für den Ablauf der Photosynthese dieser Gezeitenzonenalge nicht erforderlich ist, und dieser Umstand mag an nebligen Tagen von ökologischer Bedeutung sein. Da jedoch an der Luft die Nährstoffversorgung unterbrochen ist, sind tägliche, kurze Immersionsphasen erforderlich, im Fall von *Pelvetia canaliculata* mindestens eine Stunde pro 12 Stunden, um das Wachstum aufrechtzuerhalten (SCHONBECK u. NORTON 1979b). STOCKER u. HOLDHEIDE (1937), die bereits bei Helgoländer Fucaceen von vorübergehenden, leichten Anstieg der Photosynthese beim Trockenfallen feststellten, vermuteten, daß gleich nach dem Rückzug des Wassers zunächst noch der dünne Wasserfilm auf den Thalli den Zutritt von CO_2 in das Thallusinnere erschwert, nach dessen Wegtrocknen jedoch die bessere Versorgung mit CO_2 gegenüber dem submersen Zustand die Photosynthese steigert, worauf deren Hemmung durch den fortschreitenden Wasserverlust einsetzt. Im **submersen Zustand,** sobald die Fucaceen wieder vom Wasser überflutet werden und ihr Wasserdefizit ausgleichen, erreicht die Photosynthese ihren vollen Wert innerhalb von 1 oder 2 Stunden, falls die Austrocknung bis zu einem Wassergehalt von 10-20 % geführt hatte, oder rascher bei höheren Wassergehalten. Diesbezüglich sind unter den Fucaceen wiederum keine art- und standortspezifischen Unterschiede festzustellen (DRING u. BROWN 1982), so daß die Vorstellung falsch wäre, daß Arten der oberen Gezeitenzone sich besonders schnell nach dem Trockenliegen erholen.

7.4. Nährstoffe

Welche Elemente als essentielle Nährstoffe für die Makroalgen von Bedeutung sind (Übersicht: DEBOER 1981, KREMER 1981a, 1981b), wurde bisher durch experimentellen Nachweis selten ermittelt. Für den Nachweis wäre die Kultur in syntheti-schem Meerwasser, unter Fortlassung jeweils eines Nährstoffes, erforderlich. Kul-turen von Makroalgen in synthetischem Meerwasser waren jedoch bisher nur in Einzelfällen erfolgreich (MCLACHLAN 1982), im Gegensatz zur problemlosen Anzucht praktisch aller Arten von Makroalgen in nährstoffangereichertem Meer-wasser (Übersicht: MCLACHLAN 1973, 1982, STEIN 1973), etwa nach dem Rezept von PROVASOLI (1968). Die von den Makroalgen benötigten Nährstoffe werden daher eher aufgrund der chemischen Zusammensetzung der Algen und in Analogie zu den in dieser Hinsicht besser untersuchten einzelligen Algen und höheren Pflan-zen erschlossen.

Die **Makronährstoffe** C, H, O, P, K, N, S, Ca, Mg sind in den vielzelligen Meeres-algen mit höheren Konzentrationen als 1 mg pro g Trockengewicht zu finden. Diese Elemente sind auch im Meerwasser reichlich vertreten, mit Ausnahme von P und besonders von N, die in gemäßigten Breiten im Sommer und generell in den tropischen Regionen als Minimumnährstoffe das Wachstum der Algen begrenzen. Die Hauptquelle für **Stickstoff** liegt im Meerwasser in Form von Nitrationen (NO_3^-) vor, im Fall von **Phosphor** in Form von Orthophosphationen (HPO_4^{2-}). **Schwefel** wird nicht nur wie bei anderen Pflanzen für den Proteinstoffwechsel benötigt, sondern in besonderem Maß zum Aufbau der für die Meeresalgen charak-teristischen sulfatierten Polysaccharide wie Agar, Carrageenan oder Fucose (S. 283).

Kohlenstoffquellen für die Photosynthese. Kohlenstoff kann im Meerwasser kaum zum Mini-mumstoff werden, weil das Angebot von anorganischem C im Meerwasser etwa 2,5 mmol l^{-1} beträgt, während den terrestrischen Pflanzen bei einem CO_2-Gehalt der Luft von 0,03 % nur 13 μmol l^{-1} zur Verfügung stehen (Übersicht: BOROWITZKA 1982, KREMER 1981a, 1981b). Allerdings liegt der Kohlenstoff im Meerwasser mit seinem pH von 7,8-7,2 zu mehr als 90 % in Form von Bicarbonat (HCO_3^-) vor, während der CO_2-Gehalt des Meerwassers mit etwa 10 μmol l^{-1} ebenso gering ist wie im Fall der Luft und zusätzlich der wesentlich geringeren Diffusionsgeschwindigkeit gegenüber Luft unterliegt (S. 260). Bestimmungen der Photosyn-theseraten von Algen wie *Ulva* oder von Vertretern der Laminariales bei verschiedenen, unökologischen pH-Werten haben ergeben, daß die Photosyntheserate bei steigendem pH-Wert nicht so rasch absinkt wie die Konzentration von CO_2. Daraus wird geschlossen, daß diese Algen HCO_3^- für die Photosynthese verwenden, also die Haupt-C-Quelle des Meer-wassers zu nutzen vermögen. Da der Kohlenstoff allerdings über das Enzym Ribulosebiphos-phat-Carboxylase (RuBP-C) als CO_2 in den Calvin-Zyklus eingeschleust wird, müssen die bicarbonatassimilierenden Algen das HCO_3^- zuvor mit Hilfe des Enzyms Carbonat-Dehy-dratase (Carbonat-Anhydrase) in CO_2 überführen.

Von den **Mikronährstoffen** Fe, Cu, Zn, Mn, Si, Co, Mo, V, B, Cl, I, Br, Na ist besonders das **Jod** als wichtiges Element hervorzuheben, welches in den Thalli der Laminariales in derartig hoher Konzentration angereichert wird, daß diese zur wirt-schaftlichen Gewinnung von Jod verwendet wurden (S. 289). An **Vitaminen** schei-nen Makroalgen Vitamin B_{12} zu benötigen, welches aus dem Wasser oder von der aufsitzenden Bakterienflora stammt. Der Nachweis eines Vitaminbedarfs wie auch die Beantwortung der bisher ungelösten Frage, ob Meeresalgen **Wuchsstoffe** (Auxine, Gibberelline, Cytokinine) synthetisieren oder ob festgestellte Aktivitäten nicht eher von der aufsitzenden Mikroflora stammen, erfordert die Anzucht der Makroalgen in axenischer (bakterienfreier) Kultur, die jedoch nur zu sehr geringem Wachstum führt und bisher nur an wenigen Arten versucht wurde (Übersicht, Vit-amine und Wuchsstoffe: BÜGGELN 1981a, RAGAN 1981, FRIES 1984). Das Gebiet der **morphogenetisch wirksamen Substanzen,** die von Bakterien abgegeben werden und etwa verschiedene Thallusformen bei *Ulva* induzieren (*Enteromorpha*-ähnliche Schläuche, flache Bänder u. dgl.) wird seit längerer Zeit von PROVASOLI bearbeitet (z. B. PROVASOLI u. PINTER 1980).

Die **Ionenaufnahme** verläuft oft als selektiver Prozeß und führt in der Zelle zum Beispiel zu höheren Konzentrationen an K$^+$ und zu geringeren Konzentrationen an Na$^+$ im Vergleich zum Meerwasser, weiterhin auch zur selektiven Anreicherung von Spurenelementen wie Jod (S. 289). Die Aufnahmerate und dementsprechend auch die nährstoffabhängige Wachstumsrate steigen zunächst, unter der Voraussetzung einer genügend hohen Wasserturbulenz im Versuchsgefäß, proportional zur Ionenkonzentration im Wasser und erreichen bei bestimmten Außenkonzentrationen ein Sättigungsplateau. Zum Beispiel erhöht sich die Wachstumsrate von *Laminaria saccharina* direkt proportional zur Nitratkonzentration im Außenmedium, bis im umgebenden Wasser eine Konzentration von 10 μmol NO$_3$ $^-$ erreicht ist. Die Wachstumsrate läßt sich oberhalb dieses Wertes nur noch gering und oberhalb von 20 μmol NO$_3$ $^-$ im Außenmedium nicht mehr steigern (CHAPMAN u. Mitarb. 1978, WHEELER u. WEIDNER 1983). Jedoch setzt bei derartig hohen Nitratkonzentrationen im umgebenden Wasser eine intensive Nitratspeicherung im Thallus ein (S. 276).

7.5. Wasserbewegung und mechanische Anpassungen

Die Diffusionsgeschwindigkeit von Gasen und Ionen ist im Wasser 10 000mal geringer gegenüber Luft, und ohne Wasserbewegung würden die Lebensprozesse im Wasser rasch zum Stillstand kommen. Durch Diffusion allein würde sich der Sauerstoffgehalt des Meerwassers zum Beispiel in 10 m Wassertiefe erst in 2000 Jahren von 7 auf 9 ml O$_2$ l^{-1} erhöhen (RIEDL 1971). Wie wichtig die Wasserbewegung für das Gedeihen der Makroalgen ist (Übersicht: GESSNER 1955-1959, NEUSHUL 1972, NORTON u. Mitarb. 1982, RIEDL 1971, SCHWENKE 1971, WHEELER u. NEUSHUL 1981), zeigt generell ihr rasches Wachstum in belüfteten oder mechanisch bewegten Algenkulturen im Vergleich zum Kümmerwachstum in stagnierender Nährlösung. Der Weg der Ionen und der Gasmoleküle zum Algenthallus verläuft durch die **Grenzschicht** (engl.: boundary layer), welche als langsam fließende Schicht die Oberflächen aller festen Körper in strömenden Medien umgibt und den Gas- wie den Ionenaustausch behindert. Die Dicke der Grenzschicht liegt in fast stagnierendem Wasser im Millimeterbereich und wird mit zunehmender Wasserturbulenz stark verringert. Krustenalgen und mikroskopisch kleine Algenkeimlinge leben völlig im Bereich der Grenzschicht. Bei den Phylloiden von *Macrocystis pyrifera* steigen die Rate der Nitrataufnahme um 500 % und die Rate der Photosynthese um 300 %, wenn man die Strömungsgeschwindigkeit in einem Strömungstunnel von 0 auf 3-4 cm s^{-1} erhöht, wobei die letzteren Werte als „Sättigungswert" für die Steigerung der Nitrataufnahme sowie der Photosynthese durch die Wasserbewegung anzusehen sind (WHEELER 1982) und zumeist auch in den natürlichen Algenbeständen erreicht werden (GERARD 1982).

Beispiele für morphologische Anpassungen. Oberflächenstrukturen wie die „Randdornen" und die gerippte Oberfläche der Phylloide von *Macrocystis pyrifera* (s. Abb. **98F**), ebenso die Lochöffnungen im Thallus von *Agarum cribrosum* (s. Abb. **22** und Abb. **91F**), dürften der Erhöhung der Turbulenz in der laminar vorbeistreichenden Strömung dienen, wobei durch Erzeugung turbulenter Wirbel der Gasaustausch bei der Photosynthese und die Ionenaufnahme erleichtert wird. Außerdem sind wohl die wellenförmigen Ränder von *Laminaria saccharina* (s. Abb. **64C** und **91D**) dazu geeignet, die Thalli durch Ausnutzung der an diesen Strukturen angreifenden Turbulenz vom Felsboden und damit in den Lichtraum hinein zu erheben. Jedenfalls beobachtet man beim Tauchen, daß die Thalli in sehr ruhigem Wasser dem Boden auflagern und schon bei geringer Wasserbewegung abheben. Die auffällige Bildung von relativ langen, aufrechten farblosen **Haaren** an den oft nur bis zu 50 µm dicken Krustenstadien, etwa bei *Scytosiphon lomentaria* (s. Abb. **164A**), dient vielleicht der Durchdringung der Grenzschicht, um den krustenförmigen Thallus über „Nährstoffantennen" mit Ionen aus dem turbulenten Wasser oberhalb der Grenzschicht zu versorgen. Auch der sehr unterschiedliche Durchmesser der unbeweglichen **Rotalgensporen** steht möglicherweise mit Grenzschichtphänomenen im Zusammenhang. Bei starker Wasserbewegung und entsprechend dünner Grenzschicht gelingt kleinen Sporen die Anheftung und das Verbleiben am Substrat leichter als großen Sporen. Die letzteren sind andererseits durch eine höhere Sinkgeschwindigkeit ausgezeichnet (OKUDA u. NEUSHUL 1981). Die relativ großen Sporen der Rotalge *Cryptopleura violacea* (50 µm Durchmesser) durchsinken in ruhendem Wasser eine Strecke von 6 cm, entsprechend dem Abstand vom entlassenden Sporangium bis zum Felsboden, in 10 Minuten (NEUSHUL 1972). Auf dem Felsboden angekommen, ist eine rasche Fixierung der Fortpflanzungszellen oberstes Gebot, um eine Verdriftung in ungeeignete Tiefenzonen zu vermeiden. Die erste **Anheftung** der beweglichen Sporen, Gameten und Zygoten der Grün- und Braunalgen erfolgt mit Hilfe der Geißeln, während unbewegliche Sporen oder Zygoten aller Algengruppen sich rasch mit Hilfe ihrer Schleimhüllen festheften, wobei als „Klebstoffe" im Golgi-Apparat enthaltene Glykoproteine und Mucopolysaccharide fungieren (Übersicht: BONEY 1981). Die innerhalb eines oder weniger Tage aus Sporen und Zygoten auskeimenden Rhizoide oder die neugebildeten Zellen von fädigen Thalli führen rasch zur weiteren Verankerung, nicht nur durch Klebstoffe, sondern auch durch die Ausfüllung der kleinsten Bodenritzen und Unebenheiten mit Zellen der Haftorgane.

Wahrscheinlich stellen die mannigfaltigen Formen der marinen Makroalgen zu einem guten Teil **hydrodynamische Anpassungen** an ihren jeweiligen Standort dar, wobei der Zusammenhang zwischen Form und Funktion jedoch zumeist nicht näher bekannt ist und nur die unterschiedliche Zusammensetzung der Algenflora an wellenexponierten und an geschützten Standorten registriert werden kann (S. 63). Die Schwierigkeit der Analyse liegt schon in der Komplexität des Faktors „Wasserbewegung" begründet (vgl. RIEDL 1964b, 1971), der sich aus zahlreichen Parametern zusammensetzt, z. B. Strömungsgeschwindigkeit (m s^{-1}), Staudruck (g dm^{-2}) oder Brandungsphänomenen (Tonnen m^{-2}). Eine integrierende Meßmethode für ökologische Zwecke besteht in dem Aussetzen von Gipsbällen, deren Durchmesser im Verlauf von Wochen bei starker Wasserbewegung schneller abnimmt als in ruhigerem Wasser (DOTY 1971). Einfach zu messen ist die aufzuwendende Kraft zum Abreißen der Algenhaftorgane vom Felssubstrat, die bei Vertretern der Fucales und der Laminariales im Bereich von 40 kg cm^{-2} liegt (vgl. SCHWENKE 1971). Der Stiel der Riesentange der Lessoniaceen, etwa bei der bis zu 40 m langen *Nereocystis luetkeana,* der im Strömungs- und Brandungsbereich des freien Wassers Strömungsgeschwindigkeiten von mehr als 0,5 m s^{-1} ausgesetzt ist und aufgrund der gasgefüllten Thallusblase dem vollen mechanischen Angriff des Wassers unterliegt, übersteht die hohe mechanische Beanspruchung aufgrund einer hohen Dehnbarkeit. Diese beruht auf dem Vorhandensein von Zellulosefibrillen, die in den Zellwänden der Rindenzellen in einem Winkel von etwa 60° zur Stielachse angeordnet sind (KOEHL u. WAINWRIGHT 1977).

Die Brauntange des oberen Sublitorals überleben den Angriff der Brandung mit unterschiedlichen Strategien. Zum Beispiel besitzt *Lessonia nigrescens* (chilenische Küste, S. 194) einen starren, mechanisch starken Stiel, bleibt auch in der Brandung aufrecht und und biegt sich mit den Wellen (KOEHL 1982). Dagegen wird der elastische Stiel von *Durvillaea antarctica* am gleichen Standort von jeder ankommenden Welle expandiert, und die Alge verbleibt nahe dem Felsboden, wo die Strömungsgeschwindigkeit und damit auch der mechanische Streß geringer ist.

Vorkommen und Funktion von gasgefüllten Thallusinnenräumen. Der Besitz von gasgefüllten Thallusinnenräumen und damit die durch Auftrieb, nicht durch mechanische Versteifung der Thallusachsen bewirkte aufrechte Lebensweise vergrößern den Lichtraum jeder einzelnen Pflanze, verbessern den Gasaustausch und die Versorgung mit Nährstoffen. Gasgefüllte Thallusblasen finden sich außer bei den Riesentangen der Lessoniaceae (S. 114) seltener bei anderen Vertretern der Laminariales, etwa bei *Egregia menziesii* (s. Abb. 96) und *Chorda* (s. Abb. 21 und 31), im übrigen aber weitverbreitet bei Vertretern der Fucales wie *Fucus vesiculosus* (s. Abb. 35), *Halidrys siliquosa* (s. Abb. 53; gekammerte langgestreckte Blasen an Seitenzweigen) oder *Sargassum* (s. Abb. 134). Bei den Fucaceen sind die Thallusblasen zu etwa einem Drittel mit Sauerstoff, zu zwei Drittel mit Stickstoff und zu etwa 1 % mit Kohlendioxid angefüllt (Übersicht: DROMGOOLE 1981). Die Thallusblasen der Lessoniaceen *Pelagophycus porra* und *Nereocystis luetkeana* weisen bis zu 10 % auch einen Gehalt an Kohlenmonoxid auf, wobei die Bedeutung dieses giftigen Gases hier unklar ist (CHAPMAN u. TOCHER 1966, CAREFOOT 1977). Unter den kleineren Algen kommen gasgefüllte Thallusinnenräume zum Beispiel bei den Braunalgen *Scytosiphon lomentaria* (s. Abb. 140) und *Colpomenia* (s. Abb. 74 u. Abb. 81) vor, unter den Grünalgen bei *Enteromorpha*-Arten sowie unter den Rotalgen bei *Dumontia contorta* (s. Abb. 27). Dem Taucher wird die Funktion der aufgeblasenen Thalli oder Thalluspartien veranschaulicht, wenn er bei Hochwasser inmitten der niederliegenden Vegetation von *Fucus serratus* die schräg in der Wasserströmung aufragenden Thalli von *Fucus vesiculosus* sieht oder inmitten der niederliegenden Vegetation von *Laminaria saccharina* die aufrechtstehenden Thalli von *Halidrys siliquosa*. Die meisten Algenarten besitzen keine gasgefüllten Innenräume und benötigen den Zellturgor und die Turbulenz des Wassers, um ihre Thalli bei dichter Vegetation immer wieder dem freien Wasser und dem Licht auszusetzen. Sie sind daher auf gut durchströmte Standorte angewiesen, und es ist sicher kein Zufall, daß an wellengeschützten Standorten Arten mit Gasauftrieb dominieren, etwa im Sublitoral der Fjorde *Chorda filum* (s. Abb. 65L). Andererseits erhöhen die gasgefüllten Thallusblasen an wellenexponierten Standorten die mechanische Beanspruchung durch den Wellengang, und dagegen schützen sich Arten wie *Fucus vesiculosus* wiederum, indem sie an derartigen Standorten kleinere oder keine Thallusblasen ausbilden (vgl. NORTON u. Mitarb. 1982).

8. Biotische Faktoren im Phytal sowie Strategien und Produktivität der Makroalgen

Neben den abiotischen Faktoren bestimmen biotische Faktoren das Vorkommen der Algen im Phytal, vor allem die Konkurrenz der Algen untereinander und die Fraßtätigkeit der herbivoren Tiere (Übersicht: CHAPMAN 1979, MANN 1982, CARE-FOOT 1977, BARNES u. HUGHES 1982, BARNES u. MANN 1980, HAWKINS u. HART-NOLL 1983, NYBAKKEN 1982, PAINE 1980, VERMEIJ 1978). Welche Einsichten in das dynamische Geschehen im Phytal bereits vorliegen, welche Strategien die Meeresalgen anwenden, um ihren Lebensraum und seine Ressourcen optimal zu nutzen und welche Mengen an Kohlenstoff von Beständen der benthischen Meeresalgen jährlich in organischer Form als Primärproduktion gebunden werden, wird im vorliegenden Kapitel behandelt.

8.1. Biologische Konkurrenz zwischen Algen sowie Beziehungen zwischen Algen, herbivoren und räuberischen Tieren

8.1.1. Eulitoral

Der zuoberst wachsende Vertreter der Fucaceen an den europäisch-atlantischen Küsten, *Pelvetia canaliculata,* wächst auch unter optimalen Bedingungen im Laboratorium wesentlich langsamer als *Fucus spiralis,* die in der Zonierung nächstfolgende Art (s. Abb. **172A**) und wird von *F. spiralis* rasch überwachsen, falls man *P. canaliculata* im Jungstadium in die Zone von *F. spiralis* verpflanzt (SCHONBECK u. NORTON 1980). Beide Arten gedeihen durchaus in den tieferen, von *F. vesiculosus* und *F. serratus* beherrschten Niveaus, wenn man die letzteren Arten, wiederum durch höhere Wachstumsraten ausgezeichnet, vom Felsboden beseitigt. Während also die oberen Vorkommensgrenzen der Fucaceen in erster Linie durch den abiotischen Austrocknungsfaktor bestimmt werden (S. 256), hängen die unteren Vorkommensgrenzen von der biologischen **Konkurrenzkraft** der jeweiligen Arten ab. Die oberen Fucaceen könnten aufgrund der abiotischen Gegebenheiten auch tiefer siedeln. Sie werden jedoch durch konkurrierende Algen in obere Zonen gedrängt, in die ihnen die Konkurrenten wegen zu geringer Austrocknungsresistenz nicht zu folgen vermögen. Anders ausgedrückt, werden die oberen, streßtoleranten Arten vom optimalen Lebensraum durch weniger streßtolerante, aber konkurrenzkräftigere Arten ausgeschlossen.

Fehlen die **konkurrierenden Algen,** so kommt es zu einer Ausdehnung des Tiefenvorkommens. So dringt *Fucus serratus* in der Ostsee in das Sublitoral ein (S. 65), weil hier die geschlossene Laminarienvegetation fehlt, die *F. serratus* an den Gezeitenküsten die Besiedlung des Sublitorals durch Überschattung verwehrt. Ein Beispiel aus dem Sublitoral betrifft *Laminaria digitata,* die aufgrund ihres flexiblen Stiels im mittleren Sublitoral nicht gegen *L. hyperborea* konkurrieren kann (S. 60), an der nordostamerikanischen Küste (S. 100) oder im Weißen Meer (S. 141) wie generell in der Arktis, wo *L. hyperborea* fehlt, jedoch weit in das Sublitoral eindringt.

Die Besiedlungsdichten und die vertikalen Vorkommensgrenzen von **Seepocken, Miesmuscheln** und **Fucaceen,** den Hauptkomponenten im **Eulitoral** der nordatlantischen Küsten (S. 47, 52), werden nach Ergebnissen von Käfig- und Ausschlußexperimenten wie folgt geregelt (MENGE 1976, LUBCHENCO u. MENGE 1978). Im oberen Eulitoral bestimmen in erster Linie abiotische Faktoren, vor allem der Austrocknungsfaktor und die Wellenexposition, wie hoch die Besiedlung der Seepocke *Balanus balanoides* und der Fucaceen reicht. Die untere Grenze dieser Seepocke wird an wellenexponierten Küsten durch die **Raumkonkurrenz** mit der aufgrund geringerer Dürreresistenz tiefer siedelnden Miesmuschel *Mytilus edulis* bestimmt, wobei die Miesmuschel auf horizontalen und geneigten Flächen die Seepocke innerhalb von fünf Monaten, auf vertikalen Flächen innerhalb von zwei Jahren zu verdrängen vermag. An wellengeschützteren Standorten treten als wichtige neue Komponenten die Fucaceen und die Raubschnecke *Nucella (= Thais) lapillus* (Nordische Purpurschnecke) auf, welche ebenfalls zu stark exponierte Standorte meidet. Die Thalli der Fucaceen üben auf dem Felssubstrat einen „Peitscheneffekt" aus und erschweren auf diese Weise die Besiedlung mit Seepocken. Die Purpurschnecke frißt vor allem Seepocken sowie Miesmuscheln, erzeugt im mittleren Eulitoral immer wieder freie Substratflächen, die dann von Miesmuscheln, Seepocken oder Fucaceen von neuem besiedelt werden können, so daß durch die Tätigkeit des Räubers die Artenvielfalt (Diversität) in komplexen Gemeinschaften erhöht wird (MENGE und SUTHERLAND 1976).

Als herbivore Tiere spielen **Schnecken** in der Gezeitenzone eine wichtige Rolle (Übersicht: CHOAT u. BLACK 1979, LUBCHENCO 1978, 1982). Sie raspeln die Algen mit der Radula ab. Es handelt sich an den europäisch-atlantischen Küsten vor allem um die Strand- und Napfschnecken (*Littorina, Patella;* S. 52, Abb. **58**), an den pazifisch-nordamerikanischen Küsten um Gattungen wie *Katharina, Acmaea, Tegula* oder *Lacuna.* In artenreichen, rasch wachsenden Algenbeständen werden diesen relativ kleinen Schnecken beständig neue Algenkeimlinge angeboten, und so stellen die Jungthalli und weiche Algen wie Arten von *Enteromorpha, Ectocarpus* und *Ceramium* die Hauptnahrung der Schnecken dar. Spezialisten unter den Schnecken raspeln auch verkalkte Krustenrotalgen ab (S. 267). Andere wichtige Herbivore sind unter den Krebsen zu finden, etwa die Gattungen *Idotea* und *Ligia* unter den Isopoden und mehrere Gattungen der Amphipoden (Übersicht: NICOTRI 1980).

Fraßdruck und Räuber. Haben die Thalli der Fucaceen oder von derben Rotalgen wie *Chondrus crispus* einmal eine Länge von 3-5 cm erreicht, so werden sie von den Schnecken kaum noch behelligt und sind dem **Fraßdruck** (engl.: grazing pressure) durch „Davonwachsen" entkommen (DAYTON 1975, LUBCHENKO 1978). Auch die Keimlinge von *Fucus*-Arten können den Schnecken entkommen, wenn sie in unzugänglichen Felsspalten oder zwischen den kantigen Gehäusen der Seepocken siedeln (HAWKINS 1981). Beseitigt man aus Gezeitentümpeln die Strandschnecken, so wird *C. crispus* bald den feineren Algen, vor allem von *Enteromorpha*-Arten, überwuchert, und der relativ langsam wachsende *Fucus vesiculosus* entwickelt sich in solchen Gezeitentümpeln nur, wenn konkurrierende Algen und herbivore Schnecken experimentell entfernt wurden (LUBCHENKO 1982). Sofern **Räuber** wie der Seestern *Asterias rubens* an den europäischen Küsten oder *Pisaster ochraceus* an der pazifisch-nordamerikanischen Küste die herbivoren Schnecken auf niedriger Bestandsdichte halten, ist die in dynamischem Gleichgewicht mit den Schnecken stehende Algenvegetation nicht gefährdet (DAYTON 1975, SOUTHWARD 1964). Kahlfraß durch übermäßigen Fraßdruck der Herbivoren kann erfolgen, wenn die Schnecken wegen zu geringer Dichte der Räuber überhandnehmen. Umgekehrt breiten sich die Algen rasch aus, wenn man die Schnecken experimentell entfernt (HAWKINS 1981) oder wenn diese etwa durch dispergierende Chemikalien nach einer Ölkatastrophe weitge-

Abb. **174** Beziehungen zwischen Organismen im Eulitoral der pazifisch-nordamerikanischen Küste
(A) Seestern *Pisaster ochraceus* frißt Muscheln und erzeugt freies Substrat
(B) auf diesem siedelt die Rotalge *Endocladia muricata*
(C) Larven der Miesmuschel *Mytilus californianus* siedeln auf der Rotalge
(D) Seestern frißt Muscheln, die auf und neben den Rotalgen siedeln
(E) Sporen und Keimlinge der Rotalge werden von der herbivoren Schnecke *Tegula funebralis* gefressen, die ihrerseits auch dem Seestern als Nahrung dient (aus *T. Carefoot:* Pacific seahores. A guide to intertidal ecology. Univ. Washington, Seattle 1977, basierend auf *Paine* 1974, *Dayton* 1971)

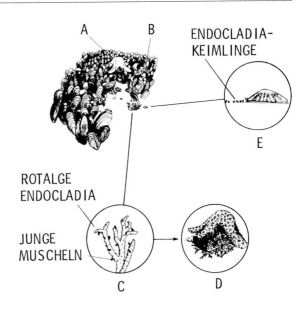

hend vernichtet werden (SOUTHWARD u. SOUTHWARD 1978). Ein Beispiel von einem nordamerikanisch-pazifischen Standort für die Beziehungen zwischen der Gezeitenzonen-Rotalge *Endocladia muricata* (S. 109), um den Raum konkurrierenden Miesmuscheln, herbivoren Schnecken und Seesternen zeigt in vereinfachter Darstellung Abb. **174**. Der räuberische Seestern *Pisaster ochraceus* stellt die Schlüsselart (engl.: keystone species) dar und „züchtet" sich seine Nahrung in Form von Miesmuscheln und herbivoren Schnecken, indem er Platz für die Neubesiedlung der Algen, der rasch wachsenden Nahrung für die Schnecken, wie auch für die Neubesiedlung mit Miesmuscheln schafft. Entfernt man den Seestern vom Standort, so wird aus einer Gemeinschaft mit etwa 30 Arten bald ein monotoner Miesmuschelbestand (PAINE 1974).

8.1.2. **Sublitoral**

Die Konkurrenzkraft der Algen im Sublitoral wird vor allem durch ihre Wuchsform bestimmt, wobei optimale Ausnutzung des Lichtraums und Überschattung kleinerer Algen die Hauptrolle spielen, was im ersten Teil dieses Buches mehrfach angesprochen wurde. So treten auf der Nordhalbkugel die Arten der Fucales erst in den warmgemäßigten und tropischen Regionen im Sublitoral hervor (S. 82 u. 148), da sie in den kaltgemäßigten Regionen im Schatten der Vegetation der Laminariaceen keine Lebensmöglichkeit finden (vgl. Abb. 3). Die Laminariaceen sind ihrerseits den Riesenthalli der Lessoniaceen unterlegen (S. 114). Vertikal gesehen, können sich die Tiefenrotalgen erst unterhalb der Vorkommenstiefe der geschlossenen Laminarienvegetation quantitativ entfalten (S. 60). Die gegenüber chronischem Lichtmangel streßtoleranten Tiefenrotalgen werden vom optimalen, lichtreicheren Lebensraum des mittleren Sublitorals durch die weniger streßtoleranten (höherer

Lichtbedarf, S. 215), aber konkurrenzkräftigeren, alles überschattenden Laminariaceen verdrängt. Dieses Prinzip der Verdrängung von weniger konkurrenzkräftigen Arten in einen ungünstigen Lebensraum wurde bereits in bezug auf den Austrocknungsfaktor erwähnt (S. 263).

Als herbivore Tiere im Sublitoral sind die **Seeigel** wichtig, die durch bestimmte Braunalgenextrakte angelockt werden (MANN u. Mitarb. 1984) und mit den Zähnen ihres Freßapparates die Algen vom Fels abraspeln (Übersicht: LAWRENCE 1975, VADAS 1977), daneben auch **Schnecken,** zum Beispiel *Helcion (= Patina) pellucidus,* welche im Sublitoral den Palmentang *Laminaria hyperborea* befällt (S. 60), weiterhin Amphipoden und Isopoden als herbivore Krebse. Algenfressende **Fische** (Übersicht: WHEELER 1980, LITTLER u. Mitarb. 1983) spielen nur in tropischen Regionen (S. 164; Familien Acanthuridae, Siganidae, Scaridae, Pomacentridae) sowie in geringem Ausmaß in warmgemäßigten Regionen eine Rolle, etwa an der südkalifornischen Küste. Für viele Fische, vor allem für ihre Jungstadien, bietet das Phytal Schutz vor Räubern und mit seinem vielfältigen pflanzlichen und tierischen Aufwuchs ein reiches Nahrungsangebot.

Seeigel und Makroalgen. An der Küste der Isle of Man nahm an der unteren Grenze des Laminarienwaldes die Häufigkeit junger Sporophyten von *L. hyperborea* und anderer kleiner Algen zu, nachdem der Seeigel *Echinus esculentus* regelmäßig von Tauchern entfernt wurde (JONES u. KAIN 1967). Kommen die Seeigel zur Massenentwicklung, so kann die sublitorale Vegetation der Laminariales auf langen Küstenstrecken weitgehend vernichtet werden, wie es an der Küste von Neuschottland im Fall der von *Laminaria saccharina* subsp. *longicruris* dominierten Vegetation beobachtet wurde (S. 100) oder lokal vor der kalifornischen Küste im Fall der Bestände von *Macrocystis pyrifera* (LEIGHTON 1971). Auf den weitgehend von Makroalgen kahlen Felsflächen im Sublitoral leben die Seeigel schließlich vorwiegend von den noch vorhandenen benthischen Diatomeen (CHAPMAN 1981). Begünstigt wird die Massenentwicklung der Seeigel, wenn ihre Feinde wie der Hummer, dessen Ausscheidungen sie zu einer Fluchtreaktion veranlassen (MANN u. Mitarb. 1984), dezimiert werden. Als Hauptfeind der Seeigel kommt an der pazifisch-nordamerikanischen Küste der Meerotter *Enhydra lutris* in Frage. Er besiedelte im vorigen Jahrhundert noch die gesamte Küste von Alaska bis Kalifornien, wurde in der Folge weitgehend ausgerottet, lokal aber wieder eingeführt. Möglicherweise wurden daraufhin die Seeigel dezimiert, und die Algenvegetation nahm lokal zu (Übersicht: BREEN u. Mitarb. 1983). Durch Infektionskrankheiten kann es zu einem Massensterben der Seeigel kommen, wie es an der ostkanadischen Küste auf einer Länge von 200 km, an der kalifornischen Küste in geringerem Ausmaß beobachtet wurde (MILLER u. COLODEY 1983, PEARSE u. HINES 1979), wodurch die Wiederbesiedlung des kahlgefressenen Sublitorals durch Großalgen wieder möglich wird.

8.1.3. Schutz vor Tierfraß

Algen und herbivore Tiere haben eine lange, gemeinsame Evolution hinter sich (Koevolution), und so ist es nicht verwunderlich, daß die Algen auch **Abwehrstoffe** entwickelt haben und die Tiere ihrerseits Strategien entwickelten, um die toxischen Algen zu meiden oder die Gifte zu ertragen. Zu den Abwehrstoffen gehören Schwefelsäure, die im Zellsaft von einigen *Desmarestia*-Arten wie *D. viridis* und *D. firma* vorkommt (ANDERSON u. VELIMIROV 1982), phenolartige Stoffe bei Braunalgen und halogenhaltige Substanzen wie Bromphenole bei Rotalgen (GLOMBITZA 1979, RAGAN 1976, 1981). Arten mit einem hohen Gehalt an derartigen Abschreckungsstoffen werden von herbivoren Tieren gemieden. So beendet die Strandschnecke *Littorina littorea* ihre Freßtätigkeit, sobald man ihrer Nahrung 2-5 % des Polyphenolextrakts von *Fucus vesiculosus* oder *Ascophyllum nodosum* zusetzt (GEISELMAN

u. MCCONNELL 1981). Solange Seeigel eine größere Auswahl an Algenarten zur Verfügung steht, zeigen sie ein selektives Fraßverhalten (LAWRENCE 1975, VADAS 1977) und bevorzugen Algen mit geringer „Astringenz" (meßbar durch Niederschlag von Hämoglobin durch Phenole; ANDERSON u. VELIMIROV 1982). Unter den Vertretern der Laminariales scheint die Art *Agarum cribrosum* ein gut funktionierendes Abwehrsystem zu besitzen, da sie von den Seeigeln deutlich gemieden wird (S. 100). Bestimmte tropisch-warmgemäßigte Grünalgen wie *Anadyomene, Penicillus,* Rotalgen wie *Laurencia* oder Braunalgen wie *Dictyota* und *Stypopodium* werden von Fischen und Seeigeln weitgehend als Nahrung gemieden, und die Extrakte wirken toxisch auf die Tiere (TARGETT u. MITSUI 1979, LITTLER u. Mitarb. 1983). Bei diesen Algengiften handelt es sich vielfach um halegonierte oder nichthalogenierte Terpenoide, etwa bei *Caulerpa prolifera* um das Sesquiterpen Caulerpenyen und bei *Halimeda* um das Diterpenoid Halimedatrial (MCCONNELL u. Mitarb. 1982, NORRIS u. FENCIAL 1982, PAUL u. FENICAL 1983).

Einen **physikalischen Schutz** vor Tierfraß bietet die Verkalkung der Thalli bei aufrechten Algen und Krustenalgen (Abschnitt 4.2.), wobei allerdings Spezialisten wie die Schnecke *Acmaea testudinalis* an der NO-amerikanischen Küste auch Krustenkalkalgen abfressen (STENECK 1982). Bei einer Beweidung von Algenbeständen durch Seeigel oder herbivore Fische ist es sehr auffällig, daß zunächst die zarten Flächen- und Fadenalgen, dann die derberen und dickthallösen Algen weggefressen werden, und schließlich nur noch die Krustenrotalgen der Corallinaceae auf dem Felsboden verbleiben (LAWRENCE 1975, LITTLER u. Mitarb. 1983). Die Wuchsform der Krustenalge ist daher nicht nur als Überdauerungsform für ungünstige Jahreszeiten (S. 236) und als optimaler Lichtempfänger (S. 217) anzusehen, sondern auch als eine Schutzanpassung gegen Tierfraß.

8.2. Epiphyten, Endophyten, Endozoen und Parasiten

Als nichtparasitäre Aufsiedler können die meisten kleineren Algenarten als **epiphytische Algen** (auf Pflanzen) oder auch als **epizoische Algen** (auf Tieren) wachsen, wobei sie sich auf den tragenden Organismen wie auf Felssubstrat zumeist nur oberflächlich mit Haftscheiben oder Rhizoiden befestigen. Langlebige Thalluspartien wie die Stiele von *Laminaria hyperborea* (S. 60) tragen zwangsläufig einen größeren Epiphytenbewuchs als kurzlebige Partien wie die Phylloide, die jährlich abgeworfen werden. Mehrere Algenarten kommen als obligate Epiphyten vorwiegend oder ausschließlich auf bestimmten Trägerpflanzen (Basiphyten) vor, etwa die Braunalge *Elachista fucicola,* kissenförmig auf Fucaceen sitzend, die Rotalgen *Polysiphonia lanosa* auf der Braunalge *Ascophyllum nodosum* (gelegentlich auf *Fucus*), *Porphyra nereocystis* auf dem Brauntang *Nereocystis luetkeana, Smithora naiadum* auf den Seegräsern *Zostera marina* und *Phyllospadix scouleri.* Selbst im Fall von *Polysiphonia lanosa,* die sich, als seltene Erscheinung unter den Epiphyten, mit langen, einzelligen Rhizoiden und unter enzymatischer Auflösung der Zellen des Basiphyten tief in diesem verankert (RAWLENCE 1972), findet zwischen Basiphyt und Epiphyt kein Stoffaustausch statt, wie mit radioaktiv markierten Stoffen nachgewiesen wurde (TURNER u. EVANS 1977). Auch sind alle epiphytischen Algen mit normalem Pigmentgehalt ausgestattet. Daher benutzen offenbar auch die obligaten Epiphyten wie die zahlreichen übrigen, nicht derartig selektiven Epiphyten den Basiphyten nur als Substrat, der ihnen einen günstigen Zugang zum Licht- und Nährstoffangebot des freien Wassers ermöglicht. Inmitten der Bestände des Seegrases *Phyllospadix scouleri* besiedelt die Rotalge *Smithora naiadum* auch Plastikimitationen des Seegrases, womit sich zeigt, daß für die „obligate" Beziehung zwischen Seegras und epiphytischer Rotalge eher der besondere Standort im Unterwasserlichtfeld von Bedeutung ist als ein chemischer Stoffaustausch zwischen Basiphyt und Epiphyt (HARLIN 1973).

Als Schutzmechanismus gegen Epiphyten wurde das regelmäßige Abwerfen der äußersten Zellwandschichten bei den bemerkenswert epiphytenfreien Arten *Ascophyllum nodosum, Himanthalia elongata* und *Halidrys siliquosa* gefunden (FILION-MYKLEBUST u. NORTON 1981, MOSS 1982). Auch rote Krustenkalkalgen stoßen fortwährend ihre Oberfläche mit ansitzenden Gametophyten von *Laminaria*-Gametophyten ab und werden daher am Grunde des Laminarienwaldes nicht überwachsen (MASAKI u. Mitarb. 1981).

Die Makroalgen tragen eine reiche Aufwuchsflora von benthischen, pennaten **Diatomeen** (Übersicht: MCINTIRE u. MOORE 1977), wobei *Navicula endophytica* nur in den Rezeptakeln von Fucaceen vorkommt, weiterhin auch eine reiche **Bakterienflora** (Übersicht: MANN 1982, RHEINHEIMER 1981, SIEBURTH u. TOOTLE 1981). Die Bakteriendichte auf den Phylloiden von *Laminaria*-Arten kann im Gebiet der Wachstumszone, in der Nähe des Stielansatzes, bis zu 1000 Bakterien pro Quadratzentimeter betragen und steigert sich am zerfallenden Ende des Phylloids bis auf 100 000 (LAYCOCK 1974). Wahrscheinlich wirken ähnliche Stoffe, wie sie von den Meeresalgen gegen Tierfraß eingesetzt werden (S. 266), auch als **Antibiotica** gegen Bakterien, wobei vor allem die wachsenden Thalluspartien gegen übermäßigen Bakterienaufwuchs geschützt werden müssen. Die stärksten antibakteriellen Eigenschaften besitzen unter der Helgoländer Algenflora im Agar-Lochplattentest (GLOMBITZA 1969) generell die Extrakte von Grünalgen, vor allem aufgrund des Besitzes von Acrylsäure (GLOMBITZA 1970), weiter die Extrakte der Rotalgen *Delesseria sanguinea, Chondrus crispus,* in geringerem Ausmaß auch Extrakte der Braunalgen *Halidrys siliquosa, Laminaria saccharina, L. digitata, Fucus* und *Desmarestia viridis.* Die Wirksamkeit des Extraktes der letzteren Art beruht auf der Absenkung des pH-Wertes im Medium (S. 266).

Marine Pilze (Übersicht: KOHLMEYER u. KOHLMEYER 1979) kommen mit etwa 500 Arten an niederen oder höheren Pilzen im Meer vor, somit nur mit 1 % der Artenzahl gegenüber dem terrestrischen Lebensraum, und auch die höheren marinen Pilze erreichen im Meer nur die Größe von einigen Millimetern. Einige Pilze vermögen als Parasiten benthische Makroalgen zu schädigen, zum Beispiel der Ascomycet *Phycomelaina laminariae,* der auf Stielen von *Laminaria*-Arten teerartige, zur Gewebefäule führende Flecken bildet. Der Ascomycet *Mycosphaerella ascophylli* lebt obligat im Thallus von *Ascophyllum nodosum* sowie von *Pelvetia canaliculata,* durchzieht mit seinen Hyphen die Interzellularräume des gesamten Thallus dieser Braunalgen, schädigt aber offenbar nicht die Algen. Diese kommen nie ohne den Pilz, der Pilz nicht ohne die Algen vor. Deswegen stellt *A. nodosum* jedoch nicht eine „Flechte" dar. Vielmehr wird dieser Fall eines schwachen Parasitismus oder einer Algen-Pilz-Symbiose, falls man den Nutzen der Alge nachweisen könnte, als „Mykophykobiose" bezeichnet. Die Gestalt der gemeinsamen Lebensform wird hier ausschließlich durch den Algenpartner bestimmt, im Gegensatz zum Flechtenthallus, dessen Gestalt sich von den Formen der freilebenden Partner Pilz und Alge unterscheidet (KOHLMEYER u. KOHLMEYER 1972).

Vertreter aller wirbellosen Tiergruppen kommen festsitzend als **sessile Tiere** (insgesamt als Phyton, auch als „Epizoen" bezeichnet; korrekt eigentlich als „epiphytische Tiere") auf Meeresalgen vor und benutzen die Algenthalli als willkommene Vergrößerung der Siedlungsfläche, als Schutz vor Räubern und als Sedimentfallen (Übersicht: HAYWORD 1980; Helgoländer Phyton: GÖTTING u. Mitarb. 1982). Zwischen und auf den sessilen Tieren existiert eine reiche Fauna kleinerer, vagiler (beweglicher) Tierarten, die von den aufsitzenden Bakterien, von Detritus und Plankton lebt. Es gibt viele Hinweise dafür, daß die Larven der sessilen Tiere durch chemische Signale zu ihrem oft spezifischen Algensubstrat geleitet werden, da man mit Extrakten bestimmter Algenarten die Larven anlocken kann (CRISP u. WILLIAMS 1960). So setzen sich Larven des Polychaeten *Spirorbis spirorbis* (= *S. borealis;* Posthörnchenwurm) bevorzugt auf *Fucus serratus* oder *F. vesiculosus* fest (KNIGHT-JONES u. Mitarb. 1971). Phylloid, Stiel und Haftkralle von *Laminaria*-Arten tragen jeweils verschiedene Arten von Bryozoen und anderen sessilen Tieren. Im Sommer siedeln auf den jüngeren Partien der Phylloide von *Laminaria hyperborea* die Larven von *Membranipora membranacea*. Diese Bryozoe kann mit ihren flächendeckenden Kolonien in wenigen Monaten die gesamte Phylloidfläche bedecken (S. 60) und lebt offenbar nicht nur von Plankton, sondern auch zum Teil von Phytosyntheseprodukten, die von den Algen exudiert (ausgeschieden) werden, wie durch Versuche an der Bryozoe auf *Nereocystis luetkeana* mit radioaktiv markiertem Kohlenstoff gezeigt wurde (DE BURGH u. FANKBONER 1978).

Kleinfädige Algenarten, die als **Endophyten** interzellulär in den Thalli anderer Algen wachsen, gibt es in allen Algengruppen, etwa unter den Braunalgen die Gattung *Mikrosyphar* (Ectocarpaceae) in *Polysiphonia*- und *Porphyra*-Arten, unter den Grünalgen Vertreter der Familie Chaetophoraceae, etwa *Epicladia flustrae* und *Endophyton ramosum* (NIELSEN 1980, O'KELLEY 1982b). Auch die einzellige Codiolum-Phase verschiedener Grünalgen dringt in andere Algen ein. So überdauert die Codiolum-Phase als Sporophyt der fädigen Grünalge *Spongomorpha aeruginosa* vom Sommer bis Winter im Eulitoral zwischen den äußeren Zellen der Krustenrotalge *Petrocelis hennedyi* (S. 52). Die Codiolum-Phasen anderer Algenarten sowie *Endoderma perforans* und *Tellamia* kommen kalkbohrend vor (S. 52, 232). Von den Rotalgen leben Vertreter der Gattung *Audouinella* (Familie Acrochaetiaceae) in anderen Algen (GARBARY 1979) und auch **endozoisch** in Tieren wie Hydroidpolypen (S. 61). Die endophytischen und endozoischen Algen benutzen ihren „Wirt" nur als Schutz- und Trägerorganismus. Endophytische Algen besitzen den normalen Gehalt an Photosynthesepigmenten und lassen sich im Laboratorium auch ohne die Trägeralgen leicht züchten, oder sie verlassen in Laborkulturen die Trägeralgen und entwickeln sich üppig, was bei der Anlage von Reinkulturen sehr störend sein kann.

Symbiontische, einzellige Algen. Diese in einzelligen und vielzelligen Tieren vorkommenden Algen, hier nicht näher behandelt, wurden in letzter Zeit intensiv untersucht (Übersicht: GOFF 1983), und zwar vor allem unter dem Gesichtspunkt der Ableitung der Plastiden von prokaryontischen Blaualgen, die einen Symbiosezustand mit eukaryontischen Zellen bildeten (Symbiontenhypothese). Besonders interessant war der Fund von *Prochloron* (LEWIN 1976), einem epizoisch auf Seescheiden lebenden Einzeller, der zwar Vertretern der Blaualgenordnung Chlorococcales ähnt, jedoch keine Phycobiline und neben Chlorophyll a auch Chlorophyll b enthält, also ein völlig neues Pigmentmuster unter den prokaryontischen Algen aufweist.

Parasitische Algen. Unter den vielzelligen Grün- und Braunalgen gibt es keine pigmentlosen Arten, die als Parasiten zu bezeichnen wären, allerdings wohl mit Ausnahme der fast farblosen Braunalge *Herpodiscus durvilleae,* welche auf den Thalli von *Durvillaea antarctica* pustelförmige Thalli bildet und den Brauntang offenbar zu schädigen vermag (SOUTH 1974). Dagegen gibt es etwa 40 Arten von **parasitischen Rotalgen** (Übersicht: BOLD u. WYNNE 1985, EVANS

u. Mitarb. 1978, GOFF 1982). Diese mit Zellfäden in den Wirten wachsenden und auf der Wirtsoberfläche zumeist als pigmentlose oder pigmentarme Knötchen sichtbaren Arten wurden vor allem in den Ordnungen der Gigartinales, Cryptonemiales und Ceramiales hervorgebracht. Dabei ist auffällig, daß etwa 90 % der parasitischen Rotalgen mit ihrer Wirts-Rotalge taxonomisch in engem Zusammenhang stehen. Beispiele für diese **adelphoparasitischen Rotalgen** sind *Ceratocolax hartzii,* mit blaßrötlichen Büscheln auf *Phyllophora truncata* wachsend (beide zur Familie Phyllophoraceae gehörig), weiterhin *Janczewskia*-Arten als millimetergroße, blaßgelbliche Polster auf *Laurencia*- und *Chondria*-Arten (alle drei Gattungen zur Familie Rhodomelaceae gehörig). Nicht eng mit ihrem Wirt verwandt sind dagegen die **alloparasitischen Rotalgen** wie die farblose *Harveyella mirabilis* (Ordnung Cryptonemiales), die 1-2 mm große, kugelige Thalli auf Arten von *Rhodomela* oder *Odonthalia* (Ordnung Ceramiales) bildet. Diese besonders intensiv untersuchte Art besitzt anstelle von funktionstüchtigen Chromatophoren nur noch „Proplastiden" ohne Thylakoide. Die farblosen Sporen sterben in Meerwasser nach wenigen Tagen ab und keimen auch nicht auf der unverletzten Oberfläche des Wirts, wohl aber in Wundstellen, die durch Isopoden und Amphipoden erzeugt wurden. Der Parasit dringt dann offenbar unter enzymatischer Auflösung von Wirtszellwänden mit Zellfäden (Haustorien) in den Wirt ein und wird schließlich an dessen Zellen mit sekundären Tüpfelzellen angeschlossen, wobei deren Rolle bezüglich des Stofftransports noch nicht völlig geklärt ist. Sicher nachgewiesen wurde allerdings mit radioaktiv markiertem Kohlenstoff, daß parasitische Rotalgen von den Photosyntheseprodukten ihrer Wirte leben. Weiterhin stimulieren vom Wirt abgegebene Substanzen die Anheftung sowie das Wachstum des Parasiten, und umgekehrt wuchern auch Zellfäden des Wirts in das sich bildende Parasitenpolster auf der Thallusoberfläche des Wirts ein. Die **Schädigung des Wirts** durch den Parasiten hängt vom jeweils betrachteten Wirt-Parasiten-Paar sowie vom Alter und der Größe der Wirtsalge ab. So stellt *Laurencia nipponica* bei Thalluslängen bis zu 3 cm ihr Wachstum ein, falls sie von *Janczewskia morimotoi* stark befallen wird. Bei diesem Wirt-Parasiten-Paar ist für die erfolgreiche Infektion durch den Parasiten keine Verletzung der Außenschichten des Wirts erforderlich. Außerdem ist der Parasit hier nur im Jugendstadium pigmentarm. Die kalifornische *Janczewskia gardneri* nimmt in einem fortgeschrittenen Wachstumsstadium keine Photosyntheseprodukte des Wirtes *Laurencia spectabilis* mehr auf, lebt von ihrer eigenen Photosynthese und wird damit von einem Parasiten im Jugendstadium später zu einem obligaten Epiphyten. Viele andere parasitische Rotalgen besitzen jedoch während ihrer gesamten Entwicklung nur degenerierte oder keine Chromatophoren, entsprechend einem geringen oder nicht mehr nachweisbaren Pigmentgehalt. Nicht degeneriert ist dagegen der Generationswechsel, der etwa bei *H. mirabilis* dem normalen Schema der Rotalgen mit Gametophyt, Karposporophyt und Tetrasporophyt folgt. Nicht alle früher als parasitische Rotalgen beschriebenen Auswüchse sind tatsächlich Rotalgen, es kann sich auch um gallenartige Auswüchse der „Wirtspflanzen" handeln. Hinsichtlich der **Entstehung** der parasitischen Rotalgen gibt es mehrere Hypothesen, etwa die Ableitung aus obligaten Epiphyten oder, bedeutsam für die Fälle der engverwandten, adelphoparasitischen Rotalgen, die Entstehung aus Sporen, die auf der Elternpflanze keimten (in situ-Keimung).

8.3. Strategien der Opportunisten und der perennierenden Algen

Licht- und Nährstoffangebot, Siedlungsfläche auf dem Felsboden, auf Algen oder Tieren stellen die Hauptressourcen dar, welche von den benthischen Makroalgen mit unterschiedlichen Strategien genutzt werden. Auf stabile, vorhersagbare Umweltbedingungen können sich die Makroalgen langfristig einstellen und als **perennierende** (älter als ein Jahr werdende) Algen existieren, während als **Opportunisten** die **annuellen** Algen auf den Plan kommen, wenn die Umweltbedingungen in nicht vorhersagbarer Weise gestört werden. So siedeln auf Felsflächen, die von herbivoren Tieren kahlgefressen, vom Experimentator freigekratzt oder als neuentstandene Inseln (S. 52) zum ersten Mal exponiert wurden, im Eulitoral nach Bakterien und benthischen Diatomeen zunächst schnell- und kleinwüchsige Algen wie *Enteromorpha, Ulva, Ceramium rubrum* und *Pilayella littoralis* als Opportunisten, worauf sich schließlich die perennierenden Algen einstellen (S. 52, 56).

r- und K-Strategie. Die unterschiedlichen Strategien der annuellen und der perennierenden Algen lassen sich in etwa mit der r- und K-Strategie gleichsetzen. Die letzteren Begriffe stammen aus der Populationsbiologie (MACARTHUR u. WILSON 1967, PIANKA 1970) und kennzeichnen unterschiedliche Ziele der Evolution. Während r-Strategen eine hohe **Wachstums- und Reproduktionsrate r** der Population aufweisen und die **Kapazität K** der Umweltressourcen nicht voll ausnutzen, ist dieses bei den langsamer anwachsenden Populationen der K-Strategen der Fall (Näheres: MANN 1982, STREIT 1980). Einer bestimmten Art kann zwar nicht ausschließlich, aber doch überwiegend eine der beiden Strategien zugeordnet werden. Die K-Strategen sind auf eine stabile Umwelt angewiesen, in der es „keine Überraschungen gibt". K-Strategen, zum Beispiel Bäume, langlebige Vertreter der Laminariales, aber auch Krustenrotalgen, akkumulieren eine Biomasse, mit welcher die volle Kapazität K der Umwelt ausgeschöpft wird. Beispielsweise erzeugt *Laminaria hyperborea* im mittleren Sublitoral die größte Biomasse, die hier aufgrund des jährlichen Lichtangebots möglich ist, und dasselbe gilt für die langlebigen Krustenrotalgen an der unteren Vegetationsgrenze. Deren Thalli sind zwar klein, aber mehr gibt das jährliche Lichtangebot dort unten nicht her (S. 214, 215). Da die K-Strategen den größten Teil der jährlichen Primärproduktion P (S. 278) zum Aufbau des Vegetationskörpers in die Biomasse B kanalisieren, ist bei ihnen das **Verhältnis P/B** wesentlich kleiner als bei den r-Strategen. Diese verwenden nur einen kleinen Anteil der Primärproduktion zum Aufbau von bleibender Biomasse und bilden dafür sehr rasch und in großen Mengen Sporen und Gameten. Ein gutes Beispiel hierfür sind die Thalli von *Ulva* und *Enteromorpha*. In wenigen Wochen wachsen aus Sporen, Zygoten oder nicht fusionierten Gameten die Thalli heran, worauf die meisten ihrer Zellen wieder in Gameten oder Sporen umgewandelt werden. Im Fall der r-Strategen oder Opportunisten ist die Biomasse pro Quadratmeter Felsfläche sehr variabel, in einem Monat sehr hoch und im nächsten Monat, etwa nach einem katastrophalen Angriff durch herbivore Tiere, den sie eher durch rasches Wachstum der Population beantworten als durch chemisch-physikalische Abwehrmechanismen verhindern, bereits wieder nahe dem Nullpunkt. Man kann nach DAYTON (1975) die Opportunisten auch als **Konkurrenzflüchter** (engl.: fugitive species) bezeichnen, die dem Konkurrenzdruck der perennierenden Algen langfristig nicht standhalten.

8.4. Besondere Strategien der langlebigen Algen

In gemäßigten und hohen Breiten wird für die Algen des Sublitorals mit zunehmender Wassertiefe die Notwendigkeit immer dringender, das Hauptlichtangebot des Sommers zum Aufbau und zur Speicherung von Kohlenhydraten zu benutzen, um die mit zunehmender Tiefe länger werdenden lichtarmen Zeitphasen der kalten Jahreszeit zu überdauern. Die Algen des mittleren sowie des unteren Sublitorals stellen daher das Wachstum im Sommer, um die Speicherung nicht zu gefährden, frühzeitig ein und beginnen dafür ihr neuerliches Wachstum bereits im lichtarmen Winter mit Hilfe von Reservestoffen. Ein langlebiger Thallus ist eine wichtige Voraussetzung für diese Strategie.

8.4.1. Maximales Alter von Meeresalgen

Bei Vertretern der Laminariales kann man das Alter der Individuen anhand kleinzelliger, dunkelbrauner Ringe im Stiel erkennen, die jährlich in der zweiten Jahreshälfte gebildet werden (KAIN 1963). Die Individuen von *Laminaria hyperborea,* die den dichten Laminarienwald bilden, sind zumeist 5-7 Jahre alt, können in Ausnahmefällen jedoch ein Alter von 15 Jahren erreichen, während *L. digitata* und *L. saccharina,* auch etwa die japanischen Vertreter der Gattung mit ungeteiltem Phylloid, nur 2-3 Jahre alt werden (KAIN 1979), *L. digitata* in Ausnahmefällen 5 Jahre (PÉREZ 1970). Der sublitorale Brauntang *Ecklonia radiata* an der Küste von Neuseeland erreicht ein Alter von mindestens 10 Jahren (NOVACZEK 1981). Bei einer Population von *Macrocystis pyrifera,* deren aufrechte Triebe nur ein Alter von etwa einem halben Jahr erlangen, der Haftapparat aber perenniert, wurde festgestellt, daß nach einer hohen Verlustrate in den ersten Monaten die verbleibenden Individuen ein Alter von 3-4 Jahren erreichen und einige 7 Jahre alt wurden (ROSENTHAL u. Mitarb. 1974). Auch die Individuen von *M. integrifolia* leben 4-8 Jahre (LOBBAN 1978), die Riesentange *Pelagophycus porra* und *Nereocystis luetkeana* dagegen nur 1-1,5 Jahre (COYER u. ZAUGG-HAGLUND 1982). Die pazifischen Tiefenrotalgen *Maripelta* (Abb. **97D**) und *Constantinea* bilden auf einem perennierenden Stiel in jedem Jahr ein schirmartiges Phylloid, das schließlich abgeworfen wird. Das Alter der Individuen, welches sich anhand der Phylloidnarben bestimmen läßt, beträgt im Fall von *Constantinea subulifera* oft 7 Jahre, maximal 13 Jahre (POWELL 1964), im Fall von *C. rosa-marina* maximal 18 Jahre (LINDSTROM 1980). Bei den Fucaceen der Gezeitenzone liegt das Durchschnittsalter von Pflanzen, die der hohen Mortalität während der Jugendphase entkommen sind, bei 2-4 Jahren (GUNNILL 1980). Einzelpflanzen von *Ascophyllum nodosum,* dessen Alter sich anhand der jährlich einmal gebildeten Thallusblasen im Hauptsproß bestimmen läßt, können allerdings ein Alter von bis zu 20 Jahren erreichen (PRINTZ 1959).

8.4.2. Reservestoffspeicherung und Dunkelwachstum

Die zeitliche Trennung von photosynthetischem Stoffgewinn im Sommer und frühzeitig im Jahr erfolgendem Wachstum bei noch begrenzenden Bestrahlungsstärken muß von den Algen des tieferen Sublitorals durchgeführt werden, damit die photosynthetischen „Empfangsflächen" im Frühsommer fertig ausgebildet sind, sobald die Versorgung mit Licht für eine positive Stoffbilanz auch im unteren Sublitoral ausreichend wird. So steigt der Gehalt an Mannit, dem Hauptphotosyntheseprodukt der Braunalgen, sowie an Laminaran, dem Hauptreservestoff (S. 283), im

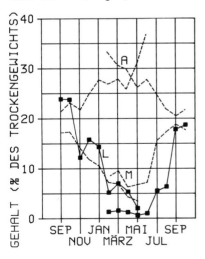

Abb. **175** Jahresgang von Mannit (M), Laminaran (L) und Alginsäure (A) im alten Phylloid (September bis Mai / Juni) und neuen Phylloid (ab März) von *Laminaria hyperborea* an der nordnorwegischen Küste. Für jeden Meßpunkt wurden mindestens 50 Individuen analysiert (nach *Haug* u. *Jensen 1954*)

Phylloid von *Laminaria hyperborea* im Spätsommer jeweils bis auf etwa 20 % des Trockengewichts, und beide Stoffe werden durch die Atmung des Gesamtthallus sowie durch das neuauswachsende Phylloid bis zum Mai weitgehend verbraucht (Abb. **175**). Entsprechendes in bezug auf den Laminarangehalt zeigt Abb. **179** am Beispiel der ostkanadischen *Laminaria saccharina* subsp. *longicruris.*

Versetzt man im Frühjahr eine charakteristische Alge des oberen Sublitorals wie *Laminaria digitata* in das mittlere Sublitoral, so „verhungert" sie hier bei monatelangem Lichtmangel (s. Tab. **11**, S. 226) im folgenden Winter, weil sie im Sommer nicht rechtzeitig mit dem Wachstum aufhörte und zu geringe Mengen an Reservestoffen aufbaute. Im Fall einer „echten" Alge des mittleren Sublitorals wie *L. hyperborea* hört das Wachstum, erblich fixiert, schon im Juni auf (Abb. **176**), so daß

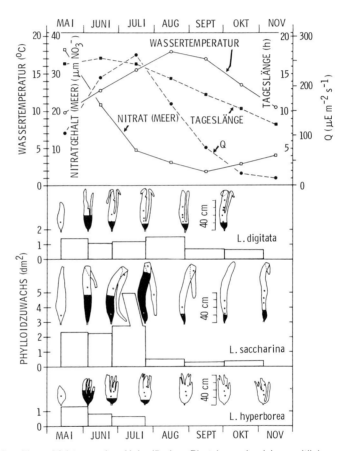

Abb. **176** Jahresgang der Umweltfaktoren im Helgoländer Phytal sowie jahreszeitlicher Zuwachs (schwarzausgefüllte Phylloidpartien und Blöcke) von drei *Laminaria*-Arten in 2 m Wassertiefe am natürlichen Standort. *L. hyperborea* stellt ihr Wachstum im Juli ein, im Gegensatz zu den beiden anderen Arten. Q Photonenfluenzrate in 2 m Wassertiefe. Wachstumsmessung: In jedem Monat wurde 10 cm vom Stielansatz ein kleines Loch in das Phylloid gestanzt. Da sich die meristematische Zone knapp oberhalb des Stielansatzes befindet, entfernen sich die Löcher durch Längenwachstum des Phylloids in distaler Richtung, so daß ihr Abstand vom Stielansatz als Parameter für die Wachstumsrate verwendet werden kann (aus *K. Lüning:* Mar. Ecol. Progr. Ser. 1 [1979] 195-207)

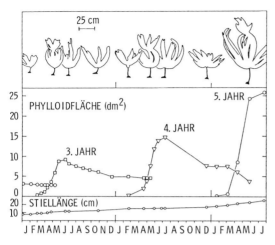

Abb. **177** Wachstumsverlauf eines Individuums von *Laminaria hyperborea* bei Helgoland in 2,5 m Wassertiefe (aus *K. Lüning:* Seasonal growth of *Laminaria hyperborea* under recorded underwater light conditions near Helgoland. In: Fourth European Marine Biology Symposium, hrsg. von *D. J. Crisp.* Univ. Press, Cambridge 1971)

die Photosyntheseprodukte des Sommers als Reservestoffe gespeichert werden können (LÜNING 1979). Es erscheint charakteristisch für das tiefere Sublitoral, daß hier nur langlebige Arten überdauern, die wie *L. hyperborea* pro Jahr einen geringeren Zuwachs aufweisen als andere Gattungsvertreter des oberen Sublitorals (s. Abb. **176**) und ihre Endgröße erst im Verlauf vieler Jahre erreichen (Abb. **177**).

Bei mehreren Algen des tieferen Sublitorals wurde die Fähigkeit zum **Dunkelwachstum** festgestellt, mit welchem zumindest ein kleiner Anteil der endgültigen Phylloidgröße bereits erreicht wird, so bei *Laminaria hyperborea* (s. Abb. **160D**) und den Rotalgen *Constantinea subulifera* (POWELL 1964) sowie *Maripelta rotata* (BOWEN 1971). Im letzteren Fall wie auch bei den im Dunkeln gebildeten kleinen Phylloiden von *Delesseria sanguinea* wird auffälligerweise kein Chlorophyll a im Dunkeln ausgebildet, wohl aber Phycoerythrin (LÜNING u. SCHMITZ 1985). Das Fehlen von Chlorophyll bei den Rotalgen im Dunkeln steht in Analogie zu den meisten höheren Pflanzen, welche, mit Ausnahme der Coniferen, im Dunkeln nur Protochlorophyll besitzen. Die Braunalge *L. hyperborea* bildet jedoch wie viele einzellige Algen auch im Dunkeln Chlorophyll.

8.4.3. Stoffleitung, Kohlenstoff-Dunkelfixierung und Nitratspeicherung

Die neuauswachsenden Thalluspartien werden im Dunkeln vollständig, im Licht zum Teil aus Reservestoffen aufgebaut, die in den alten Thalluspartien im vorausgehenden Sommer gespeichert wurden, etwa Laminaran bei den Braunalgen (S. 283), weiterhin im Licht aus Photosyntheseprodukten, die im Frühjahr von den alten und neuen Thalluspartien erzeugt werden. Schneidet man im zeitigen Frühjahr das alte Phylloid von *Laminaria hyperborea* ab, so wird die Wachstumsrate des noch kleinen, neuen Phylloids stark reduziert (LÜNING 1969a), weil die photosynthetische Eigenleistung des neuen Phylloids zur Erreichung seiner Endgröße nur etwa 50 % beträgt und der Rest der benötigten organischen Stoffe aus dem alten Phylloid importiert wird (LÜNING u. Mitarb. 1973).

Voraussetzung für die Wachstumsunterstützung des neuen durch das alte Phylloid ist ein gut funktionierender **Ferntransport** (Translokation) des **Kohlenstoffs** in Form von organischen Verbindungen, der bei allen untersuchten Vertretern der Laminariales nachgewiesen wurde und im Thallusmark in den ihrer Form nach als „Trompetenzellen" bezeichneten Siebelementen verläuft (Übersicht: BUGGELN 1983, SCHMITZ 1981, SCHMITZ u. LOBBAN 1976, WILLENBRINK u. Mitarb. 1979). Der **Kurzstreckentransport** von den äußeren, reich mit Chromatophoren versehenen Zellschichten der Laminarien durch die an Chromatophoren ärmeren Rindenschichten verläuft vorzugsweise in Schrägrichtung zu den längs im Thallus verlaufenden Siebelementen, und zwar auf einem kontinuierlichen, cytoplasmatischen Weg, der durch Tüpfelfelder in den Wänden der beteiligten Zellen führt (SCHMITZ u. KÜHN 1982).

Die **Geschwindigkeit** der Stoffleitung in den Siebelementen der Laminariales beträgt bis zu 10 cm h^{-1} bei den *Laminaria*-Arten und bis zu 70 cm h$^-$ bei den Vertretern der höherentwickelten Familie der Lessoniaceae, welche über eine größere Porenweite in den Querwandflächen der Siebzellen verfügen, etwa bei *Macrocystis*-Arten. Bei Arten mit einer Mittelrippe wie *Alaria esculenta* (BUGGELN 1981b) oder mit mehreren Rippen wie *Cymathere triplicata* sowie *Costaria costatata* stellen die Rippen den Haupttransportweg dar (SCHMITZ u. LOBBAN 1976). Als Verbrauchsorte (engl.: sinks), an denen die Assimilate akkumuliert werden, wurden bei Laminariaceen und Alariaceen die an der Phylloidbasis befindlichen meristematischen Wachstumszonen (Abb. **178**) sowie die neuauswachsenden Haftkrallen nachgewiesen, dagegen bei *Macrocystis*-Arten die jungen Phylloide an der Thallusspitze, die Sporophylle am unteren Thallusende sowie junge Thalli, die vom Haftapparat entspringen und der Wasseroberfläche entgegenwachsen (S. 115 und Abb. **92A**). Das **Translokat** besteht etwa zur Hälfte aus Mannit, dem Hauptassimilat der Braunalgen (S. 283), zu einem großen Anteil aus Aminosäuren und zu einem geringen Anteil aus organischen Säuren.

Infolge des hohen Gehalts an Aminosäuren im Translokat der Laminariales werden die importierenden Wachstumszonen nicht nur mit Kohlenstoff, sondern auch

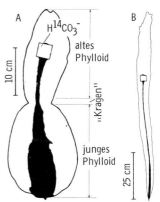

Abb. **178** Nachweis des Ferntransports organischer Stoffe im Thallus von *Laminaria hyperborea* **(A)** und *L. saccharina* **(B)**. Auf einer distalen Thalluspartie wurde Meerwasser mit radioaktiv markiertem Natriumbicarbonat in einer aufgeklebten, kleinen Plexiglaskammer geboten. Nach 24 Stunden wurden die Thalli gefriergetrocknet und im Dunkeln auf Röntgenfilm gelegt, so daß die radioaktive Strahlung in der Folge die dargestellten Autoradiogramme erzeugte. Diese zeigen die Akkumulation der radioaktiv markierten Stoffleitungsprodukte in der Wachstumszone des Phylloids. Die Stiele wurden vor der Autoradiographie abgeschnitten (**A** aus *K. Schmitz, K. Lüning, J. Willenbrink*: Z. Pflanzenphysiol. 67 [1972] 418-429; **B** aus *K. Lüning, K. Schmitz, J. Willenbrink*: Mar. Biol. 23 [1973] 275-281)

mit **Stickstoff** versorgt. Der N-Transport läßt sich verfolgen, wenn man distale Partien des Phylloids $Na^{15}NO_3$ aufnehmen läßt. Im Gegensatz zum radioaktiven Isotop ^{14}C handelt es sich bei ^{15}N um ein stabiles Isotop, dessen Menge im Massenspektrometer bestimmt wird. Die basale, etwa 10 cm lange Wachstumszone des Phylloids von *Laminaria digitata* importiert etwa 60 % des Stickstoffs, den sie für das Wachstum benötigt, aus den distalen Thalluspartien (DAVISON u. STEWART 1983). **Phosphor,** als ^{32}P markiert, wird in den Thalli der Laminariales überwiegend in organischer Form, als Hexose-Monophosphat, zu einem geringen Anteil auch als anorganisches Ion, transportiert und reichert sich bei *L. hyperborea* in der Wachstumszone des neuen Phylloids an, wenn man ^{32}P dem alten Phylloid appliziert (Übersicht: FLOC'H 1982). Der Transport von ^{32}P wurde auch bei *Fucus vesiculosus* untersucht, verläuft hier etwa von der Thallusmitte in der Mittelrippe zur Wachstumszone an der Thallusspitze sowie zur Haftscheibe und weist nur eine Geschwindigkeit von etwa 2 cm h^{-1} auf. Über einen etwaigen Transport organischer Substanzen in den Thalli von Rot- oder Grünalgen liegen bisher kaum stichhaltige Nachweise vor (SCHMITZ 1981).

Dunkelfixierung von CO_2. Der C-Bedarf der Wachstumszonen der Laminariales wird nicht nur durch importierten Kohlenstoff und durch eigenständig, photosynthetisch mit Hilfe des Enzyms Ribulosediphosphat-Carboxylase (RuBP-C) fixiertes CO_2 gedeckt, sondern zusätzlich durch eine lichtunabhängige Fixierung von CO_2 (Dunkelfixierung) mit Hilfe des Enzyms Phosphoenolpyruvat-Carboxykinase (PEP-CK). Dieses Enzym ist vor allem bei den Braunalgen verbreitet (Übersicht: KREMER 1981a, 1981b) und katalysiert die Bildung von Kohlenstoffgerüsten mit 4 C-Atomen wie Malat oder Aspartat durch Kondensation von einem Molekül CO_2 an ein Molekül Phosphoenolpyruvat (PEP). Das für höhere C-4-Pflanzen charakteristische Enzym PEP-Carboxylase, welches bei diesen im Licht die Kondensation von PEP mit CO_2 katalysiert (vgl. NULTSCH 1982), fehlt jedoch bei den bisher untersuchten Meeresalgen, die damit weiterhin als normale C-3-Pflanzen zu betrachten sind, bei welchen die lichtabhängige CO_2-Fixierung über das Enzym RuBP-C verläuft. Das Enzym PEP-CK weist bei *L. hyperborea* in der Wachstumszone des neuen Phylloids eine zehnmal höhere Aktivität als im alten Phylloid auf, bewirkt im neuen Phylloid etwa 25 % der CO_2-Fixierung (Rest durch RuBP-C), und seine maximale Aktivität von März bis Mai fällt mit dem Wachstumsmaximum des neuen Phylloids zusammen (KÜPPERS u. WEIDNER 1980). Die ökologische Bedeutung der Dunkelfixierung mit Hilfe von PEP-CK dürfte im hohen Bedarf an Kohlenstoffgerüsten während der Wachstumsprozesse im zeitigen Frühjahr, bei sehr geringen Bestrahlungsstärken oder noch im Dunkeln, zu sehen sein. Die niedrigen Wassertemperaturen, die zu dieser Jahreszeit herrschen und zwangsläufig die Geschwindigkeit der enzymatischen Reaktionen beeinträchtigen, kompensiert *L. hyperborea* offenbar, indem sie die Mengen an RuBC, PEP-CK und weiteren, für das Wachstum wichtigen Enzyme im Thallus steigert (KÜPPERS u. WEIDNER 1980). **Rolle des Nitrats.** Der einzige ökologische Faktor, der im Winter optimal ist und die Algen unterstützt, die ihr Wachstum bereits im Winter beginnen, ist der zu dieser Jahreszeit hohe **Nährstoffgehalt** des Meerwassers. Nach der Remineralisierung des Planktons im Herbst und Winter steigt der Meerwassergehalt an Nitrat, eines Schlüsselnährstoffs für das Algenwachstum (S. 259), an offenen atlantischen Küsten bis auf Werte von 10 µmol NO_3 (Abb. **179**). Bei Helgoland ergeben sich infolge der Küstennähe und der Eutrophierung durch Elbe und Weser im Winter sogar Werte von 40 µmol NO_3 (s. Abb. **176**). Die Phytoplankter, als „Spielball" der primären ökologischen Faktoren Licht, Nährstoffe und Temperatur, kommen im Frühjahr, wenn alle drei Faktoren optimal werden, zur Massenentwicklung („Frühjahrsblüte") und verbrauchen die Nährstoffe, so daß im Sommer der Nitratgehalt des Wasser bei Helgoland bis auf wenige µmol abgesunken ist, an den offenen atlantischen Küsten praktisch bis auf Null. Im Gegensatz zu den kurzlebigen Phytoplanktonalgen können benthische Makroalgen noch einige Wochen lang nach der Erschöpfung des Nitratvorrats im Meerwasser ihr Wachstum fortsetzen (s. Abb. **179**), und zwar mit im Winter und Frühjahr im Thallus **gespeicherten Nitratreserven.** Auch perennierende Makroalgen der Gezeitenzone wie *Fucus vesiculosus, Ascophyllum nodosum, Codium fragile* und *Chondrus crispus* akkumulieren im Winter

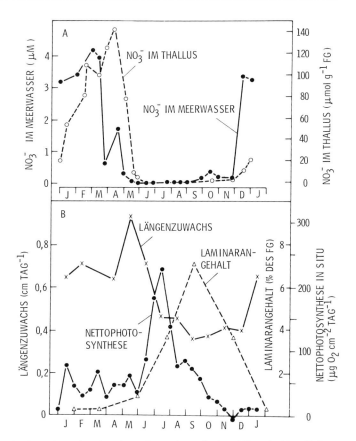

Abb. **179** *Laminaria saccharina* subsp. *longicruris* an der ostkanadischen Küste in 10 m Tiefe
(A) Jahresgang des Nitratgehalts im Meer und verzögerter Abfall des Nitratgehalts im Thallus.
FG Frischgewicht
(B) Jahresgang von Wachstumsrate, Nettophotosynthese und Laminarangehalt. Die Nettophotosyntheserate in situ (am Standort) wurde für Pflanzen in 10 m Tiefe aufgrund häufiger Messungen von Photosynthese und Unterwasserlicht im Jahreslauf berechnet (aus *M. J. Dring:* The biology of marine plants. Arnold, London 1982; nach Arbeiten von *Chapman* u. *Craigie* 1977, 1978 sowie *Hatcher u. Mitarb. 1977*)

Nitrat im Thallus, um dieses während der Hauptwachstumszeit im Frühjahr wieder zu verbrauchen (ASARE u. HARLIN 1983). Im Fall von *C. crispus* wurde auch eine Stickstoffspeicherung in Form des Dipeptids Citrullinyl-Arginin gefunden (LAYCOCK u. Mitarb. 1980). Die im Meerwasser gelösten **Aminosäuren** dürften in Anbetracht ihrer geringen Konzentration für die Makroalgen kaum als Stickstoffquelle eine Rolle gegenüber den anorganischen N-Quellen (S. 259) spielen. Allerdings nehmen Makroalgen radioaktiv markierte Aminosäuren aus dem Wasser auf (HARTMANN u. LÖHR 1983, SCHMITZ u. RIFFARTH 1980).

8.5. Produktivität der benthischen Makroalgen

8.5.1. Biomasse und Primärproduktion

Die pro Quadratmeter Substratfläche vorhandene Algenmenge, als Frisch- oder Trockengewicht ermittelt, wird als **Algenbiomasse** bezeichnet. Sie kann im Sublito-

Tabelle 23   Beispiele für die Biomasse (Frischgewicht pro m² Felsfläche) von benthischen Makroalgen in gemäßigten Regionen

Dominierende Arten	Lokalität	Bio-masse $(kg\ m^{-2})$	Autoren
(a) Eulitoral			
Enteromorpha-Arten, *Ulva lactuca*	Helgoland	2 – 4	*Munda* u. *Markham* 1982
Ascophyllum nodosum, Fucus vesiculosus	Maine, USA	8	*Topinka* u. Mitarb. 1981
(b) Sublitoral			
Laminaria-Arten	Diverse Küsten	4 – 16	*Mann* 1972
Macrocystis pyrifera	Kalifornien	6 – 10	*Aleem* 1973
Cystoseira-Arten	Adria	2 – 5	*Munda* 1979

ral Maximalwerte von 16 kg Frischgewicht m^{-2} erreichen, im Eulitoral etwa die Hälfte (Tab. 23). Unter der jährlichen **Primärproduktion** (genauer: Nettoprimärproduktivität, oft auch nur als **Produktivität** bezeichnet) eines Algenbestandes versteht man die Menge an Kohlenstoff, die pro Jahr von diesem Algenbestand pro Quadratmeter Felsfläche photosynthetisch als Nettogewinn der Photosynthese gebunden (fixiert) wird (Übersicht: MANN 1982, BARNES u. MANN 1980).

Verhältnis von Biomasse zu Primärproduktion. Die jährliche Primärproduktion kann ein Mehrfaches der jeweilig vorliegenden Algenbiomasse ausmachen (vgl. P/B-Verhältnis, S. 271), weil ein Teil der Biomasse von den Algen abgestoßen, von herbivoren Tieren weggefressen oder durch Wasserbewegung verdriftet wird. Weiterhin folgen in den Beständen zahlreicher annueller Algen mehrere Generationen pro Jahr aufeinander. So kann bei der fädigen Grünalge *Cladophora glomerata* in der Ostsee die „Umschlagszeit" der Biomasse (engl.: turnover time) 17 Tage betragen, bei der fädigen Braunalge *Pilayella littoralis* 36 Tage, während im Fall der perennierenden Rotalgen *Furcellaria fastigiata* oder *Phyllophora truncata* mit einem Turnover von 110 bzw. 150 Tagen zu rechnen ist (WALLENTINUS 1978). Die tropischen verkalkten Grünalgen *Halimeda incrassata* und *Penicillus capitatus* sowie die ebenfalls verkalkte Braunalge *Padina sanctae-crucis* erneuern ihre Biomasse in 1-1,5 Monaten (WEFER 1980). Perennierende Brauntange wie die *Laminaria*-Arten verlieren an ihrem distalen Ende kontinuierlich Gewebe, welches eine wichtige Detritusquelle für Bakterien und Pilze (S. 285) ist. Schließlich besteht die Möglichkeit, daß die Algen einen allerdings geringen Prozentsatz des fixierten Kohlenstoffs rasch in Form von organischen Verbindungen in das Wasser abgeben (S. 284).

Die Bestimmung der jährlichen Primärproduktion aufgrund von Zuwachsmessungen (z. B. MANN 1972 an *Laminaria)* oder aufgrund von regelmäßigen Messungen der Photosynthese und Atmung von Algen in durchsichtigen Behältern am Standort (z. B. HATCHER u. Mitarb. 1977, JOHNSTON u. Mitarb. 1977, SCHRAMM u. MARTENS 1976) ist mit zahlreichen Unsicherheitsfaktoren behaftet. Insofern lassen sich nur die **Größenordnungen der Primärproduktion** erarbeiten. Wie Tab. 24 zeigt, reicht die Skala von Maximalwerten im Sublitoral der tropischen Regionen und auch in der tropisch-terrestrischen Vegetation (ganzjährig optimale Licht- und Temperaturbedingungen) über ebenfalls noch hohe Werte in den dichten terrestrischen oder marinen Pflanzenbeständen der gemäßigten Regionen bis zu Minimalwerten in der Arktis (Beschränkung der Photosynthese durch Lichtmangel und tiefe Temperatur). Die periodische Absenkung der Photosyntheserate durch den Trockenfall in der Gezeitenzone führt hier zu relativ geringen Werten der jährlichen Primärproduktion.

Tabelle **24**   Beispiele für die jährliche Nettoprimärproduktion mariner und terrestrischer Vegetation. Angaben für die terrestrische Vegetation wurden zur Umrechnung von Trockengewicht auf Kohlenstoffgehalt mit dem Faktor 0,5 multipliziert

Regionstyp	Vegetationstyp	Netto-primär-produktion $(g\ C\ m^{-2}\ Jahr^{-1})$	Autoren
Tropisch	Regenwald	500–1800	*Lieth* 1975
	Korallenriff	um 2300	*Lewis* 1981, *Wanders* 1976–77
	Sargassum (benthisch)	2500	*Wanders* 1976–77
	Corallinaceen	2100	*Littler* 1973
Gemäßigt	terrestrische Wälder	200–1000	*Lieth* 1975
	terrestrische Wiesen	100–800	*Lieth* 1975
	Laminaria	1200–1900	*Mann* 1982
	Macrocystis	800–1000	*Mann* 1982
	Seegräser	500–1000	*McRoy* u. *Helfferich* 1977
	Fucus, Ascophyllum	300–600	*Brinkhuis* 1977, *Cousens* 1981
	benthische Diatomeen (Schlickwatt)	100–400	*McIntire* u. *Moore* 1977
	küstennahes Phytoplankton	100–200	*Bunt* 1975
Arktisch	*Laminaria solidungula*	20	*Chapman* u. *Lindley* 1981
	küstennahes Phytoplankton	10–25	*Nemoto* u. *Harrison* 1981

Daß die Primärproduktion von **dichter Vegetation auf dem Land oder im Meer** vergleichbare hohe Werte erreicht (s. Tab. **24**), liegt daran, daß in beiden Fällen etwa bis zu 10 m² Blatt- bzw. Thallusfläche pro m² Bodenfläche wachsen können („Blattflächenindex"; LARCHER 1980 sowie WHITTAKER u. LIKENS 1975 für terrestrische Vegetation; LÜNING 1969b, JUPP u. DREW 1974 für Laminarienvegation) und bei allen morphologischen Unterschieden in dichter Vegetation das Chlorophyll mit einer Konzentration von 1,5-3 g pro m² Bodenfläche maximal „enggepackt" vorliegt, so daß das einfallende Licht praktisch zu 100 % absorbiert wird (LARCHER 1980, ODUM 1980, WHITTAKER u. LIKENS 1975). In der Vegetation der Braunalge *Himanthalia elongata* im oberen Sublitoral der europäisch-atlantischen Küsten findet man beispielsweise 1,4 g Chlorophyll pro Quadratmeter Felsfläche (NIELL 1981). Das **Phytoplankton,** dessen Primärproduktion auf die Wassersäule unter einem m² Wasseroberfläche bezogen wird und um den Faktor 10 unter der Produktivität der benthischen Algen des Sublitorals liegt, ist diesen gegenüber insofern benachteiligt, als ein großer Anteil der im Pelagial einfallenden Lichtquanten nicht von den photosynthesetreibenden Zellen absorbiert wird, sondern vom Wasser.

Die in den „tropischen Produktionswüsten des Meeres" im Pelagial allgemein zu beobachtende Nährstoffarmut im Meerwasser und entsprechend geringe Primärproduktion des Phytoplanktons wirkt sich am Korallenriff oder in der benthischen *Sargassum*-Vegetation der tropischen Regionen (S. 170) kaum aus, weil die Nährstoffe hier auf engem Raum verbleiben und in einem hohen Turnover rasch zirkulieren (S. 162).

Globale Primärproduktion. Diese wird im Meer größenordnungsmäßig mit 30×10^9 Tonnen C pro Jahr veranschlagt (davon 97 % durch das Phytoplankton, möglicherweise 3 % durch benthische Algen oder Seegräser fixiert; s. u.) und auf den Kontinenten mit 50×10^9 Tonnen C pro Jahr (BUNT 1975, LONGHURST 1981, WHITTAKER u. LIKENS 1975, WHITTLE 1977). Die höhere Primärproduktion der terrestrischen Vegetation, der auf den Kontinenten nur ein Drittel der Erdoberfläche zur Verfügung steht, deutet wiederum auf den Vorteil der festsitzenden Lebensweise hin, durch welche in dichter Vegetation der größte Teil der Lichtquanten durch die Pflanzen absorbiert werden kann. Der Anteil der benthisch-marinen Pflanzen (Makro- und Mikroalgen, Seegräser) von 3 % ($0,8 \times 10^9$ Tonnen C pro Jahr) an der gesamten Primärproduktion im Meer ergibt sich aus folgender, vager Abschätzung. Die globale Küstenlinie beträgt 400 000 km (GIERLOFF-EMDEN 1980). Nimmt man an, daß ein hochproduktiver Bereich der euphotischen Zone sich mit 2 km Abstand um alle Kontinente und Inseln erstreckt und setzt man auf der Gesamtbodenfläche von $400\,000 \times 2$ km^2 ($0,8 \times 10^6$ km^2) eine Rate der Primärproduktion von 1000 g C m^{-2} Jahr^{-1} an, so werden auf der Gesamtbodenfläche $0,8 \times 10^9$ Tonnen C Jahr^{-1} fixiert. Die Gesamtschelffläche der Meere, von 0-200 m Wassertiefe gerechnet und im überwiegenden Tiefenbereich mit einem zu geringen Lichtangebot für die Photosynthese gekennzeichnet (Abschnitt 6.3.) beträgt nach SCHOPF u. Mitarb. (1978) $27,5 \times 10^6$ km^2.

8.5.2. Höhe der Photosynthese- und Wachstumsraten bei verschiedenen physiognomischen Lebensformtypen

Unter optimalen Umweltbedingungen werden die höchsten **Photosyntheseraten,** auf die Trockengewichtseinheit der Algen bezogen, von annuellen Algen, nämlich von kleinen Flächenalgen wie *Ulva* oder feinverzweigten Algen wie *Ceramium* erbracht, während die perennierenden Arten, von dickthallösen *Laminaria*-Arten bis zu den kleinen Krustenalgen, deutlich geringere Raten aufweisen (Tab. **25**). Es liegt auf der Hand, daß in einem gegebenen, durchlichteten Wasservolumen die feinverzweigten, mit größerem Verhältnis Oberfläche/Volumen gekennzeichneten Algen besser mit Licht versorgt werden und in günstigerem Gasaustausch mit dem Wasser stehen als derbe Algen (LITTLER u. Mitarb. 1983). Die derbzweigten und dickthallösen Algen erkaufen sich die Vorteile ihres zumeist langlebigen, besser für Reserve-

Tabelle **25**   Raten der Nettophotosynthese (mg C pro g Trockengewicht pro Stunde) bei sechs physiognomischen Lebensformtypen der benthischen Makroalgen. G Grünalge, B Braunalge, R Rotalge (zusammengestellt nach *Littler* u. *Arnold* 1982, *Littler* u. Mitarb. 1983)

Physiognomischer Lebensformtyp	Gattungsbeispiele	Netto-photo-synthese
(1) Flächen- und Röhrenalgen (Sheet-Tubular-Group)	G *Ulva, Enteromorpha,* B *Dictyota*	11 − 2
(2) Fädige Algen (Filamentous-Group)	G *Cladophora,* R *Ceramium*	7 − 1
(3) Derbverzweigte Algen (Coarsely-Branched-Group)	G *Codium,* R *Gigartina, Laurencia*	3 − 0,5
(4) Dickthallöse Algen (Thick-Leathery-Group)	B *Fucus, Sargassum, Laminaria, Macrocystis*	1 − 0,3
(5) Aufrechte Kalkalgen (Jointed-Calcareous-Group)	G *Halimeda,* R *Corallina, Jania, Amphiroa*	0,6 − 0,2
(6) Krustenalgen (Crustose-Group)	R *Peyssonnelia, Petrocelis, Porolithon*	0,1

Tabelle **26**   Beispiele für maximale Wachstumsraten von Meeresalgen unter optimalen Bedingungen am Standort. Parameter ist der Längenzuwachs, bei Krustenalgen der Zuwachs der meristematischen Randzone. B Braunalge, G Grünalge, R Rotalge

Arten	Zuwachs pro Tag (cm)	Zuwachs pro Jahr (cm)	Autoren
B *Macrocystis pyrifera* (Stiel)	30		*Wilson* u. Mitarb. 1977
B *Macrocystis integrifolia* (Stiel)	6 – 4		*Lobban* 1978
B *Nereocystis luetkeana* (Stiel)	12 – 8		*Duncan* 1973
B *Pelagophycus porra* (Phylloid)	7 – 3		*Coyer Zaugg-Haglund* 1982
B *Laminaria angustata* var. *longissima* (Phylloid)	13 – 7		*Kain* 1979
B *Laminaria saccharina, L. japonica* (Phylloid)	5 – 2		*Kain* 1979
B *Laminaria hyperborea, L. digitata* (Phylloid)	1		*Kain* 1979
B *Sargassum muticum*	4 – 3		*Nicholson* u. Mitarb. 1981
B *Fucus spiralis*	0,1		*Niemeck* u. *Mathieson* 1976
B *Fucus vesiculosus, Fucus serratus*	0,2 – 0,1	12 – 4	*Knight* u. *Parke* (1950), *Printz* 1926
R *Corallina*-Arten		2 – 1	*Masaki* u. Mitarb. 1981
G *Penicillus capitatus*	0,1		*Wefer* 1980
R Tropische Krustenkalkalgen		2 – 1	*Adey* u. *Vassar* 1975
R Kaltgemäßigte Krustenkalkalgen	0,001	0,3	*Adey* 1970

stoffspeicherung und Fraßabwehr geeigneten Thallus mit einer geringeren Photosyntheserate. Noch drastischer erniedrigt der besonders gut vor Tierfraß schützende Kalkpanzer (S. 267) der verkalkten Algen die Photosyntheserate (s. Tab. **25**).
Beispiele für die **Wachstumsraten** verschieden großer Algen sind als linearer Zuwachs in Tab. **26** aufgeführt. *Macrocystis pyrifera* erreicht unter optimalen Bedingungen, ähnlich wie Bambusschößlinge, einen täglichen Längenzuwachs von 30 cm und gehört damit zu den am schnellsten wachsenden größeren Pflanzen. Am anderen Ende der Skala stehen die langsam wachsenden Krustenkalkalgen mit einem täglichen Zuwachs des Randmeristems von nur 10 μm.

Wachstumsmessungen. Die Intensität des Wachstums von Pflanzen unterschiedlicher Größe läßt sich nur unter Berücksichtigung von Anfangs- und Endgröße aufgrund der **relativen Wachstumsrate** vergleichen. Diese ergibt sich nach EVANS (1972) wie folgt (W_1 = Pflanzengewicht am Beginn der Meßperiode zum Zeitpunkt T_1, W_2 = Pflanzengewicht am Ende der Meßperiode zum Zeitpunkt T_2):
$R = \log_e (W_2/ W_1) : (T_2 - T_1)$.
Anschaulicher als diese dimensionslose Größe ist die Darstellung als Prozentzuwachs pro Tag in Form der **spezifischen Wachstumsrate** μ (t = Versuchsdauer in Tagen):
$\mu = 100 \log_e (W_2/W_1) : t$.
Hinsichtlich der relativen Wachstumsrate sind die kleinen annuellen Algen (Gruppen 1 und 2 in Tab. **25**) den größeren, perennierenden und dickthallösen Algen (Gruppe 4) überlegen. Dieses äußert sich bei annuellen Algen bereits im kürzeren Turnover (S. 278) wie auch im größeren Verhältnis der Jahresproduktion zur jeweiligen Biomasse, verglichen mit perennierenden Algen (S. 271).
Physiognomische Lebensformtypen. Bei der Kennzeichnung der Wuchsformen in Tab. **25** handelt es sich um einen neuerlichen Versuch, die Formtypen der Algen nach physiognomischen Gesichtspunkten zu „klassifizieren". Ältere Versuche in dieser Hinsicht führten kaum zu einer

einheitlichen Terminologie. So wurden im deutschen Sprachbereich nach SCHWENKE (1969), basierend auf FUNK (1927) sowie NIENBURG (1930), folgende physiognomische Lebensformtypen unterschieden: Brauntange, Feinalgen (Busch- und Blattbuschalgen, Schlauch- und Schnuralgen, Flächenalgen, Fadenalgen), Krusten- und Kalkalgen, Kleinalgen (Kleinbenthos, Kleinepiphyten, endophytische und endozoische Arten). Es liegt auf der Hand, daß diese schwer zu übersetzenden Begriffe keine Verbreitung in der internationalen Literatur finden konnten. Dasselbe dürfte umgekehrt für die in Tab. 25 aufgeführten Begriffe aus dem englischen Sprachbereich gelten, und so wird es dabei bleiben, daß die Formtypen der Algen von jedem Autor nach eigenem Sprachgefühl benannt werden, wie es auch im vorliegenden Buch erfolgt (S. 5). Etwas günstiger ist die Situation im Fall der Lebensformtypen des jahreszeitlichen Verhaltens (S. 235).

8.6. Algeninhaltsstoffe und Abbau der Algenbiomasse

8.6.1. Inhaltsstoffe der Makroalgen

Das Frischgewicht der Makroalgen besteht zu 80-90 % aus Wasser, und das verbleibende **Trockengewicht** wird zu etwa 25 % von der mineralischen **Asche** gebildet, deren Hauptbestandteile Kalium, Natrium, Magnesium und Calcium sind. Das verbleibende **organische Trockengewicht,** somit etwa 75 % des Trockengewichts, besteht etwa zur Hälfte aus organischem Kohlenstoff (vgl. WESTLAKE 1963; Übersicht, Gesamtanalyse der Makroalgen: DURAKO u. DAWES 1980, HAUG u. JENSEN

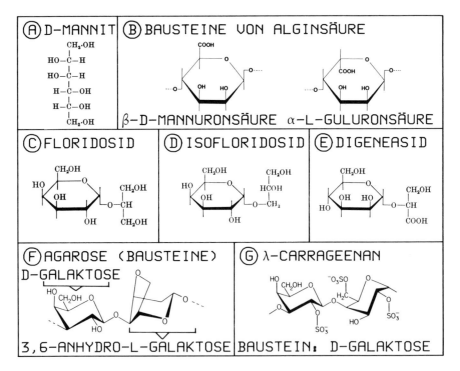

Abb. **180** Strukturformeln wichtiger Kohlenhydrate der Makroalgen (zusammengestellt nach *Percival* 1979, *Percival* u. *McDowell* 1967, *McCandless* 1981)

1954, HELLEBUST u. CRAIGIE 1978, MORGAN u. Mitarb. 1980, STEWART 1974; Asche: WHYTE u. ENGLAR 1980). Der **Proteingehalt** macht bei derben Braun- und Rotalgen zumeist um 10 % des organischen Trockengewichtes aus (z. B. bei *Laminaria* und *Palmaria*), kann jedoch bei Gattungen wie *Ulva, Hypnea* oder *Porphyra* bis auf 20-30 % des Trockengewichts steigen (FUJIWARA-ARASAKI u. Mitarb. 1984). Den Rest des organischen Trockengewichtes stellen überwiegend die niedermolekularen **Kohlenhydrate** (Übersicht: KREMER 1980, 1981a, 1981b) und **Polysaccharide** (Übersicht: CRAIGIE 1974, MCCANDLESS 1981, MCCANDLESS u. CRAIGIE 1979, PERCIVAL 1979, PERCIVAL u. MCDOWELL 1967). Der Gehalt an ätherlöslichen, **lipophilen Substanzen** (Übersicht: RAGAN 1981, SARGENT u. WHITTLE 1981) beträgt bei *Laminaria*-Arten 1-2 %, der Gehalt an **Jod** bis zu 4 % des Trockengewichtes (HAUG u. JENSEN 1954), wobei dieses Element zuerst in der Asche von Brauntangen entdeckt und für lange Zeit aus diesen gewonnen wurde (S. 289). Eine Vielzahl von **phenolartigen Substanzen** (Übersicht: RAGAN 1976, 1981) kommt vor allem in Braunalgen vor und dient wahrscheinlich der chemischen Abwehr von Epiphyten sowie dem Fraßschutz (S. 266).

Als niedermolekulare **Photosyntheseprodukte** (Abb. **180**) findet man bei Grünalgen wie bei höheren grünen Pflanzen **Saccharose** (Rohrzucker, aus je einem Molekül Glucose und Fructose aufgebaut), bei Braunalgen den sechswertigen Zuckeralkohol **Mannit,** bei den Rotalgen Glykoside (Substanzen mit einem Zucker- und einem Nichtzuckeranteil). In den meisten Ordnungen der Rotalgen wird **Floridosid** synthetisiert, dagegen **Isofloridosid** bei den Bangiophyceen und **Digeneasid** bei den Ceramiales. Alle diese Photosyntheseprodukte, die nach der Assimilation von $^{14}CO_2$ rasch radioaktiv markiert auftreten, können in den Algen akkumuliert werden, etwa bei *Laminaria*-Arten bis zu einem Mannitgehalt von 30 % des Trockengewichts. Nicht akkumuliert werden dagegen die ebenfalls rasch während der Photosynthese radioaktiv markierten Aminosäuren und organischen Säuren.

Algenpolysaccharide. Die aus Glucose aufgebauten **Reservestoff-Polysaccharide** (Glucane) sind **Stärke** bei den Grünalgen, **Florideenstärke** bei den Rotalgen, die wie Stärke zum Teil mit (α-1,4)-glykosidischen Bindungen verknüpft ist und der Struktur nach etwa zwischen Amylopektin und Glykogen steht. Der Reservestoff der Braunalgen ist **Laminaran,** welches (β-1,3)-glykosidische Bindungen aufweist und bei *Laminaria*-Arten im Herbst bis zu 20 % des Trockengewichts ausmachen kann (s. Abb. **175**). Als **Strukturpolysaccharid** läßt sich zwar im Zellwandbereich **Zellulose** als fibrilläre Gerüstsubstanz bei manchen Algenarten nachweisen, ist jedoch nicht wie bei Landpflanzen weitverbreitet, sondern wird durch andere strukturgebende Polysaccharide wie Xylane und Mannane ersetzt, in welchen Xylose und Mannose als Monosaccharidbausteine dienen (MCCANDLESS 1981). Als weitere Strukturpolysaccharide kommen im Zellwandbereich der Algen, und zwar als „Füllmaterial" zwischen den Fibrillen sowie in der interzellulären Matrix, besondere Polysaccharide vor, die als **Phykokolloide** auch von wirtschaftlicher Bedeutung sind (Kap. **9**). Bei den **Rotalgen** handelt es sich um **sulfathaltige Galaktane** (bis zu 70 % des Trockengewichts), bei denen der Monosaccharidbaustein Galaktose alternierend α-1,3 und β-1,4 verknüpft ist. Man unterscheidet **Agar,** in welchem die 1,4-verknüpfte Einheit durch L-Galaktose gebildet wird und mit D-Galaktose alterniert, daneben **Carrageenan,** welches nur aus D-Galaktose zusammengesetzt ist und keine L-Galaktose enthält (s. Abb. **180**; MCCANDLESS 1981, PERCIVAL 1979). Agar läßt sich in das sulfathaltige Agaropektin und in die neutrale Agarose aufspalten, wobei in der letzteren Disaccharideinheiten aus 1,3-verknüpfter β-D-Galaktose und 1,4-verknüpfter Anhydro-L-Galaktose alternieren (s. Abb. **180**). Der Anteil und die Stellung der Sulfatgruppen sowie der Anteil weiterer Bestandteile wie Anhydrogalaktose unterscheidet sich von Art zu Art und bestimmt die physikalischen Eigenschaften dieser gelartigen und wirtschaftlich besonders bedeutsamen Phykokolloide (Kap. 9), wobei etwa die gelierenden Eigenschaften mit dem Anteil von Anhydrogalaktose steigen. Die Synthese von Agar oder Carrageenan ist gattungsspezifisch festgelegt, und so unterscheidet man unter den Gattungen der Rotalgen „Agarophyten" sowie „Carrageenophyten" (S. 290, 292). Unter den vielfältig aufzugliedernden Carrageenanen (vgl. MCCANDLESS 1981) wurde beispielsweise ein in Gegenwart von Kaliumionen gelierendes kappa-Carrageenan von einem unter dieser Bedingung gelöst bleibendem lambda-Carrageenan unterschieden. Bei Vertretern der Rotalgenfamilie Gigartinaceae, etwa bei *Chondrus crispus,* synthetisiert der Gametophyt nur kappa-Carrageenan, der Sporophyt dagegen lambda-Carrageenan.

Das Hauptstrukturpolysaccharid der **Braunalgen** ist die **Alginsäure,** aus den Monosaccharidbausteinen D-Mannuronsäure und L-Guluronsäure aufgebaut, die sich in der Stellung der COOH-Gruppe am C-5-Atom unterscheiden (s. Abb. **180).** Die Alginsäure, im extrahierten Zustand eine weißliche, faserige Masse, besteht aus unverzweigten Ketten, in welchen Blöcke von Polyguluronsäure auf Blöcke von Polymannuronsäure oder auf gemischte Blöcke beider Uronsäuren folgen. In den Braunalgen kommt Alginsäure mit einem Gehalt von 15-40 % des Algentrockengewichts in Form ihrer Salze, der Alginate vor, vor allem in Form des wasserunlöslichen Calciumalginats und des wasserlöslichen Natriumalginats. Durch unterschiedlichen Gehalt der beiden Uronsäuren sowie an Natrium oder Calcium unterscheiden sich die Alginate von Art zu Art und in verschiedenen Thalluspartien derselben Pflanze. Polyguluronsäure, mit starker Affinität zu den zwischen den Falten der Ketten befindlichen Calciumionen, dominiert als festere Substanz vor allem in den Zellwänden, in älteren Thalluspartien und im Stiel der *Laminaria*-Arten. Dagegen kennzeichnet ein höherer Gehalt an Polymannuronsäure die flexibleren Alginate in jungen Phylloidpartien und in den Interzellularräumen, wobei die Flexibilität hier teilweise auf der leichteren Möglichkeit der Rotation der Polymannuronsäure um die glykosidischen Bindungen beruht. Der fast flüssige Schleim in den Rezeptakeln von *Ascophyllum nodosum* besteht zu 97 % aus Polymannuronsäure. Schließlich gibt es wie bei den Rotalgen auch im Bereich der Zellwände der Braunalgen sulfathaltige Polysaccharide, die noch wenig aufgeklärten **„Fucane",** welche als stark verzweigte Makromoleküle vorliegen. Die Fucane, unter Bezeichnungen wie Fucoidin, Fucoidan, Ascophyllan oder Sargassan geläufig, enthalten als Monosaccharid nicht nur L-Fucose, mit weniger Sauerstoff- als Kohlenstoffatomen versehen, sondern auch andere Hexosen wie D-Galaktose, D-Mannose, die Pentose D-Xylose sowie D-Glukuronsäure. Auch bei **Grünalgen** kommen im Zellwandbereich sulfathaltige, stark verzweigte und gelartige Polysaccharide vor, als deren Bausteine die Hexosen Galaktose, Rhamnose sowie die Pentosen Arabinose und Xylose fungieren.

8.6.2. Überführung der Algenbiomasse in die Nahrungsketten des Phytals

In gemäßigten Breiten werden etwa 90 % der Algenbiomasse in Detritusnahrungsketten durch kleine Invertebraten, Bakterien und Pilze aufgearbeitet (Übersicht: BARNES u. MANN 1982, Mann 1982). Nur etwa 10 % der Algenbiomasse, in den tropischen Regionen dagegen ein wesentlich höherer Anteil (S. 164), gelangen in die durch herbivore Tiere bestimmten Nahrungsketten des Phytals.

Gelöste und partikuläre Substanz. Bereits die lebenden Thalli der Makroalgen geben niedermolekulare organische Stoffe in das umgebende Wasser ab, die im Verlauf weniger Stunden von Bakterien umgesetzt werden, zum einen in der Größenordnung von 1-5 % durch normale, photosynthesetreibende Zellen (Übersicht: BRYLINSKI 1977, PREGNALL 1983), zum anderen an erodierenden Thalluspartien, etwa bei den Laminariaceen. Der hier abgegebene, wasserlösliche Algenschleim kann zu 70 % aus mineralischer Asche, zu 8 % aus Zuckeralkoholen (Mannit) und Zuckern, zu je 5 % aus Alginat sowie Laminaran bestehen, 0,2 % fettartige Substanzen enthalten (NEWELL u. Mitarb. 1980). Die fettartigen Substanzen wie Palmitinsäure bilden einen wesentlichen Bestandteil im Oberflächenfilm des „Wellenschaums", und ebenfalls darin enthaltene Fettsäuren wie Linolsäure sind für Tiere von Bedeutung, welche diese benötigen, jedoch nicht zu synthetisieren vermögen (VELIMIROV 1982). An den distalen Thallusenden der *Laminaria*-Arten sitzt massiert eine reiche Bakterienflora, welche Mannit und andere niedermolekulare Stoffe sowie Alginat, Laminaran und Protein hydrolysiert (LAYCOCK 1974). Der als **gelöstes organisches Material** in das Wasser gelangene Anteil der Primärproduktion (DOC; dissolved organic carbon) wird aufgrund von Untersuchungen der jährlichen Kohlenstoffbudgets bei verschiedenen Vertretern der Laminariales auf 15-30 % der jährlichen Nettoprimärproduktion veranschlagt (HATCHER u. Mitarb. 1977, JOHNSTON u. Mitarb. 1977, MANN 1982, NEWELL u. Mitarb. 1980). Das für den Abbau in **Detritusnahrungsketten** zur Verfügung stehende **partikuläre organische Material** besteht im Fall der Makroalgen zum einen aus erodierenden Thalluspartien, wobei die Phylloide von *Laminaria saccharina* etwa die Hälfte der jährlichen Nettoprimärproduktion auf diese Weise abgeben (JOHNSTON u. Mitarb. 1977), zum anderen werden ganze, gealterte oder auch junge Thalli durch die Wellenbewegung aus den Algenbeständen entfernt und in weniger wellen- und strömungsexponierten Senken im Sublitoral in solcher Dichte angehäuft, daß auch Algenthalli, die bei günstiger Licht- und Nährstoffversorgung noch loseliegend weiterwachsen könnten, hier degenerieren (Übersicht bezüglich loseliegender Algen: NORTON u. MATHIESON 1983). Aus dem absterbenden Algenmaterial geht etwa ein Drittel des Trockengewichts als mineralische Asche (S. 282) und wiederum etwa ein Drittel des verbleibenden organischen Anteils in Form der niedermolekularen Kohlenhydrate wie Mannit oder Aminosäuren in Lösung, wird zum Teil von Mikroorganismen aufgenommen und kann auf diese Weise wieder zu partikulärem Material werden. Hinsichtlich der Verdaulichkeit der Thalli der Laminariales etwa für Amphipoden dürfte die Zerstörung der äußeren Zellschichten von Bedeutung und das „Auslaufen" der hierin enthaltenen Physoden wichtig sein, weil diese stark lichtbrechenden Zelleinschlüsse antibiotisch wirkende Phenole enthalten (RAGAN 1976).

Der wasserunlösliche Rest der Algenbiomasse wird in Form von Detrituspartikeln durch **Detritusfresser** (Protozoen, Turbellarien, Nematoden, Amphipoden) aufgenommen, die Partikel von weniger als 3 cm Durchmesser abweiden (ROBERTSON u. LUCAS 1983), weiterhin von Bakterien sowie Pilzen zersetzt, welche wiederum Detritusfressern als Nahrung dienen und diesen die unverdaulichen Bestandteile des Algenmaterials aufschließen. Die Hälfte des partikulären Materials von *Laminaria pallida* wird bei 10°C innerhalb von 10 Tagen abgebaut (STUART u. Mitarb. 1981). Weitere Glieder der Detritusnahrungsketten sind räuberische Tiere (Detrivoren), welchen die Detritusfresser als Nahrung dienen. Durch die gemeinsame Wirkung von Bakterien und Detritusfressern verkleinern sich die Detrituspartikel, bis sie bei einem Durchmesser von etwa 50 μm im Wasser aufsteigen und nun als suspendiertes organisches Material auch den filtrierenden Tieren zur Verfügung stehen.

Im Fall der von *Ecklonia radiata* beherrschten Brauntangvegetation an der Küste von SW-Australien (S. 201) wird geschätzt, daß der Abbau der von der Brandung im Sublitoral zusammengetriebenen Algenbiomasse durch Bakterien und Amphipoden im Sommer in jeweils zwei Wochen, in der kälteren Jahreszeit in ein bis zwei Monaten erfolgt (ROBERTSON u. HANSEN 1982). Schließt man größere Thallusstücke von *Macrocystis integrifolia* oder *Nereocystis luetkeana* in Netzbeutel ein und exponiert diese im Sublitoral, so zerfallen die Algenpartien im Sommer innerhalb von 5-8 Wochen zu Detrituspartikeln von weniger als 1,5 mm Durchmesser, und 60 % der Algenbiomasse werden in Bakteriensubstanz umgebaut (ALBRIGHT u. Mitarb. 1980). Beim mikrobiellen Abbau der Makroalgen im sandigen **Strandanwurf** werden nach einer Untersuchung von KOOP u. Mitarb. (1982) am Brauntang *Ecklonia maxima* der südafrikanischen Küste (S. 196), dessen Biomasse zu 5 % am Strand ausgeworfen wird, zunächst vorwiegend durch Kugelbakterien die Zellwände gelöst, worauf der ausströmende Zellinhalt vorwiegend von Stäbchenbakterien bevölkert wird. Etwa ein Viertel des Algenkohlenstoffs wird im Bereich der Algenmassen in Bakterienkohlenstoff umgebaut. Der verbleibende Rest des Algenkohlenstoffs sickert unterhalb der sich zersetzenden Algenmassen in Form einer organischen Lösung mit einer Kohlenstoffkonzentration von bis zu 5 g C l^{-1} in den Sand und wird nach dem Durchdringen von etwa 10 cm Sandtiefe im Frühjahr innerhalb von 8 Tagen von den sandbewohnenden Bakterien mineralisiert.

Dritter Teil: Die Nutzung der Meeresalgen

9. Die wirtschaftliche Verwendung und kommerzielle Züchtung der marinen Makroalgen

Literatur: Gesamtgebiet: CHAPMAN u. CHAPMAN (1980), JENSEN (1979), LEVRING u. Mitarb. (1969), MATHIESON (1975), WAALAND (1981). **Kommerzielle Nutzung in der Industrie:** BOOTH (1975), GLICKSMAN (1969), McHUGH (1984). **Kommerzielle Algenkultur:** BONOTTO (1976), MICHANEK (1978), TSENG (1981a). **Algen-Ressourcen und Produktionsländer:** CADDY u. FISCHER (1984), MICHANEK (1975, 1978, 1983), MOSS (1977), NAYLOR (1976). **Japan:** KAWASHIMA (1984), MIURA (1975), OKAZAKI (1971), SAITO (1975). **China:** CHENG (1969), TSENG (1981a, 1981b). **Thailand:** EDWARDS u. Mitarb. (1982). **Indonesien:** SOEGIARTO (1979). **Indien:** CHAUHAN u. MAIRH (1978). **Ostafrika:** MSHIGENI (1983). **Südafrika:** SIMONS (1976). **Europa: Britische Inseln, Dänemark, Frankreich, Island, Norwegen, Portugal, Spanien, UdSSR:** LEVRING (1977). **Irland:** GUIRY u. BLUNDEN (1981). **Kalifornien:** NORTH (1971). **Südamerika:** OLIVEIRA FILHO (1981).

Die wirtschaftliche Bedeutung der marinen Makroalgen bezieht sich zum einen auf den Einsatz der gelartigen **Algeninhaltsstoffe** vor allem in der Nahrungsmittelindustrie, zum anderen auf die schon Jahrtausende alte Verwendung bestimmter Makroalgen als **Nahrungsmittel** in Japan, China und Korea. Weiter werden Meeresalgen als Tierfutter und Düngemittel verwendet. **Kommerzielle Züchtung** wird in großem Stil mit der als Nahrungsmittel verwendeten Rotalge *Porphyra* in Japan und China betrieben, weiterhin mit *Laminaria* vor allem in China, wiederum als Nahrungsmittel sowie zur Gewinnung von Alginat. Eine sich noch entwickelnde Züchtung betrifft die tropische Rotalge *Eucheuma* zur Gewinnung von gelartigen Algeninhaltsstoffen. Auch die hier nicht näher behandelte Produktion von Algenbiomasse aus einzelligen **Mikroalgen** für wirtschaftliche Zwecke ist in rascher Entwicklung begriffen (Übersicht: SHELEF u. SOEDER 1980).

Insgesamt werden jährlich ungefähr 3 Millionen Tonnen Frischgewicht an marinen Makroalgen für wirtschaftliche Zwecke geerntet, davon etwa 2 Millionen Tonnen an Braunalgen, 600 000 Tonnen an nicht-verkalkten Rotalgen und 300 000 Tonnen an verkalkten Rotalgen (s. Tab. **28**, S. 291). Die Jahresernte stammt zur Hälfte aus natürlichen Beständen, zur Hälfte aus künstlichen Meereskulturen, vor allem aus der chinesischen *Laminaria*-Kultur. Algenmengen ähnlicher Größenordnung wurden bereits durch die heute nicht mehr existierende Pottasche- und Jodindustrie der vergangenen Jahrhunderte jährlich dem Meer entnommen oder aus dem Strandanwurf geerntet (s. u.).

Algen und Meeresverschmutzung. In Küstengewässern mit hoher Schadstoffbelastung (engl.: pollution) kommt es zu drastischen Änderungen der Flora und Fauna (Übersicht: JOHNSTON 1976). So verschwanden in verschmutzten Gegenden der Adria unter den Fucales zunächst die *Sargassum*-Arten, dann verschiedene *Cystoseira*-Arten, während *Fucus virsoides* sich als widerstandsfähig erwies (MUNDA 1982). Die Akkumulation von Schwermetallen in den langlebigen *Fucus*-Arten kann ausgenutzt werden, um diese als biologische Anzeiger für die Schwermetallbelastung des Küstenwassers zu verwenden.

9.1. Historisches zur Verwendung der Meeresalgen

Nachdem Meeresalgen als Nahrungsmittel in Ostasien schon frühzeitig verwendet wurden (S. 293), begann die industrielle Verwertung der Meeresalgen in Westeu-

Abb. **181** Algenverbrennung an der Küste der Bretagne (historische Photographie)

ropa im 17. Jahrhundert. Zunächst produzierte man in Frankreich aus der Asche (engl.: kelp; später wurde dieser Begriff auf die Vertreter der Laminariales übertragen) verschiedener Arten der Laminariales und Fucales **Pottasche** (Kaliumcarbonat und Kaliumsulfat) und Soda (Natriumcarbonat) für die Glas- und Seifenindustrie. Auf dem Höhepunkt dieser Pottasche-Industrie um 1800 wurden an den Küsten der Normandie, von Schottland und Norwegen sowie auf den Orkneys und Hebriden jährlich bis zu 400 000 Tonnen Frischgewicht an Algen am Strand verbrannt (vgl. Abb. **181** zur Algenverbrennung in neuerer Zeit), etwa die Hälfte der Menge, die man heute zur Gewinnung der Phykokolloide einsetzt (s. Tab. **28**). Die Herstellung von Soda nach dem Le-Blanc-Verfahren beendete die Pottasche-Gewinnung aus Meeresalgen etwa um 1810. Die Algenfischer (franz.: goemons) wurden jedoch nicht brotlos, denn 1811 entdeckte der französische Seifensieder COURTOIS in Brauntangen das **Jod** (Aschengehalt von 0,1-1 %), welches in der Folge vorwiegend aus Algen gewonnen wurde. Zu Beginn des 19. Jahrhunderts verarbeitete man zur Gewinnung von Jod die größte je geerntete Menge an Meeresalgen, und zwar mit einer Jahresernte von etwa 3 Millionen Tonnen Frischgewicht an Brauntangen, die vor allem in Westeuropa und Japan an den Küsten gesammelt wurden. Aber nach 1870 und endgültig in den 30er Jahren des 20. Jahrhunderts kam auch diese Industrie weitgehend zum Erliegen, weil andere Jodquellen wie der Chilesalpeter erschlossen wurden.

9.2. Algenextrakte (Phykokolloide)

Weltweit von Bedeutung sind heute die gelbildenden und viskosen Inhaltsstoffe der marinen Makroalgen, die 20-30 % des Trockengewichts ausmachen und insgesamt als **Phykokolloide** (Hydrokolloide) bezeichnet werden. Im einzelnen handelt es sich um die Stoffgruppen von Agar und Carrageenan der Rotalgen sowie um die Alginate der Braunalgen (vgl. S. 282-284 zur Chemie dieser Substanzen). Beispiele für die Verwendung dieser Stoffe, vor allem der vielseitig eingesetzten Alginate, in der Industrie sind in Tab. **27** aufgeführt, die Größenordnungen der gegenwärtigen Weltproduktion in Tab. **28**. Die USA und Kanada verbrauchen jährlich etwa 500 Tonnen Agar, 3500 Tonnen Carrageenan und 4000 Tonnen Alginat, die Europäische Gemeinschaft 2500 Tonnen Carrageenan sowie eine ähnliche Menge an Algi-

Tabelle **27**   Beispiele für die Verwendung der Phykokolloide in der Industrie. Der Einsatz der Phykokolloide wird in verschiedenen Ländern unterschiedlich gehandhabt (zusammengestellt u. a. nach *Booth* 1975, *Chapman* u. *Chapman* 1980)

	Agar	Carra-geenan	Algi-nate
(a) Nahrungsmittelindustrie			
Gelees, Marmeladen, Puddings (als Pektinersatz)	X	X	X
Fleischkonserven (als Pektinersatz)	X	X	
Fruchtsäfte, Limonaden (zur Stabilisierung)		X	X
Speiseeis (zur Verhinderung von Eiskristallen)		X	X
Kakaogetränke (zur Stabilisierung)		X	
Joghurtzubereitungen, Bonbonfüllungen			X
Salatsaucen (zur Stabilisierung)		X	X
Wursthüllen (als Kunstsaitling)	X		X
Diät- und Schlankheitsnahrung (Stärkeersatz)	X	X	
(b) Textil- und Farbenindustrie			
Alginatkunstseide (aus Ca-Alginat)			X
Textildruckfarben (als Verdickungsmittel)			X
(c) Kosmetische und pharmazeutische Industrie			
Zahnpasta, Rasierseife, Lippenstifte			X
Zahnheilkunde (Gebißabdruck)		X	X
Hautcremes, Salben (als Emulgator)		X	X
Nährböden für die Mikrobiologie	X		
Analytische Chemie (als Trenngele)			X
Medizinische Kapseln (Hüllsubstanz)		X	
Chirurgische Nähfäden			X

nat (MOSS 1977). Die Bundesrepublik Deutschland importierte 1974 derartige Meeresalgenprodukte in einem Gesamtwert von etwa 8 Millionen US-Dollar (NAYLOR 1976).

9.2.1. Agar

Der Begriff „Agar" (Übersicht: Yaphe 1984) stammt aus der malaiischen Sprache („Agar-Agar") und bezeichnete ursprünglich bestimmte eßbare Rotalgen. Heute bezeichnet man die agarenthaltenden Algen als **Agarophyten,** deren wirtschaftlich wichtigste Vertreter in den warmgemäßigten und tropischen Regionen mit zahlreichen Arten der Gattungen *Gelidium* sowie *Pterocladia* zu finden sind, beide zur Ordnung Gelidiales gehörend. Die außerdem weltweit verwendete Rotalge *Gracilaria* sowie die vor allem in der UdSSR verarbeitete *Ahnfeltia plicata* sind Vertreter der Ordnung Gigartinales. Zur Gewinnung des in kaltem Wasser unlöslichen Agars werden die getrockneten Algen mit heißem Wasser extrahiert, worauf mehrere Reinigungsschritte erfolgen. Die Agarsorten der verschiedenen Agarophyten und ihrer Arten sind chemisch etwas unterschiedlich aufgebaut (S. 283) und unterscheiden sich damit auch hinsichtlich ihrer Gelstärke und anderer für die Industrie bedeutsamer Merkmale wie Viskosität und Stabilität in wäßrigen Lösungen und in Emulsionen. So bilden die Agarsorten von *Gelidium* auch in verdünntem Zustand noch

Tabelle **28**   Jährlich verarbeitete Mengen an Algen-Trockenprodukten und Jahresernten von Meeresalgen. R Rotalge, B Braunalge

	Beispiele für verwendete Algen	Trocken- produkt (Tonnen pro Jahr)	Geerntetes Algen- frisch- gewicht (Tonnen pro Jahr)	Autoren
(a) Phykokolloide				
Agar	R *Gelidium, Pterocladia,* R *Gracilaria, Ahnfeltia*	6 000	150 000	*Moss* 1977, *Jensen* 1979
Carrageenan	R *Chondrus, Gigartina, Eucheuma*	10 000	130 000	*Moss* 1977, *Jensen* 1979
Alginat	B *Macrocystis, Laminaria* B *Ascophyllum nodosum*	15 000	400 000	*Moss* 1977, *Jensen* 1979
(b) Algen als Nahrungsmittel				
Kombu (Japan)	B *Laminaria japonica,* *L. angustata*	30 000*	150 000	*Hasegawa* 1976 (* etwa 15 % für Nahrung)
Haidai (China)	B *Laminaria japonica*	275 000*	1 300 000	*Tseng* 1981b (* etwa 50 % für Nahrung)
Wakame (Japan)	B *Undaria pinnatifida* u. a. Arten	14 000	120 000	*Jensen* 1979, *Tseng* 1981a
Nori (Japan)	R *Porphyra tenera* u. a. Arten	18 000	220 000	*Jensen* 1979, *Tseng* 1981a
Zicai (China)	R *Porphyra haitanensis* u. a. Arten	7 000	80 000	*Tseng* 1981a
(c) Algen als Tierfutterzusatz				
Algenmehl	B *Ascophyllum nodosum*	30 000	100 000	*Jensen* 1979
(d) Algen als Düngemittel				
Maerl	R *Lithothamnium corallioides* R *Phymatolithon calcareum*		300 000	*Blunden* u. Mitarb. 1975
Summe (a – d):			~**3 000 000**	

feste Gele, von *Gracilaria* nur in stärkerer Konzentration oder nach Zusatz von Elektrolyten. Der *Gelidium*-Agar geliert noch in 1%iger Lösung bei 35-40°C und wird erst oberhalb von 80°C flüssig. Daß die Gelbildung weit unterhalb der Verflüssigungstemperatur einsetzt, hebt Agar von allen anderen Gelierungsmitteln deutlich ab (vgl. GLICKSMAN 1969 zur Technologie der Gelierungsmittel; engl.: gum technology). In der Mikrobiologie wurde Agar zur Herstellung von Nährböden um 1880 durch ROBERT KOCH eingeführt und erst später auch in der westlichen Nahrungsmittelindustrie verwendet. Von der jährlichen Weltproduktion mit etwa 6000 Tonnen Agar (s. Tab. **28**) produziert Japan zwei Drittel. Als erstes kommerzielles Produkt aus Meeresalgen wurde Agar nachweislich schon 1670 in Japan als „Kanten" hergestellt, und bis etwa 1930 hatte Japan in der Produktion von Agar eine Monopolstellung. Etwa ein Sechstel der für die jährliche Agarproduktion verwendeten Algen stammt heute aus Europa, vor allem in Form von *Gelidium* von der spanischen, in geringerem Ausmaß von der portugiesischen Atlantikküste. Chile und Argentinien sind mit jährlich je 2000 Tonnen Trockengewicht Hauptexporteure von *Gracilaria*-Arten als Rohstoff für die Agrarindustrie, und Südafrika exportiert jährlich etwa 1000 Tonnen Trockengewicht an Agarophyten. Kommerziell wird *Gracilaria* in Taiwan gezüchtet, z. B. 1977 mit einer Ernte von 7000 Tonnen Frischgewicht, und kleinere Kulturen werden auch an der südchinesischen Küste betrieben (TSENG 1981a). Eine besondere Form des Agars (Furcellaran) stammt von der Rotalge *Furcellaria fastigiata* (Ordnung Gigartinales), die in Dänemark (Kattegat) aus loseliegenden Algenbeständen mit einer Jahresernte von etwa 1000 Tonnen Trockengewicht geerntet wird.

9.2.2. Carrageenan

Das in bestimmten Rotalgen (Carrageenophyten) enthaltene Carrageenan (Übersicht: MCCANDLESS u. GRETZ 1984; vgl. S. 283 zur chemischen Struktur) wurde am Ende des 19. Jahrhunderts durch den englischen Chemiker Stanford in der Alge *Chondrus crispus* (irisch: carragheen; engl.: Irish moss) entdeckt. Ab etwa 1930 wurde Carrageenan in zunehmendem Ausmaß produziert und in der Nahrungsmittelindustrie eingesetzt. Die Extraktion erfolgt wie im Fall von Agar in heiß-wäßriger Lösung. Einen „Irish-Moss"-Pudding kann man herstellen, wenn man 1 Tasse Milch mit ¼ Tasse getrocknetem *C. crispus* eine halbe Stunde lang kocht, zuckert, mit Geschmacksstoffen anreichert und abkühlen läßt (weitere „Algenkochrezepte": ARASAKI u. ARASAKI 1983, MABEY 1978, MADLENER 1977). Von den wichtigsten Rotalgen, die als Rohmaterial dienen, stammen jährlich etwa 9000 Tonnen Trokkengewicht an *C. crispus* aus Ostkanada, 3500 Tonnen an *Iridaea* aus Chile, eine ähnliche Menge an *Hypnea* aus Brasilien sowie 7000 Tonnen an *Eucheuma* von den Philippinen und benachbarten Gebieten (MOSS 1977). In Europa sind Irland (*C. crispus)* und Portugal (*Gigartina),* in Nordafrika Marokko (*Gigartina)* Hauptexporteure für Carrageenophyten, jeweils in der Größenordnung von etwa 500 Tonnen Trockengewicht pro Jahr.

Die tropische Rotalgengattung *Eucheuma* wird seit 1970 vor allem mit den Arten *E. striatum* sowie *E. denticulatum* an den Küsten der Philippinen in Meeresfarmen zur Gewinnung von Carrageenan gezüchtet, mit einem jährlichen Algentrockengewicht von 2000-3000 Tonnen (DOTY 1979), in geringem Ausmaß auch in Ostafrika (Tansania; MSHIGENI 1983). Inzwischen stammt etwa die Hälfte des globalen Carrageenan-Angebotes aus den Meeresfarmen der Philippinen (MCHUGH 1984). Einige *Eucheuma*-Arten liefern kappa-, andere jota-Carrageenan (S. 284). Die **Eucheuma-Kultur** erfolgt auf dem flachen Riffwatt der Korallenriffe (S. 162). Die knorpeligen Algenthalli (vgl. zum Habitus Abb. **123E** und Abb. **184B**) werden zerteilt, und die Fragmente werden auf befestigten Netzen im Flachwasserbereich angebunden. Die Arbeit wird von kleinen Produktionsgruppen (Familieneinheiten) durchgeführt und stellt ein gutes Beispiel für die Nutzung von Meeresalgen zur Gewinnung der wertvollen Phykokolloide in unterentwickelten, tropischen Gebieten dar. Eine ähnliche Kultur wie auf den Philippinen wird auch auf der chinesischen Insel Hainan mit *E. gelatinae* betrieben.

9.2.3. Alginat

Die wichtigsten Phykokolloide der Braunalgen, die Alginate (Salze der Alginsäure; S. 284), wurden seit etwa 1930 in größeren Mengen extrahiert und verarbeitet. Die

Alginsäure, in reiner Form eine farblose, gut verdauliche Substanz, die in kaltem Wasser unlöslich und in siedendem Wasser wenig löslich ist, wurde 1880 durch STANFORD entdeckt. Die Extraktion aus Brauntangen erfolgt mit 1 %iger Natrium-carbonat-Lösung, wobei Natriumalginat in Lösung geht. Die Ausfällung kann durch Zusatz von Calciumionen als wasserunlösliches Calciumalginat oder durch Zusatz von Salzsäure als Rohalginsäure erfolgen. Natriumalginat stellt die wichtigste Verarbeitungssubstanz dar und macht 80 % der japanischen Alginatprodukte aus. Eine andere wichtige Substanz ist Propylenglykolalginat, welches auch im sauren Bereich bis pH 3 stabil ist und daher in sauren Getränken oder Mayonnaisen Verwendung findet. Etwa ein Drittel der jährlichen Weltproduktion an Alginat stammt aus Kalifornien, wo der Riesentang *Macrocystis pyrifera* mit Spezialschiffen geerntet wird (Abb. **182I**) und jährlich um 120 000 Tonnen Frischgewicht dieser Alge aus Kalifornien sowie aus Mexiko für die Alginatproduktion verwendet werden (MICHANEK 1975, 1983; NAYLOR 1976). Die Rohstoffe für ein weiteres Drittel der Welt-Alginatproduktion werden in Europa in Form von *Laminaria hyperborea, L. digitata* und *Ascophyllum nodosum* gewonnen. Norwegen, Frankreich, Irland, Schottland sowie die UdSSR sind die Haupternteländer. In Japan werden aus natürlichen Beständen mehrere *Laminaria*-Arten mit ungeteiltem Phylloid (S. 41, 123) geerntet, wobei die Pflanzen vom Fischerboot aus mit langen Holzstangen vom Felsboden abgerissen werden (Abb. **182A**). In China wird etwa die Hälfte der jährlichen Ernte aus der Meeresmassenkultur von *L. japonica* von der Alginatindustrie und für sonstige Algeninhaltsstoffe wie Jod aufgearbeitet (vgl. Tab. **28** und S. 298).

9.3. Meeresalgen als Nahrungsmittel und kommerzielle Algenzüchtung in Ostasien

In Japan, China und Korea und auf den Pazifikinseln haben Meeresalgen seit Jahrtausenden eine Rolle als Nahrungsmittel gespielt, und zwar roh oder vielfältig zubereitet, etwa mit Essig als „Salat" oder mit Soja gekocht als „Gemüse". Schon in der chinesischen Literatur des 5. und 6. Jahrhunderts wird aus Japan importierte *Laminaria* unter der Bezeichnung „haidai" (wörtlich übersetzt: „Meeresband") als Nahrungsmittel und als Schutz gegen Kropfbildung erwähnt, wobei die letztere Wirkung, wie man heute weiß, auf dem hohen Jodgehalt der Brauntange beruht. Auch die Verwendung der Rotalge *Porphyra* als Nahrungsmittel wird in der chinesischen Literatur bereits um 540 n. Chr. erwähnt. Die Urbevölkerung von Hawaii verwendete 75 verschiedene Meeresalgen („Limu" in der Sprache der Hawaiianer) als Nahrungsmittel. Der Eiweißgehalt der Rotalge *Porphyra* beträgt 20-25 % des Trockengewichts, bei den Brauntangen dagegen nur um 10 % (S. 283), und die Verdaulichkeit ist geringer als im Fall des Proteins höherer Pflanzen (FUJIWARA-ARASAKI u. Mitarb. 1984). Die spezifischen Kohlenhydrate der Algen, die Phykokolloide, passieren den menschlichen Verdauungstrakt als unverdauliche Ballaststoffe. Insofern sind die Algen als Nahrungsmittel mit terrestrischen, an Ballaststoffen reichen Nahrungspflanzen wie Salat oder Sellerie zu vergleichen und werden auch in Schlankheitsnahrung verwendet. Besonders wertvoll sind Meeresalgen als Quelle für Mineralstoffe, Spurenelemente und Vitamine (BAKER 1984). Der Gehalt an Vitamin C in *Porphyra* und im Brauntang *Undaria* liegt bei 300 mg pro 100 g Trockengewicht und ist damit dem Gehalt in Zitronen vergleichbar.

Abb. **182**

Abb. **182** Verwertung der Brauntange (**A-E** *Laminaria*-Arten in Japan, **F-H** *Laminaria japonica* in China, **I** *Macrocystis pyrifera* in Kalifornien)
(A) Historisches Bild von der Algenernte in Japan
(B) Ernte natürlicher Bestände vom Boot aus
(C) Auslegen der Laminarien am sandigen Strand (Verwendung für Alginatindustrie)
(D) Auslegen der Laminarien auf Matten (Verwendung als Nahrungsmittel)
(E) Verkaufsfertige Laminarien als Nahrungsmittel
(F) Schema der marinen Hängekulturen in China;
(G) Bespritzen der Laminarienkulturen mit Nährstoffen (Nitrat, Phosphat)
(H) Algenernte
(I) Spezialschiff zur Ernte von *Macrocystis pyrifera* an der kalifornischen Küste (Photos **A-E:** *Lüning*, **F-H:** *Tseng*, **I:** *Woessner*)

Die heute in Japan und China als Nahrungsmittel verwendeten Algenmengen sind größer als die zur Produktion von Agar, Carrageenan oder Alginaten geernteten Mengen (s. Tab. **28**, S. 291). Die wichtigsten kommerziell gezüchteten Meeresalgen zeigt Abb. **184** im Habitus. An Grünalgen werden zwar als Nahrungsmittel Vertreter von Gattungen wie *Monostroma, Enteromorpha* sowie *Caulerpa* in Ostasien gesammelt, zum Teil auch im Fall der beiden erstgenannten Gattungen in Japan gezüchtet, spielen jedoch keine derartig wichtige Rolle wie *Porphyra, Laminaria* und *Undaria*. Dasselbe gilt generell für die Meeresalgen als Nahrungsmittel in nicht-asiatischen Ländern, allerdings bis auf geringfügige Ausnahmen. In nicht-asiatischen Ländern finden Meeresalgen als Nahrunsgmittel nur ausnahmsweise Beachtung, so die Rotalge *Palmaria (= Rhodymenia) palmata* (engl.: dulse), die mitunter in Großbritannien und in Kanada gegessen wird.
Die wesentliche Bedeutung der Meeresalgen als Nahrungsmittel in Ostasien liegt in ihrem Wert als Ausgleichsnahrung gegenüber einer einseitigen Fisch- und Reisdiät. Historisch ist die intensive Nutzung aller Nahrungsquellen des Meeres in Japan verständlich, weil große Gebiete der gebirgigen japanischen Inseln für den Ackerbau nicht geeignet sind, so daß die Nahrung aus dem Meer in hohem Maß miteinbezogen werden mußte, was infolge des Reichtums an Küstenstrecken nahelag.

9.3.1. Kutlur der Rotalge *Porphyra*

Die nur eine Zellschicht dicken Thalli der Gezeitenzonen-Rotalge *Porphyra* ergeben getrocknet das in Japan als **Nori,** in China als **Zicai** bezeichnete Algenprodukt (engl.: purple laver). In der japanischen **Porphyra-Kultur** wird die Alge vor allem

Abb. **183** Rotalge *Porphyra* (Nori) als Nahrungsmittel in Japan
(A) Stangen mit Kulturnetzen
(B) Kulturnetze bei Niedrigwasser
(C) Trocknung der in mehreren Thallusschichten aufgebrachten Algen auf Matten
(D), (E) mit *Porphyra* umwickelte Reisröllchen
(F) Kultur der Sporophyten-Generation (Conchocelis-Phase) in Muschelschalen (Photos **A-C,** **F:** *Woessner,* **D-E:** *Lüning*)

mit den Arten *P. tenera* (Abb. **184A**) sowie *P. yezoensis* mit jährlich um 200 000 Tonnen Frischgewicht (s. S. 291) an den wärmeren Küsten von Japan (Honshu) auf etwa 10 Millionen Netzen gezüchtet, die an Stangen aufgespannt sind und bei Niedrigwasser trockenfallen (Abb. **183A, B**) oder auch, in tieferem Wasser gut verankert, ständig auf dem Wasser flottieren. Etwa 300 000 Menschen arbeiten in der japanischen Nori-Industrie. In China wird bei einer Gesamternte von etwa 7000

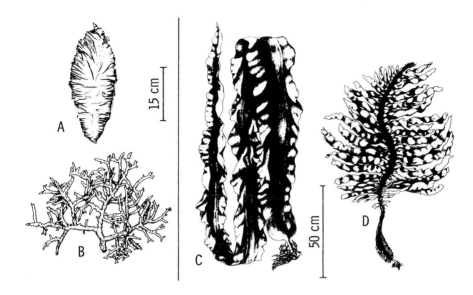

Abb. **184** Rotalgen **(A, B)** und Brauntange **(C, D)**, die kommerziell gezüchtet werden
(A) *Porphyra tenera* (Ostasien)
(B) *Eucheuma striatum* (Philippinen)
(C) *Laminaria japonica* (Ostasien)
(D) *Undaria pinnatifida* (Ostasien) (aus *C. K. Tseng:* Commercial cultivation: In: The biology of seaweeds, hrsg. von *C. S. Lobban, M. J. Wynne.* Blackwell, Oxford 1981)

Tonnen Trockenprodukt pro Jahr (Tab. **28**, S. 291) und dem Ertrag von 2 Tonnen pro Hektar Wasserfläche vor allem *P. haitanensis* südlich der Mündung des Changjiang (offizielle Pin-Yin-Lautschrift für Yangtse Kiang) im Meer kultiviert, *P. yezoensis* mit einem Beitrag von 10 % zur jährlichen Ernte nördlich des Changjiang. Die vom Netz abgerissenen Algenthalli werden maschinell zerschreddert und in mehreren Schichten übereinander auf kleinen Matten getrocknet (Abb. **183C**), von denen jährlich um 6 × 10⁹ Stück in Japan produziert werden. Das Fertigprodukt Nori, mit einem jährlichen Ertragswert um 500 Millionen Dollar eines der wertvollsten Meeresprodukte, wird in vielfältiger Weise als Nahrungsmittel verwendet, etwa in Suppen oder als Umhüllung von Reisröllchen (Abb. **183D, E**).
Die *Porphyra*-Kultur wurde in **Japan** (Übersicht: MIURA 1975) in größerem Stil vor etwa 300 Jahren begonnen, wobei man als Kultursubstrat zunächst Buschwerk in den weichen Meeresgrund steckte. Seit 1924 werden Netze zur Kultur eingesetzt, und heute sind an den japanischen Küsten etwa 60 000 Hektar mit *Porphyra*-Kulturen besetzt. Zur Ernte werden die Netze im Boot durch eine Maschine bewegt, welche die Thalluslappen größtenteils abreißt, jedoch die Thallusbasis auf dem Netz beläßt. Diese regeneriert einen neuen Thallus, und so erhält man von Oktober bis Mai mehrere Ernten. Aufgrund der hohen Gefrierresistenz der Alge (S. 244) kann man die Netze mit anhaftenden Algenresten im Sommer, wenn es im Meer für die *Porphyra*-Phase zu warm wird und die Übersommerung mit der Conchocelis-Phase beginnt (S. 232), bis auf 20-30 % des normalen Wassergehaltes gefriertrocknen und ein Jahr lang in Kühlhäusern bei −20°C aufbewahren. Im folgenden Herbst wer-

den diese eingefrorenen Netze bei genügend niedrigen Wassertemperaturen wieder in das Meer eingebracht, wo die künstlich übersommerte *Porphyra* weiterwächst und schon nach 6 Wochen die erste Ernte erbringt. Neu besät werden die Netze in Wassertanks mit den Conchosporen der Conchocelis-Phase (S. 231), die man 7-8 Monate lang in Muschelschalen züchtet, um schließlich die Conchosporen zu erhalten (Abb. **182F**). Bevor DREW (1949) entdeckt hatte, daß *Porphyra* als Gametophyt in heteromorphem Generationswechsel mit der mikroskopische kleinen Conchocelis-Phase steht (s. Abb. **161**), wartete man darauf, daß die Kultursubstrate auf natürliche Weise von *Porphyra* besiedelt wurde.

9.3.2. Kultur der Brauntange *Laminaria* und *Undaria*

Auch die Thalli von *Laminaria*-Arten (jap.: Kombu oder Konbu; chin.: Haidai) sowie des etwas weicheren und schmackhafteren Brauntangs *Undaria pinnatifida* (jap.: Wakame, chin.: Qundai-cai) werden als Nahrungsmittel verwendet, wobei die letztere Art wesentlicher Bestandteil der japanischen Miso-Suppe ist. *Laminaria* wird zum Beispiel dünn geschnitten mit verschiedenen Fleischgerichten gemischt, mit Wasser als Getränk oder Suppe zubereitet, gefriergetrocknet als Knabbernahrung sowie überzuckert als Süßigkeit gegessen, schließlich auch als fermentierte Nahrung zubereitet (vgl. OKAZAKI 1971).

Laminaria wird in der wachstumsarmen Zeit im Sommer geerntet, in Japan überwiegend aus natürlichen Beständen, in China aus Meereskulturen (s. u.). Die Trocknung der Thalli erfolgt während einiger sonniger Tage auf Matten (Abb. **182D**), udn das verkaufsfertige Produkt liegt als mehrfach gefaltetes Algenpaket vor (Abb. **182E**). Bei der Verwendung werden die trockenen Brauntange eingeweicht und zerschnitten.

Chinesische Laminaria-Kultur. Diese produzierte 1979 1,3 Millionen Tonnen Frischgewicht (280 000 Tonnen Trockengewicht) auf 15 000 Hektar Wasserfläche und stellt damit die größte aller Meeresalgenkulturen dar (s. Tab. **28**, S. 291; Übersicht: TSENG 1981a, 1981b). Die Hälfte der jährlichen Ernte wird als Nahrungsmittel verwendet. Das Besondere an dieser Kultur, die 250 000 Menschen beschäftigt, ist die Tatsache, daß die Gattung *Laminaria* an der chinesischen Küste, mit Ausnahme des äußersten Nordens, ganzjährig nicht zu existieren vermag, weil die Wassertemperatur im Sommer die obere Letalgrenze der Gattung von etwa 20°C überschreitet (s. Abb. **6**). Wahrscheinlich um 1927 wurde im äußersten Nordchina, im Hafen von Dalian (Talien, Dairen), im nördlichen Küstenbereich der Straße von Po Hai, als Schiffsaufwuchs zufällig die Art *L. japonica* (Abb. **184C**) aus Hokkaido eingeschleppt und setzte sich im engeren Küstenbereich von Dalian als isoliertes Vorkommen fest. Nach japanischen Vorarbeiten begann 1951 eine chinesische Arbeitsgruppe, die Alge nach Süden zu verbreiten, und zwar durch Ausnutzung der kühlen Jahreszeit, in der die Wassertemperatur unter 20°C verbleibt. Für diesen Zweck entwickelte man die „Kultivierungsmethode mit Sommer-Sporophyten". Dazu werden im Sommer in Gewächshäusern mit gekühltem Meerwasser von etwa 10°C Zoosporen auf dünnen Seilen ausgesät und nach Durchlaufen der zwei Wochen dauernden Gametophytenphase die resultierenden jungen Sporophyten in zwei Monaten bis zu einer Länge von etwa 1 cm angezüchtet.

Sobald im Oktober oder November, je nach geographischer Breite längs der chinesischen Küste, die Wassertemperatur im Meer unter 20°C abfällt, werden die kräftigsten Sporophyten mit 10-15 cm Länge von den ursprünglichen Züchtungsseilen abgelöst, und etwa 30 Exemplare werden in dickere, etwa 2 m lange Halteseile eingedreht. Die letzteren hängen, unten durch ein Gewicht beschwert, in der Meereskultur von 30-60 m langen Schwimmleinen herab, die mit Verankerungstauen an Betonklötzen oder Stangen im Meeresgrund befestigt sind

(s. Abb. **182F**). Der Auftrieb der Schwimmleinen erfolgt mit luftgefüllten Glaskugeln oder mit zwischengesetzten Bambusabschnitten. Pro Hektar Wasserfläche werden 150 000-300 000 *Laminaria*-Exemplare gezüchtet. Die kurzen Halteseile mit den ansitzenden Laminarien werden während der etwa sieben Monate dauernden Phase der Meereskultur zumeist zweimal umgedreht, um ein gleichmäßiges Wachstum auch der unten hängenden Pflanzen zu gewährleisten. Die Methode der Schwimmkultur hat den Vorteil, daß man auch in trübem, in der Tiefe lichtarmem Küstenwasser in etwa 1 m unter der Wasseroberfläche eine genügend hohe Wachstumsrate der Laminarien erhält. Heute erstrecken sich längs des größten Teils der chinesischen Küste, vom Golf von Bohai im Norden bis Dongshan und Xiamen (Amoy) in der Provinz Zhejiang (Chekiang, 24° N Breite) vielerorts die Schwimmkugeln der *Laminaria*-Kulturen (s. Abb. **182F, G**), allerdings nur an einigermaßen windgeschützten Küstenstrecken. Im Dezember und Januar werden die Algen noch einmal auf den Meereskulturen bei einer Thalluslänge von etwa 30 cm pikiert, wobei nur die kräftigsten Exemplare am Halteseil belassen werden. Um in den dichten *Laminaria*-Kulturen Nährstoffmangel zu vermeiden, spritzt man im Bereich der Küsten des Gelben Meeres einmal wöchentlich gelösten, handelsüblichen Agrardünger in die Kulturen (s. Abb. **182G**). Für die Erzeugung von 15 Tonnen Trockengewicht auf einem Hektar Wasserfläche werden während der Wachstumszeit im Meer von 7 Monaten insgesamt 2 Tonnen Ammoniumsulfat (8 % des kommerziellen Wertes der Ernte) versprüht, wobei die Algen wahrscheinlich nur von einem Sechstel dieser Menge erreicht werden und der Rest der Nährstoffe verdriftet wird. Eine andere Methode besteht in der Ausnutzung der Nährstoffspeicherung durch die Brauntange (S. 276), und man läßt die aus dem Wasser genommenen Algen sich in stärker konzentrierten Nährlösungen mit Nährstoffen „vollsaugen".

Im Juni und Juli, kurz bevor die Wassertemperatur den kritischen Wert von 20°C überschreitet, werden die Thalli bei 2-4 m Länge geerntet. Einige, inzwischen sporogen gewordene Pflanzen verwendet man zur Gewinnung von Zoosporen für den nächsten Kulturjahrgang. Pro Hektar Wasserfläche werden 15 Tonnen Trockengewicht an *Laminaria* erzeugt. Etwa die Hälfte der chinesischen *Laminaria*-Ernte dient als Nahrungsmittel, der Rest wird von der Alginatindustrie verarbeitet oder vorwiegend nach Japan exportiert. Durch Selektion wurden inzwischen auch verschiedene Zuchtrassen mit besonders langen, breiten oder dicken Phylloiden, auch mit höherem Jodgehalt erzeugt, da in China auch Laminarien für die Jodgewinnung eingesetzt werden. Zwei Drittel der chinesischen *Laminaria*-Kulturen befinden sich bei wachstumsgünstigen, lange anhaltenden Wassertemperaturen von 5-13°C während der kalten Jahreszeit nördlich der Mündung des Changjiang (Yangtse Kiang) in der Breite von 32°N, südlich hiervon das übrige Drittel entlang den Küsten der Provinzen Zhejiang und Fujian (Fukien). An diesen Küsten des Ostchinesischen Meeres ist der Nährstoffgehalt des Wassers hoch, jedoch werden die Temperaturbedingungen südwärts im Sommer immer ungünstiger, und so können hier nur noch kleinere Exemplare erzeugt werden.

In **Japan** besteht die Ernte an *Laminaria* fast zu zwei Drittel aus der Art *L. angustata,* zu einem Drittel aus *L. japonica* und zu einem sehr geringen Anteil (2 %) aus *L. religiosa* (HASEGAWA 1976, KAWASHIMA 1984). Zwei Drittel der Ernte stammen aus natürlichen Beständen, und nur ein kleinerer Anteil wird nach einer Vorkultur der Sporophyten in Kühlwassergewächshäusern anschließend wie in China im Meer auf Seilkulturen oder auch auf Betonsubstraten gezüchtet. Das Vorkommen der *Laminaria*-Arten beschränkt sich in Japan auf die nördliche Insel Hokkaido sowie auf Nord-Honshu. Dagegen wird im südlicheren Japan als „Wakame" der warmgemäßigte Brauntang *Undaria pinnatifida* (vgl. S. 121, 122), daneben *U. undarioides* sowie *U. peterseniana,* in etwa ähnlicher Größenordnung wie *Laminaria* geerntet, wobei im Fall von Wakame allerdings etwa die Hälfte der jährlichen Ernte aus Meereskulturen stammt (Übersicht: SAITO 1975). *U. pinnatifida* ist auch auf einer großen Strecke der chinesischen Küste von Nordchina bis zur Provinz Zhejiang verbreitet, wird in China auch gegessen, jedoch nur in geringem Ausmaß gezüchtet.

9.4. Sonstige Verwendung der Meeresalgen

Als mineral- und vitaminreicher Zusatz zu **Tierfutter** wird „Algenmehl" (engl.: sea-weed meal), aus getrocknetem und gemahlenem *Ascophyllum nodosum* (Knoten-tang) für Schweine, Schafe, Rinder und Geflügel eingesetzt, zum Teil aber auch von der Alginatindustrie verwendet (JENSEN 1972, 1979). Etwa die Hälfte der Jahresproduktion von Algenmehl (s. Tab. 28, S. 291) stammt aus Norwegen, der Rest aus Schottland, Irland und Kanada.

Als **Düngemittel** wurden Brauntange und andere Algen schon frühzeitig von der Küstenbevölkerung auf Ackerflächen gestreut. Seit 1950 wurden auch flüssige Algenextrakte in der Pflanzenzüchtung durch Aufsprühen auf Blattpflanzen und Früchte eingesetzt (BOOTH 1975, 1981). Eine besondere Verwendung finden die als **Maerl** bezeichneten Krustenkalkalgen *Lithothamnium corallioides* sowie *Phymatolithon calcareum* (S. 61), von denen an der Küste der Bretagne, vor allem bei den Glénan-Inseln und in der Bucht von St. Malo, jährlich 300 000 Tonnen mit bagger-ähnlichen Greifern vom Schiff aus emporgeholt werden (BLUNDEN u. Mitarb. 1975, 1981, WILDGOOSE u. BLUNDEN 1981). Die Kalkalgen werden in Rotationstrommeln getrocknet, in Hammermühlen pulverisiert und als Mineraldünger sowie zur Bodenverbesserung im Acker-, Garten- und Obstbau verwendet. Getrocknet enthält das Algenmaterial etwa 80 % Calciumcarbonat, 10 % Magnesiumcarbonat, dazu noch wertvolle Spurenelemente.

Auf der Suche nach **pharmazeutischen Substanzen** wurden auch Meeresalgen bereits intensiv bearbeitet (BAKER 1984, BASLOW 1977, HOPPE u. Mitarb. 1979, HOPPE u. LEVRING 1982). So untersuchte man in Tierversuchen die Wirksamkeit verschiedener Phykokolloide und von Algenextrakten auf den Calciumstoffwechsel sowie die Wirkungen von algenspezifischen Steroiden. Weiter wird die antibiotische und antivirale Wirksamkeit von algenspezifischen Substanzen aus verschiedenen Stoffklassen wie Terpenen, Hydrochinonen und Bromphenolen geprüft. Als Hüllsubstanz und Trägersubstanz für Medikamente in Kapselform findet Agar Verwendung, wobei dieses Phykokolloid die langsame Abgabe der Wirkstoffe im Verdauungstrakt vermittelt. Die Rotalgen *Digenea simplex* sowie *Corallina officinalis* enthalten die in Wurmmitteln als Wirkstoff tätige L-Kainsäure. Weitere Verwendungen in der pharmazeutischen Industrie sind in Tab. **27** (S. 290) aufgeführt.

Bei der anaeroben Vergärung von Meeresalgen wird das organische (aschenfreie) Trockengewicht (S. 282) der Rotalge *Gracilaria* zu 48 % in **Biogas,** vorwiegend in Methan umgewandelt (HANISAK (1981), und ähnliche Ergebnisse wurden mit der Grünalge *Ulva* erzielt (SIVALINGAM 1982). Der Einsatz von marinen Makroalgen zur Gewinnung von **Energie aus Biomasse,** etwa mit Schwimmkulturen riesigen Ausmaßes nach dem chinesischen Vorbild (S. 298), mag langfristig aussichtsreich erscheinen, weil die notwendig großflächige Anbaufläche zur Erzeugung von Biomasse auf dem küstennahen Meer eher zur Verfügung steht als auf dem Land. Große Algen wie die schnellwachsenden Brauntange *Laminaria saccharina* oder *Macrocystis pyrifera* dürften die aussichtsreichsten Kandidaten für „Meeresenergiefarmen" sein. Da diese Vertreter der Laminariales nur in gemäßigten Regionen gedeihen, scheiden die tropischen Regionen, in welchen nur kleinere Algen wachsen (S. 164), für Massenkulturen mit Makroalgen zur Energiegewinnung aus. In diesen Regionen ist jedoch die Erzeugung wertvoller Phykokolloide in Form der Inhaltsstoffe von Rotalgen vielversprechend, wie das Beispiel der *Eucheuma*-Kulturen zeigt (S. 292). Neben den Forderungen von ausreichender Größe und hoher

Wachstumsraten der als Energielieferanten in Frage kommenden Makroalgen ist eine weitere Voraussetzung für Massenkulturen ein genügend hoher Nährstoffgehalt des Meerwassers. Gerade dieser steht jedoch an den heute vielerorts eutrophierten (durch hohen Nährstoffgehalt belasteten) Küsten, etwa in der südlichen Nordsee, zur Verfügung. Insofern würden mit der Massenkultur mariner Makroalgen zwei Ziele gleichzeitig angesteuert, die Erzeugung kostengünstiger Biomasse und die Beseitigung von zu hohen Nährstoffgehalten im Meerwasser. Erste Versuche mit Makroalgen zur Energiegewinnung wurden mit *Macrocystis pyrifera* an der kalifornischen Küste unternommen (WILCOX 1977, FLOWERS u. BIRD 1984), die jedoch unter der Beschränkung von zu geringem Nährstoffangebot standen, so daß man aus der Tiefe nährstoffreiches Wasser emporpumpen mußte, um die Schwimmkulturen am Leben zu erhalten. Eine mit *Macrocystis* besetzte Energiefarm von 4 km² Grundfläche könnte vielleicht den Energiebedarf von 120 Menschen decken. Andere Versuche wurden in Florida mit der Rotalge *Gracilaria* in Tanks durchgeführt, in denen man Meerwasser mit zugesetztem, nährstoffreichem Abwasser verwendete und ganzjährig einen täglichen Ertrag von etwa 10 g Trockengewicht pro m² Grundfläche erzielte (RYTHER u. Mitarb. 1978). Möglicherweise werden in den nächsten Jahrzehnten nach den Beispielen der Massenkulturen von *Laminaria* und *Porphyra* in Ostasien auch weitere marine Makroalgen in „Kulturpflanzen" überführt. Damit würde eine Entwicklung vollzogen, die im Fall der terrestrischen Kulturpflanzen vor 10 000 Jahren im Neolithikum begann.

Literatur

Abbott, I. A., 1979: Taxonomy and nomenclature of the type species of *Dumontia* Lamouroux (Rhodophyta). Taxon 28, 563-566.

Abbott, I. A., Hollenberg, G. J., 1976: Marine algae of California. Stanford University Press, Stanford, California; 827 S.

Abbott, I. A., North, W. J., 1972: Temperature influences on floral composition in California waters. Proc. Int. Seaweed Symp. 7 (Sapporo), 72-79.

Abdel-Rahman, M. H., 1982: Photopériodisme chez *Acrochaetium asparagopsis* (Rhodophycées). I. Réponse à une photopériode de jours courts au cours de la formation de tétrasporocystes. II. Influence de l'interruption de la nyctipériode, par un éclairement blanc ou monochromatique, sur la formation des tétrasporocystes. Physiol. Vég. 20, 155-164. C. R. Acad. Sc. Paris 294, 389-392.

Acleto, C., 1973: Las algas marinas del Peru. Bol. Soc. Peruana de Bot. 6, 1-164.

Adams, N. M., 1983: Checklist of marine algae possibly naturalised in New Zealand. New Zealand J. Bot. 21, 1-2.

Adey, W. H., 1970: The effects of light and temperature on growth rates in boreal-subarctic crustose corallines. J. Phycol. 6, 269-276.

Adey, W. H., 1973: Temperature control of reproduction and productivity in a subarctic coralline alga. Phycologia 12, 111-118.

Adey, W. H., 1976: Crustose coralline algae as microenvironmental indicators for the tertiary. In: Historical biogeography, plate tectonics, and the changing environment. Hrsg. von J. Gray u. A. J. Boucot. Oregon State University Press, Corvallis; S. 459-464.

Adey, W. H., Adey, P. J., 1973: Studies on the biosystematics and ecology of the epilithic crustose Corallinaceae of the British Isles. Br. phycol. J. 8, 343-407.

Adey, W. H., MacIntyre, I. G., 1973: Crustose coralline algae: a re-evaluation in the geological sciences. Geol. Soc. Am. Bull. 84, 883-904.

Adey, W. H., Townsend, R. A., Boykins, W. T., 1982: The crustose coralline algae (Rhodophyta: Corallinaceae) of the Hawaiian islands. Smiths. Contrib. Mar. Sci. 15, 1-74.

Adey, W. H., Vassar, J. M., 1975: Colonization, succession and growth rates of tropical crustose coralline algae (Rhodophyta, Cryptonemiales). Phycologia 14, 55-69.

Akiyama, K., 1965: Studies of ecology and culture of *Undaria pinnatifida* (Harv.) Sur. II. Environmental factors affecting the growth and maturation of gametophyte. Bull. Tohoku reg. Fish. Res. Lab. 25, 143-170.

Albright, L. J., Chocair, J., Masuda, K., Valdés, M., 1980: In situ degradation of the kelps *Macrocystis integrifolia* and *Nereocystis luetkeana* in British Columbia coastal waters. Naturaliste can. 107, 3-10.

Aleem, A. A., 1951: Algues marines de profondeur des environs d'Alexandrie (Egypte). Bull. Soc. Bot. France 98, 249-252.

Aleem, A. A., 1973: Ecology of a kelp bed in southern California. Bot. mar. 16, 83-95.

Aleem, A. A., 1978: A preliminary list of marine algae from Sierra Leone. Bot. mar. 21, 397-399.

Aleem, A. A., 1984: The Suez Canal as a habitat and pathway for marine algae and seagrasses. Deep-Sea Res. 31, 901-918.

Almodovar, L. R., Ballantine, D. L., Blomquist, H. L., 1979: Some benthic algae new to Puerto Rico. Florida Sci. 42, 136-141.

Amsler, C. D., Searles, R. B., 1980: Vertical distribution of seaweed spores in a water column offshore of North Carolina. J. Phycol. 16, 617-619.

Anand, P., 1940-1943: Marine algae from Karachi. Part I. Chlorophyceae. Part II. Rhodophyceae. Panjab Univ. Bot. Publ. 8 (1940), 1-52; 9 (1943), 1-76.

Anderson, R. J., 1982: The life history of *Desmarestia firma* (C. Ag.) Skottsb. (Phaeophyceae, Desmarestiales). Phycologia 21, 316-322.

Anderson, R. J., Velimirov, B., 1982: An experimental investigation of the palatability of kelp bed algae to the sea urchin *Parechinus angulosus* Leske. P. S. Z. N. I.: Mar. Ecol. 3, 357-373.

Ardré, F., 1970-1971: Contribution à l'étude des algues marines du Portugal. I. La flore (1970). II. Ecologie et chorologie (1971). Portugaliae Acta Biol. (B) 10, 137-555 (1970). Bull. Cent. Etude. Rech. sci., Biarritz 8, 359-574 (1971).

Arasaki, S., Arasaki, T., 1983: Vegetables from the sea. Japan Publications, Tokyo; 196 S.

Asare, S. O., Harlin, M. M., 1983: Seasonal fluctutations in tissue nitrogen for five species of perennial macroalgae in Rhode Island Sound. J. Phycol. 19, 254-257.

Azuara, M. P., Aparicio, P. J., 1983: *In vivo* blue-light activition of *Chlamydomonas reinhardii* nitrate reductase. Plant Physiol. 71, 286-290.

Baardseth, E., 1941: The marine algae of Tristan da Cunha. In: Results of the Norwegian Scientific Expedition to Tristan da Cunha 1937-1938, 9. Jacob Dybwad, Oslo; S. 1-173.

Baca, B. J., Sorensen, L. O., Cox, E. R., 1979: Systematic list of seaweeds of South Texas. Contrib. Mar. Sci. Univ. Texas 22, 179-192.

Bachmann, P., Kornmann, P., Zetsche, K., 1976: Regulation der Entwicklung und des Stoffwechsels der Grünalge *Urospora* durch die Temperatur. Planta 128, 241-245.

Baissac, J. de B., Lubet, P. E., Michel, C. M., 1962: Les biocoenoses benthiques littorales de l'ile Maurice. Rec. Trav. St. Mar. End. Bull. 25, 253-291.

Baker, J. T., 1984: Seaweeds in pharmaceutical studies and applications. Proc. Int. Seaweed Symp. 11 (Qingdao), 29-40.

Baker, K. S., Smith, R. C., 1982: Bio-optical classification and model of natural waters. 2. Limnol. Oceanogr. 27, 500-509.

Bakus, G. J., 1969: Energetics and feeding in shallow marine waters. Int. Rev. Gen. Exp. Zool. 4, 275-369.

Baptista, L. R. M., 1977: Flora marinha de Torres (Chlorophyta, Xanthophyta, Phaeophyta, Rhodophyta). Bol. Fac. Fil. Cienc. Univ. Rio grance do Sul, sér. Bot. 7 (3), 1-244.

Barber, R. T., Chavez, F. P., 1983: Biological consequences of El Niño. Science 222, 1203-1210.

Barnes, R. S. K., Hughes, R. N., 1982: An introduction to marine ecology. Blackwell, Oxford; 339 S.

Barnes, R. S. K., Mann, K. H., 1980: Fundamentals of aquatic ecosystems. Blackwell, Oxford; 229 S.

Barrett, J., Anderson, J. M., 1980: The P 700-chlorophyll a-protein complex and two major light-harvesting complexes of *Acrocarpia paniculata* and other brown seaweeds. Biochim. Biophys. Acta 590, 309-323.

Bas, C., 1949: Contribucion al conocimiento algologico de la costa catalana. Publ. Inst. Biol. Apl., Barcelona 6, 103-127.

Baslow, M. H., 1977: Marine pharmacology. A study of toxins and other biologically active substances of marine origin. Krieger, New York; 327 S.

Basson, P. W., 1979: Marine algae of the Arabian Gulf coast of Saudi Arabia. Botanica mar. 22, 47-82.

Basson, P. W., Burchard, J. E., Hardy, J. T., Price, A. R. G., 1977: Biotopes of the western Arabian Gulf. Aramco Department of Loss Prevention and Environmental Affairs, Dhahran, Saudi Arabia, 284 S.

Bell, H. P., MacFarlane, C., 1933: The marine algae of the maritime provinces of Canada. 1. List of species with their distribution and prevalance. Can. J. Res. 9, 265-279.

Belsher, T., Augier, H., Boudouresque, C.-F., Coppejans, E., 1976: Inventaire des algues marines benthiques de la rade et des îles d'Hyères (Méditerranée France). Trav. sci. Parc nation. Port-Cros 2, 39-89.

Bennett, I., Pope, E. C., 1953: Intertidal zonation of the exposed rocky shores of Victoria, together with a rearrangement of the biogeographical provinces of temperate Australian shores. Aust. J. Mar. Freshwat. Res. 4, 105-159.

Bennett, I., Pope, E. C., 1960: Intertidal zonation of the exposed rocky shores of Tasmania and its relationship with the rest of Australia. Aust. J. mar. Freshwat. Res. 11, 182-221.

Berry, J. A., Raison, J. K., 1981: Responses of macrophytes to temperature. In: Encyclopedia of Plant Physiology, New Series, vol. 12 A, hrsg. von O. L. Lange, P. S. Nobel, C. B. Osmond, H. Ziegler. Springer-Verlag, Berlin; S. 277-338.

Berry, J. R., Björkman, O., 1981: Photosynthetic response and adaptation to temperature in higher plants. Ann. Rev. Plant Physiol. 31, 491-543.

Berthold, G., 1882: Über die Verbreitung der Algen im Golf von Neapel nebst einem Verzeichnis der bisher beobachteten Arten. Mitt. zool. Stn. Neapel 3, 393-536.

Biebl, R., 1937: Ökologische und zellphysiologische Untersuchungen an Rotalgen der englischen Südküste. Beih. bot. Zentralbl., Abt. A, 57, 381-424.

Biebl, R., 1938: Trockenresistenz und osmotische Empfindlichkeit der Meeresalgen verschieden tiefer Standorte. Jahrb. wiss. Bot. 86, 350-386.

Biebl, R., 1939: Über die Temperaturresistenz von Meeresalgen verschiedener Klimazonen und verschieden tiefer Standorte. Jahrb. wiss. Bot. 88, 389-420.

Biebl, R., 1958: Temperatur- und osmotische Resistenz von Meeresalgen der bretonischen Küste. Protoplasma 50, 217-242.

Biebl, R., 1962: Temperaturresistenz tropischer Meeresalgen. (Verglichen mit jener von Algen in temperierten Meeresgebieten). Botanica mar. 4, 241-254.

Biebl, R., 1968: Über Wärmehaushalt und Temperaturresistenz arktischer Pflanzen in Westgrönland. Flora, Abt. B, 157, 327-354.

Bird, C. J., Edelstein, T., McLachlan, J., 1976: Investigations of the marine algae of Nova Scotia. XII. The flora of Pomquet Harbour. Ca, J. Bot. 54, 2726-2737.

Bird, C. J., Greenwell, M., McLachlan, J., 1983: Benthic marine algal flora of the north shore of Prince Edward Island (Gulf of St. Lawrence), Canada. Aquat. Bot. 16, 315-335.

Bird, C. J., McLachlan, J., 1974: Cold-hardiness of zygotes and embryos of *Fucus* (Phaeophyceae, Fucales). Phycologia 13, 215-225.

Bird, C. J., Meer, J. P. van der, McLachlan, J., 1982: A comment on *Gracilaria verrucosa* (Huds.) Papenf. (Rhodophyta: Gigartinales). J. mar. biol. Ass. U. K. 62, 453-459.

Bird, K. T., McIntosh, 1979: Notes on the marine algae of Guatemala. Rev. Biol. Trop. 27, 163-169.

Bird, N. L., Chen, L. C.-M., McLachlan, J., 1979: Effects of temperature, light and salinity on growth in culture of *Chondrus crispus, Furcellaria lumbricalis, Gracilaria tikvahiae* (Gigartinales, Rhodophyta), and *Fucus serratus* (Fucales, Phaeophyta). Botanica mar. 22, 521-527.

Bisson, M. A., Gutknecht, J., 1980: Osmotic regulation in algae. In: Plant membrane transport: current conceptual issues, hrsg. von W. J. Lucas, R. M. Spanswick, J. Dainty. North-Holland, Amsterdam; S. 131-142.

Björkman, O., 1981: Responses to different quantum flux densities. In: Encyclopedia of Plant Physiology, New Series, vol. 12 A, hrsg. von O. L. Lange, P. S. Nobel, C. B. Osmond, H. Ziegler. Springer-Verlag, Berlin; S. 57-107.

Björn, L. O., 1979: Photoreversibly photochromic pigments in organisms: properties and role in biological light perception. Quartl. Rev. Biophys. 12, 1-23.

Blair, S. M., 1983: Taxonomic treatment of the *Chaetomorpha* and *Rhizoclonium* species (Cladophorales; Chlorophyta) in New England. Rhodora 85, 175-211.

Blanc, J.-J., Molinier, R., 1955: Les formations organogènes construites superficielles en Méditerranée occidentale. Bull. Inst. Oc. Monaco 52 (1067), 1-26.

Bliding, C., 1963: A critical survey of European taxa in Ulvales. Part I. *Capsosiphon, Percursaria, Blidingia, Enteromorpha*. Op. bot. Soc. bot. Lund 8 (3), 1-160.

Bliding, C., 1968: A critical survey of European taxa in Ulvales. Part II. *Ulva, Ulvaria, Monostroma, Kornmannia*. Bot. Notiser 121, 535-629.

Blunden, G., Binns, W. W., Perks, F., 1975: Commercial collection and utilisation of maerl. Econ. Bot. 29, 140-145.

Blunden, G., Farnham, W. F., Jephson, N., Barwellm C. J., Fenn, R. H., Plunkett, B. A., 1981: The composition of maerl beds of economic interest in northern Brittany, Cornwall and Ireland. Proc. Int. Seaweed Symp. 10, 651-656.

Boardman, N. K., 1977: Comparative photosynthesis of sun and shade plants. Ann. Rev. Plant Physiol. 28, 355-377.

Börgesen, F., 1903-1908: Marine algae of the Faeröes (1903). The algae-vegetation of the Faeröese coasts (1908). In: Botany of the Faeröes, Part II, Seiten 339-532 (1903). Part III, Seiten 683-834 (1908). Det Nordiske Forlag, Kopenhagen.

Börgesen, F., 1913-1920: The marine algae of the Danish West Indies. I. Chloropyhceae. Dansk. bot. Ark. 1 (4), 1-158 (1913). II. Phaeophyceae. Dansk bot. Ark. 2 (2), 1-66 (1914). III. Rhodophyceae. Dansk bot. Ark. 3, 1-504 (1915-1920).

Börgesen, F., 1924: Marine algae from Easter Island. In: The natural history of Juan Fernandez and Easter Island. Vol. 2, hrsg. von C. Skottsberg. Almquist + Wiksell, Uppsala, S. 247-309.

Börgesen, F., 1925-1936: The marine algae from the Canary Islands. K. Danske Vidensk. Selsk. Biol. Medd. 5:3 (1925), 6:2 (1926), 6:6 (1927), 8:1 (1929), 9:1 (1930), 12:5 (1936).

Börgesen, F., 1934: Some marine algae from the northern part of the Arabian Sea with remarks on their geographical distribution. K. Danske Vid. Selsk. Biol. Medd. 9 (6), 1-72.

Börgesen, F., 1937-1938: Contributions to a south Indian marine algal flora. J. Ind. Bot. Soc. 16, 1-56; 17, 205-242.

Börgesen, F., 1940-1957: Some marine algae from Mauritius. Kgl. Dan. Vidensk. Selsk. Biol. medd. 15 (4), 3-81 (1940); 16 (3), 3-81 (1941); 17 (5), 3-64 (1942); 19 (1), 3-85 (1943); 19 (6), 3-32 (1944); 19 (10), 3-68 (1945); 20 (6), 3-64 (1946); 20 (12), 3-55 (1948); 21 (5), 3-48 (1949); 18 (11), 3-46 (1950); 18 (16), 3-44 (1951); 18 (19), 3-72 (1952); 21 (9), 3-62 (1953); 22 (4), 3-51 (1954); 23 (4), 3-35 (1957).

Börgesen, F., Jónsson, H., 1905: The distribution of the marine algae of the Arctic and of the northernmost of the Atlantic. Bot. Faroes 3, Appendix, 1-28.

Bogorad, L., 1975: Phycobiliproteins and complementary chromatic adaptation. Ann Rev. Plant Physiol. 26, 369-401.

Bold, H. C., Wynne, M. J., 1985: Introduction to the algae. Structure and reproduction. Second edition. Prentice Hall Inc., Englewood Cliffs, New Jersey; 720 S.

Bolton, J. J., 1979: Estuarine adaptation in populations of *Pilayella littoralis* (L.) Kjellm. (Phaeophyta, Ectocarpales). Estuar. Coast. Mar. Sci. 9, 273-280.

Bolton, J. J., 1981: Community analysis of vertical zonation patterns on a Newfoundland rocky shore. Aqu. Bot. 10, 299-316.

Bolton, J. J., 1983: Ecoclinal variation in *Ectocarpus siliculosus* (Phaeophyceae) with respect to temperature growth optima and survival limits. Mar. Biol. 73, 131-138.

Bolton, J. J., Germann, I., Lüning, K., 1983: Hybridization between Atlantic and Pacific representatives of the Simplices section of *Laminaria* (Phaeophyceae). Phycologia 22, 133-140.

Bolton, J. J., Lüning, K., 1982: Optimal growth and maximal survival temperatures of Atlantic *Laminaria* species (Phaeophyta) in culture. Mar. Biol. 66, 89-94.

Boney, A. D., 1981: Mucilage: the ubiquitous algal attribute. Br. phycol. J. 16, 115-132.

Bonotto, S., 1976: Cultivation of plants. Multicellular plants. In: Marine ecology. Vol. 3, Part 1, hrsg. von O. Kinne; John Wiley, London; S. 467-529.

Booth, E., 1975: Seaweeds in industry. In: Chemical oceanography, hrsg. von J. P. Riley u. G. Skirrow. Academic Press, London; S. 219-268.

Booth, E., 1981: Some factors affecting seaweed fertilizers. Proc. Int. Seaweed Symp. 8 (Bangor), 661-666.

Borowitzka, M. A., 1982: Mechanisms in algal calcification. Progr. Phycolog. Res. 1, 137-177.

Boudouresque, C. F., 1969: Note préliminaire sur le peuplement algal des biotopes sciaphiles superficiels le long des côtes de l'Algérois et de la Kabylie. Bull. Mus. Hist. Nat. Marseille 29, 165-187.

Boudouresque, C. F., 1971: Contribution à l'étude phytosociologique des peuplements algaux des côtes varoises. Vegetatio 22, 83-184.

Boudouresque, C. F., Cinelli, F., 1971: Le peuplement algal des biotopes sciaphiles superficiels de mode battu de l'Ile d'Ischia (Golfe de Naples, Italie). Pubbl. Staz. Zool. Napoli 39, 1-43.

Boudouresque, C. F., Cinelli, F., 1976: Le peuplement algal des biotopes sciaphiles superficiels de mode battu en Médterranée occidentale. Pubbl. Staz. Zool. Napoli 40, 433-459.

Boudouresque, C. F., Denizot, M., 1975: Révision du genre Peyssonnelia (Rhodophyta) en Méditerranée. Bull. Mus. Hist. Nat. Marseille 35, 7-92.

Boudouresque, C.-F., Perret, N., 1977: Inventaire de la flore marine de Corse (Méditerranée): Rhodophyceae, Phaeophyceae, Chlorophyceae et Bryopsidophyceae. Bibliotheca Phycologia 25, 1-170; Cramer, Vaduz.

Bowen, K. Y., 1971: The growth and development of the deep growing marine alga, Maripelta rotata (Daws.) Daws. Univ. of California, San Diego, Ph.D., Univ. Microfilms Inc., Ann Arbor, Mich.; S. 1-220.

Bramwell, D., 1979: Plants and islands. Academic press, London, 459 S.

Branch, G., Branch, M., 1981: The living shores of southern Africa. Struik Publishers, Cape Town; 272 S.

Branch, M. L., 1974: Limiting factors for the gametophytes of three South African Laminariales. Investigational Report Sea Fisheries Branch South Africa 104, 1-38.

Breen, P. A., Carson, T. A., Foster, J. B., Stewart, E. A., 1983: Change in subtidal community structure associated with British Columbia sea otter transplants. Mar. Ecol. Progr. Ser. 7, 13-20.

Breton-Provencher, M., Cardinal, A., 1978: Les algues benthiques de James et d'Hudson: état actuel des connaissances et nouvelles données sur les parties méridionales de ces régions. Naturaliste can. 105, 277-284.

Bricaud, A., Morel, A., Prieur, L., 1981: Absorption by dissolved organic matter of the sea (yellow substance) in the UV and visible domains. Limnol. Oceanogr. 26, 43-53.

Briggs, J. C., 1974: Marine zoogeography. McGraw-Hill Book Company, New York; 475 S.

Brinkhuis, B. H., 1977: Comparisons of salt-marsh fucoid production estimated from three different indices. J. Phycol. 13, 328-335.

Britz, S. J., 1979: Chloroplast and nuclear migration. In: Encyclopedia of Plant Physiology, New Series, vol. 7, hrsg. von W. Haupt, M. E. Feinleib. Springer-Verlag, Berlin; S. 163-177.

Brown, J. H., Gibson, A. C., 1983: Biogeography. Mosby Company, St. Louis, 643 S.

Bruns, E., 1958: Ozeanologie. Band I. VEB Deutscher Verlag der Wissenschaften, Berlin; 420 S.

Brylinski, M., 1977: Release of dissolved organic matter by some marine macrophytes. Mar. Biol. 39, 213-220.

Budyko, M. I., Vinnikov, K. Y., 1977: Global warming. In: Global chemical cycles and their alteration by man, hrsg. von W. Stumm. Dahlem Konferenzen, Berlin; S. 189-205.

Bünning, E., 1977: Die physiologische Uhr. Circadiane Rhythmik und Biochronometrie. 3. Auflage. Springer-Verlag, Berlin; 176 S.

Buggeln, R. G., 1981a: Morphogenesis and growth regulators. In: The biology of seaweeds, hrsg. von C. S. Lobban u. J. Wynne. Blackwell, Oxford; S. 627-660.

Buggeln, R. G., 1981b: Source-sink relationships in the blade of Alaria esculenta (Laminariales, Phaeophyceae). J. Phycol. 17, 102-104.

Buggeln, R. G., 1983: Photoassimilate translocation in brown algae. Progr. Phycolog. Res. 2, 283-332.

Bunt, J. S., 1975: Primary productivity of marine ecosystems. In: Primary productivity of the biosphere, hrsg. von H. Lieth u. R. H. Whittaker. Springer-Verlag, New York; S. 169-183.

Butler, J. N., Morris, B. F., Cadwallader, J., Stoner, A. W., 1983: Studies of Sargassum and the Sargassum community. Bermuda Biological Station, Spec. Publ. 22, 1-307.

Cabioch, J., 1969: Les fonds de maerl de la baie de Morlaix et leur peuplement végétal. Cah. Biol. Mar. 10, 139-161.

Caddy, J. F., Fischer, W. A., 1984: FAO interests in promoting understanding of world seaweed resources, their optimal harvesting, and fishery and ecological interactions. Proc. Int. Seaweed Symp. 11 (Qingdao), 355-362.

Caldwell, M. M., 1981: Plant responses to solar ultraviolet radiation. In: Encyclopedia of Plant Physiology, New Series, vol. 12 A, hrsg. von O. L. Lange, P. S. Nobel, C. B. Osmond, H. Ziegler. Springer-Verlag, Berlin; S. 169-197.

Calkins, J. (Hrsg.), 1982: The role of solar ultraviolet radiation in marine ecosystems. Plenum Press, New York; 724 S.

Calvert, H. E., Dawes, C. J., Borowitzka, M. A., 1976: Phylogenetic relationships of Caulerpa (Chlorophyta) based on comparatative chloroplast ultrastructure. J. Phycol. 12, 149-162.

Calvin, N. I., Ellis, R. J., 1978: Quantitative and qualitative observations on Laminaria dentigera and other subtidal kelps of southern Kodiak Island, Alaska. Mar. Biol. 47, 331-336.

Calvin, N. I., Lindstrom, S. C., 1980: Intertidal algae of Port Valdez, Alaska: species and distribution with annotations. Botanica mar. 23, 791-797.

Campbell, G. S., 1981: Fundamentals of radiation and temperature relations. In: Encyclopedia of Plant Physiology, New Series, vol. 12 A, hrsg. von O. L. Lange, P. S. Nobel, C. B. Osmond, H. Ziegler. Springer-Verlag, Berlin; S. 11-40.

Caram, B., J'nsson, S., 1972: Nouvel inventaire des algues marines de l'Islande. Act. Bot. Isl. 1, 5-31.

Cardinal, A., 1967: Inventaire des algues marines benthiques de la Baie des Chaleurs et de la Baie de Gaspé (Quebec). I. Phéophycées. II. Chlorophycées. III. Rhodophycées. Naturaliste can. (Que.) 94, 233-271, 447-469, 735-760.

Cardinal, A., Villalard, M., 1971: Inventaire des algues marines benthiques de l'estuaire du Saint-Laurent (Québec). Nat. can. (Que). 98, 887-904.

Carefoot, T., 1977: Pacific seashores. A guide to intertidal ecology. University of Washington Press, Seattle; 208 S.

Carlquist, S., 1974: Island Biology. Columbia University Press, New York, 660 S.

Carpenter, E. J., Cox, J. L., 1974: Production of pelagic *Sargassum* and a blue-green epiphyte in the western Sargasso Sea. Limnol. Oc. 19, 429-436.

Caspers, H., 1957: Black Sea and Sea of Azov. Mem. Geol. Soc. America 67 (1), 801-889.

Castric-Fey, A., Girard-Descatoire, A. u. Mitarb., 1973: Etagement des algues et des invertébrés sessiles dans l'Archipel de Glénan. Définitions biologiques des horizons bathymétriques. Helgoländer wiss. Meeresunters. 24, 490-509.

Chalon, J., 1905: Liste des algues marines observées jusqu'à ce jour entre l'Embouchure de l'Escaut et La Corogne incl. Iles Anglo-Normandes. Buschmann, Anvers; 258 S.

Chamberlain, Y., M., 1965: Marine algae of Gough Island. Bull. Br. Mus. nat. Hist. (Bot.) 3, 175-232.

Chapman, A. R. O., 1973a: Phenetic variability of stipe morphology in relation to season, exposure, and depth in the non-digitate complex of *Laminaria* Lamour. (Phaeophyta, Laminariales) in Nova Scotia. Phycologia 12, 53-57.

Chapman, A. R. O., 1973b: A critique of prevailing attitudes towards the control of seaweed zonation on the sea shore. Botanica mar. 16, 80-82.

Chapman, A. R. O., 1979: Biology of seaweeds. Levels of organization. Edward Arnold, London; 134 S.

Chapman, A. R. O., 1981: Stability of sea urchin dominated barren grounds following grazing of kelp in St. Margaret's Bay, eastern Canada. Mar. Biol. 62, 307-311.

Chapman, A. R. O., Craigie, J. S., 1977: Seasonal growth in *Laminaria longicruris:* relations with dissolved inorganic nutrients and internal reserves of nitrogen. Mar. Biol. 40, 197-205.

Chapman, A. R. O., Craigie, J. S., 1978: Seasonal growth in *Laminaria longicruris:* relations with reserve carbohydrate storage and production. Mar. Biol. 46, 209-213.

Chapman, A. R. O., Lindley, J. E., 1980: Seasonal growth of *Laminaria solidungula* in the Canadian high Arctic in relation to irradiance and dissolved nutrient concentrations: a year-round study. Mar. Biol. 57, 1-5.

Chapman, A. R. O., Lindley, J. E., 1981: Productivity of *Laminaria solidungula* in the Canadian high Arctic. Proc. Int. Seaweed Symposium 10, 247-252.

Chapman, A. R. O., Markham, J. W., Lüning, K., 1978: Effects of nitrate concentration on the growth and physiology of *Laminaria saccharina* (Phaeophyta) in culture. J. Phycol. 14, 195-198.

Chapman, D. J., Tocher, R. D., 1966: Occurrence and production of carbon monoxide in some brown algae. Can. J. Bot. 44, 1438-1442.

Chapman, V. J., 1956-1979: The marine algae of New Zealand. Part I. Myxophyceae and Chlorophyceae. J. Linn. Soc. (Bot.) 55, 333-501 (1956). Part III. Rhodophyceae, Issue I. Bangiophycidae and Florideophycidae (Nemalionales, Bonnemaisoniales, Gelidiales). Cramer, Lehre, 113 S. (1969). Part III, Issue 4: Gigartinales. Cramer, Vaduz, 279-509 (1979).

Chapman, V. J., 1961-1963: The marine algae of Jamaica. Part 1. Myxophyceae and Chlorophyceae. Part 2. Phaeophyceae and Rhodophyceae. Bull. Inst. Jamaica, Sci. Ser. No. 12, Pt. 1, 1-159 (1961) und Pt. 2, 1-201 (1963).

Chapman, V. J., 1971: The marine algae of Fiji. Rev. Algol., sér. 2, 10, 164-171.

Chapman, V. J. (Hrsg.), 1977: Wet coastal ecosystems. Elsevier, Amsterdam, 428 S.

Chapman, V. J., Chapman, D. J., 1976: Life forms in the algae. Botanica mar. 19, 65-74.

Chapman, V. J., Chapman, D. J., 1980: Seaweeds and their uses. Third edition. Chapman and Hall, London; 334 S.

Chapman, V. J., Dromgoole, F. I., 1970: The marine algae of New Zealand, Part III, Issue 2: Florideophycidae: Rhodymeniales. Cramer, Lehre, 115-154.

Chapman, V. J., Parkinson, P. G., 1974: : The marine algae of New Zealand, Part III, Issue 3: Florideophycidae: Cryptonemiales. Cramer, Lehre, 447 S.

Chauhan, V. D., Mairh, O. P., 1978: Report on survey of economic seaweeds resources of Saurashtra coast, India. Salt Res. Ind. 14, 21-41.

Chen, L. C.-M., Edelstein, T., Ogata, E., McLachlan, J., 1970: The life history of *Porphyra miniata.* Can. J. Bot. 48, 385-389.

Cheney, D. P., Dyer, J. P., 1974: Deep-water benthic algae of the Florida Middle Ground. Mar. Biol. 27, 185-190.

Cheng, Tien-Hsi, 1969: Production of kelp. A major aspect of China's exploitation of the sea. Econ. Bot. 23, 215-236.

Chiang, Y., 1960-1962: Marine algae of northern Taiwan. Taiwania 7, 51-55; 8, 143-180.

Chiang, Y., 1973: Notes on marine algae of Taiwan. Taiwania 18, 13-17.

Chihara, M. 1975: Geographic distribution of marine algae in Japan. In: Advance of phycology in Japan, hrsg. von J. Tokida u. H. Hirose. VEB Gustav Fischer, Jena; S. 241-253.

Choat, J. H., Black, R., 1979: Life histories of limpets and the limpet- laminarian relatioship. J. exp. mar. Biol. Ecol. 41, 25-50.

Choat, J. H., Schiel, D. R., 1982: Patterns of distribution and abundance of large brown algae and inverte-brate herbivores in subtidal regions of northern New Zealand. J. Exp. Mar. Biol. Ecol. 60, 129-162.

Christensen, T., Thomsen, H. A., 1974: Algefortegnelse. Oversigt over udbredelsen af Danske salt- og brak-vandsarter fraset ikke-planktiske kiselalger. Universitetsbogladen, K/benhavn; 35 S.

Christie, A. O., Evans, L. V., 1962: Periodicity in the liberation of gametes and zoospores of *Enteromorpha intestinalis* Link. Nature 4811, 193-194.

Cinelli, F., 1969: Primo contributo alla conoscenca della vegetazione algale bentonica del litorale di Livorno. Pubbl. Staz. Zool. Napoli 37, 545-566.

Cinelli, F., 1971: Alghe bentoniche di profondità raccolte alla Punta S. Pancracio nell'isola di Ischia (Golfo di Napoli). Giorn. Bot. Ital. 105, 207-236.

Cinelli, F., Fresi, E. u. Mitarb., 1979: Deep algal vegetation of the western Mediterranean. Giorn. Bot. Ital. 113, 173-188.

Cinelli, F., 1981: Biogeography and ecology of the Sicily Channel. Intern. Seaweed Symp. 10 (Göteborg), 235-240.

Cinelli, F., Colantini, P., 1982: Alcune osservazioni sulla zonazione del benthos marino sulle coste rocciose delle isole Galàpagos (Oceano Pacifico). In: Galàpagos, Studi e Ricerche – Spedizione „L. Mares – G. R. S. T. S.", hrsg. von Gruppo Ricerche Scientifiche e Tecniche Subaquee. Museo Zoologico dell'Universita di Firenze, Firenze; S. 277-300.

Clayton, M. N., 1984: Evolution of the Phaeophyta with particular reference to the Fucales. Progr. Phycol. Res. 3, 11-46.

Clayton, M. N., King, R. J., 1981: Marine botany: an Australasian perspective. Longman Cheshire, Mel-bourne, 478 S.

Clokie, J. J. P., Boney, A. D., 1980: *Conchocelis* distribution in the Firth of Clyde: estimates of the lower limits of the photoc zone. J. exp. mar. Biol. Ecol. 46, 111-125.

Clokie, J. J. P., Scoffin, T. P., Boney, A. D., 1981: Depth maxima of Conchocelis and *Phymatolithon rugulo-sum* on the N. W. Shelf and Rockall Plateau. Mar. Ecol. Prog. Ser. 4, 131-133.

Coleman, D. C., Mathieson, A. C., 1975: Investigations of New England marine algae. VII. Seasonal occurrence and reproduction of marine algae near Cape Cod, Massachusetts. Rhodora 77, 76-104.

Colin, P. I., 1978: Caribbean reef invertebrates and plants. THF Publications, Neptune City, New Jersey; 512 S.

Collins, F. S., 1927: Marine algae from Bering Strait and Arctic Ocean collected by the Canadian Arctic Expedition, 1913-1918. Rep. Canad. Arctic Exped. 1913-1918. Vol. 4 (Bot. B. Marine Algae): 1B-16B.

Collins, F. S., Hervey, A. B., 1917: The algae of Bermuda. Proc. Acad. Arts Sci. 53, 1-195.

Colman, J., 1946: Marine biology in St. Helena. Proc. Zool. Soc., London 116, 266-281.

Conover, J. T., 1964: The ecology, seasonal periodicity, and distribution of benthic plants in some Texas lagoons. Botanica mar. 7, 4-41.

Coppejans, E., 1975: A preliminary study of the marine algal communities on the islands of Milos and Sikinos (Cyclades – Greece). Bull. Soc. roy. Bot. Belg. 107, 387-406.

Coppejans, E., 1983: Iconographie d'algues Mediterranéenes. Chlorophyta, Phaeophyta, Rhodophyta. Bibliotheca Phycologica 63. Cramer, Vaduz; var. pag.

Coppejans, E., Boudouresque, C. F., 1983: Végétation marine de la Corse (Méditerranée). VI. Documents pour la flore des algues. Botanica mar. 26, 457-470.

Cordero, P. A., 1976-1979: The marine algae of Batan Island, northern Philippines. Fish. Res. J. Philipp. 1, 3-29 (1976); 2, 19-55 (1977); 3, 13-64 (1979).

Cortel-Breeman, A. M., Hoopen, A. Ten, 1978: The short day response in *Acrosymphyton purpuriferum* (J.Ag.) Sjöst. (Rhodophyceae, Crytonemiales). Phycologia 17, 125-132.

Cott, H. B., 1957: Adaptive coloration in animals. Methuen, London; 508 S.

Cotton, A. D., 1915: Cryptogams from the Falkland Islands collected by Mrs. Vallentin. J. Limn. Soc., Bot. 43, 137-231.

Cousens, R., 1981: Variation in annual production by *Ascophyllum nodosum* (L.) Le Jolis with degree of exposure to wave action. Proc. Int. Seaweed Symp. 10 (Göteborg), 253-258.

Coutinho, R., 1982: Taxonomia, distribuição, crescimento sazonal, reprodução e biomassa das algas bento-nicas do estuario da Lagoa dôs Patos (AS). M.S. Thesis, Fundação Universidade do Rio Grande; 232 S.

Coyer, J. A., Zaugg-Haglund, A. C., 1982: A demographic study of the elk kelp *Pelagophycus porra* (Laminariales, Lessoniaceae), with notes on *Pelagophycus* x *Macrocystis* hybrids. Phycologia 21, 399-407.

Craigie, J. S., 1974: Storage products. In: Algal physiology and biochemistry, hrsg. von W. D. P. Stewart, Blackwell, Oxford; S. 206-235.

Cribb, A. B., 1973: The algae of the Great Barrier Reefs. In: Biology and geology of coral reefs, Vol. II. Hrsg. von O. A. Jones u. R. Endean. Academic Press, New York; S. 47-75.

Cribb, A. B., 1981: Coral reefs. In: Marine Botany: an Australasian perspective, hrsg. von M. N. Clayton u. R. J. King. Longman Cheshire, Melbourne; S. 329-345.

Crisp, D. J., Fischer-Piette, E., 1959: Répartition des principales espèces intercotidales de la côte atlantique francaise en 1954-1955. Ann. Inst. Océanogr. 36, 275-387.

Crisp, D. J., Williams, G. B., 1960: Effect of extracts from fucoids in promoting settlement of epiphytic polyzoa. Nature, Lond. 188, 1206-1207.

Critchley, A. T., Farnham, W. F., Morrell, S. L., 1983: A chronology of new European sites of attachment for the invasive brown alga, *Sargassum muticum,* 1973-1981. J. mar. biol. Ass. U. K. 63, 799-811.

Czygan, F., 1981: Pigments in plants. Gustav Fischer, Stuttgart; 447 S.

Dahl, A. L., 1973a: Benthic ecology in a deep reef and sand habitat off Puerto Rico. Botanica mar. 16, 171-175.

Dahl, A. L., 1973b: Surface area in ecological analysis: quantification of benthic coral-reef algae. Mar. Biol. 23, 239-249.

Dahl, A. L., 1979: Marine ecosystems and biotic provinces in the South Pacific area. Proc. Int. Symp. Mar. Biogeogr. Evol. S. Hemisphere. N. Z. DSIR Information Series 137 (2), 541-546.

Dangeard, P., 1949: Les algues marines de la côte occidentale du Maroc. Le Botaniste 34, 89-189.

Davison, I. R., Stewart, W. D. P., 1983: Occurrence and significance of nitrogen transport in the brown alga *Laminaria digitala.* Mar. Biol. 77, 107-112.

Dawes, C. J., 1974: Marine algae of the west coast of Florida. University of Miami Press, Coral Gables, Florida, 201 S.

Dawes, C. J., 1981: Marine Botany. Wiley, New York, 628 S.

Dawes, C. J., Earle, S. A., Croley, F. C., 1967: The offshore benthic flora of the southwest coast of Florida. Bull. Mar. Sci. 17, 211-231.

Dawes, C. J., Moon, R. E., Davis, M. A., 1978: The photosynthetic and respiratory rates and tolerances of benthic algae from a mangrove and salt marsh estuary: a comparative study. Estuar. Coast. Mar. Sci. 6, 175-185.

Dawson, E. Y., 1941: The marine algae of the Gulf of California. Allan Hancock Pacif. Exped. 3, 189-462.

Dawson, E. Y., 1953-1963: Marine red algae of Pacific Mexico. I-IV, VI-VIII. Allan Hancock Pacif. Exped. 17, 1-171 (1953); 17, 241-307 (1954). Pac. Nat. 2, 1-125 (1960); 2, 191-341 (1961). Nova Hedwigia 5, 437-476 (1963). Allan Hancock Pacif. Exped. 26, 1-207 (1962). Nova Hedwigia 6, 401-481 (1963).

Dawson, E. Y., 1954: Marine plants in the vicinity of Nhu Trang, Vietnam. Pac. Sci. 8, 371-481.

Dawson, E. Y., 1957a: Notes on eastern Pacific insular marine algae. Contrib. Sci. Los Angeles County Museum 8, 1-8.

Dawson, E. Y., 1957b: An annotated list of marine algae from Eniwetok Atoll, Marshall Islands. Pac. Sci. 11, 92-132.

Dawson, E. Y., 1959: Some algae from Clipperton Island and the Danger Islands. Pac. nat. 7, 2-8.

Dawson, E. Y., 1960: A review of the ecology, distribution, and affinities of the benthic flora. In: Symposium: The biogeography of Baja California and adjacent seas. Syst. Zool. 9, 93-100.

Dawson, E. Y., 1961: Plantas marinas de la zona de las mareas de El Salvador. Pac. nat. 2, 388-461.

Dawson, E. Y., 1962a: Una clave illustrada de los géneros de algas bénticas del Pacifico de la America central. Pac. nat. 3, 168-231.

Dawson, E. Y., 1962b: Additions to the marine flora of Costa Rica and Nicaragua. Pac. Nat. 3, 375-395.

Dawson, E. Y., 1963: New records of marine algae from the Galapagos Islands. Pac. nat. 4, 3-23.

Dawson, E. Y., Acleto, C., Foldvik, N., 1964: The seaweeds of Peru. Nova Hedwigia Beih. 13, 1-111.

Dawson, E. Y., Neushul, M., Wildman, R. D., 1960: Seaweeds associated with kelp beds along southern California and northwestern Mexico. Pacific Naturalist 1 (14), 1-90.

Dayton, P. K., 1971: Competition, disturbance and community organization: The provision and subsequent utilization of space in a rock intertidal community. Ecol. Monogr. 41, 351-389.

Dayton, P. K., 1973: Dispersion, dispersal, and persistence of the annual intertidal alga, *Postelsia palmaeformis* Ruprecht. Ecology 54, 431-438.

Dayton, P. K., 1975: Experimental evaluation of ecological dominance in a rocky intertidal algal community. Ecolog. Monogr. 45, 137-159.

Deacon, G. E. R., 1964: Antarctic oceanography: The physical environment. In: Biologie Antarctique, hrsg. von R. Carrick, M. Holdgate u. J. Prévost. Hermann, Paris, S. 81-86.

DeBoer, J. A., 1981: Nutrients. In: The biology of seaweeds, hrsg. von C. S. Lobban u. M. J. Wynne. Blackwell, Oxford; S. 356-392.

De Burgh, M. E., Fankboner, P. V., 1978: A nutritional association between the bull kelp *Nereocystis luetkeana* and its bryozoan *Membranipora membranacea.* Oikos 31, 69-72.

Defant, A., 1953: Ebbe und Flut des Meeres, der Atmosphäre und der Erdkruste. Springer-Verlag, Berlin; 119 S.

Deichman, H., Rosenvinge, L. K., 1908: Note sur la limite supérieure des Fucacées et sur le bord de glace („isfod") sur les côtes du Groenland. Bot. Tidskr. 28, 182-184.

DeLaca, T. E., Lipps, J. H., 1976: Shallow-water marine associations, Antarctic Peninsula. Antarct. J. 11, 12-20.

Delépine, R., 1959: Observations sur quelques Codium (Chlorphycées) des côtes francaises. Rev. gén. Bot. 66, 1-29.

Delépine, R., 1963: Un aspect des études de biologie marine dans les Iles Australes Francaises. Com. nat. fr. Rech. Antarct. 3, 1-22.

Delépine, R., 1966: La végétation marine dans l'Antarctique de l'Ouest comparée à celle des Iles Australes Francaises. Conséquences biogéographiques. Compt. rend. Séanc. Biogéogr., Paris, 374, 52-68.

Delépine, R., 1967: Sur un nouveau genre de Chlorophycées antarctiques, Lambia. C. R. Acad. Sc. Paris 264, 1410-1413.

Delépine, R., Asensi, A. 1976: Quelques données expérimentales sur l'écophysiologie de Durvillaea antarctica (Cham.) Hariot (Phéophycées). Bull. Soc. Phycol. France 21, 65-80.

Delépine, R., Lamb, I. M., Zimmermann, M. H., 1966: Preliminary report on the marine vegetation of the Antarctic Peninsula. Proc. Intern. Seaweed Symp. 5 (Halifax), 107-116.

Dell, R. K., 1972: Antarctic benthos. Adv. mar. Biol. 10, 1-216.

Dellow, V., 1955: Marine algal ecology of the Hauraki Gulf. Trans. Roy. Soc. N. Z. 83, 1-91.

De May, D., John, D. M., Lawson, G. W., 1977: A contribution to the littoral ecology of Liberia. Botanica mar. 20, 41-46.

Devinny, J. S., 1978: Ordination of seaweed communities: environmental gradients at Punta Bunda, Mexico. Botanica mar. 21, 357-363.

Devinny, J. S., Kirkwood, P. D., 1974: Algae associated with kelp beds of the Montery Peninsula, California. Botanica mar. 17, 100-106.

DeWreede, R. E., Jones, E. C., 1973: New records of Sargassum hawaiiensis Doty and Newhouse (Sargassaceae, Phaeophyta), a deep water species. Phycologia 12, 59-62.

Deysher, L., Norton, T. A., 1982: Dispersal and colonization in Sargassum muticum (Yendo) Fensholt. J. Exp. Mar. Biol. Ecol. 56, 179-195.

Diannelidis, T., Haritonidis, S., Tsekos, I., 1977: Contribution à l'étude des peuplements des algues benthiques de quelques régions de l'île de Rhodos, Grèce. Botanica mar. 20, 205-226.

Diaz-Piferrer, M., 1969: Distribution of the marine benthic flora of the Caribbean Sea. Caribb. J. Sci. 9, 151-178.

Diaz-Piferrer, M., 1981: The genus Sargassum in western Atlantic: a biogeographical approach. Proc. Int. Seaweed Symp. 8 (Bangor), 307-312.

Dieckmann, G. S., 1980: Aspects of the ecology of Laminaria pallida (Grev.) J. Ag. off the Cape Peninsula (South Africa). Botanica mar. 23, 579-585.

Dietrich, G., Kalle, K., Krauss, W., Siedler, G., 1975: Allgemeine Meereskunde. Eine Einführung in die Ozeanographie. 3. Auflage. Bornträger, Berlin; 593 S.

Dietrich, G., Köster, R., 1974a: Geschichte der Ostsee. In: Meereskunde der Ostsee, hrsg. von L. Magaard u. G. Rheinheimer. Springer-Verlag, Heidelberg, S. 5-10.

Dietrich, G., Köster, R., 1974b: Bodengestalt und Bedeckung. In: Meereskunde der Ostsee, hrsg. von L. Magaard u. G. Rheinheimer. Springer-Verlag, Heidelberg, S. 11-18.

Dijkema, K. S., Wolff, W. J. (Hrsg.), 1983: Flora and vegetation of the Wadden Sea islands and coastal areas. Final report of the section „Flora and vegetation of the islands" of the Wadden Sea Working Group. Balkema, Rotterdam; var. pag.

Dixon, P. S., Irvine, L. M., 1977: Seaweeds of the British Isles. Volume 1. Rhodophyta. Part 1. Introduction, Nemaliales, Gigartinales. British Museum, London; 252 S.

Dizerbo, A. H., 1970: Note sur la végétation marine du Cap Fréhel en Plévenon (Côtes-du-Nord). Bull. Soc. scient. Bretagne 45, 171-176.

Donze, M., 1968: The algal vegetation of the Ria de Arosa (NW. Spain). Blumea 16, 159-183.

Doty, M. S., 1946: Critical tide factors that are correlated with the vertical distribution of marine algae and other organisms along the Pacific coast. Ecology 27, 315-328.

Doty, M. S., 1947: The marine algae of Oregon. Pt. I. Chlorophyta and Phaeophyta. Pt. II. Rhodophyta. Farlowia 3, 1-65 und 159-215.

Doty, M. S., 1971: Measurement of water movement in reference to benthic algal growth. Botanica mar. 14, 32-35.

Doty, M. S., 1979: Status of marine agronomy, with special reference to the tropics. Proc. Int. Seaweed Symp. 9 (Santa Barbara), 35-58.

Doty, M. S., Gilbert, W. J., Abbott, I. A., 1974: Hawaiian marine algae from seaward of the algal ridge. Phycologia 13, 345-357.

Drach, P., 1949: Premières recherches en scaphandre autonome sur les formations de Laminaires en zone littorale profonde. C. r. somm. Séanc. Soc. Biogéogr. 227, 46-49.

Drebes, G., 1974: Marines Phytoplankton. Eine Auswahl der Helgoländer Planktonalgen (Diatomeen, Peridineen). Georg Thieme, Stuttgart; 186 S.

Drew, E. A., 1972: Growth of a kelp forest at 60 metres in the Straits of Messina. Mem. Biol. Mar. Oceanogr. 2, 135-157.

Drew, E. A., 1977: The physiology of photosynthesis and respiration in some antarctic marine algae. Br. Antarct. Surv. Bull. 46, 59-76.

Drew, K. M., 1949: Conchocelis phase in the life-history of *Porphyra umbilicalis* (L.) Kütz. Nature 164, 748-749.

Dring, M. J., 1967a. Effects of daylength on growth and reproduction of the Conchocelis-phase of *Porphyra tenera*. J. mar. biol. Ass. U.K. 47, 501-510.

Dring, M. J., 1967b. Phytochrome in red alga, *Porphyra tenera*. Nature 215, 1411-1412.

Dring, M. J., 1981: Chromatic adaptation of photosynthesis in benthic marine algae: an examination of its ecological significance using a theoretical model. Limnol. Oceanogr. 26, 271-284.

Dring, M. J., 1982: The biology of marine plants. Edward Arnold, London; 199 S.

Dring, M. J., 1984: Photoperiodism and phycology. Progr. Phycol. Res. 3, 159-192.

Dring, M. J., Brown, F. A., 1982: Photosynthesis of intertidal brown algae during and after periods of emersion: a renewed search for physiological causes of zonation. Mar. Ecol. Progr. Ser. 8, 301-308.

Dring, M. J., Lüning, K., 1975a: A photoperiodic response mediated by blue light in the brown alga *Scytosiphon lomentaria*. Planta 125, 25-32.

Dring, M. J., Lüning, K., 1975b: Induction of two-dimensional growth and hair formation by blue light in the brown alga *Scytosiphon lomentaria*. Z. Pflanzenphysiol. 75, 107-117.

Dring, M. J., Lüning, K., 1983: Photomorphogenesis of marine macroalgae. In: Encyclopedia of Plant Physiology, New Series, vol. 16 B, hrsg. von W. Shropshire, H. Mohr. Springer-Verlag, Berlin; S. 545-568.

Dring, M. J., West, J. A., 1983: Photoperiodic control of tetrasporangium formation in the red alga *Rhodochorton purpureum*. Planta 159, 143-150.

Dromgoole, F. I., 1980: Desiccation resistance of intertidal and subtidal algae. Botanica mar. 23, 149-159.

Dromgoole, F. I., 1981: Form and function of the pneumatocysts of marine algae. I. Variations in the the pressure and composition of internal gases. Botanica mar. 24, 257-266.

Dromgoole, F. I., 1982: The buyoant properties of *Codium fragile*. Botanica mar. 25, 391-398.

Druehl, L. D., 1968: Taxonomy and distribution of northeast Pacific species of *Laminaria*. Can J. Bot. 46, 539-547.

Druehl, L. D., 1970: The pattern of Laminariales distribution in the northeast Pacific. Phycologia 9, 237-247.

Druehl, L. D., 1979: On the taxonomy of California *Laminaria* (Phaeophyta) J. Phycol. 15, 337-338.

Druehl, L. D., 1981: The distribution of Laminariales in the North Pacific with reference to environmental influences. In: Evolution Today. Proceedings of the Second International Congress of Systematic and Evolutionary Biology, hrsg. von G. G. E. Scudder und J. L. Reveal; S. 55-67.

Ducker, S. C., 1967: The genus *Chlorodesmis* (Chlorophyta) in the Indo-Pacific region. Nova Hedwigia 13, 145-182.

Ducker, S. C., 1981: A history of Australian marine phycology. In: Marine botany: an Australasian perspective, hrsg. von M. N. Clayton u. R. J. King. Longman Cheshire, Melbourne; S. 1-14.

Duggins, D. O., 1980: Kelp dominated communities: experimental studies on the relationships between sea urchins, their predators and their algal resources. Univ. of Washington, Ph.D., 134 S.

Duggins, D. O., 1983: Starfish predation and the creation of mosaic patterns in a kelp-dominated community. Ecology 64, 1610-1619.

Duntan, K. H., Reimnitz, E., Schonberg, S., 1982: An arctic kelp community in the Alaskan Beaufort Sea. Arctic 35, 465-484.

Durairatnam, M., 1961: Contribution to the study of the marine algae of Ceylon. Fish. Res. Sta. Dept. Fish. Ceylon, Bull. 10, 1-181.

Durako, M. J., Dawes, C. J., 1980: A comparatative study of two populations of *Hypnea musciformis* from the east and west coasts of Florida, USA. I. Growth and chemistry. Mar. Biol. 59, 151-156.

Earle, S. A., 1969: Phaeophyta of the eastern Gulf of Mexico. Phycologia 7, 71-254.

Earle, S., 1972: A review of the marine plants of Panama. Bull. Biol. Soc. Washington 2, 60-87.

Edelstein, T., 1964: On the sublittoral algae of the Haifa Bay. Vie et Milieu 15, 177-212.

Edelstein, T., Chen, L., McLachlan, J., 1970: Investigations of the marine algae of Nova Scotia. VIII. The flora of Digby Neck Peninsula, Bay of Fundy. Can. J. Bot. 48, 621-629.

Edwards, P., 1969: Field and cultural studies on the seasonal periodicity of growth and reproduction of selected Texas benthic marine algae. Contrib. Mar. Sci. 14, 59-114.

Edwards, P., 1970: Illustrated guide to the seaweeds and sea grasses in the vicinity of Port Aransas, Texas. Contrib. Mar. Sci. 15 (Suppl.), 1-128.

Edwards, P., Boromthanarat, S., Tam, D. M., 1982: Seaweeds of economic importance in Thailand. Part 1. Field survey, Thai government statistics and future prospects. Botanica mar. 25, 237-246.

Edwards, P., Kapraun, D. F., 1973: Benthic marine algal ecology in the Port Aransas area. Contrib. Mar. Sci. 17, 15-52.

Egerod, L., 1974: Report of the marine algae collected on the fifth Thai- Danish expedition of 1966. Chlorophyceae and Phaeophyceae. Botanica mar. 17, 130-157.

Ehrke, G., 1931: Über die Wirkung der Temperatur und des Lichtes auf die Atmung und Assimilation einiger Meeres- und Süßwasseralgen. Planta 13, 221-310.

Eiseman, N. J., 1978: Observations on the marine algae occurring from 30-100 meter depths on the east coast of Florida. J. Phycol. 14 (Suppl.), 25.

Eiseman, N. J., 1979: Marine algae of the east Florida continental shelf. I. Some new records of Rhodophyta, including *Scinaia incrassata* n. sp. (Nemaliales: Chaetangiaceae). Phycologia 18, 355-361.

Eiseman, N. J., Earle, S. A., 1983: *Johnson-sea-linkia profunda*, a new genus and species of deep-water Chlorophyta from the Bahama Islands. Phycologia 22, 1-6.

Ekman, S., 1953: Zoogeography of the sea. Sidgwick and Jackson, London; 417 S.

Elliott, G. F., 1981: The Tethyan dispersal of some chlorophyte algae subsequent to the Palaeozoic. Palaeogeography 32, 341-358.

Ellis, D. V. + Wilce, R. T., 1961: Arctic and subarctic examples of intertidal zonation. Arctic 14, 224-235.

Engelmann, T. W., 1883: Farbe und Assimilation. Bot. Ztg. 41, 1-13 und 17-29.

Engelmann T. W., 1884: Untersuchungen über die quantitativen Beziehungen zwischen Absorption des Lichtes und Assimilation in Pflanzenzellen. Bot. Ztg. 42, 81-110.

Ercegovic, A., 1952: Fauna et flora adriatica. Vol. III. Sur les Cystoseira adriatiques. Split, 212 S.

Ercegovic, A., 1957a: La flore sous-marine de l'îlot de Jabuca. Acta Adriatica 8, 3-130.

Ercegovic, A., 1957b: Principes et essai d'un classement des étages benthiques. Rec. Trav. Stat. Mar. Endoume 22, 17-21.

Ercegovic, A., 1959: Les facteurs de sélection et d'isolement dans la genèse de quelques espèces d'algues adriatiques. Int. Rev. ges. Hydrobiol. 44, 473-483.

Ercegovic, A., 1960: La végétation des algues sur les fonds pêchereux de l'Adriatique. Inst. Oceanogr. Ribarstvo, Split. Izvjesca 6 (4), 1-32.

Etcheverry, D. H., 1960: Algas marinas de las islas oceanicas Chilenas. (Juan Fernandez, San Felix, San Ambrosio, Pascua). Rev. Biol. Mar. 10, 83-132.

Ernst, J., 1955: Sur la végétation sous-marine de la Manche d'après des observations en scaphandre autonome. C. r. Acad. Sci. Paris 241, 1066- 1068.

Ernst, J., 1959: Studien über die Seichtwasser-Vegetation der Sorrentiner Küste. Pubbl. Staz. zool. Napoli, Suppl., 30, 470-518.

Evans, G. C., 1972: The quantitative analysis of plant growth. Blackwell, Oxford; 734 S.

Evans, L. V., Callow, J. A., Callow, M. E., 1978: Parasitic red algae: an appraisal. In: The Systematics Association Special Volume No. 10. Modern approaches to the taxonomy of red and brown algae, hrsg. von D. E. G. Irvine u. J. H. Price. Academic Press, London; 87-110.

Evans, L. V., Callow, J. A., Callow, M. E., 1982: The biology and biochemistry of reproduction and early development in *Fucus*. Progr. Phycolog. Res. 1, 67-110.

Evans, R. G., 1957: The intertidal ecology of some localities on the Atlantic coast of France. J. Ecol. 45, 245-271.

Falkenberg, P., 1878: Die Meeres-Algen des Golfes von Neapel. Mittheil. Zool. Stat. Neapel 1 (3), 218-277.

Faller, A. J., Woodcock, A. H., 1964: The spacing of windrows of *Sargassum* in the ocean. J. mar. Res. 22, 22-29.

Farnham, W. F., 1980: Studies on aliens in the marine flora of southern England. In: The Shore Environment, Vol. 2: Ecosystems, hrsg. von J. H. Price, D. E. G. Irvine u. W. F. Farnham. Academic Press, London, S. 875-914.

Farnham, W. F., Lambert, G., 1980: Preliminary observations on the benthic marine algae of Natal, South Africa. Phycologia 20, 103.

Feldmann, J., 1931: Contribution à la flore algologique marine de l'Algérie: Les algues de Cherchell. Bull. Soc. Hist. Nat. Af. Nord 22, 179-254.

Feldmann, J., 1934: Les Laminariacées de la Médtiterranée et leur repartition géographique. Bull. Trav. Stat. Aquiculture Pêche Castiglione 2, 3-42.

Feldmann, J., 1937a: Les algues marines de la côte des Albères. I-III. Cyanophycées, Chlorophycées, Phéophycées. Revue algol. 9, 141-355.

Feldmann, J., 1937b: Recherches sur la végétation marine de la Méditerranée. La côtes des Albères. Revue algol. 10, 1-339.

Feldmann, J., 1937c: Sur une nouvelle escpèce de Laminariacée de Mauritanie, *Ecklonia muratii* nov. sp. Bull. Soc. Hist. Nat. Af. Nord 28, 325-327.

Feldmann, J., 1937-1947: Additions à la flore des algues marines de l'Algérie. Bull. Soc. Hist. Nat. Af. Nord 28, 318-321; 30, 453-464; 33, 230-245; 38, 80-91.

Feldmann, J., 1939-1942: Les algues marines de la côte des Albères. IV. Rhodophycées. Rev. Algol. 11, 247-330 und 12, 77-100; sowie Travaux Algologiques 1, 29-113.

Feldmann, J., 1943: Contribution à l'étude de la flore marine de profondeur sur les côtes d'Algérie. Bull. Soc. Hist. Nat. Af. Nord 34, 150-167.

Feldmann, J., 1946: La flore marine des îles Atlantides. Mem. soc. Biogéogr. 8, 395-435.
Feldmann, J., 1951: La flore marine de l'Afrique du nord. C. R. Som. Séances Soc. Biogéogr. 243, 103-108.
Feldmann, J., 1954: Inventaire de la flore marine de Roscoff. Trav. Stat. Biol. Roscoff 6 (Suppl.), 1-152.
Feldmann, J., 1955: La zonation des algues sur la côte atlantique du Maroc. Soc. Sci. Nat. Phys. Maroc 35, 9-17.
Feldmann, J., 1958: Origine et affinités du peuplement végétal benthique de la Méditerranée. Rapp. P. – v. Réun. Cons. perm. int. Explor. Mer N. S. 14, 515-518.
Feldmann, J., Feldmann, G., 1942: Recherches sur les Bonnemaisoniacées et leur alternance de générations. Ann. Sci. Nat., Sér. 11, Botan. 3, 75-175.
Feldmann, J., Magne, F., 1964: Additions à l'inventaire de la flore marine de Roscoff. Algues, champignons, lichens. Editions de la Station Biologique de Roscoff, 1-28.
Fernández, C., Niell, F. X., 1982: Zonación del fitobentos intermareal de la región de Cabo Peñas (Asturias). Invest. Pesq. 46, 121-141.
Filion-Myklebust, C., Norton, T. A., 1981: Epidermis shedding in the brown seaweed Ascophyllum nodosum (L.) Le Jolis, and its ecological significance. Mar. biol. Letters 2, 45-51.
Fischer-Piette, E., 1932: Répartition des principales espèces fixées sur les rochers battus des côtes et des îles de la Manche, de Lannion Fécamp. Ann. Inst. Océanogr. 12, 105-213.
Fischer-Piette, E., 1959: Contribution à l'écologie intercotidale du Détroit de Gibraltar. Bull. Inst. océanogr. Monaco 1145, 1-32.
Fischer-Piette, E., 1963: La distribution des principaux organismes intercôtidaux nord-ibériques en 1954-1955. Ann. Inst. Océan. Monaco 40, 165-312.
Fletcher, A., 1980: Marine and maritime lichens of rocky shores: their ecology, physiology and biological interactions. In: The shore environment, Vol. 2: Ecosystems, hrsg. von J. H. Price, D. E. G. Irvine u. W. F. Farnham. Academic Press, London, S. 789-842.
Fletcher, R. L., 1980: Studies on the recently introduced brown alga Sargassum muticum (Yendo) Fensholt. III. Periodicity in gamete release and 'incubation' of early germling stages. Botanica mar. 23, 425-432.
Floc'h, J.-Y., 1982: Uptake of inorganic ions and their long distance transport in Fucales and Laminariales. In: Synthetic and degradative processes in marine macrophytes, hrsg. von L. M. Srivastava. Walter de Gruyter, Berlin; S. 139-166.
Flowers, A., Bird, K., 1984: Marine biomass: a long-term methane supply option. Proc. Int. Seaweed Symp. 11 (Qingdao), 272-275.
Fork, D. C., 1963: Observations on the function of chlorophyll a and accessory pigments. In: Photosynthetic mechanisms in green plants, NAS-NRC, Publ. No. 1145, Washington, D. C.; S. 352-361.
Fortes, M. D., Lüning, K., 1980: Growth rates of North sea macroalgae in relation to temperature, irradiance and photoperiod. Helgoländer Meeresunters. 34, 15-29.
Foster, M. S., 1975: Algal succession in a Macrocystis pyrifera forest. Mar. Biol. 32, 313-329.
Frakes, L. A., 1979: Climates throughout geologic time. Elsevier, Amsterdam; 310 S.
Fredj, G., 1972: Compte rendu de plongée en SP 300 sur les fonds à Laminaria rodriguezii Bornet de la Pointe de Revellata (Corse). Bull. Inst. océanogr., Monaco 71 (1421), 1-42.
French, C. S., 1960: The chlorophylls in vivo and in vitro. In: Handbuch der Pflanzenphysiologie, V (1), hrsg. von W. Ruhland. Springer-Verlag, Berlin; S. 252-297.
Fricke, H. W., Schuhmacher, H., 1983: The depth limits of Red Sea stony corals: an ecophysiological problem (A deep diving survey by submersible). Marine Ecology P. S. Z. N. I. 4, 163-194.
Friemert, V.-J., Lüning, K., 1985: Photoinhibition of photosynthesis in the marine red alga Delesseria sanguinea. Mar. Biol.
Fries, L., 1984: D-vitamins and their precursors as growth regulators in axenically cultivated marine macroalgae. J. Phycol. 20, 62-66.
Fritsch, F. E., 1959-1961: The structure and reproduction of the algae. Volume I and II. University Press, Cambridge; 791 S., 939 S.
Fuhrer, B., Christianson, I. G., Clayton, M. N., Allender, B. M., 1981: Seaweeds of Australia. Reed, Sydney, 112 S.
Fujiwara-Arasaki, T., Mino, N., Kuroda, M., 1984: The protein value in human nutrition of edible algae in Japan. Proc. Int. Seaweed Symp. 11 (Qingdao), 513-516.
Funahashi, S., 1973: Distribution of marine algae in the Japan Sea, with reference to the phytogeographical positions of Vladivostok and Noto Peninsula districts. J. Fac. Sci., Hokkaido Univ. Ser. V (Botany) 10, 1-31.
Funk, G., 1927: Die Algenvegetation des Golfs von Neapel. Nach neueren ökologischen Untersuchungen. Pubbl. Staz. Zool. Napoli 7 (Suppl.), 1-507.
Funk, G., 1951: Konstanz und Veränderlichkeit der Algenvegetation von Neapel. Pubbl. Staz. Zool. Napoli 23, 17-51.
Funk, G., 1955: Beiträge zur Kenntnis der Meeresalgen von Neapel. Zugleich mikrophotographischer Atlas. Pubbl. Staz. Zool. Napoli 25 (Suppl.), 1-178.
Funk, G. 1957: Fruktifikationszeiten der Meeresalgen bei Neapel. Pubbl. Staz. Zool. Napoli 29, 126-138.

Furmanczyk, K., Zielinski, K., 1982: Distribution of macroalgae in shallow waters of Admiralty Bay (King George Island, South Shetland Islands, Antarctic), plotted with the help of air photographs. Polish Polar Res. 3, 41-47.

Furuya, M., 1983: Photomorphogenesis in ferns. In: Encyclopedia of Plant Physiology, New Series, vol. 16 B, hrsg. von W. Shropshire, H. Mohr. Springer-Verlag, Berlin; S. 569-600.

Galbraith, R. G., Boehler, T., 1974: Subtidal marine biology of California. Naturegraph Publishers, Healdsburg, California, 128 S.

Garbary, D., 1976: Life-forms of algae and their distribution. Botanica mar. 19, 97-106.

Garbary, D., 1979: A revised species concept for endophytic and endozoic members of the Acrochaetiaceae (Rhodophyta). Bot. Notiser 132, 451-455.

Garbary, D. J., Hansen, G. I., Scagel, R. F., 1980-1982: The marine algae of British Columbia and northern Washington: Division Rhodophyta (red algae). Class Bangiophyceae. Class Florideophyceae, orders Acrochaetiales and Nemaliales. Syesis 13, 137-195 und 15 (Suppl.), 1-102.

Gates, D. M., 1979: Biophysical ecology. Springer-Verlag, Berlin; 640 S.

Gauthier, B., Cardinal, A., Himmelman, J. H., 1980: Limites amont de distribution des algues marines dans l'estuaire du Saint-Laurent (Québec), et addition de quelques espèces à la flore de cette région. Nat. can. (Que). 107, 195-197.

Gayral, P., 1958: Algues de la côte atlantique marocaine. Société des sciences naturelles et physiques du Maroc, Rabat, 523 S.

Gayral, P., 1966: Les algues des côtes francaises (Manche et Atlantique). Editions Doin, Paris; 632 S.

Geiselman, J. A., McConnell, O. J., 1981: Polyphenols in brown algae *Fucus vesiculosus* and *Ascophyllum nodosum*: chemical defenses against the marine herbivorous snail, *Littorina littorea*. J. chem. Ecol. 7, 1115-1133.

Geißler, U., 1983: Die salzbelastete Flußstrecke der Werra – ein Binnenlandstandort für *Ectocarpus confervoides* (Roth) Kjellman. Nova Hedwigia 37, 193-217.

Gerard, V. A., 1982: In situ water motion and nutrient uptake by the giant kelp *Macrocystis pyrifera*. Mar. Biol. 69, 51-54.

Gerloff, J., Geissler, U., 1974: Eine revidierte Liste der Meeresalgen Griechenlands. Nova Hedwigia 22, 721-793.

Gessner F., 1955-1959: Hydrobotanik. Die physiologischen Grundlagen der Pflanzenverbreitung im Wasser. I. Energiehaushalt (1955). II. Stoffhaushalt (1959). VEB Deutscher Verlag der Wissenschaften, Berlin; 517 S., 701 S.

Gessner, F., Hammer, L., 1967: Die litorale Algenvegetation an den Küsten von Ost-Venezuela. Int. Rev. ges. Hydrobiol. 52, 657-692.

Gessner, F., Hammer, L., 1971: Physiologische Untersuchungen über die Toleranz von *Fucus virsoides* (Don) J. Ag. Int. Revue ges. Hydrobiol. 56, 581-597.

Gessner, F., Schramm. W., 1971: Salinity. Plants. In: Marine ecology, vol. 1, part 2, hrsg. von O. Kinne. Wiley-Interscience, London, S. 705-820.

Giaccone, G., 1967: Osservazioni sul genere *Palmophyllum*. Lav. Ist. Bot. Giard. Col. Palermo 22, 318-326.

Giaccone, G., 1968a: Raccolte di fitobenthos nel Mediterraneo orientale. Giorn. Bot. Ital. 102, 217-228.

Giaccone, G., 1968b: Aspetti della biocenosi coralligena in due stazioni dei bacini occidentale ed orientale del Mediterraneo. Giorn. Bot. Ital. 102, 537-541.

Giaccone, G., 1969a: Note sistematiche ed osservazioni fitosociologiche sulle Laminariales del Mediterraneo occidentale. Giorn. Bot. Ital. 193, 457-474.

Giaccone, G., 1969b: Raccolte di fitobenthos sulla banchina continentale Italiana. Giorn. Bot. Ital. 103, 485-514.

Giaccone, G., 1971: Significato biogeografico ed ecologico di specie algali delle coste Italiane. Natura e Montagna 4, 41-47.

Giaccone, G., 1972: Struttura, ecologia e corologia dei popolamenti a Laminarie dello stretto di Messina e del Mare di Alboran. Mem. Biol. Mar. Ocean. N. S. 2, 37-59.

Giaccone, G., 1973: Elementi di botanica marina. II: Chiavi di determinazione per le alghe e le angiosperme marine del Mediterraneo. Pubbl. Ist. Bot. Univ. Trieste, Serie didattica, 1-358.

Giaccone, G., 1974: Tipologia delle comunita fitobentoniche del Mediterraneo. Mem. Biol. Marina e Oceanogr. 4, 149-168.

Giaccone, G., 1978: Revisione della flora del Mare Adriatico. Annuar. Parco mar. Miramare Staz. Controllo, Trieste (Suppl.) 1977, 1-118.

Giaccone, G., Bruni, A., 1971: Le Cistoseire delle coste Italiane. I. Contributo. Ann. Univ. Ferrara, N. S., Sezione IV, Botanica, 4, 45-70.

Giaccone, G., Bruni, A., 1973: Le Cistoseire e la vegetazione sommersa del Mediterraneo. Atti Ist. veneto Sci. Lett. Arti 131, 59-103.

Giaccone, G., Rizzi Longo, L., 1976: Revisione della flora dello Stretto di Messina. (Note storiche, bionomiche e corologiche). Mem. Biol. Mar. Ocean 6, 69-123.

Giaccone, G., Sortino, M., 1974: Zonazione della vegetazione marina delle Isole Egadi (Canale di Sicilia). Lav. Ist. Bot. di Palermo 25, 166-183.

Gierloff-Emden, H. G., 1980: Geographie des Meeres. Ozeane und Küsten. Teil 1. Teil 2. de Gruyter, Berlin; 1310 S.

Gilmartin, M., 1960: The ecological distribution of the deep water algae of Eniwetok Atoll. Ecology 41, 210-221.

Gilmartin, M., 1966: Ecology and morphology of *Tydemania expeditionis,* a tropical deep-water siphonous green alga. J. Phycol. 2, 100-105.

Gislén, T., 1929-1930: Epibioses of the Gullmarfjord. K. svenska VetenskAkad. Skr. Naturskydd. 1929 (3), 1-113; 1930 (4), 1-380.

Glazer, A. N., 1982: Phycobilisomes: structure and dynamics. Ann. Rev. Microbiol. 36, 173-198.

Glicksman, M, 1969: Food gum technology. Academic Press, London; 273 S.

Glombitza, K.-W., 1969: Antibakterielle Inhaltsstoffe in Algen. 1. Mitteilung. Helgoländer wiss. Meeresunters. 19, 376-384.

Glombitza, K.-W., 1970: Antibakterielle Inhaltsstoffe in Algen. 2. Mitt. Das Vorkommen von Acrylsäure in verschiedenen Meeresalgen. Planta med. 18, 210-221.

Glombitza, K.-W., 1979: Antibiotics from algae. In: Marine algae in pharmaceutical science, hrsg. von H. A. Hoppe, T. Levring u. Y. Tanaka. De Gruyter, Berlin; S. 303-342.

Gobi, C., 1878: Die Algenflora des Weissen Meeres und der demselben zunächst liegenden Theile des Nördlichen Eismeeres. Mém. Acad. Impériale Sci. St. Petersbourg, Sér. VII, 24 (1), 1-92.

Goedheer, J. C., 1970: On the pigment system of brown algae. Photosynthetica 4, 97-106.

Goedheer, J. C., 1972: Carotenoids in the photosynthetic apparatus. Ber. Deutsch. Bot. Ges. 92, 427-436.

Götting, K.-J., Kilian, E. F., Schnetter, R., 1982: Einführung in die Meeresbiologie 1. Marine Organismen – Marine Biogeographie. Vieweg, Braunschweig; 179 S.

Goff, L. J., 1982: The biology of parasitic red algae. Progr. Phycolog. Res. 1, 289-369.

Goff, L. J. (Hrsg.), 1983: Algal symbiosis. A continuum of interaction strategies. Cambridge University Press, New York; 224 S.

Goodwin, T. W., 1974: Carotenoids and Biliproteins. In: Algal physiology and biochemistry, hrsg. von W. D. P. Stewart. Blackwell, Oxford; S. 176-205.

Goor, A. C. J. van, 1923: Die holländischen Meeresalgen. Verh. Kon. Ak. Wetensch. Amsterdam. sect 2, 23, 1-232.

Gordon, W. A., 1974: Physical controls on marine biotic distribution in the Jurassic period. In: Paleographic provinces and provinciality, hrsg. von C. A. Ross. Tulsa, Oklahoma; S. 136-147.

Goreau, T. F., Goreau, N. I., 1973: The ecology of Jamaican coral reefs. II. Geomorphology, zonation and sedimentary phases. Bull. mar. Sci. 23, 398-464.

Graham, D., Patterson, B. D., 1982: Responses of plants to low, nonfreezing temperatures: proteins, metabolism, and acclimation. Ann. Rev. Plant Physiol. 33, 347-372.

Grant-Mackie, J. A., 1979: Cretaceous – recent plate tectonic history and paleoceanographic development of the Southern Hemisphere. In: Proceedings of the International Symposium on Marine Biogeography and Evolution in the Southern Hemisphere, Auckland, New Zealand, July 1978. N. Z. DSIR Information Series 137, Vol. 1, S. 27-42.

Gressel, J., Rau, W., 1983: Photocontrol of fungal development. In: Encyclopedia of Plant Physiology, New Series, vol. 16 B, hrsg. von W. Shropshire, H. Mohr. Springer-Verlag, Berlin; S. 603-639.

Grigg, R. W., 1983: Community structure, succession and development of coral reefs in Hawaii. Mar. Ecol. Prog. Ser. 11, 1-14.

Grua, P., 1971: Introduction écologique. In: Territoire des terres australes et antarctiques françaises. Invertébrés de l'infralittoral rocheux dans l'archipel de Kerguelen, No. 30. Institut Géographique National, Paris; S. 1-66.

Güven, K. C., Ötzig, F., 1971: Über die marinen Algen an den Küsten der Türkei. Botanica mar. 14, 121-128.

Guiler, E. R., 1959: Intertidal belt-forming species on the rocky coasts of northern Chile. Pap. Proc. Roy. Soc. Tasmania 93, 33-58.

Guiry, M. D., 1974: A preliminary consideration of the taxonomic position of *Palmaria palmata* (Linnaeus) Stackhouse = *Rhodymenia palmata* (Linnaeus) Greville. J. mar. biol. Ass. U. K. 54, 509-528.

Guiry, M. D., 1975: An assessment of *Palmaria palmata* forma *mollis* (S. et G.) comb. nov. (= *Rhodymenia palmata* forma *mollis* S. et G.) in the eastern North Pacific. Syesis 8, 245-261.

Guiry, M. D., 1978: A concensus and bibliography of Irish seaweeds. Cramer, Vaduz; 287 S.

Guiry, M. D., 1982: *Devaleraea,* a new genus of the Palmariaceae (Rhodophyta) in the North Atlantic and North Pacific. J. mar. biol. Ass. U. K. 62, 1-13.

Guiry, M. D., Blunden, G., 1981: The commercial collection and utilisation of seaweeds in Ireland. Proc. Int. Seaweed Symp. 10 (Göteborg), 675-680.

Guiry, M. D., Cunningham, E. M., 1984: Photoperiodic and temperature responses in the reproduction of north-eastern Atlantic *Gigartina acicularis* (Rhodophyta: Gigartinales). Phycologia 23, 357-367.

Guiry, M. D., West, J. A., 1983: Life history and hybridization studies on *Gigartina stellata* and *Petrocelis cruenta* (Rhodophyta) in the North Atlantic. J. Phycol. 19, 474-494.

Gunnill, F. C., 1980: Demography of the intertidal brown alga *Pelvetia fastigiata* in southern California, USA. Mar. Biol. 59, 169-179.

Hackett, H. E., 1969: Marine algae in the atoll environment: Maldive Islands. Proc. Int. Seaweed Symp. 6 (Santiago de Compostela), 187-191.

Hackett, H. E., 1977: Marine algae known from the Maledive Islands. Atoll Res. Bull. 210, 1-30.

Hagmeier, A., 1930: Die Besiedelung des Felsstrandes und der Klippen von Helgoland. Teil I. Der Lebensraum. Wiss. Meeresunters. (Abt. Helgoland) 15 (18a), 1-35.

Halbach, 1980: Ökologische Anpassungsstrategien an variable Umwelten. Biologie in unserer Zeit 10, 1-10.

Halldal, P., 1968: Photosynthetic capacities and photosynthetic action spectra of endozoic algae of the massive coral *Favia*. Biol. Bull. mar. biol. Lab., Woods Hole 134, 411-424.

Halldal, P., 1974: Light and photosynthesis of different marine algal groups. In: Optical aspects of oceanography, hrsg. von N. G. Jerlov u. E. Steemann Nielsen. Academic Press, London; S. 344-360.

Hällfors, G., Niemi, A., Ackefors, H., Lassig, J., Leppäkoski, E., 1981: Biological Oceanography. In: The Baltic Sea, hrsg. von A. Voipio. Elsevier, Amsterdam, S. 219-274.

Hamel, G., 1924-1930: Floridées de France. I-VI. Rev. algol. Fr. 1, 278-292, 427-457; 2, 39-67, 280-309; 3, 99-158; 5, 61-109.

Hamel, G., 1930-1931: Chlorophycées des côtes francaises. Rev. algol. Fr. 5, 1-54, 383-430; 6, 9-73.

Hamel, G., 1931-1939: Phéophycées de France. Wolf, Paris; 432 S.

Hamel, G., Lemoine, P., 1953: Corallinacées de France et d'Afrique du Nord. Arch. Mus. nat. Hist. Nat. 7, 17-131.

Hamm, D., Humm, H. J., 1976: Benthic algae of the Anclote estuary. II. Bottomdwelling species. Florida Sci. 39, 209-229.

Hanisak, M. D., 1981: Methane production from the red seaweed *Gracilaria tikvahiae*. Proc. Int. Seaweed Symp. 10 (Göteborg), 681-686.

Hansen, G. I., 1980: A morphological study of *Fimbriofolium*, a new genus in the Cystocloniaceae (Gigartinales, Rhodophyta). J. Phycol. 16, 207-217.

Hansen, G. I., Garbary, D. J., Oliveira, J. C., Scagel, R. F., 1981: New records and range extensions of marine algae from Alaska. Syesis 14, 115-123.

Hansen, G. I., Scagel, R. F., 1981: A morphological study of *Antithamnion boreale* (Gobi) Kjellman and its relationship to the genus *Scagelia* Wollaston (Ceramiales, Rhodophyta). Bull. Torrey Bot. Club 108, 205-212.

Harder, R., 1923: Über die Bedeutung von Lichtintensität und Wellenlänge für die Assimilation farbiger Algen. Z. Bot. 15, 305-355.

Harder, R., Bederke, B., 1957: Über Wachstumsversuche mit Rot- und Grünalgen *(Porphyridium cruentum, Trailliella intricata, Chlorella pyrenoidosa)* in verschiedenfarbigem, energiegleichem Licht. Arch. Mikrobiol. 28, 153-172.

Haritonidis, S., Tsekos, I., 1975: Marine algae of northern Greece. Botanica mar. 18, 203-221.

Haritonidis, S., Tsekos, I., 1976: Marine algae of the Greek west coast. Bot. mar. 19, 273-286.

Harlin, M. M., 1973: „Obligate" algal epiphyte: *Smithora naiadum* grows on a synthetic substrate. J. Phycol. 9, 230-232.

Harm, W., 1981: Biological effects of ultraviolet radiation. University Press, Cambridge; 216 S.

Harris, G. P., 1978: Photosynthesis, productivity and growth: The physiological ecology of phytoplankton. Arch. Hydrobiol. Beih. Ergebn. Limnol. 10, 1-171.

Harris, G. P., Piccinin, B. B., 1977: Photosynthesis by natural phytoplankton populations. Arch. Hydrobiol. 80, 405-457.

Hartmann, T., Löhr, E., 1983: Decarboxylation of environmental L-leucine by marine red algae. Mar. biol. 78, 7-12.

Hartog, C. den, 1959: The epilithic algal communities occurring along the coast of the Netherlands. Wentia 1, 3-241.

Hartog, C. den, 1964: Typologie des Brackwassers. Helgoländer wiss. Meeresunters. 10, 377-390.

Hartog, C. den, 1967: Brackish water as an environment for algae. Blumea 15, 31-43.

Hartog, C. den, 1968: The littoral environment of rocky shores as a border between the sea and the land and between the sea and the fresh water. Blumea 16, 375-393.

Hartog, C. den, 1970: The sea-grasses of the world. North-Holland Publishing Company, Amsterdam; 275 S.

Hartog, C. den, 1973: Preliminary survey of the algal vegetation of salt-marshes, a littoral border environment. Hydrobiol. Bull. 7, 3-14.

Hasegawa, Y., 1976: Progress of *Laminaria* cultivation in Japan. J. Fish. Res. Board Can. 33, 1002-1006.

Hatcher, B. G., Chapman, A. R. O., Mann, K. H., 1977: An annual carbon budget for the kelp *Laminaria longicruris*. Mar. Biol. 44, 85-96.

Haug, A., Jensen, A., 1954: Seasonal variations in the chemical composition of *Alaria esculenta, Laminaria saccharina, Laminaria hyperborea* and *Laminaria digitata* from northern Norway. Norsk institutt for tang- og tareforskning, rep. 4, 1-14.

Haupt, W., 1983: Movements of chloroplasts under the control of light. Progr. Phycolog. Res. 2, 227-281.

Hawkes, M. W., Tanner, C. E., Lebednik, P. A., 1978: The benthic marine algae of northern British Columbia. Syesis 11, 81-115.

Hawkins, S. J., 1981: The influence of season and barnacles on the algal colonization of *Patella vulgata* exclusion areas. J. mar. biol. Ass. U. K. 61, 1-15.

Hawkins, S. J., Hartnoll, R. G., 1983: Grazing of intertidal algae by marine invertebrates. Oceanogr. Mar. Biol. Ann. Rev. 21, 195-282.

Hay, C. H., 1979a: Nomenclature and taxonomy within the genus *Durvillaea* Bory (Phaeophyceae: Durvilleales Petrov). Phycologia 18, 191-202.

Hay, C., 1979b: A phytogeographical account of the southern bull kelp seaweeds *Durvillaea* spp. Bory 1826 (Durvilleales Petrov 1965). In: Proceedings of the International Symposium on Marine Biogeography and Evolution in the Southern Hemisphere, Auckland, New Zealand, July 1978. N. Z. DSIR Information Series 137, Vol. 2, S. 443-453.

Hayward, P. J., 1980: Invertebrate epiphytes of coastal marine algae. In: The shore environment, Vol.2: Ecosystems, hrsg. von J. H. Price, D. E. G. Irvine, W. F. Farnham. Academic Press, London, 761-787.

Haxo, F. T., Blinks, L. R., 1950: Photosynthetic action spectra of marine algae. J. gen. Physiol. 33, 389-422.

Healey, F. P., 1972: Photosynthesis and respiratioin of some Arctic seaweeds. Phycologia 11, 267-271.

Hedgpeth, J. W., 1957a: Marine biogeography. Geol. Soc. Amer., Mem. 67, 359-382.

Hedgpeth, J. W., 1957b: Classification of marine environments. Geol. Soc. Am. Mem. 67, Vol. 1, 17-28.

Hedgpeth, J. W., 1969: Distribution of selected groups of marine invertebrates in waters south of 35° S latitude. Introduction to Antarctic Zoogeography. Antarctic Map Folio Ser. – Folio 11, 1-9.

Hedgpeth, J. W., 1970: Marine biogeography of the Antarctic regions. In: Antarctic ecology, hrsg. von M. Holdgate, Academic Press, London, S. 67-96.

Hellebust, J. A., Craigie, J. S. (Hrsg.), 1978: Handbook of phycological methods. 2. Physiological and biochemical methods. University Press, Cambridge; 512 S.

Henry, E. C., 1984: Syringodermatales ord. nov. and *Syringoderma floridana* sp. nov. (Phaeophyceae). Phycologia 23, 419-426.

Henry, E. C., Müller, D. G., 1983: Studies on the life history of *Syringoderma phinneyi* sp. nov. (Phaeophyceae). Phycologia 22, 387-393.

Hillis-Colinvaux, L., 1980: Ecology and taxonomy of *Halimeda:* primary producer of coral reefs. Adv. Mar. Biol. 17, 1-327.

Hillson, C. J., 1977: Seaweeds. A color-coded, illustrated guide to common marine plants of the east coast of the United States. Keystone Books, Pennsylvania State University Press, University Park and London, 194 S.

Hiscock, K., Mitchell, R., 1980: The description and classification of sublittoral epibenthic ecosystems. In: The shore environment. Volume 2: Ecosystems, hrsg. von J. H. Price, D. E. G. Irvine u. W. F. Farnham. Academic Press, London, S. 323-370.

Hoek, C. van den, 1969: Algal vegetation-types along the open coasts of Curacao, Netherland Antilles. Proc. K. ned. Akad. Wet., Sect. C, 72, 537-577.

Hoek, C. van den, 1975: Phytogeographic provinces along the coasts of the northern Atlantic Ocean. Phycologia 14, 317-330.

Hoek, C. van den, 1978: Algen. Einführung in die Phykologie. Georg Thieme Verlag, Stuttgart; 481 S.

Hoek, C. van den, 1982a: Phytogeographic distribution groups of benthic marine algae in the North Atlantic Ocean. A review of experimental evidence from life history studies. Helgoländer Meeresunters. 35, 153-214.

Hoek, C. van den, 1982b: The distribution of benthic marine algae in relation to the temperature regulation of their life histories. Biol. J. Linn. Soc. 18, 81-144.

Hoek, C. van den, 1984: World-wide longitudinal seaweed distribution patterns and their possible causes, as illustrated by the distribution of rhodophytan genera. Helgoländer Meeresunters. 38, 227-257.

Hoek, C. van den, Admiraal, W., Colijn, F., Jonge, V. N. de, 1979: The role of algae and seagrasses in the ecosystem of the Wadden Sea: a review. In: Flora and vegetation of the Wadden Sea, hrsg. von W. J. Wolff. Balkema, Rotterdam; S. 3/9 - 3/206.

Hoek, C. van den, Breeman, A. M., Bak, R. P. M., Buurt, G. van, 1978: The distribution of algae and gorgonians in relation to depth, light attenuation, water movement and grazing pressure in the fringing coral reef of Curacao, Netherland Antilles. Aqu. Bot. 5, 1-46.

Hoek, C. van den, Colijn, F., Cortel-Breeman, A. M., Wanders, J. B. W., 1972: Algal vegetation-types along the shores of inner bays and lagoons of Curacao, and of the Lagoon Lac (Bonaire), Netherland Antilles. Verh. Ned. Akad. Wet., Afd. Natuurk., Reeks 2, Deel 61, No. 2, 1-72.

Hoek, C. van den, Cortel-Breeman, A. M., Wanders, J. B. W., 1975: Algal zonation in the fringing coral reef of Curacao, Netherland Antilles, in relation to zonation of corals and gorgonians. Aqu. Bot. 1, 269-308.

Hoek, C. van den, Donze, M., 1966: The algal vegetation of the rocky Côte Basque (SW France). Bull. Cent. Etud. Rech. sci., Biarritz 6, 289-319.

Hoek, C. van den, Donze, M., 1967: Algal phytogeography of the European Atlantic coasts. Blumea 15, 63-89.

Hoek, C. van den, Wanders, J. B. W., Cortel-Breeman, A. M., 1981: The role of benthic algae in the coral reef of Curacao, Netherland Antilles. Proc. Int. Seaweed Symp. 8 (Bangor), 353-359.

Hoffmann, C., 1940: Die Vegetation der Nord- und Ostsee. In: G. Grimpe und E. Wagler: Die Tierwelt der Nord- und Ostsee, S. Ic1-1c32. Akademische Verlagsgesellschaft, Leipzig.

Højerslev, N. K., 1982: Yellow substance in the sea. In: The role of solar ultraviolet radiation in marine ecosystems, hrsg. von J. Calkins. Plenum Press, New York; S. 263-281.

Hommersand, M. H., 1972: Taxonomic and phytogeographic relationships of warm temperate marine algae occurring in Pacific North America and Japan. Proc. Int. Seaweed Symp. 7 (Sapporo), 66-71.

Hoopen, A. ten, Bos, S., Breeman, A. M., 1983: Photoperiodic response in the formation of gametangia of the long-day plant *Spacelaria rigidula*. Mar. Ecol. Prog. Ser. 13, 285-289.

Hooper, R., South, R., 1977: Distribution and ecology of *Papenfussiella callitricha* (Rosenv.) Kylin (Phaeophyceae, Chordariaceae). Phycologia 16, 153-157.

Hooper, R. G., South, G. R., Whittick, A., 1980: Ecological and phenological aspects of the marine phytobenthos of the Island of Newfoundland. In: The shore environment. Volume 2: Ecosystems. Hrsg. von J. H. Price, D. E. G. Irvine, W. F. Farnham. Academic Press, London, S. 395-423.

Hopkins, D. M. (Ed.), 1967: The Bering land bridge. Stanford University Press, Stanford, California; 351 S.

Hoppe, H. A., Levring, T., 1982: Marine algae in pharmaceutical science. Volume 2. De Gruyter, New York; 309 S.

Hoppe, H. A., Levring, T., Tanaka, Y., 1979: Marine algae in pharmaceutical science. Volume 1. De Gruyter, New York; 807 S.

Howard, K. L., Menzies, R. J., 1969: Distribution and production of *Sargassum* in the waters off the Carolina coast. Botanica mar. 12, 244-254.

Howe, M. A., 1914: The marine algae of Peru. Mem. Torrey Bot. Club 15, 1-185.

Hsü, K. J., 1972: When the Mediterranean dried up. Sci. Am. 22 (6), 27-36.

Humm, H. J., 1969: Distribution of marine algae along the Atlantic coast of North America. Phycologia 7, 43-53.

Humm, H. J., 1979: The marine algae of Virginia. University Press, Charlottesville, Virginia, 263 S.

Humphries, C. J., 1979: Endemism and evolution in Macaronesia. In: Plants and islands, hrsg. von D. Bramwell. Academic Press, London; S. 171-199.

Hutchins, L. W., 1947: The bases for temperature zonation in geographical distribution. Ecol. Monogr. 17, 325-335.

Huth, K., 1979: Einfluß von Tageslänge und Beleuchtungsstärke auf den Generationswechsel bei *Batrachospermum moniliforme*. Ber. deutsch. Bot. Ges. 92, 467-472.

Huvé, H., 1955: Présence de *Laminaria rodriguezii* Bornet sur les côtes francaises de la Méditerranée. Rec. Trav. Stat. Mar. Endoume 15, 74-89.

Huvé, H., 1958: Contribution à l'étude des peuplements des Phyllariacées du détroit de Messine. C. I. E. S. M., Extr. Rapp. Proc. Verb., N. S. 14, 525-533.

Huvé, H., 1972: Apercu sur la distribution en Mer Egée de quelques espèces du genre *Cystoseira* (Phéophycées, Fucales). Bull. Soc. Phycol. France 17, 22-37.

Irvine, D. E. G., 1982: Seaweeds of the Faroes. 1: The flora. Bull. Br. Mus. nat. Hist. (Bot.) 10, 109-131.

Irvine, D. E. G., Guiry, M. D., Tittley, I., Russell, G., 1975: New and interesting marine algae from the Shetland isles. Br. phycol. J. 10, 57-71.

Irvine, L. M., 1983: Seaweeds of the British Isles. Volume 1. Rhodophyta. Part 2A. Cryptonemiales (sensu strictu), Palmariales, Rhodymeniales. British Museum (Natural History), London; 120 S.

Isaac, W. E., 1971: A third list of Kenya marine algae. J. E. Afr. Nat. Hist. Soc. 28, 1-23.

Isaac, W. E., Chamberlain, Y. M., 1958: Marine algae of Inhaca Island and of the Inhaca Peninsula. II. J. S. Afr. Bot. 24, 123-158.

Jaasund, E., 1965: Aspects of the marine algal vegetation of north Norway. Bot. gothoburg. 4, 1-174.

Jaasund, E., 1969-1977: Marine algae of Tansania. I-VIII. Botanica mar. 12, 255-274; 13, 59-79; 20, 333-338, 405-425, 509-520.

Jaasund, E., 1976: Intertidal seaweeds in Tanzania. A field guide. University of Tromsö, 160 S.

Jacquotte, R., 1962: Etude des fonds de maerl de Méditerranée. Rec. Trav. St. Mar. End. 26, 141-235.

Jaenicke, L., Bráund, W., 1982: Signalstoffe und ihre Reception im Sexualcyclus mariner Braunalgen. Angew. Chemie 94, 659-670.

Jeffrey, S. W., 1968: Two spectrally distinct components in preparations of chlorophyll c. Nature 220, 1032-1033.

Jeffrey, S. W., 1981: Responses to light in aquatic plants. In: Encyclopedia of Plant Physiology, New Series, vol. 12 A, hrsg. von O. L. Lange, P. S. Nobel, C. B. Osmond, H. Ziegler. Springer-Verlag, Berlin; S. 249-276.

Jeffrey, S. W., Humphrey, G. F., 1975: New spectrophotometric equations for determining chlorophylls a, b, c_1 and c_2 in higher plants, algae and natural phytoplankton. Biochem. Physiol. Pflanzen (BPP) 167, 191-194.

Jensen, A., 1972: The nutritive value of seaweed meal for domestic animals. Proc. Int. Seaweed Symp. 7 (Sapporo), 7-14.

Jensen, A., 1978: Chlorophylls and carotenoids. In: Handbook of phycological methods. 2. Physiological and biochemical methods, hrsg. von J. A. Hellebust u. J. S. Craigie. University Press, Cambridge; S. 59-70.

Jensen, A., 1979: Industrial utilization of seaweeds in the past, present and future. Proc. Int. Seaweed Symposium 9 (Santa Barbara), 17-34.

Jerlov, N. G., 1951: Optical studies of ocean waters. Rep. Swedish Deep- Sea Exped. 3, 1-59.

Jerlov, N. G., 1974: A simple method for measuring quanta irradiance in the ocean. Rep. Kjob. Univ. Inst. Fys. Oceanogr. 24, 1-7.

Jerlov, N. G., 1976: Marine optics. Elsevier, Amsterdam; 231 S.

Jerlov, N. G., 1977: Classification of sea water in terms of quanta irradiance. J. Cons. Explor. Mer 37, 281-287.

Jerlov, N. G., 1978: The optical classification of sea water in the euphotic zone. Rep. Kjob. Univ. Inst. Fys. Oceanogr. 36, 1-46.

Johansen, H. W., 1971: Effects of elevation changes on benthic algae in Prince William Sound. In: The Great Alaska Earthquake of 1964: Biology. National Academy of Sciences, Washington, S. 35-68.

Johansen, H. W., 1971: Coralline algae, a first synthesis. CRC Press, Boca Raton, Florida, 239 S.

John, D. M., 1971: The distribution and net productivity of sublittoral populations of attached macrophytic algae in an estuary on the Atlantic coast of Spain. Mar. Biol. 11, 90-97.

John, D. M., Lawson, G. W., 1972: The establishment of a marine algal flora in Togo and Dahomey (Gulf of Guinea). Botanica mar. 15, 64-73.

John, D. M., Lawson, G. W., 1974: Observations on the marine algal ecology of Gabon. Botanica mar. 17, 249-254.

John, D. M., Lieberman, D., Lieberman, M., 1977: A quantitative study of the structure and dynamics of benthic subtidal algal vegetation in Ghana (West Africa). J. Ecol. 65, 497-521.

John, D. M., Price, J. H., 1979: The marine benthos of Antigua (Lesser Antilles). I. Environment, distribution and ecology. Botanica mar. 22, 313-331.

Johnston, C. S., Jones, R. G., Bunt, R. D., 1977: A seasonal carbon budget for a laminarian population in a Scottish sea-loch. Helgoländer wiss. Meeresunters. 30, 527-545.

Johnston, R. (Hrsg.), 1976: Heavy metal contamination in the sea. Academic Press, London; 729 S.

Joly, A. B., Oliveira Filho, E. C. de, 1967: Two Brazilian Laminarias. Publ. Inst. Pesq mar. 4, 1-13.

Jones, N. S., Kain, J. M., 1967: Subtidal algal colonization following the removal of Echinus. Helgoländer wiss. Meeresunters. 15, 460-466.

Jones, O. A., Endean, R., 1973-1976: Biology and geology of coral reefs. Vol. II. Biology 1 (1973, 480 S.); Biology 2 (1976, 435 S.). Academic Press, New York and London.

Jones, W. E., 1974: Changes in the seaweed flora of the British Isles. In: The changing flora and fauna of Britain, hrsg. von D. L. Hawksworth. Academic Press, London, S. 97-113.

Jónsson, S., Gunnarsson, K., 1982: Marine algal colonization of Surtsey. Surtsey Res. Progr. Report 9, 33-45.

Jorde, I., Klavestad, N., 1963: The natural history of the Hardangerfjord. 4. The benthonic algal vegetation. Sarsia 9, 1-99.

Jupp, B. P., Drew, E. A., 1974: Studies on the growth of Laminaria hyperborea (Gunn.) Fosl. I. Biomass and productivity. J. exp. mar. Biol. Ecol. 15, 185-196.

Kaestner, A., 1984: Lehrbuch der speziellen Zoologie. Band I, 2. Teil. Gustav Fischer, Stuttgart; 621 S.

Kain, J. M., 1962: Aspects of the biology of Laminaria hyperborea. I. Vertical distribution. J. mar. biol. Ass. U. K. 42, 377-385.

Kain, J. M., 1963: Aspects of the biology of Laminaria hyperborea. II. Age, weight and length. J. mar. biol. Ass. U. K. 43, 129-151.

Kain, J. M. (Mrs. N. S. Jones), 1964: Aspects of the biology of Laminaria hyperborea. III. Survival and growth of gametophytes. J. mar. biol. Ass. U.K. 44, 415-433.

Kain, J. M. (Mrs N. S. Jones), 1975a: The biology of Laminaria hyperborea. VII. Reproduction of the sporophyte. J. mar. biol. Ass. U. K. 55, 567-582.

Kain, J. M. (Mrs N. S. Jones), 1975b: Algal recolonization of some cleared subtidal areas. J. Ecol. 63, 739-765.

Kain, J. M. (Mrs. N. S. Jones), 1976a: New and interesting marine algae from the Shetland Isles. II. Hollow and solid stiped Laminaria (Simplices). Br. phycol. J. 11, 1-11.

Kain, J. M. (Mrs. N. S. Jones), 1976b: The biology of Laminaria hyperborea. VIII. Growth on cleared areas. J. mar. biol. Ass. U. K. 56, 267-290.

Kain, J. M. (Mrs. N. S. Jones), 1979: A view of the genus Laminaria. Oceanogr. Mar. Biol. Ann. Rev. 17, 101-161.

Kain, J. M. (Mrs. N. S. Jones), Svendsen, P., 1969: A note on the behaviour of Patina pellucida in Britain and Norway. Sarsia 38, 25-30.

Kalle, K., 1938: Zum Problem der Meereswasserfarbe. Ann. Hydrol. Mar. Mitt. 66, 1-13.

Kang, J. W., 1966: On the geographical distribution of marine algae in Korea. Bull. Pusan Fish. Coll. 7 (1/2), 1-125.

Kanwisher, J., 1957: Freezing and drying in intertidal algae. Biol. Bull. mar. biol. Lab., Woods Hole, 116, 275-285.

Kanwisher, J. W., 1966: Photosynthesis and respiration in some seaweeds. In: Some contemporary studies in marine sciences, hrsg. von H. Barnes. George Allen and Unwin, London; S. 407-420.

Kappen, L., 1981: Ecological significance of resistance to high temperature. In: Encyclopedia of Plant Physiology, New Series, vol. 12 A, hrsg. von O. L. Lange, P. S. Nobel, C. B. Osmond, H. Ziegler. Springer-Verlag, Berlin; S. 439-474.

Kapraun, D. F., 1978: Field and culture studies on growth and reproduction of *Callithamnion byssoides* (Rhodophyta, Ceramiales) in North Carolina. J. Phycol. 14, 21-24.

Kapraun, D. F., 1980: Floristic affinities of North Carolina inshore benthic marine algae. Phycologia 19, 245-252.

Kapraun, D. F., 1980-1984: An illustrated guide to the benthic marine algae of coastal North Carolina. I. Rhodophyta. II. Chlorophyta and Phaeophyta. University of North Carolina Press, Chapel Hill; 206 S. (1980); 174 S. (1984).

Kauss, H., 1978: Osmotic regulation in algae. In: Progress in Phytochemistry 5, 1-27. Pergamon Press, Oxford.

Kawashima, S., 1984: Kombu cultivation in Japan for human foodstuff. Jap. J. Phyc. (Sorvi) 32, 379-394.

Kenny, R., Haysom, N., 1962: Ecology of rocky shore organisms at Macquarie Island. Pac. Sci. 16, 245-263.

Kesseler, H., 1964: Die Bedeutung einiger anorganischer Komponenten des Seewassers für die Turgorregulation von *Chaetomorpha linum* (Cladophorales). Helgoländer wiss. Meeresunters. 10, 73-90.

Ketchum, B. H. (Hrsg.), 1983: Estuaries and enclosed seas. Elsevier, Amsterdam; 500 S.

Khfaji, A. K., Norton, T. A., 1979: The effects of salinity on the distribution of *Fucus ceranoides*. Estuar. Coast. Mar. Sci. 8, 433-439.

Kim, Y. H., Lee, J. H., 1981: Intertidal marine algal community and species composition of Wolseong area, east coast of Korea. Korean J. Bot. 24, 145- 158.

King, R. J., 1981: Mangroves and saltmarsh plants. In: Marine Botany: an Australasian perspective, hrsg. von M. N. Clayton u. R. J. King. Longman Cheshire, Melbourne; S. 308-328.

Kingsbury, J. M., 1969: Seaweeds of Cape Cod and the Islands. Chatham Press, Chatham, Massachusetts.

Kirk, J. T. O., 1983: Light and photosynthesis in aquatic ecosystems. University Press, Cambridge; 401 S.

Kirst, G. O., 1981: Photosynthesis and respiration of *Griffithsia monilis* (Rhodophyceae): effect of light, salinity, and oxygen. Planta 151, 281-288.

Kirst, G. O., Bisson, M. A., 1979: Regulation of turgor pressure in marine algae: ions and low-molecular-weight organic compounds. Aust. J. Plant Physiol. 6, 539-556.

Kitching, J. A. 1941: Studies in sublittoral ecology. III. *Laminaria* forest on the west coast of Scotland; a study of zonation in relation to wave action and illumination. Biol. Bull. mar. biol. Lab., Woods Hole 80, 324-337.

Kjellman, F. R., 1877: Ueber die Algenvegetation des Murmanschen Meeres an der Westküste von Nowaja Semlja und Wajgatsch. Nova Acta Reg. Soc. Sci. Ups. Ser. III, 1877, 1-86.

Kjellman, F. R., 1878: Über Algenregionen und Algenformationen im östlichen Skager Rack. Bih. Kgl. Svenska vet. akad. Handl. 5 (6), 1-35.

Kjellman, F. R., 1883: The Algae of the Arctic Sea. Kongl. Boktryckeriet, Stockholm; 350 S.

Kjellman, F. R., 1889: Om Beringhafvets Algflora. Kung. Svenska Vet.-Akad. Handl. 23 (8), 1-58.

Kjellman, F. R., 1903: Über die Meeresalgen-Vegetation von Beeren Eiland. Ark. Bot. 1, 1-6.

Kjellman, F. R., 1906: Zur Kenntnis der marinen Algenflora von Jan Mayen. Ark. Bot. 5 (14), 1-29.

Klavestad, N., 1978: The marine algae of the polluted inner part of the Oslofjord. A survey carried out 1962-1966. Botanica mar. 21, 71-97.

Knight, M., Parke, M., 1950: A biological study of *Fucus vesiculosus* L. and *Fucus serratus* L. J. mar. biol. Ass. U. K. 29, 439-514.

Knight-Jones, E. W., Bailey, J. H., Isaac, M. J., 1971: Choice of algae by larvae of *Spirorbis,* particularly of *Spirorbis spirorbis*. In: Fourth European Marine Biology Symposium, hrsg. von D. J. Crisp. University Press, Cambridge; S. 89-104.

Knox, G. A., 1960: Littoral ecology and biogeography of the southern oceans. Proc. Roy. Soc., Lond., B 152, 577-624.

Knox, G. A., 1963: The biogeography and intertidal ecology of the Australasian coasts. Oceanogr. Mar. Biol. Ann. Rev. 1, 341-404.

Knox, G. A., 1970: Antarctic marine ecosystems. In: Antarctic ecology, hrsg. von M. Holdgate, Academic Press, London, S. 67-96.

Knox, G. A., 1975: The marine benthic ecology and biogeography. In: Biogeography and ecology in New Zealand, hrsg. von G. Kueschel. The Hague, Junk, S. 353-403.

Knox, G. A., 1979: Distribution patterns of Southern Hemisphere marine biota: some comments on their origins and evolution. In: Proceedings of the International Symposium on Marine Biogeography and Evolution in the Southern Hemisphere, Auckland, New Zealand, July 1978. N. Z. DSIR Information Series 137, Vol. 1, S. 43-81.

Koch, W., 1951: Historisches zum Vorkommen der Rotalge *Trailliella intricata* (Batters) bei Helgoland. Arch. Mikrobiol. 16, 78-79.

Koehl, M. A. R., 1982: The interaction of moving water and sessile organisms. Scient. American 247, 124-132.

Koehl, M. A. R., Wainwright, S. A., 1977: Mechanical adapations of a giant kelp. Limnol. Oceanogr. 22, 1067-1071.

Koeman, R. T. P., Hoek, C. van den, 1980: The taxonomy of *Ulva* (Chlorophyceae) in the Netherlands. Br. phycol. J. 16, 9-53.

Koeman, R. T. P., Hoek, C. van den, 1982: The taxonomy of *Enteromorpha* (Chlorophyceae) in the Netherlands. I. The section *Enteromorpha*. 2. The section *Proliferae*. Arch. Hydrobiol. Suppl. 63, 279-330 und Cryptogam. Algol. 3, 37-70.

Kohlmeyer, J., Kohlmeyer, E., 1972: Is *Ascophyllum nodosum* lichenized? Botanica mar. 15, 109-112.

Kohlmeyer, J., Kohlmeyer, E., 1979: Marine mycology. The higher fungi. Academic Press, New York; 690 S.

Koop, K., Newell, R. C., Lucas, M. I., 1982: Biodegradation and carbon flow based on kelp (*Ecklonia maxima*) debris in a sandy beach microcosm. Mar. Ecol. Progr. Ser. 7, 315-326.

Kornas, J., Pancer, E., Brzyski, B., 1960: Studies on sea-bottom vegetation in the Bay of Gdansk off Rewa. Fragmenta floristica et geobotanica. Ann. 6, 1-92.

Kornmann, P., Sahling, P.-H., 1974: Prasiolales (Chlorophyta) von Helgoland. Helgoländer wiss. Meeresunters. 26, 99-133.

Kornmann, P., Sahling, P.-H., 1977: Meeresalgen von Helgoland. Benthische Grün-, Braun- und Rotalgen. Helgoländer wiss. Meeresunters. 29, 1-289.

Kornmann, P., Sahling, P.-H., 1978: Die *Blidingia*-Arten von Helgoland (Ulvales, Chlorophyta). Helgoländer wiss. Meeresunters. 31, 391-413.

Kornmann, P., Sahling, P.-H., 1980: Kalkbohrende Mikrothalli bei *Helminthocladia* und *Scinaia* (Nemaliales, Rhodophyta). Helgoländer Meeresunters. 34, 31-40.

Kornmann, P., Sahling, P.-H., 1983: Meeresalgen von Helgoland: Ergänzung. Helgoländer Meeresunters. 36, 1-65.

Kosswig, C., 1956: Beitrag zur Faunengeschichte des Mittelmeeres. Pubbl. Staz. Zool. Napoli 28, 78-88.

Kowallik, W., 1982: Blue light effects on respiration. Ann. Rev. Plant Physiol. 33, 51-72.

Kozloff, E. N., 1983: Seashore life of the northern Pacific coast. An illustrated guide to northern California, Oregon, Washington, and British Columbia. University of Washington Press, Seattle; 370 S.

Kraft, G. T., 1981: Rhodophyta: morphology and classification. In: The biology of seaweeds, hrsg. von C. S. Lobban u. M. J. Wynne. Blackwell, Oxford, S. 6-51.

Kremer, B. P., 1980: Taxonomic implications of algal photoassimilate patterns. Br. phycol. J. 15, 399-409.

Kremer, B. P., 1981a: Carbon metabolism. In: The biology of seaweeds, hrsg. von C. S. Lobban u. M. J. Wynne. Blackwell, Oxford; S. 493-533.

Kremer, B. P., 1981b: Aspects of carbon metabolism in marine macroalgae. Oceanogr. Mar. Biol. Ann. Rev. 19, 41-94.

Krishnamurthy, V., Yoshi, H. V., 1970: A check-list of Indian marine algae. Cent. Salt Mar. Chem. Res. Inst., Bhavnagar, India, 1970, 1-36.

Kristensen, I., 1968: Surf influence on the thallus of fucoids and the rate of desiccation. Sarsia 34, 69-82.

Krumbein, W. E., 1975: Verwitterung, Abtragung und Küstenschutz auf der Insel Helgoland. Abh. Verh. naturwiss. Ver. Hamburg, N. F. 18/19, 5-31.

Krumbein, W. E., 1977: Zur Frage der Verwitterung der Felsmasse der Insel Helgoland. Abh. Verh. naturwiss. Ver. Hamburg, N. F. 20, 5-12.

Kuckuck, P., 1894: Bemerkungen zur marinen Algenvegetation Helgolands. Wiss. Meeresunters. (Helgoland) 1, 225-263.

Kuckuck, P., 1897: Über marine Vegetationsbilder. Ber. dt. bot. Ges. 15, 441-447.

Kühlmann, D. H. H., 1971: Die Entstehung des westindischen Korallenriffgebietes. Wiss. Z. Humboldt-Univ., Berlin, Math.-Nat. R. 20, 675-695.

Kühlmann, D. H. H., 1982: Darwin's coral reef research – a review and tribute. P. S. Z. N. I: Marine Ecology 3, 193-212.

Kühnemann, O., 1972: Bosquejo fitogeografico de la vegetacion marina del litoral Argentino. Physis 31, 117-142, 295-325.

Küppers, U., Weidner, M., 1980: Seasonal variation of enzyme activities in *Laminaria hyperborea*. Planta 148, 222-230.

Kumke, J., 1973: Beiträge zur Periodizität der Oogon-Entleerung bei *Dictyota dichotoma* (Phaeophyta). Z. Pflanzenphysiol. 70, 191-210.

Kussakin, O. G., 1961: (Zur Charakteristik der Fauna und Flora in der Gezeitenzone der Kurilen; in Russisch). Invest. Far East Seas U.S.S.R. 7, 312-343.

Kussakin, O. G., 1977: Intertidal ecosystems of the seas of the USSR. Helgoländer wiss. Meeresunters. 30, 243-262.

Kusel, H., 1972: Contribution to the knowledge of the seaweeds of Cuba. Botanica mar. 15, 186-198.

Kylin, H., 1944-1949: Die Rhodophyceen der schwedischen Westküste (1944). Die Phaeophyceen der schwedischen Westküste (1947). Die Chlorophyceen der schwedischen Westküste (1949). Lunds Univ. Arsskr., N. F., Avd. 2, 40 (2), 1-104 (1944); 43 (4), 1-99 (1947); 45 (4), 1-79 (1949).

Kylin, H., 1956: Die Gattungen der Rhodophyceen. Gleerups Förlag, Lund, 673 S.

Lakowitz, K., 1929: Die Algenflora der gesamten Ostsee (ausschl. Diatomeen). Friedländer, Danzig; 474 S.

Lamb, M., Zimmermann, M. H., 1964: Marine vegetation of Cape Ann, Essex County, Massachusetts. Rhodora 66, 217-254.

Lamb, M., Zimmermann, M. H., 1977: Benthic marine algae of the Antarctic peninsula. Am. Geophys. Union, Antarctic Res. Ser. 23 (4), 130-229.

Lancelot, A., 1961: Recherches biologiques et océnographiques sur les végétaux marins des côtes francaises entre la Loire et la Gironde. Muséum National d'Histoire de Cryptogamie, Paris; 210 S.

Lang, J. C., 1974: Biological zonation at the base of a reef. Am. Sci. 62, 271-281.

Larcher, W., 1980: Ökologie der Pflanzen auf physiologischer Grundlage. Eugen Ulmer, Stuttgart; 399 S.

Larcher, W., Bauer, H., 1981: Ecological significance of resistance to low temperature. In: Encyclopedia of Plant Physiology, New Series, vol. 12 A, hrsg. von O. L. Lange, P. S. Nobel, C. B. Osmond, H. Ziegler. Springer-Verlag, Berlin; S. 403-437.

Larkum, A. W. D., Drew, E. A., Crossett, R. N., 1967: The vertical distribution of attached marine algae in Malta. J. Ecol. 55, 361-371.

Lattin, G. de, 1967: Grundriß der Zoogeographie. Gustav Fischer, Stuttgart; 602 S.

Laubier, L., 1966: Le Coralligène des Albères. Monographie biocénotique. Annls. Inst. océanogr., Paris, 43, 137-316.

Lawrence, J. M., 1975: On the relationships between marine plants and sea urchins. Oceanogr. Mar. Biol. Ann. Rev. 13, 213-286.

Lawson, G. W., 1956: Rocky shore zonation on the Gold Coast. J. Ecol. 44, 153-170.

Lawson, G. W., 1966: The littoral ecology of West Africa. Oceanogr. Mar. Biol. Ann. Rev. 4, 405-448.

Lawson, G. W., 1978: The distribution of seaweed floras in the tropical and subtropical Atlantic Ocean: a quantitative approach. Bot. J. Linn. Soc. 76, 177-193.

Lawson, G. W., John, D. M., 1977: The marine flora of the Cap Blanc peninsula: its distribution and affinities. Bot. J. Linn. Soc. 75, 99-118.

Lawson, G. W., John, D. M., 1982: The marine algae and coastal environment of tropical West Africa. Nova Hedwigia, Beihefte 70, 1-455.

Lawson, G. W., John, D. M., Price, J. H., 1975: The marine algal flora of Angola: its distribution and affinities. Bot. J. linn. Soc. 70, 307-324.

Lawson, G. W., Norton, T. A., 1971: Some observations on littoral and sublittoral zonation at Teneriffe (Canary Isles). Botanica mar. 14, 116-120.

Laycock, M. V., Morgan, K. C., Craigie, J. S., 1980: Physiological factors affecting the accumulation of L-citrullinyl-L-arginine in Chondrus crispus. Can. J. Bot. 59, 522-527.

Laycock, R. A., 1974: The detrital food chains based on seaweeds. I. Bacteria associated with Laminaria fronds. Mar. Biol. 25, 223-231.

Lebednik, P. A., Weinmann, F. C., Norris, R. E., 1971: Spatial and seasonal distributions of marine algal communities at Amchitka Island, Alaska. Bio Science 21, 656-660.

Leclerc, J. C., Couté, A., Dupuy, P., 1983: Le climat annuel de deux grottes et d'une église du Poitou, ou vivent des colonies pures d'algues sciaphiles. Cryptogamie, Algologie 4, 1-19.

Lee, H. B., Lee, I. K., 1981: Flora of benthic marine algae in Gyeonggi Bay, western coast of Korea. Korean J. Bot. 3, 107-138.

Lee, I. K., 1982: Halosaccion americanum sp. nov. (Rhodophyta, Palmariaceae) in Pacific North America. Jap. J. Phycol. (Sorui) 30, 265-271.

Lee, R. K. S., 1973: General ecology of the Canadian Arctic benthic marine algae. Arctic 26, 32-43.

Lee, R. K. S., 1980: A catalogue of the marine algae of the Canadian Arctic. Natl. Mus. Canada, Nat. Sci. Publ. Bot. 9, 1-83.

Lee, T. F., 1977: The seaweed handbook. An illustrated guide to seaweeds from North Carolina to the Arctic. Mariners Press, Boston, Mass., 217 S.

Leighton, D. L., 1971: Grazing activities of benthic invertebrates in southern California kelp beds. Nova Hedwigia, Beih. 32, 421-453.

Levinton, J. S., 1982: Marine ecology. Prentice-Hall, New Jersey; 526 S.

Levring, T., 1937: Zur Kenntnis der Algenflora der norwegischen Westküste. Lunds Univ. Arsskr., N. F., Avd.2, 33 (8), 1-147.

Levring, T., 1940: Studien über die Algenvegetation von Blekinge, Südschweden. Hakan Ohlsson, Lund; 178 S.

Levring, T., 1941: Die Meeresalgen der Juan Fernandez-Inseln. In: The Natural history of Juan Fernandez and Easter Island. Vol. II, hrsg. von C. Skottsberg. Almquist + Wiksell, Uppsala, S. 601-670.

Levring, T., 1960: Contributions to the marine algal flora of Chile. Lunds Univ. Arsskr. N. F. Avd. 2, 56 (10), 1-83.

Levring, T., 1974: The marine algae of the archipelago of Madeira. Bol. Mus. Funchal 28 (125), 5-111.

Levring, T., 1977: Potential yields of marine algae - with emphasis on European species. In: The marine plant biomass of the Pacific northwest coast, hrsg. von R. W. Krauss. Oregon State University Press, S. 251-270.

Levring, T., Hoppe, H. A., Schmidt, O. J., 1969: Marine algae. A survey of research and utilization. Cram, de Gruyter, Hamburg; 421 S.

Lewin, R. A., 1976: Prochlorophyta as a proposed new division of algae. Nature 261, 697-698.

Lewis, J. A., 1983: Floristic composition and periodicity of subtidal algae on an artificial structure in Port Phillip Bay (Victoria, Australia). Aqu. Bot. 15, 257-274.

Lewis, J. B., 1981: Coral reef ecosystems. In: Analysis of marine ecosystems, hrsg. von A. R. Longhurst. Academic Press, London; S. 127-158.

Lewis, J. R., 1955: The mode of occurrence of the universal intertidal zones in Great Britain. J. Ecol. 43, 270-290.

Lewis, J. R., 1964: The ecology of rocky shores. English Universities Press, London, 323 S.

L'Hardy-Halos, M.-T., 1972: Recherches en scaphandre autonome sur le peuplement végétal de l'infralittoral rocheux: La Baie de Morlaix (Nord-Finistère). Bull. Soc. scient. Bretagne 47, 177-192.

Lieth, H., 1975: Primary production of the major vegetation units of the world. In: Primary productivity of the biosphere, hrsg. von H. Lieth u. R. H. Whittaker. Springer-Verlag, New York; S. 203-213.

Lindauer, V. W., Chapman, V. J., Aitken, M. (1961): The marine algae of New Zealand. II. Phaeophyceae. Nova Hedwigia 3, 129-350.

Lindstrom, S. C., 1977: An annotated bibliography of the benthic marine algae of Alaska. Alaska Department of Fish and Game Data Report No. 31, 172 pp.

Lindstrom, S., 1980: New blade initiation in the perennial red alga Constantinea rosa-marina (Gmelin) Postels et Ruprecht (Cryptonemiales, Dumontiaceae). Jap. J. Phycol. (Sorui) 28, 141-150.

Lindstrom, S. C., Scagel, R. F., 1979: Some new distribution records of marine algae in southeastern Alaska. Syesis 12, 163-168.

Lipkin, Y., 1972: Marine algal and sea-grass flora of the Suez Canal. Isr. J. Zool. 21, 405-446.

Lipkin, Y., 1975: A history, catalogue and bibliography of Red Sea seagrasses. Isr. J. Bot. 24, 89-105.

Lipkin, Y., Safriel, U., 1971: Intertidal zonation on rocky shores at Mikhmoret (Mediterranean, Israel). J. Ecol. 59, 1-30.

Littler, M. M., 1973: The productivity of hawaiian fringing-reef crustose Corallinaceae and an experimental evaluation of production methodology. Limnol. Oceanogr. 18, 946-952.

Littler, M. M., Arnold, K. E., 1982: Primary productivity of marine macroalgal functional-form groups from southwestern North America. J. Phycol. 18, 307-311.

Littler, M. M., Littler, D. S., 1984: Models of tropical reef biogenesis: the contribution of algae. Progr. Phycol. Res. 3, 321-364.

Littler, M. M., Littler, D. S., Blair, S. M., Norris, J. N., 1985: Deepest Known plant life discovered on an uncharted seamount. Science 227, 57-69.

Littler, M. M., Littler, D. S., Taylor, P. R., 1983: Evolutionary strategies in a tropical barrier reef system: functional-form groups of marine macroalgae. J. Phycol. 19, 229-237.

Littler, M. M., Taylor, P. R., Littler, D. S., 1983: Algal resistance to herbivory on a Caribbean barrier reef. Coral Reefs 2, 111-118.

Lobban, C. S., 1978: The growth and death of the Macrocystis sporophyte (Phaeophyceae, Laminariales). Phycologia 17, 196-212.

Lobban, C. S., Wynne, M. J. (Hrsg.), 1981: The biology of seaweeds. Blackwell, Oxford; 786 S.

Lorenz, J. R., 1863: Physicalische Verhältnisse und Vertheilung der Organismen im Quarnerischen Golfe, pp. 379. Wien.

Lubchenko, J., 1978: Plant species diversity in a marine intertidal community: importance of herbivore food preference and algal competitive abilities. Amer. Natural. 112, 23-39.

Lubchenko, J., 1982: Effects of grazers and algal competitors on fucoid colonization in tide pools. J. Phycol. 18, 544-550.

Lubchenco, J., Menge, B. A., 1978: Community development and persistence in a low rocky intertidal zone. Ecol. Monogr. 59, 67-94.

Lüning, K., 1969a: Growth of amutated and dark-exposed individuals of the brown alga Laminaria hyperborea. Mar. Biol. 2, 218-223.

Lüning, K., 1969b: Standing crop and leaf area index of the sublittoral Laminaria species near Helgoland. Mar. Biol. 3, 282-286.

Lüning, K., 1970: Tauchuntersuchungen zur Vertikalverbreitung der sublitoralen Helgoländer Algenvegetation. Helgoländer wiss. Meeresunters. 21, 271-291.

Lüning, K., 1971: Seasonal growth of Laminaria hyperborea under recorded underwater light conditions near Helgoland. In: Fourth European Marine Biology Symposium, hrsg. von D. J. Crisp. University Press, Cambridge; S. 347-361.

Lüning, K., 1979: Growth strategies of three Laminaria species (Phaeophyceae) inhabiting different depth zones in the sublittoral region of Helgoland (North Sea). Mar. Ecol. Progr. Ser. 1, 195-207.

Lüning, K., 1980a: Critical levels of light and temperature regulating the gametogenesis of three *Laminaria* species (Phaeophyceae). J. Phycol. 16, 1-15.

Lüning K., 1980b: Control of algal life-history by daylength and temperature. In: The shore environment, Vol. 2: Ecosystems, hrsg. von J. H. Price, D. E. G. Irvine, W. F. Farnham. Academic Press, London, 915-945.

Lüning, K., 1981a: Light. In: The biology of seaweeds, hrsg. von C. S. Lobban u. M. J. Wynne. Blackwell, Oxford; S. 326-355.

Lüning, K. 1981b: Photomorphogenesis of reproduction in marine macroalgae. Ber. Deutsch. Bot. Ges. *94,* 401-417.

Lüning, K., 1981c: Egg release in gametophytes of *Laminaria saccharina:* induction by darkness and inhibition by blue light and U.V. Br.phycol. J. 16, 379-393.

Lüning, K., 1984: Temperature tolerance and biogeography of seaweeds: the marine algal flora of Helgoland, North Sea, as an example. Helgoländer Meeresunters. 38, 305-317.

Lüning, K., 1985: New frond formation in *Laminaria hyperborea.* Br. thycol. J.

Lüning, K., Chapman, A. R. O., Mann, K. H., 1978: Crossing experiments in the non-digitate complex of *Laminaria* from both sides of the Atlantic. Phycologia 17, 293-298.

Lüning, K., Dring, M. J., 1975: Reproduction, growth and photosynthesis of gametophytes of *Laminaria saccharina* grown in blue and red light. Mar. Biol. 29, 195-200.

Lüning, K., Dring, M. J., 1979: Continuous underwater light measurement near Helgoland (North Sea) and its significance for characteristic light limits in the sublittoral region. Helgoländer wiss. Meeresun- ters. 32, 403-424.

Lüning, K., Dring, M. J., 1985: Action spectra and spectral quantum yield of photosynthesis in marine macroalgae with thin and thick thalli. Mar. Biol.

Lüning, K., Müller, D. G., 1978: Chemical interaction in sexual reproduction of several Laminariales (Phaeophyceae): release and attraction of spermatozoids. Z. Pflanzenphysiol. 89, 333-341.

Lüning K., Neushul M., 1978: Light and temperature demands for growth and reproduction of laminarian gametophytes in Southern and Central California. Mar. Biol. 45, 297-309.

Lüning, K., Schmitz, K., 1985: Growth of the red alga *Delesseria sanguinea* in darkness and lack of chlorophyll a. Planta.

Lüning, K., Schmitz, K., Willenbrink, J., 1973: CO_2 fixation and translocation in benthic marine algae. III. Rates and ecological significance of translocation in *Laminaria hyperborea* and *L. saccharina.* Mar. Biol. 23, 275-281.

Lund, S., 1942: On *Colpomenia peregrina* Sauv. and its occurrence in Danish waters. Rep. Dan. Bio. 47, 1-16.

Lund, S., 1949: Immigration of algae into Danish waters. Nature 164, 616.

Lund, S., 1951: Marine algae from Jörgen Brönlunds Fjord in estern North Greenland. Meddr. Grønland 128 (4), 1-26.

Lund, S., 1959: The marine algae of East Greenland. I. Taxomical part. II. Geographic distribution. Meddr. Grønland 156 (1), 1-247; 156 (2), 1-67.

Luther, H., 1951: Verbreitung und Ökologie der höheren Wasserpflanzen im Brackwasser der Ekenäs-Gegend in Südfinnland. Acta Bot. Fenn. 49, 231-370.

Mabey, R., 1978: Bei der Natur zu Gast. Kiepenheuer u. Witsch, Köln; 244 S.

MacArthur, R. H., Wilson, E. O., 1967: The theory of island biogeography. Princeton University Press, Princeton, N. J.

MacArthur, R. H., Connell, J. H., 1970: Biologie der Populationen. BLV Verlagsgesellschaft, München; 200 S.

Madlener, J. C., 1977: The sea vegetable book. Clarkson N. Potter Inc., New York; 288 S.

Maggs, C. A., Guiry, M D., 1982: Morphology, phenolgy and photoperiodism in *Halymenia latifolia* Kütz. (Rhodophyta) from Ireland. Botanica mar. 15, 589-599.

Maier, I., 1984: Culture studies of *Chorda tomentosa* (Phaeophyta, Laminariales). Br. phycol. J. 19, 95-106.

Maier, I., Müller, D. G., 1981: Observations on antheridium fine structure and spermatozoid release in *Laminaria digitata* (Phaeophyceae). Phycologia 21, 1-8.

Makienko, V. F., 1975: (Makroalgen der Vostok-Bucht, Japanisches Meer; in Russisch). Biologiya Morya 2, 45-57.

Mann, K. H., 1972: Ecological energetics of the seaweed zone in a marine bay on the Atlantic coast of Canada. II. Productivity of the seaweeds. Mar. Biol. 14, 199-209.

Mann, K. H., 1982: Ecology of coastal waters. A systems approach. Blackwell, Oxford; 322 S.

Mann, K. H., Breen, P. A., 1972: The relation between lobster abundance, sea urchins, and kelp beds. J. Fish. Res. Bd. Canada 29, 603-605.

Mann, K. H., Wright, J. L. C., Welsford, B. E., Hatfield, E., 1984: Responses of the sea urchin *Strongylocentrotus droebachiensis* (O. F. Müller) to water-borne stimuli from potential predators and potential food algae. J. Exp. Mar. Biol. Ecol. 79, 233-244.

Margulies, M. M., 1970: Changes in absorbance spectrum of the diatom *Phaeodactylum tricornutum* upon modification of protein structure. J. Phycol. 6, 160-164.

Markham, J. W., 1973: Observations on the ecology of *Laminaria sinclairii* on three northern Oregon beaches. J. Phycol. 9, 336-341.

Markham, J. W., Celestino, J. L., 1976: Intertidal marine plants of Clatsop County, Oregon. Syesis 9, 253-266.

Markham, J. W., Munda, I. M., 1980: Algal recolonization in the rocky eulittoral at Helgoland, Germany. Aqu. Bot. 9, 33-71.

Marr, J. W. S., 1927: Plants collected during the British Arctic Expedition, 1925. J. Bot. (Brit. and For.) 65, 272-277.

Masaki, T., Fujita, D., Hagen, N. T., 1984: The surface ultrastructure and epithallium shedding of crustose coralline algae in an „Isoyake" area of southwestern Hokkaido, Japan. Proc. Int. Seaweed Symp. 11 (Qingdao), 218-223.

Masaki, T., Miyata, M., Akioka, H., Johansen, H. W., 1981: Growth rates of *Corallina* (Rhodophyta, Corallinaceae) in Japan. Proc. Int. Seaweed Symp. 10 (Göteborg), 607-612.

Masuda, M., 1982: A systematic study of the tribe Rhodomeleae (Rhodomelaceae, Rhodophyta). J. Fac. Sci., Hokkaido Univ. Ser. V (Botany) 12, 209-400.

Mathieson, A. C., 1975: Seaweed aquaculture. Mar. Fish. Rev. 37, 1-14.

Mathieson, A. C., Dawes, C. J., 1975: Seasonal studies of Florida sublittoral marine algae. Bull. Mar. Sci. 25, 46-65.

Mathieson, A. C., Hehre, E. J., 1982: The composition, seasonal occurrence and reproductive periodicity of the Phaeophyceae (brown algae) in New Hampshire. Rhodora 84, 411-437.

Mayhoub, H., 1976: Cycle de développement du *Calosiphonia vermicularis* (J.Ag.) Sch. (Rhodophycées, Gigartinales). Mise en évidence d'une réponse photopériodique. Bull.Soc. Phycol. Fr. 21, 48.

Maykut, G. A., Grenfell, T. C., 1975: The spectral distribution of light beneath first-year sea ice in the Arctic Ocean. Limnol. Oceanogr. 20, 554-563.

McCandless, E. L., 1981: Polysaccharides of seaweeds. In: The biology of seaweeds, hrsg. von C. S. Lobban u. M. J. Wynne. Blackwell, Oxford; S. 559-588.

McCandless, E. L., Craigie, J. S., 1979: Sulfated polysaccharides in red and brown algae. Ann. Rev. Plant Physiol. 30, 41-78.

McCandless, E. L., Gretz, M. R., 1984: Biochemical and immunochemical analysis of carrageenans of the Gigartinaceae and Phyllophoraceae. Proc. Int. Seaweed Symp. 11 (Qingdao), 175-178.

McConnell, O. J., Hughes, P. A., Targett, N. M., Daley, J., 1982: Effects of secondary metabolites from marine algae on feeding by the sea urchin *Lytechinus variegatus*. J. chem. Ecol. 8, 1437-1454.

McCoy, E. D., Heck, K. L., 1976: Biogeography of corals, seagrasses, and mangroves: an alternative to the center of origin concept. Syst. Zool. 25, 201-210.

McHugh, D. J., 1984: Marine phycoculture and its impact on the seaweed colloid industry. Proc. Int. Seaweed Symp. 11 (Qingdao), 351-354.

McIntyre, C. D., Moore, W. W., 1977: Marine littoral diatoms: ecological considerations. In: Biology of diatoms. Botanical Monographs 13, hrsg. von D. Werner. University of California Press, Berkeley; S. 333-371.

McIntyre, A., Moore, T. C. et al., 1976: The surface of the ice-age earth. Science 191, 1131-1137.

McKenna, M. C., 1983: Cenozoic paleogeography of North Atlantic land bridges. In: Structure and development of the Greenland-Scotland ridge, hrsg. von M. H. P. Bott, S. Saxov, M. Talwani, J. Thiede. Plenum Press, New York; S. 351-399.

McLachlan, J., 1973: Growth media - marine. In: Handbook of phycological methods. Culture methods and growth measurements, hrsg. von J. R. Stein. University Press, Cambridge; S. 25-51.

McLachlan, J., 1982: Inorganic nutrition of marine macro-algae in culture. In: Synthetic and degradative processes in marine macrophytes, hrsg. von L. M. Srivastava. Walter de Gruyter, Berlin; S. 71-97.

McLachlan, J., Bird, C. J., 1984: Geographical and experimental assessment of the distribution of *Gracilaria* species in relation to temperature. Helgoländer Meeresunters. 38, 319-334.

McLachlan, J., Chen, L., C.-M., Edelstein, T., 1969: Distribution and life history of *Bonnemaisonia hamifera* Hariot. Proc. Int. Seaweed Symp. 6, 245-249.

McLean, J. H., 1962: Sublittoral ecology of kelp beds of the open coast area near Carmel, California. Biol Bull. 122, 95-114.

McRoy, C. P., Helfferich, C. (Hrsg.), 1977: Seagrass ecosystems. Marcel Dekker, New York; 314 S.

Meeks, J. C., 1974: Chlorophylls. In: Algal physiology and biochemistry, hrsg. von W. D. P. Stewart. Blackwell, Oxford; S. 161-173.

Meer, J. van der, 1980: The life history of *Halosaccion ramentaceum*. Can. J. Bot. 59, 433-436.

Meinesz, A, 1979: Contribution à l'étude de *Caulerpa prolifera* (Forsskal) Lamouroux (Chloryphycée, Caulerpale). I. Morphogénèse et croissance dans une station des côtes continentales francaises de la Mèditerranée. Botanica mar. 22, 27-39.

Meinesz, A., 1980: Connaissance actuelles et contribution à l'étude de la reproduction et du cycle des Udotéacées (Caulerpales, Chlorophytes). Phycologia 19, 110-138.

Menez, E. G., Mathieson, A. C., 1981: The marine algae of Tunesia. Smithsonian Contributions to the Marine Sciences 10, 1-59.

Menge, B. A., 1976: Organization of the New England rocky intertidal community: role of predation, competition, and environmental heterogeneity. Ecol. Monogr. 46, 355-393.

Menge, B. A., Sutherland, J. P., 1976: Species diversity gradients: synthesis of the roles of predation, competition, and temporal heterogeneity. Amer. Natur. 110, 351-369.

Menzies, R. J., George, R. Y., Rowe, G. T., 1973: Abyssal environment and ecology of the world oceans. John Wiley, New York; 488 S.

Mergner, H., 1979: Quantitative ökologische Analyse eines Rifflagunenareals bei Aqaba (Golf von Aqaba, Rotes Meer). Helgoländer wiss. Meeresunters. 32, 476-507.

Mergner, H., Svoboda, A., 1977: Productivity and seasonal changes in selected reef areas in the Gulf of Aqaba (Red Sea). Helgoländer wiss. Meeresunters. 30, 383-399.

Meslin, R., 1964: Sur la naturalisation du *Codium fragile* (Suring.) Hariot et son extension aux côtes de Normandie. Bull. Lab. marit. Dinard 49/50, 110-117.

Michanek, G., 1975: Seaweed resources of the ocean. Food and Agriculture Organization of the United Nations, FAO Fish. Tech. Pap. 138, 1-127.

Michanek, G., 1978: Trends in applied phycology. With a literature review: seaweed farming on an industrial scale. Botanica mar. 21, 469-475.

Michanek, G., 1979: Phytogeographic provinces and seaweed distribution. Botanica mar. 22, 375-391.

Michanek, G., 1983: World resources of marine plants. In: Marine Ecology, Vol. V, Part 2, hrsg. von O. Kinne. John Wiley, New York; S. 795-837.

Miller, R. J., Colodey, A. G., 1983: Widespread mass mortalities of the green sea urchin in Nova Scotia, Canada. Mar. Biol. 73, 263-267.

Mishkind, M., Mauzerall, D., Beale, S. I., 1979: Diurnal variation in situ of photosynthetic capacity in *Ulva* is caused by a dark reaction. Plant Physiol. 64, 896-899.

Mitchell-Thomé, R. C., 1976: Geology of the Middle Atlantic islands. Beiträge zur regionalen Geologie der Erde 12. Bornträger, Berlin; 356 S.

Miura, A., 1975: *Porphyra* cultivation. In: Advance of phycology in Japan, hrsg. von J. Tokida u. H. Hirose. VEB Gustav Fischer, Jena; S. 273-304.

Moe, R. L., Henry, E. C., 1982: Reproduction and early development of *Ascoseira mirabilis* Skottsberg (Phaeophyta), with notes on Ascoseirales Petrov. Phycologia 21, 55-66.

Moe, R. L., Silva, P. C., 1977a: Antarctic marine flora: uniquely devoid of kelps. Science 196, 1296-1208.

Moe, R. L., Silva, P. C., 1977b: Sporangia in the brown algal genus *Desmarestia* with special reference to Antarctic *D. ligulata*. Bull. Jap. Soc. Phycol. 25 (Suppl.), 159-167.

Moe, R. L., Silva, P. C., 1981: Morphology and taxonomy of *Himanthothallus* (including *Phaeoglossum* and *Phyllogigas*), an antarctic member of the Desmarestiales (Phaeophyceae). J. Phycol. 17, 15-29.

Mohr, H., Schopfer, P., 1978: Lehrbuch der Pflanzenphysiologie. Springer- Verlag, Berlin; 608 S.

Mohr, J. L., Wilimovsky, N. J., Dawson, E. Y., 1957: An arctic Alaskan kelp bed. Arctic 10, 45-52.

Molinier, R., 1960: Etude des biocoenoses marines du Cap Corse. I, II. Vegetatio 9, 121-192 und 217-312.

Moore, H. B., 1972: Aspects of stress in the tropical marine environment. Adv. mar. Biol. 10, 217-269.

Moore, L. B., 1961: Distribution patterns in New Zealand seaweeds. Tuatara 9, 18-23.

Morel, A., 1974: Optical properties of pure water and pure sea water. In: Optical aspects of oceanography, hrsg. von N. G. Jerlov u. E. Steemann Nielsen. Academic Press, London; S. 2-24.

Morel, A., Smith, R. C., 1974: Relation between total quanta and total energy for aquatic photosynthesis. Limnol. Oceanogr. 19, 591-600.

Morgan, D. C., Smith, H., 1981: Non-photosynthetic responses to light quality. In: Encyclopedia of Plant Physiology, New Series, vol. 12 A, hrsg. von O. L. Lange, P. S. Nobel, C. B. Osmond, H. Ziegler. Springer-Verlag, Berlin; S. 109-134.

Morgan, K. C., Wright, J. L. C., Simpson, F. J., 1980: Review of chemical constituents of the red alga *Palmaria palmata* (dulse). Econ. Bot. 34, 27-50.

Morrissey, J., 1980: Community structure and zonation of macroalgae and hermatypic corals on a fringing reef flat of Magnetic Island (Queensland, Australia). Aqu. Bot. 8, 91-139.

Morton, B., Morton, J., 1983: The seashore ecology of Hong Kong. Hong Kong University Press, Hong Kong; 350 S.

Morton, J., Miller, M., 1968: The New Zealand sea shore. Collins, London, 638 S.

Morton, J. E., 1973: The intertidal ecology of the British Solomon islands. I. The zonation patterns of the weather coast. Phil. Trans. R. Soc. Lond. B 265, 491-537.

Moss, B. L., 1982: The control of epiphytes by *Halidrys siliquosa* (L.) Lynbg. (Phaeophyta, Cystoseiraceae). Phycologia 21, 185-191.

Moss, J. R., 1977: Essential considerations for establishing seaweed extraction factories. In: The marine plant biomass of the Pacific northwest coast, hrsg. von R. W. Krauss. Oregon State University Press, S. 301-314.

Mshigeni, K. E., 1976: Effects of the environment on developmental rates of sporelings of two *Hypnea* species (Rhodophyta: Gigartinales). Mar. Biol. 36, 99-103.

Mshigeni, K. E., 1983: Algal resources, exploitation and use in East Africa. Progr. Phycolog. Res. 2, 387-419.

Müller, D. G., 1962: Über jahres- und lunarperiodische Erscheinungen bei einigen Braunalgen. Botanica mar. 4, 140-155.

Müller, D. G., 1981: Sexuality and sex attraction. In: The biology of seaweeds, hrsg. von C. S. Lobban u. M. J. Wynne. Blackwell, Oxford; S. 661-674.

Müller, G. H., Groeben, C., 1984: Die Zoologische Station in Neapel von ihren Anfängen bis heute – ein „permanenter Kongreß". Naturwiss. Rundschau 11, 429-437.

Müller, S., Clauss, H., 1976: Aspects of photomorphogenesis in the brown alga Dictyota dichotoma. Z. Pflanzenphys. 78, 461-465.

Munda, I. M., 1972a: General features of the benthic algal zonation around the Icelandic coast. Acta Naturalia Islandica 21. Museum of Natural History, Reykjavik; 36 S.

Munda, I. M., 1972b: On the chemical composition, distribution and ecology of some common benthic marine algae from Iceland. Botanica mar. 15, 1-45.

Munda, I. M., 1973: The production of biomass in the settlements of benthic marine algae in the northern Adriatic. Botanica mar. 15, 218-244.

Munda, I. M., 1979: Some Fucacean associations from the vicinity of Rovinj, Istrian coast, northern Adriatic. Nova Hedw. 31, 607-666.

Munda, I. M., 1980: Survey of the benthic algal vegetation of the Borgarfjördur, Southwest Iceland. Nova Hedwigia 32, 855-918.

Munda, I. M., 1982: The effects of organic pollution on the distribution of fucoid algae from the Istrian coast (vicinity of Rovinj). Acta Adriat. 23, 329-337.

Munda, I. M., Lüning, K., 1977: Growth performance of Alaria esculenta off Helgoland. Helgoländer wiss. Meeresunters. 29, 311-314.

Munda, I. M., Markham, J. W., 1982: Seasonal variations of vegetation patterns and biomass constituents in the rocky eulittoral of Helgoland. Helgoländer Meeresunters. 35, 131-151.

Murray, S. N., Littler, M. M., 1981: Biogeographical analysis of intertidal floras of southern California. J. Biogeogr. 8, 339-351.

Murthy, M. S., Bhattacharya, M., Radia, P., 1978: Ecological studies on the intertidal algae at Okha (India). Botanica mar. 21, 381-386.

Nagai, M., 1940-1941: Marine algae of the Kurile Islands. J. Fac. Agric. Hokkaido Imp. Univ. 46 1-310.

Nasr, A. H., 1940: The marine algae of Alexandria. II. A study of the occurrence of some marine algae on the egyptian mediterranean coast. Fouad Inst. Hydrobiol. Fisheries, Notes and Memoirs 37, 1-10.

Natour, R. M., Gerloff, J., Nizamuddin, M., 1979: Algae from the Gulf of Aqaba, Jordan. I. Chlorophyceae and Phyaeophyceae. II. Rhodophyceae. Nova Hedwigia 31, 39-54 und 69-90.

Naylor, J., 1976: Production, trade and utilization of seaweeds and seaweed products. FAO Fisheries Technical Paper No. 159, 1-73.

Navarro, F. de P., Bellon Uriarte, L., 1945: Catalogo de la Flora del Mare de Baleares (con exclusion de las Diatomeas). Bol. Inst. Esp. Oceanografia, Notas y Resumenes, serie II, 124, 161-298.

Nellen, U. R., 1966: Über den Einfluß des Salzgehaltes auf die photosynthetische Leistung verschiedener Standortformen von Delesseria sanguinea und Fucus serratus. Helgoländer wiss. Meeresforsch. 13, 288-313.

Nemoto, T., Harrison, G., 1981: High latitude ecosystems. In: Analysis of marine ecosystems, hrsg. von A. R. Longhurst. Academic Press, London; S. 95-126.

Neumann, D., 1978: Tide- und Lunarrhythmen. Arzneim.-Forsch. / Drug Res. 28 (II), 10a, 1842-1849.

Neumann, D., 1981: Tidal and lunar rhythms. In: Handbook of behavioral neurobiology, vol. 4, hrsg. von J. Aschoff. Plenum Publ. Corporation; S. 351-380.

Neushul, M., 1965a: Scuba diving studies of the vertical distribution of benthic marine algae. Acta Universitatis Gothoburgensis 3, 161-176.

Neushul, M., 1965b: Diving observations of sub-tidal Antarctic marine vegetation. Botanica mar. 8, 234-243.

Neushul, M., 1967: Studies of subtidal marine vegetation in western Washington. Ecology 48, 83-94.

Neushul, M., 1968: Benthic marine algae. Am. Geogr. Soc. Antarctic Map Folio Ser. 10, 9-10.

Neushul, M., 1971: The species of Macrocystis with particular reference to those of North and South America. Nova Hedwigia Beihefte 32, 211-222.

Neushul, M., 1972: Functional interpretation of benthic marine algal morphology. In: Contributions to the systematics of benthic marine algae of the North Pacific, hrsg. von I. A. Abbott u. M. Kurogi. Japanese Society of Phycology, Kobe; S. 47-74.

Neushul, M., 1977: The domestication of the giant kelp, Macrocystis, as a marine plant biomass producer. In: The marine plant biomass of the Pacific northwest coast. Hrsg. von R. W. Krauss. Oregon State University Press, S. 163-181.

Newell, R. C., Lucas, M. I., Velimirov, B., Seiderer, L. J., 1980: Quantitative significance of dissolved organic losses following fragmentation of kelp (Ecklonia maxima and Laminaria pallida). Mar. Ecol. Progr. Ser. 2, 45-59.

Newroth, P. R., 1971: The distribution of *Phyllophora* in the North Atlantic and Arctic regions. Can. J. Bot. 49, 1017-1024.

Newroth, P. R., Taylor, A. R. A., 1971: The nomenclature of the North Atlantic species of *Phyllophora* Greville. Phycologia 10, 93-97.

Newton, L., 1931: A handbook of the British seaweeds. British Museum, London; 487 S.

Nicholson, N. L., 1979: Evolution within *Macrocystis:* northern and southern hemisphere taxa. In: Proceedings of the International Symposium on Marine Biogeography and Evolution in the Southern Hemisphere, Auckland, New Zealand, July 1978. N. Z. DSIR Information Series 137, Vol. 2, S. 433-441.

Nicholson, N. L., Hosmer, H., Bird, K., Hart, L., Sandlin, W., Shoemaker, C. Sloan, C., 1981: The biology of *Sargassum muticum* (Yendo) Fensholt at Santa Catalina Island. Proc. Int. Seaweed Symp. 8 (Bangor), 416-424.

Nicotri, M. E., 1980: Factors involved in herbivore food preference. J. exp. mar. Biol. Ecol. 42, 13-26.

Niell, F. X., 1981: Photosynthetic liposoluble pigments in seaweeds, physiological and ecological meaning. Proc. Int. Seaweed Symp. 10 (Göteborg), 333-338.

Nielsen, R., 1980: A comparative study of five marine Chaetophoraceae. Br. phycol. J. 15, 131-138.

Niemeck, R. A., Mathieson, A. C., 1976: An ecological study of *Fucus spiralis* L. J. exp. mar. Biol. Ecol. 24, 33-48.

Niemeck, R. A., Mathieson, A. C., 1978: Physiological studies of intertidal fucoid algae. Botanica mar. 21, 221-227.

Nienburg, W., 1925: Die Besiedelung des Felsstrandes und der Klippen von Helgoland. 2. Die Algen. Wiss. Meeresunters. (Helgoland) 15 (19), 1-15.

Nienburg, W., 1927: Zur Ökologie der Flora des Wattenmeeres. 1. Teil: Der Königshafen bei List auf Sylt. Wiss. Meeresunters., Abt. Kiel, 20, 147-196.

Nienburg, W., 1930: Die festsitzenden Pflanzen der nordeuropäischen Meere. In Handbuch der Seefischerei Nordeuropas Band 1, Heft 4, S. 1-51. Schweizerbartsche Verlagsbuchhandlung, Stuttgart.

Nienhuis, P. H., 1970: The benthic algal communities of flats and salt marshes in the Grevelingen, a seaarm in the south-western Netherlands. Netherlands J. Sea Res. 5, 20-49.

Nienhuis, P. H., 1982: Attached *Sargassum muticum* found in the south-west Netherlands. Aqu. Bot. 12, 189-195.

Nizamuddin, M., 1962: Classification and the distribution of the Fucales. Botanica mar. 4, 191-203.

Nizamuddin, M., 1968: Observations on the order Durvilleales J. Petrov 1965. Botanica mar. 11, 115-117.

Nizamuddin, M., 1970: Phytogeography of the Fucales and their seasonal growth. Botanica mar. 13, 131-139.

Nizamuddin, M., Gessner, F., 1970: The marine algae of the northern part of the Arabian Sea and of the Persian Gulf. Meteor Forschungsergebnisse D 6, 1-42.

Nizamuddin, M., Lehnberg, W., 1970: Studies on the marine algae of Paros and Sikinos islands, Greece. Botanica mar. 8, 116-130.

Nizamuddin, M., West, J. A., Menez, E. G., 1978: A list of marine algae from Libya. Botanica mar. 22, 465-476.

Norris, J. N., Fenical, W., 1982: Chemical defenses in tropical marine algae. In: The Atlantic barrief reef ecosystem at Carrie Bow Cay, Belize, I. Structure and communities, hrsg. von K. Rützler u. I. G. Macintyre. Smithsonian Institution Press, Washington; S. 417-431.

Norris, R. E., Bucher, K. E., 1982: Marine algae and seagrasses from Carrie Bow Cay, Belize. In: The Atlantic barrief reef ecosystem at Carrie Bow Cay, Belize, I. Structure and communities, hrsg. von K. Rützler u. I. G. Macintyre. Smithsonian Institution Press, Washington; S. 167-223.

Norris, R. E. und Conway, E., 1974: *Fucus spiralis* L. in the northeast Pacific. Syesis 7, 79-81.

North, W. J. (Hrsg.), 1971: The biology of giant kelp beds *(Macrocystis)* in California. Nova Hedwigia Beihefte 32, 1-600.

Norton, I. O., Sclater, J. G., 1979: A model for the evolution of the Indian Ocean and the breakup of Gondwanaland. J. geophys. Res. 84, 6803-6830.

Norton, T. A., 1968: Underwater observations on the vertical distribution of algae at St. Mary's, Isles of Scilly. Br. phycol. J. 3, 585-588.

Norton, T. A., 1969: Growth form and environment in *Saccorhiza polyschides*. J. mar. biol. Ass. U. K. 49, 1025-1045.

Norton, T. A., 1977: Experiments on the factors influencing the geographical distributions of *Saccorhiza polyschides* and *Saccorhiza dermatodea*. New Phytol. 78, 625-635.

Norton, T. A., Burrows, E. M., 1969: Studies on marine algae of the British Isles. 7. *Saccorhiza polyschides* (Lightf.) Batt. Br. phycol. J. 4, 19-53.

Norton, T. A., Hiscock, K., Kitching, J. A., 1977: The ecology of Lough Ine. XX. The *Laminaria* forest at Carriga Thorna. J. Ecol. 65, 919-941.

Norton, T. A., Mathieson, A. C., 1983: The biology of unattached seaweeds. Progr. phycol. Res. 2, 333-386.

Norton, T. A., Mathieson, A. C., Neushul, M., 1982: A review of some aspects of form and function in seaweeds. Botanica mar. 25, 501-510.

Norton, T. A., Milburn, J. A., 1972: Direct observations on the sublittoral marine algae of Argyll, Scotland. Hydrobiologia 40, 55-68.

Norton, T. A., Powell, H. T., 1979: Seaweeds and rocky shores of the Outer Hebrides. Proc. Roy. Soc. Edinburgh 77B, 141-153.

Novaczek, I., 1981: Stipe growth rings in *Ecklonia radiata* (C. Ag.) J. Ag. (Laminariales). Br. phycol. J. 16, 363-371.

Novaczek, I., 1984: Response of gametophytes of *Ecklonia radiata* (Laminariales) to temperature in saturating light. Mar. Biol. 82, 241-246.

Nultsch, W., 1982: Allgemeine Botanik. Georg Thieme Verlag, Stuttgart; 516 S.

Nultsch, W., Pfau, J., 1979: Occurrence and biological role of light-induced chromatophore displacements in seaweeds. Mar. Biol. 51, 77-82.

Nultsch, W., Pfau, J., Rüffer, U., 1981: Do correlations exist between chromatophore arrangement and photosynthetic activity in seaweeds? Mar. Biol. 62, 111-117.

Nybakken, J. W., 1982: Marine ecology. An ecological approach. Harper and Row, New York; 446 S.

Odum, E. P., 1980: Grundlagen der Ökologie. Georg Thieme, Stuttgart.

Ogata, E., Matsui, T., 1965: Photosynthesis in several marine plants of Japan as affected by salinity, drying and pH, with attention to their growth habitat. Botanica mar. 8, 199-217.

Ogata, E., Takada, H., 1968: Studies on the relationship between the respiration in some marine plants in Japan. J. Shimonoseki Collect. Fish. 16, 67-88.

Ogawa, H., Machida, M., 1976-1977: Marine algae of the Oshika Peninsula. I. Chlorophyceae and Phaeophyceae. II. Rhodophyceae. Tohoku J. Agric. Res. 27 (1976), 145-154 u. 28 (1977), 151-165.

Ohno, M., 1976: Some observations on the influence of salinity on photosynthetic activity and chloride ion loss in several seaweeds. Int. Revue ges. Hydrobiol. 61, 665-672.

Ohno, M., 1979: Culture and field survey of *Sargassum piluliferum*. Rep. Usa Mar. Biol. Inst. 1, 25-32.

Ohno, M., 1984: Observation on the floating seaweeds of near-shore waters of southern Japan. Proc. Int. Seaweed Symp. 11 (Qingdao), 408-412.

Ohno, M., Arasaki, S., 1969: Examination of the dark treatment at spore stage of seaweeds. Bull. Jap. Soc. Phycol. 17, 37-42.

Ohno, M., Mairh, O. P., 1983: Ecology of green alga Ulvaceae occurring on the coast of Okha, India. Rep. Usa mar. biol. Inst. 4, 1-8.

Okamura, K., 1932: The distribution of marine algae in Pacific waters. Rec. Oceanogr. Works in Japan 4, 30-150.

Okazaki, A., 1971: Seaweeds and their uses in Japan. Tokai University Press, Tokyo; 165 S.

O'Kelly, C. J., 1982a: Chloroplast pigments in selected marine Chaetophoraceae and Chaetosiphonaceae (Chlorophyta): the occurrence and significance of siphonoxanthin. Botanica mar. 25, 133-137.

O'Kelly, C. J., 1982b: Observations on marine Chaetophoraceae. III. The structure, reproduction and life history of *Endophyton ramosum*. Phycologia 21, 247-257.

Okuda, T., Neushul, M., 1981: Sedimentation studies of red algal spores. J. Phycol. 17, 113-118.

Oliveira Filho, E. C. de, 1976: Deep water marine algae from Espiritu Santo State (Brazil) Bol. Bot., Univ. de Sao Paulo 4, 73-80.

Oliveira Filho, E. C. de, 1981: Marine phycology and exploitation of seaweeds in South America. Proc. Int. Seaweed Symp. 10 (Göteborg), 97-112.

Oliveira Filho, E. C. de, Ugadim, Y., 1976: A survey of the marine algae of Atol das Rocas (Brazil). Phycologia 15, 41-44.

Ollivier, G., 1929: Etude de la flore de la côte d'Azur. Ann. Inst. Océan. N. S. 7, 53-173.

Oltmanns, F., 1892: Über die Cultur- und Lebensbedingungen der Meeresalgen. Jb. wiss. Bot. 23, 349-440.

Oltmanns, F., 1922-1923: Morphologie und Biologie der Algen. 2. Auflage (3 Bände; 1. Auflage 1905), Gustav Fischer, Jena.

Oren, O. H., 1969: Oceanographic and biological influence of the Suez Canal, the Nile and Aswan Dam on the Levant Basin. Progr. Oceanogr. 5, 161-167.

Orris, P. K., 1980: A revised species list and commentary on the macroalgae of the Chesapeake Bay in Maryland. Estuaries 3, 200-206.

Ott, F. D., 1973: The marine algae of Virginia and Maryland including the Chesapeake Bay area. Rhodora 75, 258-296.

Oza, R. M., 1976: Culture studies on induction of tetraspores and their subsequent development in the red alga *Falkenbergia rufolanosa* Schmitz. Botanica mar. 20, 29-32.

Paine, R. T., 1974: Intertidal community structure. Experimental studies on the relationship between a dominant competitor and its principal predator. Oecologia (Berl.) 15, 93-120.

Paine, R. T., 1979: Disaster, catastrophe, and local persistance of the sea palm *Postelsia palmaeformis*. Science 205, 685-687.

Paine, R. T., 1980: Food webs: linkage, interaction strength and community infrastructure. J. Anim. Ecol. 49, 667-685.

Paine, R. T., Slocum, C. J., Duggins, D. O., 1979: Growth and longevity in the crustose red alga *Petrocelis middendorfii*. Mar. Biol. 51, 185-192.

Palmisano, A. C., Sullivan, C. W., 1983: Physiology of sea ice diatoms. II. Dark survival of three polar diatoms. Can. J. Microbiol. 29, 157-160.

Pankow, H., 1971: Algenflora der Ostsee. I. Benthos (Blau-, Grün- und Rotalgen). Gustav Fischer, Stuttgart; 419 S.

Pankow, H., Festerling, E., Festerling, H., 1971: Beitrag zur Kenntnis der Algenflora der mecklenburgischen Küste (südliche Ostsee: Lübecker Bucht - Darß). Int. Revue ges. Hydrobiologie 56, 241-263.

Papenfuss, G. F., 1940: A revision of the South African marine algae in Herbarium Thunberg. Symb. Bot. Ups. 4 (3), 1-17.

Papenfuss, G. F., 1942: Studies on South African Phaeophyceae. I. *Ecklonia maxima, Laminaria pallida, Macrocystis pyrifera*. Am. J. Bot. 29, 15-24.

Papenfuss, G. F., 1961: Nils Eberhard Svedelius: a chapter in the history of phycology. Phycologia 1, 172-182.

Papenfuss, G. F., 1964a: Catalogue and bibliography of Antarctic and Sub-antarctic benthic marine algae. Am. Geophys. Union, Antarctic Res. Ser. 1, 1-76.

Papenfuss, G. F., 1964b: Problems in the taxonomy and geographical distribution of Antarctic marine algae. In: Biologie Antarctique, hrsg. von R. Carrick, M. Holdgate u. J. Prévost. Hermann, Paris, S. 155-160.

Papenfuss, G. F., 1968: A history, catalogue and bibliography of Red Sea benthic algae. Isr. J. Bot. 17, 1-118.

Papenfuss, G. F., 1972: On the geographical distribution of some tropical marine algae. Proc. Int. Seaweed Sympos. 7 (Sapporo), 45-51.

Papenfuss, G. F., 1976: Landmarks in Pacific North American marine phycology. In: Marine algae of California. Hrsg. von I. A. Abbott u. G. J. Hollenberg. Stanford University Press, Stanford, California, S. 21-46.

Papenfuss, G. F., 1977: Review of the genera of Dictyotales (Phaeophycophyta). Bull. Jap. Soc. Phycol. 25, 271-287.

Parke, M. W., 1931: Manx algae. University Press, Liverpool; 155 S.

Parke, M., Dixon, P. S., 1976: Check-list of British marine algae – third revision. J. mar. biol. Ass. U. K. 56, 527-594.

Parker, B. C., 1971: Studies of translocation in *Macrocystis*. Beih. Nova Hedwigia 32, 191-195.

Parker, B. C., Dawson, E. Y., 1965: Non-calcareous marine algae from California Miocene deposits. Nova Hedwigia 10, 273-295.

Parker, J., 1960: Seasonal changes in cold-hardiness of *Fucus vesiculosus*. Biol. Bull. (Woods Hole), 119, 474-478.

Parr, A. E., 1939: Quantitative observations on the pelagic *Sargassum* vegetation of the western North Atlantic. Bull. Bingham Oceanogr. Collect. 7, 1-94.

Paul, V. J., Fenical, W., 1983: Isolation of Halimedatrial: chemical defense adaptation in the calcareous reef-building alga *Halimeda*. Science 221, 747-749.

Pearse, J. S., Hines, A. H., 1979: Expansion of a Central California kelp forest following the mass mortality of sea urchins. Mar. Biol. 51, 83-91.

Pedersen, P. M., 1976: Marine, benthic algae from southernmost Greenland. Meddr. Gronland 199 (3), 1-79.

Percival, E., 1979: The polysaccharides of green, red and brown seaweeds: their basic structure, biosynthesis and function. Br. phycol. J. 14, 103-117.

Percival, E., McDowell, R. H., 1967: Chemistry and enzymology of marine algal polysaccharides. Academic Press, London; 219 S.

Pérès J. M., 1967a: The mediterranean benthos. *Oceanogr. Mar. Biol. Ann. Rev.* 5, 449-533.

Pérès J. M., 1967b: Les biocoenoses benthiques dans le système phytal. *Rec. Trav. Stat. mar. End.* 58 (42), 1-113.

Pérès, J. M., 1982a: Specific pelagic assemblages. In: Marine Ecology. Volume V, Part 1, hrsg. von O. Kinne. John Wiley, New York; S. 313-372.

Pérès, J. M., 1982b: Major benthic assemblages. In: Marine Ecology. Volume V, Part 1, hrsg. von O. Kinne; S. 373-522; John Wiley, New York.

Pérès, J. M., Molinier, R., 1957: Compte-rendu du colloque tenu à Gênes par le comité du Benthos de la Commission internationale pour l'Exploration scientifique de la mer Méditerranée. Rec. Trav. Stat. mar. Endoume 13 (22), 5-15.

Pérès, J. M., Picard, J., 1958: Recherches sur les peuplements benthiques de la Méditerranée nord-orientale. Ann. Inst. Océan. Monaco 34, 213-291.

Pérès, J. M., Picard, J., 1964: Nouveau manuel de bionomie benthique de la mer Méditerranée. Rec. Trav. Stat. mar. Endoume 31 (47), 5-137.

Perestenko, L. P., 1980: Wodorosli Zaliva Petra Welikogo (Algen aus der Peter der Große-Bucht; in Russisch). Izd. Akad. Nauk SSSR, Leningrad; 232 S.

Pérez, R., 1970: Longévité du sporophyte de *Laminaria digitata* (L.) Lamour. Rev. Trav. Inst. Pêches Marit. 34, 363-373.

Pérez, R., Lee, J. Y., Juge, C., 1981: Observations sur la biologie de l'algue *Undaria pinnatifida* (Harvey) Suringar introduite accidentellement dans l'Etang de Thau. Science et Pêche, Bull. Inst. Pêches marit. 315, 1-12.

Perez-Cirera, J. L., 1975: Catalogo floristico de las algas bentonicas de la Ria de Corme y Lage, NO. de Espana. Anal. Inst. Bot. Cavanilles 32, 5-87.

Petrov, Ju., E., 1974: (Synoptischer Schlüssel der Laminariales und Fucales in den Meeren der UDSSR; in Russisch). Nov. Sist. Nizhnikh Rast. 11, 153-169.

Petrov, K. M., 1967: (Vertikalverteilung des Phytobenthos im Schwarzen Meer und im Kaspischen Meer; in Russisch). Okeanologia 7, 314-320.

Pham-Hoang, H., 1962: Contribution à l'étude du peuplement du littoral du Vietnam (sud). Ann. Fac. Sci. Saigon 1962, 249-350.

Phillips, R. C., 1979: Ecological notes on *Phyllospadix* (Potamogetonaceae) in the northeast Pacific. Aquat. Bot. 6, 159-170.

Phillips, R. C., McRoy, C. P., 1980: Handbook of seagrass biology: an ecosystem perspective. Garland STPM Press, New York; 353 S.

Phillips, R. C., Santelices, B., Bravo, R., McRoy, C. P., 1983: *Heterozostera tasmanica* (Mertens ex Aschers.) Den Hartog in Chile. Aquat. Bot. 15, 195-200.

Phillips, R. C., Vadas, R. L., Ogden, N., 1982: The marine algae and seagrasses of the Miskito Bank, Nicaragua. Aqu. Bot. 13, 187-195.

Phinney, H. K., 1977: The macrophytic marine algae of Oregon. In: The marine plant biomass of the Pacific northwest coast. Hrsg. von R. W. Krauss. Oregon State University Press, S. 93-115.

Pianka, E. R., 1970: On r- and K-selection. Amer. Natur. 104, 592-597.

Pielou, E. C., 1979: Biogeography. John Wiley + Sons, New York; 351 S.

Pignatti, S., 1962: Associazioni di alghe marine sulla costa Veneziana. Atti Accad. naz. Lincei, Memorie. Classe di Scienze Matematichi e Naturali 32 (3), 1-134.

Polanshek, A. R., West, J. A., 1975: Culture and hybridization studies on *Petrocelis* (Rhodophyta) from Alaska and California. J. Phycol. 11, 434-439.

Polderman, P. J. G., 1979: The saltmarsh algal communities in the Wadden area with reference to their distribution and ecology in N. W. Europe. I. The distribution and ecology of the algal communities. J. Biogeogr. 6, 225-266.

Polderman, P. J. G., Polderman-Hall, R. A., 1980: Algal communities in Scottish saltmarshes. Br. phycol. J. 15, 59-71.

Por, F. D., 1978: Lessepsian migration. The influx of Red Sea biota into the Mediterranean by way of the Suez Canal. Springer-Verlag, Heidelberg, 228 S.

Post, E., 1963: Zur Verbreitung und Ökologie der *Bostrychia-Caloglossa* Assoziation. Int. Rev. ges. Hydrobiol. 48, 47-152.

Postels, A., Ruprecht, F., 1840: Ilustrationes algarum oceani Pacifici imprimis septemtrionalis. St. Petersburg.

Powell, H. T., 1957: Studies in the genus *Fucus* L. II. Distribution and ecology of *Fucus distichus* L. emend. Powell in Britain and Ireland. J. mar. biol. Ass. U. K. 36, 663-693.

Powell, H. T., 1981: The occurrence of *Fucus distichus* subsp. *edentatus* in Macduff harbour, Scotland – the first record for mainland England. Br. phycol. J. 16, 139.

Powell, J. H., 1964: The life history of a red alga, *Constantinea*. Ph. D. Thesis, Univ. of Washington. Univ. Microfilms Inc., Ann Arbor, Mich.; S. 1-154.

Powles, S. B., 1984: Photoinhibition of photosynthesis induced by visible light. Ann. Rev. Plant Physiol. 35, 15-44.

Pratje, O., 1923: Erdgeschichte Helgolands. Sammlung geologischer Führer. Bornträger, Berlin; 128 S.

Pregnall, A. M., 1983: Release of dissolved organic carbon from the estuarine intertidal macroalga *Enteromorpha prolifera*. Mar. Biol. 73, 37-42.

Prescott, G. W., 1979: A contribution to a bibliography of antarctic and subantarctic algae. Cramer, Vaduz, 312 S.

Price, I. R., Larkum, A. W. D., Bailey, A., 1976: Check list of marine benthic plants collected in the Lizard Island area. Aust. J. Plant Physiol. 3, 3-8.

Price, J. H., 1971: The shallow sublittoral marine ecology of Aldabra. Phil. Trans. Roy. Soc. Lond. B 260, 123-171.

Price, J. H., Farnham, W. F., 1982: Seaweeds of the Faroes. 3: Open shores. Bull. Br. Mus. nat. Hist. (Bot.) 10, 153-225.

Price, J. H., John, D. M., 1979: The marine benthos of Antigua (Lesser Antilles). II. An annotated list of algal species. Botanica mar. 22, 327-331.

Price, J. H., John, D. M., 1980: Ascension Island, South Atlantic: a survey of inshore macroorganisms, communities and interactions. Aqu. Bot. 9, 251-278.

Price, J. H., Tittley, I., Honey, S. I., 1977: The benthic marine flora of Lincolnshire and Cambridgeshire: a preliminary review. Naturalist 102, 3-20, 91-104.

Price, J. H., Tittley, I., Richardson, W. D., 1979: The distribution of *Padina pavonica* (L.) Lamour. (Phaeophyta: Dictyotales) on British and adjacent European shores. Bull. Br. Mus. nat. Hist. (Bot.) 7 (1), 1-67.

Printz, H., 1926: Die Algenvegetation des Trondhjemsfjordes. Skr. norske Vidensk. Akad. I. Mat.-Nat. Kl. 5, 1-274.

Printz, H., 1953: On some rare or recently immigrated marine algae on the Norwegian coast. Nytt. Mag. Bot. 1, 135-151.

Printz, H., 1959: Phenological studies of marine algae along the Norwegian coast. I. *Ascophyllum nodosum* (L.) Le Jol. II. *Fucus vesiculosus* L. Avh. Norsk. Vid. Akad. Oslo, I. Math.-Nat. Kl. 4, 1-28.

Provasoli, L., 1968: Media and prospects for the cultivation of marine algae. In: Cultures and collections of algae (Proc. Jpn. Conf. Hakone, 1966), hrsg. von A. Watanabe u. A. Hattori. Japanese Society of Plant Physiology, Tokyo; S. 63-75.

Provasoli, L., Pinter, I. J., 1980: Bacteria induced polymorphism in an axenic laboratory strain of *Ulva lactuca* (Chlorophyceae). J. Phycol. 16, 196-201.

Prud'Homme van Reine, W. F., 1982: A taxonomic revision of the European Sphacelariaceae (Sphacelariales, Phaeophyceae). E. J. Brill, Leiden University Press, Leiden; 293 S.

Quast, J. C., 1971: Some physical aspects of the inshore environment, particularly as it affects kelp bed fishes. Nova Hedwigia Beih. 32, 229-240.

Quatrano, R. S., 1978: Development of cell polarity. Ann. Rev. Plant Physiol. 29, 487-510.

Rabinowitch, E. I., 1945-1956. Photosynthesis and related processes. Vol. I (1951); Vol. II, Part 1 (1951), Part 2 (1956). Interscience Publishers, New York; 599 S., 1208 S., 2088 S.

Ragan, M. A., 1976: Physodes and the phenolic compounds of brown algae. Composition and significance of physodes in vivo. Botanica mar. 19, 145-154.

Ragan, M. A., 1981: Chemical constituents of seaweeds. In: The biology of seaweeds, hrsg. von C. S. Lobban u. M. J. Wynne. Blackwell, Oxford; S. 589-626.

Ramirez, M. E., 1982: Catalogo de las algas marinas del Territorio Chileno Antarctico. INACH-Serie Cientifica 29, 39-67.

Ramus, J., 1978: Seaweed anatomy and photosynthetic performance: the ecological significance of light guides, heterogeneous absorption and multiple scatter. J. Phycol. 14, 352-362.

Ramus, J., 1981: The capture and transduction of light energy. In: The biology of seaweeds, hrsg. von C. S. Lobban u. M. J. Wynne. Blackwell, Oxford; S. 458-492.

Ramus, J., Beale, S. I., Mauzerall, D., Howard, K. L., 1976: Changes in photosynthetic pigment concentration in seaweeds as a function of water depth. Mar. Biol. 37, 223-229.

Ramus, J., Lemons, F., Zimmerman, C., 1977: Adaptation of light-harvesting pigments to downwelling light and the consequent photosynthetic performance of the eulittoral rockweeds *Ascophyllum nodosum* and *Fucus vesiculosus*. Mar. Biol. 42, 293-303.

Ravanko, O., 1968: Macroscopic green, brown, and red algae in the southwestern archipelago of Finland. Acta Bot. Fenn. 79, 1-50.

Ravanko, O., 1969: Observations on the genus *Monostroma* in the northern Baltic area (Seili Islands, SW Archipelago of Finland). Bot. Notiser 122, 228-232.

Ravanko, 1972: The physiognomy and structure of the benthic macrophyte communities on the rocky shores in the southwestern archipelago of Finland (Seili Islands). Nova Hedwigia 23, 363-403.

Rawlence, D. J., 1972: An ultrastructural study of the relationship between rhizoids of *Polysiphonia lanosa* (L.) Tandy (Rhodophyceae) and tissue of *Ascophyllum nodosum* (L.) Le Jolis (Phaeophyceae). Phycologia 11, 279-290.

Rayss, T., Dor, I., 1963: Nouvelle contribution à la connaissance de la flore marine de la Mer Rouge. Bull. Sea Fish. Res. St. Haifa 34, 11-42.

Reed, R. H., 1980a: The influence of salinity upon cellular mannitol concentration of the euryhaline marine alga *Pilayella littoralis* (L.) Kjellm. (Phaeophyta, Ectocarpales): preliminary observations. Botanica mar. 23, 603-605.

Reed, R. H., 1980b: On the conspecifity of marine and freshwater *Bangia* in Britain. Br. phycol. J. 15, 411-416.

Reed, R. H., 1983: The osmotic responses of *Polysiphonia lanosa* (L.) Tandy from marine and estuarine sites: evidence for incomplete recovery of turgor. J. exp. Mar. Biol. Ecol. 68, 169-193.

Reed, R. H., Barron, A., 1983: Physiological adaptation to salinity change in *Pilayella littoralis* from marine and estuarine sites. Botanica mar. 26, 409-416.

Reineck, H.-E. (Hrsg.), 1978: Das Watt. Ablagerungs- und Lebensraum. Waldemar Kramer, Frankfurt; 185 S.

Reinke, J., 1889a: Algenflora der westlichen Ostsee deutschen Antheils. VI. Bericht d. Komm. zur Unters. d. deutsch. Meere in Kiel. Parey, Berlin, 101 S.

Reinke, J., 1889b: Atlas deutscher Meeresalgen. Parey, Berlin; 70 S.

Remane, A., 1933: Verteilung und Organisation der benthonischen Mikrofauna der Kieler Bucht. Wiss. Meeresunters. Kiel. 21-22, 161-222.

Remane, A., 1955: Die Brackwasser-Submergenz und die Umkomposition der Coenosen in Belt- und Ostsee. Kieler Meeresforsch. 11, 59-73.

Remane, A., Schlieper, C., 1971: Biology of brackish water. Schweizerbart'sche Verlagshandlung, Stuttgart, 372 S.

Remmert, H., 1980a: Arctic animal ecology. Springer-Verlag, Berlin; 288 S.

Remmert, H., 1980b: Ökologie. Ein Lehrbuch. Springer-Verlag, Berlin; 304 S.

Renoux-Meunier, A., 1965: Etude de la végétation algale du Cap Saint-Martin (Biarritz). Bull. Cent. Etud. Rech. sci., Biarritz 5, 379-557.

Rentschler, H. G., 1967: Photoperiodische Induktion der Monosporenbildung bei *Porphyra tenera* Kjellm. (Rhodophyta-Bangiophyceae). Planta (Berl.) 76, 65-74.

Rheinheimer, G., 1981: Mikrobiologie der Gewässer. Gustav Fischer, Stuttgart; 251 S.

Richardson, N., 1970: Studies on the photobiology of *Bangia fuscopurpurea* J. Phycol. 6, 215-219.

Richardson, W. D., 1975: The marine algae of Trinidad, West Indies. Bull. Brit. Mus. (Natural History), Bot. Ser. 5 (3), 71-143.

Richter, G., 1982: Stoffwechselphysiologie der Pflanzen. Physiologie und Biochemie des Primär- und Sekundärstoffwechsels. Georg Thieme Verlag, Stuttgart; 592 S.

Riedl, R., 1964a: 100 Jahre Litoralgliederung seit Josef Lorenz, neue und vergessene Gesichtspunkte. Int. Revue ges Hydrobiologie 49, 281-305.

Riedl, R. 1964b: Die Erscheinungen der Wasserbewegung und ihre Wirkung auf Sedentarier im mediterranen Felslitoral. Helgol. Wiss. Meeresunters. 10, 155-186.

Riedl, R., 1966: Biologie der Meereshöhlen. Parey, Hamburg; 636 S.

Riedl, R., 1967: Die Tauchmethode, ihre Aufgaben und Leistungen bei der Erforschung des Litorals; eine kritische Untersuchung. Helgoländer wiss. Meeresunters. 15, 294-351.

Riedl, R., 1971: Water movement. Introduction. In: Marine ecology, vol. 1, part 2, hrsg. von O. Kinne. Wiley-Interscience, London, S. 1085-1088.

Riedl, R., 1984: Fauna und Flora des Mittelmeeres. Ein systematischer Meeresführer für Biologen und Naturfreunde. Parey, Hamburg; 836 S.

Rietema, H., Klein, A. W. O., 1981: Environmental control of the life cycle of *Dumontia contorta* (Rhodophyta) kept in culture. Mar. Ecol. Progr. Ser. 4, 23-29.

Rigg, G. B., Miller, R. C., 1949: Intertidal plant and animal zonation in the vicinity of Neah Bay, Washington. Proc. Calif. Acad. Sci. Fourth Series 26, 323-352.

Robberecht, R., Caldwell, M. M., 1978: Leaf epidermal transmittance of ultraviolet radiation and its implications for plant sensitivity to ultraviolet-radiation induced injury. Oecologia 32, 277-287.

Robertson, A. I., Hansen, J. A., 1982: Decomposing seaweed: a nuisance or a vital link in coastal food chains? CSIRO Div. Fish. Res. Rep. 1980-1981, 75-83.

Robertson, A. I., Lucas, J. S., 1983: Food choice, feeding rates, and the turnover of macrophyte biomass by a surf-zone inhabiting amphipod. J. Exp. Mar. Biol- Ecol. 72, 99-124.

Rodriguez, G., 1959: The marine communities of Margarita Island, Venezuela. Bull. mar. Sci. Gulf Caribb. 9, 237-280.

Rodriguez, J. J., 1889: Algas de las Baleares. An. Soc. Esp. Hist. Nat. 18, 199-274.

Rosenthal, R. J., Clarke, W. D., Dayton, P. K., 1974: Ecology and natural history of a stand of giant kelp, *Macrocystis pyrifera*, off Del Mar, California. Fishery Bull. 72, 670-684.

Rosenvinge, L. K., 1898: I. Deuxième mémoire sur les algues marines du Groenland. Meddr. Grønland 20, 1-125.

Rosenvinge, L. K., 1910: On the marine algae from north-east Greenland collected by the „Danmark-Expedition". Meddr. Grønland 43, 91-133.

Rosenvinge, L. K., 1924: A botanical trip to Jan Mayen by Johannes Gandrup. 3. Marine algae. Dansk Bot. Arkiv 4(5), 1-35.

Rosenvinge, L. K., 1909-1931: The marine algae of Denmark. 1. Rhodophyceae. Kgl. Danske Vidensk. Selsk. Skr. 7 Raekke. I (1909), 1-152; II (1917), 153-284; III (1924), 285-488; IV (1931), 489-630.

Rosenvinge, L. K., Lund, S., 1941-1950: The marine algae of Denmark. 2. Phaeophyceae. Kgl. Danske Vidensk. Selsk. Biol. Skr. 1 (4, 1941), 1-79; 2 (6, 1943), 1-59; 4 (5, 1947), 1-99; 6 (2, 1950), 1-80.

Roth, A. A., Clausen, C. D., Yahiku, P. Y., Clausen, V. E., Cox, W. W., 1982: Some effects of light on coral growth. Pacif. Sci. 36, 65-81.

Round, F. E., 1975: Biologie der Algen. Eine Einführung. Georg Thieme, Stuttgart; 342 S.

Round, F. E., 1981: The ecology of algae. University Press, Cambridge; 653 S.

Rüdiger, W., 1979: Struktur und Spektraleigenschaft von Phycobilinen und Biliproteiden. Ber. Deutsch. Bot. Ges. 92, 413-426.

Rueness, J., 1977: Norsk algeflora. Universitetsforlaget, Oslo; 266 S.

Rueness, J., 1978: Hybridization in red algae. In: Modern approaches to the taxonomy of red and brown algae, hrgs. von D. E. G. Irvine u. J. H. Price. Academic Press, London; S. 247-262.

Rueness, J., Asen, P. A., 1982: Field and culture observations on the life history of *Bonnemaisonia asparagoides* (Woodw.) C. Ag. (Rhodophyta) from Norway. Botanica mar. 25, 577-587.

Rützler, K., Macintyre, I. G. (Hrsg.), 1982: The Atlantic barrief reef ecosystem at Carrie Bow Cay, Belize, I. Structure and communities. Smithsonian Institution Press, Washington; 539 S.

Ruprecht, F. J., 1852: Neue oder unvollständig bekannte Pflanzen aus dem nördlichen Theile des Stillen Ozeans. Mém. Acad. St.-Pétersb. Sci. Nat. Bot. 7, 55-82.

Russell, G., 1973: Phytosociological studies on a two-zone shore. II. Community structure. J. Ecol. 61, 525-536.

Russell, G., Bolton, J. J., 1975: Euryhaline ecotypes of *Ectocarpus siliculosus* (Dillw.) Lyngb. Estuar. coast. mar. Sci. 3, 91-94.

Ryther, J. H., Boer, J., A. de, Lapointe, B. E., 1978: Cultivation of seaweeds for hydrocolloids, waste treatment and biomass for energy conversion. Proc. Int. Seaweed Symp. 9 (Santa Barbara), 1-16.

Saifullah, S. M., 1973: A preliminary survey of the standing crop of seaweeds from Karachi coast. Botanica mar. 16, 139-144.

Saito, Y., 1975: *Undaria*. In: Advance of phycology in Japan, hrsg. von J. Tokida u. H. Hirose. VEB Gustav Fischer, Jena; S. 304-320.

Salisbury, F. B., 1981: Responses to photoperiod. In: Encyclopedia of Plant Physiology, New Series, vol. 12 A, hrsg. von O. L. Lange, P. S. Nobel, C. B. Osmond, H. Ziegler. Springer-Verlag, Berlin; S. 135-167.

Sanbonsuga, Y., Neushul, M., 1978: Hybridization of *Macrocystis* (Phaeophyta) with other float-bearing kelps. J. Phycol. 14, 214-224.

Santarius, K. A., Heber, U., Krause, G. H., 1979: Untersuchungen über die physiologisch-biochemischen Ursachen von Empfindlichkeit und Resistenz von Biomembranen gegenüber extremen Temperaturen und hohen Salzkonzentrationen. Ber. Deutsch. Bot. Ges. 92, 209-223.

Santelices, B., 1980: Phytogeographic characterization of the temperate coast of Pacific South America. Phycologia 19, 1-12.

Santelices, B., Castilla, J. C., Cancino, J., Schmiede, P., 1980: Comparative ecology of *Lessonia nigrescens* and *Durvillaea antarctica* (Phaeophyta) in Central Chile. Mar. Biol. 59, 119-132.

Sargent, J. R., Whittle, K. J., 1981: Lipids and hydrocarbons in the marine food web. In: Analysis of marine ecosystems, hrsg. von A. R. Longhurst. Academic Press, London; S. 491-533.

Sarnthein, M. u. Mitarb., 1982: Atmospheric and oceanic circulation patterns of N. W. Africa during the past 25 million years. In: The geology of the northwest African continental margin, hrsg. von U. von Rad u. Mitarb. Springer-Verlag, Berlin, S. 545-604.

Sauberer, F., Härtel, O., 1959: Pflanze und Strahlung. Akademische Verlagsgesellschaft Geest u. Portig, Leipzig; 268 S.

Sauvageau, C., 1918: Recherches sur les laminaires des côtes de France. Mém. Acad. Sci. Inst. Fr. 56, 1-240.

Scagel, R. F., 1957: An annotated list of the marine algae of British Columbia and northern Washington. (Including keys for genera). Natl. Mus. Can. Bull. 150, Biol. Ser. 52, Ottawa; 289 S.

Scagel, R. F., 1967: Guide to common seaweeds of British Columbia. British Columbia Provincial Museum, Handbook No. 27. Victoria, B.C., 330 S.

Scagel, R. F., 1973: Marine benthic plants in the vicinity of Bamfield, Barkley Sound, British Columbia. Syesis 6, 127-145.

Schmidt, O. C., 1931: Die marine Vegetation der Azoren, in ihren Grundzügen dargestellt. In: L. Diels: Bibliotheca Botanica. Heft 102. Schweizerbartsche Verlagsbuchhandlung, Stuttgart; 116 S.

Schmidt, O. C., 1935: Neue oder bemerkenswerte Meeresalgen aus Helgoland. I. Hedwigia 75, 150-158.

Schmidt, O. C., 1957: Die marine Vegetation Afrikas, in ihren Grundzügen dargestellt. Willdenowia 1, 709-756.

Schmidt-Thomé, P., 1937: Der tektonische Bau und die morphologische Gestaltung von Helgoland. Abh. Verh. naturw. Ver. Hamburg, N. F. 1, 215-249.

Schmitz, K., 1981: Translocation. In: The biology of seaweeds, hrsg. von C. S. Lobban u. M. J. Wynne. Blackwell, Oxford; S. 534-558.

Schmitz, K., Kühn, R., 1982: Fine structure, distribution and frequency of plasmodesmata and pits in the cortex of *Laminaria hyperborea* and *L. saccharina*. Planta 154, 385-392.

Schmitz, K., Lobban, C. S., 1976: A survey of translocation in Laminariales (Phaeophyta). Mar. Biol. 36, 207-216.

Schmitz, K., Lüning, K., Willenbrink, J., 1972: CO_2-Fixierung und Stofftransport in benthischen marinen Algen. II. Zum Ferntransport ^{14}C-markierter Assimilate bei *Laminaria hyperborea* und *Laminaria saccharina*. Z. Pflanzenphysiol. 67, 418-429.

Schmitz, K., Riffarth, W., 1980: Carrier-mediated uptake of L-leucine by the brown alga *Giffordia mitchellae*. Z. Pflanzenphysiol. 96, 311-324.

Schneider, C. W., Suyemoto, M. M., Yarish, C., 1979: An annotated checklist of Connecticut seaweeds. State Geological and Natural History Survey of Connecticut, Department of Environmental Protection, Bull. 108, 1-20.

Schnetter, R. (1976-1985): Marine Algen der karibischen Küsten von Kolumbien. I. Phaeophyceae. II. Chlorophyceae. III. Rhodophyceae. Bibliotheca Phycologica 24, 125 S. (1976); 42, 198 S. (1978); 65 (1985). Cramer, Vaduz.

Schnetter, R., Bula Meyer, G., 1982: Marine Algen der Pazifikküste von Kolumbien. Chlorophyceae, Phaeophyceae, Rhodophyceae. Bibliotheca Phycologica 60, 287 S. Cramer, Vaduz.

Schonbeck, M. W., Norton, T. A., 1978: Factors controlling the upper limits of fucoid algae on the shore. J. exp. mar. Biol. Ecol. 31, 303-313.

Schonbeck, M. W., Norton, T. A., 1979a: An investigation of drought avoidance in intertidal fucoid algae. Botanica mar. 22, 133-144.

Schonbeck, M. W., Norton, T. A., 1979b: The effects of brief periodic submergence on intertidal fucoid algae. Estuar. Coast. Mar. Sci. 8, 205-211.

Schonbeck, M. W., Norton, T. A., 1979c: Drought-hardening in the upper-shore seaweeds *Fucus spiralis* and *Pelvetia canaliculata*. J. Ecol. 67, 687-696.

Schonbeck, M. W., Norton, T. A., 1980: Factors controlling the lower limits of fucoid algae on the shore. J. exp. mar. Biol. Ecol. 43, 131-150.

Schopf, T. J. M., 1980: Paleoceanography. Harvard University Press, Cambridge, Mass.; 341 S.

Schopf, T. J. M., Fisher, J. B., Smith, C. A. F., 1978: Is the marine latitudinal diversity gradient merely another example of the species area curve? In: Marine Organisms, hrsg. von B. Battaglia u. J. A. Beardmore. Plenum Press, New York; S. 365-386.

Schotter, G., 1968: Recherches sur les Phyllophoracées. Notes posthumes publiées par Jean Feldmann et Marie-France Magne. Bull. Inst. Oceanogr. Monaco 67, 1-99.

Schramm, W., 1968: Ökologisch-physiologische Untersuchungen zur Austrocknungs- und Temperaturresistenz an *Fucus vesiculosus* L. der westlichen Ostsee. Int. Rev. ges. Hydrobiol. 53, 469-510.

Schramm, W., Martens, V., 1976: Ein Meßsystem für *in situ* Untersuchungen zum Stoff- und Energieumsatz in Benthosgemeinschaften. Kieler Meeresforsch., Sonderheft 3, 1-6.

Schuhmacher, H., 1976: Korallenriffe. Ihre Verbreitung, Tierwelt und Ökologie. BLV Verlagsgesellschaft, München; 275 S.

Schwarzbach, M., 1974: Das Klima der Vorzeit. Eine Einführung in die Paläoklimatologie. Enke, Stuttgart, 380 S.

Schwenke, H., 1960: Vergleichende Resistenzuntersuchungen an marinen Algen aus Nord- und Ostsee. (Salgehaltsresistenz). Kieler Meeresforsch. 16, 201-213.

Schwenke, H., 1969: Meeresbotanische Untersuchungen in der westlichen Ostsee als Beitrag zu einer marinen Vegetationskunde. Int. Rev. ges. Hydrobiol. 54, 35-94.

Schwenke, H., 1971: Water movement. Plants. In: Marine ecology, vol. 1, part 2, hrsg. von O. Kinne. Wiley-Interscience, London, S. 1091-1121.

Schwenke, H., 1974: Die Benthosvegetation. In: Meereskunde der Ostsee, hrsg. von L. Magaard u. G. Rheinheimer, S. 131-146. Springer-Verlag, Berlin.

Sclater, J., Hellinger, S. + Tapscott, C., 1977: Paleobathymetry of the Atlantic Ocean from the Jurassic to the present. J. Geol. 85, 509-552.

Searles, R. B., 1978: The genus *Lessonia* Bory (Phaeophyta, Laminariales) in southern Chile and Argentinia. J. phycol. J. 13, 361-381.

Searles, R. B., 1984: Seaweed biogeography of the mid-Atlantic coast of the United States. Helgoländer Meeresunters. 38, 259-271.

Searles, R. B., Schneider, C. W., 1978: A checklist and bibliography of North Carolina seaweeds. Botanica mar. 21, 99-108.

Searles, R. B., Schneider, C. W., 1980: Biogeographic affinities of the shallow and deep water benthic marine algae of North Carolina. Bull. Mar. Sci. 30, 732-736.

Sears, J. R., Cooper, R. A., 1978: Descriptive ecology of offshore, deep-water, benthic algae in the temperate western North Atlantic Ocean. Mar. Biol. 44, 309-314.

Sears, J. R., Wilce, R. T., 1975: Sublittoral, benthic marine algae of southern Cape Cod and adjacent islands: seasonal periodicity, associations, diversity, and floristic composition. Ecol. Monogr. 45, 337-365.

Segawa, S., 1971: (Farbabbildungen der Meeresalgen von Japan; in Japanisch). Hoikuska Publ. Co., Osaka; 175 S.

Segerstrale, S. G., 1957: Baltic Sea. Geol. Soc. America, Mem. 67, Vol. 1, 751-800.

Senger, H. (Hrsg.), 1980: The blue light syndrome. Springer-Verlag, Berlin; 665 S.

Senger, H. (Hrsg.), 1984: Blue light effects in biological systems. Springer, Berlin; 555 S.

Seoane-Camba, J. A., 1965: Estudios sobre las algas bentonicas en la costa sur de la Peninsula Ibérica (litoral de Cadiz). Inv. Pesq. 29, 3-216.

Seoane-Camba, J. A., 1969: Algas bentonicas de Menorca en los herbarios Thuret-Bornet y Sauvageau del Muséum National d'Histoire Naturelle de Paris. Inv. Pesq. 33, 213-260.

Seoane-Camba, J. A., 1975: Algas bentonicas Espanolas en los herbarios Thuret-Bornet y Sauvageau del Muséum National d'Histoire Naturelle de Paris. II. Algas de Cataluna y Baleares (excepto Menorca). Anal. Inst. Cavanilles 32, 33-51.

Serman, D., Span, A., Pavletic, Z., Antolic, B., 1981: Phytobenthos of the island of Lokrum. Acta Bot. Croat. 40, 167-182.

Setchell, W. A., 1893: On the classification and geographic distribution of the Laminariaceae. Trans. Conn. Acad. Arts Sci. 9, 333-375.

Setchell, W. A., 1899: Algae of the Pribilof Islands. In: Fur Seals and Fur Seal Islands of the North Pacific Ocean. Part 3, hrsg. von D. S. Jordan, S. 589-596.

Setchell, W. A., 1917: Geographical distribution of the marine algae, Science 45, 197-204.

Setchell, W. A., 1920: The temperature interval in the geographical distribution of marine algae. Science 53, 187-190.

Setchell, W. A., 1922: Cape Cod in its relation to the marine flora of New England. Rhodora 24, 1-11.

Setchell, W. A. und Gardner, N. L., 1920-1925: The marine algae of the Pacific coast of North America. II. Chlorophyceae. III. Melanophyceae. Univ. Calif. Publ. Bot. 8, 139-374 (1920) und 8, 383-739 (1925).

Sève, M. de, Cardinal, A., Goldstein, M., E., 1979: Les algues marines benthiques des Iles-de-la-Madelaine. Proc. N. S. Inst. Sci. 29, 223-233.

Shelef, G., Soeder, C. J., 1980: Algae biomass. Production and use. Elsevier, Amsterdam; 852 S.

Shepherd, S. A., Womersley, H. B. S., 1976: The subtidal algal and seagrass ecology of St. Francis Island, South Australia. Trans. R. Soc. S. Aust. 100, 177-191.

Sheppard, C. R. C., Jupp, B. P., Sheppard, A. L. S., Bellamy, D. J., 1978: Studies on the growth of *Laminaria hyperborea* (Gunn.) Fosl. and *Laminaria ochroleuca* De la Pylaie on the French Channel coast. Botanica mar. 21, 109-116.

Shibata, K., Haxo, F. T., 1969: Light transmission and spectral distribution through epi- and endozoic layers in the brain coral, *Favia*. Biol. Bull. 136, 461-468.

Shropshire, W., Mohr, H. (Hrsg.), 1983: Photomorphogenesis. Encyclopedia of Plant Physiology, New Series, vol. 16 A, 16 B. Springer-Verlag, Berlin; 456 S. u. 832 S.

Sieburth, J. McN, Tootle, J. L., 1981: Seasonality of microbial fouling on *Ascophyllum nodosum* (L.) Lejol., *Fucus vesiculosus* L., *Polysiphonia lanosa* (L.) Tandy and *Chondrus crispus* Stackh. J. Phycol. 17, 57-64.

Siewing, R. (Hrsg.), 1982: Evolution. Gustav Fischer, Stuttgart; 466 S.

Silva, P. C., 1955: The dichotomous species of *Codium* in Britain. J. Mar. biol. Ass. U. K. 34, 565-577.

Silva, P. C., 1957: *Codium* in Scandinavian waters. Svensk Bot. Tidskr. 51, 117- 134.

Silva, P. C., 1962: Comparison of algal floristic patterns in the Pacific with those in the Atlantic and Indian oceans, with special reference to *Codium*. Proc. Ninth Pac. Sci. Cong. 1957, 4, 201-216.

Silva, P. C., 1966: Status of our knowledge of the Galapagos benthic marine algal flora prior to the Galapagos International Scientific Project. In: The Galapagos. Proceedings of the Symposia of the Galapagos International Scientific Project, hrsg. von R. I. Bowman. University of California Press, Berkeley; S. 149-156.

Silva, P. C., 1979: The benthic algal flora of central San Francisco Bay. In: San Francisco Bay, the urbanized estuary, hrsg. von T. J. Conomos. Pacific Division, Am. Ass. Advancement Sci., San Francisco, S. 287-345.

Simmons, H. G., 1906: Remarks about the relations of the floras of the Northern Atlantic, the Polar Sea, and the Northern Pacific. Bot. Zentralbl. 19, 149-194.

Simons, R. H., 1976: Seaweeds of southern Africa: guide-lines for their study and identification. Fish. Bull. S. Afr. 7, 1-113.

Simonsen, R., 1968: Zur Küstenvegetation der Sarso-Inseln im Roten Meer. Meteor Forschungsergebnisse D (3), 57-66.

Sivalingam, P. M., 1977: Marine algal distribution in Penang Island. Bull. Jap. Soc. Phycol. 25, 202-209.

Sivalingam, P. M., 1982: Biofuel-gas production from marine algae. Jap. J. Phycol. (Sorui) 30, 207-212.

Skottsberg, C., 1907: Zur Kenntnis der subantarktischen und antarktischen Meeresalgen. I. Phaeophyceen. Wissenschaftliche Ergebnisse der Schwedischen Südpolarexpedition 1901-1903, IV: 1-172.

Skottsberg, C., 1941a: Communities of marine algae in subantarctic and antarctic waters. Kungl. Svensk. Vetenskap. Handl. (3), 19 (4), 1-92.

Skottsberg, C., 1941b: Marine algal communities of the Juan Fernandez Islands, with remarks on the composition of the flora. In: The natural history of Juan Fernandez and Easter Island, Vol. II, hrsg. von C. Skottsberg. Almquist + Wiksell, Uppsala; S. 671-696.

Skottsberg, C., 1964: Antarctic phycology. In: Biologie Antarctique, hrsg. von R. Carrick, M. Holdgate u. J. Prévost. Hermann, Paris, S. 147-154.

Smith, G. M., 1947: On the reproduction of some Pacific coast species of *Ulva*. Am. J. Bot. 31, 80-87.

Smith, H., Morgan, D. C., 1981: The spectral characteristics of the visible radiation incident upon the surface of the earth. In: Plants and the daylight spectrum, hrsg. von H. Smith. Academic Press, London; S. 4-20.

Smith, R. C., Baker, K. S., 1979: Penetration of UV-B and biologically effective dose-rates in natural waters. Photochem. Photobiol. 29, 311-323.

Smith, R. C., Baker, K. S., 1982: Assessment of enhanced UV-B on marine primary productivity. In: The role of solar ultraviolet radiation in marine ecosystems, hrsg. von J. Calkins. Plenum Press, New York; S. 509-538.

Smith, R. C., Baker, K. S., Holm-Hansen, O., Olson, R., 1980: Photoinhibition of photosynthesis in natural waters. Photochem. Photobiol. 31, 585-592.

Smith, W. O., 1981: Photosynthesis and productivity of benthic macroalgae on the North Carolina continental shelf. Botanica mar. 24, 279-284.

Smithsonian Meteorological Tables, 1951: Duration of daylight. Smiths. misc. coll. 114, 507-512.

Soegiarto, A., 1979: Indonesian Seaweed resources: their utilization and management. Proc. Int. Seaweed Syposium 9 (Santa Barbara), 463-471.

Sourie, R., 1954: Contribution à l'étude écologique des côtes rocheuses du Sénégal. Mém. Inst. fr. Afr. noire 38, 1-342.

South, G. R., 1974: *Herpodiscus* gen. nov. and *Herpodiscus durvilleae* (Lindauer) comb. nov., a parasite of *Durvillea antarctica* (Chamisso) Hariot endemic to New Zealand. J. Roy. Soc. New Zealand 4, 455-461.

South, G. R., 1979: Biogeography of benthic marine algae of the southern oceans. In: Proceedings of the International Symposium on Biogeography and Evolution in the Southern Hemisphere, Auckland, New Zealand, July 1978. N. Z. DSIR Information Series 137, Vol. 1, S. 85-108.

South, G. R., 1983: Benthic marine algae. In: Biogeography and ecology of the island of Newfoundland, hrsg. von G. R. South. Dr W. Junk Publishers, The Hague, S. 385-420.

South, G. R., 1984: A check-list of marine algae of eastern Canada - second revision. Can. J. Bot. 62, 680-704.

South, G. R., Cardinal, A., 1973: Contributions to the flora of marine algae of eastern Canada. 1. Introduction, historical review and key to the genera. Nat. can. (Que.) 100, 605-630.

South, G. R., Hooper, R. G., 1980: A catalogue and atlas of the benthic marine algae of the island of Newfoundland. Memorial Univ. Nfld. Occas. Pap. Biol. 3, 1-136.

South, G. R., Hooper, R. G., Irvine, L. M., 1972: The life history of *Turnerella pennyi* (Harv.) Schmitz. Br. phycol. J. 7, 221-233.

Southward, A. J., 1964: Limpet grazing and the control of vegetation on rocky shores. In: Grazing in terrestrial and marine environments, hrsg. von D. J. Crisp. Blackwell, Oxford; S. 265-273.

Southward, A. J., Butler, E. I., 1972: A note on further changes of sea temperature in the Plymouth area. J. mar. biol. Ass. U. K. 52, 931-937.

Southward, A. J., Butler, E. I., Pennycuick, 1975: Recent cyclic changes in climate and in abundance of marine life. Nature 253, 714-717.

Southward, A. J., Southward, E. C., 1978: Recolonization of rocky shores in Cornwall after use of toxic dispersants to clean up the Torrey Canyon spill. J. Fish. Res. Board Can. 35, 682-706.

Steemann-Nielsen, E., 1975: Marine photosynthesis. Elsevier, Amsterdam, 114 S.

Stegenga, H., Mol, I., 1983: Flora van de Nederlandse Zeewieren. Koninklijke Nederlandse Natuurhistorische Vereniging, Hoogwoud; 263 S.

Stein, J. R. (Hrsg.), 1973: Handbook of phycological methods. Culture methods and growth measurements. University Press, Cambridge; 448 S.

Steneck, R. S., 1982: A limpet-coralline alga association: adaptations and defenses between a selective herbivore and its prey. Ecology 63, 507-522.

Stephenson, T. A., 1948: The constitution of the intertidal fauna and flora of South Africa. Part III. Ann. Natal Mus. 11, 207-324.

Stephenson T. A., Stephenson A., 1949: The universal features of zonation between tide-marks on rocky coasts. J. Ecol. 37, 289-305.

Stephenson, T. A., Stephenson, A., 1972: Life between tidemarks on rocky shores. Freeman, San Francisco., 425 S.

Steponkus, P. L., 1984: Role of the plasma membrane in freezing injury and cold acclimation. Ann. Rev. Plant Physiol. 35, 543-584.

Stewart, J. G., 1982: Anchor species and epiphytes in intertidal algal turf. Pacif. Sci. 36, 45-59.

Stewart, W. D. P. (Hrsg.), 1974: Algal physiology and biochemistry. Blackwell, Oxford; 989 S.

Stocker, O., Holdheide, W., 1937: Die Assimilation Helgoländer Gezeitenalgen während der Ebbezeit, Z. Bot. 32, 1-59.

Stoddart, D. R., 1969: Ecology and morphology of recent coral reefs. Biol. Rev. 44, 433-498.

Stoner, A. W., Greening, H. S., 1984: Geographic variation in the macrofaunal associates of pelagic *Sargassum* and some biogeographic implications. Mar. Ecol. Prog. Ser. 20, 185-192.

Streit, B., 1980: Ökologie. Ein Kurzlehrbuch. Georg Thieme Verlag, Stuttgart, 235 S.

Stuart, V., Lucas, M. I., Newell, R. C., 1981: Heterotrophic utilisation of particulate matter from the kelp *Laminaria pallida*. Mar. Ecol. Prog. Ser. 4, 337-348.

Sundene, O., 1953: The algal vegetation of Oslofjord. Skr. norske Vidensk. Akad. I. Mat.-Nat. Kl. 2, 1-244.

Sundene, O., 1962: The implications of transplant and culture experiments on the growth and distribution of *Alaria esculenta*. Nytt. Mag. Bot. 9, 155-174.

Sundene, O., 1964: The ecology of *Laminaria digitata* in Norway in view of transplant experiments. Nytt. Mag. Bot. 11, 83-107.

Svedelius, N., 1906: Über die Algenvegetation eines ceylonischen Korallenriffes mit besonderer Rücksicht auf ihre Periodizität. In: Botaniska studier tillägnade F. R. Kjellman. Uppsala, 184-221.

Svedelius, N., 1924: On the discontinuous geographical distribution of some tropical and subtropical marine algae. Ark. Bot. 19 (3), 1-70.

Svendsen, P., 1959: The algal vegetation of Spitsbergen. Skr. norsk. Polarinst., No. 116, 49 S.

Svendsen, P., Kain, J. M., 1971: The taxonomic status, distribution, and morphology of *Laminaria cucullata* sensu Jorde and Klavestad. Sarsia 46, 1-22.

Sweeney, B. M., 1983: Circadian time-keeping in eukaryotic cells, models and hypotheses. Progr. Phycolog. Res. 2, 189-225.

Swinbanks, D. D., 1982: Intertidal exposure zones: a way to subdivide the shore. J. Exp. Mar. Biol. Ecol. 62, 69-86.

Tait, R. V., 1971: Meeresökologie. Thieme, Stuttgart; 305 S.

Tardent, P., 1979: Meeresbiologie. Eine Einführung. Thieme, Stuttgart, 381 S.

Targett, N. M., Mitsui, A., 1979: Toxicity of subtropical marine algae using fish mortality and red blood cell hemolysis for bioassays. J. Phycol. 15, 181-185.

Taylor, W. R. A., 1930: A synopsis of the marine algae of Brazil. Rev. algol. 5, 1-35.

Taylor, W. R. A., 1935: Marine algae from the Yucatan peninsula. Carnegie Inst. Washington, Publ. 461, 115-124.

Taylor, W. R. A., 1938: Algae collected by the „Hassler", „Albatros", and Schmitt expeditions. II. Marine algae from Uruguay, Argentinia, the Falkland Islands, and the Strait of Magellan. Pap. Mich. Acad. Sci., Arts and Letters 24, 127-164.

Taylor, W. R., 1945: Pacific marine algae of the Allan Hancock Expeditions to the Galapagos Islands. Allan Hancock Pacific Exped. 12, 1-528.

Taylor, W. R., 1950: Plants of Bikini and other northern Marshall Islands. Univ. Michigan Press, Ann Arbor; 277 S.

Taylor, W. R., 1954: The cryptogamic flora of the Arctic. II. Algae: nonplanktonic. Bot. Rev. 20, 363-399.

Taylor, W. R., 1957: Marine algae of the northeastern coast of North America. 2. Aufl. University of Michigan Press, Ann Arbor, 509 S.

Taylor, W. R., 1960: Marine algae of the eastern tropical and subtropical coasts of the Americas. University of Michigan Press, Ann Arbor; 870 S.

Taylor, W. R., 1966: Records of Asian and Western Pacific algae, particularly from Indonesia and the Philippines. Pac. Sci. 20, 342-359.

Taylor, W. R., 1969: Notes on the distribution of West Indian marine algae particularly in the Lesser Antilles. Contrib. Univ. Michigan Herbarium 9, 125-203.

Taylor, W. R., 1970: Marine algae of Dominica. Smiths. Contrib. Bot. 3, 1-16.

Taylor, W. R., Bernatowicz, A. J., 1969: Distribution of marine algae about Bermuda. Bermuda biol. stat., Spec. Publ. 1, 1-42.

Terry, L. A., Moss, B. L., 1980: The effect of photoperiod on receptacle initiation in *Ascophyllum nodosum*. Br. phycol. J. 15, 291-301.

Tevini, M., Häder, D.-P., 1985: Photobiologie. Georg Thieme Verlag, Stuttgart; 316 S.

Thenius, E., 1977: Meere und Länder im Wechsel der Zeiten. Die Paläogeographie als Grundlage für die Biogeographie. Springer-Verlag, Berlin, 200 S.

Thom, R. M., 1980: A gradient in benthic intertidal algal assemblages along the southern California coast. J. Phycol. 16, 102-108.

Tischler, W., 1984: Einführung in die Ökologie. Gustav Fischer, Stuttgart; 420 S.

Tittley, I., Farnham, W. F., Gray, P. W. J., 1982: Seaweeds of the Faroes. 2: Sheltered fjords and sounds. Bull. Br. Mus. nat. Hist. (Bot.) 10, 133-151.

Tokida, J., 1954: The marine algae of southern Saghalien. Mem. Fac. Fish. Hokkaido Univ. 2, 1-264.

Tokida, J., Nakamura, Y., Druehl, L. D., 1980: Typification of species of *Laminaria* (Phaeophyta, Laminariales) described by Miyabe, and taxonomic notes on the genus on Japan. Phycologia 19, 317-328.

Tomlinson, P. B., 1974: Vegetative morphology and meristem dependence – the foundation of productivity in seagrasses. Aquaculture 4, 107-130.

Topinka, J., Tucker, L., Korjeff, W., 1981: The distribution of fucoid macroalgal biomass along central coastal Maine. Botanica mar. 24, 311-319.

Tremblay, C., Chapman, A. R. O., 1980: The local occurrence of *Agarum cribrosum* in relation to the presence or absence of its competitors and predators. Proc. N. S. Inst. Sci. 30, 165-170.

Trono, G. C., 1968-1969: The marine benthic algae of the Caroline Islands. Micronesica 4, 137-206 (1968); 5, 25-121 (1969).

Tsekos, I., Haritonidis, S., 1977: A survey of the marine algae of the Ionian islands, Greece. Botanica mar. 20, 47-65.

Tseng, C. K., 1981a: Commercial cultivation. In: The biology of seaweeds, hrsg. von C. S. Lobban u. M. J. Wynne. Blackwell, Oxford; S. 680-725.

Tseng, C. K., 1981b: Marine phycoculture in China. Proc. Int. Seaweed Symp. 10 (Göteborg), 123-152.

Tseng, C. K. (Hrsg.), 1983: Common seaweeds of China. Science Press, Beijing; 316 S.

Tseng, C. K., 1983-1984: Oceanographic factors and seaweed distribution. Oceanus 26, 48-56.

Tseng, C. K., Chang, C. F., 1964: An analytical study of the marine algal flora of the western Yellow Sea coast. II. Phytogeographical nature of the flora. Oceanol. Limnol. Sinica 6, 152-168.

Tsekos, I., Haritonidis, S., 1977: A survey of the marine algae of the Ionian islands, Greece. Botanica mar. 20, 47-65.

Tsuda, R. T., Tobias, W. J., 1977: Marine benthic algae from the northern Mariana Islands. Bull. Jap. Soc. Phycol. 25, 46-51 u. 155-158.

Tsuda, R. T., Wray, F. O., 1977: Bibliography of marine benthic algae in Micronesia. Micronesica 13, 85-120.

Turner, H. C., Evans, L. V., 1977: Physiological studies on the relationship between *Ascophyllum nodosum* and *Polysiphonia lanosa*. New Phytol. 79, 363-371.

Umaheswara Rao, M., Sreeramulu, T., 1964: An ecological study of some intertidal algae at Visakhapatnam coast. J. Ecol. 52, 595-616.

Umaheswara Rao, M., Sreeramulu, T., 1970: An annotated list of marine algae of Visakhapatnam (India). Bot. J. Linn. Soc. 63, 23-45.

Vadas, R. L., 1977: Preferential feeding: an optimization strategy in sea urchins. Ecolog. Monogr. 47, 337-371.

Valet, G., 1969: Contribution à l'ètude des Dasycladales. Cytologie et reproduction. Révison systématique. Nova Hedwigia 17, 551-644.

Vareschi, V., 1980: Vegetationsökologie der Tropen. Ulmer, Stuttgart, 294 S.

Vasiliu, F., Bodeanu, N., 1972: Repartition et quantité d'algues rouges du genre *Phyllophora* sur la plate forme continentale Roumaine de la Mer Noire. Cercetari marine. I. R. C. M. 3, 47-52.

Velasquez, G. T., Trono, G. C., Doty, M. S., 1975: Algal species reported from the Philippines. Philippine J. Sci. 101, 115-169.

Velimirov, B., 1982: Sugar and lipid components in sea foam near kelp beds. P. S. Z. N. I.: Mar. Ecol. 3, 97-107.

Velimirov, B., Field, J. G., Griffiths, C. L., Zoutendijk, P., 1977: The ecology of kelp bed communities in the Benguela upwelling system. Analysis of biomass and spatial distribution. Helgoländer wiss. Meeresunters. 30, 495-518.

Verlaque, M., 1984: Biologie des juvéniles de l'oursin herbivore *Paracentrotus lividus* (Lamarck): sélectivité du broutage et impact de l'espèce sur les communautés algales de substrat rocheux en Corse (Méditerranée, France). Botanica mar. 27, 401-424.

Vermeij, G. J., 1978: Biogeography and adaptation. Patterns of marine life. Harvard University Press, Cambridge, Mass.; 332 S.

Vince-Prue, D., 1975: Photoperiodism in plants. McGraw-Hill, London; 444 S.

Vince-Prue, D., 1983: Photomorphogenesis and flowering. In: Encyclopedia of Plant Physiology, New Series, vol. 16 B, hrsg. von W. Shropshire, H. Mohr. Springer-Verlag, Berlin; S. 457-490.

Vinogradova, K. L., 1973: (Artenzusammensetzung in der Litoralzone des nordwestlichen Teils des Beringmeeres; in Russisch). Nov. Sist. Nizch. Rast. 10, 32-44.

Virville, A. D. de, 1966: La flore marine de la presqu'île de Quiberon. Rev. gén. Bot. 69, 89-152.

Voipio, A. (Hrsg.), 1981: The Baltic Sea. Elsevier, Amsterdam, 418 S.

Vozzhinskaja, V. B., 1964: (Meeres-Makrophyten der Küsten von Sachalin; in Russisch). Tr. Inst. Okean. Akad. Nauk SSSR 69, 330-440.

Vozzhinskaja, V. B., 1965: Distribution of algae along the shores of western Kamchatka. Akad. Nauk. Oceanology 5, 123-127.

Vroman, M., 1968: Studies on the flora of Curacao and other Caribbean islands. Volume II. The marine algal vegetation of St. Martin, St. Eustatius and Saba (Netherland Antilles). Natuurwetenschappelijke Studiekring voor Suriname en de Nederlands Antillen, Utrecht, No. 52 1-120.

Waaland, J. R., 1977: Common seaweeds of the Pacific coast. Douglas, Vancouver, 120 S.

Waaland, J. R., 1981: Commercial utilization. In: The biology of seaweeds, hrsg. von C. S. Lobban u. M. J. Wynne. Blackwell, Oxford; S. 726-741.

Waern, M., 1952: Rocky-shore algae in the Öregrund archipelago. Acta phytogeogr. suec. 30, 1-298.

Wallentinus, I., 1978: Productivity studies on baltic macroalgae. Bot. mar. 21, 365-380.

Wallentinus, I., 1979: Environmental influences on benthic macro-vegetation in the Trosa-Askö area, northern Baltic proper. II. The ecology of macroalgae and submersal phanerogams. Contrib. Askö Lab. 25, 1-210.

Walter, H., 1973: Allgemeine Geobotanik. Ulmer, Stuttgart, 256 S.

Wanders, J. B. W., 1976-1977: The role of benthic algae in the shallow reef of Curacao (Netherland Antilles). I. Primary productivity in the coral reef. II. Primary productivity of the *Sargassum* beds on the north-east coast submarine plateau. III. The significance of grazing. Aqu. Bot. 2, 235-270 (1976); 2, 327-335 (1976); 3, 357-390 (1977).

Wassman, R., Ramus, J., 1973: Seaweed invasion. Nat. Hist. 82, 25-36.

Weber-Peukert, G., Schnetter, R., 1982: Floristische und ökologische Untersuchungen über benthische Meeresalgengesellschaften der Küste Asturiens (Spanien). 1. Ein Beitrag zur Pflanzengeographie der iberischen Nordküste. Nova Hedwigia 36, 65-80.

Weber van Bosse, A., 1913-1928: Liste des algues du Siboga. Siboga-Exped. Monogr. 59a (1913), 59b (1921), 59c (1923), 59d (1928). Brill, Leiden.

Wefer, G., 1980: Carbonate production by algae *Halimeda, Penicillus* and *Padina*. Nature 285, 323-324.

Weisscher, F. C. M., 1983: Marine algae from Selvagem Pequena (Salvage Islands). Bol. Mus. Mun. Funchal 35, 41-80.

Wells, J. W., 1957: Coral reefs. Geol. Soc. Amer., Mem. 67, 609-631.

Westlake, D. F., 1963: Comparisons of plant productivity. Biol. Rev. 38, 385-425.

Wheeler, A., 1980: Fish-algal relations in temperate waters. In: The shore environment, Vol. 2: Ecosystems, hrsg. von J. H. Price, D. E. G. Irvine, W. F. Farnham. Academic Press, London, 677-698.

Wheeler, W. N., 1982: Nitrogen nutrition of *Macrocystis*. In: Synthetic and degradative processes in marine macrophytes, hrsg. von L. M. Srivastava. Walter de Gruyter, Berlin; S. 121-135.

Wheeler, W. N., Neushul, M., 1981: The aquatic environment. In: Encyclopedia of Plant Physiology, New Series, vol. 12 A, hrsg. von O. L. Lange, P. S. Nobel, C. B. Osmond, H. Ziegler. Springer-Verlag, Berlin; S. 229- 247.

Wheeler, W. N., Weidner, M., 1983: Effects of external inorganic nitrogen on metabolism, growth and activities of key carbon and nitrogen assimilatory enzymes of *Laminaria saccharina* (Phaeophyceae) in culture. J. Phycol. 19, 91-96.

Whittaker, R. H., Likens, G. E., 1975: The biosphere and man. In: Primary productivity of the biosphere, hrsg. von H. Lieth u. R. H. Whittaker. Springer-Verlag, New York; S. 305-328.

Whittle, K. J., 1977: Marine organisms and their contribution to organic matter in the ocean. Mar. Chem. 5, 381-411.

Whyte, J. N. C., Englar, J. R., 1980: Seasonal variation in the inorganic constituents of the marine alga *Nereocystis luetkeana*. Part. I. Metallic elements. Part II. Non-metallic elements. Botanica mar. 23, 13-24.

Widdowson, T. B., 1971: A taxonomic revision of the genus *Alaria* Greville. Syesis 4, 11-49.

Widdowson, T. B., 1973-1974: The marine algae of British Columbia and northern Washington: Revised list and keys. Part I. Phaeophyceae (brown algae). Part II. Rhodophyceae (red algae). Syesis 6, 81-96 (1973) und 7, 143-186 (1974).

Wiencke, C., Läuchli, A., 1981: Inorganic ions and floridosid as osmotic solutes in *Porphyra umbilicalis*. Z. Pflanzenphsyiol. 103, 247-258.

Wilce, R. T., 1959: The marine algae of the Labrador Peninsula and northwest Newfoundland (ecology and distribution). Natl. Mus. Canada, Bull. 158, 1-103.

Wilce, R. T., 1963: Studies on benthic marine algae in north-west Greenland. Int. Seaweed Symp. 4, 280-287.

Wilce, R. T., 1967: Heterotrophy in arctic sublittoral seaweeds: an hypothesis. Botanica mar. 10, 185-197.

Wilcox, H. A., 1977: The ocean food and energy farm project. Proc. Second Ship Technol. Res. Symp. 1977, 269-278.

Wild, A., 1979: Physiologie der Photosynthese Höherer Pflanzen. Die Anpassungen an die Lichtbedingungen. Ber. Deutsch. Bot. Ges. 92, 341-364.

Wildgoose, P. B., Blunden, G., 1981: Effects of maerl in agriculture. Proc. Int. Seaweed Symp. 8 (Bangor), 754-759.

Wilkinson, M., 1980: Estuarine benthic algae and their environment: a review. In: The Shore environment. Volume 2: Ecosystems. Hrsg. von J. H. Price, D. E. G. Irvine, W. F. Farnham. Academic Press, London, S. 425-486.

Wilkinson, M., 1982: Marine algae from Glamorgan. Br. phycol. J. 17, 101-106.

Wilkinson, M., Burrows, E. M., 1972: The distribution of marine shell-boring green algae. J. mar. biol. Ass. U. K. 52, 59-65.

Willenbrink, J., Kremer, P., Schmitz, K., Weidner, M., 1979: CO_2-Fixierung und Stofftransport in benthischen marinen Algen. Ber. Deutsch. Bot. Ges. 92, 157-167.

Wilson, J. S., Bird, C. J., McLachlan, J., Taylor, A. R. A., 1979: An annotated checklist and distribution of benthic marine algae in the Bay of Fundy. Memorial Univ. Nfld. Occas. Pap. Biol. 2, 1-65.

Wilson, K. C., Haaker, P. L., Hanan, D. A., 1977: Kelp restoration in southern California. In: The marine plant biomass of the Pacific northwest coast. Hrsg. von R. W. Krauss. Oregon State University Press, S. 183-202.

Winge, Ö., 1923: The Sargasso Sea, its boundaries and vegetation. Report on the Danish Oceanographical Expeditions 1908-10 to the Mediterranean and adjacent seas. 3 (2), 1-34.

Woelkerling, W. J., 1972: Some algal invaders of the northwestern fringes of the Sargasso Sea. Rhodora 74, 295-298.

Womersley, H. B. S., 1954: The species of *Macrocystis* with special reference to those on southern Australian coasts. Univ. Calif. Publ. Bot. 27, 109-132.

Womersley, H. B. S., 1958: Marine algae from Arnhem Land, northern Australia. In: Records of the American-Australian Scientific Expedition to Arnhem Land, Vol. 3, hrsg. von R. L. Specht u. C. P. Mountford. Melbourne University Press, Melbourne, S. 139-161.

Womersley, H. B. S., 1959: The marine algae of Australia. Bot. Rev. 25, 545-614.

Womersley, H. B. S., 1971: *Palmoclathrus,* a new deep water genus of Chlorophyta. Phycologia 10, 229-233.

Womersley, H. B. S., 1981: Marine ecology and zonation of temperate coasts. Biogeography of Australasian marine macroalgae. In: Marine botany: an Australasian perspective, hrsg. von M. N. Clayton u.

R. J. King. Longman Cheshire, Melbourne; S. 211-240 u. S. 292-307.

Womersley, H. B. S., 1984: The marine benthic flora of southern Australia. Part. I. D. J. Woolman, Government Printer, South Australia; ca. 340 S.

Womersley, H. B. S., Bailey, A., 1969: The marine algae of the Solomon Islands and their place in biotic reefs. Phil. Trans. Roy. Soc. Lond. B 255, 433-442.

Womersley, H. B. S., Bailey, A., 1970: Marine algae of the Solomon Islands. Phil. Trans. Roy. Soc. Lond. B 259, 257-352.

Womersley, H. B. S., Edmonds, S. J., 1952: Marine coastal zonation in Southern Australia in relation to a general scheme of classification. J. Ecol. 40, 84-90.

Womersley, H. B. S., Edmonds, S. J., 1958: General account of the intertidal ecology of South Australian coasts. Aust. J. mar. Freshwat. Res. 9, 217-260.

Worrest, R. C., 1982: Review of literature concerning the impact of UV-B radiation upon marine organisms. In: The role of solar ultraviolet radiation in marine ecosystems, hrsg. von J. Calkins. Plenum Press, New York; S. 429-457.

Wray, J. L., 1977: Calcareous algae. Elsevier, Amsterdam; 185 S.

Wurster, P., 1962: Ein geologisches Porträt Helgolands. Die Natur 70, 135-150.

Wynne, M. J., 1970: Marine algae of Amchitka Island (Aleutian Islands). I. Delesseriaceae. Syesis 3, 95-144.

Wynne, M. J., Lindstrom, S. C., Calvin, N. I., 1982: Occurrence of *Omphalophyllum ulvaceum* Rosenv. (Phaeophyta, Pogotrichaceae) in the North Pacific. Syesis 15, 65-66.

Yamada, Y., Tanaka, T., 1944: Marine algae in the vicinity of Akkeshi Marine Biological Station. Sci. Pap. Inst. Algol. Res., Fac. Sci., Hokkaido Imp. Univ. 3, 47-77.

Yaphe, W., 1984: Properties of *Gracilaria* agars. Proc. Int. Seaweed Symp. 11 (Qingdao), 171-174.

Yarish, C., Edwards, P., Casey, S., 1979: A culture study of salinity responses in ecotypes of two estuarine red algae. J. Phycol. 15, 341-346.

Yokohama, Y., 1973: A comparative study on photosynthesis-temperature relationships and their seasonal changes in marine benthic algae. Int. Rev. ges. Hydrobiol. 58, 463-472.

Yokohama, Y., 1981: Distribution of the green-light-absorbing pigments siphonaxanthin and siphonein in marine green algae. Botanica mar. 24, 637-640.

Yokohama, Y., Kageyama, A., 1977: A carotenoid characteristic of chlorophycean seaweeds living in deep coastal waters. Botanica mar. 20, 433-436.

Yoshida, T., 1963: Studies on the distribution and drift of the floating seaweeds. Bull. Tohoku Reg. Fish. Res. Lab. 23, 141-185.

Zaneveld, J. S., 1966a: The occurrence of benthic marine algae under shore fast-ice in the western Ross Sea, Antarctica. Proc. Int. Seaweed Symp. 5, 217-234.

Zaneveld, J. S., 1966b: Vertical zonation of antarctic and subantarctic marine algae. Antarctic J. of the U. S. 1, 211-213.

Zaneveld, J. S., 1968: Benthic marine algae, Ross Island to Balleny Islands. Am. Geogr. Soc., Antarctic Map Folio Ser. 10, 10-12.

Zaneveld, J. S., 1972: The benthic marine algae of Delaware, U. S. A. Ches. Sci. 12, 120-138.

Zaneveld, J. S., Willis, W. M. 1976: The marine algae of the American coast between Cape May, New Jersey, and Cape Hatteras, North Carolina. III. The Phaeophycophyta. Botanica mar. 19, 33-46.

Zenkevitch, L., 1963: Biology of the Seas of the U.S.S.R. George Allen and Unwin, London; 955 S.

Ziegler Page, J., Kingsbury, J. M., 1968: Culture studies on the marine green alga *Halicystis parvula* – *Derbesia marina*. II. Synchrony and periodicity in gamete formation and release. Am. J. Bot. 55, 1-11.

Zimmermann, L., 1982: Anmerkungen zur Verbreitung, Bionomie und taxonomischen Stellung von *Lithophyllum tortuosum* (Esper) Foslie und anderen biogenen Gesteinsbildnern im Mittelmeer. Senckenbergiana marit. 14, 9-21.

Zimmermann, U., 1978: Physics of turgor- and osmoregulation. Ann. Rev. Plant Physiol. 29, 121-148.

Zinova, A. D., 1950: (Über einige Besonderheiten der Flora des Weißen Meeres; in Russisch). Tr. V.G.O. 2, 231-252.

Zinova, A. D., 1953: (Bestimmung der Braunalgen der nördlichen Meere der U.S.S.R.; in Russisch). Izdatel'stvo Akademii Nauk SSSR, Moskva, Leningrad; 224 S.

Zinova, A. D. 1955: (Bestimmung der Rotalgen der nördlichen Meere der U.S.S.R.; in Russisch). Izdatel'stvo Akademii Nauk SSSR, Moskva, Leningrad; 249 S.

Zinova, A. D., 1957: (Meeresalgen des östlichen Teils des Sowjetischen Sektors der Arktis; in Russisch). Tr. Inst. Okeanol. 23, 146-167.

Zinova, A. D., 1959: (Meeresalgen des südlichen Sachalin und der südlichen Kurilen; in Russisch). Issled. Dal'nevost. Morei S.S.R. 6, 141-161.

Zinova, A. D., 1967: (Bestimmung der grünen, braunen und roten Algen der südlichen Meere der U.S.S.R.; in Russisch). Izdatel'stvo Akademii Nauka, Moskva, Leningrad; 398 S.

Zinova, E. S., 1925: (Die Algen der Karasee; in Russisch). Tr. leningr. Obsh. Estest. 55, 53-116.

Zinova, E. S., 1929: (Die Algen von Nowaya Semlja; in Russisch). Issledov. Morei S.S.S.R.; Edinaia Gidro-Meterol. Sluzhba, Gosudarstven. Gidrobiol. Inst. 10, 41-128.

Zinova, E. S., 1933: (Die Algen von Murmansk in der Nähe der Insel Kildine und ihre wirtschaftliche Nutzung; in Russisch). idem 18, 49-74.

Zinova, E. S., 1934: (Neue Untersuchungen über die Algen des Weißen Meeres entlang der Küste von Lietnaia und ihre wirtschaftliche Nutzung; in Russisch). idem 20, 65-85.

Zinova, E. S., 1940: (Die Algen der Kommandeur-Inseln; in Russisch). Trans. Pac. Comm. Acad. Sci. URSS 5, 1-64.

Zinova, E. S., 1954a: (Algen des Ochotskischen Meeres; in Russisch). Trudy Bot. Inst. Akad. Nauk S.S.R., ser. 2, 9, 259-310.

Zinova, E. S., 1954b: (Meeresalgen des Tatarensundes; in Russisch). idem 9, 311-364.

Zinova, E. S., 1954c: (Meeresalgen des südöstlichen Kamtschatka; in Russisch). idem 9, 365-400.

Zinova, E. S., 1956: (Meeresalgen des arktischen Eismeeres; in Russisch). Trudy Bot. Inst. W. L. Komarowa Acad. Sc. URSS C. II, Plantae Cryptogamae, XI, 39-51.

Taxonomische Übersicht

Aufgeführt sind die im Buch erwähnten, rezenten Gattungen der Grün-, Braun- und Rotalgen. Systematische Anordnung überwiegend nach BOLD u. WYNNE (1985), verändert

Abteilung Chlorophyta (Grünalgen). Einzige Klasse: Chlorophyceae
  Ordnung Chlorococcales: *Chlorochytrium, Palmoclathrus, Palmophyllum*
  Ordnung Prasiolales: *Prasiola, Rosenvingiella*
  Ordnung Ulotrichales: *Ulothrix*
  Ordnung Chaetophorales: *Endoderma, Endophyton, Epicladia, Tellamia*
  Ordnung Ulvales
    Familie Monostromaceae: *Monostroma*
    Familie Ulvaceae: *Blidingia, Enteromorpha, Ulva*
  Ordnung Cladophorales
    Familie Cladophoraceae: *Chaetomorpha, Cladophora, Rhizoclonium*
    Familie Anadyomenaceae: *Anadyomene, Microdicytyon*
  Ordnung Acrosiphoniales: *Acrosiphonia, Spongomorpha, Urospora*
  Ordnung Caulerpales
    Familie Codiaceae: *Codium, Johnson-sea-linkia, Tydemania*
    Familie Udoteaceae: *Chlorodesmis, Halimeda, Penicillus, Udotea*
    Familie Caulerpaceae: *Caulerpa*
    Familie Derbesiaceae: *Bryobesia, Bryopsis, Derbesia, Lambia*
    Familie Phyllosiphoniaceae: *Ostreobium*
  Ordnung Siphonocladales: *Boodlea, Dictyosphaeria, Siphonocladus, Struvea, Valonia*
  Ordnung Dasycladales: *Acetabularia, Batophora, Bornetella, Cymopolia, Dasycladus, Neomeris*

Abteilung Phaeophyta (Braunalgen). Einzige Klasse: Phaeophyceae
  1. Ordnung Ectocarpales
    Familie Ectocarpaceae: *Bachelotia, Ectocarpus, Giffordia, Mikrosyphar, Pilayella, Spongonema*
    Familie Ralfsiaceae: *Analipus, Basispora, Pseudolithoderma, Ralfsia*
  2. Ordnung Chordariales
    Familie Myrionemataceae: *Leptonematella*
    Familie Elachistaceae: *Elachista, Herpodiscus*
    Familie Chordariaceae: *Chordaria, Eudesme, Monosiphon, Papenfussiella*
    Familie Chordariopsidaceae: *Chordariopsis*
    Familie Splachnidiaceae: *Splachnidium*
  3. Ordnung Cutleriales: *Cutleria, Zanardinia*
  4. Ordnung Sphacelariales: *Cladostephus, Halopteris, Sphacelaria, Stypocaulon*
  5. Ordnung Syringodermatales: *Syringoderma*
  6. Ordnung Tilopteridales
  7. Ordnung Dictyotales: *Dictyopteris, Dictyota, Lobophora, Pachydictyon, Padina, Pocokkiella, Stypopodium, Taonia, Zonaria*
  8. Ordnung Dictyosiphonales
    Familie Striariaceae: *Stictyosiphon*
    Familie Punctariaceae: *Adenocystis, Litosiphon, Omphalophyllum, Punctaria*
    Familie Dictyosiphonaceae: *Dictyosiphon*
  9. Ordnung Scytosiphonales: *Colpomenia, Petalonia, Scytosiphon*
  10. Ordnung Sporochnales: *Arthrocladia, Carpomitra, Sporochnus*
  11. Ordnung Desmarestiales: *Desmarestia, Himanthothallus, Phaeurus*
  12. Ordnung Laminariales
    Familie Chordaceae: *Chorda*
    Familie Phyllariaceae: *Phyllaria, Saccorhiza*
    Familie Laminariaceae: *Agarum, Arthrothamnus, Costaria, Cymathere, Hedophyllum, Kjellmaniella, Laminaria, Pleurophycus, Thalassiophyllum*

Familie Lessoniaceae: *Dictyoneurum, Dictyoneuropsis, Lessonia, Lessoniopsis, Macrocystis, Nereocystis, Pelagophycus, Postelsia*
Familie Alariaceae: *Alaria, Ecklonia, Egregia, Eisenia, Pterygophora, Undaria*
13. Ordnung Fucales
  Familie Hormosiraceae: *Hormosira*
  Familie Seirococcaceae: *Phyllospora, Scytothalia, Seirococcus*
  Familie Fucaceae: *Ascophyllum, Axillariella, Cystosphaera, Fucus, Hesperophycus, Hizikia, Pelvetia, Xiphophora*
  Familie Himanthaliaceae: *Himanthalia*
  Familie Cystoseiraceae: *Acrocarpia, Bifurcaria, Bifurcariopsis, Carpoglossum, Caulocystis, Cystophora, Cystoseira, Halidrys, Hormophysa, Landsburgia, Marginariella, Myriodesma, Platythalia, Scaberia*
  Familie Sargassaceae: *Carpophyllum, Coccophora, Sargassum, Turbinaria*
14. Ordnung Durvillaeales: *Durvillaea*
15. Ordnung Ascoseirales: *Ascoseira*

Abteilung Rhodophyta (Rotalgen). Einzige Klasse: Rhodophyceae
  1. Unterklasse Bangiophycidae
     Ordnung Bangiales: *Bangia, Porphyra, Porphyropsis, Smithora*
  2. Unterklasse Florideophycidae
      1. Ordnung Batrachospermales: *Batrachospermum*
      2. Ordnung Palmariales: *Devaleraea, Halosaccion, Palmaria*
      3. Ordnung Nemaliales
         Familie Acrocaetiaceae: *Audouinella*
         Familie Nemaliaceae: *Nemalion*
         Familie Helminthocladiaceae: *Dermonema, Helminthocladia, Helminthora, Liagora*
         Familie Chaetangiaceae: *Galaxaura, Scinaia*
      4. Ordnung Gelidiales: *Gelidiella, Gelidium, Pterocladia*
      5. Ordnung Bonnemaisoniales: *Asparagopsis, Bonnemaisonia, Delisea*
      6. Ordnung Cryptonemiales
         Familie Dumontiaceae: *Acrosymphyton, Constantinea, Dilsea, Dumontia, Neodilsea*
         Familie Cryptonemiaceae: *Aeodes, Grateloupia, Halymenia, Polyopes*
         Familie Endocladiaceae: *Endocladia, Gloiopeltis*
         Familie Kallymeniaceae: *Callophyllis, Kallymenia*
         Familie Choreocolaceae: *Harveyella*
         Familie Peyssonneliaceae: *Peyssonnelia*
      7. Ordnung Corallinales
         Amphiroa, Archaeolithothamnium, Arthrocardia, Calliarthron, Clathromorphum, Corallina, Dermatolithon, Hydrolithon, Jania, Leptophytum, Lithophyllum, Lithoporella, Lithothamnium, Melobesia, Mesophyllum, Neogoniolithon, Phymatolithon, Porolithon, Pseudolithophyllum, Tenarea
      8. Ordnung Hildenbrandiales: *Hildenbrandia*
      9. Ordnung Gigartinales
         Familie Calosiphoniaceae: *Calosiphonia*
         Familie Sarcodiaceae: *Nizymenia*
         Familie Furcellariaceae: *Furcellaria, Halarachnion, Neurocaulon*
         Familie Cruoriaceae: *Cruoria*
         Familie Solieriaceae: *Eucheuma, Opuntiella, Sarcodiotheca, Turnerella*
         Familie Polyideaceae: *Polyides*
         Familie Caulacanthaceae: *Caulacanthus, Catenella*
         Familie Cystocloniaceae: *Cystoclonium, Fimbriofolium, Rhodophyllis*
         Familie Hypneaceae: *Hypnea*
         Familie Plocamiaceae: *Plocamium*
         Familie Phacelocarpaceae: *Phacelocarpus*
         Familie Sphaerococcaceae: *Sphaerococcus*

Familie Rissoellaceae: *Rissoella*
Familie Gracilariaceae: *Curdiea, Gracilaria*
Familie Phyllophoraceae: *Ahnfeltia, Ceratocolax, Gymnogongrus, Phyllophora, Schottera*
Familie Gigartinaceae: *Chondrus, Gigartina, Iridaea, Petrocelis*
10. Ordnung Rhodymeniales
Familie Champiaceae: *Champia, Gastroclonium, Lomentaria*
Familie Rhodymeniaceae: *Botryocladia, Chrysymenia, Fauchea, Fryella, Leptosomia, Maripelta, Rhodymenia*
11. Ordnung Ceramiales
1. Familie Ceramiaceae: *Antithamnion, Ballia, Callithamnion, Centroceras, Ceramium, Georgiella, Plumaria, Ptilota, Scagelia, Spondylothamnion, Spyridia, Wrangelia*
2. Familie Delesseriaceae: *Acrosorium, Botryocarpa, Caloglossa, Cryptopleura, Delesseria, Dotyella, Drachiella, Hypoglossum, Martensia, Membranoptera, Myriogramme, Neuroglossum, Nitophyllum, Pantoneura, Phycodrys, Polyneura*
3. Familie Dasyaceae: *Dictyurus, Heterosiphonia, Thuretia*
4. Familie Rhodomelaceae: *Amansia, Acanthophora, Bostrychia, Brongniartella, Chondria, Digenea, Janczewskia, Laurencia, Odonthalia, Polysiphonia, Rhodomela, Pterosiphonia, Vidalia*

Sach- und Namenverzeichnis

Kursiv gedruckte Zahlen: Seiten mit Abbildungen (schließen auch Texthinweise ein)
#: Seiten mit geographischen Verbreitungskarten
halbfette Zahlen: Seiten mit ausführlichen Textstellen
halbfette Zahlen Von 342 bis 344: Seiten in der taxonomischen Übersicht

- heterotrophes 129
- Induktion s. Photoperiodismus
- Jahresrhythmik 272 ff, *273, 274, 277*
- - Monsunmeer 175
- Licht
- - Qualität 224, 236
- - Quantität 227 f
- Meßmethodik *273,* **281**
- Photomorphosen s. Photomorphogenese
- Raten 115, 163, 172, 281
- - relative Wachstumsrate **281**
- - spezifische Wachstumsrate 281
- Riesenwuchs 127, 141, 145
- Salzgehalt 253, *254*
- Temperatur 14 f, *16-18,* 17 f, 242 f, **247**
- vegetatives 155
- Zwergwuchs 65, *67,* 143, 145
Waigat 131
Wakame (jap.) 291, 298 f
Wanderungen s. Verbreitungswanderungen
Warmgemäßigte Regionen *10-11,* 12, *13-14*
- - Primärproduktion 279
- - R/P-Quotient 147 f
- - Temperaturoptimum, Photosynthese 250
- - - Reproduktion 248
- - - Wachstum 247
Washington (St.) 103, 108 f, *109*
Wasserbewegung s. Wellenexposition
Wassergehalt s. Dürreresistenz
Wasserpflanzen, höhere s. Hydrophyten
Wasserstandsschwankungen, Eiszeiten s.
   Pleistozän
- unregelmäßige 66, 78
Wasserströmung s. Strömungseffekte
Wassertemperaturen s. Temperatur
Wassertypen s. Licht
Watt 47
Wave exposure (engl.) s. Wellenexposition
Weddellmeer 181
Weichböden 47, 93 f, 134, 139, *140,* 141 ff,
   157, 159, 170, 175 ff
Weichkorallen *54, 69*
Weißes Meer 139, **141**
Wellenexposition 4, *50,* 52, 56, **62 f,** 83, 85 ff,
   131, 144, 162, **260 ff**
Wellenschaum 284
Wenchow 13
Werra, *Enteromorpha* 253

Westaustralischer Strom 177, 200
Westgrönlandstrom 127, 136 f
West-Sahara 67, 72
Westwinddrift s. Antarktis
Wiederbesiedlung s. Sukzession
Wirtschaftliche Bedeutung s. Nutzung
Wladiwostok 118, 120, 124
Wollhandkrabbe s. *Eriocheir sinensis*
Wrangelia penicillata C. AG. *80,* **344**
Wuchsstoffe 259
Wurmmittel, Algennutzung 300
Wurmschnecken 84 f

X

Xanthoria parietina 51
Xiphophora 173, **343**
- *chondropylla* (R. BROWN ex TURN.) MONT.
   ex HARV. 206, *206*
Xylane 283

Y

Yangtse Kiang 297, 299
Yoldiameer 66
York 47

Z

Zanardinia prototypus NARDO *89,* **342**
Zeitalter, Übersicht s. geologische Zeitalter
Zellulose 283
Zellwand, mechanische Anpassungen 261
- Polysaccharide 248 f
Zentralpazifische Inseln 172, 178 f
Zicai (chin.) 291, 295
Zirkumpolar 134, 187
Zonaria 72, *204, 205,* **342**
- *farlowii* SETCH. et GARDNER *112*
- *tournefortii* (LAMOUR.) MONT. 102
Zonierung s. Phytal
Zoobenthos s. Benthos
Zoogeographie 12, 14, 126
Zostera 151
- *capricorni* 178
- *marina* 47, 59, 77, 93 ff, 101, *109,* 111
- - Epiphytismus 267
- *noltii* (= *nana*) 47, 59, *93,* 94 f
Zuckertang s. *Laminaria saccharina*